IVᵉ CONFÉRENCE INTERNATIONALE
DE GÉNÉTIQUE
PARIS, 1911

IVᵉ CONFÉRENCE INTERNATIONALE

DE GÉNÉTIQUE

PARIS, 1911

COMPTES RENDUS ET RAPPORTS

ÉDITÉS PAR

PH. DE VILMORIN

SECRÉTAIRE DE LA CONFÉRENCE

PARIS

MASSON ET Cᵗᵉ, ÉDITEURS

LIBRAIRES DE L'ACADÉMIE DE MÉDECINE

120, BOULEVARD SAINT-GERMAIN, 120

—

1913

A l'issue de la première Conférence de Londres, en 1899, M. Henry de Vilmorin, alors premier vice-président de la Société Nationale d'Horticulture de France, demanda et obtint en principe que la prochaine réunion eût lieu à Paris ; mais ce projet fut abandonné par suite de la mort prématurée de son promoteur. En 1906, la Société Nationale d'Horticulture de France m'a autorisé à renouveler l'invitation faite sept ans auparavant par mon père et c'est ainsi que nous avons eu l'honneur d'organiser à Paris la 4ᵉ Conférence Internationale de Génétique.

Ce sont les rapports présentés au cours de cette Conférence que nous publions ci-après ; je les ai fait précéder d'un compte rendu des principaux faits intéressant l'histoire de cette 4ᵉ Conférence dans l'espoir de donner à ceux qui n'ont pu y assister une idée de sa physionomie générale, ainsi que des excursions et réceptions qui ont égayé l'intéressante aridité des séances de travail.

Chargé par la Société Nationale d'Horticulture et le Comité d'organisation de la publication de ce travail, j'aurais voulu le terminer dans un délai beaucoup plus bref ; mais tous ceux qui ont entrepris pareille œuvre savent combien il est long de réunir les manuscrits de quarante ou cinquante auteurs et d'obtenir la correction des épreuves. Je dois des remerciements tout particuliers à ceux qui m'ont aidé dans ma tâche depuis le début de la préparation de la Conférence, notamment aux membres du Comité d'organisation, aux grandes sociétés savantes et aux particuliers qui m'ont prêté leur appui moral ou financier ; on en trouvera plus loin la liste détaillée.

PHILIPPE L. DE VILMORIN.

TABLE DES MATIÈRES

PREMIÈRE PARTIE

DEUXIÈME PARTIE

COMMUNICATIONS ET RAPPORTS

IVE CONFÉRENCE INTERNATIONALE

DE GÉNÉTIQUE

ORGANISATION GÉNÉRALE

La Société Nationale d'Horticulture de France, dans sa séance du 24 décembre 1908, a officiellement accepté le patronage de la 4ᵉ Conférence Internationale de Génétique, lui promettant la disposition gratuite des locaux de son hôtel de la rue de Grenelle pendant toute la durée de la réunion.

Les sociétés de biologie, de botanique, de zoologie et d'acclimatation de France donnèrent leur appui moral à l'entreprise, désignant chacune quelques-uns de leurs membres pour faire partie du Comité d'organisation.

Dans le but de conserver à la Conférence le caractère à la fois scientifique et pratique désirable, et d'ailleurs favorable aux études génétiques, il fut adjoint à la Commission un certain nombre d'horticulteurs, spécialement parmi ceux qui se sont adonnés à l'hybridation.

Le Comité d'organisation se trouva donc ainsi constitué.

COMITÉ DE PATRONAGE ET D'ORGANISATION[1]

Président

M. LE Dr VIGER, Sénateur, Président de la Société Nationale d'Horticulture de France, Paris.

Membres :

MM.

ANTHONY, Assistant au Muséum d'Histoire naturelle, Paris.

ARLOING, Directeur de l'École vétérinaire de Lyon.

BARRIER, Membre de l'Académie de Médecine, Directeur de l'École Nationale Vétérinaire d'Alfort.

BATAILLON, Professeur de biologie générale à la Faculté des Sciences de Dijon.

BELLAIR, Jardinier-chef des Palais nationaux à Versailles.

---

1. M. le professeur Noël Bernard et le docteur Durand-Cosson, qui avaient accepté de faire partie du Comité de patronage et d'organisation, sont malheureusement décédés avant l'ouverture de cette Conférence.

BLARINGHEM, Chargé de cours de biologie agricole à la Faculté des Sciences de l'Université de Paris.

BOEUF, Chef de la Station expérimentale de l'École d'Agriculture coloniale, Tunis.

Phot. Moreau frères
M. LE Dr VIGER.

BOIS, Assistant au Muséum d'Histoire naturelle, Professeur à l'École Coloniale, Paris.

BORNET, Membre de l'Institut et de la Société Nationale d'Agriculture, Paris.

BOUVIER, Membre de l'Institut, Professeur au Muséum d'Histoire naturelle, Paris.

BRUANT, Horticulteur à Poitiers.

CAULLERY, Professeur à la Faculté des Sciences, Paris.

CAYEUX, Horticulteur, marchand grainier, Paris.

CHATENAY, Secrétaire général de la Société Nationale d'Horticulture de France, Paris.

CHEVALIER (Aug.), Sous-Directeur du Laboratoire des Hautes Études au Muséum d'Histoire naturelle, Paris.

COSTANTIN, Membre de l'Institut, Professeur au Muséum d'Histoire naturelle, Paris.

COUDERC, Viticulteur à Aubenas (Ardèche).

COUTAGNE, Ingénieur, Lyon.

COUTIÈRE, Professeur à l'École supérieure de Pharmacie, Paris.

CROUZON, ancien Chef de clinique à la Faculté de Médecine, médecin des hôpitaux, Paris.

CUÉNOT, Professeur de zoologie à la Faculté des Sciences de Nancy.

DANGEARD, Chargé de cours à la Faculté [des Sciences de Paris.

DANIEL, Professeur à la Faculté des Sciences de Rennes.

DELAGE, Membre de l'Institut, Professeur de zoologie à la Faculté des Sciences de Paris.

DUBOSCQ, Professeur à l'Université de Montpellier.

FLAHAULT, Professeur de botanique à la Faculté des Sciences de Montpellier.

GALIPPE, Membre de l'Académie de Médecine, Paris.

GAUTIER (Armand), Membre de l'Institut, Professeur à la Faculté de Médecine.

GLEY, Professeur au Collège de France, Membre de l'Académie de Médecine et de la Société de Biologie, Paris.

Phot. Nadar.
M. PHILIPPE DE VILMORIN.

GRAVEREAUX, Rosiériste amateur à l'Haÿ (Seine).

GRIFFON, Directeur adjoint de la Station de Pathologie végétale, Paris.

GUIGNARD, Membre de l'Institut et de la Société Nationale d'Agriculture, Directeur honoraire de l'École supérieure de Pharmacie, Paris.

GUILLOCHON, Directeur du Jardin d'essais de Tunis.

HALLEZ, Professeur à la Faculté des Sciences de Lille.

Henneguy, Membre de l'Institut, de l'Académie de Médecine et de la Société Nationale d'Agriculture, Professeur au Collège de France, Paris.

Henry, Professeur à l'École Nationale d'Horticulture de Versailles.

Hickel, Professeur à l'École Nationale d'Agriculture de Grignon.

Houssay, Professeur à l'École Normale supérieure de Paris.

Lassimonne, Botaniste à Robé (Allier).

Le Dantec, Chargé de cours à la Faculté des Sciences de Paris.

Lemoine, Horticulteur à Nancy.

Loisel, Directeur de laboratoire à l'École des Hautes Études, Paris.

Lutz, Agrégé à l'École supérieure de Pharmacie, Secrétaire général de la Société Botanique de France, Paris.

Malaquin, Professeur à la Faculté des Sciences de Lille.

Mallèvre, Professeur à l'Institut Agronomique, Paris.

Malinvaud, ancien Président de la Société Botanique de France, Paris.

Mangin, Membre de l'Institut, Professeur au Muséum d'Histoire naturelle, Paris.

Manouvrier, Professeur à l'École d'Anthropologie, Directeur de laboratoire à l'École des Hautes Études, Paris.

Marchal, Professeur à l'Institut Agronomique, Paris.

Marie, Professeur d'anatomie pathologique à la Faculté de Médecine de Paris.

Maron, Orchidophile à Brunoy (S.-et-O.).

Mesnil, Chef de laboratoire à l'Institut Pasteur, Paris.

Metchnikoff, Sous-Directeur de l'Institut Pasteur, Paris.

Nomblot, Pépiniériste à Bourg-la-Reine (Seine).

Opoix, Chef des cultures des Jardins du Luxembourg, Paris.

Perez, Maître de Conférences à la Faculté des Sciences de Paris.

Perrier, Membre de l'Institut, Directeur du Muséum d'Histoire naturelle, Président de la Société Nationale d'Acclimatation, Paris.

Perrot, Professeur à l'École supérieure de Pharmacie, Paris.

Prillieux, Membre de l'Institut, Membre de la Société Nationale d'Agriculture, Paris.

M. A. Meunissier.

Quinton, Assistant au Collège de France, Paris.

Racovitza, Directeur des Archives de Zoologie expérimentale, Sous-Directeur du Laboratoire Arago, Paris.

Roux, Membre de l'Institut, Directeur de l'Institut Pasteur, Paris.

Schribaux, Professeur à l'Institut Agronomique, Membre de la Société Nationale d'Agriculture, Paris.

Trabut, Directeur du Service Botanique de l'Algérie, Alger.

Truffaut, 1er Vice-Président de la Société Nationale d'Horticulture de France, Paris.

Viala, Professeur de viticulture à l'Institut National Agronomique, Paris.

Vilmorin (Maurice L. de), Président de la Société Botanique de France, Vice-Président de la Société Dendrologique, Paris.

Viviand-Morel, Directeur du *Lyon-Horticole*, à Villeurbanne-lès-Lyon (Rhône).

Secrétaire :

PHILIPPE L. DE VILMORIN, 66, rue Boissière, Paris.

Secrétaire adjoint :

A.-A. MEUNISSIER, Verrières-le-Buisson (Seine-et-Oise).

———

Une première assemblée constitutive du Comité d'organisation eut lieu le 20 décembre 1909.

Au cours de cette séance il fut décidé que la cotisation à la Conférence serait de :

      25 francs (£   1 ; S   5) pour les membres titulaires.
      100   — (£   4 ; S   20) —   —   d'honneur.
      500   — (£ 20 ; S 100) —   —   donateurs.

En conséquence la lettre suivante, établie en français, anglais et allemand, accompagnée d'une liste du Comité de patronage et d'un bulletin de souscription, a été adressée :

1° A toutes les personnes ayant adhéré aux précédentes Conférences ou figurant sur la liste publiée par le Rev. W. Wilks dans le compte rendu de la 5ᵉ Conférence ;

2° A tous les biologistes dont on a pu se procurer les adresses, à la plupart des universités et sociétés savantes du monde, ainsi qu'à un grand nombre de praticiens, horticulteurs, éleveurs, vétérinaires, etc.

Monsieur,

Conformément à la décision prise par la Conférence de Londres en 1906, la prochaine Conférence Internationale de Génétique aura lieu à Paris du 18 au 23 septembre 1911, sous les auspices et dans les locaux de la Société Nationale d'Horticulture de France et sous le patronage d'un Comité dont je vous envoie ci-inclus la liste.

Sachant quel intérêt vous portez aux études relatives à la biologie générale, je n'ai pas besoin d'insister auprès de vous sur l'importance des Conférences de Génétique.

Le programme de celle de Paris en 1911 comporte non seulement tous les problèmes relatifs à l'hérédité Mendelienne, mais aussi les questions de variation, de mutation et en général toutes celles qui se rapportent à la transmission des caractères chez les êtres vivants.

J'espère que vous voudrez bien non seulement donner votre adhésion à la Conférence et prendre part à ses travaux, mais aussi préparer un rapport sur l'objet de vos études personnelles et l'envoyer le plus tôt possible, afin qu'il soit, si faire se peut, imprimé avant la réunion de la Conférence et puisse servir de base aux discussions.

Les séances du Congrès seront présidées par M. Yves DELAGE, membre de l'Institut, Professeur à la Faculté des Sciences de Paris.

Le programme de la réunion elle-même sera subordonné au nombre des rapports reçus ou annoncés, ainsi qu'aux sujets qu'ils traitent. De plus amples détails vous seront donnés en temps utile.

Tous les souscripteurs recevront le compte rendu *in extenso* de la Conférence. Veuillez agréer, Monsieur, l'assurance de mes sentiments distingués.

Le Président du Comité d'organisation et de patronage,

Dr VIGER.

Dans le but de faciliter aux praticiens français le moyen de s'initier à des études qui ont pour eux une importance immédiate on adressa également un appel direct à toutes les sociétés d'élevage, d'aviculture, de pisciculture, colombophiles, canines, etc., ainsi qu'à toutes les sociétés d'horticulture ; une nouvelle lettre fut envoyée à 500 sociétés ; mais nous avons eu le regret de ne recevoir à la suite de ce nouvel appel qu'une seule adhésion de société.

Au cours de sa 2e séance tenue le 14 juin 1911, le Comité d'organisation décida de demander aux compagnies de chemins de fer une réduction de moitié sur le prix des places pour les membres de la Conférence. Cette demande ayant été acceptée, toutes les personnes ayant, à ce moment, donné leur adhésion, en furent informées par une circulaire.

Enfin les membres du Comité d'organisation furent convoqués une dernière fois, le jour même de l'ouverture de la Conférence, pour s'assurer que tout était prêt pour la réception des Génétistes français et étrangers et régler l'ordre du jour.

Le Comité décida, en outre, que les Comptes Rendus de la Conférence seraient publiés en français ou en anglais et suivis d'un résumé en l'une ou l'autre langue.

En arrivant au Secrétariat, 84, rue de Grenelle, chacun des adhérents trouvait une enveloppe portant son numéro d'inscription, contenant le programme de la Conférence, des cartes d'invitation et un carnet servant de carte personnelle, dont les pages détachables et diversement colorées, afin de réduire le plus possible les chances d'erreur, formaient des coupons donnant accès à la salle des séances et donnant droit aux excursions et réceptions. De plus, chaque enveloppe contenait un exemplaire de la médaille commémorative de la 4e Conférence de Génétique frappée à l'effigie de Mendel et portant au verso le nom de chaque congressiste [1].

---

1. Cette médaille est reproduite sur la couverture du présent volume.

PROGRAMME

DE LA

IVᴱ CONFÉRENCE INTERNATIONALE
DE GÉNÉTIQUE

Paris, du 18 au 23 Septembre 1911

Organisée par la Société Nationale d'Horticulture de France

Lundi 18 Septembre

9 heures 30 du soir. — Réception des Membres de la Conférence par la Société Nationale d'Horticulture, 84, rue de Grenelle.

Adresse de bienvenue par M. le docteur VIGER, Président de la Société Nationale d'Horticulture et du Comité d'organisation de la Conférence.

10 heures du soir. — Séance de projections cinématographiques de plantes par M. GAUMONT.

Musique.

Mardi 19 —

9 heures 30 du matin. — 1ʳᵉ séance de la Conférence, 84, rue de Grenelle.

2 heures 30 du soir. — 2ᵉ séance.

Mercredi 20 —

9 heures 30 du matin. — 3ᵉ séance.

5 heures du soir. — Réception à l'Hôtel de Ville par le Conseil Municipal de Paris, Messieurs le Préfet de la Seine et le Préfet de Police.

4 heures 30 du soir. — Visite de l'Institut Pasteur de Paris.

9 heures 30 du soir. — Réception chez S. A. I. le Prince Roland Bonaparte.

Jeudi 21 —

Excursion à l'Institut Pasteur de Garches et aux Cultures expérimentales Vilmorin, à Verrières-le-Buisson, où aura lieu le déjeuner. Départ de Paris, 2, place de l'Opéra, à 9 *heures du matin.*

Vendredi 22 —

9 heures 30 du matin. — 4ᵉ séance de la Conférence.

Après-midi réservé pour une excursion facultative.

Samedi 23 —

9 heures 50 du matin. — Visite du Muséum d'Histoire Naturelle. Rendez-vous à la grille de la place Valhubert.

2 heures 30 du soir. — 5ᵉ séance de la Conférence.

8 heures du soir. — Banquet de clôture par souscription.

Le Secrétariat avait fait imprimer un résumé en français de toutes les communications arrivées en temps utile, spécialement dans le but de faciliter l'intelligence des séances aux personnes ne sachant pas l'anglais ou l'allemand. La plupart de ces documents ont été remis aux membres dès leur arrivée; d'autres, encore en cours d'impression, ont été distribués au début de chaque séance.

MEMBRES DONATEURS

S. A. I. le prince ROLAND BONAPARTE (2000 francs).
La Société Botanique de France (2000 francs).
M. Maurice L. de VILMORIN (2000 francs).
MM. VILMORIN-ANDRIEUX et Cie[1].
M. Philippe L. de VILMORIN[2].
La Société Nationale d'Horticulture de France.

MEMBRES D'HONNEUR :

Mrs ROSE HAIG THOMAS.
M. le comte d'ESTIENNE.
M. A.-W. SUTTON.
M. FRÉZIER.
M. MARON.
M. Georges TRUFFAUT.
M. Louis L. de VILMORIN.

LISTE GÉNÉRALE DES MEMBRES[3]

MM.

ADNET (René), Horticulteur à la Roseraie, Cap d'Antibes (Alpes-Maritimes).
* AGAR (W.-E.), Zoological Department, Université de Glascow (Angleterre).
* ANTHONY (Dr. R.), Professeur à l'École d'Anthropologie, Assistant au Muséum
    d'Histoire Naturelle, 78, rue de Sèvres, Paris (7e).
ARECHAVALETA (Prof. J.), Directeur du Musée National, Montevideo (Uruguay).
* BACKHOUSE (W.-O.), John Innes Horticultural Institution, Merton Park, Wim-
    bledon (Angleterre).
* BALLS (W.-C.), Ghesireh House, Le Caire (Égypte).
BATAILLON, Professeur de biologie générale à la Faculté des Sciences de
    Dijon (Côte-d'Or).
* BATESON (Prof. W.), Director of the John Innes Horticultural Institution,
    Merton Park, Wimbledon (Angleterre).
* BATESON (Madame W.), Manor House, Merton, Surrey (Angleterre).
BAZIN (G.), Chef de cultures, Etablissement horticole de la Victorine, Nice
    (Alpes-Maritimes).
* BAUR (Prof. E.), Botanisches Institut d. K. Landw. Hochschule-Invaliden-
    strasse, 42, Berlin IV.
BELLAIR (G.), Jardinier en chef des Palais nationaux, à l'Orangerie, Versailles.
* BERTHAULT (P.), Attaché au Laboratoire de botanique de l'École Nationale
    d'Agriculture, Grignon (Seine-et-Oise).

---

1 Ont pris à leur charge tous les frais de correspondance ainsi que les frais d'impression antérieurs à la fin de la Conférence.
2. A fait établir et frapper à ses frais la médaille commémorative.
3. Les noms précédés d'une astérique sont ceux des membres ayant effectivement assisté aux
séances de la Conférence.

Berthelot (D.), Professeur au Laboratoire de Physiologie végétale et à l'École supérieure de Pharmacie, Bellevue (S.-et-O.).

*Beukelaer (H. de), Professeur, Directeur du Jardin Botanique de la ville d'Anvers (Belgique).

*Blaringhem (L.), Chargé de cours de biologie agricole à la Faculté des Sciences de l'Université, 14, rue de Tournon, Paris.

Bliss (A.-J.), River-House, Saint-Clément, Truro (Angleterre).

*Blot (F.), Directeur des Établissements Vilmorin-Andrieux et Cie, 115, rue de Reuilly, Paris.

*Blot (E.), Maison Vilmorin-Andrieux et Cie, 4, quai de la Mégisserie, Paris.

*Bœuf, Professeur à l'École d'Agriculture, Tunis.

*Bois (D.), Assistant au Muséum d'Histoire Naturelle, Professeur à l'École coloniale, 15, rue Faidherbe, Saint-Mandé (Seine).

*Bonaparte (S. A. I. le Prince Roland), Président de la Société de Géographie, 10, avenue d'Iéna, Paris.

*Bonhote (J.-L.), Cadespring Lodge, Hemel, Hampstead, Herts (Angleterre).

Bouvier, Membre de l'Institut, Professeur au Muséum d'Histoire naturelle, 55, rue de Buffon, Paris.

Bradley (H.-H.-B.), Hon. Secretary of the Horticultural Society of New South Wales, 60, Margaret Street, Sydney (Australie).

*Brétignières, Maître de Conférences à l'École Nationale d'Agriculture de Grignon (S.-et-O.).

Bridgman (Prof. Fred.), The Royal College of Science, London S. W.

Bruant (Georges), Horticulteur à Poitiers[1].

*Bruce (A.-B.), Superintending Inspector, Board of Agriculture, 8, Whitehall Place, Londres (S. W.).

*Bryant (F.-M.), 17, Lower Grosvenor Place, Londres, S. W.

Burle (E.), Montée de Beaumur, Vienne (Isère).

*Calman-Lévy (G.), 8, rue Copernic, Paris.

*Caullery, Professeur à la Faculté des Sciences, 6, rue Mizon, Paris (XVe).

*Cayeux (F.), Marchand grainier, 8, quai de la Mégisserie, Paris.

*Cayley (Miss D.-M.), John Innes Horticultural Institution, Mostyn Road, Merton Park, Wimbledon (Angleterre).

*Chappellier (Albert), Laboratoire d'évolution de la Faculté des Sciences, 6, place Saint-Michel, Paris.

Chappard (Dr), à Chantilly (Oise).

*Charnacé (Marquis de), 51, avenue Montaigne, Paris.

*Chenault (L.), Horticulteur-Pépiniériste, 66, route d'Olivet, Orléans.

*Chevalier (A.), Sous-Directeur du Laboratoire des Hautes Études au Muséum d'Histoire naturelle, 14, boulevard Saint-Marcel, Paris.

Chifflot, Professeur à l'Université, sous-directeur du Jardin et des Collections botaniques de la ville de Lyon.

Chodat (Dr R.), Professeur, Directeur de l'Institut Botanique, Genève.

Clark (Ch.-F.), Bureau of Plant Industry, Department of Agriculture, Washington D. C. (États-Unis).

Clément, Horticulteur, 117, rue de Paris, à Vanves (Seine).

---

1. Nous avons eu le regret d'enregistrer la mort de M. G. Bruant, horticulteur français, bien connu par l'obtention de jolies variétés dans les genres Héliotropes, Pelargoniums, etc., survenue depuis la réunion de la Conférence.

Clouet des Pesruches (Paul), Agriculteur à Medjez-Amar (Constantine).

*Cochet-Cochet, Horticulteur-Rosiériste à Coubert (Seine-et-Marne).

Cole (L.-J.), College of Agriculture, Université de Wisconsin, Madison, Wisc. (États-Unis).

Collins (G.-N.). Botanist. Bureau of Plant Industry, Department of Agriculture, Washington (D. C.).

*Compton (R.-H.), Professeur, Gonville et Caïus College, Cambridge (Angleterre).

Cordonnier (Joseph), 46, rue de Lille, à Bailleul (Nord).

*Costantin (J.), Membre de l'Institut, Professeur de culture au Muséum d'Histoire naturelle, Paris.

*Couderc, Viticulteur à Aubenas (Ardèche).

Coutagne, Ingénieur, 29, quai des Brotteaux, Lyon.

*Croux (G.), Horticulteur-Pépiniériste au Val-d'Aulnay, Châtenay (Seine).

*Crouzon (Dr O.), ancien Chef de clinique à la Faculté de Médecine, Médecin des Hôpitaux, 70 bis, avenue d'Iéna, Paris.

Cuboni, Professeur à l'Université de Rome (Italie).

Cuénot (L.). Professeur de zoologie à la Faculté des Sciences, 89, rue de Metz, Nancy.

*Dangeard, Chargé de cours à la Faculté des Sciences, 45, rue des Écoles, Paris.

Daniel, Professeur à la Faculté des Sciences, Rennes.

Darbishire (A.-D.), Royal College of Science, South Kensington, London S. W.

*Dard, Chef de service à la Maison Vilmorin-Andrieux et Cie, Paris.

Davenport (Ch.-B.), Director of the Station for Experimental Evolution, Cold Spring Harbor, Long Island, New-York (États-Unis).

*Debreuil (Ch.), 25, rue de Châteaudun, Paris.

*Delage (Yves), Membre de l'Institut, Professeur de zoologie à la Faculté des Sciences, Paris.

*Delcourt, Laboratoire d'évolution de la Faculté des Sciences, Paris.

Denis (F.), Amateur d'horticulture, Balaruc-les-Bains (Hérault).

*Desfossés (H.), Horticulteur-Pépiniériste, Orléans.

Dubosco (O.), Professeur à l'Université de Montpellier.

*Ducomet, Professeur à l'École Nationale d'Agriculture, Rennes.

*Durham (Miss Florence), 7, Cannon Hill Terrace, Merton Park, Wimbledon (Angleterre).

*Drinkwater (Dr H.), Grosvenor Lodge, Wrexham (North Wales).

East (E.-M.), Professeur, Harward University, Forest Hill, Mass. (États-Unis).

Estienne (Comte d'), 23, quai d'Orsay, Paris.

*Federley (Dr Harry), Professeur de zoologie à l'Université d'Helsingfors (Finlande).

Fedtschenko (Boris de), Botaniste en Chef du Jardin Botanique Impérial, Saint-Pétersbourg (Russie).

Flahault, Professeur de botanique à la Faculté des Sciences de Montpellier.

*Frezier (E), 2, rue de Saïgon, Paris.

*Fruwirth (Prof. D.C.), Technische Hochschule, Vienne, IV (Autriche).

*Gallardo (A.), Professeur à l'Université de Buenos-Ayres (République Argentine).

Gard, Professeur à la Faculté des Sciences, Bordeaux (Gironde).

Gates (Dr R.R.), Missouri Botanical Garden, Saint-Louis, Mo (États-Unis).

*Gautier (Dr A.), Membre de l'Institut, Professeur à la Faculté de Médecine, 9, place des Vosges, Paris.

*Gérome, Jardinier-chef du Muséum d'Histoire Naturelle, rue Cuvier, Paris.

Gèze (J.-B). Professeur spécial d'agriculture à Villefranche-de-Rouergue (Aveyron).

Ghigi (A.), Professeur à l'Université de Bologne (Italie).

*Giesenhagen (Prof. K.), Schackstrasse 2 II, Munich (Bavière).

*Gibault (G.), Bibliothécaire de la Société Nationale d'Horticulture de France, 55, quai de Bourbon, Paris (4°).

*Gley (E.), Professeur au Collège de France, 14, rue Monsieur-le-Prince, Paris.

*Gobillot, Intendant, domaine de Villegenis, par Massy (Seine-et-Oise).

Godin (D^r), à Saint-Raphael (Var).

*Goldschmidt (Prof. Dr. R.), Zoologisches Institut, Munich (Bavière).

Gravereaux (J.), Amateur de roses, 4, avenue de Villars, Paris, et à l'Haÿ (Seine).

Gravereaux (Henri), à l'Haÿ (Seine).

Gravis (A.), Professeur à l'Université de Liége (Belgique).

*Gray (Miss B.), John Innes Horticultural Institute, Wimbledon (Angleterre).

*Gregory (R. P.), Botany School, Cambridge (Angleterre).

*Griffon (Édouard), Directeur adjoint de la Station de Pathologie Végétale, 11 *bis*, rue d'Alésia, Paris (14°) [1].

*Grignan, Secrétaire de la Rédaction de la *Revue Horticole*, 26, rue Jacob, Paris.

*Guérin (Mlle), 66, rue Boissière, Paris.

*Guignard (Léon), Membre de l'Institut et de la Société Nationale d'Agriculture, 6, rue du Val-de-Grâce, Paris (5°).

*Guillochon, Directeur du Jardin d'essais de Tunis.

*Hagedoorn (Dr A.), Verrières-le-Buisson (Seine-et-Oise).

*Hagedoorn (Mme), Verrières-le-Buisson (Seine-et-Oise).

Hartog (Prof. Marcus), University College, Cork (Irlande).

Hays (W.-M.), Sous-Secrétaire d'État, Département de l'Agriculture, Washington D. C. (États-Unis).

*Heim (F.), Secrétaire perpétuel de l'Association scientifique internationale d'Agronomie coloniale, 34, rue Hamelin, Paris (16°).

Heinze (Dr B.), Versuchsstation, Karlstrasse, 10, Halle am Saale (Allemagne).

Henneguy (D^r), Membre de l'Institut, Professeur au Collège de France, Paris.

Henry (Louis), Professeur à l'École Nationale d'Horticulture de Versailles, à Barges, par Blondefontaine (Haute-Saône).

*Hibon, juge au Tribunal de la Seine, 2, rue Le Chatelier, Paris (17°).

*Hickel, Professeur à l'Ecole Nationale d'Agriculture de Grignon, rue Champ-Lagarde, Versailles.

Hindmarsh (W.-T.), Alnbank, Alnwick (Angleterre).

*Hosseus (Dr C. C.), Bad Reinchenhall (Bavière).

Houwink (R.), Zuideinde 98, Meppel (Hollande).

Howard (Fred H.), Maison Howard et Smith, Horticulteurs à Los Angeles Californie (États-Unis).

*Hurst (C. C.), Directeur of the Burbage Experiment Station, Leicestershire (Angleterre).

---

1. M. le Professeur Griffon, à qui nous devons l'intéressante communication sur l'hybridation asexuelle (voir p. 164), est mort au mois de juillet 1912.

*Johannsen (W.), Professeur de physiologie végétale à l'Université de Copenhague (Danemark).

*Jenken (Boris), station agricole de Charkoff (Russie).

*Jesenko (Dr F.), Hochschule für Bodenkultur, Vienne XVIII (Autriche).

Keeble (Dr F.), Rédacteur en chef du *Gardeners' Chronicle*, Londres.

Lang (Dr A.), Professeur à l'Université de Zurich (Suisse).

*Lasseaux, Chef de service à la Maison Vilmorin-Andrieux et Cie, Paris.

Lassimonne, Botaniste à Robé, par Yseure (Allier).

*Laughlin (H.-H.), Station expérimentale d'évolution, Cold Spring Harbor, Long Island, N.-Y. (États-Unis).

*Laumonnier (G.), Marchand grainier, rue de l'Arcade, Paris.

Lauwaert (René), Horticulteur à Nivelles (Belgique).

Laxton (Edward), Horticulteur à Bedford (Angleterre).

Laxton (W.), Horticulteur à Bedford (Angleterre).

Leake (H. Martin), Nawabganj Cawropur (Indes Anglaises).

Lemoine (Victor), Horticulteur, 134, rue du Montet, Nancy[1].

Lemoine (Émile), Horticulteur, 134, rue du Montet, Nancy.

* Lesage (Dr Pierre), Professeur adjoint à la Faculté des Sciences de Rennes (Ille-et-Vilaine).

Limon (Alexandre), Directeur des Cultures de la Maison Vilmorin-Andrieux et Cie, à Verrières-le-Buisson (Seine-et-Oise).

* Loisel (Dr G.), Directeur de laboratoire à l'École des Hautes Études, Paris.

Lloyd (R. G.), Professeur de biologie, Medical College, Calcutta (Indes).

* Loisy (Dr J.-P.), Secrétaire perpétuel de la Société des Sciences, Spaarne, 17, Haarlem (Hollande).

* Lutz, Professeur à l'École supérieure de Pharmacie, Secrétaire général de la Société Botanique de France, Paris.

M. V. Lemoine.

* Lynch (R. I.), Conservateur du Jardin Botanique, Cambridge (Angleterre).

* Lynch (Miss), Jardin Botanique de Cambridge (Angleterre).

* Maige (A.), Professeur de botanique à la Faculté des Sciences, Poitiers (Vienne).

* Mallèvre, Professeur à l'Institut Agronomique, 284, boulevard Raspail, Paris.

Malinvaud, ancien Président de la Société Botanique de France, 8, rue Linné, Paris.

* Marchal, Professeur à l'Institut National Agronomique, Directeur de la Station Entomologique, 16, rue Claude-Bernard, Paris.

* Marie (Dr Pierre), Professeur d'anatomie pathologique à la Faculté de Médecine de Paris, 209, boulevard Saint-Germain, Paris.

---

1. M. Lemoine (Victor), l'éminent horticulteur de Nancy, bien connu par ses nombreuses hybridations et auquel l'horticulture est redevable de tant de jolies choses, est malheureusement décédé depuis la réunion de la Conférence. Nous devons à l'obligeance de la « Mœller's Deutsche Gartner Zeitung » communication de la photographie reproduite.

* Maron, Horticulteur, 3, rue de Mongeron, Brunoy (Seine-et-Oise).

* Meunissier (A.), Maison Vilmorin-Andrieux et Cⁱᵉ, Verrières-le-Buisson Seine-et-Oise).

* Monnet (Paul), Laboratoire de culture du Muséum d'Histoire naturelle, 61, rue de Buffon, Paris.

* Mottet (S.), Chef du service des cultures expérimentales de la Maison Vilmorin-Andrieux et Cⁱᵉ, Verrières-le-Buisson (Seine-et-Oise).

* Muller, Professeur à Testschen, am E. (Autriche).

Nettleship (Edw.), Longdown Hollow, Hindhead, Surrey (Angleterre).

* Neveu-Lemaire (Dr M.), Agrégé à la Faculté de Médecine de Lyon, 9, rue de la Montagne-Sainte-Geneviève, Paris.

* Nilsson-Ehle, Attaché à la Station d'essais de Svalof (Suède).

* Nilsson-Ehle (Mᵐᵉ), à Svalof (Suède).

* Nomblot (A.), Pépiniériste, Grande-Rue, Bourg-la-Reine (Seine).

* Nonin (A.), Horticulteur, 20, avenue de Paris, à Châtillon-sous-Bagneux (Seine).

* Noorduyn (C. L. W.), Ontvanger van Rijksbelastingen, Groningue (Hollande).

* Opoix, Jardinier-chef du Jardin du Luxembourg, Paris.

* Oribe, (F. Buxareo), Secrétaire de la Légation de l'Uruguay, Paris.

* Orton (W.-A.), Pathologist in charge of Truck disease and Sugar plant Investigation, Département de l'Agriculture, Washington D. C. (États-Unis).

Palmer (R. E.), Oakland Park, Newdigate, Surrey (Angleterre).

* Passy (Pierre), Maître de Conférences à l'École Nationale d'Agriculture de Grignon, Vice-Président de la Société Nationale d'Horticulture de France, Arboriculteur au Désert-de-Retz, par Chambourcy (Seine-et-Oise).

Paton (Rev. J.-A.), Soulseat, Castlekennedy (Écosse).

* Pellew (Miss C.), 2 North View, Wimbledon, Surrey (Angleterre).

* Perez (Ch.), Maître de Conférences à la Sorbonne, avenue de Breteuil, 88, Paris (15ᵉ).

* Perrot (Dr). Professeur à l'École supérieure de Pharmacie de Paris.

* Perrier (Ed.), Membre de l'Institut, Directeur du Muséum d'Histoire Naturelle, Paris.

* Pfitzer (W.), Horticulteur, 74, Militarstrasse, Stuttgard (Allemagne).

* Pinelle, Jardinier principal à la Ville de Paris, Inspecteur des études à l'École d'Arboriculture de Saint-Mandé, 1, avenue Daumesnil, Saint-Mandé (Seine).

Pirocchi (A.), Professeur, 20, via Spallanzani, Milan (Italie).

* Poisson (Jules), Assistant honoraire du Muséum d'Histoire naturelle, 52, rue de la Clef, Paris.

Poisson, Agriculteur à Danonville, par Engenville (Loiret).

Pompignan (A. de), au Marigot, Martinique (Antilles Françaises).

* Prévot, Médecin-vétérinaire, Directeur de l'Annexe de l'Institut Pasteur, Garches (S.-et-O.).

* Punnett (R. C.), Professeur, Caius College, Cambridge (Angleterre).

* Racovitza (E.-G.), Directeur des Archives de Zoologie expérimentale, Sous-Directeur du Laboratoire Arago, 112, boulevard Raspail, Paris.

* Ragot (J.), Amateur d'horticulture, à Villenoy, près Meaux (S.-et-M.)

Rangel (A.), Professeur à l'Université de Rio de Janeiro (Brésil).

Rey du Boissieu (L.), Professeur d'arboriculture fruitière à l'École Nationale d'Horticulture de Versailles, 38, faubourg de Saint-Malo, Rennes.

RICHARDSON (C. W.). John Innes Horticultural Institution, Merton Park, Wimbledon (Angleterre).

RICHES (T. H.), Kitwells, Sheuley, Hertfordshire (Angleterre).

ROBERT (G.), Officier des haras, Pompadour (Corrèze).

ROBERTS (H. F.), Department of Botany, Kansas Agricultural College, Manhattan (États-Unis).

ROUX (Dr), Membre de l'Institut, Directeur de l'Institut Pasteur, 25, rue Dutot, Paris.

* ROSENBERG (O.), Professeur à l'Université, Tegnerlunden 4, Stockholm (Suède).

* RUGG-GUNN (A.), 2, Kevelioe Road, Lordship Lane, Bruce Grove, London N (Angleterre).

* RUEMKER (Prof. Dr von), Birkenwalden, Breslaù (Allemagne).

* RUMKER (Mme von), Breslau (Allemagne).

* SALAMAN (R. N.), Homestall, Barley, near Royston, Herts (Angleterre).

* SALAMAN (Mme R. N.), Homestall, Barley, near Royston, Herts (Angleterre).

* SALLIER (J.), Horticulteur, 9, rue Delaizement, Neuilly-sur-Seine (Seine).

* SAMUELS (Dr J.), Laboratoire de Biologie de Fontainebleau (Seine-et-Marne).

* SANITAS (A.), Inspecteur de l'Agriculture au Ministère de l'Économie Nationale, Athènes (Grèce).

* SAUNDERS (Miss E. R.), Newnham College, Cambridge (Angleterre).

SAUNDERS (W.), Director of the Experimental Farms, Ottawa (Canada).

* SAUNDERS (Ch. E.), Ph. D. Cerealist, Experimental Farms, Ottawa (Canada).

* SAUNDERS (Mme Ch.), Experimental Farms, Ottawa (Canada).

* SCHRIBAUX, Membre de la Société Nationale d'Agriculture, Professeur à l'Institut National Agronomique, 4, rue Platon, Paris.

SHULL (G. H.), Station expérimentale d'Évolution, Cold Spring Harbor, Long Island, N. Y. (États-Unis).

* SOUTHARD (E. C.), M. D. Professor of Nevropathology, Harvard Medical School, Director of the Boston Psychopathic Hospital, Boston, Mass. (États-Unis).

STAPLES-BROWNE (R.), Bampton, Oxfordshire (Angleterre).

* STOCKBERGER (Dr W. W.), Department of Agriculture, Washington D. C. (États-Unis).

STOTZ (G. I.), Professeur à l'École d'Agriculture, Maison Carrée (Alger).

* STRAKOSCH (S.), Cottage, Sternwartestrasse, 56, Vienne (Autriche).

* STRAMPELLI (Prof. N.), Directeur de la Station expérimentale de Rieti (Italie).

* SURFACE (Professeur), Kentucky Experiment Station Lexington, Ky. (États-Unis).

* SUTTON (A. W.), Marchand grainier, Reading (Angleterre).

* SWINGLE (Professeur W. T.), Bureau of Plant Industry, Department of Agriculture, Washington D. C. (États-Unis).

TEZIER (P.), Maison Tezier frères, Marchands grainiers, Valence-sur-Rhône (Drôme).

* THOMAS (Mme Rose Haig), Moyles Court, Ringwood (Angleterre).

* TRUFFAUT (A.), Vice-Président de la Société Nationale d'Horticulture de France, Horticulteur, rue des Chantiers, Versailles.

* TRUFFAUT (G.), 90 *bis*, avenue de Paris, à Versailles (S.-et-O.).

TOWER (W. L.), Professeur à l'Université de Chicago (États-Unis).

* TRABUT (Dr), Directeur du Service botanique de l'Algérie, Alger.

* Tschermak (Prof. E. von), K. K. Hoschschule für Bodenkultur, Vienne XVIII (Autriche).

* Tschermak (Mme Silvia Hillebrand), Anastasius, Grüngasse 52, Vienne XVIII (Autriche).

* Vacherot (J.), Jardinier principal de la Ville de Paris, 12, rue Carnot, Billancourt (Seine).

* Vaillant (Léon), Professeur au Muséum d'Histoire naturelle, Paris.

Vermorel (Victor), Sénateur, Villefranche (Rhône).

Vieules (Abbé Germain), Curé de Nages (Tarn).

* Vilmorin (Jacques L. de), 13, quai d'Orsay, Paris.

* Vilmorin (Louis L. de), à Verrières-le-Buisson (Seine-et-Oise).

* Vilmorin (Maurice L. de), Président de la Société Botanique de France, Vice-Président de la Société Dendrologique de France, 13, quai d'Orsay, Paris.

* Vilmorin (Philippe L. de), Membre de la Société Nationale d'Agriculture, à Verrières-le-Buisson (Seine-et-Oise).

* Vilmorin (Mme Philippe L. de), 66, rue Boissière, Paris.

Vilmorin (Vincent L. de), 25, quai d'Orsay, Paris.

M. Guillochon.

Phot. Soler.

Viviand-Morel, Rédacteur en chef du *Lyon Horticole*, 53, cours Lafayette prolongé, Villeurbanne-lès-Lyon (Rhône).

* Walther (Dr A.), Sterneckplatz 12, Vienne II (Autriche).

Wheldale (Miss Muriel), John Innes Horticultural Institution, Wimbledon (Angleterre).

* Wildeman (E. de), Directeur du Jardin Botanique de Bruxelles (Belgique).

Wilks (Rev. W.), Secrétaire de la Société Royale d'Horticulture d'Angleterre et Curé de Shirley, Surrey (Angleterre).

Wittmack (Dr L.), 42 Invalidenstrasse, Berlin N IV.

Willame (A.), à Ferrières-la-Grande (Nord).

Worsley (A.), Isleworth (Angleterre).

Zawodny (Dr J.), Directeur, Landwirtschaftliche Versuchsstation, Landw. Schule, Freudenthal (Autriche).

Gouvernement général de l'Indo-Chine.

Gouvernement général de l'Afrique occidentale française.

Maine Agricultural Experiment Station, Orono, Maine (États-Unis).

Missouri Botanical Garden, Saint-Louis (Mo) (États-Unis).

West Indian Agricultural Department, Barbados (Antilles Anglaises).

Office Horticole du Ministère de l'Agriculture de Belgique, Bruxelles.

* Office Rural du Département de l'Agriculture et des Travaux publics de Belgique, Bruxelles.

Société Botanique de France, 84, rue de Grenelle, Paris.

Société Centrale d'Horticulture de Nancy (Meurthe-et-Moselle).

Société Nationale d'Horticulture de France, 84, rue de Grenelle, Paris.

LISTE DES GOUVERNEMENTS
UNIVERSITÉS, ÉCOLES, SOCIÉTÉS SAVANTES, ETC.

AYANT ÉTÉ EFFECTIVEMENT REPRÉSENTÉS PAR DES DÉLÉGUÉS PRENANT PART
AUX SÉANCES DE LA CONFÉRENCE

Ministère de l'Agriculture français : Griffon.

Académie des Sciences : A. Gautier, Guignard, Delage, Perrier (E.).

Société Nationale d'Agriculture : Schribaux.

Faculté des Sciences de Paris : Blaringhem, Caullery, Dangeard, Delage, Perez.

Muséum d'Histoire Naturelle : Perrier (E.), Anthony, Bois, Costantin, Chevalier (A.), Gérôme, Monnet, Poisson (J.).

Institut Pasteur : Blaringhem, Prévot.

Laboratoire d'évolution de la Faculté des Sciences de Paris : Caullery, Chappellier (A.), Delcourt.

École supérieure de Pharmacie de Paris : Guignard, Perrot, Lutz.

Société Botanique de France : Maurice de Vilmorin, Lutz.

Société de Biologie : E. Gley, Loisel.

Société de Zoologie : Racovitza.

Société Nationale d'Acclimatation : Maurice de Vilmorin, Debreuil, Gérôme.

Société Dendrologique de France : Maurice de Vilmorin, Hickel.

Société Nationale d'Horticulture : Nomblot (A.), Passy (P.), Opoix, Vacherot, Truffaut (A.).

Association scientifique Internationale d'Agriculture coloniale : F. Heim.

Institut National Agronomique : Schribaux, Marchal, Mallèvre.

École Nationale d'Agriculture de Grignon : P. Berthault, Brétignières, Griffon, Hickel, Passy (P.).

École Nationale d'Horticulture de Versailles : Gérôme, Nomblot (A.), Pinelle.

École d'Arboriculture de la Ville de Paris : Pinelle.

Gouvernement général de l'Algérie : Dʳ Trabut.

Jardin d'essais de Tunis : Guillochon.

École d'Agriculture de Tunis : Bœuf.

Université de Rennes : Dʳ Pierre Lesage.

École Nationale d'Agriculture de Rennes : Ducomet.

« Board of Agriculture » anglais : Bruce.

Université de Cambridge : Compton, Gregory, Miss Saunders, Punnett, Lynch, Miss Lynch.

Université de Glascow : W. E. Agar.

John Innes Horticultural Institution : Bateson, Backhouse, Miss Cayley, Miss Gray, Miss Durham, Miss Pellew.

Burbage Experiment station : C. C. Hurst.

Canada Exprimental Farms : Saunders (Ch.).

Département de l'Agriculture de Washington : Orton, Stockberger, Swingle.

American Breeders' Association : Laughlin, Southard.

Station expérimentale d'Évolution de Carnegie : (Cold Spring Harbor) Laughlin.
Kentucky Experiment Station : Surface.
Université de Berlin : Baur.
Université de Munich : Giesenhagen, Goldschmidt.
Université de Breslau : Dr Von Ruemker.
Département de l'Agriculture de Belgique : E. Gaspart.
Jardin Botanique de Bruxelles : E. de Wildeman.
Jardin Botanique d'Anvers : H. de Beukelaer.
K. K. Hochschule für bodenkultur de Vienne (Autriche) : Fruwirth, Jesenko.
     E. von Tschermak.
Biologische Versuchsanstalt Vienne (Autriche) : D^r Ad. Walther.
Station d'essais de Svalof : Nilsson-Ehle.
Université de Stockholm : Rosenberg.
Société des Sciences de Hollande : Lotsy.
Université de Copenhague : Johannsen.
Station expérimentale de Riéti (Italie) : Strampelli.
Gouvernement de l'Uruguay : F. Buxareo Oribe.
Département de l'Agriculture égyptien : Balls.
Ministère de l'Agriculture de Grèce : Sanitas.
Université d'Helsingfors (Finlande) : Federley.
Station agricole de Charkoff (Russie) : Jenken (Boris).

LISTE DES ADHÉRENTS A LA CONFÉRENCE
CLASSÉS PAR PAYS

France. — Adnet, Anthony, Bataillon, Bazin, Bellair, Berthault (P.), Berthelot (D.), Blaringhem, Blot (E.), Blot (F.), Bois, Bonaparte (prince Roland), Bouvier, Brétignières, Bruant, Burle, Calman-Lévy, Caullery, Cayeux (F.), Chappard, Chappellier, Charnacé (marquis de), Chenault, Chevalier, Chifflot, Clément, Cochet-Cochet, Cordonnier, Costantin, Couderc, Coutagne, Crouzon, Croux, Cuénot, Dangeard, Daniel, Dard, Debreuil, Delage, Delcourt, Denis, Desfossés, Duboscq, Estienne (comte d'), Flahault, Frezier, Gard, Gautier (A.), Gérôme, Gèze, Gibault, Gley, Gobillot, Godin, Gravereaux (J.), Gravereaux (A.), Griffon, Grignan, Guignard, Heim, Henneguy, Henry (L.), Hibon, Hickel, Lasseaux, Lassimonne, Laumonnier, Lemoine (E.), Lemoine (V.); Lesage, Limon, Loisel, Lutz, Maige, Malinvaud, Mallèvre, Marchal, Marie (Dr Pierre), Maron, Meunissier, Monnet, Mottet, Neveu-Lemaire, Nomblot (A.), Nonin, Opoix, Passy (P.), Perez, Perrier (E.), Perrot (E.), Pinelle, Poisson (J.), Poisson (F.), Prévot, Racovitza, Ragot, Rey du Boissieu, Robert (G.), Roux (D^r), Sallier. Schribaux, Tezier, Truffaut (A.), Truffaut (G.), Vacherot, Vaillant, Vermorel, Vieules (abbé), Vilmorin (Jacques L. de), Vilmorin (Louis L. de)., Vilmorin (Maurice L. de), Vilmorin (Philippe L. de), Vilmorin (Mme Ph. L. de), Vilmorin (Vincent L. de), Viviand-Morel, Willame.

Société Botanique de France, Société centrale d'Horticulture de Nancy, Société Nationale d'Horticulture de France.

Colonies françaises. — *Algérie* : Clouet des Perusches, Stolz. Trabut. *Tunisie* : Guillochon, Bœuf.
Martinique : Pompignan (A. de).
Afrique occidentale : Gouvernement général.
Indo-Chine : Gouvernement général.

Iles Britanniques. — Agar, Backhouse, Bateson (W.), Bateson (Mme W.), Bliss, Bridgman, Bruce, Bryant, Bonhote, Cayley (Miss), Compton, Darbishire, Drinkwater, Durham (Miss), Gray (Miss), Gregory, Hartog, Hindmarsh, Hurst, Keeble, Laxton (E.), Laxton (W.), Lynch (R. I.), Lynch (Miss), Nettleship, Palmer, Paton, Pellew (Miss), Punnett, Richardson, Riches, Rugg-Gunn, Salaman (R. N.), Salaman (Mme R. N.), Saunders (Miss), Staples-Browne, Sutton. Thomas (Mme R. H.), Wheldale (Miss), Wilks (Rev. W.), Worsley.

Colonies anglaises. — *Canada* : Saunders (Ch.), Saunders (Mme Ch.. Saunders (W.).
Australie : Bradley.
Indes anglaises : Leake, Lloyd.
Antilles anglaises : West Indian Agricultural Department.

États-Unis. — Clark, Cole, Collins, Davenport, East, Gates, Hays, Howard, Laughlin, Orton, Roberts (H. F.), Shull, Southard, Stockberger, Surface, Swingle, Tower, Maine Agricultural Experiment Station, Missouri Botanical Garden.

Allemagne. — Baur, Giesenhagen, Goldschmidt, Heinze, Hosseus, Pfitzer, Rumker (Dr von), Rumker (Mme von), Wittmack.

Autriche. — Früwirth. Jesenko, Müller, Strakosch, Tschermak (E. von). Tschermak (Mme Silvia Hillebrand), Walther, Zawodny.

Hollande. — Hagedoorn (Dr A.), Hagedoorn (Mme A.), Houwink, Lotsy. Noorduyn, Samuels.

Belgique. — Beukelaer (H. de), Gravis, Lauwaert, Wildeman (E. de), Office rural du Département de l'Agriculture, Office horticole belge.

Italie. — Cuboni, Ghigi, Pirocchi, Strampelli.

Russie. — Federley. Fedtschenko (Boris de), Jenken.

Suède. — Nilsson-Ehle (Dr), Nilsson-Ehle (Mme), Rosenberg.

Suisse. — Chodat, Lang.

Danemark. — Johannsen.

Grèce. — Sanitas.

Égypte. — Balls.

Uruguay. — Arechavaleta, Oribe (F. Buxareo).

République Argentine. — Gallardo.

Brésil. — Rangel.

LA CONFÉRENCE

Le 18 septembre à 9 heures 30 du soir, la Société Nationale d'Horticulture de France a reçu dans la grande salle de son hôtel de la rue de Grenelle les membres de la 4° Conférence Internationale de Génétique. A cette solennité avaient été également convoqués les hauts fonctionnaires du Ministère de l'Agriculture ainsi que les membres du bureau et du Conseil de la Société Nationale d'Horticulture, etc.

Le grand hall était décoré de fleurs et de plantes vertes.

M. le D' Viger, Président de la Société Nationale d'Horticulture et du Comité d'organisation de la Conférence, souhaita la bienvenue à ses hôtes en termes chaleureux et fréquemment applaudis.

Mesdames, Messieurs,

Lorsque mon aimable et excellent collaborateur, M. Philippe de Vilmorin, est venu me demander de prendre la présidence du Comité d'organisation de la 4° Conférence Internationale de Génétique, je me suis empressé d'accepter l'invitation qu'il m'adressait.

Je l'ai acceptée avec plaisir, parce que je désirais d'abord lui être agréable, avec un plaisir plus grand encore, parce que je savais rester dans les traditions de notre Société.

La Société Nationale d'Horticulture de France est déjà une très vieille dame, car elle approche bientôt de son centenaire. Elle a été fondée au commencement du siècle dernier par d'illustres savants, par des hommes d'État, par des amateurs éclairés, et, depuis sa fondation, elle n'a cessé de s'intéresser aux progrès de la Science.

Elle est non seulement une Société de vulgarisation scientifique, elle est encore une Société de science pure; elle renferme notamment dans son sein des botanistes éminents auxquels nous sommes toujours très heureux de faire bon accueil quand ils viennent participer à nos travaux. Aussi sommes-nous enchantés de vous offrir l'hospitalité et, en même temps, de vous souhaiter la bienvenue au nom de la Société Nationale d'Horticulture.... Je dis « Nationale ». Je pourrais dire « Internationale », car notre Société compte cinq mille membres dont un grand nombre habitent la France, mais dont beaucoup sont répartis sur le monde entier, même jusqu'au Japon.

Nous sommes charmés de vous recevoir, et je suis pour ma part très satisfait de vous accueillir dans cette maison de l'Horticulture. Nous savons quels sont les graves travaux auxquels vous vous livrez et auxquels vous consacrez votre haute intelligence et votre grande compétence scientifique. Nous savons que vous avez ouvert à la Science des horizons nouveaux et que, en étudiant de plus en plus près les grands problèmes qui se rattachent à l'hérédité des espèces vivantes, vous ferez progresser cette Science et que vous allez élargir encore les bornes du génie humain.

Nous espérons que votre présence nous laissera un souvenir qui ne s'effacera pas, par les grands services que votre Conférence va être appelée à rendre encore à la Science. Quant à nous, nous nous féliciterons si, après avoir passé quelques jours au milieu de nous, vous emportez de notre chère France un bon souvenir. Ce sera la plus gracieuse récompense que vous puissiez nous accorder.

Au nom des membres de la Conférence en général et des étrangers en particulier, M. le professeur W. Bateson M. A.; F. R. S.; Directeur du John Innes Horticultural Institute, voulut bien répondre :

Mesdames, Messieurs,

On m'a fait le très grand honneur de me désigner pour exprimer, de la part des étrangers, les sentiments que ressentent tous ceux qui sont réunis ici ce soir.

Si j'avais pu prévoir que cet honneur me fût donné, j'aurais préparé quelque chose digne de cette assistance, mais il y a juste trois minutes que M. Philippe de Vilmorin m'a prévenu, et je suis, comme vous le voyez, absolument dépourvu d'idées et sans paroles.

Vous me pardonnerez donc si j'exprime mal ce que nous ressentons tous à l'égard du Comité d'organisation, de son président et de son secrétaire, auxquels nous devons le plaisir extrême de nous trouver réunis pour la quatrième Conférence de Génétique.

La Génétique est une plante merveilleuse dont j'ai vu la naissance, il y a douze ou treize ans. C'est à Londres que la graine a été plantée dans une terre assez fertile. Vous voyez aujourd'hui la plante, mais pour avoir les fruits il faut attendre l'avenir.

Nous sommes réunis avec l'espoir d'obtenir un succès merveilleux en suivant les lois de la Génétique.

Chose curieuse, le Congrès de Génétique fut fondé avant que la Génétique elle-même existât... (*Applaudissements, rires*). C'est absolument exact, puisqu'en 1899, année de notre premier Congrès, la Génétique n'existait pas! Quelques amateurs d'horticulture et de la théorie de l'origine des espèces se sont assemblés; ils ne savaient rien des choses qui les intéressaient; ils escomptaient l'avenir. Il y a quelques années, nous avons connu les découvertes de Mendel, base de tous les progrès que la Génétique a faits et fera.

Beaucoup de gens ne savent pas si les Congrès font du bien ou du mal; certains estiment qu'assister à un Congrès c'est perdre son temps; personne ne pouvait penser qu'une science sortirait d'un Congrès. Nous étions alors rassemblés avec aucune idée de ce que serait l'avenir, et nous voyons aujourd'hui ce que l'on a déjà obtenu.

Tous, nous nous doutons du plaisir que nous allons éprouver de notre séjour à Paris; nous savons que la semaine qui va s'écouler restera éternellement gravée dans notre souvenir comme une semaine de couleur « rose ».

En terminant, je dirai que ce qui distingue le Congrès de Génétique de tous les autres, c'est que la pratique et la théorie s'y trouvent mêlées. D'ordinaire, les Congrès sont, ou pratiques ou théoriques; c'est ainsi que les Congrès d'ingénieurs, de chimistes, de mécaniciens et autres personnes qui s'intéressent à l'application des sciences réunissent des praticiens. Chez nous, au contraire, les uns et les autres se réunissent et c'est ce qui donne à nos séances un cachet si spécial, parce que l'homme de science y reçoit du praticien des idées nouvelles qu'il va... digérer et dont il fera sortir plus tard la bonne idée scientifique. Je ne peux malheureusement pas dire que les praticiens reçoivent de pareils bienfaits de la Science, parce que, jusqu'à présent, on ne peut pas dire que la Science aide beaucoup les éleveurs de plantes et d'animaux, mais nous espérons qu'en basant notre progrès sur des faits certains, quelque chose de bon en sortira dans l'avenir.

Je vous demande encore pardon d'avoir exprimé si mal les sentiments que vous partagez.

Je souhaite au Congrès le succès que tout le monde espère, étant donnés les efforts réalisés par les dirigeants de la Société Nationale d'Horticulture, M. de VILMORIN et ses collègues. »

Après ces discours eut lieu une séance de projections de photographies en couleurs (clichés de M. Georges Truffaut) et de vues cinématographiques de plantes, obligeamment organisée par M. Gaumont et la soirée, égayée par quelques morceaux de musique se termina autour du buffet qu'avait fait préparer la Société Nationale d'Horticulture et où, français et étrangers, échangèrent des vœux pour le succès de la Conférence.

Première séance, mardi 19 septembre à 9 heures 45 du matin.

Présidence de M. le Professeur YVES DELAGE.
Membre de l'Institut.

Le bureau de la Conférence est ainsi constitué :

Présidents d'honneur :

S. A. I. le prince Roland BONAPARTE.
Le Dr VIGER, Président de la Société Nationale d'Horticulture de France.

M. Maurice L. de VILMORIN, Président de la Société Botanique de France.

Vice-Présidents d'honneur :

Prof. W. BATESON, Directeur of the John Innes, Horticultural Institution, Londres, et M. A. W. SUTTON, de READING (pour l'Angleterre).

Prof. JOHANNSEN, de l'Université de Copenhague (pour le Danemark).

Prof. ERICH, von TSCHERMAK, de la K. K. Hochschule für Bodenkultur. Vienne (pour l'Autriche).

Prof. WITTMACK, de Berlin (pour l'Allemagne).

Prof. GRAVIS, de l'Université de Liége (pour la Belgique).

Prof. CHODAT, de l'Université de Genève (pour la Suisse).

M. le Prof. YVES DELAGE.

Prof. CUBONI, de l'Université de Rome (pour l'Italie).

Dr. LOTSY, de Haarlem (pour la Hollande).

M. W. T. SWINGLE délégué du Département de l'Agriculture de Washington (pour les États-Unis).

Prof. W. Saunders, délégué du gouvernement canadien (pour le Canada).

Prof. Arechavaleta, Directeur du Musée national, Montevideo (pour l'Uruguay).

Prof. A. Gautier, membre de l'Institut, Professeur à la Faculté de médecine;

Phot. Pierre Petit.   Phot. Pirou.

M. le Prof. Léon Vaillant.   M. le Prof. Guignard.   M. le Prof. Perrot.

Phot. J. Imbert.

M. Chevalier.

Phot. Walery.

M. le Prof. Henneguy.

Prof. Guignard, membre de l'Institut, Directeur honoraire de l'École supérieure de Pharmacie; Prof. E. Perrier, membre de l'Institut, Directeur du Muséum d'Histoire naturelle; Dʳ Roux, membre de l'Institut. Directeur de l'Institut Pasteur; Cuénot, Professeur de zoologie, Faculté des Sciences de Nancy (pour la France).

Secrétaires d'honneur :

Major C. C. Hurst, Directeur de la Station expérimentale de Burbage, et M. A.
B. Bruce, délégué du Board of Agriculture de Londres (pour l'Angleterre).

Phot. Boissonnas. *Phot. Studio.*

M. le Prof. Chodat. M. le Prof. de Wildeman. M. Lynch.

Phot. Buyle.

M. le Prof. Fruwirth. M. le Prof. Lang. M. de Beukelaer.

Prof. Fruwirth, de Vienne (pour l'Autriche).
Prof. Baur, de l'Université de Berlin (pour l'Allemagne).
Prof. de Wildeman, Directeur du Jardin Botanique de Bruxelles (pour la Bel-
gique).
Prof. Lang, de l'Université de Zurich (pour la Suisse).
Prof. Strampelli, Directeur de la Station expérimentale de Riéti (pour l'Italie).
Dr Hagedoorn (pour la Hollande).

M. Sanitas, délégué du Ministère de l'Agriculture d'Athènes (pour la Grèce).
Dr Federley, Professeur à l'Université d'Helsingfors (pour la Russie).
Dr Nilsson-Ehle, de la Station d'essais de Svalof (pour la Suède).
Prof. W. L. Balls, délégué du gouvernement égyptien (pour l'Égypte).
Prof. W. A. Orton et H. H. Laughlin, délégués du Département de l'Agriculture
  de Washington et de l'American Breeder's Association (pour les États-Unis).

M. le Prof. W. Saunders.

Phot. Krüger.

M. le Prof. Wittmack.

Prof. Gallardo, de l'Université de Buenos-Ayres (pour la République Argentine).
Prof. Rangel, de l'Université de Rio-de-Janeiro (pour le Brésil).
Prof. Blaringhem, chargé de cours à la Faculté des Sciences de Paris; Prof.
  Perrot, École supérieure de Pharmacie de Paris, et le Dr O. Crouzon
  (pour la France).

BUREAU EFFECTIF

Président :

M. le Prof. Yves Delage, membre de l'Institut.

Vice-Président :

M. Caullery, Professeur à la Faculté des sciences de Paris.

Secrétaire :

M. Ph. L. de Vilmorin.

Secrétaire adjoint :

M. A. Meunissier.

Le Président présente les excuses des membres empêchés d'assister à la
séance. Sur la proposition de M. Philippe de Vilmorin, secrétaire, il est décidé
d'envoyer un télégramme de condoléances à M. le professeur Cuénot que l'état
de sa santé a empêché de venir à Paris.

Les communications suivantes ont été entendues et discutées[1] :

1. Malgré les efforts faits pour grouper et sérier les questions, l'ordre du jour a souvent dû être
modifié ; il a paru plus logique de donner ci-après, dans leur ordre rationnel, le texte des diverses
communications ainsi que les discussions auxquelles elles ont donné lieu.

MM. Armand Gautier, membre de l'Institut, professeur à la Faculté de médecine : *Sur le principe de la coalescence des plasmas vivants et l'origine des races et des espèces.* (Voir p. 79.)

Prof. W. Johanssen, professeur à l'Université de Copenhague (Danemark) : *Mutations dans des lignées pures de haricots,* et discussion au sujet de la Mutation en général. (Voir p. 160).

C. C. Hurst, directeur de la station expérimentale de Burbage, Leicester (Angleterre) : *The Application of the Principles of Genetics to some practical problems.* (Voir p. 210.)

Prof. Erich von Tschermak, K. K. Hochschule für bodenkultur, Vienne (Autriche) : *Examen de la théorie des facteurs par le recroisement méthodique des hybrides.* (Voir p. 91.)

Prof. W. Bateson, directeur of the John Innes Horticultural Institution Londres), et Punnett, professeur de biologie à l'Université de Cambridge : *Reduplication of terms in series of gametes* (projections). (Voir p. 99.)

A. B. Bruce, Superintending Inspector du « Board of Agriculture » de Londres : *Hérédité des caractères quantitatifs.* (Voir p. 96.)

Prof. L. Blaringhem, chargé du Cours de Biologie agricole à la Faculté des sciences de l'Université de Paris : *Sur l'hérédité en mosaïque.* (Voir p. 101.)

La séance est levée à midi.

Deuxième séance, mardi 19 Septembre, à 3 heures du soir

Présidence de M. CAULLERY,
Professeur à la Faculté des Sciences de Paris.
puis de M. le Professeur Yves DELAGE.
Membre de l'Institut.

Les communications suivantes ont été entendues et discutées :

Phot. A. Debenham.
M. le Prof. Caullery.

Prof. Fr.-M. Surface, biologiste, Kentucky Experiment Station : *The Result of selecting fluctuating variations, data from the Illinois Corn breeding Experiments.* (Voir p. 222.)

Prof. Strampelli, directeur de la station expérimentale de Riéti (Italie) : *L'étude des caractères anormaux présentés par les plantules pour la recherche des variétés nouvelles.* (Voir p. 237.)

Dr H. Nilsson-Ehle, attaché à la station d'essais de Svalof (Suède) : *Mendélisme et acclimatation.* (Voir p. 156.)

Ch. E. Saunders, Ph.-D., Experimental Farms Ottawa (Canada) : *Production de variétés de blé de haute valeur boulangère.* (Voir p. 290.)

Dr A.-L. Hagedoorn, Ph. D., Verrières-le-Buisson (S.-et-O.) : *Facteurs génétiques et facteurs de milieu dans l'amélioration et l'obtention des variétés.* (Voir p. 152.)

Prof. R.-H. Compton, Gonville et Caïus College, Cambridge (Angleterre) : *Right and Left Handedness in Cereals.* (Voir p. 328.)

Dr F. Jesenko, K. K. Hochschule für Bodenkultur, Vienne (Autriche) : *Sur un hybride fertile de blé et de seigle* (projections). (Voir p. 301.)

Philippe L. DE Vilmorin, Verrières-le-Buisson (S.-et-O.) : *Sur des hybrides anciens de Triticum et d'Ægilops* (présentation des échantillons). (Voir p. 317.) *Fixité des races de blés.* (Voir p. 312.)

Dr L. Trabut, chef du service botanique du Gouvernement général de l'Algérie : *Sur l'origine des avoines cultivées.* (Voir p. 336.)

La séance est levée à 5 heures 25.

Troisième séance, mercredi 20 Septembre, à 9 heures 50 du matin

Présidence de M. le Professeur W. BATESON,
Directeur of the John Innes Horticultural Institution, Londres.

Les communications suivantes ont été entendues et discutées :

Collins et Kempton, département de l'Agriculture de Washington : *Inheritance of waxy endosperm in Hybrids of chinese Maize.* (Voir p. 547.)

A. W. Sutton F.L.S. ; V.M.H., Reading (Angleterre) : *Expériences de croisements entre le pois sauvage de Palestine et différentes variétés de pois* (présentation des échantillons) (projections). (Voir p. 358.)

A. W. Sutton F.L.S.; V.M.H., Reading (Angleterre) : *Sur l'origine des espèces par mutation.* (Voir p. 158.)

Mme Rose Haig Thomas, Moyles Court, Ringwood (Angleterre) : *Expériences diverses de croisements* (présentation des échantillons) (projections en couleurs. (Voir pp. 209, 449, 509.)

W.-A. Orton, pathologiste, Département de l'Agriculture de Washington : *The Development of Disease resistant varieties of Plants* (projections). (Voir p. 247.)

M. le Prof. Bateson.

Philippe DE Vilmorin, Verrières-le-Buisson (S.-et-O.) : *Étude du caractère présenté par les pois « chenilles »* (projections). (Voir p. 368.)

Maron, orchidophile à Brunoy (S.-et-O.) : *Sur un hybride de Cattleya* (présentation de plantes). (Voir p. 440.)

W.-T. Swingle, département de l'Agriculture de Washington : *Variation in first Generation Hybrids (Imperfect Dominance) Its possible Explanation through Zygotaxis.* (Voir p. 581.)

Miss E.-R. Saunders, Newnham College, Cambridge (Angleterre) : *The breeding of double Flowers.* (Voir p. 397.)

R.-N. Salaman, Barley (Angleterre) : *Studies in Potato breeding.* (Voir p. 573.)

La séance est levée à midi 30.

Quatrième séance, vendredi 22 Septembre, à 9 heures 45 du matin

Présidence de M. le Professeur E. BAUR,
de l'Université de Berlin.

Le Président donne tout d'abord, connaissance d'un télégramme ainsi conçu : « Extrêmement touché, adresse chaleureux remerciements et meilleurs souhaits de succès à Conférence, Cuénot ».

Phot. Nonik.

M. le Prof. Baur.   M. le Prof. Cuénot.

Les communications suivantes ont été entendues et discutées :

Delcourt et Guyenot, laboratoire d'évolution de la Faculté des sciences de Paris : *Variation et milieu. Lignées de drosophiles en milieu stérile et défini.* (Voir p. 477.)

A. Chappellier, préparateur à la Faculté des sciences de Paris : *La ponte et l'œuf chez les hybrides provenant du croisement canard de ferme ($\male$) et canard de Barbarie ($\female$) (présentation d'échantillons).* (Voir p. 502.)

D^r Ad. R. Walther, biologische Versuchsanstalt, Vienne (Autriche) : *L'hérédité de la couleur de la robe chez le cheval* (projections). (Voir p. 490.)

Prof. W.-E. Agar, Université de Glasgow : *Variations héréditaires chez un Cladocera* (Simocephalus betulus)[1].

C.-L.-W. Noorduyn, Groningue (Pays-Bas) : *Croisements de canaris.* (Voir p. 506.)

Prévot, médecin-vétérinaire, directeur de l'annexe de l'Institut Pasteur, Garches (S.-et-O.) : *Relations entre la couleur, la sexualité et la productivité chez le cobaye.* (Voir p. 510.)

Dr O. Crouzon, ancien chef de clinique à la Faculté de médecine : *Recherches sur l'application des Principes de Mendel dans l'hérédité de certaines maladies humaines et en particulier dans les maladies du système nerveux.* (Voir p. 533.)

Dr H. Drinkwater, M.D.; F.R.S. (Edin.); F.L.S. Wrexham (North Wales) : *Study of a brachydactylous Family (minor brachydactyly)* (projections). (Voir p. 548).

La séance est levée à midi 35.

1. Renseignements préliminaires sur des expériences dont le compte rendu sera publié par la suite.

Cinquième séance, samedi 23 Septembre, à 2 heures 55

Présidence de M. le Professeur Yves DELAGE,
Membre de l'Institut.

Les communications suivantes ont été entendues et discutées :

W. PFITZER, horticulteur à Stuttgart (Allemagne) : *Sur l'amélioration de quelques plantes à fleurs ornementales* (projections de photographies en couleurs). (Voir p. 461.)

Prof. D^r von RUEMKER, Université de Breslau (Allemagne) : *Étude sur le coloris des grains chez le seigle* (présentation d'échantillons). (Voir p. 552.)

Prof. Dr Harry FEDERLEY, professeur de zoologie à l'Université d'Helsingfors (Finlande) : *Sur un cas d'hérédité « gynéphore » chez un papillon.* (Voir p. 468.)

Dr J.-P. LOTSY, secrétaire perpétuel de la Société des sciences, Haarlem (Hollande) : *Hybrides d'espèces dans le genre Antirrhinum* (présentation de documents). (Voir p. 416.)

Prof. Ed. GRIFFON, directeur-adjoint de la station de pathologie végétale de Paris, professeur à l'École nationale d'Agriculture de Grignon : *Greffage et hybridation asexuelle* (présentation de photographies). (Voir p. 164.)

A. NOMBLOT, pépiniériste à Bourg-la-Reine (Seine) : *Recherches de variétés fruitières nouvelles.* (Voir p. 463.)

S. STRAKOSCH, Cottage, Stermwartestrasse, 56, Vienne (Autriche) : *Les effets de l'assimilation dans la culture des plantes.* (Voir p. 275.)

Prof. BŒUF, chef de la station expérimentale agricole de l'École coloniale d'agriculture de Tunis : *Cultures expérimentales de sortes pures de céréales. Observations sur la stabilité et la variabilité de leurs caractères.* (Voir p. 319.)

Dr C.-C. HOSSEUS, Bad Reinchenhall (Bavière) : *Sur un hybride de Magnolia*[1].

Dr MARCHAL, professeur à l'Institut national agronomique, Paris : *De l'oblitération de la reproduction sexuée chez les kermès.* (Voir p. 487.)

Après cette dernière communication, M. le Président déclare terminés les travaux de la 4e Conférence Internationale de Génétique. Il reste cependant une chose à faire, c'est à fixer le lieu et la date de la prochaine Conférence. Les délégués de l'Allemagne et des États-Unis ont fait à ce sujet des propositions éventuelles mais subordonnées à un certain nombre de circonstances, telles qu'il serait sans doute imprudent de prendre une décision immédiate. Il serait préférable de nommer une Commission qui prendrait une décision après entente avec les généticiens allemands et américains. Si cette manière de voir était approuvée par l'Assemblée, il serait désirable de nommer une Commission internationale, non pas seulement occasionnelle, mais permanente, qui serait dans l'avenir, chargée de régler tout ce qui concerne les intérêts généraux des Conférences Internationales de Génétique.

M. Philippe de VILMORIN, consulté à ce sujet donne son approbation au projet. D'après lui les congrès périodiques internationaux doivent être reliés entre eux par un organisme constamment actif et une direction homogène ayant l'autorité nécessaire pour prendre les décisions qui s'imposent dans le cas où,

---

1. Nous n'avons pu avoir le texte de la Communication du Dr C.-C. Hosseus.

pour une raison quelconque, il ne peut être donné suite aux décisions prises par le précédent Congrès. Il est bien entendu, qu'une fois constitué, le Comité national du pays où doit avoir lieu le Congrès ou la Conférence est seul chargé de la préparation de la réunion.

C'est ainsi que l'on procède pour les Congrès internationaux d'agriculture et ceux de botanique.

M. le professeur VAILLANT fait remarquer qu'il en est de même pour le Congrès internationnal de zoologie.

M. le Président, constatant que la proposition semble rallier l'assentiment général des membres présents, donne lecture de la liste suivante qui est adoptée à l'unanimité ;

COMMISSION PERMANENTE DES CONFÉRENCES INTERNATIONALES DE GÉNÉTIQUE

Grande-Bretagne : Prof. W. BATESON. *président*.
Allemagne :   Prof. BAUR.
Autriche :   Prof. TSCHERMAK.
Danemark :   Prof. JOHANNSEN.
France :   M. Philippe DE VILMORIN.
Hollande :   Dr LOTSY.
Suède :   Prof. NILSON-EHLE.
États-Unis :   M. W.-F. SWINGLE.
Suisse :   Prof. LANG.

Il est ensuite décidé que cette Commission aura le droit de se compléter et de remplacer ceux de ses membres qui viendraient à disparaître, après avoir pris l'avis des biologistes intéressés à la Génétique et par voie de cooptation, sous réserve d'approbation par la Conférence suivante.

La séance est levée à 5 heures 35 minutes.

RÉCEPTIONS ET EXCURSIONS

Mardi 19 Septembre

Déjeuner chez S. A. I. le Prince Roland Bonaparte

S. A. I. le prince Roland Bonaparte a offert un déjeuner intime à quelques-uns des membres du Bureau de la Conférence.

Se sont rendus à cette invitation :

Prof. et Mme W. Bateson, Prof. Yves Delage, M. A. W. Sutton, M. Maurice de Vilmorin, Miss Saunders, Prof. Johannsen, Miss Durham, Prof. Von Tschermak, Mme Hillebrand Tschermak, Dr et Mme Lotsy, M. W. T. Swingle, Prof. Baur, Prof. Punnett, Dr et Mme Hagedoorn, M. de Wildeman, Dr et Mme Federley, Prof. et Mme Nilsson-Ehle, M. Orton, Prof. et Mme von Ruemker, M. et Mme Philippe de Vilmorin.

Mercredi 20 Septembre

Réception à l'Hôtel de Ville

M. le Président du Conseil municipal de Paris, M. le Préfet de la Seine et M. le Préfet de police avaient bien voulu, non seulement faciliter la visite de l'Hôtel de Ville de Paris et des merveilles qu'il contient aux membres de la Conférence de Génétique, mais ils ont tenu à leur offrir une réception cordiale qui a été hautement appréciée. MM. Roussel, Delannay et Lépine, empêchés de présider eux-mêmes à cette réception qui a eu lieu dans les salons aux Arcades, s'étaient fait représenter par MM. Girou, vice-président du Conseil municipal, Armand Bernard, secrétaire général de la Préfecture de la Seine et Yves Durand, délégué du Préfet de police qui ont souhaité la bienvenue aux membres de la Conférence.

M. Georges Girou, vice-président du Conseil municipal :

Mesdames, Messieurs,

Lorsque le Bureau du Conseil m'a fait le très grand honneur de me désigner pour vous recevoir à l'Hôtel de Ville, j'ai été à la fois très flatté et très étonné.

Très étonné, parce que j'ignorais — je vous dois cet aveu — la signification d'un mot que vous connaissez bien, car c'est lui qui dirige vos études et caractérise vos recherches : le mot « génétique ».

Je vous dois aussi de la gratitude car, grâce à vous, cette lacune est comblée.

Le dictionnaire que j'avais consulté tout d'abord ne m'avait rien appris du tout. J'y avais bien lu que la Génétique avait trait à la formation des organes ou des tissus, mais c'était là un si piètre résultat et un aliment tellement insignifiant pour ma curiosité que j'étais loin d'être satisfait. Sur ces entrefaites, M. de Vilmorin a eu l'heureuse idée de me faire parvenir une brochure très curieuse et très intéressante dans laquelle j'ai puisé, non seulement les renseignements que je souhaitais, mais encore des connaissances suffisantes, — peut-être suis-je trop prétentieux — pour comprendre les grandes lignes de votre programme et aussi le but que poursuivait la 4ᵉ Conférence internationale de Génétique.

J'ai été tout simplement émerveillé. J'ai dû abandonner je ne sais quelles idées scabreuses que le mot « génétique » avait éveillées en moi. Je me demandais, en effet, si nous n'allions pas être dotés d'un nouveau culte comparable à ceux dont l'histoire romaine nous a légué le souvenir.

La brochure de M. de Vilmorin est venue à point, elle m'a éclairé. J'ai compris combien l'étude de la Génétique exigeait de patience, de travail, de science, et combien étaient ardus les problèmes touchant la formation des tissus, les phénomènes de l'hérédité, la variation, les origines, dont vous poursuivez la solution.

C'est un grand honneur pour moi, Mesdames et Messieurs, d'avoir été appelé à recevoir ici des savants, des praticiens tels que vous. Mais qu'il me soit permis de vous dire qu'à l'Hôtel de Ville de Paris, toutes les manifestations tendant au développement de la pensée humaine sont suivies avec le plus grand intérêt et que notre entière sympathie est acquise à tous ceux qui dirigent leurs efforts en ce sens.

C'est à ce titre, et parce que vous êtes les pionniers et les bons ouvriers de cette science nouvelle que votre honorable et distingué président, M. le sénateur Viger et vous, êtes ici les bienvenus et que je suis fort heureux de vous recevoir dans notre maison commune (*Applaudissements*).

M. Armand Bernard, secrétaire général de la Préfecture de la Seine :

Mesdames, Messieurs,

Je n'ajouterais rien aux paroles si complètes de M. le vice-président du Conseil municipal si je n'avais la mission de vous dire de quel cœur M. le Préfet de la Seine m'a prié de l'associer aux souhaits de bienvenue des élus de Paris.

Avec un esprit d'à-propos qui lui est coutumier, M. Girou vient de ranimer l'histoire encore mystérieuse de votre jeune science; il a rappelé justement combien étaient complexes et ardus les problèmes dont vous recherchez la solution et qui concernent les phénomènes de variations, de descendance, d'hérédité des espèces et de transmission des caractères chez les hybrides.... Terrain bien spécial et bien réservé, Messieurs, sur lequel un profane tel que moi n'aurait garde de s'aventurer! La forêt de la Génétique est encore trop sombre malgré les avenues déjà si bien tracées dont vous avez su l'éclairer!

Qu'il me suffise donc de m'incliner devant le but que vous poursuivez et de former le vœu que vous emportiez un agréable souvenir de la cordialité de notre accueil... et comment cet accueil ne serait-il pas cordial, puisque vous êtes présentés par les membres de la Société Nationale d'Horticulture qui connaissent bien le chemin de cette maison, et par leur éminent président, M. Viger, que l'Administration entoure de sa haute et déférente estime?

Messieurs, je bois au Congrès de Génétique, au succès des travaux qui vous passionnent si noblement, à tous vos collaborateurs, et au nom du Préfet de la

Seine, je salue tout particulièrement, aux côtés de M. le professeur Delage et de M. Ph. de Vilmorin, les membres étrangers qui ont bien voulu nous apporter l'appoint de leur compétence et de leur notoriété. Ils nous prouvent, une fois de plus, que la science n'a pas de frontières, et Paris, à son tour, est heureux de leur témoigner qu'il sait honorer, comme il convient, ceux qui contribuent à accroître le patrimoine de l'humanité (*Applaudissements*).

M. Yves Durand, Chef de Cabinet du Préfet de police :

> Mesdames, Messieurs,

M. le Préfet de police — retenu par des obligations de service — n'a pu, comme il l'espérait, se rendre à cette réception. En me confiant le très grand honneur de le représenter ici, il m'a chargé de vous en exprimer ses vifs regrets.

M. le Vice-président du Conseil municipal et M. le Secrétaire général de la Préfecture de la Seine viennent, en des termes excellents, de vous dire tout le plaisir qu'ils avaient à vous recevoir ici. Je ne puis mieux faire que de m'associer entièrement aux paroles si éloquentes qu'ils viennent de prononcer.

> Monsieur le Président,
> Mesdames, Messieurs,

Au nom de M. le Préfet de police, je vous souhaite la bienvenue à l'Hôtel de Ville de Paris. Laissez-moi y ajouter le témoignage de mon admiration pour l'œuvre si intéressante que vous poursuivez et mes vœux pour l'avenir de cette science d'un intérêt si puissant dont vous êtes les fervents apôtres et que vous servez avec une si généreuse ardeur et un si grand dévouement (*Applaudissements*).

M. Viger, Président de la Société Nationale d'Horticulture :

> Monsieur le Président du Conseil municipal,
> Messieurs les représentants de la Préfecture de la Seine et de la
> Préfecture de police.

Je vous présente M. Delage, Président scientifique de la quatrième Conférence de Génétique, et mon excellent ami, M. Philippe de Vilmorin, qui a été l'âme de cette organisation et dont j'usurpe un peu les honneurs, comme les Maires du Palais usurpaient les prérogatives de nos rois, jadis.

Je vous présente également Messieurs les membres du Congrès.

Une science nouvelle naquit !

Ce n'est pas qu'elle n'eût de côté et d'autre quelques embryons d'existence, mais ils étaient épars dans les traités de zoologie, de botanique, de paléontologie, de philosophie même, et c'est au mérite des organisateurs de cette science que nous devons d'avoir vu réunir ces éléments pour en faire un tout homogène et un chapitre complet de la biologie générale.

Mais quand un enfant est né, il lui faut un parrain, et c'est une des illustrations de la science biologique en général — que l'Angleterre revendique comme un de ses glorieux savants — M. le Professeur Bateson, qui s'est chargé de jouer le rôle de grand-prêtre dans la circonstance, et il a appelé la science nouvelle : « Génétique » !

Il a très bien expliqué que la génétique, c'était l'étude des phénomènes de l'hérédité, l'étude de la descendance chez les êtres vivants.

Les bases de la science nouvelle avaient été posées jadis par notre illustre Lamarck, dans sa « Philosophie zoologique », et par Darwin dans son livre sur la sélection des êtres vivants. Mais il appartenait à un simple moine autrichien, dans le jardin de son couvent, de jeter très modestement une lumière éclatante sur cette question si délicate de la descendance et de l'ascendance.

C'est lui qui a publié ces mémoires sur la transmissibilité des caractères des hybrides, desquels on a fait découler ces lois appelées « lois de Mendel » et qui sont la charte de la science génétique.

De tous les côtés, les savants se hâtèrent de faire des expériences d'après les indications données par Mendel, mais chacun travaillait de son côté et les travaux manquaient d'homogénéité parce qu'ils manquaient de communication, et ce sont ces moyens de communication que l'on a tenté d'instituer en établissant les Conférences Internationales de Génétique.

La France ne pouvait pas rester en dehors de ce mouvement scientifique, et ce fut mon éminent collaborateur, trop tôt disparu, hélas! le père de notre ami Philippe de Vilmorin, Henry de Vilmorin, qui revendiqua le premier pour la France l'honneur d'avoir la Conférence de Génétique à Paris.

Son fils a pieusement recueilli l'héritage paternel, et c'est à lui que nous devons l'organisation de cette Conférence. Je l'en remercie.

Tous ceux que vous voyez ici, non seulement des graves savants, mais des naturalistes, des zootechniciens amateurs, et même des dames, ont apporté leur contribution expérimentale à la science nouvelle et prennent une part active à nos travaux, avec un tel enthousiasme et un tel entrain qu'on en est à se demander si la Génétique ne serait pas aussi une petite religion nouvelle qui aurait ses apôtres, ses disciples..., j'espère qu'elle n'aura pas ses martyrs. (*Rires.*)

La Société Nationale d'Horticulture de France a été fidèle à la mission qui lui a été donnée par les illustres savants qui l'ont fondée, et depuis près d'un siècle, elle s'associe à toutes les mesures nécessaires à la vulgarisation de la science. C'est à ce titre qu'elle s'est empressée de recevoir la Conférence, car, comme l'a très bien dit M. le Professeur Bateson, ces réunions sont faites pour donner aux théoriciens et aux praticiens l'occasion de s'entendre, et pour tâcher de déduire de leurs travaux communs des conclusions pratiques.

Nous avons donc été très satisfaits de donner l'hospitalité à la Conférence. J'ai été pour ma part heureux encore de voir mon ami Félix Roussel et mon autre ami M. Delannay, pour leur demander de vouloir bien recevoir la Conférence à l'Hôtel de Ville. Nous ne pouvions pas nous réunir sans avoir l'idée — je ne dirai pas : la curiosité, elle est pourtant bien légitime — de venir saluer ici les représentants de la Ville de Paris, car nous savons, Messieurs, que vous n'êtes étrangers à rien de ce qui touche à la science, à l'art et à la philanthropie. Vous recevez donc ici tous les Congrès dignes de ce nom, et vous les accueillez avec cette affabilité et cette courtoisie qui sont proverbiales à l'Hôtel de Ville de Paris.

Aussi, je suis très honoré, au nom des Congressistes français et étrangers, de saluer en vous les représentants de cette Ville de Paris, foyer de science, de lumière et de civilisation. (*Applaudissements.*)

M. Johannsen, professeur à l'Université de Copenhague, prononce au nom des membres étrangers, l'allocution suivante :

> Monsieur le Président du Conseil municipal,
> Messieurs les représentants de la Préfecture de la Seine et de la Préfecture de Police,

Lorsqu'il a été décidé que la quatrième Conférence de Génétique aurait lieu à Paris, il m'a semblé évident que ce Congrès aurait un succès spécial. Je ne parle pas ici du programme scientifique de cette Conférence, les membres français et étrangers en ont la responsabilité, mais je parle de l'endroit où nous nous trouvons réunis, je parle de Paris, cette ville grande et splendide, ancienne et possédant néanmoins une jeunesse éternelle, jeunesse qui s'allie à la culture la plus intense et la plus haute, surtout en ce qui concerne l'esthétique et le goût.

> Messieurs,

J'étais bien jeune quand j'ai lu un roman français — en traduction naturellement ; — j'y ai trouvé la phrase suivante :

« Mon cher duc, on revient toujours à Paris ».

C'est une phrase bien caractéristique. Oui, on revient toujours à Paris, au moins par la pensée.

Mes modestes recherches sur l'hérédité me valent le bonheur — je puis dire aussi le devoir et le droit — d'exprimer les remerciements des membres étrangers de cette Conférence pour l'hospitalité gracieuse des autorités municipales et préfectorales.

De toutes les heures charmantes de notre séjour à Paris, celle-ci sera gravée dans nos cœurs pour jamais. (*Applaudissements*).

Mercredi 20 Septembre

Visite de l'Institut Pasteur de Paris

A l'issue de la réception à l'Hôtel de Ville, les Congressistes se rendent rue Dutot, où M. le professeur Metchnikoff, dirigeant l'Institut Pasteur en l'absence de M. le Dr E. Roux, les reçoit dans la salle de la Bibliothèque.

Après les souhaits de bienvenue, M. Metchnikoff fait un parallèle saisissant entre les méthodes et le but de la bactériologie et de la génétique. Ces deux branches des sciences naturelles ont, comme point de départ, des cultures pures et des lignées pures. Les transformations subies par les microbes, les atténuations et les augmentations de virulence sont l'objet immédiat des recherches entreprises dans tous les services de bactériologie de l'Institut et ces recherches n'ont été entreprises qu'après la démonstration, fournie par Pasteur, de l'impossibilité de la génération spontanée, de la conservation régulière et homogène des cultures pures qui servent de témoins. De même, le premier soin des généralistes est de se procurer des lignées pures et des témoins ; les règles de l'hérédité et de la combinaison des caractères sont ensuite mises en évidence avec la plus grande clarté. Les conséquences pratiques de ces études sont évidentes ; la médecine et l'agriculture en retirent le plus grand profit.

Les membres du Congrès sont invités à visiter le tombeau de Pasteur dont la crypte a été ouverte; puis ils parcourent les salles de bactériologie, les salles d'études et de traitements (rage, réaction de Wassermann) avant de se réunir dans la salle de cours du premier étage où M. Blaringhem leur présente des échantillons de Maïs et d'Orges.

Phot. Manuel.

M. le Dr Roux.

Le travail d'amélioration des Orges françaises a été entrepris en 1905 sur la demande d'un groupement de malteurs et de brasseurs. Il commença par une étude du maintien de la pureté et de l'adaptation des variétés suédoises sélectionnées à Svalöf. Les variétés *Prinzess*, *Hannchen*, *Chevalier II de Svalöf*, *Primus*, *Svanhals* ont été éprouvées dans de nombreux centres de production d'Orges de brasserie; les deux premières seules ont réussi, *Prinzess* dans l'Indre et *Hannchen* en Champagne. Dans ce dernier centre, une sorte hongroise, *Bohemia* Nolc, a donné aussi de bons résultats et continue à y être propagée. La pureté de semences est étudiée chaque année au laboratoire de Biologie agricole de l'Institut Pasteur; seuls sont répandus avec la garantie de la Société, les lots qui renferment plus de 98 pour 100 de grains appartenant à la même espèce botanique. M. Blaringhem montre des échantillons d'Orges *Prinzess*, *Hannchen*, *Bohemia* qui ont conservé une grande régularité de végétation et aussi des Orges *Primus* et *Goldthorpe* (anglaise) beaucoup plus irrégulières.

Il expose ensuite le travail d'amélioration des Orges indigènes entrepris sur le modèle de Svalöf, mais en tenant compte à la fois de l'origine des plantes donnant les lignées sélectionnées et des régions où leurs produits doivent être cultivés en grandes surfaces. Il résume rapidement les diverses phases de la sélection : observation, contrôle, première et seconde multiplication. Il montre quelques sortes pédigrées nouvelles qui ont été distribuées pour la grande culture en 1911 dans l'Indre, la Haute-Loire et la Champagne.

Diverses hybridations entre Orges pédigrées homogènes, entre Orges françaises et Orges suédoises ont donné des types très intéressants pour la malterie; mais ce procédé d'obtention de formes nouvelles est difficile à appliquer. Les groupes de caractères combinés sont toujours très complexes et la recherche des récessifs stables est très difficile; ce travail n'est pas terminé.

L'étude de lignées en période d'affolement (hybridation ou mutation), rencontrées dans les triages des pédigrées d'Orges indigènes, a donné des résultats plus importants au point de vue pratique. Les dérivés d'une Orge *Cistercienne* sont les meilleurs types d'Orges à épis dressés qu'on ait pu adopter pour le centre de la France; les dérivés d'une Orge *de Bourbourg*, très tardive mais à gros grains, sont aussi très appréciés pour les terrains argileux.

M. Blaringhem a réuni dans la même salle des échantillons des diverses variétés de Maïs qu'il a obtenues à la suite de traumatismes. Il montra des tiges et des épis de la variété *Zea Mays pensylvanica* Bonafous, qui servit de point de départ; les grains à peine formés sont encore bien loin de leur maturité, malgré la grande sécheresse et la chaleur exceptionnelle de l'année. Les variétés *semi-præcox* et *pseudo-androgyna,* dont les tiges et les feuilles sont encore vertes, ont des épis mûrs; à la base des grains de cette dernière variété, M. Blaringhem montre les étamines avortées qui la caractérisent. Dans le même groupe de plantes, il fait remarquer quelques feuilles à gaines tubulées.

La variété à feuilles bullées, un peu plus tardive, est représentée par quelques individus frais et de nombreux échantillons dans l'alcool dont les ascendants de 1906 et les bractées de l'épi sur lequel l'anomalie fut notée en 1905.

Enfin, M. Blaringhem insiste sur les différences qu'offrent ces types avec la forme *Zea Mays præcox* provenant cependant de la même famille. Les tiges de cette nouvelle espèce élémentaire sont complètement desséchées et les épis étaient mûrs à la fin d'août. Les grains du type, jaunes et farineux, rappellent ceux de la variété *pensylvanica,* mais ils sont moins gros et plus arrondis. De cette forme, on a obtenu une variété, à grains blancs et une autre à grains jaunes ridés, qui n'est pas encore complètement fixée et dont plusieurs échantillons sont présentés.

Quelques Congressistes passent rapidement dans la salle du Laboratoire de Biologie agricole où sont rangées des collections généalogiques d'hybrides d'Orges remontant à cinq générations; le manque de place et l'heure avancée font abréger cette visite.

A la hâte, on traverse la rue Dutot pour parcourir rapidement les services de Chimie-biologique dirigés par M. G. Bertrand, l'École de Brasserie dirigée par M. Fernbach, la Fromagerie organisée par M. Mazé. Quelques chefs de service retenus par leurs travaux donnent aimablement des explications. Malgré l'heure avancée, six heures et demie, les Congressistes s'attardent dans la galerie des Singes.

M. Bateson, au nom des Congressistes, remercie en ces termes les Directeurs et le personnel de l'Institut Pasteur :

Mesdames, Messieurs,

J'ai été prié par les organisateurs du Congrès de prendre la parole pour remercier l'Administration de l'Institut Pasteur d'avoir bien voulu nous accueillir aujourd'hui.

Je suis heureux de me souvenir que j'ai débuté dans la zoologie de la même façon que M. Metchnikoff; nous avons même étudié le même sujet : l'anatomie du Balanoglossus.

M. Metchnikoff a grimpé sur les sommets de la science où nous le voyons aujourd'hui et où nous espérons le voir opérer pendant de longues années.

Il est impossible d'entrer dans cet Institut, dans la maison où a travaillé Pasteur, de se trouver à côté de son tombeau, sans ressentir une vive émotion.

De tous les grands hommes de science, soit vivants, soit du siècle dernier, il n'en est pas un, je crois, dont nous puissions placer le nom à côté de celui de Pasteur.

Chacun a son héros. Pasteur est le mien!

Il avait un don de pénétration qui mène droit au but, qualité que l'on peut qualifier de divine; on ne peut autrement caractériser cette pénétration qui se dirige sans guide vers le but.

Je veux rappeler que Pasteur a commencé ses études en s'attachant particulièrement à la dissymétrie moléculaire. Je suis persuadé que la Génétique trouvera son but lorsqu'elle saura exprimer ses découvertes en termes de géométrie. Pour moi, l'avenir de la Génétique réside dans l'étude de la symétrie des divisions cellulaires.

Au nom du Congrès tout entier, je remercie M. Blaringhem de la bonté qu'il nous a témoignée en nous guidant dans ce bel Institut et le prie de transmettre nos remerciements à son chef, M. Metchnikoff. (*Applaudissements.*)

Mercredi 20 Septembre

Réception chez S. A. I. le Prince Roland Bonaparte

Phot. *Boissonnas et Taponier.*
S. A. I. LE PRINCE ROLAND BONAPARTE.

A cette réception, donnée en l'honneur des Congressistes, par S. A. I. en son hôtel de l'avenue d'Iéna, avaient été conviées de nombreuses personnalités du corps diplomatique, l'Institut, des savants et des hommes de lettres.

Le Prince Roland Bonaparte, qui s'intéresse beaucoup à la Génétique, avait écourté sa villégiature en Suisse afin de pouvoir suivre les travaux de la Conférence et recevoir chez lui les Congressistes.

La réception fut des plus brillantes. Les invités purent admirer la superbe bibliothèque du Prince, ainsi que ses magnifiques collections et herbiers.

Un très beau concert eut lieu au cours de la soirée.

Jeudi 21 Septembre

Excursion à l'Institut Pasteur de Garches

Le rendez-vous pour le départ en voitures automobiles avait été fixé à 9 heures du matin, devant les bureaux de l'Agence Cook, 2, place de l'Opéra.

La plupart des Congressistes étaient présents au rendez-vous, et le placement dans les voitures se fait facilement, grâce à une liste établie à l'avance par les soins du Secrétariat.

Un grand break automobile de 26 places, 2 de 14 places et 9 voitures automobiles fournies par l'agence Cook, ainsi que 5 automobiles particulières, obligeamment mises à la disposition des excursionnistes par MM. Frezier, Maron, G. Truffaut, Louis et Philippe de Vilmorin, sont nécessaires.

Le cortège s'ébranle rapidement, sort de Paris par la porte Maillot, traverse le bois de Boulogne et arrive à l'établissement de Garches à 10 heures.

M. Prévot, Directeur des Établissements de Garches, congressiste, fait les
honneurs de ce qui fut la ferme de l'Impératrice Eugénie, dépendance du
Domaine national de Saint-Cloud. Habitée par Pasteur dans les dernières
années de sa vie, cette ferme a subi depuis une
quinzaine d'années, de nombreuses modifications
pour répondre aux besoins, sans cesse croissants,
de l'Institut Pasteur de Paris.

M. Prévot évalue à 5500 le nombre des cobayes
qui y est élevé et entretenu chaque année ; la consommation de l'Institut Pasteur s'élevant à 4500, il
faut actuellement avoir recours à des éleveurs
étrangers qui, d'ailleurs, ne produisent pas régulièrement. Les écuries nouvelles sont aménagées
pour recevoir 120 chevaux, distribués au centre des
bâtiments ; des cages nombreuses, étagées sur le
pourtour, servent à l'élevage des cobayes, chauffés
pendant l'hiver par la chaleur dégagée par les
chevaux.

Phot. Manuel.
M. le Dr METCHNIKOFF.

Les chevaux fournissent en moyenne 12 litres
de sérum par mois et par tête. On en tire 6 litres le
mardi et 6 litres le vendredi suivant. Après un repos de 10 jours, la vaccination
est faite sur une période de 8 jours, suivie elle-même d'un repos de 8 jours. A
chaque saignée, le sérum de chaque cheval est essayé sur des cobayes. Le
sérum ainsi recueilli, puis éprouvé, est conservé le plus longtemps possible en
glacière.

M. Prévot prévient les Congressistes qu'il va faire exécuter une saignée
devant ceux que cette opération intéresse. Puis, il les invite à passer dans la
salle de préparation des sérums où il donne quelques renseignements sur l'emploi des appareils adoptés pour transvaser, doser et stériliser les flacons. On
chauffe les sérums à trois reprises à 56°, séparées par des intervalles de
48 heures.

L'Institut Pasteur de Garches prépare des sérums pour le monde entier. On
y étudie les vaccins de la diphtérie, du tétanos, de la peste, du méningocoque,
du streptocoque et de la dysenterie. C'est le seul établissement où l'on prépare
le sérum antipesteux.

En quittant la salle de préparation des sérums, les membres du Congrès
traversent la chambre où mourut Pasteur, conservée dans l'état de simplicité
monastique qui plaisait au maître.

Au rez-de-chaussée, dans le vieux chenil où Pasteur fit ses expériences sur
la rage, les Congressistes sont invités à examiner les collections d'étude de
cobayes que MM. Prévot et Blaringhem ont réunies pour des recherches qui
intéressent directement les généralistes. Quelques-uns des résultats les plus nets
ont été exposés par M. Prévot dans une des séances du Congrès. Ils montrent
une relation entre la coloration de la robe des cobayes et la productivité des
animaux.

M. Blaringhem esquisse rapidement le but et le plan de ces recherches.
M. le Dr Roux et d'autres expérimentateurs ont remarqué que les cobayes à

pelage gris ou roux résistent davantage aux intoxications ou aux inoculations infectieuses. Il y avait intérêt à préparer pour l'Établissement des types homogènes ; pour les obtenir, on s'est efforcé d'appliquer aux cobayes la méthode des cultures pédigrées. On s'est proposé d'abord d'isoler des lignées à pelage uniforme et unicolore ; on a réussi à obtenir des familles de roux, de noirs, de divers blancs ; le gris ne se maintient pas uniforme et les familles jaunes sont stériles. Ces lignées uniformes étaient encore pour la plupart hétérozygotes ; en cherchant à isoler les homozygotes, même blancs, on aboutit à une fécondité si restreinte que l'expérience n'a plus d'intérêt pratique.

Depuis 1910, le programme a été limité à la préparation de cinq familles homogènes, de coloris uniformes et différents, provenant d'ascendants connus. Ceux-ci sont, ou bien des animaux roux très voisins du type sauvage, et alors très peu féconds, ou bien des blancs hétérozygotes connus avec ascendants noirs ou roux, très féconds ; on a encore des roux et des noirs à fertilité moyenne ; la productivité paraît être en rapport avec le coloris. De plus, des cobayes très peu féconds à crâne allongé (achetés comme animaux sauvages à Buenos-Aires), offrent une timidité qui est transmise sans exception aux descendants de première génération.

Ces lignées doivent être utilisées pour l'étude de l'influence des tempéraments dans l'évolution des maladies infectieuses.

Les Congressistes sont ensuite invités à parcourir les jardins et les pelouses très ombragées de l'Établissement. Il reste trop peu de temps pour examiner les collections de tabacs hybrides cultivés pour l'étude de la production de la nicotine.

Jeudi 21 Septembre

Excursion aux Cultures expérimentales de la Maison Vilmorin-Andrieux et Cie, à Verrières-le-Buisson

------

La visite à l'Institut Pasteur de Garches terminée, les Congressistes reprennent leurs places respectives dans les voitures, et, très rapidement, le cortège atteint Verrières. Les excursionnistes ont à peine le temps d'admirer le charme tout particulier de ce coin des environs de Paris.

Dans la cour d'entrée de l'établissement, une grande tente décorée de drapeaux des diverses nationalités a été dressée.

Le déjeuner commence immédiatement et se poursuit pendant que la fanfare des employés de la Maison exécute quelques morceaux brillamment enlevés.

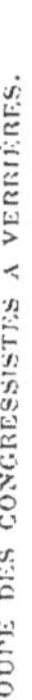

GROUPE DES CONGRESSISTES A VERRIÈRES.

M. Philippe de Vilmorin ouvre la série des toasts :

Mesdames, Messieurs,

Vous m'excuserez de la modeste réception que je vous ai faite. Dans tous les cas, je ne ferai pas comme celui qui prétendait suppléer par des flots d'éloquence à l'insuffisance du menu.

Nous sommes ici à la campagne, mais vous savez aussi que le hasard de vos pérégrinations vous a amenés au sein d'une vieille famille, dont la devise pourrait être celle de l'instituteur Bonnefoy, citée par Toppfer : « Faire toujours comme on peut et pour le mieux. »

Vous savez pourquoi nous nous sommes réunis et comment nous considérons la Génétique comme étant la meilleure réalisation d'une symbiose heureuse et féconde entre les théoriciens et les praticiens. Telles ont été, dès le début, les idées de mon illustre ami Bateson. Je devins immédiatement, en tous points, son disciple.

Mon oncle Maurice, ici présent, qui a connu Verrières avant que je fusse né, pourrait vous dire mieux que moi comment les savants, horticulteurs, agriculteurs ou botanistes ont toujours été accueillis ici, c'est-à-dire avec plaisir, avec franchise, avec cordialité. Le livre des visiteurs, que vous verrez tout à l'heure, et sur lequel je vous demanderai de vouloir laisser votre signature comme souvenir de votre passage, vous prouvera que nous avons reçu de nombreuses et hautes personnalités. Mais je crois que jamais nous n'avions eu l'honneur d'offrir l'hospitalité à une réunion aussi remarquable que celle-ci, tant par son nombre que par la qualité de ceux qui la composent.

Nous ne sommes pas des savants, mais nous avons la prétention de rendre quelques services à la science. Nous ouvrons nos bras, nos portes à tous nos amis ; nous avons une accumulation considérable de matériaux, nous avons des laboratoires assez grands. Aussi, rien ne pouvait me faire plus de plaisir que ce que m'a dit hier mon ami Punnett, lorsqu'il m'a promis de m'envoyer un de ses élèves. Je voudrais — et je le souhaite de tout mon cœur — que cet exemple soit suivi.

Messieurs,

J'ai terminé. Je voudrais maintenant remercier S. A. I. le Prince Roland Bonaparte du très grand honneur qu'il nous a fait en se joignant à nous aujourd'hui. Je voudrais féliciter aussi mon maître, M. Delage, que j'ai le plaisir de recevoir ici après tant d'années, entouré de quelques-uns de mes camarades de Sorbonne.

Je vous souhaite enfin la bienvenue à tous tant que vous êtes, et je vous prie de vouloir bien lever avec moi vos verres à la santé de la Génétique. (*Applaudissements*).

M. Yves Delage, membre de l'Institut, répond à M. Philippe de Vilmorin.

Mesdames, Messieurs,

Après les paroles que vous venez d'entendre, vous estimerez comme moi que ce n'est pas le lieu de faire ce que l'on appelle un discours. Il serait, je crois, fort mal venu. Ce n'est pas dans une réunion champêtre comme celle-ci qu'il convient de mêler les fleurs artificielles de la rhétorique aux fleurs naturelles qui ornent cette table ; ce serait gâter le caractère intime et familier de cette cérémonie.

Nous ne pouvons cependant pas nous lever de table et partir sans avoir remercié notre hôte, M. Philippe de Vilmorin, et toute la famille de Vilmorin, pour l'excellent accueil qui nous a été fait ici.

Vous avez mérité notre reconnaissance, Monsieur, non seulement celle de tous les généticistes, mais celle des biologistes, de deux manières : d'abord, d'une façon plus actuelle, par ce que vous avez fait pour la Quatrième Conférence de Génétique qui, grâce à vous, a été admirablement organisée. (*Applaudissements*).

Rien n'y a manqué, et je suis persuadé que rien n'y manquera jusqu'au bout. Vous vous êtes beaucoup dépensé, et, si je ne craignais de faire un rapprochement de mots d'un goût contestable, j'ajouterais : vous avez beaucoup dépensé. (*Rires*).

Mais, si c'est là un titre très sérieux et très réel à notre reconnaissance, il me semble qu'il y en a un d'un caractère plus général, c'est d'avoir créé cet établissement dans lequel nous sommes aujourd'hui et qui est une fondation de votre famille et de vous-même.

Il y a là quelque chose de fantastique pour quelqu'un qui est adonné aux études biologiques, c'est cet amoncellement formidable de moyens de travail qu'on rencontre dans la maison de M. de Vilmorin. Aussi, devons-nous lui savoir beaucoup de gré de n'avoir pas infligé à cet établissement un caractère exclusivement commercial, et d'avoir détourné une grande partie de ses occupations, de son temps et de ses fonds pour lui donner un caractère scientifique ; et cela est du plus haut intérêt pour nous parce que nous trouvons ici des moyens de faire des travaux que l'on ne rencontrerait nulle part ailleurs.

Où voulez-vous que nous allions faire des recherches dans lesquelles se mêlent par exemple des éléments de statistique portant sur des millions de plantes? C'est absolument impossible. Même lorsqu'on est soutenu par les dispensateurs officiels des fonds destinés aux recherches scientifiques, c'est toujours très maigre. Demandez à M. Blaringhem, ici présent, s'il n'est pas de mon avis.

Vous me direz qu'il y a des laboratoires. Mais quels laboratoires trouvera-t-on? Quel est celui qui viendra offrir à un travailleur faisant des recherches de génétique ces étendues immenses plantées d'une façon si variée, ces équipes de jardiniers si documentés, ces espèces de plantes si habilement sélectionnées sur lesquelles on peut faire de si intéressantes statistiques.

Nulle part on ne peut trouver cela.

J'ai dit que je ne voulais pas faire de discours et je m'aperçois que je suis en train d'en commencer un. Que je me hâte donc de conclure en remerciant M. de Vilmorin pour ce qu'il a fait sous ces deux manières, pour la science et pour la génétique. (*Applaudissements*).

Permettez-moi d'associer dans ce toast à M. de Vilmorin, une personne dont nous regrettons l'absence : c'est Mme de Vilmorin (*Applaudissements*), qui avait bien voulu, par sa présence, ajouter le charme de la grâce féminine au sérieux de nos occupations scientifiques. (*Applaudissements*.)

M. le professeur E. von Tschermak prononce, en allemand, le toast suivant :

Mesdames et Messieurs,

Il m'est échu l'agréable devoir de remercier, au nom des hôtes étrangers, la famille de M. Philippe de Vilmorin de son aimable invitation à Verrières et de son hospitalité charmante.

J'accomplis ce devoir d'autant plus chèrement qu'une vieille amitié, datant de nombreuses années, m'unit à la Maison Vilmorin. J'ai déjà éprouvé l'hospitalité du père de notre estimé hôte et mon grand-père, le botaniste E. Fenzl, a toujours trouvé ici un accueil hospitalier.

La Maison Vilmorin est, depuis des générations, en relations amicales et scientifiques avec les savants de tous les pays; elle s'est toujours vivement intéressée aux questions concernant l'hérédité, si bien que les visiteurs de Verrières ont constamment l'impression de visiter une station d'essais scientifiques. J'ai été particulièrement joyeux et émerveillé de voir M. Philippe de Vilmorin se rendre compte de l'importance de la loi de Mendel en ce qui concerne les plantes, et combien en si peu de temps, il a su approfondir toutes ces questions difficiles, si bien qu'aujourd'hui, nous avons l'impression non seulement de nous trouver devant un praticien émérite, mais aussi devant un collègue scientifique.

Mais, comme je n'ai entrepris ici que de remercier la Maison Vilmorin, revenant à mon sujet, je veux vous raconter une petite histoire de ma jeunesse, comment je fus reçu ici, jeune homme, par M. Henry L. de Vilmorin, le père de notre honoré hôte. J'étais encore, et avant tout, il y a 14 ans, un jardinier, et je séjournais alors à Gand pour me perfectionner dans l'horticulture. Un voyage d'étude me conduisit en Hollande vers de Vries, et ensuite à Paris vers Vilmorin. Sans nom scientifique, sans aucune recommandation, j'arrivai ici, l'intérêt seul que je portais aux plantes suffit à M. Henry de Vilmorin pour m'accueillir de la façon la plus aimable et pousser la complaisance jusqu'à mettre à ma disposition, pendant une semaine entière, un de ses employés, pour me faire visiter tous les établissements intéressants des environs de Paris; et j'eus le plaisir à Verrières, en feuilletant le livre des visiteurs, de voir que mon grand-père y était déjà venu. N'est-ce pas là, Mesdames et Messieurs, l'hospitalité véritable, celle qui se transmet, depuis des générations, à la Maison Vilmorin?

Nous regrettons-très vivement que Madame de Vilmorin ne soit pas parmi nous, et nous craignons fort qu'elle ne soit devenue la victime de son hospitalité inlassable. Nous prions M. Philippe de Vilmorin de transmettre nos sentiments de vive sympathie et nos meilleurs remerciements à notre ravissante et aimable hôtesse.

Je lève mon verre et vous demanderai de pousser avec moi, un triple « Hoch ! », en l'honneur de la famille de Vilmorin. (*Applaudissements*).

M. le Docteur Nilsson-Ehle prononce, également en allemand, les paroles suivantes :

Mesdames, Messieurs,

Comme complément à ce que M. le professeur von Tschermak vient de dire, j'ai également l'honneur d'ajouter quelques mots et de remercier la famille de M. de Vilmorin, non seulement pour la grande hospitalité qu'elle nous témoigne aujourd'hui, mais aussi pour la manière extrêmement aimable avec laquelle elle nous a accueillis depuis le commencement et, on peut bien le dire, du matin jusqu'au soir.

Si ces beaux jours passés à Paris resteront toujours en notre souvenir, cela tient non seulement aux précieuses discussions du Congrès; mais aussi et encore plus à ce que, grâce à l'hospitalité de la famille de Vilmorin, l'occasion nous a été offerte d'être en relation les uns avec les autres, et d'échanger des idées sur les questions que nous avons particulièrement à cœur. C'est pourquoi, Mesdames et Messieurs, je me permets de vous demander de lever encore une fois vos verres à la santé de la famille de Vilmorin. (*Applaudissements.*)

M. Maurice DE VILMORIN :

Messieurs,

. On vous a dit que la génétique se trouvait répartie entre diverses sciences avant d'avoir trouvé l'unité de sa constitution. Ceci suffirait à prouver qu'elle a des rapports étroits avec beaucoup d'autres sciences, avec beaucoup d'autres études, la chose est incontestable. Les études, d'ailleurs, d'une façon générale, sont les adjuvants et les aides les unes des autres.

Je veux vous faire une offre qui, je l'espère, pourra être utile à quelques personnes s'occupant de génétique.

Mes études particulières sont la botanique, les collections botaniques et l'introduction des plantes nouvelles. Il me semble possible que quelques génétistes voulant étudier des plantes n'ayant pas subi l'influence des croisements, plantes de type pur, pourraient avoir besoin de plantes venant de pays éloignés qui ne seraient pas pollinisées par des types étrangers de culture. Je me mets donc à la disposition de ceux qui pourraient en avoir besoin, pour leur fournir des plantes de Chine ou du Thibet, herbacées ou non, qui n'auraient pas été déjà influencées. (*Applaudissements*)

M. MAURICE DE VILMORIN.

Le déjeuner est terminé et la visite commence sous la direction de M. Philippe de Vilmorin et des principaux chefs de l'établissement,

Chaque Congressiste avait trouvé à sa place à table un plan des cultures qui lui facilitera la visite; plus tard, en arrivant à la bibliothèque, il lui sera remis un exemplaire de l'*Hortus Vilmorinianus* ou « Catalogue des plantes cultivées à Verrières dans les collections particulières de M. Philippe de Vilmorin et les cultures commerciales de la maison Vilmorin-Andrieux et Cie ».

La propriété de Verrières appartient, depuis 1815, à la famille de Vilmorin. C'est, à la fois, une propriété de plaisance où sont réunis les souvenirs historiques de la famille et un laboratoire d'études pour les recherches techniques de la maison.

Outre la partie commerciale, nécessairement la plus importante, comportant de nombreux lots en culture « pédigrée », d'une quantité considérable d'espèces et de variétés, ainsi que la plupart des « essais » nécessaires pour la vérification des semences vendues, l'établissement possède un service technique pour les essais de plantes nouvelles et des procédés de culture nouveaux pour l'hybridation, l'obtention et la sélection des races, des laboratoires de chimie et de botanique, ainsi que des collections de toute nature : dendrologiques, plantes herbacées, un jardin alpin, un musée d'économie botanique comprenant, en particulier, une collection de graines et une autre très complète de fruits de conifères, un herbier, précieux surtout par les types de plantes cultivées qu'il renferme, un herbier tératologique, une bibliothèque importante au triple point de vue botanique, agricole et horticole, riche en ouvrages iconographiques et surtout en travaux de biologie et de génétique, et recevant, en outre, la plupart des publications scientifiques du monde, enfin une superbe collection d'aqua-

De gauche à droite : Prof. E. v. Tschermak, Prof. W. Bateson, Prof. Johannsen. Prof. Yves Delage, M. Philippe de Vilmorin.

relles de plantes, fidèlement exécutées par des artistes attachés à la Maison.

La visite commença par le musée, la bibliothèque, pour se continuer par le parc — qui possède de magnifiques spécimens d'arbres exotiques, datant pour la plupart de la première introduction, — le jardin alpin, les cultures florales. la ferme « Saint-Fiacre » — vastes hangars servant à la rentrée des graines, — et se terminer par le chenil où M Philippe de Vilmorin poursuit d'intéressantes expériences sur l'étude des facteurs génétiques dans les races canines.

Nous donnons ci-dessous, une liste de plantes sur lesquelles l'attention des Congressistes a été plus particulièrement attirée au cours de la visite.

ABIES PINSAPO. *Boiss.* — Bel arbre de 21 mètres de hauteur et de 2 m. 20 de circonférence à 1 mètre du sol. Cet arbre date de la première introduction, lorsque Boissier découvrit l'espèce, en Espagne, en 1837 ; et il est considéré comme le doyen des *A. Pinsapo* existant dans les cultures.

ABIES VILMORINI. *Mast* — Bel exemplaire de 15 mètres de hauteur du premier hybride de conifères obtenu artificiellement. Ce croisement fut effectué en 1867 par M. Henry L. de Vilmorin entre *A. Pinsapo* (♀) et *A. cephalonica* (♂). Les caractères généraux de l'hybride sont intermédiaires entre ceux des deux parents qui, d'ailleurs, appartiennent au même groupe. L'arbre fructifie abondamment et les graines sont fertiles. (Voir *Revue Horticole*, 1889, p. 115 ; 1902, p. 162, fig. 66 ; Masters *Hybrid Conifers, Journ. Roy. Hort. Soc.* (Londres), 1901, vol. XXVI, part. 1-2).

Argemone mexicana × platyceras. — Croisement exécuté à Verrières en 1907, entre *A. mexicana* (♀) espèce à fleur jaune vif, de grandeur moyenne et *A. platyceras* (♂), plante à grande fleur blanc pur. Cette hybridation, faite dans un but scientifique, pour étudier les caractères, couleur et grandeur des fleurs — les deux

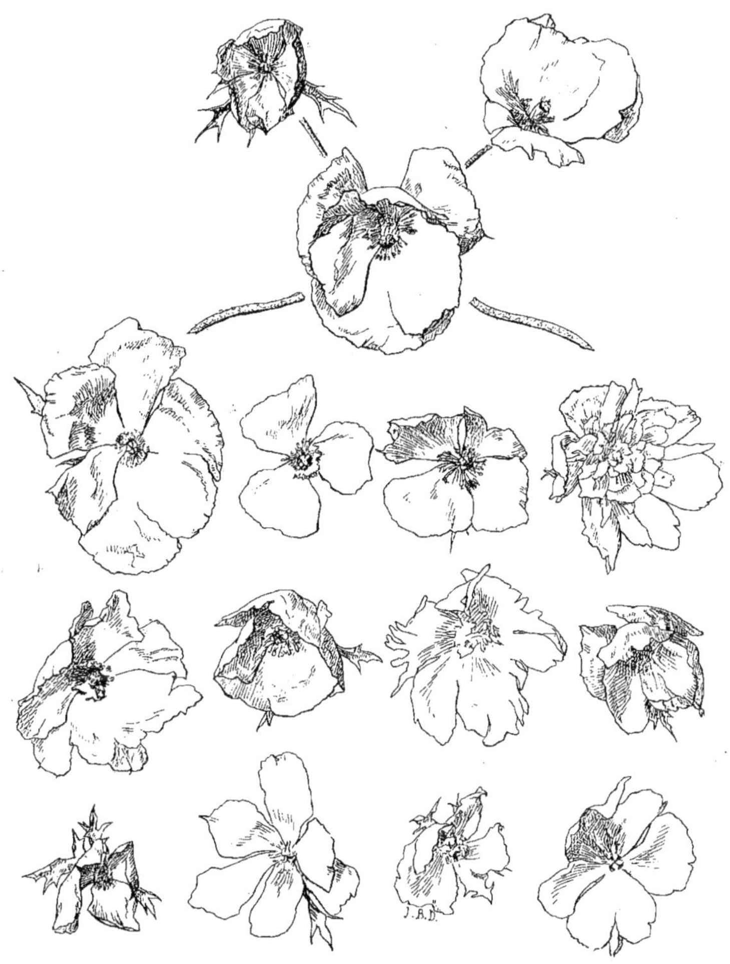

Argemones hybrides.

En haut les deux parents : *A. mexicana* (à gauche) et *A. platyceras*; au-dessous, une fleur de l'hybride de première génération ; sur les trois rangs inférieurs, fleurs de diverses formes issues de la seconde génération.

espèces paraissant être mêmes par tous les autres points — a donné en F_1 des plantes bien homogènes, à fleurs grandes et de coloris jaune pâle. En F_2 il s'est produit une variation considérable, absolument inattendue, dans le coloris et la forme des fleurs, dans le feuillage, dans le port de la plante, etc.... Des types nouveaux sont apparus, les uns à fleurs doubles, les autres à fleurs « polycéphales », c'est-à-dire présentant la transformation plus ou moins complète des étamines en carpelles. Des plantes à fleurs de coloris nettement chamoisé ont aussi été observées. Ces variations sont une preuve évidente que les deux parents employés différaient beaucoup plus que l'on ne pensait dans leur constitution génétique. (Voir *Revue Horticole*, 1912).

ANTHRISCUS SYLVESTRIS. — Expérience de sélection commencée en 1874 par M. Henry L. de Vilmorin, sur cette espèce d'ombellifère indigène et non cultivée. Cette expérience a toujours été continuée depuis cette époque; chaque année plusieurs racines sont conservées et les graines qui en proviennent semées séparément, en comparaison avec des graines récoltées sur un individu sauvage, d'une région éloignée du lieu de l'expérience.

Des dessins et photographies de toutes les généalogies ont été prises. (Voir *Compte rendu du Congrès International de Botanique à l'Exposition universelle*, Paris 1900; pp. 209-212).

ANTIRRHINUM MAJUS.—Nombreuses variétés de colorations diverses, comprenant des teintes très curieuses surtout dans les tons acajou et chamois. Des expériences pour étudier l'hérédité de ces divers coloris ont été entreprises et des aquarelles ont été faites. (Voir *Revue Horticole*, 1911, p. 13).

AQUILEGIA COERULEA × CHRYSANTHA — Très belle race obtenue à Verrières vers 1895, et présentant des teintes très variées. (Voir *Revue Horticole*, 1895, p. 140; 1896, p. 108).

AVENA. — Il existe à Verrières une collection d'environ 200 variétés d'avoines de printemps et 20 variétés d'avoines d'hiver. Une dizaine de types botaniques sont aussi cultivés chaque année. Outre les croisements entrepris pour doter la culture de variétés nouvelles répondant à certains desiderata, des hybridations ont été faites dans un but purement génétique et les caractères suivants ont été étudiés : couleur du grain, forme de la panicule, adhérence de l'enveloppe du grain, précocité, résistance à l'hiver, etc.

BETA. — C'est à Verrières qu'ont été poursuivies les expériences bien connues de Louis de Vilmorin sur l'amélioration de la betterave à sucre (Voir *Bull. Séances Soc. Imp. et Centrale d'Agricult.*, sér. XI, t. VI, pp. 169-268; *Comptes rendus Académ, Sciences*, 1856, semestre 2, p. 871).

Actuellement un certain nombre d'expériences sont en cours pour étudier les divers caractères chez les betteraves fourragères et les betteraves à sucre. Des cages permettant un isolement absolument rigoureux sont utilisées dans ce but.

BRASSICA. — De même que pour les betteraves, des expériences pour l'étude des divers facteurs génétiques se poursuivent.

La tendance que possèdent certaines plantes à produire des fleurs la première année s'est montrée de nature nettement « récessive ». Le croisement : chou cavalier (♀) et chou de Bruxelles (♂) a donné un F_1 présentant les bourgeons axillaires caractéristiques du chou de Bruxelles, la taille et la grande vigueur du chou cavalier.

BUPHTHALMUM GRANDIFLORUM. — Composée à fleur jaune de l'Amérique du Nord, intéressante au point de vue ornemental. En comptant le nombre des ligules sur certaines fleurs et en semant par pieds séparés, on est arrivé à isoler une forme à ligules bien plus nombreuses, le chiffre moyen des ligules étant passé de 30 à 50.

CALCEOLARIA RUGOSA × HERBACEA. — Race très ornementale obtenue d'un croisement fait à Verrières en 1884 entre *Calceolaria rugosa*, var. « Triomphe de Versailles » et une variété du *C. herbacea* (Voir *Revue horticole*, 1886, p. 12).

CAMPANULA. — *Campanula medium*, var. *calycanthema*, présente le caractère d'avoir le calice transformé en un organe pétaloïde. C'est une monstruosité assez rare, et ce caractère, contrairement à ce que l'on pourrait croire, s'est montré nettement « dominant » dans les expériences de Correns.

Une espèce d'un genre voisin, *Platycodon grandiflorum*, possède une variété présentant la même anomalie.

CASTANEA VESCA HETEROPHYLLA. — Forme très rare et très curieuse par le dimorphisme de son feuillage ; certains rameaux présentent les feuilles entières du type.
les autres ont des feuilles profondément et diversement laciniées.

CORYDALIS WILSONI (♀) × THALICTRIFOLIA (♂). — Hybride intéressant obtenu
entre ces deux espèces d'origine chinoise récemment introduites. La plante a le
feuillage du père, avec la glaucescence caractéristique du *C. Wilsoni*. (Voir *Journ.
Soc. Nat. d'Horticulture de France*, 1909.)

CRATÆGO-MESPILUS. — Les deux formes, *Dardari* et *Asniersi*, de cet « hybride
de greffe » bien connu (Voir Baur : *Einführung in die experimentelle Vererbungs
lehre*, Berlin, 1911).

CYTISUS ADAMI. — Le parc contient 4 exemplaires bien caractérisés de ce célèbre
« hybride de greffe » dont il est question à plusieurs reprises dans le présent
volume (Voir de même Baur : *loc. cit.*).

DIANTHUS SEMPERFLORENS. — C'est l'œillet Flon, considéré comme hybride entre
l'œillet des fleuristes (*Dianthus Caryophyllus*) et l'œillet de Chine (*D. sinensis*). La
plante est presque toujours stérile et, à Verrières, les étamines sont constamment
envahies par un champignon, le *Fumago antherarum*, qui les réduit en une pous-
sière noirâtre.

DIGITALIS. — La digitale pourpre a donné un certain nombre de variétés dont
la plus curieuse est la digitale « à fleur campanulée ». Par suite d'une fasciation
la fleur du sommet de l'inflorescence est grande. évasée en forme de cloche et
dressée.

A signaler aussi une forme étrange (*D. acanthiflora*), obtenue de Miss Saunders.
C'est un curieux cas de staminodie. La corolle est ouverte. souvent déchiquetée
par fragments, et les étamines nombreuses (10 à 12), présentent parfois des anthères
portées à l'extrémité d'une portion de la corolle.

Un croisement très intéressant a été fait à Verrières entre *Digitalis purpurea* (♀)
à fleur pourpre et *D. grandiflora* (♂) à fleur jaune, montrant, en seconde génération.
une ségrégation absolument mendelienne. (Voir Dr Hagedoorn. — Autokataly-
tical Substances the Determinants for the inheritable characters — (*Vortrage und
Aufsatse*, Roux, 1911.)

DIOSCOREA. — Une quinzaine de types environ sont cultivés en pleine terre.
Parmi les plus intéressants, il faut signaler la forme de *D. Batatas*, à tubercules
courts qui a été obtenue par M. Chappellier. Les espèces *D. Decaisnea*, et *D. Fargesii*,
dont il a été souvent question dans les publications horticoles. sont sans intérêt
pratique.

DIPSACUS SYLVESTRIS TORSUS. — C'est la curieuse monstruosité du professeur
Hugo de Vries. De très beaux échantillons existent dans les collections. C'est un cas
de variation très sensible à l'action du milieu : la proportion d'individus monstrueux et l'amplitude de l'anomalie augmentent sensiblement avec la richesse du
terrain dans lequel les plantes sont cultivées.

EREMURUS. — Collection des principales espèces cultivées. Parmi les hybrides
intéressants, il faut signaler : *E. isabellinus* (*Bungei* × *Olgæ*). Les deux parents sont
respectivement à fleur jaune et à fleur rose. L'hybride a des fleurs d'un joli coloris
chamoisé intermédiaire. Dans la descendance il se produit une dissociation et des
plantes de teintes diverses apparaissent. notamment quelques individus à fleur
blanche. Ce dernier coloris n'existait pas dans cette série d'espèces, dite des
« Regelia ». (Voir *Journ. Soc. Nat. d'Horticulture de France*, 1905. p. 466 ; *Bull. Soc.
bot. France*, 1905, p. 419).

Eremurus vedrariensis est un hybride qui s'est produit accidentellement entre
E. robustus et *E. spectabilis*. espèces appartenant à des sections très éloignées. La
plante est stérile. (Voir *Revue Horticole*, 1907, p. 228).

EUCALYPTUS COCCIFERA. — Une des espèces les plus rustiques du genre, l'exemplaire de Verrières. âgé de près de 20 ans, a subi des froids très rigoureux qui ont

régulièrement fait périr les rameaux supérieurs ; néanmoins la plante a toujours résisté sans qu'il ait été nécessaire de l'abriter.

FRAGARIA. — Collection d'environ 250 variétés horticoles, comprenant, en outre, une série importante de types botaniques. Des expériences de croisement sont suivies dans le but d'obtenir de nouvelles variétés méritantes, et la race dite des « remontants à gros fruits », dont l'apparition remonte à vingt ans (Voir *Jour. Roy. Hort. Soc* (Londres), vol. XXII, part 3; *Revue horticole*, 1897, p. 568), est surtout travaillée. Des croisements ont aussi été faits avec le *F. sandwicensis*, espèce très résistante aux maladies.

GALTONIA CANDICANS × G. PRINCEPS. — Croisement fait à Verrières en 1898.

GENISTA ANDREANA HYBRIDA. — Depuis quelques années toute une série de jolies variétés, la plupart d'origine anglaise et présentant une grande diversité de coloris, sont apparues. C'est, sans aucun doute, le résultat d'une hybridation accidentelle ou voulue, avec une espèce voisine.

GERBERA JAMESONI HYBRIDES. — Exemple du croisement de deux formes éloignées pouvant donner des résultats inattendus par suite de la recombinaison de divers facteurs génétiques. La plante mère, le *Gerbera Jamesoni*, superbe composée originaire du Transvaal, est à fleurs d'un joli rouge; M. Lynch, du Jardin botanique de Cambridge, eut l'idée de la croiser avec le *G. viridiflora*, à fleurs de coloris insignifiant. C'est cependant de ce croisement initial que sont sortis, dans les générations suivantes, entre les mains de M. Adnet, les nombreuses et magnifiques formes de coloris extrêmement variés que l'on connaît. Très probablement certains facteurs existaient chez le *G. viridiflora* qui, dans l'hybride, modifiaient la couleur des fleurs du *G. Jamesoni*, et inversement (Voir *Revue horticole*, 1909, p. 102).

GLADIOLUS. — Collection importante de variétés horticoles appartenant aux séries *Gandavensis, Lemoinei, Nanceianus, Princeps*, etc. On sait que le *Gl. gandavensis* a été obtenu par Bedinghaus en 1837 du croisement du *Gl. psittacinus* par le *Gl. cardinalis* ou par le *Gl. oppositiflorus*. A son tour Victor Lemoine, le célèbre horticulteur de Nancy, croisa le *Gl. purpureo-auratus* par le *Gl. gandavensis*, pour obtenir le *Gl. Lemoinei*; et en fécondant le *Gl. Saundersii* par ce dernier, il obtint le *Gl. nanceianus*. Le Glaïeul *Princeps*, obtention de Van Fleet, résulte du croisement du *Gl. cruentus* par le *Gl. Childsii*; ce dernier étant le produit du *Gl. Saundersii* fécondé par du pollen de *Gl. gandavensis* (Voir *Revue horticole*, 1904, p. 208).

D'autres séries intéressantes sont à l'étude, résultant de divers croisements dans lesquels sont intervenus le *Gl. hybridus aspersus*, forme hybride dont l'origine n'est pas très connue, et, tout récemment, le *Gl. primulinus*, magnifique espèce à fleur jaune pur.

HELIANTHUS TUBEROSUS. — Collection des quelques variétés connues de cette espèce alimentaire qui se propage par voie asexuée, la plante ne grainant pas ordinairement dans nos pays. A plusieurs reprises des semis ont été faits à Verrières avec des graines provenant de régions méridionales. Les premiers semis datent de 1831; en 1855, M. Bailly répéta l'expérience. En 1888, de nouveaux semis furent faits avec des graines venant de Corse, puis, en 1895, avec des graines d'Antibes et, en 1903, avec des graines provenant d'Espagne. De ces divers semis plusieurs variétés intéressantes ont été obtenues (Voir « Contribution à l'Histoire des plantes agricoles », *Revue générale agronomique de Louvain*, 1910, n° 8).

HORDEUM. — Il existe à Verrières une collection d'environ 150 variétés d'Orges de printemps et 25 variétés d'Orges d'hiver. La collection comprend, en outre, une dizaine de types botaniques. Un certain nombre de caractères sont à l'étude; parmi les plus intéressants, on peut citer la présence du curieux appendice, en forme de capuchon, présent chez l'*H. trifurcatum*, caractère déjà étudié par divers expérimentateurs, et celui résultant de l'absence de dents après les barbes de l'épi. Cette particularité paraît n'avoir jamais été étudiée précédemment.

IMPATIENS PETERSIANA × HOLSTII. — L'*Impatiens Petersiana*, espèce africaine récemment introduite, est particulière par la teinte très rouge de son feuillage. Les plantes de F_1 ont le feuillage bien moins teinté que dans cette dernière espèce. La seconde génération présente, comme il fallait s'y attendre, une diversité très grande dans la forme et la teinte du feuillage, ainsi que dans le coloris des fleurs.

Iris.—Verrières possède une collection très importante d'espèces et de variétés d'Iris; rien que pour le groupe des germanica, la collection atteint 400 numéros et, pour la plupart d'entre elles, des aquarelles ont été faites. A la suite de nombreux semis de variétés d'*Iris germanica* dans lesquelles le pollen de plantes du groupe « macrantha » a certainement joué un rôle, une série nouvelle à grandes fleurs a été obtenue présentant la plupart des coloris de l'ancienne race (Voir *Revue horticole*, 1908, p. 544).

De même, dans le groupe des Iris du Japon (*Iris lævigata*), de nombreux semis ont été également faits. Parmi les autres séries intéressantes, on peut signaler les Iris dits « intermédiaires », race Caparne, etc., résultant du croisement des *Iris germanica* et *pumila*; les curieux hybrides de Sir Michael Foster, *iberica × pallida*, *paradoxa × sambucina*, etc.; et enfin les croisements avec l'*Iris Ricardi* de M. Denis.

Juglans Vilmorini. — Un des arbres les plus intéressants de la collection de Verrières. C'est un hybride supposé entre *Juglans regia* et *J. nigra*; tous les caractères des feuilles et des fruits sont bien intermédiaires entre ceux de ces deux espèces. La plantation remonte à l'année 1816, et, à l'heure actuelle, il atteint 28 mètres de hauteur avec 3 m. 10 de circonférence (Voir *Garden and Forest*, 1891, p. 52).

Lilium. — Une cinquantaine d'espèces et de variétés sont représentées à Verrières; mais, beaucoup sont de conservation difficile. Plusieurs croisements ont été tentés. L'un des plus jolis hybrides obtenus a été le *Lilium sutchuenense* (♀) × *L. venustum* (♂); malheureusement la plante a disparu par la suite et il n'en reste qu'une aquarelle pour en perpétuer le souvenir.

Lupinus arboreus hybridus. — Il existe maintenant, en dehors du type à fleurs jaunes, toute une série de variétés, pour la plupart d'origine anglaise, présentant les teintes les plus variées ; c'est manifestement le résultat d'une hybridation avec une autre espèce.

Nicotiana. — Une race nouvelle très intéressante de tabacs d'ornement a été créée à la suite de l'introduction de l'Amérique du Sud, par la maison Sander, du *Nicotiana Forgetiana*, à petites fleurs rouges. Cette espèce croisée avec le *N. affinis* a donné naissance à la jolie race aux coloris extrêmement variés, appelée « *N. affinis* hybride varié ».

Un certain nombre de croisements ont été faits à Verrières dans ces dernières années entre diverses espèces de *Nicotiana*. Malheureusement les plantes hybrides sont annuelles et stériles, par suite, elles n'ont pu être conservées; mais des aquarelles ont été faites. Ce sont les croisements :

N. Tabacum var. *fruticosa* × *N. quadrivalvis* var. *multivalvis*.
N.   —   var. *sanguinea* × *N. glutinosa*.
N. affinis × *N. longiflora*.
N. quadrivalvis var. *multivalvis* × *N. glutinosa*.
N. paniculata × *glutinosa*.

Papaver. — Depuis 1890, à plusieurs reprises des croisements ont été faits à Verrières entre le *P. bracteatum* (vivace) et le *P. somniferum* (annuel) (Voir *Roy. Hort. Soc.* (Londres), vol. XXIV « Hybrid Conference Report », p. 203, et *Rev. Horticole*, 1895, p. 191).

La race de pavots vivaces, bien connus sous le nom de « Pavot d'Orient vivace varié », a été obtenue à Verrières en 1892 du croisement du *Papaver orientale* var *lilacinum*, variété reçue de M. Leitchlin, par le pollen du *P. bracteatum* (Voir *Revue Horticole*, 1895, p. 58).

Les pavots vivaces présentent fréquemment, tout au moins à Verrières, une curieuse monstruosité ; c'est ce que l'on appelle le « Pavot campanulé » ; les pétales sont soudés par leurs bords et la fleur devient ainsi monopétale. Cette étrange anomalie n'a pu être fixée.

La jolie race de coquelicots à fleur simple, bien connue en Angleterre sous le nom de « Shirley Poppies », fait l'objet, à Verrières, d'une expérience de fixation de coloris, qui se poursuit depuis 1890. Il est apparu une fois, dans cette expérience, une plante à fleurs « polycéphales », c'est-à-dire présentant la transformation des étamines en carpelles. Cette anomalie, qui est fréquente dans le *P. bracteatum*, a été rarement signalée dans le *P. rhœas*.

Pentstemon. — Des hybrides intéressants ont été faits à Verrières entre *Pentstemon barbatus* et *P. speciosus*, et ont donné naissance aux races connues sous le nom de « Galane glabre hybride compacte variée » et de « Galane barbue hybride variée » (Voir *Revue horticole*, 1899, p. 286 ; 1901, p. 326).

Petunia. — Une expérience est en cours pour étudier la couleur du pollen, qui est jaune ou violet suivant les plantes. Jusqu'à présent on a pu constater qu'il n'y avait aucune corrélation entre la couleur des pétales et celle du pollen.

On sait que, jusqu'à maintenant, les variétés de Pétunias à fleurs doubles connues, ne donnent pas de graines par suite de la transformation des carpelles. Pour obtenir la reproduction de ces variétés, il est nécessaire de leur prendre du pollen pour féconder des plantes à fleur simple de même race. Il a été trouvé cependant à Verrières une plante, qui a été montrée aux congressistes, portant, à la fois, des fleurs simples et des fleurs doubles, ces dernières parfaitement fertiles.

Primula. — Beaucoup d'espèces de Primevères sont en culture à Verrières. Le

Les 4 feuilles à droite appartiennent à la race de Pois sans vrilles, dites Pois " Acacia " ; les 3 feuilles à droite appartiennent à des plantes normales.

croisement du *P. acaulis* (♀) par la forme à double corolle du *P. grandiflora* (♂) a donné en F₁ une calycanthémie imparfaite, mais cependant bien visible. *Primula obconica* est représenté par de nombreuses variétés. C'est à Verrières que la forme à fleurs doubles est apparue pour la première fois (Voir W. Hill, *Journal of Genetics*, vol. 11, n° 1, février 1912).

La race *gigantea* (*Arendsii*) a été donnée comme le résultat d'une hybridation faite en Allemagne avec *P. megasæfolia*.

PHASEOLUS. — Environ 200 variétés de Haricots sont cultivées à Verrières. Des croisements ont été entrepris pour l'étude du coloris du grain; de même des hybrides entre *Ph. multiflorus* et *Ph. vulgaris* ont donné des résultats curieux. Des recherches au point de vue chimique sur la coloration des téguments des graines sont aussi en cours.

PISUM. — La collection des pois potagers cultivés à Verrières atteint le chiffre de 550 variétés. Depuis quinze ans, de nombreux croisements ont été faits dans un but purement scientifique[1] et beaucoup de caractères ont été étudiés. Lors de la visite de Verrières, des échantillons avaient été rassemblés afin de montrer la quantité considérable de facteurs génétiques étudiés jusqu'à ce jour dans le genre *Pisum*.

Dans le tableau suivant, le signe + indique le caractère résultant de la présence d'un certain facteur, et le signe — celui résultant de l'absence de ce même facteur :

1	+	Plante grande	—	Plante naine.
2	+	— normale	—	— fasciée.
3	+	— à vrilles	—	— sans vrilles[2] (fig. p. 50).
4	+	grains à albumen jaune	—	grains à albumen vert.
5	+	— à téguments colorés	—	— à téguments non colorés.
6	+	— ronds	—	— ridés.
7	+	— séparés dans la cosse	—	— adhérents entre eux (Voir p. 368).
8	+	— gros	—	— petits.
9	+	— à hile noir	—	— à hile blanc.
10	+	— présentant des mouchetures colorées	—	— sans mouchetures.
11	+	— présentant des marbrures colorées	—	— sans marbrures.
12	+	— à téguments de coloris divers	—	— à téguments de teinte grenat.
13	+	— » de teinte violet uni	—	— à téguments de coloris divers.
14	+	— à albumen jaune foncé	—	— à albumen jaune pâle ou vert.
15	+	feuillage glauque	—	— feuillage émeraude.
16	+	cosses violettes	—	cosses vertes.
17	+	— vertes	—	— jaunes.
18	+	— parcheminées	—	— sans parchemin.
19	+	fleurs pourpres	—	fleurs roses.
20	+	— roses	—	— blanches.
21	+	— solitaires ou par deux.	—	— réunies par trois ou plus.

QUERCUS HETEROPHYLLA. — Magnifique exemplaire de cet hybride supposé Q. *Phellos* × Q. *velutina*. L'arbre dont la plantation remonte probablement à 1822, atteint 22 mètres de hauteur et son tronc mesure 2 m. 50 de circonférence à 1 mètre du sol.

---

1. Philippe de Vilmorin. *Comptes Rendus Académie Sciences*, 1910, 2ᵐᵉ semestre, p. 548
2. Voir Bateson et Vilmorin. « A case of gametic coupling in Pisum. » (*Proc. Roy. Soc.*, vol. 84, 1911.)

Rehmannia angulata (♀) × R. Henryi (♂) et *vice versa*. Hybride intéressant obtenu à Verrières entre ces deux espèces asiatiques d'introduction récente. Le même croisement avait été fait précédemment en Angleterre (Voir *Gard. Chron.* 1910, part. 1, p. 189). Le R. *angulata* est à fleur rose foncé et le R. *Henryi* à fleur blanc jaunâtre. Cette dernière espèce est aussi très différente par sa nature à peu près acaule. L'hybride de première génération a le port du R. *angulata* et les fleurs d'un joli coloris rose frais. Stérile avec son propre pollen, il a pu être refécondé par le pollen de chacun des deux parents et, dans la descendance, des plantes à fleurs de coloris variés sont apparues, notamment des plantes à fleur blanc pur. (Voir *Revue horticole*, 1911; *Jardin*, 1941; Journal, *Sté Nat. d'Hort. de France*, 1911, p. 181; 1912).

Rehmannia angulata × R. Henryi.

Rubus odoratus (canadensis) (♀) × R. nutkanus (parviflorus) (♂), hybride récemment fait à Verrières entre ces deux espèces voisines. La plante de F₁ présente les caractères suivants : grandeur des fleurs du père, avec le coloris du *Rubus odoratus* mais plus pâle : rose tendre passant au blanc rosé. Le feuillage a l'ampleur de celui de la mère et présente la même pubescence; mais il a, surtout à sa partie inférieure, l'aspect de celui du R. *nutkanus*.

Rudbeckia hirta. — Espèce de l'Amérique du Nord dont l'amélioration a été poursuivie à Verrières depuis une dizaine d'années. Il y avait au début un mélange de différentes formes, et les plantes à petites fleurs ont été éliminées. La culture par pieds séparés, régulièrement autofécondés, a provoqué l'apparition de formes très bizarres et d'anomalies diverses dont il a été fait des aquarelles.

Rosa. — *Rosa foliolosa* (♀) × R. *rugosa* (♂) hybride naturel obtenu à Verrières de graines de M. Maurice de Vilmorin. La plante joint aux caractères du R. *foliolosa* le feuillage bien spécial du R. *rugosa*.

La série extrêmement nombreuse des variétés de roses s'est surtout enrichie, dans ces dernières années, par suite de l'intervention de deux espèces qui ont apporté avec elles des caractères nouveaux et extrêmement intéressants. Ce sont, le

R. *Wichuraiana*, du Japon, espèce longuement sarmenteuse et à feuillage spécial vert luisant, et le R. *lutea* qui a donné naissance à la série des *Pernetiana*, dans laquelle le coloris jaune de cette espèce a apporté un élément nouveau dans la gamme de couleur des fleurs.

SALPIGLOSSIS. — L'ancienne race à fleurs de grandeur moyenne, mais de coloris très variés et d'une richesse de tons particulièrement remarquable, a été croisée avec la race *superbissima*, d'un port nettement distinct et à fleurs très grandes. Tous les coloris obtenus sont cultivés par lots séparés et des aquarelles ont été faites pour faciliter la sélection.

SAPONARIA OCYMOIDES. — Une forme à fleur blanc pur trouvée à l'état spontané dans la Corrèze avait été reçue de M. G. de Lépinay. Cette plante était à peu près stérile; cultivée près du type qui est à fleur rose, elle a donné quelques graines qui ont reproduit le type rose. Mais ces dernières plantes isolées ont produit, dans leur descendance, des individus à fleur blanche, beaucoup plus fertiles que la plante primitive et aussi une curieuse forme à fleur lilacée.

SAXIFRAGA. — Collection d'environ 150 espèces et variétés, pour la plupart alpines, et comprenant un certain nombre de plantes hybrides ou données comme telles : *Andrewsii* (Geum × Aizon); *apiculata* (scardica × arctioides); *Borisii* (marginata × Ferdinandi-Coburgi); *Eudoxiana* (Ferdinandi-Coburgi × sancta); *Kellereri* (porophylla × Burseriana); longifolia × Aizoon; *Salomoni* (Rocheliana × Burseriana); *Zimmeteri* (Aizoon × cuneifolia); etc., etc....

SOLANUM. — La collection de pommes de terre cultivée à Verrières compte près de 1000 variétés (Voir Ph. de Vilmorin, *Catalogue méthodique et synonymique des principales variétés de pommes de terre*, 3e édition, Paris, 1902), et son origine remonte à 1815.

A cette époque, la Société nationale d'Agriculture (alors impériale), confia à M. André L. de Vilmorin, pour être cultivée à Verrières, une collection de 120 variétés qu'elle avait réunie. La maladie de la pomme de terre (*Phytophtora infestans*) a fait de grands vides dans cette collection, vides qui ont été heureusement comblés par le nombre considérable de variétés nouvelles apparues un peu partout. Sur les 120 variétés reçues en 1815, 12 variétés seulement existent encore, la plupart vivent misérablement et ne subsistent que grâce à des soins continus et exceptionnels; mais trois d'entre elles, la Chave, la Marjolin et la Vitelotte jouissent de toute leur vigueur et sont encore l'objet d'une culture considérable en France. Pour essayer de régénérer les variétés les plus appauvries, elles ont été cultivées, pendant plusieurs années, en deux endroits à la fois, à Verrières et en Saône-et-Loire, sous un climat et dans un terrain très différents; mais cette expérience n'a pas donné de résultats bien positifs.

En dehors de ces variétés appartenant au S. *tuberosum*, il existe à Verrières une série assez complète de types botaniques, dont beaucoup ont été reçus de M. W. A. Sutton, de Reading.

TARAXACUM. — Le Dr Hagedoorn a fait à Verrières une étude intéressante sur le *Taraxacum dens leonis* qui est parthénogénétique. Dans cette espèce, la forme des feuilles dans la descendance d'une seule plante est très variable selon les individus; mais si l'on sème les graines des deux plantes extrêmes d'une telle série, les deux groupes de plantes obtenues fluctuent au point de vue du feuillage dans les mêmes limites.

THLADIANTHA DUBIA (♀) × TH. OLIVERI (♂). — Hybride intéressant obtenu à Verrières entre ces deux espèces. Le *T. Oliveri* est une espèce chinoise introduite par les soins de M. Maurice L. de Vilmorin. La forme mâle seule est connue. En reféconcdant à nouveau les plantes hybrides obtenues, puis le résultat de ce nouveau croisement par du pollen de *T. Oliveri*, on est arrivé pratiquement à reconstituer la forme femelle de cette dernière espèce qui n'avait pas été introduite.

Tragopogon hybrides. — Curieuse race de Salsifis hybrides présentant des fleurs de coloris très variés. L'obtention en est due à un amateur, M. Régnier. C'est

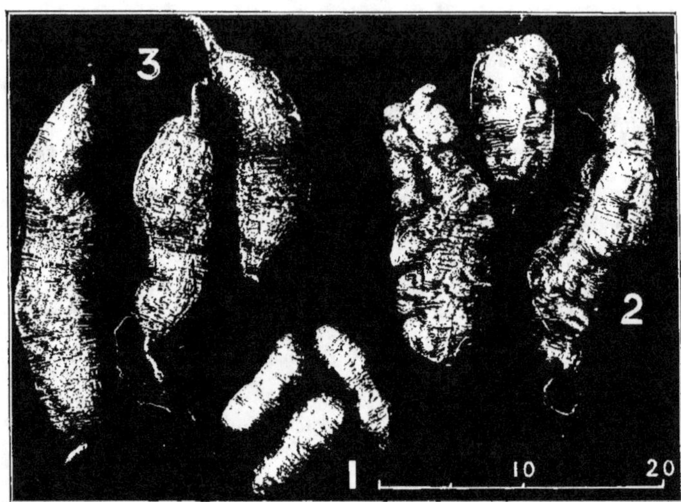

Thladiantha dubia × Th. Oliveri.

1   Tubercules de Th. dubia.
2   —   de l'hybride (F₁).
3   ..   de Th. Oliveri.

le résultat d'un croisement accidentel entre le type à fleurs violettes et le type à fleurs jaunes.

Trifolium. — La curieuse forme du professeur Hugo de Vries, *Trifolium pratense quinquefolium*, est cultivée à Verrières; de même une forme à 4 folioles du *Trifolium repens* a été fixée en partant d'un pied trouvé en 1901 et présentant quelques feuilles anormales. La variété *tetraphyl'a atropurpurea* de la même espèce et d'origine ancienne présente cette même anomalie d'une façon constante, mais la plante est stérile et se propage uniquement par division des touffes.

Triticum. — La collection des blés à Verrières est la plus importante de toutes, puisqu'elle atteint le chiffre d'environ 1200 variétés distinctes, toutes cultivées une fois au moins tous les trois ans. Son origine est ancienne et un premier catalogue en fut publié en 1850 par M. Louis de Vilmorin. Cette collection a rendu d'immenses services en permettant d'établir la synonymie des différentes variétés de blés qui sont extrêmement fixes, comme le démontre la communication faite à la présente Conférence (Voir p. 512), et en fournissant le matériel qui a servi de base aux travaux classiques de M. Henry L. de Vilmorin.

La plupart des variétés de blés à grands rendements, comme le Dattel, le Trésor, le Bordier, le Grosse Tête, le Bon Fermier, le Hâtif inversable, etc., cultivées actuellement en France, ont été obtenues à la suite de croisements artificiels faits à Verrières. En outre, de nombreuses hybridations ont été faites dans un but purement scientifique (Voir *Hybrid Conference Report*, *Journ. R. H. S.*, Londres, 1907).

Comme pour les pois, lors de la visite de Verrières, des échantillons avaient été rassemblés à l'intention des congressistes afin de montrer la quantité considérable de facteurs génétiques étudiés jusqu'à ce jour chez le blé. Dans le tableau suivant, le signe + indique le caractère résultant de la présence d'un certain facteur, et le signe — celui résultant de l'absence de ce même facteur :

1 + plante grande	— plante naine.
2 + » naine	— » grande.
3 + épi lâche	— épi compact
4 + » compact	— » très compact.
5 + » normal	— » ramifié.
6 + » à glumes normales	— » à glumes allongées.
7 + » » allongées	— » » très allongées (*T. polonicum*).
8 + » sans barbes	— » aristé.
9 + » aristé	— » barbu.
10 + » velu	— » peu velu.
11 + » peu velu	— » glabre.
12 + » coloré brun	— » coloré rouge.
13 + » — rouge	— » » rose.
14 + » — rose	— » blanc.
15 + » à axe fragile	— » à axe solide.
16 + » à barbes noires	— » à barbes non colorées.
17 + » normal	— » présentant des épillets surnuméraires
18 + » à balles adhérentes au grain	— » à balles non adhérentes.
19 + grain très coloré (brun)	— grain coloré.
20 + grain coloré	— blanc.

ZEA MAYS. — Une trentaine de variétés de maïs sont représentées chaque année à Verrières dans les essais commerciaux de la maison Vilmorin-Andrieux et Cⁱ⁰.

En 1907, des hybrides de Téosinte et de Maïs (*Reana luxurians* ♀ × *Zea Maïs* ♂), obtenus à Madagascar, ont été cultivés (Voir *Bulletin Soc. botanique de France*, 1907, p. 39) et des aquarelles ont été faites d'après les résultats. On sait que, selon le professeur J. W. Harshberger (*Garden and Forest*, 1896, p. 522), dans certaines régions du Mexique on produit régulièrement cet hybride, chaque année, dans un but pratique, en semant côte à côte des grains de Téosinte et des grains de Maïs. et en supprimant, avant l'épanouissement, les épis mâles de la première espèce.

ANIMAUX. — Un certain nombre d'expériences, faites sur des animaux au point de vue génétique, sont en cours à Verrières :

Sanglier. — Un mâle a été reçu d'Autriche et des croisements ont été entrepris avec des truies, noire (race Berkshire) et blanche (race craonnaise), afin d'étudier l'hérédité de la couleur de la robe.

Chiens. — Un grand chenil a été récemment installé. Le caractère absence de queue ou queue courte, particulier à certaines races de chiens, a été surtout étudié et, dans ce but, des types des principales races possédant ce caractère : épagneuls bretons, bleus d'Auvergne, braques du Bourbonnais, Shipperkes, bergers hongrois, etc., ont été réunis. Un croisement Scottish terrier (♀) et tekel (♂) a donné, en seconde génération, des résultats très curieux au point de vue longueur des pattes; enfin des chiens de toute beauté ont été issus de l'hybridation du colley (♀) et du chow-chow (♂), le croisement ayant été fait dans le but d'étudier la pigmentation de la langue chez ce dernier. Des essais de croisements ont aussi été tentés entre louve et chiens sans queue et le procédé de fécondation artificielle d'Ivanoff a été employé dans le croisement renard et chienne.

Enfin le Dr Hagedoorn a montré aux congressistes que cela intéressait plus particulièrement son élevage de rats pour l'étude des divers caractères génétiques, ainsi que les résultats de recherches de même nature entreprises sur les souris. Une note a été publiée récemment à ce sujet (Voir Hagedoorn. — The Genetic Factors in the Development of the Housemouse which Influence the Coat Colour. — *Zeitschrift für Induktive Abstammungs und Vererbungslehre.* — 1911, Bd 6, Heft 5).

Vendredi 22 Septembre

Excursion à l'École Vétérinaire d'Alfort

L'après-midi du 22 septembre, réservée pour une excursion facultative, fut employée à la visite de l'École nationale vétérinaire d'Alfort. M. le professeur Barrier, directeur de l'École, voulut bien recevoir lui-même les Congressistes et prononça l'allocution suivante :

M. le Prof. Barrier.

« Mesdames, Messieurs,

« Je souhaite la bienvenue à tous les membres du Congrès et je les remercie du grand honneur qu'ils ont bien voulu faire à l'École d'Alfort en venant lui rendre visite. Laissez-moi espérer que vous ne partirez pas d'ici sans avoir pu voir et apprendre quelque chose d'intéressant.

« C'est en 1765 que l'École d'Alfort, qui compte environ 250 élèves, a été fondée par l'écuyer Claude Bourgelat dont la statue, par Crauk, est érigée au centre de la Cour d'honneur; à gauche, s'élève celle de H. Bouley, ancien inspecteur général des Écoles vétérinaires, et, derrière, le monument d'Edmond Nocard, directeur-professeur, qui fut l'un des plus distingués élèves et collaborateurs de Pasteur.

« L'enseignement de l'École est réparti en dix chaires, savoir :

1° Physique, chimie, toxicologie et pharmacie;

2° Botanique, zoologie et matière médicale;

3° Anatomie descriptive des animaux domestiques, tératologie, extérieur du cheval;

4° Physiologie des animaux domestiques et thérapeutique générale;

5° Embryologie, histologie et anatomie pathologique;

6° Pathologie générale, pathologie médicale et clinique;

7° Pathologie chirurgicale, médecine opératoire, ferrure et clinique;

8° Pathologie bovine, ovine, caprine et porcine, obstétrique, médecine opératoire et clinique;

9° Pathologie des maladies contagieuses, police sanitaire, inspection des viandes de boucherie, médecine légale et législation commerciale;

10° Hygiène et zootechnie.

« Vous voyez combien sont nombreuses et variées les diverses matières de l'enseignement. Chaque chaire a, à sa tête, un professeur assisté d'un chef de travaux. Ce personnel est exclusivement recruté au concours. Le professeur donne l'enseignement dogmatique; le chef de travaux est chargé de surveiller et de diriger les élèves dans leurs travaux pratiques. C'est que l'enseignement est uniquement inspiré des nécessités professionnelles auxquelles les vétérinaires doivent satisfaire pour répondre aux besoins du commerce, de l'industrie, de l'agriculture, de l'armée, de l'hygiène et de la salubrité publiques.

« L'admission à l'École a lieu par voie de concours entre des candidats bacheliers qui doivent avoir 17 ans au moins et 25 ans au plus.

« La durée des études est de quatre ans, mais, chaque année, des examens généraux sont imposés pour le passage dans le cours supérieur ou l'obtention du *diplôme de vétérinaire*. Le nombre des cours est limité, pour chaque chaire, et ceux-ci doivent se faire d'après un programme déterminé, soumis tous les ans à la revision et à l'acceptation de Conseil des professeurs.

« Cours et travaux pratiques sont obligatoires et, faits à des heures telles que tous les élèves appelés à les suivre peuvent y assister. L'orientation de l'enseignement s'applique par dessus tout à donner aux élèves des notions bien acquises et très pratiques, indispensables à l'exercice de leur profession.

« Cet exercice est libre, par suite, exposé à la concurrence parfois redoutable, de l'empirisme.

« Dans tous les services que nous allons parcourir, nous trouverons des locaux et des laboratoires appropriés au genre d'enseignement qu'on y reçoit. Il existe, en outre, un *Musée* général, renfermant des pièces de collection d'une grande valeur, toutes préparées par l'École, et une *Bibliothèque* qui comprend plus de 18 000 volumes, l'un et l'autre mis à la disposition des élèves.

« Les courts moments que vous pouvez nous consacrer m'obligeront à vous arrêter de préférence sur les choses qui peuvent le plus intéresser votre Congrès. »

Les visiteurs traversent successivement les laboratoires des services de physique et chimie, de chirurgie, de médecine, d'anatomie, de physiologie, d'histoire naturelle, de zootechnie, d'anatomie pathologique, de pathologie bovine, et de police sanitaire.

Ils se montrent particulièrement intéressés par les hôpitaux, complètement modernisés depuis 1901. Là, ils constatent l'imperméabilisation des sols, des murs, l'écoulement souterrain de toutes les eaux usées à l'égout; des écuries hautes, claires, spacieuses, bien ventilées, disposées pour alimenter et abreuver individuellement les malades, ceux-ci sont groupés dans des stalles et des boxes distinctes, soit complètement isolés dans des pièces spéciales. Dans chacune d'elles, le seau commun, le bois, les matériaux perméables, agents propagateurs des maladies, ont été supprimés; des charpentes en fer pour la suspension des malades incapables de se tenir debout, des armoires métalliques, des lampes électriques, des contrôleurs de ronde pour la surveillance de nuit complètent l'installation. Toutes ces conditions d'hygiène ont dû être réalisées au prix de lourds sacrifices (chaque écurie coûte une dizaine de mille francs) pour réduire au minimum les chances d'infection et de contamination, dans un service où elles sont particulièrement communes et graves.

Sous l'immense hall vitré de la cour des hôpitaux, les congressistes ont pu voir des travails de divers types pour la contention des animaux lors des opérations chirurgicales: au fond, un amphithéâtre demi-circulaire pour les leçons cliniques; en avant, une cour découverte, spacieuse, entièrement imperméabilisée et entourée d'un promenoir garni de tan pour l'exercice des malades.

Ces malades appartiennent à des particuliers et paient 5 francs de pension par jour pour leur nourriture et les soins nécessités par leur état; les chiens ne paient que 1 franc, les chats 0 fr. 40 ; les malades des autres espèces sont reçus gratuitement, dans l'intérêt des études.

Outre les animaux hospitalisés, l'École ouvre tous les matins une consultation gratuite pour les malades du dehors. Si l'on observe que les élèves examinent et soignent, de ce fait, environ 10 000 chevaux et autant de petits animaux, chaque année, on se rend compte de la réputation mondiale de la clinique de l'École d'Alfort et de la haute importance des éléments d'instruction qu'elle procure ainsi à ses élèves.

M. Barrier explique ensuite aux visiteurs que l'établissement est outillé pour détruire sur place les produits cadavériques qu'il engendre et les transformer en produits stérilisés (poudre de viande et d'os, huile, graisse, gélatine, etc.) utilisables par l'industrie. A cet effet, il conduit ses hôtes dans la salle servant de dépôt de cadavres, pourvue d'une machine à froid et d'une cellule réfrigérée, où les produits cadavériques sont placés en attendant leur transformation dans l'usine d'équarrissage.

Les congressistes s'arrêtent longuement dans les étables d'isolement aménagées en 1901 par le Ministère de l'Agriculture pour l'étude des maladies contagieuses, notamment de la fièvre aphteuse. Tout y est conçu pour éviter la dispersion des contages, mêmes les plus subtils, au dehors, et l'isolement y est tel que les vacheries du voisinage n'ont jamais été, de la part de ce service, l'objet de la moindre contamination.

La visite se termine par la porcherie, le manège, le jardin botanique, le musée, la bibliothèque (18 000 volumes), les études, le réfectoire et le beau parc de l'École.

Samedi 23 Septembre

Visite du Muséum d'Histoire Naturelle de Paris

Les Congressistes ont été reçus par M. E. Perrier, membre de l'Institut, directeur du Muséum, qui avait tenu à faire lui-même les honneurs du magnifique établissement qu'il dirige.

La visite comporte, en premier lieu, une promenade à travers la Ménagerie et M. Trouessart, professeur, attire, au passage, l'attention sur les animaux présentant un certain intérêt au point de vue génétique. Les renseignements, condensés dans la petite note suivante, sont particulièrement intéressants :

Liste des Hybrides de la Classe des Mammifères obtenus en captivité dans les Ménageries

Les hybrides obtenus à la Ménagerie du Muséum d'Histoire Naturelle de Paris sont précédés d'un *.

Phot. Pirou.
M. le Prof. E. Perrier.

PRIMATES.

* 1. Cercopithèque callitriche ♂ × Cercop. grivet ♀ (*Cercopithecus callitrichus* ♂ × *C. griseoviridis* ♀) ; 27 janvier 1911.

* 2. Cercopithèque grivet ♂ × Macaque ordinaire ♀ (*Cercopithecus griseoviridis* ♂ × *Macacus cynomolgus* ♀).

* 3. Macaque ordinaire ♂ × Macaque couronné ♀ (*Macacus cynomolgus* ♂ × *M. pileatus* ♀).

* 4. Macaque ordinaire ♂ × Macaque rhésus ♀ (*Macacus cynomolgus* ♂ × *M. rhesus* ♀).

CARNIVORES.

5. Lion ♂ × Tigre ♀ (*Felis leo* ♂ × *Felis tigris* ♀).

6. Lion ♂ × Jaguar ♀ (*Felis leo* ♂ × *Felis onça* ♀).

7. Chat sauvage (d'Europe) ♂ × Chat domestique ♀ (*Felis catus* ♂ × *Felis ocreata* ou *maniculata* ♀ variété domestique). Même croisement entre le Chat domestique et d'autres petites espèces de même taille.

* 8. Chien domestique ♂ × Chacal femelle ♀ (*Canis domesticus* ♂ × *Canis anthus* ♀); cinq portées de 1904 à 1911.

9. Loup mâle ♂ × Chien domestique ♀ (*Canis lupus* ♂ × *Canis domesticus* ♀).

LÉMURIENS.

* 10. Maki à front roux ♂ × Maki à front noir ♀ (*Lemur fulvus rufifrons* ♂ × *Lemur nigrifons* ♀).

ONGULÉS ([1]).

11. Ane ♂ × Zèbre femelle ♀ (*Equus asinus* ♂ × *Equus zebra* ♀).

* 12. Zèbre ♂ × Ane femelle ♀ (*Equus zebra* ♂ × *Equus asinus* ♀).

* 13. Ane ♂ × Faux hémione ♀ (*Equus asinus* ♂ × *Equus onager* ♀).

* 14. Faux hémione ♂ × Zèbre de Burchell ♀ (*Equus onager* ♂ × *Equus Burchelli* ♀).

* 15. Zèbre de Chapmann ♂ × Zèbre femelle ♀ (*Equus Chapmanni* ♂ × *Equus zebra* ♀), trois produits ♀ dans l'espace de 10 ans; le dernier, du 2 mai 1903, vit encore au Muséum.

* 16. Dromadaire et Chamelle (*Camelus dromedarius* ♂ × *Camelus bactrianus* ♀), 12 mai 1903.

* 17. Dromadaire ♂ et Femelle hybride (demi-sang) de Chamelle ♀, 26 juin 1904.

* 18. Cerf de David ♂ et Biche de France (*Elaphurus Davidianus* ♂ × *Cervus elaphus* ♀); trois mâles et quatre femelles sont nés de l'Hybride femelle ci-dessus, croisé avec un Cerf de France). Le Cerf de David ♂ était mort.

* 19. Cerf sika ♂ × Axis ♀ (*Cervus sika* ♂ × *Cervus axis* ♀).

* 20. Cerf gymnote ♂ × Biche de Virginie ♀ (*Odocoileus gymnotis* ♂ × *Odocoileus virginianus* ♀).

* 21. Bouquetin des Pyrénées ♂ × Bouquetin des Alpes ♀ (*Capra pyrenaïca* ♂ × *Capra ibex* ♀).

22. Bouc de l'Inde ♂ × Biche axis ♀ (*Hemitragus jembaïcus* ♂ × *Cervus axis* ♀). — Cet hybride fort singulier et fort intéressant, comme croisement de deux espèces appartenant à *deux familles très distinctes*, a été décrit et figuré par Hodgson (photographie dans Kinloch, *Large Game of Thibet* et fig. col. dans Wolf, *Zoological Sketches*). Il ressemblait surtout à sa mère.

* 23. Mouflon de Corse ♂ × Bouquetin du Caucase ♀ (*Ovis Musimon* ♂ × *Capra caucasica* ♀).

* 24. Mouflon de Corse ♂ × Brebis saintongeoise ♀.

* 25. Gazelle d'Algérie ♂ et Gazelle de Palestine ♀ (*Gazella dorcas* ♂ × *Gazella arabica* ♀) plusieurs produits 1904-1905.

---

1. Le croisement du Cheval sauvage (*Equus Przewalski*) avec la Jument de pur-sang (*Equus caballus*), obtenu par Ivanoff, doit probablement être considéré comme un simple métissage entre race sauvage et race domestique d'une même espèce.

26. Bœuf domestique ♂ × Bison d'Amérique ♀ (*Bos taurus* ♂ × *Bison americanus* ♀).

27. Bison d'Europe et Bison d'Amérique (*Bison europœus* ♂ × *Bison americanus* ♀).

28. Bœuf et Zébu (*Bos taurus* ♂ × *Bos indicus* ♀).

29. Bœuf et Yack (*Bos taurus* ♂ × *Pœphagus grunniens* ♀).

30. Yack et Zébu (*Pœphagus grunniens* ♂ × *Bos indicus* ♀).

31. Zébu et Gayal (*Bos indicus* ♂ × *Bibos frontalis* ♀).

Il est probable que cette liste est très incomplète, et elle pourrait être complétée, soit par des recherches bibliographiques dans les publications périodiques, soit par de nouvelles expériences de croisements à faire dans les jardins zoologiques, en employant la *fécondation artificielle* déjà préconisée par le professeur P. Gervais, en 1855, et mise en pratique plus récemment par Ivanoff, en Russie (E. Trouessart).

M. Bois, assistant de la chaire de culture, et M. Gérôme, jardinier en chef, conduisent ensuite les Congressistes à travers les serres et le jardin et attirent

M. Bois.   M. le Prof. Costantin.   M. Gérome.

leur attention sur les spécimens les plus rares ou les plus intéressants. Ces renseignements sont résumés dans la note ci-dessous :

Le Muséum est un établissement créé en 1635, sous l'instigation de Guy de la Brosse, médecin de Louis XIII; un grand nombre de plantes nouvelles y ont été d'abord introduites ou étudiées avant d'être répandues en France ou dans nos colonies.

L'espace public, réservé au service de la Culture, est compris entre la Ménagerie, la partie supérieure de la rue Cuvier, les galeries de zoologie, minéralogie, botanique, anatomie comparée, la rue de Buffon et la place Valhubert.

Dans cet espace sont compris l'École de botanique et ses annexes (carrés des semis, etc.), les Parterres, le Fruticetum, les Serres et Orangeries, les Labyrinthes.

Quelques terrains non publics, situés de l'autre côté de la rue Buffon, sont occupés aussi par des collections arbustives et par des carrés et des serres dans lesquels on prépare les plantes d'ornement nécessaires à la garniture de la partie publique.

L'*École de botanique*, entièrement entourée de grilles, est formée de deux parties séparées l'une de l'autre par une allée transversale qui conduit à une porte d'entrée de la Ménagerie.

Elle est disposée en plates-bandes parallèles bordées de buis; les plantes sont placées sur ces plates-bandes en deux lignes continues et faisant le serpentin, suivant toute la longueur du jardin.

Les familles sont disposées suivant l'ordre établi par Brongniart, en 1843, lorsqu'il replanta l'École de botanique en l'agrandissant.

De ce fait, tous les arbres de l'École de botanique ont été plantés après 1843. Il n'y a exception que pour quelques exemplaires laissés comme témoins des agrandissements successifs. Ces arbres, qui se tiennent ainsi hors série, sont un Pin *Laricio*, planté autrefois par Bernard de Jussieu; un grand Poirier (dans la planche des Violariées); un grand Chêne (*Quercus macrolepis*), dans la série des Crassulacées, qui marquait la place qu'occupaient autrefois les Rosacées et les Amentacées dans l'ancien Jardin botanique.

L'École de botanique est ouverte, seulement pour l'étude, pendant la durée de la présence des jardiniers; elle est fermée les dimanches et fêtes, et tous les jours de onze heures à une heure, et à partir de six heures du soir jusqu'au lendemain matin six heures. Les étiquettes ne donnent que le nom latin des plantes, le nom d'auteur, le pays d'origine, l'indication de la nature de la plante (annuelle, bisannuelle, vivace, ligneuse, etc.) au moyen de signes conventionnels adoptés. Pour certaines plantes utilisées plus particulièrement soit comme plante d'ornement, soit comme plante industrielle, alimentaire, médicinale, vénéneuse, etc., une bande de couleur variable est placée à la partie supérieure de l'étiquette. Des tableaux de tous ces signes conventionnels sont placés aux entrées du Jardin botanique.

Les plantes vivaces rustiques y restent à demeure; parmi celles qui ne sont pas rustiques, certaines y restent néanmoins et sont abritées simplement sur place par des cloches ou des coffres mobiles; les autres sont cultivées en vases, pots ou caisses, et conservées l'hiver soit sous châssis, soit dans l'Orangerie et les diverses serres.

Les plantes annuelles, bisannuelles, ainsi que toutes les espèces qui n'existent pas au jardin et qu'on s'est procuré de graines, sont semées et élevées dans le carré des couches.

L'École de botanique est complétée en un autre point du Jardin, à l'entrée, près de la place Valhubert, par un carré contenant un moins grand nombre d'espèces, prises parmi celles qui ont le plus d'importance comme *plantes alimentaires* (pour l'homme et les animaux), *plantes industrielles*, *plantes médicinales*. Ce carré, toujours ouvert au public, est étiqueté en français et en latin.

Les carrés entre l'École de botanique, et les terrains avoisinant la rue de Buffon, sont les *Parterres*; ces carrés, refaits vers 1884, sont dessinés à la française; ils renferment des plates-bandes et des corbeilles garnies à la fois de plantes d'ornement et de collections variées, les unes à demeure, les autres changées de place tous les ans, selon les exigences de la culture (plantes bulbeuses diverses, Rosiers, Iris rhizomateux, Chrysanthèmes, Dahlias, Cannas, Fuchsias, etc.). Les plantes annuelles d'ornement occupent un carré spécial; les corbeilles, renouvelées plusieurs fois dans l'année, sont plantées avec un choix des meilleures et plus rustiques variétés de plantes d'ornement à fleurs et à feuillage.

Les *serres* sont groupées dans la partie nord-ouest du Jardin et adossées au Labyrinthe. La plus ancienne, comme date de construction, est l'Orangerie (bâtie sous Buffon, finie en 1787): c'est actuellement un bâtiment qui tombe en ruine et qui sera prochainement reconstruit. On y abrite une collection fort importante d'arbres des régions subtropicales, tenus en caisses, et notamment deux *Chamœrops humilis* qui ont actuellement plus de 8 mètres de hauteur.

Ces deux palmiers furent offerts à Louis XIV par le margrave de Bade.

Après l'Orangerie, le groupe des serres les plus anciennes se trouve être adossé au grand Labyrinthe; il comprend:

1° Deux pavillons carrés, édifiés vers 1830, refaits en 1908 et 1909.

2° Deux étages de serres à surface courbe, à un seul versant, datant aussi de la même époque et reconstruites aussi en 1910.

3° Une grande serre à deux versants et divisée en 3 compartiments distincts placée en avant des serres courbes. (Cette serre a été reconstruite en 1909.) Le premier compartiment de cette serre à deux versants est surtout occupé par les collections de fougères et aroïdées; le compartiment du milieu renferme un très grand bassin disposé pour la culture des plantes aquatiques de serre chaude; le dernier est surtout consacré aux plantes ornementales de serre chaude et humide.

La serre courbe inférieure est plus spécialement destinée aux plantes de serre tempérée; celle de l'étage supérieur est réservée aux collections de plantes grasses des diverses familles, dont il existe une collection importante, et quelques spécimens très remarquables.

Le pavillon carré tenant directement aux serres courbes renferme de beaux exemplaires de *Palmiers* en pleine terre et diverses monocotylédones de grand développement. L'autre pavillon carré, séparé de celui dont nous venons de parler par une allée, est plus spécialement réservé aux plantes de serre froide.

Attenant à ce dernier pavillon (pavillon froid), est le jardin d'hiver, construit de 1882 à 1884, et un groupe de serres chaudes, les unes destinées aux Orchidées, aux Broméliacées, les autres destinées aux semis, à la multiplication et la conservation d'une collection fort importante de plantes économiques ou intéressantes reçues surtout de nos colonies et aussi des diverses régions chaudes du globe. Ce groupe dit « des serres coloniales » renferme beaucoup d'espèces rares, nouvelles, peu connues ou peu cultivées.

Exemplaires intéressants introduits directement au Muséum. — Le monument végétal le plus ancien du Jardin des Plantes est le *Robinia pseudacacia*, planté où il est encore actuellement, par Vespasien Robin, en 1635 (les graines en avaient été reçues par son père, Jean Robin, en 1601. Le *Cèdre du Liban* a un siècle de moins, il fut planté en 1734 au Labyrinthe: sa végétation laisse maintenant quelque peu à désirer.

Près de la Bibliothèque se voit encore le premier exemplaire de *Sophora japonica*, introduit par le R. P. d'Incarville en 1747; l'arbre est creux maintenant, mais paraît encore vigoureux.

Les jardins de la Ménagerie renferment de nombreux et beaux exemplaires des arbres introduits d'Amérique par André Michaux (*Gleditschia*, *Noyers noirs*, puis toute une série de *Marronniers rouges*, d'*Erables de Montpellier*, de *Celtis*, de *Mûriers*, etc., arbres tous plantés déjà forts par Thouin, lors de la création de la ménagerie par la Convention.

Près du pavillon chaud, existe le premier pied de *Paulownia Imperialis* introduit en France (en 1834). Dans le Labyrinthe, il reste encore quelques beaux Pins *Laricio* déjà anciens, un beau chêne à feuille de châtaignier, de très grands *Platanes*, les premiers exemplaires introduits du *Populus Bolleana* et du *Prunus Pissardi*. Non loin de là, un tapis d'*Evonymus radicans*, planté en 1888, a développé dans un Houx sa forme grimpante qui est devenue florifère et a pris sa forme adulte si différente, qui est celle de l'*E. Carrierei* obtenu par dimorphisme au Muséum et dont le plus vieil exemplaire se trouve près du bâtiment de l'Administration.

Dans le *carré creux*, près de l'Orangerie, existe un *Olivier d'Europe*, en pleine terre et passant l'hiver dehors, grâce à l'abri du mur de soutènement de la ménagerie, des *Pistachiers* se trouvent dans les mêmes conditions. C'est l'un d'eux, un pied femelle, qui permit à Bernard de Jussieu, en 1738, d'en constater la fécondation par transport — par l'air ou les insectes — du pollen d'un pied mâle fleuri cette année-là, pour la première fois, dans la Pépinière des Chartreux (où est maintenant le jardin de l'École supérieure de Pharmacie, avenue de l'Observatoire). C'était la confirmation de la théorie du rôle des étamines établie par S. Vaillant, en 1716, au Jardin du Roi, 19 ans avant l'établissement, par Linné, de son système sexuel.

Dans ce carré se trouve aussi le premier pied introduit par le R. P. David du *Xanthoceras sorbifolia* qui fructifie abondamment chaque année.

L'Ecole de botanique, le fruticetum et divers carrés renferment aussi un grand nombre de plantes intéressantes dont les représentants sont parmi les plus anciennement introduits. Il faut notamment citer une belle série de *Pavia*, le *Liquidambar styraciflua*, le *Parrotia persica* en gros exemplaire, les *Pyrus Malus* et *P. Bollvilleriana*; un *Gingko biloba* portant à la fois, greffés, les deux sexes sur le même pied et toute une série d'arbres et arbustes plus nouvellement introduits.

De même, dans les serres, on peut noter, à côté d'exemplaires très anciens introduits directement à la suite de voyages, des espèces nouvelles reçues tout récemment. Parmi les plus remarquables sont surtout des plantes des régions sèches (Basse Californie) et surtout sud de Madagascar. De cette dernière région, le Muséum possède des *Didiera*, *Pachypodium*, *Euphorbia*, *Alluandua*, et autres espèces tout à fait intéressantes.

En dehors des essais classiques de Naudin sur les hybrides, on a fait peu d'hybridations au Muséum. Les plus importantes à citer sont celles faites par M. Henry sur les Lilas et sur la Pivoine jaune, hybridations suivies de succès. (Voir L. Henry. Croisements faits au Muséum d'Histoire Naturelle de Paris de 1887 à 1899. *Jnal R. H. S. Hybrid Conference*, Report. Londres, 1900.)

En raison de l'heure avancée, les Congressistes parcourent rapidement les galeries de zoologie et d'anatomie comparée. M. le directeur Perrier signale les spécimens les plus intéressants : l'Okapi, le Mesoplodon, l'Hemibradypus torquatus, le Diplodocus, etc.... Dans la galerie d'anthropologie, M. le Dr Anthony montre le moulage du cerveau de l'homme de « La Chapelle-aux-Saints » et donne quelques renseignements sur cette découverte récente et d'un grand intérêt.

Samedi 23 Septembre

BANQUET DE CLOTURE

Le banquet de clôture, auquel les membres étrangers de la Conférence avaient été gracieusement invités par leurs collègues français, eut lieu le 25 septembre à 8 heures du soir dans les salons de l'Hôtel Continental. Inutile de dire que ce fut un très grand succès.

Le menu ci-dessous, portant en seconde page la liste des toast, fut remis à chacun :

<table>
<tr><td>

MENU

Printanier Colbert
Crème Sévigné

—

Truites Saumonées glacées à la Néva

. . .

Filet de Bœuf Richelieu
Médaillons de Ris de Veau Laffitte

—

Faisans Rôtis sur Canapés
Salade

—

Petits Pois à la Française

—

Glace Théodora
Gaufrettes, Friandises

—

Corbeilles de Frui s

</td><td>

TOASTS

La 4e Conférence Internationale de Génétique
A. Truffaut

—

La Société Nationale d'Horticulture de France
W. Bateson

—

Les Généticles Étrangers
Y. Delage

—

Les Conférences Internationales de Génétique
Johannsen
E. von Tschermak
W. T. Swingle
J. P. Lotsy
E. Baur

—

La Presse
Ph. de Vilmorin

</td></tr>
</table>

M. A. Truffaut, premier vice-président de la Société Nationale d'Horticulture de France, prit le premier la parole, selon l' « ordre du jour » établi :

Phot. Pirou.

M. A. Truffaut.

Mesdames, Messieurs,

En l'absence de notre éminent Président, M. Viger, retenu à Orléans par la session du Conseil général du Loiret, et qui m'a prié de l'excuser, il me revient l'honneur de prendre la parole au nom de la Société Nationale d'Horticulture de France, pour saluer les Congressistes avant leur départ de France.

Notre grande Association qui, vous le savez, compte près de cinq mille membres dispersés sur tous les points de la France et à l'étranger, constate avec satisfaction les résultats du Congrès de Génétique.

Ce Congrès a obtenu un succès complet; les donateurs généreux nous ont aidés par leurs libéralités, les savants français, les horticulteurs nous ont envoyé leur adhésion et les plus éminents professeurs et horticulteurs étrangers ont répondu à notre appel. Nous avons, en outre, reçu des délégations officielles de tous les pays d'Europe et même d'Amérique, et je vous demande la permission de vous citer :

Le Board of Agriculture, d'Angleterre;
Le Département de l'Agriculture, de Washington;
Le Département de l'Agriculture du Canada;
L'American Breeders'Association;
La Station d'évolution de Carnegie (Cold Spring Harbor);
Le Ministère de l'Agriculture français;
Le Ministère de l'Agriculture belge.
Le Ministère de l'Agriculture grec;

Le Ministère de l'Agriculture égyptien, etc.

Ainsi que de nombreuses sociétés savantes :

La Société de Biologie;

La Société de Zoologie;

La Société Botanique de France;

La Société d'Acclimatation, etc., etc.

Non seulement les uns et les autres nous ont apporté le résultat de leurs travaux, mais ils les avaient fait précéder de mémoires préliminaires qui ont servi de base à des discussions approfondies pendant les nombreuses séances qui ont eu lieu cette semaine.

Ces séances — c'est un fait rare et qu'il faut citer — ont été si intéressantes, ont donné des résultats tellement remarquables que la dernière comptait autant d'auditeurs que la première.

D'autre part, vous avez été à même d'apprécier l'intérêt scientifique de l'Institut Pasteur de Paris et de Garches, de même que les collections du Muséum ainsi que celles si complètes et les cultures expérimentales de M. de Vilmorin, à Verrières. Vous conserverez, nous l'espérons, un souvenir durable et agréable des réceptions qui vous ont été faites par le Conseil municipal de Paris à l'hôtel de ville, par le prince Roland Bonaparte et par M. et Mme Philippe de Vilmorin. (*Applaudissements.*)

La Société Nationale doit des remerciements tout particuliers à M. Philippe de Vilmorin qui suit si dignement les glorieuses traditions de sa famille. Vous l'avez vu à l'œuvre toute cette semaine, se dépensant sans compter, avec le dévouement le plus complet, organisant tout, veillant à tout et il faut redire encore qu'il a été l'initiateur et le véritable organisateur de ce Congrès. C'est à la suite de ses relations personnelles, par des publications, par des correspondances qui durent depuis plusieurs années qu'il a assuré le succès de ces réunions. Il a été à la peine, il a le droit d'être à l'honneur ce soir, et il peut compter sur la reconnaissance de notre Association. (*Applaudissements.*)

Nous avons été heureux, il y a deux ans, d'accueillir favoralement la proposition de M. de Vilmorin d'associer d'une façon toute spéciale la science à nos travaux. Nous possédons bien au sein de notre Société un Comité scientifique composé de gens compétents et dont les avis nous sont souvent utiles, mais notre rôle principal, le but de nos efforts, est d'encourager et de développer le goût de l'horticulture.

Notre plus puissant moyen d'action est l'organisation d'expositions qui nous permettent de faire connaître au grand public les produits de nos meilleurs cultivateurs, de récompenser les horticulteurs ainsi que les semeurs nombreux qui enrichissent chaque année nos collections de nouvelles variétés de fleurs, de fruits ou de légumes. Ces expositions sont de véritables fêtes parisiennes pour lesquelles nous dépensons chaque année plus de 100.000 francs et qui sont visitées par plus de 150.000 visiteurs.

C'est ainsi que, depuis longtemps, nous encourageons la Génétique. Nous avons avons fait de la Génétique « sans le savoir », car les jardiniers, n'étant pas pour la plupart des hommes de science, n'ayant pour eux que l'amour des plantes qu'ils cultivent, leur intelligence et l'esprit d'observation, ont été les précurseurs dans cette science en mettant en pratique des règles qui seront vraisemblablement appliquées plus tard suivant les lois de la Génétique.

En attendant, nous pouvons être fiers des résultats obtenus par les Horticulteurs, auxquels on doit la transformation de beaucoup de genres de plantes. Et je n'ai pas besoin de chercher bien loin. J'ai devant moi des fleurs de Dahlia. Existe-t-il une plante qui ait été plus transformée, plus travaillée que le Dahlia?

Que dirait le capitaine Blanchard, l'introducteur du Chrysanthème en Europe, s'il visitait nos expositions? Il aurait bien de la peine à retrouver quelque chose d'analogue aux variétés qu'il importait, dans les fleurs énormes, aux coloris si divers, qui ont été obtenues par les Calvat, les Vilmorin, les Nonin et tant d'autres. Il en est de même pour les Dahlias dont les formes et couleurs ont varié à l'infini entre les mains des habiles semeurs. Le genre Bégonia a donné des hybrides remarquables; le nom de notre grand semeur de Nancy, Lemoine, est connu dans le monde entier par les nombreuses variétés qu'il a obtenues et dont l'une spécialement, qui porte le nom de « Gloire de Lorraine », a fait son tour du monde car on la cultive partout où l'on aime les fleurs.

Les Cannas, qui, cette année, ont été si brillants dans nos cultures, ont été hybridés avec succès par Crozy et notre collègue Pfitzer, de Stuttgart, dont la variété « Reine Charlotte » fait l'ornement de tant de jardins.

Si nous prenons les plantes exotiques de serre, c'est dans les Orchidées que les fécondations ont donné les résultats les plus curieux et les plus intéressants. Les Veitch, à Londres, les Maron, à Paris, les Vuyslteke, en Belgique, ont obtenu des hybrides bien supérieurs aux parents comme beauté et comme vigueur, de sorte que les importations de plantes des pays d'origine en Europe seront sous peu inutiles.

Je pourrais ainsi énumérer des quantités de plantes améliorées par l'hybridation et la sélection et dont on reconnaît à peine les origines dans les dernières nouveautés obtenues, mais je ne veux pas abuser de la parole. Je dirai cependant qu'il en est de même pour les fruits et les légumes dont on a augmenté la qualité et le rendement.

Certes ces résultats ont été importants, mais nous pouvons supposer que lorsque les horticulteurs opéreront leurs croisements suivant les règles scientifiques qui sortiront des études auxquelles on se livre en ce moment dans tous les pays, on arrivera à des rendements encore meilleurs, on obtiendra des fruits encore plus beaux, des fleurs encore plus brillantes.

Je termine en levant mon verre en l'honneur des membres du Congrès, et plus particulièrement des dames, qui ont bien voulu s'intéresser et s'associer à nos travaux, en souhaitant de voir plus intime encore l'union féconde de la science et de la pratique, pour le plus grand succès de la Génétique et les progrès de l'Horticulture. (*Salve d'applaudissements.*)

Professeur W. BATESON, directeur of the John Innes Horticultural Institution (Londres), répondit en portant le toast à la Société Nationale d'Horticulture de France :

Mesdames, Messieurs,

On m'a confié le soin de porter un toast à la Société Nationale d'Horticulture de France, et je suis sûr que vous le porterez tous avec moi.

Cette Société nous a offert son patronage, mais je me demande parfois si nous ne sommes pas un peu dans une fausse situation. Avions-nous véritablement le droit de nous abriter sous le nom de la Société Nationale d'Horticulture de France?

Je viens d'entendre mon ami M. Truffaut, et, parlant des dahlias, il nous a dit que c'était un exemple extraordinaire de ce que pouvait faire la Génétique, et je me demande s'il est probable ou vraisemblable que dans l'avenir la Génétique saura aider à produire ces dahlias.

Je ne sais si je dois répondre affirmativement ou négativement à cette question. Si je parle de l'année prochaine, je peux répondre sûrement : non. Mais si je regarde dans l'avenir, si je pense aux communications qui nous seront faites lors de la prochaine Conférence, je crois que, sans être atteint de folie, on peut penser que la Génétique sera capable d'indiquer aux créateurs de nouvelles plantes comment ils doivent procéder pour en obtenir.

C'est le hasard — j'insiste sur ce mot — qui nous a liés si étroitement avec la pratique de l'horticulture, et c'est un hasard bien heureux.

A Londres et à Paris, nous avons été reçus par une Société horticole avec une grâce et une affabilité que nous ne saurons jamais assez reconnaître. Nous aurions pu être également reçus par les représentants de la chimie — je ne dis pas de la physique — de l'anthropologie ou de l'aviculture; nous aurions pu être accueillis par les représentants d'autres sciences avec lesquelles nous avons des liens aussi étroits qu'avec l'Horticulture.

Mais l'Horticulture a tenu à nous recevoir, et c'est pour cette raison que vous voudrez bien lever avec moi votre verre à la santé de cette Société (*Applaudissements.*)

Qu'est-ce que va devenir la Génétique?

Nous sommes au début, et quand on envisage les profondeurs et les hauteurs qu'elle peut atteindre, on est véritablement étourdi. La Génétique donne à l'espèce humaine un pouvoir qu'on ne pouvait jamais prévoir et qui est extrêmement dangereux.

Je pense à l'homme — dont nous avons vu le cerveau, ce matin, au Muséum d'Histoire naturelle — qui a été trouvé dans la Corrèze, avec ses mains au-dessous de ses genoux. Qu'aurait-il fait s'il avait connu la Génétique? (*Rires.*) Croyez-vous que cette race humaine que je vois autour de moi se trouverait réunie ici, dans l'Hôtel Continental?

Je ne le crois pas.

Si, parmi ses enfants, cet homme avait vu naître un nouveau spécimen, qu'aurait-il fait de cet animal? Certainement il aurait posé son pied sur son crâne et telle aurait été la fin de cet enfant; la race humaine, telle que nous la connaissons, n'aurait jamais existé si la Génétique, et les pouvoirs qu'elle nous donne, avaient été connus de nos ancêtres.

Je ne suis pas tout à fait certain que nous n'abuserons pas des pouvoirs qui nous seront confiés si nous continuons à marcher dans la voie que nous suivons.

Si les Conférences continuent à se réunir pendant un grand nombre d'années, peut-être — et je ne crois pas être ridicule en disant cela — posséderons-nous, dans un siècle, le pouvoir de régler le destin de la race humaine, et les types dont nous ne voudrons pas ne naîtront pas. Je ne suis pas certain qu'un gouvernement possédant ce pouvoir n'en abusera pas.

Avant de m'asseoir, je voudrais parler d'une question d'organisation qui m'intéresse beaucoup. J'ai remarqué que la séance d'aujourd'hui avait le mieux réussi, et c'est justement la séance dans laquelle les propositions pratiques ont pris la plus grande place. Un de nos collègues a parlé d'un arbre fruitier qui perdait ses fruits sans les désarticuler : le pédoncule ne se séparait pas des fruits par désarticulation. Le jour où j'ai eu l'honneur de présider une séance de cette Conférence, j'ai remarqué avec regret que beaucoup de nos membres se... désarticulaient. Pendant que les formules couraient en quantité sur le tableau noir, beaucoup de nos membres se détachaient du Congrès et allaient déjeuner.

Il faut éviter pareille chose à l'avenir ; il faut trouver le moyen d'empêcher cette désarticulation. La seule ségrégation permise ici doit être la ségrégation des langues. Nous avons entendu des hybridations de langues, et je suis heureux de savoir que le phénomène de ségrégation se produira dans vingt-quatre heures et qu'alors toutes les langues reviendront dans leur propre pureté.

M. Truffaut, au nom du Congrès, je remercie la Société que vous représentez, du bon accueil qu'elle nous a réservé. J'espère que malgré tout le luxe et les délices avec lesquels le Congrès a été accablé par la générosité parisienne, la Génétique ne trouvera pas, comme Annibal, sa Capoue. (*Applaudissements.*)

M. le professeur Yves Delage, membre de l'Institut, porta le toast « aux généticistes étrangers » :

Mesdames, Messieurs,

Et vous, Messieurs les Membres étrangers de la Conférence de Génétique, auxquels s'adresse particulièrement le toast que j'ai l'honneur de porter.

Dans quelques heures, nous allons nous trouver séparés. Ce Congrès sera terminé et nous nous retrouverons, les uns, la tête sur l'oreiller, les autres assis sur les coussins d'un wagon de chemin de fer, roulant vers leur pays ; et alors certainement, avant de nous endormir, nous repasserons dans notre esprit les impressions que nous a laissées ce Congrès.

Quelles sont ces impressions ? Sont-elles bonnes ? Sont-elles fâcheuses ou de telle nature que nous ayons envie de recommencer dans quelques années ?

Pour ma part, j'ai fait ces réflexions avant le moment dont je parlais tout à l'heure, alors que je méditais sur les quelques paroles que j'aurais à prononcer. Je me suis demandé quelle impression m'a laissée le Congrès et de cette impression franchement exprimée, je ferai l'objet de ce toast.

Cette impression a été d'abord, en parcourant la liste de nos membres, celle d'un vif étonnement de la voir si longue. J'étais fort loin de me douter qu'il y avait un si grand nombre de personnes s'intéressant à cette science nouvelle, la Génétique, si nouvelle que le nom n'en est pas encore connu parmi les personnes qui ne sont pas spécialistes.

J'ai été frappé aussi d'un autre fait, c'est que le plus grand nombre de ces membres étaient des étrangers, et cela a fait naître en moi un certain sentiment d'envie, non point de jalousie, tant s'en faut, mais je dirai presque un sentiment d'humiliation ; et j'ai pensé que nous devions, nous Français, au prochain Congrès, donner la réplique de ce qui s'est fait chez nous cette année, c'est-à-dire accourir aussi nombreux que le seront les savants du pays dans lequel se tiendra la Conférence.

J'ai été frappé d'une autre chose encore : c'est du grand nombre de praticiens, horticulteurs et arboriculteurs, qui se trouvaient sur cette liste, et j'en ai été extrêmement heureux, parce que j'estime qu'ils nous fournissent les bases les plus solides pour les spéculations théoriques qui devront sortir de ce Congrès.

Enfin, en examinant aussi la composition du Bureau de cette Conférence, j'ai éprouvé un autre étonnement, c'est celui de m'y trouver moi-même, avec le titre de Président. (*Rires.*) Je me suis demandé comment moi, dont les travaux, en fait de génétique, sont nuls, je me trouvais avoir l'honneur de présider ce Congrès. Je crois en avoir trouvé l'explication.

Vous êtes venus à moi, non en raison de mes titres et de mes mérites, mais parce que vous avez compris, avec un flair très sûr, que j'étais un de vos amis. (*Applaudissements.*)

Je crois en avoir donné la preuve dans quelques circonstances. Je ne ferai aucune allusion aux quelques tentatives que j'ai faites de livres sur la biologie générale; j'insisterai un peu plus sur le fait que, lorsque j'ai eu l'honneur d'être nommé à la direction du laboratoire de Roscoff, je l'ai immédiatement débaptisé et appelé : « Station biologique ».

Mais je crois l'avoir mérité à un autre titre, dans une circonstance que quelques-uns d'entre vous connaissent sans doute aussi, mais que je vous demande la permission de vous rappeler. En 1904, il y avait en Amérique, à Saint-Louis, une exposition, et, à cette occasion, il avait été organisé un *Congrès des Sciences et des Arts*, dans lequel les organisateurs avaient découpé toutes les sciences et tous les arts en larges tronçons; et ils avaient désigné, pour faire un rapport documenté, substantiel et étendu sur chacun de ces tronçons, deux conférenciers, un Américain et un de l'Ancien continent. J'ai eu l'honneur d'être désigné comme conférencier européen pour l'anatomie comparée.

Dans les circonstances de ce genre, c'est une habitude, disons plus, une question de correction, un devoir, auquel on ne saurait manquer, de faire l'apologie de la science sur laquelle on est appelé à parler. Si c'est là un devoir, je dois déclarer que j'y ai complètement manqué, et que j'ai fait juste l'inverse de ce qu'on aurait été en droit d'attendre de moi. Bien loin de faire un plaidoyer en faveur de l'Anatomie comparée, j'ai fait contre elle un réquisitoire. Je n'ai pas été l'avocat, j'ai été le Ministère public. C'était si bien au fond de mon cœur que je n'ai pas voulu me laisser influencer par la question de convenance, pour dire le contraire de ce que je croyais être la vérité. J'ai déclaré que l'anatomie comparée était une science morte, qui avait eu sa période de gloire, qui, réellement, avait été utile dans l'évolution de la science biologique, mais qui maintenant touchait à sa fin.

Une science dans laquelle on doit commencer par tuer l'animal pour savoir ce qu'il est ne peut être mise en comparaison avec la Génétique, science dans laquelle on étudie l'être vivant et les fonctions de l'être vivant. Aussi ai-je déclaré et écrit qu'il était temps de diriger nos études vers les questions vivantes.

Vous l'avez su ou deviné et c'est pour cela que j'ai cru pouvoir dire, il y a un instant, que vous avez été guidés par un flair très sûr lorsque vous vous êtes adressés à moi, en pensant que je vous étais acquis.

Si vraiment je suis votre ami, me permettrez-vous de vous dire certaines choses qui, peut-être, si elles sortaient de la bouche de quelqu'un qui vous serait hostile, vous donneraient le droit de rester offensés? Après les déclarations que je viens de faire, vous ne sauriez me garder rancune de vous les dire sans ambages.

Je voudrais vous donner un petit conseil.

Nous sommes ici les Génétistes. Ne nous rétrécissons pas à n'être que des doctrinaires du Mendélisme. Ne confondons pas Mendélisme et Génétique. Certes, le Mendélisme est une théorie admirable, et je suis loin d'être un des détracteurs de cette merveilleuse conquête ; mais cependant le Mendélisme n'est pas la Génétique tout entière. On ne peut pas admettre qu'il contient toute la vérité et rien que la vérité ; et, dans tous les cas, son programme n'est pas aussi étendu que celui de la Génétique : il en est une partie, mais il n'en exclut pas les autres. Il ne faut pas nous mettre des œillères de chaque côté et ne voir devant nous, comme Génétistes, que le Mendélisme.

Il y a d'autres problèmes que ceux du Mendélisme, et je vous demanderai la permission de vous en citer deux, parce que je crois qu'ils appartiennent au programme de la Génétique, et je les considère comme les plus graves problèmes de l'évolution.

Le premier, c'est celui de l'hérédité des caractères acquis. Actuellement, c'est le grand problème de la question de l'évolution, parce que, sans l'hérédité des caractères acquis, l'adaptation est incompréhensible, et sans l'adaptation on on ne comprend pas l'évolution, Il y a là un dilemme dont il faudra sortir un jour ou l'autre.

Le second, c'est la distinction des divers ordres de variations. Représentez-vous un pendule dont le point de suspension est immobile dans l'espace : dans cette position, il représente une espèce. Si vous l'écartez de sa position d'équilibre, il décrit des oscillations qui représentent les variations de l'espèce sous l'influence des conditions diverses auxquelles elle peut être soumise. Mais ces oscillations, si grandes qu'elles soient, s'éteignent peu à peu d'elles-mêmes, comme s'effacent certaines variations dès qu'a cessé la cause qui les a produites. C'est ce que l'on peut appeler les oscillations pendulaires de l'espèce.

Si, au contraire, vous déplacez, si peu que ce soit, le point de suspension dans l'espace, le centre des oscillations se déplace avec lui, et cela représente pour l'espèce un nouvel état d'équilibre, — progrès ou recul, — mais en tout cas, modification permanente, définitive.

La distinction de ces deux sortes de variations, fluctuations, d'une part, déplacements du centre d'équilibre, de l'autre, voilà un des problèmes intéressants de la biologie générale, et il appartient essentiellement à la Génétique.

Laissez-moi vous faire une prédiction. Je prédis que la solution de ces deux problèmes appartiendra à la Génétique, et je prédis que, parmi les Génétistes, ce sera l'un de ceux qui veulent se faire humbles, sous le nom de « praticiens », un de ceux qui s'effacent modestement derrière les prétendus savants, qui trouvera la solution. Ce sera un de ceux-là, parce qu'ils ne se dépensent pas en phrases vides, parce qu'ils n'aiment pas chercher les théories creuses, et parce que, s'ils n'ont peut-être pas l'art de pérorer à brûle-pourpoint sur n'importe quel sujet de zoologie ou de botanique, ils traitent la matière vivante elle-même, et ils en tirent des conséquences et des conclusions qui sont la base la plus solide des spéculations par lesquelles s'édifient les synthèses.

Après avoir fait ce souhait et cette prédiction — qui, je l'espère, se réaliseront — laissez-moi lever mon verre à nos hôtes étrangers. (*Applaudissements.*)

Enfin, MM. le Professeur JOHANNSEN, de l'Université de Copenhague ; Pro-

fesseur E. von Tschermak, de Vienne; W. T. Swingle, du département de
l'Agriculture de Washington ; J. P. Lotsy, de l'Académie des Sciences de Hollande, Professeur E. Baur, de l'Université de Berlin, portèrent successivement
des toasts « aux Conférences Internationales de Génétique ».

Professeur Johannsen :

Mesdames, Messieurs,

Qu'est-ce que la Génétique? Cette question nous fut posée fréquemment
ces jours-ci, et les étrangers ont le sentiment que le mot Génétique n'est que
très peu connu en France.

Or, la définition de la Génétique est très claire : c'est la science de la *propagation de la vie*, la science de *la transformation des organismes spécifiques* dans
le cours des générations — ou même la science des *éléments* fixes (facteurs
simples) qui composent les organismes.

Je dis la *science*, je ne dis pas la *philosophie* de la vie continuée. Car la Génétique procède expérimentalement, autant que possible, comme les sciences
dites exactes : la physique, la chimie et la physiologie expérimentale. La Génétique a pour but d'établir les lois de la genèse des organismes.

La haute importance de la Génétique comme science pure n'a de comparable que son importance au point de vue de l'amélioration rationnelle des races
animales et végétales. Établir les lois de la genèse des organismes, c'est maitriser le développement des êtres vivants — et les prospects qui s'ouvrent pour
nos espoirs sont les plus promettants même pour une ambition modeste.

Il me semble que nous avons vu, dans le cours de ce Congrès, des résultats
merveilleux.

Mais la Génétique n'est-elle pas une science très ancienne dont le nom a
seulement été transformé? Vraiment cette question est plus avancée en France
que dans les autres pays. La France a été le pays des grands biologistes : Buffon,
Lamarck, Geoffroy Saint-Hilaire, Bichat, Flourens, Claude Bernard et Pasteur ;
leur nom rayonne dans la science.

Et certainement, en France, la biologie générale a joué un grand rôle.
Claude Bernard disait : « Il n'y a qu'une seule physiologie, qu'une seule manière
de vivre pour tous les êtres vivants ». Et justement une des idées fondamentales ou, pour mieux dire, un des résultats principaux de la Génétique, c'est
l'*unité de la vie*.

Néanmoins la Génétique est une science nouvelle. Elle date de la fin du
xixe siècle, dès que le *concours des trois principes méthodiques suivants* fut
établi : *Cultures pures, mensurations ou énumérations exactes* traitées suivant des
méthodes mathématiques, et enfin, les *croisements* artificiels.

Gregor Mendel appliquait — on peut le dire — les trois méthodes, et c'est
pourquoi la Génétique s'est naturellement cristallisée autour de ses recherches
géniales, quand elles furent redécouvertes il y a douze ans.

La Génétique ne doit pas être regardée comme la science des hybridations
— ce serait un grand malheur que la Génétique devînt unilatérale — la Génétique doit toujours étendre son horizon, embrasser toute la science, pure et
appliquée, de la genèse des organismes.

La redécouverte du « Mendélisme » attira l'attention d'un nombre considérable de biologistes de tous les pays. Et les Conférences de Génétique — d'abord appelées Conférences d'Hybridation — gagnèrent extrêmement d'intérêt.

Et maintenant, grâce à la quatrième Conférence de Génétique qui s'est réunie à Paris, grâce aussi aux journaux français, le mot Génétique sera plus connu en France, et en même temps l'intérêt public sera dirigé plus intensivement vers les études génétiques, qui sont, en France, si bien représentées. Ce Congrès nous en a fourni la preuve, malgré l'absence si regrettée de l'illustre M. Cuénot, ce biologiste français qui a de si grands mérites dans l'étude du développement de la théorie des facteurs génétiques.

Le temps me manque pour nommer ici toutes les instructions et suggestions que nous avons reçues des Génétistes français, mais j'ai le devoir très agréable de constater que le succès remarquable de la quatrième Conférence de Génétique est dû en plus grande partie au travail excellent du Comité d'organisation, et surtout à M. *Philippe de Vilmorin*, qui est un des premiers biologistes français ayant compris la haute importance théorique et pratique de la Génétique moderne.

Le nom de Levêque de Vilmorin possède une histoire très belle **au point** de vue génétique, une histoire qui contribue à la gloire du génie français. Je ne puis tracer ici cette histoire, mais je puis rappeler les grands mérites de *Louis de Vilmorin*, le grand-père de notre excellent secrétaire général.

Louis de Vilmorin a compris et il a précisé l'importance des cultures pures d'une manière concluante et bien motivée. L'étude des travaux de cet expérimentateur génial, qui mourut trop jeune, il y a 50 ans, procurera le plus grand plaisir aux biologistes qui possèdent un peu le sens historique. Louis de Vilmorin a compris ce principe fondamental de la Génétique, que les *caractères personnels* d'un individu ne sont pas le vrai héritage, car deux individus identiques personnellement peuvent donner naissance à différentes séries de descendants.

Louis L. de Vilmorin.
1816-1860.

Voilà la conception de phénotype et de génotype. Et son principe de « l'isolement », c'est-à-dire le principe de juger séparément les descendants de chaque individu, ce principe est réellement le point capital pour l'analyse des *populations*. J'avoue volontiers et avec un sentiment de gratitude profonde, que c'est la lecture des notices de Louis de Vilmorin qui m'a servi de base pour mes premières recherches génétiques.

L'idée de pouvoir « affoler » les plantes, présentée par Louis de Vilmorin, d'une manière originale et spirituelle, cache, sous sa forme bizarre, des expériences profondes sur l'étude des caractères récessifs, revenant à coup sûr dans la descendance d'hybrides qui, eux-mêmes, en sont personnellement dépourvus. Et ses discussions critiques sur la corrélation prétendue entre divers caractères morphologiques et physiologiques — par exemple entre la forme ou l'arrangement des feuilles et la richesse saccharine des betteraves, — démontrent une rare clarté d'esprit. Louis de Vilmorin était tout à fait dégagé de ces idées regrettables sur la corrélation qui ont causé un retard si grand, en établissant, par exemple, d'après les principes de Guénon, un jugement en tenant compte de l'extérieur des vaches, au lieu de déterminer directement leur vraie qualité laitière.

Vraiment si Louis de Vilmorin, appuyé aussi sur les expériences de son éminent père, Pierre Philippe de Vilmorin, a réussi à obtenir de grands résultats pratiques pour la culture des betteraves à sucre, c'est grâce à son génie qui s'est libéré des *préjugés contemporains*.

Il reste un point à préciser, c'est la position de Louis de Vilmorin vis-à-vis de l'adaptionisme de Lamarck. On peut suivre les doutes de Vilmorin à ce sujet; son esprit clair et analytique se refusait à admettre les idées fantastiques d'adaptation héréditaire; et c'est, pour moi, un critérium de plus pour la qualité de son génie.

Nous avons vu que M. Philippe de Vilmorin a pu confirmer tout à fait les vues de son grand-père.

Beaucoup de noms brillent dans la Génétique pré-mendelienne française. Je me rappelle avec plaisir les noms de Sageret — maintenant presque oublié — de Naudin — à présent devenu moderne — et de Millardet, dont les expériences sur les vignes appartiennent à notre époque.

Mais je crois que Louis de Vilmorin doit être regardé comme un éminent représentant de la Génétique française pré-mendelienne et même pré-darvinienne.

Mesdames et Messieurs, la dynastie *Levêque de Vilmorin* est toujours florissante; notre excellent et aimable secrétaire général, M. Philippe de Vilmorin, qui s'occupe, avec un si grand intérêt et avec de si beaux résultats, des recherches de Génétique, en est la preuve.

Il a ajouté ses mérites personnels à l'histoire glorieuse de ses ascendants, et nous lui sommes profondément reconnaissants d'avoir si bien préparé cette Conférence.

Nous regrettons bien vivement l'absence de Mme de Vilmorin. J'ai eu l'occasion d'admirer en elle les qualités supérieures d'une vraie dame française. Nous faisons des vœux pour son prompt rétablissement. (*Applaudissements.*)

Mesdames, Messieurs, je vous propose un toast en l'honneur de notre secrétaire. M. Philippe Levêque de Vilmorin et de sa famille florissante! (*Applaudissements.*)

M. le Professeur E. von TSCHERMAK prononce, en allemand, le toast suivant :

Mesdames et Messieurs,

Comme délégué du gouvernement autrichien, j'ai l'honneur de remercier le Comité d'organisation de la 4e Conférence internationale de Génétique, de son hospitalité, au nom des Autrichiens invités. Il est certainement compréhensible que c'est pour nous autres Autrichiens, une grande joie et une grande fierté de voir que le germe semé à Brunn par Gregor Mendel, et dont la croissance fut stimulée en 1900, est arrivé déjà à être une forte plante qui — nous voulons nous exprimer modestement — promet de donner dans un avenir prochain des fruits précieux pour la théorie comme pour la pratique. L'enthousiasme international pour le Mendélisme ne nous a pas seulement conduit à d'importants succès scientifiques, il nous a également procuré, dans nos congrès, de nombreuses et amicales relations et particulièrement à Paris.

Puisse cet enthousiasme international, qu'accompagnent tant de vœux scientifiques et amicaux, ne pas s'affaiblir !

C'est sur ces derniers mots que je lève mon verre et bois à votre santé.

(*Applaudissements.*)

M. W. T. SWINGLE :

C'est avec beaucoup de plaisir, Mesdames et Messieurs, que je prends la parole. Je ne doute pas que vous ne reconnaissiez avec moi que cette Conférence a eu une grande valeur, et cette valeur ne réside pas seulement dans le plaisir de faire la connaissance des hommes qui s'occupent de ces questions si importantes, mais aussi, dans ce fait, que l'attention publique est attirée sur la Génétique, grâce à cette Conférence.

M. W.-T. SWINGLE.

Naturellement, je ne crois pas qu'il puisse y avoir une question aussi importante que la Génétique.

Quand je pense aux millions d'animaux qui vivent ; quand je pense à l'homme qui élève ces animaux, aux billions de plantes qui les nourrissent, et quand je pense que ces plantes, ces animaux et l'homme même pourront être améliorés au moyen des principes génétiques, je ne peux pas supposer qu'une autre science fera plus de bien à l'humanité que la Génétique.

J'ai suffisamment exprimé notre foi dans l'avenir de la Génétique, et je suis certain que chacune des Conférences donnera des résultats. Il faut appeler votre attention sur ce point qu'une des ambitions fondamentales de notre organisation, c'est de créer un lien entre la science et la pratique ; il ne faut pas devenir trop scientifique, et nous devons recevoir toujours chez nous les praticiens avec grand honneur. La science et la pratique doivent toutes deux progresser ensemble.

M. Delage, notre distingué président, l'a dit : c'est un praticien qui fera ces grandes découvertes qu'il attend.

D'autre part, nous avons étudié aujourd'hui une question d'organisation qui intéresse tout le monde : nous avons décidé que les Conférences internationales seront reliées entre elles à l'aide du Comité que nous avons créé : c'est ainsi qu'il y aura non seulement une cinquième Conférence, une sixième, une septième, une huitième, mais bien d'autres jusqu'à une *n*....ième Conférence.   (*Applaudissements.*)

J'espère que la cinquième Conférence se réunira en Amérique. Je n'insiste pas, mais si les conditions sont favorables, venez et vous serez reçus avec les plus grands honneurs. Je vais plus loin et je pense que non pas la *n*....ième Conférence, mais une Conférence plus rapprochée se réunira en Chine, car dès l'instant qu'on devient civilisé on s'intéresse à toutes les questions internationales.

Il n'y a pas de science comme la Génétique.   (*Applaudissements.*)

M. J. P. Lotsy :

Mesdames, Messieurs,

On m'a fait le grand honneur de m'inviter à répondre, pour autant que cela regarde mon petit pays, la Hollande, au toast de M. Delage aux Généticistes étrangers. On a fait, je regrette de vous le dire, un choix très malheureux, car je ne me sens nullement étranger dans votre pays hospitalier.

(Applaudissements.)

Nous avons en Hollande un proverbe qui dit :

« Chaque homme a deux pays : la France et le sien! »

Ce proverbe dit vrai, parce que tous, à quelque nation que nous appartenions, nous avons une dette envers la France, dette que je ne veux pas préciser, mais que nous sentons tous. *(Applaudissements.)*

Si quelques-uns parmi nous sont venus en France en vrais étrangers, je suis sûr qu'ils ne le sont plus et qu'ils retourneront dans leur pays comme amis de la France, comme amis d'un pays dans lequel nous avons admiré non seulement la grâce et l'esprit qui sont si bien connus comme étant des qualités essentiellement françaises, mais aussi ce que je voudrais appeler « le bon sens » qui a rendu possible la réussite de ce Congrès, grâce à l'union de la pratique et de la science.

Nous avons vu figurer dans le Comité de patronage les noms les plus connus, et les gens les plus illustres de France se sont entendus pour nous recevoir.

Il m'est impossible de les remercier tous, mais je crois qu'ils seront tous d'accord avec moi pour remercier plus spécialement M. Philippe de Vilmorin *(Applaudissements)*, qui, comme l'a dit M. Viger, a pris sur ses épaules la lourde charge de l'organisation de ce Congrès.

Vous savez tous que cette organisation fut parfaite, et c'est avec un vrai plaisir que j'adresse nos remerciements à M. de Vilmorin, parce que je sais, par une amitié de quelques années et par beaucoup de preuves, que ses efforts sont tout à fait désintéressés.

Comme son père, son grand-père et son arrière-grand-père, il n'a d'autre désir que celui d'être utile au progrès de la France et de l'Horticulture.

En terminant, je vous propose, Messieurs les Étrangers, de boire au pays qui nous a reçus d'une manière dont il a seul le secret, et je vous invite à crier avec moi : Vive la France! *(Applaudissements.)*

M. le Professeur E. Baur prononce, en allemand, le toast suivant :

Mesdames, Messieurs,

De différentes manières, le sentiment qui nous domine tous étrangers, a été exprimé ce soir : sentiment de reconnaissance pour la grande hospitalité qui nous a été offerte à Paris, hospitalité qui ne peut pas être surpassée. Il ne me reste rien autre à faire et à dire qui n'ait été fait ou dit : Je remercie la Société Nationale d'Horticulture de France et le Comité d'organisation du Congrès, au nom des Congressistes de l'Empire allemand pour l'aimable réception que nous avons trouvée ici et pour toutes les belles et intéressantes choses qui nous furent présentées.

Nous nous rappellerons volontiers, vous pouvez en avoir l'assurance, des beaux jours passés à Paris. *(Applaudissements.)*

M. Philippe de Vilmorin termina la série des discours en portant le toast
« à la Presse » :

Mesdames, Mesdemoiselles, Messieurs,

Un des résultats des études que nous poursuivons a été évidemment de
rapprocher, au point de vue génétique, les caractères psychologiques et les
caractères biologiques. Cependant, il ne faudrait pas aller trop loin. Il me
semble qu'une distinction s'impose. C'est pourquoi, sur le programme vulgaire-
ment appelé « menu », que vous avez trouvé à votre place, on réserve une page
à la nourriture du corps et une page à la nourriture de l'esprit.

Il me semble que dans l'état actuel de la science, il serait dangereux d'in-
tervertir l'ordre des facteurs. En tous cas, je vois mon nom sur une de ces pages,
heureusement pas sur celle des comestibles (*Rires*) et je constate que je dois
porter un toast à la Presse.

C'est un devoir fort agréable, que je remplirai de mon mieux, mais depuis
quelques minutes j'ai été fusillé à bout portant d'une salve de compliments
tout à fait immérités, et après avoir subi le feu sans broncher, il me semble
qu'il est de mon devoir de protester (*protestations*) et en tous cas de mon droit,
car nous sommes tous, il me semble, ici, à la recherche de l'exactitude scientifique et je dois donc essayer d'extirper de vos esprits quelques idées fausses.
Il faut rétablir les faits, lesquels sont les suivants :

1° La Conférence Internationale de Génétique qui vient de se terminer a
été organisée par la Société Nationale d'Horticulture de France ;

2° Elle a été généreusement soutenue par des bienfaiteurs, au premier
rang desquels nous devons placer le prince Roland Bonaparte, la Société
botanique de France et son Président ;

3° Elle a profité de l'autorité de son Comité de patronage, lequel réunissait
dans un mélange fort agréable les noms des plus grands savants et des plus
éminents praticiens ;

4° Les autorités municipales et préfectorales de Paris, les directeurs de l'Institut Pasteur, du Muséum, de l'École d'Alfort nous ont permis d'annoncer à
nos adhérents qu'il seraient partout les bienvenus. Je citerai également le
prince Roland Bonaparte, déjà nommé, qui nous a reçus avec sa cordialité
habituelle à l'égard des naturalistes du monde entier.

5° J'étais entouré de collaborateurs intelligents, que vous connaissez,
comme Hagedoorn, Mottet, Meunissier (*Applaudissements*), sans parler des
collaborateurs plus modestes mais non moins dévoués qui n'ont ménagé ni leur
temps, ni leur peine pour arriver au succès et à l'organisation parfaite de ce
Congrès ;

6° Vous êtes venus, vous-mêmes, de tous les coins du monde, apporter à
cette Conférence, par le prestige de vos personnalités illustres, le caractère à la
fois sérieux, scientifique et international que nous ambitionnions pour elle, et
vous êtes venus non pas seuls, mais accompagnés de vos femmes, de vos filles,
de vos élèves, de vos collaboratrices dont la présence enguirlande cette table,
comme elle a ensoleillé toutes les réunions du Congrès. (*Applaudissements.*)

Vous voyez donc, messieurs, que cette Conférence devait être un succès.
Au milieu de tant de forces effectives, je n'étais qu'un point central et, je dois
le dire, assez honorable, mais n'importe qui aurait été à ma place, que le résultat final eût été absolument le même. (*Non ! Non !*)

Je dois donc n'accepter absolument que la quote-part qui me revient dans la responsabilité générale, d'autant plus que j'ai eu, en dehors, la joie pure et sans mélange de retrouver ici un certain nombre de bons camarades et en même temps de jeter les bases de ce qui sera plus tard de solides amitiés. (*Applaudissements.*)

Il est une autre puissance qui nous a très effectivement aidés, et si je n'en ai pas parlé plus haut, ce n'est pas par oubli, c'est par un artifice oratoire, afin d'arriver au moment opportun au sujet de mon toast. Cet être à la fois fort et doux, qui peut à son gré semer la terreur ou la joie, l'enthousiasme ou le découragement, qui rend à l'humanité les services les plus signalés, depuis la propagation universelle des grandes idées jusqu'à l'emballage des chaussures, la Presse, puisqu'il faut l'appeler par son nom, capable... mais au fond, de quoi n'est-elle pas capable puisqu'elle est toute-puissante !

La Presse, en tout cas, a été bienveillante pour nous. La Presse spéciale, scientifique, horticole a annoncé dans le monde entier notre Conférence et nous a soulagés du lourd souci de penser que peut-être quelque personne intéressée n'avait pas été touchée par nos circulaires ou par nos convocations. La Presse quotidienne consacre depuis quelques jours une part importante de ses colonnes, si encombrées en ce moment, aux résultats de nos travaux. Grâce à elle, notre science a été vulgarisée, dans le bon sens du mot, et grâce à elle, je l'espère, le mot de « Génétique » cessera d'être une énigme pour nos compatriotes.

Je vous demande donc, mesdames, mesdemoiselles et messieurs, de lever avec moi votre verre en l'honneur de la Presse. (*Applaudissements.*)

DEUXIÈME PARTIE

COMMUNICATIONS ET RAPPORTS

SUR LE PRINCIPE DE LA COALESCENCE DES PLASMAS VIVANTS ET L'ORIGINE DES RACES ET DES ESPÈCES[1]

Par le Dr Armand GAUTIER,
Membre de l'Institut, professeur à la Faculté de médecine

On admet généralement que, chez les êtres vivants, l'espèce est déterminée par un ensemble de caractères propres à un groupe d'individus pouvant se fertiliser entre eux en conservant leur type général commun. Mais, de ces caractères, certains peuvent varier, sinon de nature au moins de proportion, tels sont la taille, la couleur, la grosseur relative de certains organes, l'état glabre ou velu, etc. ; ces caractères variables sont dits *secondaires* parce qu'ils peuvent se modifier alors que se conservent les caractères généraux de l'espèce. Des variations de ces caractères secondaires résultent les diverses races.

Phot. Cautin et Berger.
M. le Dr A. GAUTIER.

Lamarck et Darwin ont essayé d'expliquer les variations de ces caractères et l'apparition des races, et même des espèces, par l'influence des milieux, les êtres tendant à se mettre en harmonie avec les conditions de l'ambiance, les organes qui fonctionnent le moins s'atrophiant, et les êtres les moins aptes à s'adapter au milieu où ils vivent disparaissant peu à peu, d'où une sorte de sélection naturelle.

Ainsi se formeraient les collections d'individus doués des mêmes aptitudes, et se fixeraient ces caractères généraux et stables qui déterminent les espèces, chacune d'elles se séparant de la suivante en raison de la disparition des types intermédiaires de moindre résistance.

Cette théorie ingénieuse qui pourrait au besoin expliquer la formation des espèces, ne nous dit pas en quoi consistent les modifications essentielles qui se sont ainsi introduites dans ces groupes originairement réunis, modifications si profondes qu'il ne saurait plus y avoir d'alliance, du moins d'alliance féconde, entre les êtres de même nature primitive qui se seraient ainsi peu à peu séparés ; et cette dernière remarque suffirait à elle seule à mettre en suspicion

---

1. Communication faite à la première séance de la Conférence.

l'hypothèse du mécanisme purement quantitatif des différences ainsi introduites.

S'il est vrai, et l'on ne peut le contester, que les milieux agissent sur nous pour nous modifier, ce ne saurait être qu'avec une extraordinaire lenteur, comme en témoignent les dessins des animaux préhistoriques laissés par l'homme des cavernes, dessins qui reproduisent si fidèlement nos animaux sauvages ou domestiques actuels; depuis des milliers et des milliers d'années ils restent semblables à leurs vieux ancêtres, alors que les conditions ambiantes ont si souvent et si profondément changé, depuis et même avant les temps glaciaires. L'hypothèse de Lamarck et de Darwin reste donc toujours une hypothèse; en tout cas elle est absolument insuffisante pour expliquer les faits de brusques variations dont je vais maintenant parler.

J'ai essayé d'établir, en 1886[1], que des modifications importantes peuvent se produire chez les êtres vivants sans que ces variations notables, quelquefois héréditaires, aient été précédées d'aucun lent changement sensible intermédiaire. Je crois que ces brusques changements, en apparence quoique bien à tort, dits spontanés, que l'on nomme aujourd'hui plus souvent des *mutations* à la suite d'observations très postérieures aux miennes, sont l'origine habituelle de la variation des races et des espèces. Ces brusques changements résultent, suivant moi, comme je pense pouvoir le montrer, non pas de l'influence banale du milieu, mais de l'imprégnation des plasmas vivants, reproducteurs ou végétatifs, par un plasma étranger qui, *en vertu de sa constitution moléculaire propre est apte à entrer en coalescence*[2], c'est-à-dire à croître et fonctionner avec le plasma primitif qu'il a ainsi modifié brusquement, phénomène absolument comparable au phénomène banal et typique de la fertilisation du plasma de l'ovule féminin par le plasma mâle, la fécondation croisée étant l'exemple banal de ces coalescences suivies de variations immédiates.

|

C'est surtout dans le régime végétal où tout est plus simple, plus maniable et plus rapide qu'il faut d'abord observer et expérimenter.

Prenons le bourgeon d'un végétal et greffons-le sur une espèce voisine. Nous pourrons constater, sinon dans tous les cas, du moins dans les plus favorables, une double influence. D'une part, le greffon réagissant sur le porte-greffe lui passera une partie des caractères de son espèce, de l'autre, et réciproquement, tout ou partie de la plante issue du greffon pourra reproduire quelques-unes des formes de l'espèce porte-greffe.

Je ne rappellerai des observations que j'avais déjà réunies en 1878-1880, quand je voulus contrôler les idées que m'avaient suggérées mes recherches d'alors sur les catéchines des acacias et les pigments de la vigne recherches dont je reparlerai plus loin je ne rappellerai, dis-je, que l'observation due à M. Jouin du célèbre néflier de Bronvaux. C'est un néflier plus que centenaire greffé sur aubépine, toute la partie de l'arbre sortie du greffon est bien un néflier, mais il y a quelque trente ans, au-dessous de la greffe sur le vieux pied d'aubépine, sortit un rameau de néflier différant d'ailleurs du néflier ordinaire en ce que le

1. Voir en HOMMAGE A CHEVREUL, *Mécanismes de la variation des êtres vivants*, p. 29, Alcan, éditeur, Paris, 1886, et *Cours de Chimie*, 1ʳᵉ édition. t. III, p. 811.

2. De *coalescere*, croître ensemble.

bois de ce rameau est épineux et qu'au lieu de porter des fleurs solitaires, comme le néflier, ses fleurs, au nombre de 12, sont réunies en corymbe, comme dans l'aubépine. Les fruits, quoique latéralement aplatis, sont de petites nèfles.

Voilà donc bien des caractères primitivement contenus dans l'ovule fécondé du néflier, qui ont été transportés par les plasmas végétatifs du bourgeon sur le pied d'aubépine et y ont fait naître une variété de néflier épineux qui tient à la fois des deux espèces conjuguées.

Cette transmission des caractères d'une espèce à une autre par les plasmas végétatifs est plus rapide et plus sûre si l'on opère sur des plantes herbacées. M. le professeur L. Daniel greffe l'*Helianthus latifolius*, sorte de petit Soleil, sur l'*Helianthus annuus*. Le premier est une plante vivace à tige ligneuse, à rhizomes très développés se renflant en tubercules; le second est une plante annuelle dont la tige est pourvue d'une moelle abondante, riche en inuline. De cette union est provenue une race de Soleils persistants beaucoup plus longtemps que l'*H. annuus*, race à tige ligneuse et dure, couverte d'un épiderme vert sombre, portant de nombreuses lenticelles, comme la tige du Petit Soleil qui avait fourni le greffon alors que la tige du Grand Soleil est vert pâle, à poils persistants et presque sans lenticelles[1].

On voit dans ces cas le transport sur le pied porte-greffe, par les seuls plasmas du bourgeon, des caractères d'une espèce à une autre espèce.

S'il en est bien ainsi, on comprend que l'action réciproque du porte-greffe sur la partie du végétal issue du greffon doive aussi s'observer. C'est ce que vérifie, en effet, l'expérience. En greffant des bourgeons d'Abutilons ou de Passiflores à feuilles vertes homogènes sur des pieds de même espèce, mais à feuilles panachées, M. Lemoine, le savant horticulteur de Nancy, obtint des variétés de chacune de ces espèces à feuilles panachées.

Parmi bien d'autres observations de ce passage des caractères du pied porte-greffe au greffon, je citerai encore l'observation qui me fut signalée par le célèbre hybrideur de vignes, M. Jurie[2], à la suite de ma communication sur le mécanisme de ces variations brusques que je venais de faire au Congrès viticole de Lyon en 1897. Un pied de vigne Labrusca (variété *Isabelle*, cépage américain dioïque), avait été, en 1882, greffé de Poulssard, espèce française hermaphrodite. En 1889, sur un rameau sorti du greffon, apparut, non plus le feuillage du Poulssard, mais celui du *Labrusca* Isabelle, c'est-à-dire du pied américain. Les fleurs de ce rameau eurent la hâtivité de l'Isabelle; les fruits, intermédiaires entre ceux des deux espèces avaient, comme je m'en assurai, une couleur et un goût tenant des deux. Les vrilles de ce rameau étaient continues, généralement groupées 4 à 5 de suite, caractère des *Labrusca*. En un mot, le pied porte-greffe avait communiqué par ses plasmas à l'une des branches issue du greffon une partie des caractères de l'espèce *Labrusca*.

Dans les expériences de greffes herbacées dues à M. L. Daniel, le piment greffé sur tomate fournit des fruits de grosse taille, de forme arrondie, aplatis et côtelés profondément, rappelant entièrement par leur forme ceux de la tomate. L'aubergine greffée sur tomate participe de même des caractères des deux espèces ainsi coaptées.

Par ces exemples, et bien d'autres, on voit clairement que ce n'est pas

---

1. Je n'ignore pas qu'on a mis en doute quelques-uns des faits observés et publiés par M. L. Daniel. Je les ai examinés en partie et les considère, en général, comme incontestables.
2. Publié dans la *Revue des hybrides* franco-américaine de P. Govy, juillet 1902, p. 152.

seulement le pollen étranger qui contient en lui le pouvoir modificateur de la race. Ce pouvoir se retrouve dans le bourgeon, dans le plasma végétatif lui-même, et jusque dans les plasmas somatiques qui circulent dans la plante. Si le greffage du bourgeon est possible, la coalescence des plasmas se produira; et plus ou moins tardivement, si les conditions deviennent favorables, il apparaîtra sur le porte-greffe ou sur le végétal sorti du greffon une variation quelquefois, pas très rarement, transmissible par graine; en un mot, il se créera ainsi une race nouvelle. Ces transformations végétales amenées par des coalescences fortuites ou voulues des plasmas vivants peuvent, en effet, être assez stables pour se transmettre par graines. Celles qui proviennent, par exemple, de l'alliaire greffée sur chou, du pois de Knight sur *Faba vulgaris*, etc., ont donné, par semis, des plantes qui participent aux qualités des deux espèces conjointes[1]. Je citerai plus loin d'autres exemples de ces transmissions.

Chose inattendue, mais qui vient appuyer fortement ma démonstration, si l'on peut marier par la greffe les plasmas d'espèces différentes, quelquefois même associer des genres voisins, on ne saurait y parvenir si, dans deux espèces, même très rapprochées, les principes constitutifs des plasmas, tout en étant semblables et symétriques, sont inversement construits. On ne saurait faire pénétrer une vis dextrogyre dans un écrou levogyre, fût-il de même pas et de même diamètre. C'est aussi ce qui se passe pour les plasmas. Les chicoracées se greffent facilement entre elles mais à l'exclusion des espèces qui forment de l'inuline, *amidon levogyre*, qui ne sauraient entrer en coaptation avec celles qui donnent de l'*amidon dextrogyre*. Ces deux substances, de même composition, mais dont la structure inverse est révélée par leur action sur la lumière polarisée, témoignent elles-mêmes de la structure inverse (levogyre pour les chicoracées à inuline, dextrogyre pour celles à amidon ordinaire) des plasmas qui les ont produites. On ne saurait donner une démonstration plus sensible de ma théorie.

Des faits analogues s'observent sur l'animal. L'action du plasma séminal d'une espèce avec celui de l'ovule d'une autre espèce n'a pas seulement pour effet de produire un hybride; si la femelle ainsi imprégnée une première fois est ensuite fécondée par un mâle de son espèce, le produit pourra garder quelques-uns des caractères du générateur étranger antérieur. Ces faits dits de *télégonie* ne me semblent pas plus extraordinaires que ceux de l'influence du greffon sur le porte-greffe, ou de ceux de l'immunité que confère à l'homme une première atteinte de scarlatine ou de rougeole dont le virus une fois mis en coalescence avec les plasmas humains leur confère l'inaptitude de s'unir désormais à eux.

Que ces virus de fièvres éruptives aient fait ou non naître à leur contact des antitoxines spécifiques, il est certain qu'ils se sont unis, au moins passagèrement, aux plasmas normaux de l'être humain devenus ainsi désormais incapables de contracter avec eux une nouvelle union.

Je conclus de ces premières considérations que lorsque peut s'établir entre les plasmas d'un être vivant la coalescence d'un plasma étranger, fécondateur, végétatif, virulent, ou zymasique, cette alliance provoque chez l'être qui en est le siège une modification de ses tissus et organes, modification qui peut se transmettre par fécondation directe, ou par greffe, quelquefois par graines. Douée d'aptitudes et de formes nouvelles la race, sinon l'espèce nouvelle, qui

1. Voir L. DANIEL, *Quelques applications pratiques de la greffe herbacée*, Paris, 1894, Klincksieck, éditeur, et *Influence du sujet sur la greffe et réciproquement*, Congrès horticole, 1898.

en provient, s'est ainsi formée sans transitions progressives. Elle échappe aux conceptions sur l'origine des variations lentes et successives de Lamarck et de Darwin.

II

Il faut maintenant aller plus loin et se demander comment, dans la constitution intime de l'être nouveau, se manifeste l'influence du plasma étranger. La transformation qu'il amène consiste-t-elle seulement en signes extérieurs touchant la forme, le développement relatif de certains organes, leur richesse plus ou moins grande en protéides, graisses, sucres, sels, etc., en un mot, se traduit-elle par des changements purement quantitatifs, ou bien l'influence du plasma étranger a-t-elle modifié les principes eux-mêmes constitutifs des tissus de l'être nouveau, et s'il en est ainsi, dans quels rapports les plasmas modifiés vont-ils se trouver avec ceux de leurs générateurs?

Pour nous renseigner à cet égard, revenons aux végétaux. Ayant greffé de la Belladone sur Pomme de terre, Strasburger constata que l'atropine du greffon passait au porte-greffe[1]. Ici l'influence modificatrice apportée par le greffon semble bien agir non plus seulement sur la forme extérieure du porte-greffe, mais sur les produits spécifiques eux-mêmes de ses cellules. Si l'on admettait cependant que cette atropine ait pu se former d'abord dans le rameau issu de la greffe pour pénétrer ensuite, avec la sève, dans le tubercule du sujet, on ne pourrait pas faire cette objection aux faits suivants qui, vers 1879, m'ont définitivement éclairé sur ces importants phénomènes.

On connaît dans le genre *Vitis* une vingtaine d'espèces à fleurs hermaphrodites originaires de l'ancien continent et quinze espèces environ à fleurs dioïques dites *Vignes américaines*. Dans l'espèce *Vitis Vinifera europœa*, qui comprend toutes nos vignes françaises, on distingue près de 2000 races ou cépages.

Quelle est l'origine de ces cépages? Pollinisations croisées, semis, greffes, symbioses d'insectes ou de cryptogames, traumatismes, cultures, climats...? On ne sait. Toujours est-il que les caractères extérieurs et les aptitudes de ces nombreuses variétés de vignes suffisent à les distinguer.

Jusqu'en 1878 on avait pensé que toutes ces races étaient construites des mêmes matériaux, qu'elles ne différaient que par leur port, la forme de leurs feuilles ou de leurs fruits, leur plus ou moins grande richesse en sucre ou en pigment coloré, leur résistance à tel ou tel parasite, etc. Mais, examinant à cette époque très attentivement la couleur du fruit de la vigne française, je constatai, non sans une extrême surprise, que chacun des cépages que j'étudiais était caractérisé, dans la pellicule ou la pulpe de son fruit, par une matière colorante spécifique, *différente en chaque cas*. J'inscris ici, pour qu'on puisse faire la comparaison, les formules de chacun de ces pigments :

	FORMULE DU PIGMENT
Cépage Aramon	$C^{46}H^{56}O^{20}$
— Carignan	$C^{42}H^{40}O^{20}$
— Grenache	$C^{46}H^{44}O^{20}$
— Teinturier	$C^{51}H^{40}O^{20}$
— Gamay	$C^{40}H^{40}O^{20}$
— Petit Bouchet	$C^{45}H^{58}O^{20}$
— Etc.	Etc.

1. *Über Versaschlungen und deren Folgen.* 1884.

A chaque cépage répond donc sa matière colorante chimiquement spécifique.

Examinant alors la constitution intime de ces divers pigments, je constatai qu'ils appartiennent tous à une même famille. Tous sont des acides polybasiques faibles; tous résultent de l'union autour d'un noyau trivalent de trois branches qu'on en détache, par l'hydrolyse, sous forme de phloroglucine et d'acides aromatiques tels que les acides protocatéchique ou hydroprotocatéchique. De cet examen il résulte que la cause qui a provoqué la variation ou race a modelé le pigment dans ses parties *accessoires* seulement, tout en respectant sa structure chimique générale, comme cette cause de variation a respecté dans le végétal les caractères de l'espèce tout en modifiant les formes secondaires.

Semblable constatation se ferait, sans aucun doute, si l'on examinait avec le même soin les autres principes spécifiques de chaque cépage; elle se ferait également sur les autres espèces végétales. J'ai établi que, dès que celles-ci varient, leurs principes spécifiques constitutifs varient également. Ainsi pour les acacias, chacun d'eux (*Acacia Catechu*; *A. arabica*; *A. Farnesiana*, etc.), produit sa catéchine spéciale. Toutes ces catéchines très semblables étaient auparavant confondues, mais elles diffèrent entre elles comme diffèrent les pigments de chaque cépage, c'est-à-dire qu'elles ont toutes même structure chimique générale, tout en différant par leurs parties accessoires.

Le Pin maritime de nos landes produit dans sa sève un pinène $C^{10} H^{16}$ de même formule et mêmes propriétés générales que celui du *Pinus australis.* Mais tandis que le pinène du premier est lévogyre, celui du second est dextrogyre.

Ainsi, dans le règne végétal, le simple passage d'une race à une autre, *a fortiori* d'une espèce à une autre, entraîne une variation si profonde de l'être vivant tout entier qu'à l'exception peut-être de quelques produits banaux qu'on trouve dans la plupart des plantes (amidons, sucres, cellulose, sels...) tous les principes propres à l'espèce ou à la famille : tanins, pigments, catéchines, essences, alcaloïdes, chlorophylles, etc., tous ces produits ont varié. Mais, de même que la race ou la variété conserve les traits essentiels de l'espèce primitive dont elle ressort, de même les nouveaux principes qui la forment, tout en variant dans leurs parties accessoires, ont conservé leur structure chimique générale.

Ces modifications des principes constitutifs de l'espèce, lorsque varie la race, sont les signes certains, décelables à l'analyse et à la balance, des modifications correspondantes survenues dans les plasmas où se sont formés ces principes nouveaux. A toute modification de structure des protoplasmas, en effet, répond une modification de leur fonctionnement et de leurs produits, et réciproquement la variation de ces produits est le signe irrécusable et précis de la variation moléculaire des plasmas qui les ont engendrés.

Par ces recherches sur le mécanisme chimique de la variation des races, je pense donc avoir établi que les modifications de l'être nouveau, qu'elle qu'ait été l'influence qui les a suscitées, s'inscrivent jusque dans les formes internes, inaccessibles même à l'observation microscopique, de ses micelles ou agrégats protoplasmiques spécifiques qui transportent en eux la race, de telle sorte que les caractères extérieurs de l'être vivant tout entier ne sont que la résultante, la marque sensible extérieure de ces modifications internes micellaires accusées par la variation des produits qui se forment dans les plasmas ainsi modifiés.

Nous en avons bien d'autres preuves. Les albumines de ces protoplasmas autrefois confondues entre elles, nous savons aujourd'hui qu'elles diffèrent d'une espèce et même d'une race à l'autre. L'albumine de l'œuf de poule n'est pas celle de l'œuf de cane ou de dinde; pas plus que le sérum du sang humain ne se confond avec celui du singe, même anthropomorphe, encore moins du cheval ou de l'âne, ainsi que le démontrent, non seulement leur pouvoir rotatoire, mais leurs propriétés et encore plus particulièrement les anticorps et précipitines qu'elles font naître quand on les injecte d'une espèce à une autre. Il en est de même des hémoglobines des divers sangs qui diffèrent par leur solubilité, leur forme cristalline, les hématines qui en dérivent. Et, si ces principes sont différents, à plus forte raison l'est-elle cette association micellaire, trame vivante et spécifique des plasmas reproducteurs ou somatiques qui les transportent.

Sans doute, on peut concevoir que, les conditions du milieu variant, température, éclairement, alimentation, utilisation ou immobilisation de certains organes, etc., quelques-uns des caractères extérieurs de l'être vivant puissent varier. C'est l'hypothèse de Lamarck et de Darwin. Mais combien sont lentes ces variations! Le cheval, le mouton, pour prendre des exemples, descendus depuis un temps immémoral des hauteurs glacées de l'Himalaya et acclimatés dans nos plaines, n'ont pour ainsi dire pas varié, si l'on s'en rapporte aux dessins de l'homme des cavernes. Mais on comprend qu'il n'en soit plus de même si deux races déjà fixées, et a *fortiori* deux espèces, viennent à marier leurs plasmas reproducteurs ou somatiques. De la nature différente, quoique à quelques égards harmonique, de leurs plasmas, s'il peut se produire une coalescence ou coaptation, la variation subite du plasma résultant aura pour conséquence immédiate la variation du fonctionnement de ces plasmas et de leurs produits. La modification de la race ou de l'espèce devra donc, dans ces cas, se faire non plus successivement et lentement, mais brusquement et sans changements intermédiaires, puisque a été subite l'introduction du plasma modificateur.

Telle est la conception, alors bien imprévue, à laquelle je fus conduit par mes expériences de 1878-1882 sur la nature des modifications intimes qui accompagnent les variations des races que nous pouvons obtenir par pollinisation ou par greffe. J'essayai de vérifier aussitôt ces théories en m'appuyant sur les faits alors connus que j'exposai pour la première fois en 1886, dans mon mémoire sur le mécanisme de la variation des races et des espèces publiés dans l'*Hommage à Chevreul*[1].

Ces faits de variations brusques relevés sur quelques végétaux que venaient expliquer les déductions tirées de mes expériences n'étaient pas parvenus à co n vaincre les adeptes du transformisme darwinien alors universellement accepté. Ils étaient regardés comme des exceptions, des hasards, des retours ataviques à des types ancestraux, des monstruosités, et cela jusqu'en 1901 où Hugo de Vries publia ses observations personnelles sur les variations des *Ænothera*. Sur 15 000 pieds d'*Ænothera* provenant du semis des graines de la deuxième génération d'*Æ. Lamarkiana* type, dix montrèrent des caractères divergents. Cinq étaient des *Ænothera lata* et cinq des *Æ. nanella*. « Je n'ai point trouvé, dit de Vries, de types intermédiaires entre elles et la forme normale... Elles prennent

---

1. *Mécanisme de la variation des races.* HOMMAGE A CHEVREUL, Paris, Alcan, éditeur, 1886. Voir aussi *Revue de viticulture*, décembre 1896. *Mécanisme de la variation des races et des espèces.* Voir aussi Compte rendu du Congrès de viticulture de Lyon, 1891; *Revue scientifique*, 6 février 1897, p. 164, et 15 décembre 1901, p. 1040.

naissance subitement avec tous leurs caractères, sans variations préparatoires ni transitions... Ce fut une transformation subite dans un autre type »[1]. De ces transformations, auxquelles il donne le nom de *mutations*, de Vries ne donnait pas l'explication. Il inventa le mot de mutation pour les faits dont j'avais montré le mécanisme depuis 20 ans. Mais ses observations, comme celles de MM. Blaringhem et Viguier, relatives aux variations de la *Capsella bursa pastoris* se transformant, au milieu d'une multitude d'autres pieds qui ne varient pas, en *Capsella Viguieri* et se reproduisant par graines, sont de nouveaux et frappants exemples de ces transformations subites et transmissibles à la descendance, faits singuliers mais déjà connus en assez grand nombre lorsque j'attirai sur eux l'attention et les expliquai à la suite de mes recherches sur la variation des pigments de la vigne, les catéchines des acacias, les tannins, etc., en 1878.

III

Il est impossible, on l'a vu, de soutenir aujourd'hui avec Weismann et Voekting que toute variation de l'être vivant est d'origine sexuelle ou du moins est transportée par les cellules spécialement chargées de la reproduction. On vient de montrer, en effet, quelle est aussi, et fort souvent, la conséquence de l'alliance de deux plasmas conjugables, quoique différents, quelle que soit l'origine de ces plasmas. J'en ai donné bien des exemples empruntés à la greffe; il est même très intéressant de remarquer que cette méthode de transformation est autrement générale, du moins chez le végétal, que celle de la pollinisation croisée. En effet, tandis que l'hybridation par le pollen ne réussit qu'entre plantes très voisines et généralement de même espèce, la coalescence des plasmas végétatifs peut avoir lieu entre espèces, quelquefois même entre genres différents. La pollinisation de la tomate (genre *Lycopersicum*) par le piment (genre *Capsicum*) ne peut s'obtenir, alors qu'on peut greffer piment sur tomate et faire naître ainsi des variétés intermédiaires. L'alliaire (genre *Sisymbrium*) peut se greffer sur chou (genre *Brassica*) sans que l'alliaire puisse servir par son pollen à fertiliser le chou (Daniel). Le Chrysanthème et l'Absinthe se greffent sur le Soleil, mais ne peuvent être pollinisés utilement par celui-ci. La greffe du Carthame sur Soleil annuel réalise l'association des plasmas de plantes empruntées à deux sous-familles différentes, etc....

Mais tout en s'obtenant le plus souvent par voie de fécondation sexuelle ou par greffe, la variation des plasmas et de la race peut se réaliser par d'autres voies. Quand la toxine typhoïdique ou le virus vaccinal modifient l'individu humain au point de le rendre inapte à recevoir l'atteinte de la fièvre typhoïde ou de la variole, c'est sans doute en vertu d'une adaptation entre la constitution intime de ce virus et les plasmas de l'organisme que se produit cette coalescence qui précède la formation des antitoxines et confère l'immunité. Des faits semblables s'observent chez les végétaux : l'action des toxines microbiennes ou parasitaires peut devenir pour eux une cause de variations fonctionnelles et anatomiques. J'en citerai, parmi bien d'autres, deux ou trois exemples.

Sur certains pieds de menthe poivrée on voit l'inflorescence de quelques rameaux offrir la disposition des sommités fleuries d'un genre voisin : le Basilic (*Ocymum basilicum*). Ces rameaux dits *basiliqués* produisent une essence d'odeur particulière et dextrogyre contrairement à l'essence levogyre et d'odeur poivrée

1. *Espèces et Variétés* par De Vries, 1901-1903.

très sensiblement différente du reste de la plante. Or, MM. Charabot et Ebray, à qui l'on doit cette intéressante observation, ont établi, en 1898, que cette variation de la menthe poivrée est occasionnée par la piqûre d'un insecte[1].

D'après les observations de Meehan, rapportées par A. Girard, les *Liatris* et les *Vernonia*, lorsqu'ils ont leurs racines atteintes par le mycelium d'un certain champignon, deviennent plus rameux, paniculés, à tiges fasciées. Leurs anthères restent infécondes, le pistil est respecté; de sorte que ces plantes d'hermaphrodites deviennent unisexuées. La forme dioïque du *Pulicaria dyssenterica* (Gaertner) décrite par Giard est aussi due à une action parasitaire intéressant les organes souterrains du végétal (Molliard)[2].

Le *Dioscorea acrophyla* est une monocotylédonée qui dérive du *D. Smilax* par ses feuilles cordées et ses inflorescences simples. Cette modification est due, comme l'a montré de Wildeman, à la piqûre d'un acarien.

Il semble enfin que l'on doive, dans certains cas, attribuer les variations brusques des végétaux transmissibles ou non par semis, non plus à l'introduction d'un plasma nouveau, d'une toxine ou ferment excitateur étranger, mais à la soustraction d'une zymase naturelle nécessaire au développement successif et normal de l'être en formation, ainsi qu'il advient chez l'homme dans le cas de myxœdème avec altération de la glande thyroïde, ou lorsqu'il est privé, avant tout son développement, des glandes génitales. M. L. Blaringhem a signalé à plusieurs reprises l'influence des mutilations sur l'apparition d'espèces nouvelles[3]. En sectionnant la tige du maïs au ras du sol au moment où la panicule mâle va paraître, le maïs dit de Pensylvanie se change en *Zea Mays pseudoandrogyna*, nouvelle espèce apte à se reproduire par semis. Le maïs à feuilles crispées du même savant, est dû, lui aussi, à une mutilation de ce même maïs de Pensylvanie et cette race nouvelle se transmet par graines depuis plusieurs générations[4].

Il est certain que ces modifications de l'espèce ne sont pas toutes aptes à se reproduire par graines comme celle de l'*Ænothera*, des maïs, du chou greffé d'alliaire, du pois de Knight sur fève. Mais il suffit pour notre démonstration que cette transmission se réalise dans les cas les plus favorables pour établir que l'hypothèse de Darwin ne s'applique pas à ces modifications d'où vont dériver brusquement de nouvelles races ou espèces. Toutes ces variations, transmissibles ou non par les graines, ont, en effet, ce caractère général de se produire sans transition, de ne frapper que de rares individus dans un milieu commun à des milliers d'autres de même espèce qui eux ne varient pas, de n'atteindre quelquefois qu'un seul rameau ou qu'une partie d'un rameau, lorsque seul il a été touché par l'une des causes modificatrices sus-indiquées. En un mot toutes ces modifications, transmissibles ou non, obtenues par coalescences des plasmas fécondants, végétatifs, virulents, zymasiques, etc., échappent aux lois de l'adaptation lente et successive, attribuable aux conditions du milieu où elles apparaissent brusquement.

---

1. *Bull. soc. chim.*, [5]. t. 19, p. 119.

2. Il en est de même des variations de la *Scabiosa columbaria* dues à l'attaque de ses racines par l'*Heterodera radicicola*. Voir *Comptes Rendus*, t. 154, p. 146, et *Bull. scientif. de France et de Belgique*, t. 20, p. 53.

3. Voir *Comptes Rendus Acad. sciences*, t. 115, 6 février 1905. t. 142, 25 juin 1906, t. 143 p. 245, 1249 et 1252.

4. *Comptes Rendus*, t. 143, p. 1109.

IV

Nous concluons que c'est principalement par le mécanisme de la coalescence des plasmas vivants obtenue par pollinisation, greffe, inoculations, actions parasitaires, apportant ou faisant naître de nouvelles associations micellaires, quelquefois par traumatismes modifiant les rapports réguliers des zymases végétales de l'être normal ou les faisant disparaître, que se produisent les brusques variations organiques et fonctionnelles d'où résultent les races et les espèces nouvelles.

Contrairement aux modifications toujours très lentes et graduelles, que l'être vivant peut subir du fait des influences banales du milieu où il vit, les modifications dues à la coalescence des plasmas sont subites et individualisées, jamais générales. Elles frappent tous les tissus de l'être ou parties de l'être qui varie, jusque dans ses micelles constitutives; elles modifient les produits spécifiques de ces micelles, comme en témoignent mes recherches sur les pigments de diverses races de vignes, sur les catéchines des acacias, sur les chlorophylles. La variation de ces produits, quand varie la race, est le signe de la variation des plasmas qui les ont formés, et des cellules et organes dont sont constitués les nouveaux êtres.

Mais comme la race et les espèces ne sauraient s'allier que lorsque les structures intimes de leurs protoplasmas sont très voisines, c'est-à-dire analogues de formes et de fonctions, les variations qui résultent de ces alliances ne touchent, le plus souvent, qu'aux détails structuraux secondaires des plasmas résultants, ainsi que le démontre l'examen détaillé de la constitution chimique de ces produits spécifiques nouveaux, produits qui n'ont varié, le plus ordinairement, que par les parties accessoires de leur molécule dont la constitution générale reste le plus souvent respectée.

Ces brusques variations, rares comme nombre d'individus, sont, au contraire, la règle quand on en examine un très grand nombre à la fois. Considérer ces êtres nouveaux comme des types aberrants, des témoins de retours ataviques, des monstruosités dues au hasard, à la disjonction, etc., c'est se payer d'hypothèses.

Loin d'être monstrueux, les êtres qui varient ainsi ne franchissent généralement pas, dans leurs variations, les limites au delà desquelles disparaîtraient les analogies de formes anatomiques, et tout en ayant été modifiés, les principes nouveaux dont ils sont construits conservent la structure chimique générale de ceux dont ils procèdent.

Puisque la forme et le fonctionnement de chaque race et de chaque espèce sont corrélatives de la structure spéciale, micellienne des plasmas de chacune d'elles, formés eux-mêmes de produits spécifiques définis, il ne saurait y avoir de transformation d'une race, de passage d'une espèce à une autre, par gradations continues. En effet, d'un produit chimiquement défini à un autre il y a toujours un saut brusque, jamais un changement graduel. C'est la loi de Dalton. La modification des produits, lorsque varie la race ou l'espèce, étant le témoignage de la modification des tissus et plasmas dont ils dérivent, et l'origine de la transformation de l'être tout entier, il s'ensuit que cet être vivant ne saurait varier par degrés insensibles comme l'exigerait l'hypothèse de l'influence lente et continue des milieux, telle que l'admet la théorie habituelle du transformisme.

ON THE PRINCIPLE OF THE COALESCENCE OF LIVING PLASMAS AND THE ORIGIN OF RACES AND OF SPECIES

SUMMARY

I.   The theories of Lamarck or of Darwin explain the variation of living organisms by their tendency to adapt themselves to their surroundings, and by natural selection.   But these theories seem only to be concerned with anatomical or functional modifications, and not with the transformation of substances.   They do not explain those modifications which arise suddenly, and which are often observed both in plants and animals.

It is known that sudden modifications may result either from cross fertilization, or from grafting.   About the year 1879, I observed that at least in plants, variation resulting from cross fertilization may modify, not only the anatomical structure, but also those specific principles which constitute the new organism.

But similar variations may also result from the co-optation of somatic plasma.   It has long been observed by horticulturists and by Botanists that the specific characters of the graft may be transferred to the stock.   (Bronvaux-medlar, Experiments of L. Daniel, etc.), and reciprocally, the characters of the stock to the graft.   (Experiments of Jurie on *Vitis Labrusca* grafted by Poulssard, and of L. Daniel on the egg plant or Capsicum grafted on Tomato, etc.) The somatic plasma contains then a similar proprety to the germ plasm, viz, the power to transmit to the bud, and to the ovary of the plant, a modification which is immediately apparent, and which, in some cases, may be transmitted to the offspring.   (Alliaria grafted on Cabbage and Knights' Pea on Broad Bean, from the seeds of which are obtained plants bearing the characters of both types).

Although more difficult to observe, analogous facts may be found to occur in animals; such are the phenomena grouped under the term *telegony*, and those cases in which inoculation of the appropriate body renders the organism immune to the corresponding disease.

We may then conclude that when the plasma of a living organism, vegetable or animal, coalesces with the plasma of another species, whether by fertilization, vegetatively, or otherwise, a new form, may be produced, the characters of which may be transmitted to its offspring.

II.   What is the essential nature of the variations thus produced?   By numerous and minute researches on the pigments of the Vine, in the years 1878-1882, I obtained evidence that, for each modification of the vine, there exists a corresponding specific pigment.   But I also observed that al though differentiated in their accessory characters these various pigments possess an analogous chemical structure, and the same general properties. I made similar observations on the catechins of various Acacias, on the tannins, and on various types of chlorophyll, and it must be concluded that in plants (and similarly in animals), the step from one race to another, *a fortiori* from one species to another, causes a modification of the specific chemical principles, constituting the race or species.   This chemical differentiation is without doubt a sign of a corresponding variation in the protoplasm.

Without doubt, if the customary conditions in which the organism exists, alter, then the Lamarckian or Darwinian variations may appear, but always with extreme slowness, and by nearly imperceptible continuous modifications. On the other hand, the coalescence or symbiosis of living plasmas must necessarily result in a sudden alteration of their functions, of their products, and consequently of the external form produced.

In 1886, in my article « *Sur le mécanisme de la variation des races* », *Hommage à Chevreul* (Alcan, publisher) I noticed those abrupt modifications observed in plants and animals, and explained them by the coalescence of distinct plasmas either by fertilization or vegetatively.

At that time, De Vries was beginning those studies on the Genus *Œnothera*, the mutations of which may be reproduced from seed, which were the subject of his celebrated memoire published five years later, in 1901. Since that time the observations of M. Blaringhem and Viguier (1901) on the variations of *Capsella bursa pastoris*, and other works lately published (Molliard, Gaertner, Charabot et Ebray, etc.), have confirmed my observations of 1878, by which I attributed ther various pigments of the Vines to variations of sexual origin.

III. The coalescence of vegetative or somatic plasma may be as effective as that of germplasm in the production of new races. By such means, not only species but even genera, may be united. Again, the stimulus to variation may originate from insects, or from microbes; it may even act indirectly, as in the case of certain mycelia acting on the roots of plants, etc. It cannot be asserted that all modifications that arise in this way are capable of transmission by sexual reproduction. Nevertheless, they do not come under the law of slow and gradual adaptation.

IV. I conclude that it is by the union or symbiosis of plasmas, sexual or somatic, resulting from fertilization, grafting, or from parasitic or traumatic action, that, either modifying the relations of certain ferments, or preventing their formation, gives rise to those abrupt changes by which new races or new species are produced. The sudden modifications thus caused correspond to those changes in specific principles constituting the new organism as I have held since 1878. Far from being monstrous, the variations of the individuals and of the races thus formed do not transgress the limits beyond which analogy with anatomical structures or with specific chemical principles no longer exists.

EXAMEN DE LA THÉORIE DES FACTEURS PAR LE RECROISEMENT MÉTHODIQUE DES HYBRIDES [1]

Par le Professeur **Erich Von TSCHERMAK**

K. K. Hochschule für Bodenkultur, Vienne (Autriche).

Mes expériences sur la cryptomérie, et, peu après, celles de Cuénot et de Correns sur le même sujet, ont prouvé que l'hybridation de certaines formes élémentaires produit, en parfaite conformité avec les lois mendéliennes, des hybrides nouveaux de valeur différente : dominants, codominants, récessifs, corécessifs, etc. Ces faits formèrent la base de la théorie des facteurs, établie par Cuénot, Correns, Bateson, Miss Saunders, Punnett. Cette théorie, d'après laquelle des unités ou des dispositions individuelles agissant isolément ou en coopération engendrent les qualités apparentes des espèces et des races, nous donne une explication satisfaisante de ces formes nouvelles. En approfondissant l'analyse des caractères extérieurs ou phénoménologiques, cette théorie en a fait une analyse causale du mode intérieur de l'hérédité ; elle constitue, en outre, un moyen très propre à expliquer non seulement les cas simples, mais aussi les cas compliqués de l'hérédité mendélienne.

Phot. Leuhard.

M. le Prof. Erich von Tschermak.

Même les cas de disjonction par séries des formes qui passent de l'une à l'autre, spécialement étudiés par Nilsson-Ehle et par moi, s'expliquent, se déduisent numériquement en admettant que les parents diffèrent en deux ou trois facteurs. Il est vrai que, pour se rendre compte de certains cas d'après la théorie des facteurs, on doit supposer qu'il existe un certain rapport, une certaine parenté entre quelques facteurs qui, en général, se comportent comme des unités entièrement autonomes. Ce rapport peut présenter les caractères d'union, d'empêchement ou de neutralisation, de suppression, de recouvrement, et peut se manifester soit par suite de la réunion de facteurs auparavant séparés, soit par la séparation de facteurs jusque là réunis. Dans le premier cas, il en résulte des formes mendéliennes nouvelles par voie de synthèse ; dans le second cas, des formes mendéliennes nouvelles par analyse.

De telles hypothèses nous expliquent le phénomène de la production des formes mendéliennes nouvelles ainsi que les rapports numériques de disjonction ; elles permettent également de trouver les formules exactes pour les gamètes et les zygotes, et, par conséquent, pour la structure interne et la descendance possible des hybrides.

Mais il ne faut pas oublier que ce résultat, si satisfaisant qu'il soit, ne suffit pas encore pour donner à la théorie des facteurs une base parfaitement solide, et pour supprimer toute objection. Pour arriver à ce but, il faut un

---

1. Communication faite à la première séance de la Conférence.

examen approfondi des conséquences de la théorie, c'est-à-dire un examen des
formules déduites des facteurs à l'aide de nouvelles expériences.

Un tel « experimentum crucis » consiste dans un recroisement méthodique
des descendants des hybrides, spécialement des descendants déjà constants ou
homozygotes, ce que l'on appelle « formes extraites ». Ce recroisement doit se
faire d'abord avec les parents, puis entre les descendants des hybrides eux-
mêmes et, en dernier lieu, avec des races pures dont les formules de facteurs
sont déjà suffisamment constatées et démontrées.

Pendant les huit dernières années, j'ai fait ces trois catégories d'expériences
sur un matériel très nombreux. J'ai surtout examiné les descendants du croisement *Pisum arvense*, var. *rosea*, et *Pisum sativum album*. La production
régulière dans ce cas d'une forme nouvelle à fleur rouge a déjà été publiée et se
trouve représentée dans le premier tableau. Un coup d'œil suffira pour nous en
rappeler les détails (tableau I). Le second tableau donne l'explication de ce cas
dans le sens de la théorie des facteurs, d'après laquelle la fleur rose est due à la
présence du facteur A, ainsi qu'à l'absence du facteur B, tandis que les races
du *Pisum sativum à fleur blanche*, employées dans mes expériences, sont pri-
vées du facteur A, mais renferment le facteur B. Par la synthèse de A et de B,
on obtient la fleur rouge, soit dans des individus homozygotes, soit dans des
individus hétérozygotes, dont les uns ne donnent une disjonction que pour le
facteur A, c'est-à-dire en rouge et en blanc, ou pour le facteur B, c'est-à-dire
en rouge et en rose, et les autres une disjonction pour les deux facteurs
c'est-à-dire en rouge, en rose et en blanc.

Le résultat le plus intéressant de cette déduction de formules c'est qu'il
doit y avoir des descendants à fleur blanche manquant aussi du facteur B
ou qui sont hétérozygotes pour ce facteur. Cette conséquence spéciale se voit
clairement dans le diagramme (tableau III), qui nous montre le mode d'hérédité et de disjonction dans la seconde et la troisième génération en ce qui
concerne les différents facteurs. Le quatrième tableau (tableau IV) nous représente les expériences dans lesquelles les formules spéciales des facteurs ont été
examinées et contrôlées au moyen du recroisement avec les parents et du
recroisement mutuel des descendants obtenus. Il serait trop long d'indiquer ici
dans tous les détails ce qui résulte de toutes ces expériences. Il suffit de dire
que les conséquences tirées d'abord de la théorie se trouvent parfaitement
justifiées par l'expérimentation et que, sans le moindre doute, il existe des descendants à fleur blanche, qui, recroisés avec le parent à fleur rose, ne produisent plus d'hybrides à fleur rouge.

Des résultats parfaitement analogues ont été obtenus par le recroisement
méthodique de descendants produits par d'autres hybridations de nature
dihybride ou « bifactorielle ». C'étaient surtout des croisements de *Pisum sativum* avec *Pisum arvense* à stipules non maculées, et de *Pisum arvense*, var. à
graines non ponctuées avec *Pisum arvense*, var. à graines rondes. Dans ces cas
aussi, on obtint des descendants à fleur blanche, qui, contrairement à la race
primitive de *Pisum sativum*, ne produisent plus de formes nouvelles avec stipules maculées et ponctuations violettes sur l'enveloppe des grains. Tandis
que, dans ces deux cas, le premier croisement avait produit une forme nouvelle
« dominante », c'est-à-dire une synthèse de deux facteurs jusque là séparés,
on obtint, dans des autres cas, une forme nouvelle « codominante », c'est-à-dire
une analyse ou séparation de deux facteurs jusque là réunis.

L'épreuve par recroisement méthodique devient encore plus importante et même, en principe, indispensable dans les hybridations où plusieurs facteurs sont en jeu.

J'étudie depuis 8 à 10 ans par la méthode du recroisement un cas de nature « trihybride », ou plutôt même, en réalité, de nature « tetrahybride ». Il s'agit ici de la couleur des fleurs chez les giroflées. Je me bornerai à mentionner en détail le cas d'hybridation de *Matthiola incana* var. *rubra* avec *Matthiola glabra* var. *alba*, dans lequel, comme forme nouvelle dominante, la couleur violet pur apparaît dans la première génération.

Le tableau V montre que, dans la seconde génération, il y a eu disjonction en cinq formes : violet pur, violet cendré, rose pur, rose cendré et blanc. Ces formes apparurent dans les proportions numériques de 27 : 9 : 9 : 3 : 16. On peut voir dans le même tableau comment se comportent les descendants ultérieurs.

De l'analyse du mode et des rapports numériques de disjonction il résulte que, comme le montre le tableau VI, le parent à fleur rose peut être représenté par la formule des facteurs : AbC (c'est-à-dire présence du facteur A, absence du facteur b, présence du facteur C); le parent à fleur blanche par la formule : aBc (absence des facteurs A et C, présence du facteur B).

Cette supposition admise, la formule ABC correspond au violet pur, ABc au violet cendré, AbC au rose pur, Abc au rose cendré, tandis que la fleur blanche se trouve représentée par les formules aBC, aBc, abC, abc, c'est-à-dire par quatre différents types homozygotes sans compter les cinq types hétérozygotes.

Pour se faire une idée de cette déduction, il suffit de jeter un coup d'œil sur le tableau VII, lequel réunit les vingt-sept types produits par disjonction et représente soixante-quatre individus. On trouve dans le diagramme indiqué par des flèches la descendance, c'est-à-dire la troisième génération.

Pour me convaincre de l'exactitude des formules mentionnées, j'ai fait un grand nombre de recroisements méthodiques avec les parents ou avec d'autres races pures, ainsi que des croisements mutuels entre les produits de disjonction. On trouvera un aperçu général de ces expériences au tableau VIII, dans lequel j'ai enregistré, en même temps, les résultats prévus d'après la théorie des facteurs.

En effet, il a été facile de démontrer l'existence de quatre, ou même de neuf, différents types parmi les descendants à fleur blanche. C'est ainsi que les descendants constants ou extraits, à fleur rose cendré de la formule Abc (A présent, B et C absents) recroisés avec le parent à fleur blanche de la formule aBc (A et C absents, B présent) produisent sans exception des hybrides à fleur violet cendré, correspondant à la formule AbcaBc. Par le recroisement avec un blanc, disjoint en compagnie de rose pur et correspondant à la formule abC (A et B absents, C présent), il résulte des hybrides à fleur d'un rose pur de la formule AbcabC; puis avec un blanc, disjoint en compagnie de rose cendré et correspondant à la formule abc (absence des trois facteurs A, B, C). il ne résulte que des hybrides à fleur rose cendré de la formule Abcabc.

Par contre, il s'est trouvé dans la seconde et même aussi dans la troisième génération, en compagnie de violet pur, de violet cendré ou des quatre types chromatiques, certains descendants à fleur blanche, correspondant à la formule aBC (absence du facteur A, présence de B et C). Ceux-ci, recroisés avec des extraits à fleur rose cendré (Abc), produisirent, sans exception, des hybrides à fleur violet pur AbcaBC).

Le recroisement des descendants chromatiques extraits ou même des hétérozygotes avec leurs parents ou entre eux donna exactement le résultat prévu par la théorie. Par exemple, on n'obtint du croisement de violet cendré, correspondant à la formule ABc (présence des facteurs A et B, absence de C), avec rose pur, correspondant à la formule AbC (présence de A et C, absence de B), que des hybrides à fleur d'un violet pur (ABcAbC); et du croisement de violet cendré (ABc) avec rose cendré (Abc) on n'obtint que violet cendré (ABcAbc). Il est vrai que les rapports numériques trouvés dans la descendance ultérieure ne sont pas dans tous les cas d'accord avec les chiffres calculés d'après la théorie. Mais ces différences ne proviennent vraisemblablement que du nombre insuffisant des descendants observés.

Les hybridations méthodiques de la race parente à fleur rose pur ou à fleur blanche, ainsi que celles des descendants extraits avec d'autres races pures, démontrèrent que la formule des facteurs pour *Matthiola incana* var. *rubra* et *Matthiola glabra* var. *alba* était encore plus compliquée. Le facteur sommaire chromatique A, examiné à fond, se trouve composé de trois facteurs élémentaires : A_1, A_2, A_3.

Ces facteurs élémentaires, pris séparément, n'ont pas d'effet chromatique; ils n'en acquièrent un que par une action commune. Ainsi le facteur A_1 donne avec A_2 et C la couleur jaune; la réunion de $A_1A_2A_3$ produit le rose cendré, tandis que A_2 réuni avec A_3 reste sans effet chromatique. Un facteur F dans *Matthiola incana* renforce ou assombrit une couleur due à la présence d'autres facteurs élémentaires, tandis que dans *Matthiola annua* se trouve un facteur H qui a une action dépressive ou enrayante. Il faut donc attribuer à la race *Matthiola incana* var. *rubra*, employée dans ces expériences, la formule compliquée $A_1A_2A_3$ bCFh (présence des facteurs A_1, A_2, A_3 C et F, absence des facteurs B et H), et à la race de *Matthiola glabra* var. *alba* employer la formule $a_1A_2A_3$ Bcfh (absence des facteurs A_1, C F et H, présence des facteurs A_2, A_3 et B).

Par suite de mes expériences, dont je ne relate ici que l'essentiel, et qui reposent sur quelques milliers d'individus, je conclus avec certitude que, dans les cas observés, l'examen de la théorie des facteurs par recroisement méthodique a pleinement justifié et démontré les hypothèses admises. Je crois pouvoir conclure que la doctrine qui explique les caractères extérieurs comme étant le résultat d'une coopération d'un certain nombre de facteurs a soutenu l'expérimentation et a acquis un appui important de l'emploi de la méthode citée et par ses résultats.

On ne peut contester que la théorie des facteurs ainsi prouvée soit un progrès éminent pour l'hybridation en général.

AN EXAMINATION OF THE FACTORIAL THEORY,
BY METHODICAL RE-CROSSING OF THE HYBRIDS

SUMMARY

In a long series of experiments, continued over a period of eight years, the author has carried out a complete test of the theory of factors, established by Cuénot, Correns, Bateson, Miss Saunders and Punnett. This theory, according to which certain units, acting either independently or in co-operation, give rise to the visible characters of species and races, gives a satisfactory

Diagramme du mode extérieur d'hérédité en cas de formation d'un Nouvel hybride Mendelien dominant.

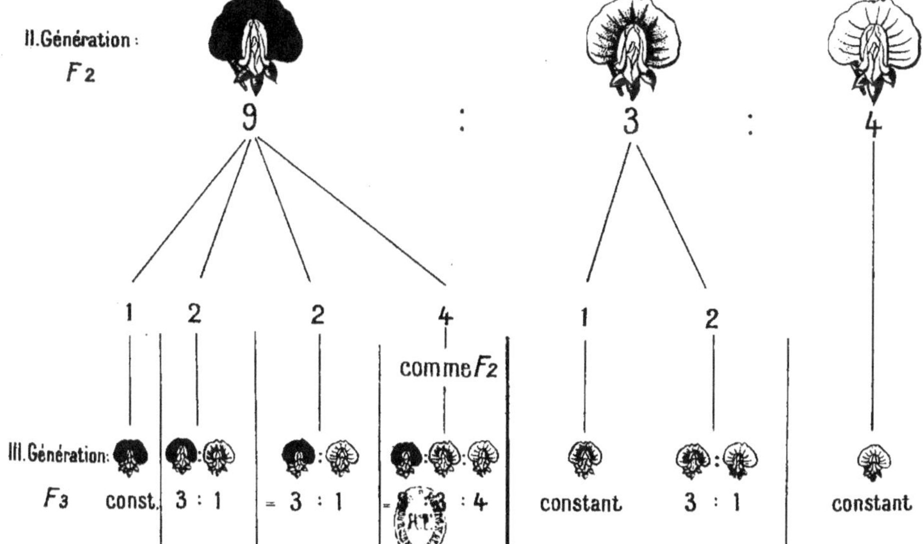

Tab. I

Diagramme de la production des zygotes en cas de formation d'un Nouvel hybride Mendélien dominant.

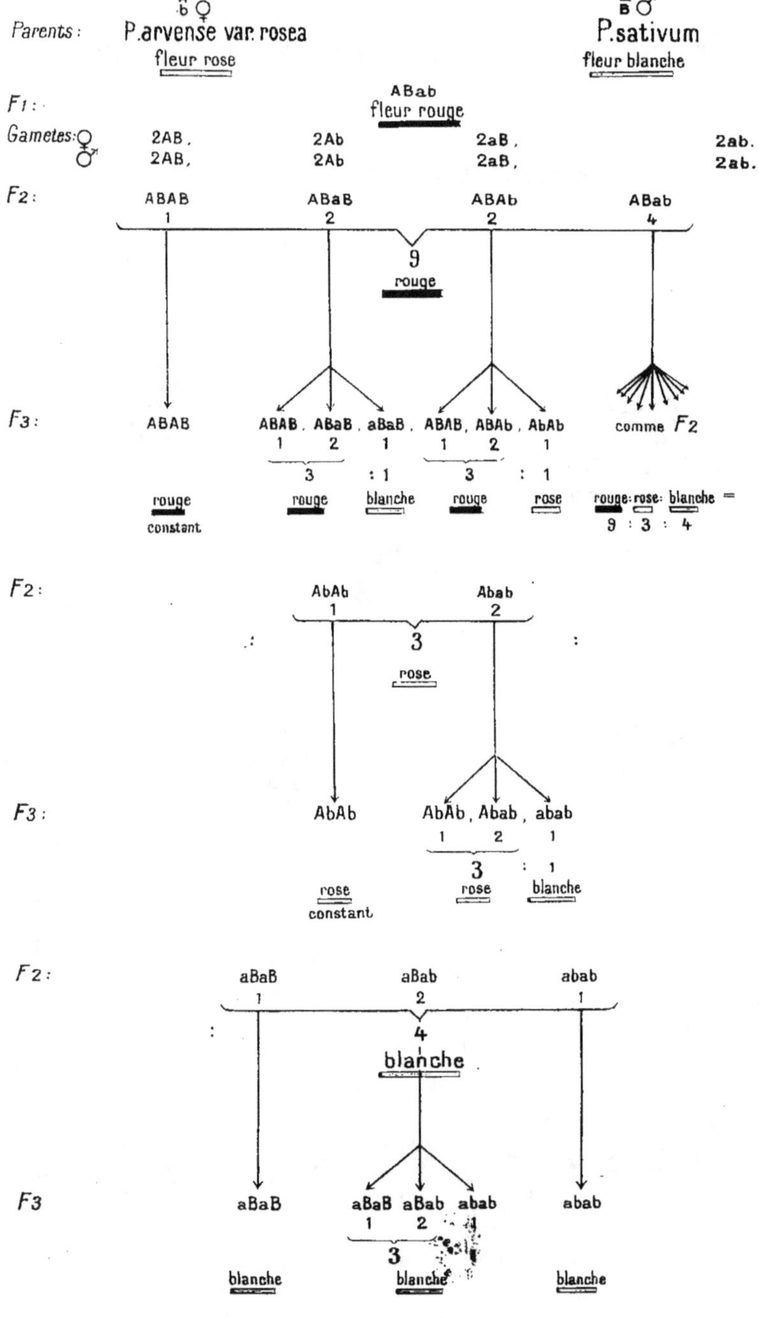

Diagramme du mode de disjonction des hybrides de P. arvense var. rosea × P. sativum dans la seconde (*F2*) et la troisième (*F3*) génération.

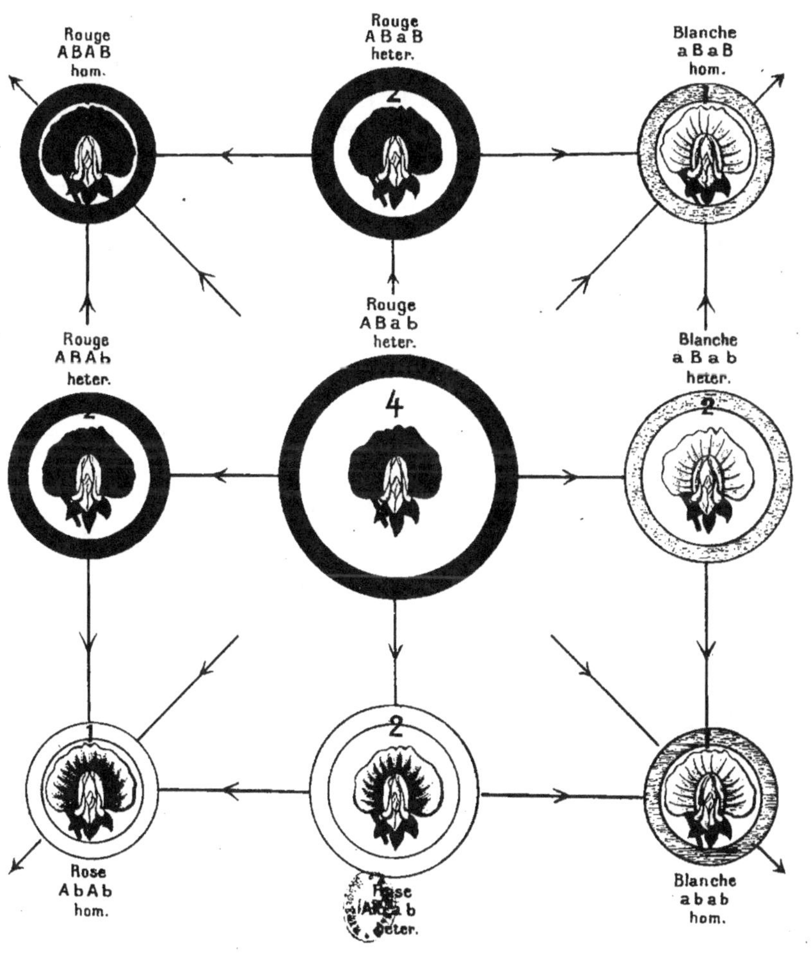

Tab. III

Examen des formules des Facteurs par recroisement

du Pisum arvense var. rosea X Pisum sativum

#	Formule	Parent	F 1'	F 2'
1	ABAB (1)	× Parent I AbAb =	ABAb	: = 3:1
		× Parent II aBaB =	ABaB	: = 3:1
			1:1	
2	ABaB (2)	× Parent I AbAb =	ABAb	: = 3:1
			aBAb	: : = 9:3:4
			1:1	
		× Parent II aBaB =	ABaB	: = 3:1
			aBaB	
			1:1	
3	ABAb (2)	× Parent I AbAb =	ABAb	: = 3:1
			AbAb	
			1:1	
		× Parent II aBaB =	ABaB	: = 3:1
			AbaB	: : = 9:3:4
			1:1	
4	ABab (4)	× Parent I AbAb =	ABAb	: = 3:1
			AbAb	
			aBAb	: : = 9:3:4
			abAb	: = 3:1
			1:1:1:1	
		× Parent II aBaB =	ABaB	: = 3:1
			AbaB	: : = 9:3:4
			aBaB	
			abaB	
			1:1:1:1	
5	AbAb (1)	× Parent I AbAb =	AbAb	
		× Parent II aBaB =	AbaB	: : = 9:3:4
6	Abab (2)	× Parent I AbAb =	AbAb	
			abAb	: = 3:1
			1:1	
		× Parent II aBaB =	AbaB	: : = 9:3:4
			abaB	
			1:1	
7	aBaB (1)	× Parent I AbAb =	aBAb	: : = 9:3:4
		× Parent II aBaB =	aBaB	
8	aBab (2)	× Parent I AbAb =	aBAb	: : = 9:3:4
			abAb	: = 3:1
			1:1	
		× Parent II aBaB =	aBaB	
			abaB	
			1:1	
9	abab (1)	× Parent I AbAb =	abAb	: = 3:1
		× Parent II aBaB =	abaB	
		F 1'		F 2'

Tab. IV

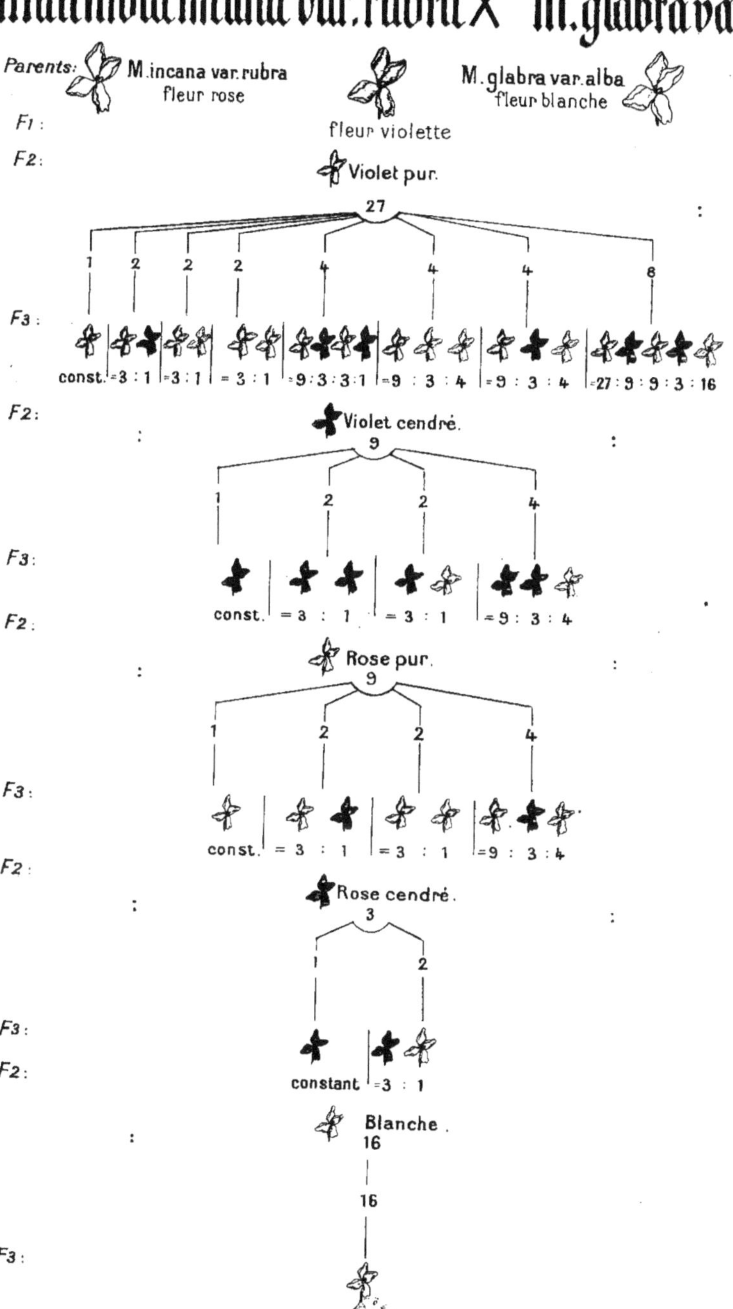

Diagramme du mode extérieur d'hérédité des couleurs des fleurs dans l'hybridation de Matthiola incana var. rubra X M. glabra var. alba.
Parents: M. incana var. rubra fleur rose
M. glabra var. alba fleur blanche
F1 : fleur violette
F2 : Violet pur.
27
1 2 2 2 4 4 4 8
F3 :
const. =3 : 1 =3 : 1 = 3 : 1 =9:3:3:1 =9 : 3 : 4 =9 : 3 : 4 =27 : 9 : 9 : 3 : 16
F2 : Violet cendré.
9
1 2 2 4
F3 :
const. = 3 : 1 = 3 : 1 =9 : 3 : 4
F2 : Rose pur.
9
1 2 2 4
F3 :
const. = 3 : 1 = 3 : 1 =9 : 3 : 4
F2 : Rose cendré.
3
1 2
F3 :
F2 :
constant =3 : 1
Blanche.
16
16
F3 :
constant
Tab. V

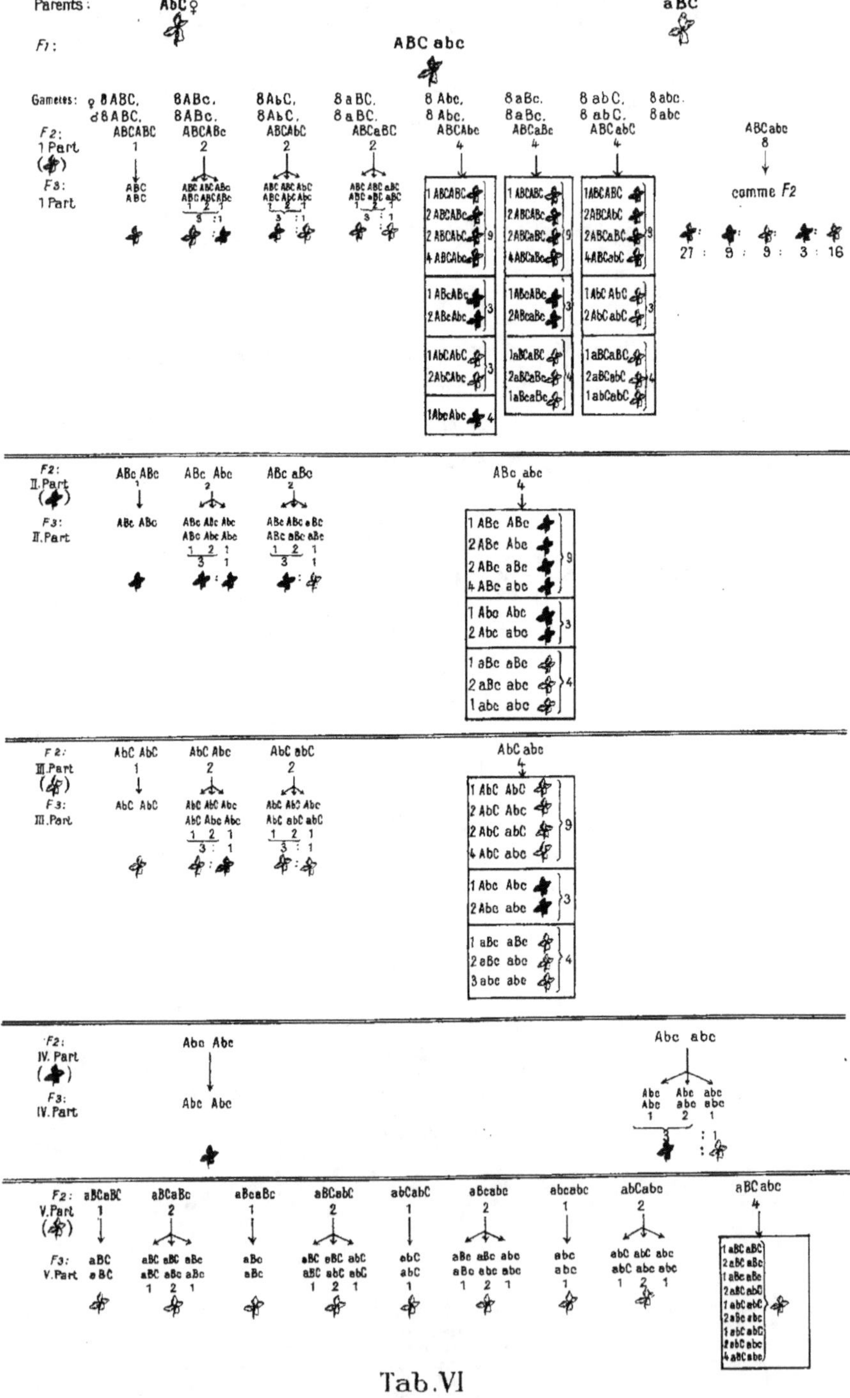

Diagramme de la production des zygotes en cas de disjonction des facteurs de couleur de
Matthiola incana var. rubra × Matthiola glabra var. alba.
Parents: AbC ♀   aBC
F1: ABC abc
Gametes:
Tab. VI

Diagramme du mode de disjonction des hybrides de Matthiola incana var. rubra × M. glabra var. alba dans la seconde (*F2*) et la troisième (*F3*) génération.

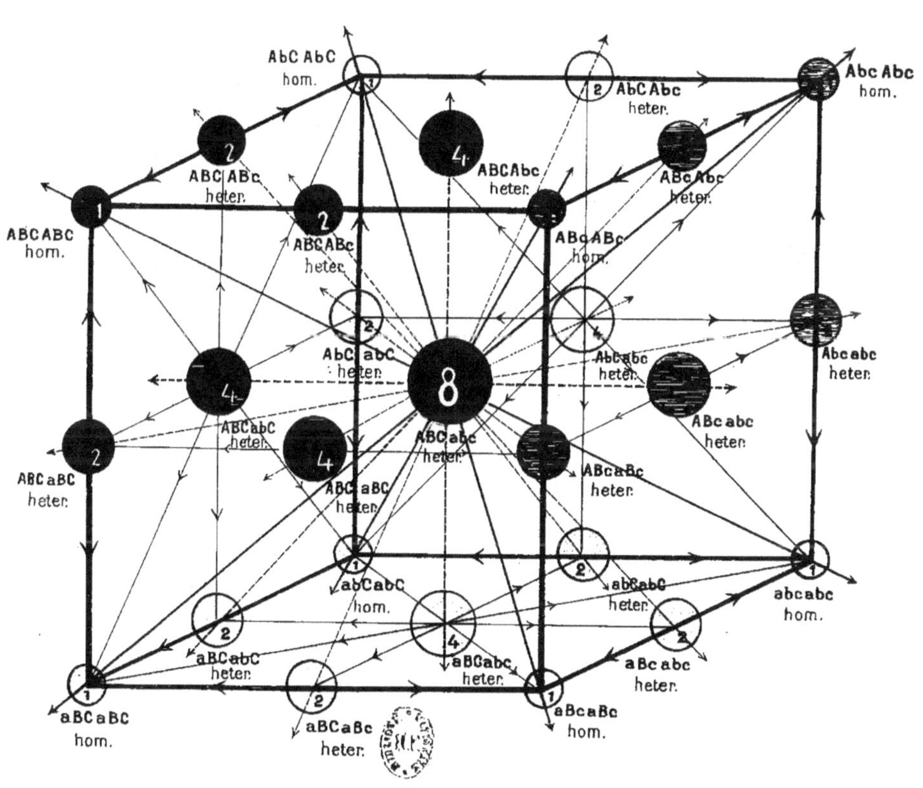

Tab. VII

Examen des formules des facteurs par recroisement chez le *Matthiola incana* var. *rubra* × *M. glabra* var. *alba*.

			F_1'	F_2'
1	ABCABC (1)	Parent I AbCAbC =	ABCAbC	3 : 1
		Parent II aBcaBc =	ABCaBc	9 : 3 : 4
2	ABCABc (2)	Parent I AbCAbC =	ABCAbC	3 : 1
			ABcAbC	9 : 3 : 3 : 1
			1 : 1	
		Parent II aBcaBc =	ABCaBc	9 : 3 : 4
			ABcaBc	3 : 1
			1 : 1	
3	ABCAbC (2)	Parent I AbCAbC =	ABCAbC	3 : 1
			AbCAbC	
		Parent II aBcaBc =	ABCaBc	9 : 3 : 4
			AbCaBc	27 : 9 : 9 : 3 : 16
			1 : 1	
4	ABCaBC (2)	Parent I AbCAbC =	ABCAbC	3 : 1
			aBCAbC	9 : 3 : 4
			1 : 1	
		Parent II aBcaBc =	ABCaBc	9 : 3 : 4
			aBCaBc	
			1 : 1	
5	ABCAbc (4)	Parent I AbCAbC =	ABCAbC	9 : 3 : 4
			ABcAbC	9 : 3 : 3 : 1
			AbcAbC	3 : 1
			AbCAbC	
			1 : 1 : 1 : 1	
		Parent II aBcaBc =	ABCaBc	9 : 3 : 4
			ABcaBc	3 : 1
			AbcaBc	9 : 3 : 4
			AbCaBc	27 : 9 : 9 : 3 : 16
			1 : 1 : 1 : 1	
6	ABCaBc (4)	Parent I AbCabC =	ABCAbC	3 : 1
			ABcAbC	9 : 3 : 3 : 1
			aBCAbC	9 : 3 : 4
			aBcAbC	27 : 9 : 9 : 3 : 16
			1 : 1 : 1 : 1	
		Parent II aBcaBc =	ABCaBc	9 : 3 : 4
			ABcaBc	3 : 1
			aBCaBc	
			aBcaBc	
			1 : 1 : 1 : 1	
7	ABCabC (4)	Parent I AbCAbC =	ABCAbC	3 : 1
			AbCAbC	
			aBCAbC	9 : 3 : 4
			abCAbC	3 : 1
			1 : 1 : 1 : 1	
		Parent II aBcaBc =	ABCaBc	9 : 3 : 4
			AbCaBc	27 : 9 : 9 : 3 : 16
			aBCaBc	
			abCaBc	
8	ABCabc (8)	Parent I AbCAbC =	ABCAbC	3 : 1
			ABcAbC	9 : 3 : 3 : 1
			AbCAbC	
			aBCAbC	9 : 3 : 4
			AbcAbC	3 : 1
			aBcAbC	27 : 9 : 9 : 3 : 16
			abCAbC	3 : 1
			abcAbC	9 : 3 : 4
			1 : 1 : 1 : 1 : 1 : 1 : 1 : 1	
		Parent II aBcaBc =	ABCaBc	9 : 3 : 4
			ABcaBc	3 : 1
			AbCaBc	27 : 9 : 9 : 3 : 16
			aBCaBc	
			AbcaBc	9 : 3 : 4
			aBcaBc	
			abCaBc	
			abcaBc	
			1 : 1 : 1 : 1 : 1 : 1 : 1 : 1	

Tab. VIII a

				F₁'	F₂'
9	ABcABc (1)	Parent I AbCAbC =	ABcAbC		9:3:3:1
		Parent II aBcaBc =	ABcaBc		3:1
10	ABcaBc (2)	Parent I AbCAbC =	ABcAbC		9:3:3:1
			ABcAbC		3:1
		Parent II aBcaBc =	ABcaBc		3:1
			AbcaBc		9:3:4
11	ABcaBc (2)	Parent I AbCAbC =	ABcAbC		9:3:3:1
			aBcAbC		27:9:9:3:16
		Parent II aBcaBc =	ABcaBc		3:1
			abcaBc		
12	ABcabc (4)	Parent I AbCAbC =	ABcAbC		9:3:3:1
			AbcAbC		3:1
			aBcAbC		27:9:9:3:16
			abcAbC		9:3:4
					1:1:1:1
		Parent II aBcaBc =	ABcaBc		3:1
			AbcaBc		9:3:4
			abcaBc		
			abcaBc		
					1:1:1:1
13	AbCAbC (1)	Parent I AbCAbC =	AbCAbC		
		Parent II aBcaBc =	AbCaBc		27:9:9:3:16
14	AbCAbc (2)	Parent I AbCAbC =	AbCAbC		
			AbcAbC		3:1
					1:1
		Parent II aBcaBc =	AbCaBc		27:9:9:3:16
			AbcaBc		9:3:4
					1:1
15	AbCabC (2)	Parent I AbCAbC =	AbCAbC		
			abCAbC		9:3:4
					1:1
		Parent II aBcaBc =	AbCaBc		27:9:9:3:16
			abCaBc		
					1:1
16	AbCabc (4)	Parent I AbCAbC =	AbCAbC		
			AbcAbC		9:3:4
			abCAbC		3:1
			abcAbC		9:3:4
					1:1:1:1
		Parent II aBcaBc =	AbCaBc		27:9:9:3:16
			AbcaBc		9:3:4
			abCaBc		
			abcaBc		
					1:1:1:1
17	AbcAbc (1)	Parent I AbCAbC =	AbcAbC		3:1
		Parent II aBcaBc =	AbcaBc		9:3:4
18	Abcabc (2)	Parent I AbCAbC =	AbcAbC		3:1
			abcAbC		9:3:4
					1:1
		Parent II aBcaBc =	AbcaBc		9:3:4
			abcaBc		
					1:1

Tab. VIII b

No.	Genotype	Cross		F1'	F2'
19	aBCaBC (1) ×	Parent I	AbCAbC =	aBCAbC	= 9:3:4
		Parent II	aBcaBc =	aBCaBc	
20	aBCaBc (2) ×	Parent I	AbCAbC =	aBCAbC	= 9:3:4
				aBcAbC	= 27:9:9:3:16
				1 : 1	
		Parent II	aBcaBc =	aBCaBC	
				aBcaBc	
				1 : 1	
21	aBcaBc (1) ×	Parent I	AbCAbC =	aBcAbC	= 27:9:9:3:16
		Parent II	aBcaBc =	aBcaBc	
22	aBCabC (2) ×	Parent I	AbCAbC =	aBCAbC	= 9:3:4
				abCAbC	= 3:1
				1 : 1	
		Parent II	aBcaBc =	aBCaBc	
				abCaBc	
				1 : 1	
23	abCabC (1) ×	Parent I	AbCAbC =	abCAbC	= 3:1
		Parent II	aBcaBc =	abCaBc	
24	aBcabc (2) ×	Parent I	AbCAbC =	aBcAbC	= 27:9:9:3:16
				abcAbC	= 9:3:4
				1 : 1	
		Parent II	aBcaBc =	aBcaBc	
				abcaBc	
				1 : 1	
25	abcabc (1) ×	Parent I	AbCAbC =	abcAbC	= 9:3:4
		Parent II	aBcaBc =	abcaBc	
26	abCabc (2) ×	Parent I	AbCAbC =	abCAbC	= 3:1
				abcAbC	= 9:3:4
				1 : 1	
		Parent II	aBcaBc =	abCaBc	
				abcaBc	
				1 : 1	
27	aBCabc ×	Parent I	AbCAbC =	aBCAbC	= 9:3:4
				aBcAbC	= 27:9:9:3:16
				abCAbC	= 3:1
				abcAbC	= 9:3:4
				1:1:1:1	
		Parent II	aBcaBc =	aBCaBc	
				aBcaBc	
				abCaBc	
				abcaBc	
				1:1:1:1	
28	extr. ABCABC ×	Parent II	aBcaBc =	ABCaBc	= 9:3:4
		extr.	aBCaBC =	ABCaBC	= 3:1
		extr.	abCabC =	ABCabC	= 9:3:4
		extr.	abcabc =	ABCabc	= 27:9:9:3:16
				1:1:1:1	
29	extr. ABcABc ×	Parent II	aBcaBc =	ABcaBc	= 3:1
		extr.	aBCaBC =	ABcaBC	= 9:3:4
		extr.	abCabC =	ABcabC	= 27:9:9:3:16
		extr.	abcabc =	ABcabc	= 9:3:4
				1:1:1:1	
30	AbCAbC (Parent I) ×	Parent II	aBcaBc =	AbCaBc	= 27:9:9:3:16
		extr.	aBCaBC =	AbCaBC	= 9:3:4
		extr.	abCabC =	AbCabC	= 3:1
		extr.	abcabc =	AbCabc	= 9:3:4
				1:1:1:1	
31	AbcAbc ×	Parent II	aBcaBc =	AbcaBc	= 9:3:4
		extr.	aBCaBC =	AbcaBC	= 27:9:9:3:16
		extr.	abCabC =	AbcabC	= 9:3:4
		extr.	abcabc =	Abcabc	= 3:1
				1:1:1:1	
32	aBcaBc (Parent II) ×	Parent II	aBcaBc =	aBcaBc	
		extr.	aBCaBC =	aBcaBC	
		extr.	abCabC =	aBcabC	
		extr.	abcabc =	aBcabc	
				1:1:1:1	
				F1'	F2'

Tab. VIIIc

ERRATA

Par suite de quelques erreurs d'interprétation lors de l'impression des planches, un certain nombre d'indications ne sont plus exactes. Nous nous en excusons auprès du lecteur et le prions de rétablir comme suit :

TABLEAU II. — Résultats du premier F_5 (III groupe, AbAb) : mettre au-dessous de « rose » le mot « constant », comme cela est indiqué au-dessous de « rouge ».

TABLEAU VI. — Au haut du tableau, ajouter le signe $\male$ au parent aBC. Dans la première partie du tableau (F_3, 1 part.), seconde colonne :

au lieu de ABC ABC ABc   lire   ABC ABC ABc
           ABC ABC ABc   ABC ABc ABc.

Dans cette même partie du tableau, dans la cinquième colonne, au bas du cadre : à 4Abc Abc (rose cendré) 4, mette le chiffre 1 au lieu de 4.

Dans la troisième partie du tableau (F_3, III part.), dans la troisième colonne :

au lieu de AbC AbC Abc   lire   AbC AbC abC
           AbC abC abC   AbC abC abC.

Dans la quatrième colonne, au bas du cadre : au lieu de 3 abc abc, lire 1 abc abc.

TABLEAU VII. — Au-dessous du cercle de teinte violet pur, en haut à gauche et portant le chiffre 2 : au lieu de ABC ABc, lire ABC AbC.

Au-dessous du cercle de teinte grise, au bas à droite (intérieur), et portant le chiffre 2 : au lieu de abC abC, lire abC abc.

TABLEAU VIII a. — Cadre 5 : dans le F_1' (2e ligne), mettre au-dessous le chiffre 1 : 1, comme dans les cas précédents.

Cadre 5 : dérivant du F'_1 ABC AbC (1re ligne), indiquer le F_2' comme : pur violet : pur rose $= 3 : 1$ (pas de blanc).

Cadre 7 : dans le F_1', mettre au-dessous le chiffre 1 : 1 : 1 : 1.

Cadre 8 : dérivant du F_1' Abc AbC (5e ligne), indiquer le F_2' comme : pur rose (au lieu de pur violet) : rose cendré $= 3 : 1$.

Cadre 8 : dérivant du F_1' ABc aBc (10e ligne) indiquer le F_2' comme : violet cendré : blanc $= 3 : 1$.

TABLEAU VIII b. — Cadre 10 : (2e colonne) violet cendré : au lieu de la formule ABc aBc, lire ABc Abc.

Cadre 11 : dans le F_1' (4e ligne), au lieu de abc aBc, lire aBc aBc.

Cadre 15 : dérivant du F_1' abC AbC (2e ligne), indiquer le F'_2 comme : rose pur : blanc $= 3 : 1$.

Cadre 16 : dérivant du F_1' Abc AbC (2e ligne), indiquer le F_2' comme : rose pur : rose cendré $= 3 : 1$.

TABLEAU VIII c. — Cadre 25 : dérivant du F_1' abc AbC (1re ligne) indiquer le F_2' comme : rose pur : rose cendré : blanc $= 9 : 3 : 4$.

Cadre 27 (2e colonne) : au-dessous de la formule aBC abc, mettre le chiffre (4).

Cadres 30, 31, 32 : mettre au-dessus de la fleur parente, comme aux cadres 28 et 29, l'indication « extr. » (extrait).

Dans les tableaux V à VIII c, bien noter la différence de couleur entre violet pur, violet cendré et rose cendré, qui n'a pas été assez accentuée.

explanation both of the production of new forms resulting from hybridization, and also of complicated cases of Mendelian inheritance.

Many such cases which have been much worked on by Nilsson-Ehle and the Author, may be explained on the supposition that the parents differ in two or three factors. It must be supposed that these factors may exhibit a certain relationship, and behave often as a single unit. This connection may be manifested either by the union of factors previously separated, or by the separation of factors previously united.

In the first case a new type is produced by synthetic means, and in the second case new forms arise by analysis.

But it must not be forgotten that these results, satisfactory though they may be, are not sufficient to place the factorial theory on a solid basis beyond the reach of all objections. To obtain this end, it is necessary to make a thorough examination of the theoretical expectations, by means of carefully planned experiments in re-crossing extracted types.

The author has examined in great detail the descendants of the cross *Pisum arvense* var. *rosea* and *Pisum sativum* var. *alba*. In this cross a new form is produced in F_1 with red flowers and in F_2 the three types red, pink and white flowered occur in the expected proportions. According to the factorial theory the white variety carries the factor which gives rise to red flowers, and which is absent in the pink flowered variety. It therefore follows that among the white descendants from the cross some will not carry this factor, and some will be heterozygous for it. This the author clearly shows to be the case.

Analogous results have been obtained by the re-crossing of extracted plants from other crosses of a bifactorial nature.

Among crosses worked out by the author on these lines are : *Pisum sativum* $\times$ *P. arvense* (without spotted seed coats), and also a case in which three factors are concerned viz. *Matthiola incana* var. *rubra* $\times$ *M. glabra* var. *alba* in which case a pure violet type is obtained in F_1 and in F_2 five types appear in the ratio 27 : 9 : 9 : 5 : 16.

Further analysis shows that the pink flowered parent may be represented by the formula A *b* C and the white parent by *a* B *c*: the violet F_1 type is therefore A B C. To prove the correctness of these formulae a very large number of crosses have been made both between the parental types and the extracted forms: the results have been exactly as foreseen on the above hypothesis.

In conclusion, these experiments, in which some thousands of individuals have been recorded, confirm the factorial theory in the most complete and satisfactory manner. It cannot be doubted that the theory thus established is a great step in the progress of hybridization.

SUR L'HÉRÉDITÉ DES CARACTÈRES QUANTITATIFS [1]

Par A. B. BRUCE

« Superintending Inspector » du « Board of Agriculture », Londres.

Dans le but de déterminer si la loi de ségrégation mendélienne est applicable aux caractères quantitatifs, je poursuis l'étude statistique des chiffres

Phot. Urquhart.
M. A. B. BRUCE.

fournis par une famille de plus de 20 000 individus d'orges, dérivés d'un croisement original de deux épis de variétés différant l'une de l'autre par des caractères qui peuvent être seulement exprimés en des mesures quantitatives. J'ai trouvé beaucoup de difficultés à appliquer aux résultats les méthodes d'analyse mendélienne. La ségrégation, si elle existe, se trouve masquée par la variabilité fluctuante des caractères en jeu; jusqu'à présent très peu a été fait pour montrer que l'hérédité des caractères quantitatifs, comme, par exemple, la taille chez l'homme, est soumise à la loi de Mendel.

Ceci est premièrement dû au fait que les caractères quantitatifs présentent des difficultés presque insurmontables à l'application des méthodes d'analyse individuelle employées avec tant de succès en ce qui concerne les caractères de nature qualitative.

Les caractères quantitatifs sont invariablement soumis aux fluctuations qui résultent des différences de milieu, et il est, en conséquence, impossible de déterminer par inspection dans quelle classe génétique un individu doit être rangé.

Au point de vue pratique, l'intérêt et l'importance de cette branche de la génétique sont très grands; car la plupart des caractères dont les praticiens ont à s'occuper, chez les animaux et les plantes, sont des caractères qui diffèrent en degré ou quantité plutôt qu'en nature ou qualité. Chez les animaux, il suffit simplement de mentionner l'hérédité de la richesse de production en lait; et chez les plantes l'hérédité de la richesse de rendement en grain dans les céréales. Le nombre de caractères quantitatifs, d'une grande importance économique, auxquels les méthodes ordinaires d'analyse individuelle ne peuvent pas être facilement appliquées, et qui restent du domaine des méthodes statistiques, est excessivement grand.

Les résultats statistiques d'une théorie mendélienne généralisée ont été envisagés par Pearson (Phil. Trans. 1904 et Mémoires suivants) et par Udny Yule dans une communication faite à la dernière Conférence Internationale de Génétique. Le résultat général de ces recherches montre que, à condition de faire certaines restrictions, la loi de Mendel s'accorde très bien avec les recherches de l'École biométrique; mais on est loin d'admettre que la loi de

1. Communication faite à la première séance de la Conférence.

Mendel suffit à expliquer tous les phénomènes dits d' « hérédité mélangée » (blended inheritance).

Il y aurait un grand pas de fait si un accord général pouvait être obtenu sur ce sujet, et je prends la liberté de suggérer une ligne d'enquête qui serait, à mon avis, fructueuse.

Dans l'élevage des animaux, un des faits les plus importants au point de vue économique, c'est que le croisement d'individus purs conduit à une augmentation de vigueur dans les descendants, tandis que la consanguinité (in-breeding) tend à abaisser la vigueur et la vitalité. La croyance populaire dans cette règle est universelle et elle est insérée dans nos lois sociales. Une base scientifique lui a été donnée par les expériences classiques de Darwin sur les effets de la fécondation croisée et de l'autofécondation chez les plantes; mais nous ne pouvons nous contenter de sa conclusion finale que « Nature abhors self-fertilisation ».

S'il peut être démontré que ce phénomène supporte une explication basée sur la conception mendélienne des unités de caractères (unit characters), un pas important aurait été franchi vers l'établissement d'une loi générale d'hérédité et vers l'application des méthodes scientifiques à l'élevage des animaux et des plantes.

A propos de ce problème on peut signaler que, dans l'hypothèse mendélienne, l'autofécondation continue conduit à l'élimination des hétérozygotes; en effet, dans le cas d'une plante autofécondée, chaque individu produit des homozygotes et des hétérozygotes en égales proportions, de sorte que, dans chaque génération successive, la proportion des hétérozygotes diminue; mais, si on revient à la fécondation croisée, quelle que soit la génération, immédiatement l'ensemble retourne à sa constitution originelle qui existait avant que l'autofécondation ait été imposée.

Théoriquement on peut supposer que la « vigueur » est en corrélation : soit, a) avec l'état hétérozygote, ou b) avec l'état homozygote; autrement dit la vigueur peut diminuer, soit comme résultat de la disparition des DR, ou comme suite de la diminution du nombre des DD ajouté au nombre des DR. En outre, il est clair que si la disparition des DR est seulement la cause de la perte de vigueur, cette perte doit se produire très rapidement, puisque, à chaque génération, la moyenne du nombre de ces éléments diminue de moitié. Si, d'un autre côté, la vigueur dépend de la « dominance », c'est-à-dire de DD + DR, la diminution est beaucoup moins rapide.

En se reportant aux chiffres de Darwin, je trouve qu'ils s'accordent plus avec la seconde hypothèse qu'avec la première. L'importance économique de cette conclusion est considérable, car elle montre la possibilité de « fixer » la vigueur d'un hybride, tandis que si cette vigueur est en corrélation avec la nature hétérozygote de l'individu, il est impossible d'arriver à ce résultat.

Les chiffres donnés par Darwin sont malheureusement de peu de valeur au point de vue statistique. Ses expériences furent faites avec des petits nombres de beaucoup d'espèces; il serait désirable que ces mêmes expériences soient répétées avec un grand nombre d'individus de quelques espèces.

Finalement je désire attirer l'attention sur le fait que des coefficients statistiques, comme ceux de « standard deviation » et de « regression », sont influencés de différentes manières par la fécondation croisée et l'autofécondation, de sorte que les mesures de ces coefficients, avec a) autoféconda-

tion, et *b*) fécondation croisée, peuvent fournir un critérium avec lequel on peut se rendre compte de l'universalité ou de la non-universalité de la loi de Mendel.

Par exemple, dans le travail de Pearson 1904 (*loc. cit.*), la « regression » entre parents et enfants dans une famille d'hybrides mendéliens est de 1/3; il est facile de montrer que, si cette famille était autofécondée, la régression serait de 5/6. Il est donc possible de concilier les théories mendéliennes et biométriques en montrant que, puisqu'il doit y avoir une certaine proportion d'autofécondation ou d' « in-breeding » dans chaque population, la regression *observée* (dans plusieurs cas, environ 1/2) doit se trouver entre ces deux rapports.

HEREDITY OF QUANTITATIVE CHARACTERS

SUMMARY

M. A. B. Bruce of the Board of Agriculture, London, in a brief paper, pointed out the difficulties surrounding the investigation of the inheritance of quantitative characters. It cannot be affirmed, with certainty, that the mendelian Laws apply to such characters. It was suggested that the question of the increase of vigour in hybrids might be a fruitful line of inquiry, and that the classic experiments of Darwin should be repeated on a larger scale. Possibly, it will be found that vigour is dependent on an aggregate of dominant characters; for the statistical results of such a supposition can be brought into accord with the biometrical results.

REDUPLICATION OF TERMS IN SERIES OF GAMETES[1]

By **W. BATESON**,
Director of the John Innes Horticultural
Institution, London.

and R. C. **PUNNETT**,
Professor of Biology, Cambridge
University.

Some years ago we showed that certain factors were partially *coupled* so that instead of the familiar AB : Ab : aB, ab, the series of gametes was

M. W. BATESON.

M. R. C. PUNNETT.

7 AB : 1 Ab : 1 aB : 7 ab. Subsequently other similar series were discovered in the form 15 : 1 : 1 : 15; 51 : 1 : 1 : 51, etc.

In other series of gametes we found that the factors A and B were *repelled*, so that the series of gametes appeared to be merely Ab and aB; for on the earlier evidence this repulsion seemed to be complete.

In papers lately published by ourselves on the Sweet Pea (*Lathyrus odoratus*) and Gregory on *Primula sinensis* it was proved that if coupling of AB occurs in the F_2 gametes from AB $\times$ ab, then repulsion of A and B results from the union Ab $\times$ aB.

Evidence has now been found which proves that in reality both « coupling » and « repulsion » are phases of the same phenomenon, and that in each the effects are produced by reduplication of those gametes which represent the parental combinations.

The apparent completeness of the repulsion is illusory and is caused by the comparative rarity of the fourth term in the series, being merely a consequence of dominance.

The case which led to this discovery is that of a peculiar misshapen Sweet Pea in which the keel is so deformed that the flower stands open like a

1. Communication faite à la première séance de la Conférence.

mouth out of which the stigma protrudes unbent like a tongue. This we have called the *Crétin*.

The Crétin, n, is recessive to the normal N, and this factor N « repels » F, the factor for fertile anthers, forming the series 1 NF : 3 Nf : 3 nF : 1 nf. This is the lowest series yet found and it is owing to that circumstance that the rarer term was perceived, for it comes once in 64. In the 7 : 1 : 1 : 7 series, it comes once in 256 and so on.

We may now express the various series thus :

MATING.	GAMETES.				ZYGOTES.			
	AB.	Ab.	aB.	ab.	AB.	Ab.	aB.	ab.
AB × ab	1	$n-1$	$n-1$	1	$2n^2+1$	n^2-1	n^2-1	1
	1	31	31	1	2.049	1.023	1.023	1
	1	15	15	1	513	255	255	1
	1	7	7	1	129	63	63	1
	1	3	3	1	33	15	15	1
Normal unreduplicated —	1	1	1	1	9	3	3	1
Ab × aB	3	1	1	3	41	7	7	9
	7	1	1	7	177	15	15	49
	15	1	1	15	737	31	31	225
	31	1	1	31	3.009	63	63	961
	63	1	1	63	12.161	127	127	3.969
	127	1	1	127	48.897	255	255	15.929
	$n-1$	1	1	$n-1$	$3n^2-(2n-1)$	$2n-1$	$2n-1$	$n^2-(n-1)$

REDOUBLEMENT DES TERMES DANS UNE SÉRIE DE GAMÈTES

RÉSUMÉ

MM. BATESON et PUNNETT présentent une nouvelle explication des phénomènes dits de « coupling » et de « répulsion » et pensent qu'en réalité, ce ne sont que des phases d'un même phénomène dans lequel les effets que l'on constate sont produits par un « redoublement » des gamètes représentant les combinaisons parentes. La « répulsion » ne serait donc jamais complète et la cause qui fait qu'elle paraît l'être réside dans la rareté comparative du 4e terme de la série. Les auteurs citent le cas d'une forme monstrueuse de pois de senteur ayant les fleurs déformées et le stigmate apparent à laquelle ils ont donné le nom de « crétin ». Cette forme est récessive à la normale et il y a une répulsion avec le facteur responsable pour la fertilité des anthères.

SUR L'HÉRÉDITÉ EN MOSAÏQUE [1]

Par L. BLARINGHEM

Chargé du Cours de Biologie agricole à la Faculté des Sciences
de l'Université de Paris.

L'*hérédité en mosaïque*[2] est le mode particulier de transmission héréditaire qui se traduit par la juxtaposition sur l'enfant des caractères se correspondant chez les parents. Ce mode de transmission des caractères offre beaucoup d'analogies avec l'hérédité alternante ou hérédité mendélienne; il paraît toutefois moins fréquent et il a certainement été moins étudié. L'objet de cette note est de grouper quelques exemples de cette forme de l'hérédité, d'en discuter les caractères communs et de chercher à les distinguer des prétendus hybrides de greffe. J'ai voulu aussi profiter de cette circonstance pour rendre hommage au savant français CHARLES NAUDIN, contemporain de MENDEL, qui est arrivé à la théorie de la ségrégation des caractères dans les cellules sexuelles des hybrides quelques années avant MENDEL (1860).

Phot. Darby.

M. LOUIS BLARINGHEM.

CHARLES NAUDIN (fig. 1), botaniste classificateur et publiciste horticole, assistant de DECAISNE au Muséum d'Histoire naturelle, fut élu membre de l'Académie des sciences de Paris il y a près de cinquante ans, à la suite de ses remarquables *Recherches sur l'hybridité chez les Végétaux* (1854-1865). Atteint d'une maladie incurable, il dut abandonner quelques années plus tard Paris, centre de son travail, pour créer sous un climat plus chaud, à Collioure (Pyrénées-Orientales), un important établissement de plantes méditerranéennes. Il contribua ensuite à perfectionner le jardin Thuret à Antibes; on lui doit l'introduction et la propagation en France et en Algérie de nombreuses espèces d'*Eucalyptus*, de Mimosas, de Kakis, etc.... Mais le nom de NAUDIN sera toujours présent à la mémoire de ceux qui se préoccupent de l'hérédité et plus spécialement d'hybridation.

En 1859, NAUDIN décrivit à l'Académie des sciences les faits suivants :

Les caractères des deux espèces productrices de l'hybride ne se répartissent pas toujours d'une manière uniforme sur toutes les parties de ce dernier; dans certains cas, tantôt les caractères d'une espèce, tantôt ceux de l'autre espèce apparaissent par plages et côte à côte, purs de tout mélange, comme si les deux essences spécifiques réunies expérimentalement sur le même individu faisaient effort pour se séparer.

---

1. Communication faite à la première séance de la Conférence.
2. En anglais, *particulate inheritance*; en allemand *Mosaïcvererbung*; le terme « shecken », employé par PRZIBRAM (1911) paraît spécial au pelage moucheté des animaux.

NAUDIN a cité à l'appui de sa manière de voir le cas de l'Oranger-bizarrerie, hybride(?) du Citronnier et de l'Oranger, celui du *Cytisus Adami* et plusieurs exemples qu'il a observés lui-même, dont le *Datura Stramonio-lævis* et le *Linaria purpureo-vulgaris*. Ces faits furent réunis sous le titre d' « hybridité disjointe », qui ne peut être conservé par suite de l'emploi universel du mot disjonction pour exprimer la ségrégation des caractères de l'hybride sur des individus différents à partir de la seconde génération; je propose celui d'*hérédité en mosaïque* pour y réunir un plus grand nombre de faits.

Voici les caractères généraux de ce mode d'hérédité, qui renferme comme cas particulier l'hérédité alternante ou hérédité mendélienne. D'après NAUDIN : « une plante hybride est un individu où se trouvent réunies deux essences différentes ayant chacune leur mode de végétation et leur finalité particulière, qui se contrarient mutuellement et sont sans cesse en lutte pour se dégager l'une de l'autre. Ces deux essences sont-elles intimement fondues? se pénètrent-elles

CHARLES NAUDIN
1815-1899.

réciproquement au point que chaque parcelle de la plante hybride, si petite, si divisée qu'on la suppose, les contienne également toutes deux? Il se peut qu'il en soit ainsi dans l'embryon et peut-être dans les premières phases du développement de l'hybride, mais il me paraît bien plus probable que ce dernier, au moins à l'état adulte, est une agrégation de parcelles homogènes et uni-spécifiques prises séparément, mais réparties également ou inégalement entre les deux espèces et s'entremêlant en proportions diverses dans les organes de la plante. L'hybride, dans cette hypothèse, serait une mosaïque vivante, dont l'œil ne discerne pas les éléments discordants tant qu'ils restent entremêlés; mais si, par suite de leurs affinités, les éléments de même espèce se rapprochent, s'agglomèrent en masses un peu considérables, il pourra en résulter des parties discernables à l'œil, quelquefois des organes entiers, ainsi que nous le voyons dans le *Cytisus Adami*, les Orangers et les Citronniers hybrides du groupe des bizarreries, le *Datura Stramonio-lævis*, etc.... »

Et NAUDIN ajouta en note, pour bien montrer qu'il avait compris, dès 1862, la portée exacte des faits que je pense discuter ici : « L'arbre connu dans les jardins sous le nom de *Cytisus Adami* est une forme exactement intermédiaire entre le *C. Laburnum* (ou peut-être le *C. alpinus*), à fleurs jaunes, et le *C. purpureus*, à fleurs lilas pourpre. Ses fleurs plus grandes que celles du *C. purpureus*, moins grandes au contraire que celles du *C. Laburnum*, sont de la teinte mordorée qui devait résulter de la fusion du jaune et du pourpre; de plus, elles sont entièrement stériles. Toutefois, ce que le *C. Adami* offre de plus singulier, c'est que, de loin en loin, on voit sortir, de sa tige et de ses branches, des rameaux dont le feuillage et les fleurs sont identiquement ceux du *C. Laburnum* et *C. purpureus*, de telle sorte qu'il n'est pas rare de trouver réunies, sur un même arbre, deux espèces très différentes ainsi que leur hybride. En reprenant les caractères des espèces naturelles, soit du *Laburnum*, soit du *purpureus*, les fleurs reprennent aussi leur fertilité. L'origine du *C. Adami* est fort obscure; je lui trouve tous les caractères des vrais hybrides, mais je ne dois pas dissimuler que la plupart des horticulteurs le croient provenu d'une greffe du *C. purpureus* sur le *C. Laburnum*, et que plusieurs botanistes admettent la possibilité du fait. Si cette supposition était un jour reconnue vraie, il faudrait admettre que, dans certains cas, la greffe peut produire les mêmes résultats que l'hybridation. C'est ce qu'il serait intéressant de vérifier par de nouvelles expériences. »

Les principales données du problème que je désire exposer aux membres du Congrès sont esquissées dans cette entrée en matière, et je profite de la présence parmi nous de quelques-uns des savants qui ont étudié la question récemment[1] avec beaucoup de soin pour présenter les résultats de mes recherches personnelles sur le sujet et provoquer une discussion sur les points suivants :

1° Y a-t-il des exemples d'hérédité en mosaïque?

2° Leurs caractères permettent-ils de les confondre avec les prétendus hybrides de greffe?

3° Peut-on discuter encore l'origine sexuelle ou asexuelle du *Cytisus Adami*?

4° Rapports et différences entre l'hérédité alternante ou mendélienne et l'hérédité en mosaïque, que je propose d'appeler naudinienne.

L'hérédité en mosaïque sous sa forme la plus simple a été mise nettement en évidence par Naudin dans l'étude de l'hybride *Datura lævis*, *D. Stramonium* Le *Datura lævis* (*D. inermis*, Dunal) utilisé par Naudin, différait du *D. Stramonium* par son port plus ramassé et sa taille sensiblement plus basse, par ses fleurs presque de moitié plus petites et surtout par ses capsules, plus petites d'un tiers, plus arrondies, lisses et tout à fait inermes.

Il importe de remarquer, pour empêcher toute confusion, qu'il existe plusieurs formes de *Datura* à capsules lisses. Le *D. Tatula inermis* découvert et cultivé par Godron (1863) est une simple variété du *D. Tatula*; mais il n'est pas certain du tout que le *Datura lævis* du Muséum, utilisé par Naudin, puisse être regardé comme une simple variété inerme du *D. Stramonium*. Tout ce qu'en a dit Naudin permet de supposer le contraire et les résultats qu'il a obtenus comparés à ceux de Godron (1872) et à ceux de M. Bateson et de Miss E. R. Saunders (1902) confirment cette présomption.

Godron (1865), puis MM. Bateson et E. R. Saunders (1902), ont étudié, semble-t-il, les croisements du *Datura Stramonium* avec le *D. Tatula* proprement dit et sa variété *inermis*; ils ont obtenu tous les trois des résultats en accord avec les lois de Mendel, d'abord en ce qui concerne la dominance des capsules épineuses sur les capsules lisses, en second lieu, en ce qui concerne les proportions numériques des descendants à fruits épineux ou à fruits lisses[2]. En croisant *D. Stramonium* ordinaire à fleurs blanches et à fruits épineux avec *D. Tatula* var. *inermis* à fleurs blanches et à fruits lisses, ils ont observé des disjonctions dans les proportions : 9 *Tatula* épineux : 3 *Tatula* inermes : 3 *Stramonium* épineux : 1 *Stramonium* inerme. Les chiffres exacts 47 : 12; 21 : 5, diffèrent d'ailleurs sensiblement des chiffres calculés 45 : 15 : 15 : 5); et, en l'absence de tout renseignement sur la fécondité de ces hybrides, on est obligé d'en conclure qu'ils étaient très fertiles, sans fleurs régulièrement stériles.

---

1. MM. E. Baur (1910-1911). W. Bateson, Miss E. R. Saunders, E. von Tschermak.

2. M. Bateson (1909, p. 21) fait peut-être des réserves à ce sujet lorsqu'il dit : « Le cas du *Datura* est intéressant parce qu'il arrive que les fruits présentent *la mosaïque* des caractères, un quart ou une moitié étant épineux et le reste lisse. Ceci doit être sans doute regardé comme l'expression de la ségrégation qui se produit entre les cellules sexuelles ».

GODRON, M. BATESON et Miss SAUNDERS paraissent donc avoir étudié des croisements entre variétés de la même espèce de *Datura*.

Mais ces épreuves n'autorisent pas ces auteurs à dire que « *Datura lævis*, de NAUDIN, ne diffère pas sensiblement de *D. Bertolonii* de GODRON, c'est-à-dire de *D. Stramonium* var. *inermis* » (*loc. cit.* p. 21). Ce n'était ni l'avis de NAUDIN, ni celui de FÖCKE (1881, p. 264 et p. 266) et la différence des points de vue est importante pour notre objet. *D. lævis* L., espèce d'origine africaine, décrite en 1770 par JACQUIN et nommée par WILDENOW en 1780 (d'après LOUDON, 1841), se comporte comme une espèce différente de *D. Stramonium*, en ce sens que l'hybride qui en dérive offre une stérilité marquée dans le développement des premières fleurs qui tombent à l'état de boutons. De même, GAERTNER (1849) avait trouvé des différences entre *D. Stramonium* et *D. Tatula* se traduisant par des irrégularités dans les hybridations réciproques. En d'autres termes, les plantes désignées sous les mêmes noms botaniques ne se comportent pas de la même façon en ce qui concerne leurs hybridations et leurs disjonctions, et on ne saurait trop insister sur le danger d'homologuer les diverses expériences.

Le croisement *Datura lævis* avec *D. Stramonium*, réalisé par NAUDIN, fournit 40 plantes de première génération dont la taille oscillait entre 1 m. 50 et 1 m. 80, dépassant de moitié celle du *D. lævis* et d'un tiers celle du *D. Stramonium*. Plus voisines du *Stramonium*, elles n'en différaient à la floraison que par leur taille élevée, par la chute des fleurs jusqu'à la huitième ou la neuvième dichotomie et surtout par la maturité tardive des fruits qui n'a lieu que vers le 50 octobre, alors que ceux des parents sont mûrs à la fin d'août. De plus, sur les quarante individus de première génération, dit NAUDIN, « il s'en trouve trois chez lesquels les traits du *D. lævis* apparaissent avec des caractères tellement accusés qu'il n'est pas possible de les méconnaître, et cela d'autant mieux qu'au lieu d'être disséminés et comme fondus dans ceux de l'autre espèce, ils sont tous concentrés sur les fruits. On y voit effectivement ces derniers se partager entre les formes si nettement tranchées de ceux des deux espèces parentes, mais de telle manière qu'un quart, qu'un tiers, une moitié ou les trois quarts d'un

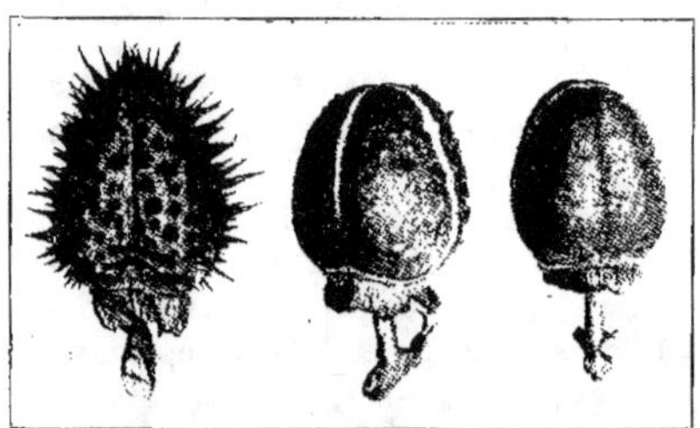

Fig. 2. — A droite, capsule de *Datura lævis*; à gauche capsule de *Datura Stramonium*; au milieu, capsule d'un retour de la seconde génération. On voit sur cette dernière quelques saillies épineuses qui montrent que le retour au type *lævis* n'est pas complet.

même fruit appartiennent exclusivement à l'une ou à l'autre, présentant ainsi un côté d'un vert foncé et hérissé de piquants, comme dans le *D. Stramonium*, tandis que l'autre, entièrement inerme, revêt la teinte grisâtre des capsules du *D. lævis*. Cette séparation des deux natures alliées va même quelquefois jusqu'à se manifester par l'inégalité des côtés d'une même capsule, ce qui appartient au *D. Stramonium* dépassant notablement ce qui est du *D. lævis* ».

En se limitant à cet exemple d'*hybridité disjointe*, qui est le plus simple de ceux qu'a décrits NAUDIN, on doit constater, d'une part la nature hybride au sens propre du mot des plantes qui ont montré la juxtaposition des caractères des parents, d'autre part, la nature des différences entre les parents de l'hybride ; ceux-ci différaient entre eux par des caractères plus complexes que ceux qu'on peut grouper par couples selon la convention de Mendel. J'ajouterai que dans des croisements entre le *Datura Tatula* et le *Datura lævis* du Muséum d'Histoire naturelle, j'ai obtenu parmi les récessifs de deuxième génération des plantes qui n'étaient pas absolument dépourvues d'épines. La photographie ci-contre (figure 2) représente à droite un fruit de *D. lævis* de lignée pure, à gauche un fruit de *Datura Tatula* épineux et au milieu un fruit qu'on peut appeler, avec de la bonne volonté, un retour au *D. lævis*, mais qui porte des épines peu nombreuses et des mamelons indiquant que le retour à la forme lisse et à petit fruit n'est pas complet. Cette trace de l'hybridité antérieure a sans doute quelques points communs avec ce que M. BATESON et Miss SAUNDERS (1906) ont observé après des croisements entre formes de *Ranunculus arvensis* à carpelles tuberculeux et à carpelles lisses, qui ont donné en première génération des carpelles à caractères intermédiaires.

A l'exemple d'hybridité disjointe étudié par NAUDIN, je puis joindre le cas tout à fait analogue, que j'ai observé dans mes croisements entre espèces et variétés d'Orges (*Hordeum distichum* et *Hordeum tetrastichum*).

Comme point de départ, j'ai utilisé pour mes croisements des lignées obtenues à partir d'une plante unique. Le procédé adopté pour l'étude de l'amélioration des crus d'Orges françaises[1] est celui qui a été inauguré au laboratoire d'essais de semences de Svalöf ; sur plusieurs centaines de lots soumis à l'épreuve depuis 1903, une soixantaine seulement ont été conservés comme offrant une régularité de croissance, une homogénéité de floraison et de maturité parfaites. Ces lots ont été, pour la plupart, multipliés sur des superficies de plusieurs hectares et leurs produits contrôlés minutieusement ; de l'avis de M. DE VRIES (1908) et de M. JOHANNSEN (1903 et 1909), le procédé technique d'isolement des lignées pures d'Orges cultivées répond aux exigences les plus rigoureuses au point de vue de l'homogénéité et de la facilité du contrôle.

La nomenclature des formes cultivées d'Orges à deux rangs est très simple. Deux espèces principales, l'Orge à épis arqués (*Hordeum distichum nutans*) et l'Orge à épis dressés (*Hordeum distichum erectum*), diffèrent, entre autres caractères, par la compacité des épis (28 à 35 dans le premier cas, 40 à 48 dans le second). Ces différences sont assez marquées pour qu'il n'y ait, dans la pratique, aucune difficulté à distinguer des lignées pures de ces deux espèces.

Dans chacune de ces espèces, le fondateur de Svalöf, M. TH. BRUUN VON NEERGARD et après lui, M. HJALMAR NILSSON (1890), ont distingué les espèces élémentaires α, β, γ, δ, d'après les caractères visibles sur les grains. Deux couples de caractères :

L, poils des axes d'épillets longs, opposé à poils courts *l* ;

E, nervures dorsales latérales avec épines, opposé à nervures lisses, *e*, donnent quatre combinaisons, comme il suit :

$$\alpha \text{ correspondant à } L\ e \text{ (fig. 4)} :$$
$$\beta \qquad — \qquad \text{à } L\ E \text{ (fig. 5)} :$$
$$\gamma \qquad \cdot\cdot \qquad \text{à } l\ e ;$$
$$\delta \qquad — \qquad \text{à } l\ E.$$

1. Voir la technique employée dans BLARINGHEM. *L'amélioration des crus d'Orges de Brasserie en France.* 1910, Paris, 22. avenue de Wagram : 220 pages et 20 tableaux.

Dans cette étude, il ne sera question que du couple de caractères, *présence ou absence d'épines sur les grains E, e* ; toutefois, je tiens à faire remarquer la très grande rareté des lignées d'Orges du type δ de l'espèce *Hordeum distichum erectum*. A Svalöf comme en France, on ne les rencontre pour ainsi dire jamais, quoique par des hybridations appropriées il soit possible d'obtenir ces associations de caractères, comme le font prévoir les lois de Mendel.

Fig. 3. — Grain d'Orge de l'espèce *Hordeum distichum nutans* β ; on voit en haut sur les nervures latérales des petites épines qui définissent le caractère β.

Dans des notes antérieures (1908, 1909, 1910), j'ai eu l'occasion de montrer que le couple de caractères *E e* se comporte différemment, dans les hybridations et dans les disjonctions, suivant que ces caractères opposés sont les attributs de deux formes appartenant à la même espèce *Hordeum distichum nutans* ou appartenant à deux espèces distinctes *Hordeum distichum nutans* et *Hordeum distichum erectum*.

Fig. 4. — Grain d'Orge de l'espèce *Hordeum distichum nutans* α ; les nervures latérales dorsales ne portent pas d'épines, d'où la désignation α.

Dans le premier cas, la disjonction suit rigoureusement les lois de Mendel avec dominance absolue des épines à la première génération, suivie d'une disjonction dans le rapport 3 à 1 à la seconde. De plus, les récessifs, cultivés depuis quatre générations, ont été stables sans jamais montrer de tendance à présenter des épines.

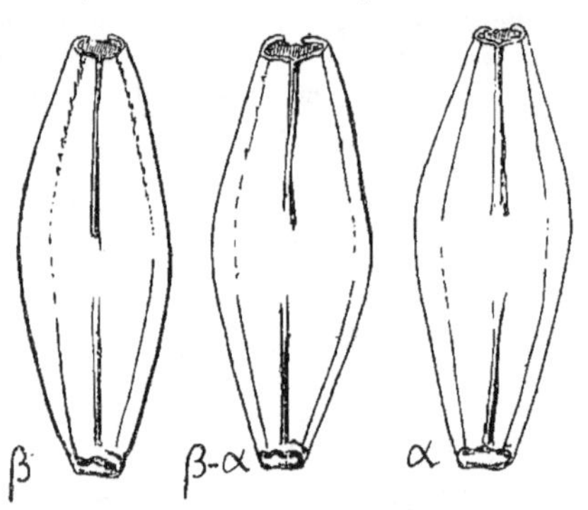

Fig. 5. — Schéma montrant trois degrés dans la répartition des épines sur les nervures latérales dorsales des grains d'*Hordeum distichum erectum* ; β, avec des épines nombreuses régulièrement distribuées en dents de scie ; β-α, avec des épines rares irrégulièrement distribuées ; α, sans épines.

Mais il n'en est pas de même dans le croisement de deux formes avec ou sans épines appartenant à deux espèces différentes. En 1909, je signalais, après la répétition des expériences, que la disjonction des caractères à la seconde génération ne donnait pas le rapport numérique de 3 : 1, mais bien celui 1 : 1 ; en 1910, je constatais la réapparition d'individus à grains épineux dans la descendance de récessifs sans épines. C'est par une revision attentive de tout le matériel d'étude réuni pour préciser ces cas douteux que j'ai été conduit à découvrir des phénomènes d'hybridité disjointe sur l'Orge.

L'exemple dont il sera question ici est le croisement entre une Orge à deux rangs à épis lâches du nord de la France (Orge de Bourbourg, cataloguée *Hordeum distichum nutans* α, 0.190) et une Orge à deux rangs à épis dressés dérivée de l'Orge Impériale (Imperialgerste de Grignon, Pas-de-Calais) et cataloguée *Hordeum distichum erectum* β, 0.631).

Les hybrides de première génération n'offrent pas uniformément des grains épineux sur tous les épis. Sur neuf hybrides de la forme 0.190 × 0.631 et huit de la forme 0.631 × 0.190, il m'a été possible d'en trouver trois qui, à la première génération, portaient simultanément des grains avec épines et des grains sans épines. Le schéma suivant (fig. 6) montre la distribution des grains sans épines α parmi les épineux β pour dix épis offrant ce caractère. On peut noter aussi sur la même figure la fréquence relativement grande des épillets avortés

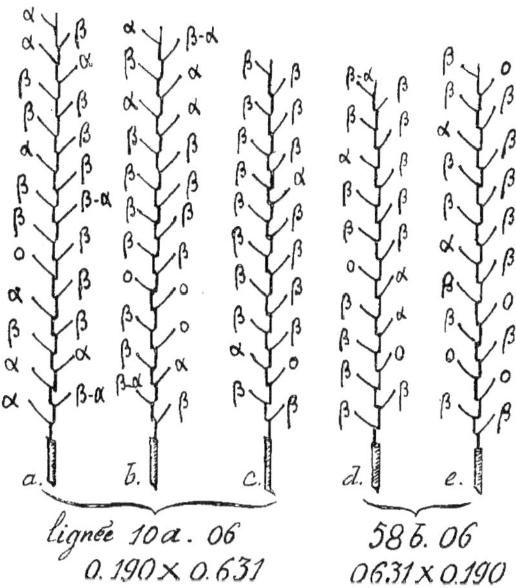

Fig. 6. — Tableau schématique d'épis d'Orge montrant la distribution en mosaïque des grains porteurs de caractères différents α, β. β-α et des grains avortés 0.

représentés par le chiffre 0 et la rareté des grains à caractères intermédiaires β — α (fig. 5).

Les caractères répartis en mosaïque qui sont visibles sur l'hybride de première génération n'entraînent pas nécessairement la disjonction des descendants telle qu'elle est indiquée d'après le schéma. Autrement dit, un grain portant des épines à la première génération ne donne pas nécessairement naissance à une plante (2ᵉ génération) ne portant que des épines; réciproquement, un grain ne portant pas d'épines à la première génération ne donne pas nécessairement une plante de deuxième génération ne portant pas d'épines ; il reste une certaine indépendance entre les caractères maternels dissociés sur les glumelles et les caractères des œufs des embryons qui se développent dans le voisinage. Ainsi, certains grains dérivés de cette hybridation et de caractère α donnent parfois des épis présentant tous les retours α-β, ou β-α et même β; ceci explique sans doute l'irrégularité, observée dans la même lignée, de plantes à caractères récessifs α donnant ultérieurement naissance à des plantes à caractères dominants β. Jamais je n'ai constaté pareil retour dans des croisements entre variétés de la même espèce (*H. distichum nutans*).

Le phénomène de mosaïque sur les plantes de première génération est encore fréquent dans l'hybridation 0.202 (*Hordeum distichum nutans* β originaire du Cantal) avec 0.501 (*Hordeum distichum erectum* α originaire du lot Impériale A cultivé à Grignon en 1903) et l'hybridation réciproque 0.501 × 0.202.

Par contre, malgré la fréquence des grains avortés, je n'ai pu trouver rien de semblable en suivant les croisements des formes :

0.256 (*Hordeum distichum nutans* β originaire du Nord, Solesmes) avec 0.631 (*Hordeum distichum erectum* β de l'Orge Impériale) et réciproquement;

0.431 (*Hordeum distichum nutans* δ originaire de la Mayenne) avec 0.631 et réciproquement; bien que ces formes soient aussi différentes les unes des autres que celles des croisements précédents. Ici les couples de caractères opposés dans des croisements entre formes des deux espèces suivent les lois de Mendel.

On ne peut s'expliquer ces divergences aux lois de Mendel que par des différences d'affinités entre certaines lignées. Cette interprétation n'a d'ailleurs d'autre intérêt que de traduire la liaison qui existe entre les différences spécifiques des lignées croisées, la formation de types intermédiaires (β-α ou α-β) instables, l'inconstance relative des récessifs et la stérilité notable des lignées hybrides. Autrement dit, une irrégularité aux lois de Mendel en entraîne d'autres, mais toutes ces irrégularités sont en somme trop peu accusées pour que dans leur signification générale les règles de l'homogénéité de la première génération, du retour aux parents dans les générations ultérieures puissent être regardées comme mises en défaut. Sous cette forme, l'hérédité en mosaïque se confond presque avec l'hérédité alternante.

Des conclusions analogues peuvent être déduites de l'exemple suivant relatif à d'autres épreuves faites avec d'autres espèces d'Orges en 1907. La juxtaposition des caractères sur les hybrides fut très nette dans cette nouvelle série d'exemples et elle fut même presque constante pour quelques lignées.

En 1907, quatre épis de la sorte pédigrée d'Orge à quatre rangs 0.1251, appartenant à l'espèce *Hordeum tetrastichum pallidum* δ et isolée dans un lot d'Escourgeon de printemps originaire des environs de Carcassonne, ont été castrés puis fécondés avec le pollen de la sorte 0.202 de l'espèce à deux rangs *Hordeum distichum nutans* β [isolée dans un lot d'Orge de la région de Mende (Cantal)]. Cette opération a donné de bons résultat et, sur chaque épi, j'ai pu récolter un certain nombre de grains hybrides qui ont fourni, comme première génération, des plantes vigoureuses portant des épis à deux rangs à grains du type β. L'ensemble des hybrides de première génération, homogène, renfermait 19 individus dont 8 seulement furent étudiés au point de vue de la transmission de leurs caractères.

A la seconde génération, la disjonction des caractères eut lieu dans les proportions suivantes :

D (*distichum*) ou 4 rangs d'épillets mâles domine d (*tetrastichum*) ou 4 rangs d'épillets hermaphrodites.

β ou *axe d'épillet à poils longs* domine δ ou *axe d'épillet à poils courts* :

NUMÉRO DE LIGNÉE EN 1909 (F_2).	ÉPIS A 2 RANGS.		ÉPIS A 6 RANGS.	
	D β	D δ	d β	d δ
120 *a*	40	6	10	0
120 *b*	52	6	20	2
120 *c*	26	17	15	0
120 *d*	24	12	5	1
120 *e*	18	0	14	6
120 *f*	15	9	27	6
120 *g*	25	12	11	9
120 *h*	6	21	19	0
Total	184	83	111	23

Pour un total de 401 descendants, la répartition se fait dans les rapports 184 : 83 : 111 : 23, rapports qui doivent être comparés à 225 : 75 : 75 : 25, résultat théorique prévu en appliquant la règle de disjonction des hybrides.

Dans cet exemple, ainsi que dans le cas cité précédemment, la disjonction des caractères a bien lieu suivant le schéma mendélien, mais les proportions numériques diffèrent très sensiblement de celles qu'on était en droit d'attendre. L'analyse des caractères a été refaite avec soin pour l'ensemble des lignées en 1910, et les résultats nouveaux ont confirmé ceux de l'année précédente. Il y a toujours eu un excès de plantes à six rangs dans la disjonction de ces hybrides.

Ce résultat est sans doute lié à la fréquence d'épillets à ovaires mal constitués, pourtant fertiles, sur les épis de l'hybride de première génération. Il est, en réalité, inexact de dire que l'épi à deux rangs domine l'épi à six rangs : les épis d'un hybride tel que nous venons de le définir se distinguent toujours des épis d'une Orge pure à deux rangs par l'allongement des glumelles des épillets latéraux (caractère particulier fixé dans l'*Hordeum distichum macrolepis*), et par l'existence d'un ovaire rudimentaire, parfois fécond, dans les épillets en apparence stériles. La stérilité est plutôt secondaire que primitive et, en enlevant les épillets hermaphrodites dans les épis jeunes de ces hybrides, j'ai provoqué l'accroissement d'un grand nombre des épillets latéraux qui deviennent fertiles. Ainsi la dominance de la forme d'épis à deux rangs sur la forme d'épis à six rangs dans le genre *Hordeum*, dominance admise avec réserve par M. BATESON (1909, p. 26) d'après M. BIFFEN (1905 et 1907), discutée par M. TSCHERMAK (1903) et M. SHULL (1908), correspond exactement à une forme spéciale de stérilité qui accompagne souvent les produits hybrides d'espèces distinctes. J'ai d'ailleurs interprété de la même façon (1911, p. 102) certains caractères de l'hybridation des Bryones qui, dans l'expérience de M. CORRENS (1907), laisseraient supposer une dominance du sexe femelle sur le sexe mâle; mais je n'ai pas l'intention d'insister ici sur le problème très complexe de l'hérédité du sexe.

Quoi qu'il en soit, quelques descendants de seconde génération (F_2), ayant fait retour à la forme d'épis à quatre rangs, présentaient dans presque toutes les lignées des épis mixtes, le plus souvent à quatre rangs à la base, à deux rangs à leur extrémité (fig. 7). L'anomalie était particulièrement remarquable sur les descendants à quatre rangs de la lignée 120 *h*, dont la disjonction numérique offre elle aussi des irrégularités très grandes (6 : 21 : 19 : 0 au lieu de 27 : 9 : 9 : 3). L'étude spéciale dont elle a été l'objet m'a fait mettre en évidence la fréquence des avortements, même sur les épis à deux rangs.

Voici quelques exemples de cette disjonction (fig. 7) relevés sur la descendance en F$_2$ de l'hybride 0.1231 × 0.202 lignée *h*.

On peut remarquer que la disjonction porte souvent sur les épillets terminaux, parfois aussi davantage sur un côté de l'épi. Depuis (1910 et 1911), j'ai

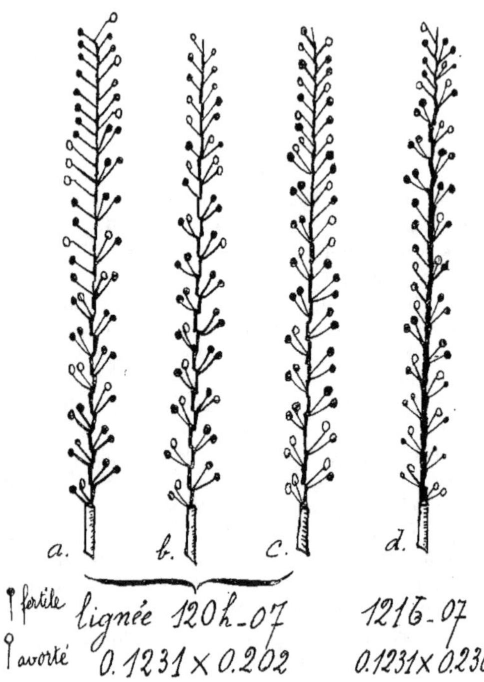

Fig. 7. — Schéma de la mosaïque des caractères de l'Orge à deux rangs (*Hordeum distichum nutans*) et de l'Orge à quatre rangs (*Hordeum tetrastichum*).

trouvé quelques cas rares où la disjonction se montre par plages, mais elle est manifestement liée dans la plupart des cas à la croissance de l'épi et surtout à l'avortement des épillets. J'ai représenté les épillets fertiles par un point, les épillets stériles par le signe O pour mettre ce fait en évidence.

Dans le cas où l'hybride offre deux rangs seulement et correspond à une combinaison simple des caractères des parents, l'avortement peut même être assez considérable pour rendre difficile le maintien de la lignée. En 1910, j'ai cultivé, pour étudier le devenir de ces irrégularités, la lignée 120 h$_1$ (troisième génération F$_3$), représentée en F$_2$ par une plante portant des épis à deux rangs du type δ : 15 plantes ont bien montré la fixité des caractères d'épis à deux rangs du type δ, mais la distribution des épillets avortés, dont la figure 8 donne l'expression, indique combien sont faibles les chances de fixer cette combinaison. Les cultures de 1911, faites à partir du même matériel, ont donné des résultats analogues.

J'ai d'ailleurs pu m'assurer, en suivant la descendance en 1910 des grains pris sur les portions à 2 rangs d'épis offrant 4 rangs à la base, que dans la plupart des cas de ce genre la ségrégation des caractères n'est qu'apparente; les grains pris sur les portions à deux rangs des épis mixtes donnent des plantes

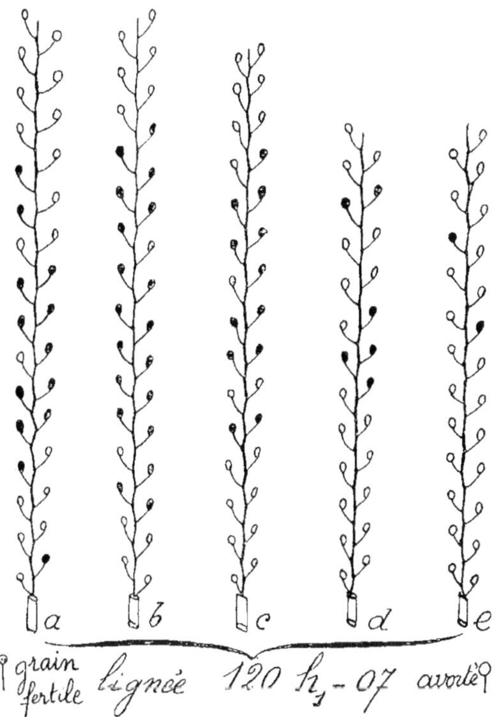

Fig. 8. — Schéma de l'avortement des épillets dans la combinaison hybride *Hordeum distichum nutans* ♂ provenant du croisement *Hordeum tetrastichum* ♂ (0.1231) × *H. distichum nutans* ♀ (0.202).

à épis à 4—2 rangs, tout comme ceux qui sont pris sur les portions à 4 rangs des mêmes épis. En réalité, il n'y a rien de fixé quant aux caractères ultérieurs, lorsque la ségrégation parait définitive déjà sur l'épi. La distribution en mosaïque des caractères sur la plante mère n'entraîne pas une ségrégation en mosaïque correspondante des embryons. Cette conséquence directe de mes nombreuses cultures de lignées hybrides d'Orges et d'autres plantes (Tomates) ne doit pas être perdue de vue. Elle nous permettra peut-être de distinguer les produits de l'*hybridité disjointe* de ceux de la greffe hétérogène.

Naudin admit l'indépendance des caractères juxtaposés sur le fruit en mosaïque de *Datura* et la nature des ovules développés sous les valves épineuses ou sous les valves lisses; du moins, cette indépendance résulte de l'épreuve des graines retirées par lui sous les portions lisses des valves. C'est aussi par cette indépendance qu'il put expliquer le retour à la Linaire vulgaire de descendants de la Linaire à fleurs pourpres dérivée de l'hybride *Linaria purpureo-vulgaris*[1]. Cette indépendance est bien marquée enfin dans les descendances des hybrides entre espèces d'Orges à quatre rangs et des espèces d'Orges à deux rangs. Toutefois, des cultures nouvelles à partir des épis offrant la mosaïque de l'absence et de la présence d'épines, obtenus par des croisements entre *Hordeum distichum nutans* et *Hordeum distichum erectum*, nous obligent à réserver la question : il est certain que les grains α-β ou β-α donnent moins de plantes à épines que les grains β.

Cette question doit aussi être posée en ce qui concerne la nature et l'origine des Orangers-Citronniers, du *Cytisus Adami*, des *Cratægo-mespilus Dardari* et *Asnieresii*, du Pêcher-Amandier, du Poirier-Cognassier, etc. On admet volontiers, depuis les belles expériences de M. H. Winkler (1908-1910), que toutes ces plantes sont des chimères comparables aux *Solanum tubingense S. proteus, S. Koelreuterianum* et *S. Gaertnerianum*; c'est l'avis de M. Erwin Baur (1910 et 1911) qui a donné, par son étude du *Pelargonium zonale* à feuilles marginées de blanc, une explication claire et simple de disjonctions végétatives analogues à celles qu'offrent les hybrides de greffe de M. Winkler et les prétendus hybrides de greffes dont l'origine est inconnue, explication qui peut être étendue au mécanisme de l'hérédité en mosaïque. Avant de faire ces rapprochements, il faut éclaircir quelques points délicats; je ne parlerai ici que du *Cytisus Adami* dont j'ai eu l'occasion de faire une étude suivie. Cette étude confirme, sans aucune divergence, les vues de Gaertner (1849) et de Darwin (1868) dont je vais rapidement rappeler les points importants pour la discussion actuelle.

J'ai observé sur un *Cytisus Adami*, planté depuis environ vingt ans, au laboratoire de Bellevue (Seine-et-Oise), des retours en apparence complets au *Cytisus Laburnum* et des retours au *C. purpureus* (tel qu'on le décrit, car je n'ai pas encore vu de pied vivant de cette dernière espèce); j'ai comparé ces retours du *Cytisus Adami* normal à de nombreux *Cytisus Laburnum* croissant à quelques dizaines de mètres dans le même endroit. De cet examen, il résulte qu'il est inexact de dire que les retours au *Laburnum* présentent les caractères même du *Cytisus Laburnum* ordinaire (de Bellevue, du Muséum de Paris, de l'École d'horticulture de Versailles, de la collection de M. Allard à Angers). J'ai examiné en particulier les grappes de fleurs, les grappes de fruits et les fruits ainsi que leurs graines et, dans tous les cas, j'ai trouvé de notables différences entre les retours du *C. Adami* au type *Laburnum* et les *C. Laburnum* proprement dits; on peut aussi reconnaître ces différences sur le bois et sur les feuilles de ces deux types; peut-être même en trouverait-on de notables dans la structure anatomique.

Le point le plus important, qui mérite seul d'être signalé dans cette courte note, consiste en ce fait que les pousses de *C. Adami Laburnum* (c'est-à-dire bourgeon *Laburnum* du *Cytisus Adami*) sont toujours plus vigoureuses que celles du *C. Adami* ordinaire, du moins au point de vue végétatif; les feuilles sont plus grandes, les entre-nœuds plus espacés, les ramifications plus fournies. On

---

[1]. *Nouvelles recherches sur l'hybridité, chez les végétaux*, p. 98.

peut aussi dire que la floraison des branches qui ont fait retour au *Laburnum* est plus abondante que celle du *C. Adami* type, car si ce dernier porte plus de grappes florales (en moyenne 5 pour 3 sur les retours), comme les grappes de *C. Adami Laburnum* sont plus longues et donnent des fleurs plus étalées, por-

Fig. 9. — Branche de *Cytisus Adami* A montrant un retour au *Cytisus Laburnum* L; on remarquera les différences des grappes florales (a_1, l_1) et des feuilles (a_2, l_2).

tées sur des pédoncules plus longs, l'impression donnée par les retours est bien celle d'une plus belle floraison (fig. 9).

A cette vigueur végétative remarquable, j'oppose la médiocre fécondité des grappes florales du *Cytisus Adami Laburnum* qui donnent des fruits moins nombreux et toujours moins riches en graines.

Deux statistiques comparées entre *C. Adami Laburnum* et *C. Laburnum* pur en fournissent la preuve. Elles ont été faites sur des plantes d'égale vigueur et de même âge (environ 50 ans) développées au laboratoire de Chimie végétale de Bellevue (Seine-et-Oise) et elles ont porté sur de nombreuses grappes florales dont on a comparé la fréquence des fleurs, la fréquence des fruits noués et enfin la fréquence des graines bien développées dans les fruits. Ces statistiques ne laissent aucun doute sur la stérilité relative des retours au *Laburnum* observés sur le *Cytisus Adami* de Bellevue :

ÉTUDE DES GRAPPES DE FLEURS (BELLEVUE 1911).

Nombre de fleurs	14	16	18	20	22	24	26	28	30	32	34	36	38	40
C. Laburnum (150)	1	0	5	7	21	22	17	19	14	13	18	11	14	
C. Adami Laburnum (72)	7	12	19	4	5	9	10	5	1					

ÉTUDE DES GRAPPES DE FRUITS (BELLEVUE 1911) [fig. 13].

Nombre de fruits	4	6	8	10	12	14	16	18	20	22	24
C. Laburnum (100)		0	0	3	8	15	22	28	18	6	0
C. Adami Laburnum (33)		1	3	8	3	2	6	5	5	0	0

ÉTUDE DES FRUITS (BELLEVUE 1911) [fig. 14 et 15].

Nombre de graines par fruit	1	2	3	4	5	6	7	8	9	10
C. Laburnum (100)	3	7	9	10	34	14	8	7	7	1
C. Adami Laburnum (100)	19	34	32	7	4	3	1	0	0	0

J'ai pu croire d'ailleurs, et j'en donnerai la raison un peu plus loin, que la

Fig. 10. — Branche de *Cytisus Adami* A offrant un retour au *C. purpureus* P; on remarquera les différences entre les grappes florales (a_1, p_1) et entre les feuilles (a_2, p_2).

plante *Cytisus Adami* de Bellevue était spéciale et j'ai cru nécessaire de faire des observations analogues sur d'autres arbustes du même type. M. ALLARD, à Angers, possède des *Cytisus Adami* et des *C. Laburnum* d'égale vigueur que j'ai pu examiner en août. Il ne m'a été possible de faire de dénombrement que pour les graines renfermées dans les fruits déjà mûrs à cette époque, mais les résultats sont encore plus nets que sur les arbustes de Bellevue :

ÉTUDE DES FRUITS (ANGERS 1911).

Nombre de graines par fruits	1	2	3	4	5	6
C. Laburnum (42)	11	14	7	6	4	
C. Adami Laburnum (67)	59	25	4	1		

Sans insister davantage, je signale aussi des différences sensibles dans la taille et la forme des graines des deux types, différences qui ne me paraissent pas dénuées d'intérêt.

Les véritables différences, si elles existent, devraient pouvoir être mises en évidence par les plantes issues des graines récoltées sur des retours du *C. Adami* au *C. Laburnum*. Je ne connais aucun auteur moderne qui ait donné sur ce point des indications, et je suis obligé de m'en rapporter à ce qu'en dit DARWIN (1868), d'après HERBERT (1847) :

« Chez deux arbrisseaux que M. HER-BERT a obtenus en semant cette graine, dit

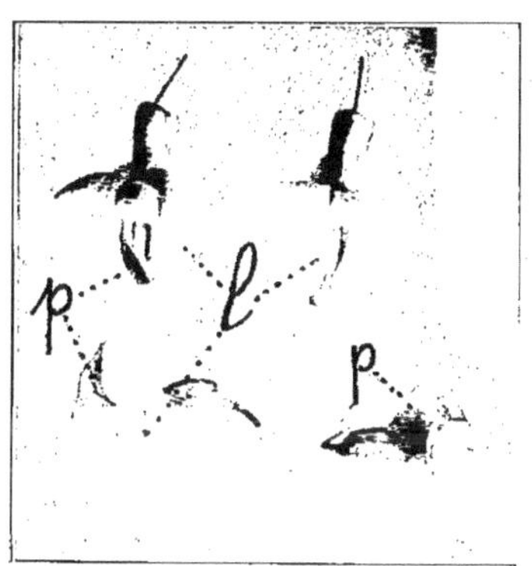

Fig. 11. — Fleurs de *Cytisus Adami* offrant la mosaïque des caractères; *l, Laburnum*; *p, purpureus*.

Fig. 12. — Grappe de fleurs de *Cytisus Adami* offrant deux retours *p.* à *C. purpureus*, sur les fleurs de l'extrémité de la grappe.

DARWIN, les pédoncules des fleurs présentaient une teinte pourpre; d'autre part, des arbrisseaux que j'ai obtenus moi-même par semis ressemblaient exactement à l'espèce ordinaire (*C. Laburnum*), sauf toutefois que les grappes étaient très longues : ces arbrisseaux ont été complètement féconds. Il est étonnant qu'une telle fécondité et une telle pureté de caractères aient pu être si promptement réacquises par des plantes provenant d'une forme hybride et stérile. »

Le retour du *C. Adami* au *C. purpureus* s'est produit (fig. 10) depuis deux ans sur la branche que j'ai étudiée, toujours au même point; sur les branches de l'an dernier, malgré mes soins, je n'ai pu trouver aucune trace de fruit ayant noué et ces traces restent bien visibles même après l'hiver sur le *C. Laburnum*; de plus, sur les retours analogues, observés cette année, de la même plante, aucun fruit encore n'a noué, bien que l'été chaud et sec ait été très favorable à la fécondation et à la production de graines. Si donc je n'ai pu, faute de plantes, comparer le *C. Adami purpureus* au *C. purpureus* pur, du moins

Fig. 15. — Grappes de fruits de *Cytisus Laburnum* type L et de *C. Adami* retour au *Laburnum* (*C. Adami-Laburnum* ou A. L.); on remarquera la différence de fertilité des gousses.

j'ai assisté à la stérilité complète du retour pendant deux années. D'ailleurs, sur ce point, les avis ne sont point partagés; on admet généralement la grande fertilité des retours au *Laburnum*, mais tous les observateurs semblent d'accord pour admettre la stérilité partielle des retours au *C. purpureus*. Des observations sérieuses et des statistiques sont nécessaires. Voici ce qu'en dit DARWIN, et je crois que son témoignage ne peut être suspect, car il rapporte ses propres observations :

« Les branches à fleurs pourpres paraissaient, à première vue, ressembler exactement à celles du *C. purpureus*; mais, en les examinant de plus près, j'ai trouvé qu'elles différaient de l'espèce pure par des tiges plus épaisses, des feuilles plus larges et des fleurs plus petites, à corolle et à calice d'une couleur pourpre moins brillante; la base de l'étendard portait aussi une trace de tache jaune. Les fleurs n'avaient donc pas, dans ce sens, repris leur vrai caractère et, en conséquence, elles n'étaient pas non plus très fécondes, car plusieurs siliques ne renfermaient pas de graines, quelques-unes en contenaient une, et un petit nombre deux; tandis que sur un *C. purpureus* pur de mon jardin, de nombreuses siliques contenaient chacune trois, quatre et même cinq graines. Le pollen était en outre très imparfait, un grand nombre de grains étaient petits et ridés, fait d'autant plus singulier que, sur l'arbre parent aux fleurs rouge sale et stériles, les grains de pollen étaient en apparence en un merveilleux état, et il n'y en avait que fort peu de raccornis. Quoi qu'il en soit de l'apparence chétive des grains de pollen de la plante à fleurs pourpre, les ovules étaient bien formés et les graines,

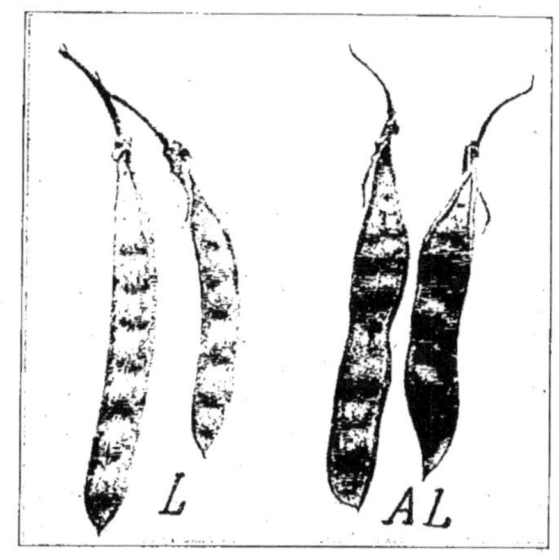

Fig. 14 montrant des différences morphologiques très nettes entre les fruits du *Cytisus Laburnum* L type et ceux du *C. Adami-Laburnum* A L.

après leur maturation, germèrent facilement au moins chez moi.

M. Herbert ayant semé des graines de cette plante obtint des produits ne différant que très peu du *C. purpureus* ordinaire; quelques plantes que j'ai obtenues de la même manière ne différaient en rien du *C. purpureus* pur, soit au point de vue du caractère des fleurs, soit à celui de l'aspect général de l'arbrisseau. »

De l'avis de tous ceux qui ont étudié les retours du *Cytisus Adami* aux deux espèces parentes, les retours sont de beaucoup plus fertiles que les branches qui offrent les caractères de l'hybride. Mes observations ne concordent pas tout à fait avec cette affirmation; aucune des fleurs correspondant au *C. purpureus* n'a donné de fruits; j'ai obtenu au contraire, en 1911, deux fruits sur des grappes de *C. Adami* intermédiaires, renfermant chacun une graine (fig. 16). L'un des fruits d'ailleurs a été obtenu après la fécondation artificielle de l'ovaire avec du pollen pris sur le retour au *Cytisus Laburnum* du

Fig. 15 montrant deux gousses ouvertes de *Cytisus Laburnum* type L et de *C. Adami* retour au *Laburnum* A.L.; on remarquera des différences dans l'étalement des valves et surtout dans la forme des graines.

même arbre. Cette circonstance détruit l'objection qu'on pourrait faire relativement à la fleur qui a donné le fruit en question; il est commode de s'imaginer
qu'il résulte d'une fleur ayant fait seule sur la grappe retour au *C. Laburnum*,
mais il n'a pu en être ainsi dans ce cas, puisque j'ai noté les caractères des
grappes florales, au nombre d'une vingtaine, soumises à la fécondation artificielle.

Le *Cytisus Adami* à fleurs mauves, sans retours, n'est pas absolument stérile; le pollen de ses anthères germe aussi bien que celui du *C. Laburnum*; l'avortement tient aux malformations de ses ovules décrites par Caspary, dès 1858, étudiées récemment par M. G. Tischler (1903), dont la compétence en pareille matière est reconnue. Les observations de M. Buder (1911) concernant la distribution en mosaïque des tissus sur les ovules eux-mêmes (les enveloppes des ovules offrent les caractères du *C. purpureus*, les nucelles ceux du *C. Adami*) expliquent suffisamment la croissance anormale et la stérilité presque absolue des éléments femelles; mais on peut fort bien imaginer par analogie avec ce que l'on voit sur les feuilles, sur les fleurs et même dans les tissus de *C.*

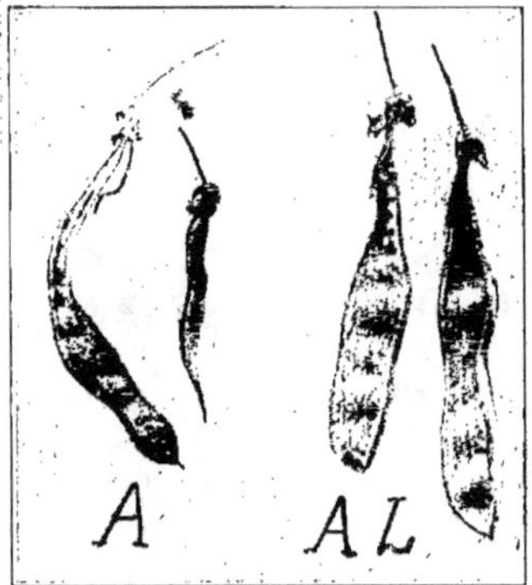

Fig. 16 montrant les différences présentées par les très rares fruits du *Cytisus Adami* A et les fruits très communs du *C. Adami* retour au *Laburnum* A L.

Adami la réapparition locale de quelques massifs cellulaires du *C. Laburnum* ou
du *C. purpureus* et la formation possible de graines sur des grappes de fleurs du
C. Adami type. D'ailleurs M. Noll (1907) et M. Hilde-
brand (1908) ont trouvé que les *C. Adami* donnaient quelques graines différant de celles de *C. Laburnum* par la
présence de taches brunes sur les enveloppes noires, rappelant la couleur des graines du *C. purpureus*.

Nous avons donc mis en évidence la fertilité relativement grande du retour *Cytisus Adami Laburnum*, la
stérilité marquée et totale dans mon examen, du retour
C. Adami purpureus, et la stérilité partielle de la forme
ordinaire *C. Adami*. Avant d'abandonner ce sujet, il me
reste à indiquer les résultats d'essais de fécondation artificielle de grappes florales du *C. Adami* ayant fait retour
en totalité ou en partie au *C. Laburnum*. J'ai observé sur
l'arbre de Bellevue la plupart des cas de transition possi-

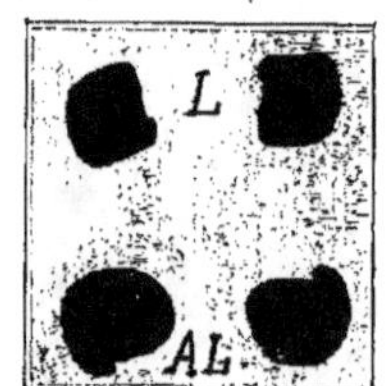

Fig. 17 montrant les différences de formes des
graines de *Cytisus-La-
burnum* type L et de *C.
Adami Laburnum* A L.

ble entre les fleurs mauves du *C. Adami* et les grappes complètement jaunes ayant
fait en apparence un complet retour au *C. Laburnum*. La même grappe portant
quelques fleurs jaunes au milieu de fleurs mauves (*C. Adami*) est un cas assez
fréquent; le retour de plusieurs fleurs de la même grappe, d'une part, au *C. Laburnum*, d'autre part, au *C. purpureus* à fleurs violettes est beaucoup plus rare;
je l'ai observé deux fois seulement. Dans un cas même (fig. 11) j'ai trouvé sur
une grappe dont toutes les fleurs étaient mauves, sauf deux : une fleur complètement violette à part une aile jaune presque pur, et une fleur avec l'aile gauche
violette, la demi-carène du côté gauche violette, tandis que l'étendard était d'un

violet foncé à gauche, s'atténuant à droite jusqu'à reprendre la teinte mauve ordinaire. Toutes ces grappes florales offrant des retours à l'une ou à l'autre des deux espèces ont été stériles, même lorsque le retour au *C. Laburnum* paraissait très complet. Il s'agit seulement ici de fleurs ou de grappes de fleurs d'un jaune franc disséminées au milieu de grappes de fleurs mauves du *C. Adami*. Par contre, les rameaux ne portant que des grappes de fleurs jaunes sont les seuls qui présentent une certaine fertilité. Autrement dit, la séparation des essences spé-

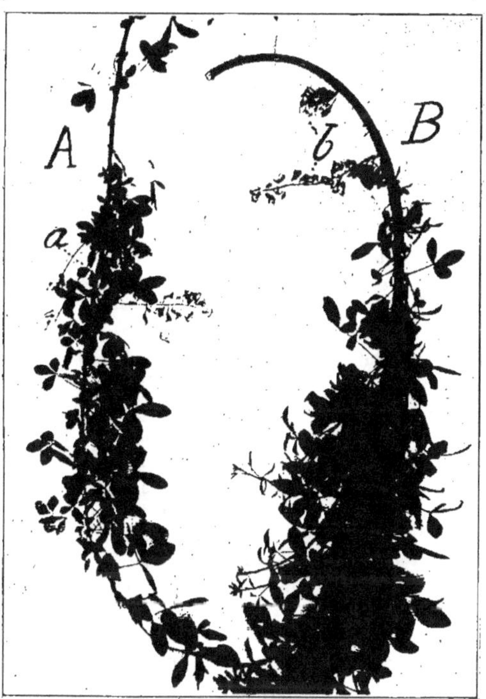

Fig. 18. — Branches de *Cytisus Adami*. En A, branche du type ordinaire grêle, garnie de bourgeons feuillés très courts et de grappes florales précoces en partie défleuries *a*. En B, branche épaisse du type décrit pour la première fois ici, sous le nom *Cytisus Adami f. bracteata*; la vigueur excessive de cette branche qui a deux ans se traduit par le développement des bourgeons de second ordre en longues pousses feuillées; les grappes florales *b*, dont l'axe est épais, sont à peine épanouies.

cifiques, au point de vue de la fertilité, est loin d'être aussi tranchée que la séparation des coloris des fleurs, et peut-être même que celle des tissus cellulaires.

Ce résultat a la plus haute importance et paraît pouvoir être invoqué pour distinguer les hybrides en mosaïque vrais des chimères obtenues par la greffe.

Que les hybrides vrais se comportent au point de vue de la séparation des coloris et de la stérilité relative absolument comme le *Cytisus Adami*, cela résulte de tout ce qui a été publié concernant les hybrides peu fertiles, tant par Koelreuter, Gaertner et Naudin, que par les auteurs récents Mac Farlane (1895), MM. Hugo de Vries (1903), G. Tischler (1903) et d'autres. Parmi tous ces exemples, le plus frappant est certainement celui que Naudin a étudié sous le nom de *Linaria purpureo-vulgaris* : (1863).

Il s'agit d'un croisement de la Linaire vulgaire à fleurs jaunes (*Linaria vulgaris* ♀) avec la Linaire pourpre (*Linaria purpurea* ♂) dont trois hybrides de première génération assez uniformes et de teinte mixte donnèrent des descendants en F₂ classés ainsi : 36 pieds du type jaune *vulgaris* ; 44 pieds de couleur mixte ressemblant à F₁ ; 22 pieds plus voisins de *L. purpurea* par leurs fleurs plus petites, leurs éperons proportionnellement plus courts, leur coloris qui renferme moins de jaune et plus de violet ; 1 pied unique qui paraît être un *L. purpurea* pur ; enfin, environ 500 pieds (sur 400) intermédiaires à différents degrés entre les deux espèces parentes ; sur plusieurs d'entre eux on nota la juxtaposition des formes caractéristiques de l'hybridité disjointe (Planche V, série B, fig. 3). « Les mêmes diversités, dit Naudin, s'y font voir quant à la faculté de produire des graines ; les individus à fleurs décolorées sont généralement stériles ou presque stériles ; les autres fructifient à divers degrés, et d'autant plus abondamment qu'ils s'approchent davantage de la Linaire à fleurs jaunes. » On ne peut imaginer une concordance plus exacte avec le cas du *C. Adami*.

Les résultats des cultures de la troisième génération montrent les réserves qu'il y a lieu de faire sur la nature des retours, en apparence complets, aux espèces parentes. Le lot de plantes ayant fait retour à *L. vulgaris* est bien homogène et paraît pur ; mais le retour unique à *L. purpurea* a donné 80 plantes dont une paraît être un *L. vulgaris* pur (peut-être mélange accidentel) ; 14 sont du type *L. purpurea*, mais avec des nuances dans le coloris des fleurs, 10 à fleurs presque décolorées blanches ou jaunes très pâles, 5 sont intermédiaires entre *L. vulgaris* et *L. purpurea* et voisines de l'hybride premier, 52 intermédiaires entre les deux espèces. Naudin dit que le retour au *L. purpurea* à la deuxième génération n'était qu'apparent, qu'il conservait encore quelque chose du *L. vulgaris* et par conséquent qu'il était encore hybride.

Il resterait à interpréter quelques faits qui montrent la complexité des caractères de *C. Adami*. Tout d'abord, la différence signalée par M. J. Buder (1911), concernant la forme spéciale des étendards des fleurs de l'hybride qui présentent à droite et à gauche des appendices, ou lobes, qui ne se trouvent ni chez le *C. Laburnum*, ni chez le *C. purpureus*. Il faut peut-être voir dans cette production un « Kreuzungsnova », selon l'expression de M. Tschermak (1903), au même titre que certaines déformations observées dans les étamines qui offrent parfois une tendance à la pétalodie. On conçoit mal comment ces variations peuvent être dues à la greffe, quoique les recherches de M. Daniel (1896-1910) nous aient fourni beaucoup d'exemples analogues.

En dernier lieu, je crois être le premier à signaler une forme de *Cytisus Adami*, qui diffère sensiblement du type, quoique restant encore intermédiaire entre le *Cytisus Laburnum* et le *C. purpureus*. Sur le *C. Adami* de Bellevue, âgé de trente ans environ, on a dû couper, il y a quatre ans, une branche, âgée probablement alors de deux ans, pour l'installation d'un poteau télégraphique ; cette branche coupée est d'ailleurs gênée dans son développement par un mur voisin. A partir d'un bourrelet, qui laisse voir nettement les cicatrices de ces lésions, s'est développée une forte branche (fig. 18) plus épaisse que celle dont elle dérive et qui est une variation de bourgeon intéressante du *C. Adami* type. Une vigueur plus grande, des tissus plus mous, des branches nombreuses fragiles et fortement arquées, des fleurs rose pâle au lieu de la couleur mauve ordinaire, dont plusieurs grappes ont offert des retours au *Laburnum*; tels sont les caractères les plus marqués dont l'analyse détaillée et la description anatomique ne trouveraient point leur place ici. La différence morphologique la

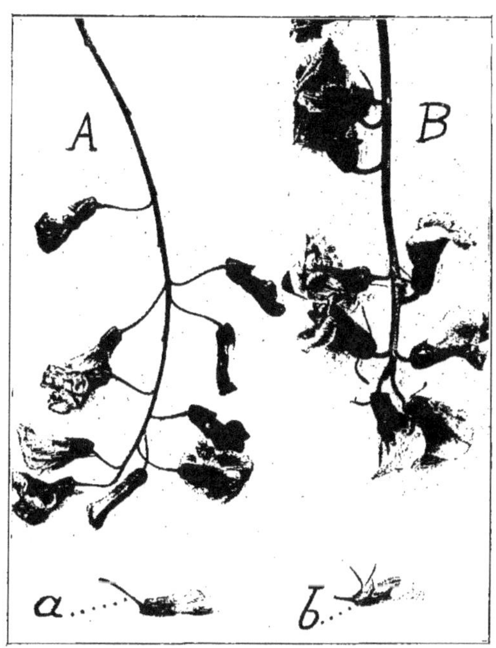

Fig. 19. — Grappes de fleurs du *Cytisus Adami* de Bellevue. En A, grappe du *Cytisus Adami* ordinaire à axe grêle, portant des fleurs longuement pédonculées sur lesquelles on aperçoit un très faible bourrelet *a* à un millimètre environ du calice; en B, grappe de *C. Adami* f. *bracteata* à axe épais couvert de fleurs à courts pédoncules dont le calice est orné de trois bractées saillantes qui ont fait donner le nom *bracteata* à cette forme.

plus saillante, en plus de l'épaisseur plus grande des axes des grappes de fleurs tardives, consiste en la présence de trois fortes bractées situées à droite, à gauche et au-dessous du calice (fig. 19), visibles sans exception sur toutes les grappes de la variation de bourgeon et jamais sur celles des autres branches du même arbre où de petits bourrelets indiquent la présence de bractées avortées. Cette forme nouvelle, que je désigne sous le nom de *C. Adami* f. *bracteata*, n'a point donné de fruit jusqu'à présent.

L'objectivité d'une hybridité disjointe, telle que l'a conçue NAUDIN, trouve de nombreuses confirmations dans l'étude, encore très imparfaite de l'anatomie des hybrides. Les travaux de M. Brandza (1890) et de Mac Farlane (1895) ont établi, bien avant que la question de la ségrégation des caractères sur les hybrides ait été reprise après l'exhumation des découvertes de Mendel, que tous les tissus donnent l'impression d'une mosaïque de caractères appartenant aux deux espèces associées. Mais tandis que M. Brandza constate, par exemple, que la feuille de l'*Æsculus rubicundo-flava*, hybride entre *Æsculus rubicunda* D. C. et le *Pavia flava* Lois., offre une seule assise palissadique comme le *Pavia*, et un parenchyme lacuneux à cellules huileuses comme l'*Æsculus*, Mac Farlane par une analyse plus délicate de tissus met souvent en lumière la présence de deux caractères de même nature sur des portions différentes du même hybride. Les travaux de Mac Farlane et de M. Laubert (1901) sont d'autant plus intéressants qu'ils sont relatifs au *C. Adami*. Ces résultats sont confirmés par M. Beijerinck (1908) et par M. Buder (1911), dont les études soignées de l'anatomie des variations de bourgeon du *C. Adami* nous fournissent de nombreux cas intéressants de la juxtaposition de tissus et d'organes et confirment le point de vue sous lequel nous avons envisagé jusqu'ici l'origine de cet hybride. Voici quelques-unes des conclusions de ces mémoires :

Dans la formation de l'épiderme comme dans celle du périderme, les éléments du *purpureus* sont longtemps prévalents ; les éléments du *Laburnum* par contre restent d'ordinaire à l'état de repos pendant une longue période ; il se forme aux dépens de cet épiderme, par des divisions transversales, un périderme qui a tous les caractères du *purpureus* ; il arrive qu'en certains points quelques cellules du *Laburnum* dominent, mais alors l'épiderme de l'espèce la moins représentée se divise peu et meurt envahi par les cellules épidermiques de la forme la mieux représentée. Si le jeune épiderme est formé d'éléments de chaque espèce parente en quantité équivalente, la lignification plus rapide d'une des espèces par rapport à l'autre détermine celui des deux tissus qui l'emportera sur l'autre. La lutte entre les éléments cellulaires se voit partout, surtout sur les tissus superficiels des tiges, dans les feuilles et jusque dans la constitution des ovules qui d'ordinaire sont formés d'un nucelle de cellules type *Laburnum*, recouvert par un épiderme et deux téguments du type *purpureus*. Le *Cytisus Adami* se présente donc comme une « periclinar chimære » au sens donné à ce mot par M. E. Baur (1909, 1910 et 1911).

M. E. Baur a montré les relations qui existent entre la structure anatomique et l'hérédité de ces organismes complexes dans son étude du *Pelargonium zonale* à feuilles bordées de blanc, dont certains présentent une disjonction sectoriale en segments blancs et en segments verts. Cette étude est actuellement presque classique et je n'insisterais pas spécialement sur le détail des preuves groupées par M. Baur, si quelques auteurs n'avaient pas cru y trouver des arguments positifs, en faveur de l'origine, à la suite de la greffe, d'organismes complexes tels que *Cytisus Adami* et *Crataego Mespilus Asnieresii* qui, nous venons de le voir, peut aussi être attribuée à une hybridation sexuelle.

M. E. Baur a établi que le *Pelargonium zonale* à feuilles bordées de blanc est un organisme double consistant en un ensemble de tissus internes du type du *Pelargonium zonale* vert (les faisceaux vasculaires et l'écorce interne, les tissus des feuilles et des pièces florales sont identiques à ceux d'un *Pelargonium* normal) recouverts par une enveloppe de plusieurs couches cellulaires de tissus dépourvus de chlorophylle. L'assimilation a lieu par les tissus profonds qui nourrissent l'ensemble ; le complexe est multiplié par la fragmentation (boutures).

Le produit de la fécondation réciproque de deux *Pelargonium zonale* à feuilles panachées de blanc, renferme, d'après MORREN (1863), et dans certains cas d'après M. BAUR (1910), exclusivement des plantules albinos incapables de vivre si on ne les greffe point sur des *Pelargonium zonale* à feuilles vertes ou à feuilles bordées de blanc. D'autre part, par leur seule croissance et à la suite d'une disjonction des tissus analogue à celle. du *Cytisus Adami*, les *Pelargonium zonale* à feuilles bordées de blanc donnent naissance à des bourgeons complètement verts ou à des bourgeons complètement blancs, ou enfin à des bourgeons formés de secteurs verts et de secteurs blancs juxtaposés. Toutes ces différenciations correspondent, comme le montre l'étude anatomique, à la ségrégation des cellules blanches et des cellules vertes dans les massifs cellulaires des jeunes bourgeons en voie de croissance.

On conçoit facilement comment des tailles répétées, des piqûres, des lésions locales peuvent favoriser toutes les groupements imaginables dans le mélange des tissus. Le *Pelargonium zonale* se comporte donc comme le *Cytisus Adami*, mais le phénomène de la juxtaposition des tissus y est très apparent, d'abord, parce que la couleur blanche et la couleur verte tranchent bien l'une sur l'autre ; en second lieu, parce que les caractères à étudier sont simples et constituent un seul couple. Le polyhybride complexe *Cytisus Adami* offre des irrégularités et des difficultés d'interprétation que le monohybride *Pelargonium zonale* à feuilles panachées de blanc ne permet pas de concevoir aussi aisément.

Le point discutable de la théorie de M. BAUR concernant ces périclinal-chimères est leur homologation avec les plantes chimères obtenues par M. WINKLER. Sans doute, il est intéressant de constater que le *Solanum tubingense* est un *S. nigrum* avec un épiderme de Tomate (*Lycopersicum*), que le *S. Koelreuterianum* est une Tomate à épiderme de *S. nigrum*; cette analogie avec le *Pelargonium zonale* à feuilles bordées de blanc ne permet pas du tout de conclure que cette dernière forme résulte de la greffe d'un bourgeon albinos de *Pelargonium zonale* sur une plante à feuilles entièrement vertes. Au contraire, les expériences de M. ERWIN BAUR concernant l'hérédité des plantes panachées et des plantes albinos nous font constater que le *Pelargonium zonale* à feuilles bordées de blanc apparaît dans la descendance résultant de la fécondation de *Pelargonium zonale* vert par le pollen de *Pelargonium zonale* albinos. Dans une expérience de ce genre, M. ERWIN BAUR a obtenu, en effet, à la première génération 38 plantes vertes, 7 plantes à bords panachés et aucune albinos. La seule hypothèse, dont on ait réalisé expérimentalement toutes les phases ne correspond donc pas à un hybride de greffe, mais à un hybride vrai offrant la mosaïque; il ne faut pas regarder le *Pelargonium zonale* à feuilles bordées de blanc comme une espèce, ni même comme une variété, mais plutôt comme un exemple d'hybridité disjointe. Les analogies de cet exemple avec le *Cytisus Adami* renforcent la présomption que ce dernier est bien un hybride sexuel et non comme on l'a dit un hybride de greffe [1].

---

1. Il ne faudrait pas croire que je nie la possibilité d'obtenir le *Pelargonium zonale* à feuilles bordées de blanc par la greffe d'un bourgeon albinos sur un sujet vert ou réciproquement. Au contraire, le fait que cette plante mosaïque naisse de la combinaison des éléments sexuels dérivés de deux bourgeons est une raison sérieuse, à mon avis, pour que la même association des tissus verts et des tissus blancs ait des chances de se produire par la greffe. On attribue les *Crataego-Mespilus Dardari* et *C. Asnieresi* à la greffe du Néflier sur Aubépine et j'ai comparé ces deux plantes au *Crataegus Smithii*, hybride sexuel de *Crataegus* et de *Mespilus*: il est bien certain que, sauf pour les fruits et la fécondité, ces plantes offrent de nombreux points communs méritant d'être mis en évidence.

Un point sur lequel tout le monde paraît d'accord est celui qui concerne les circonstances dans lesquelles se fait la séparation des caractères par plages différentes. Qu'il s'agisse de vrais hybrides de greffe comme les *Solanum-Lycopersium* de M. WINKLER, des hybrides présumés *Cytisus Adami*, *Crataego-Mespilus* et autres, ou d'hybrides vrais[1] tels que les *Datura*, les *Hordeum* dont j'ai parlé plus haut, le *Pirus Bollveriana* (hybride stérile de *Pirus* et de *Sorbus*), ou la Véronique à feuilles longues (*Veronica longifolia* × *V. longifolia* var. *alba*) étudiée par M. DE VRIES (1903), etc., dans tous ces cas, la disjonction, la séparation des caractères est favorisée par des tailles, par des divisions de souches, par des bouturages répétés. « La tendance des espèces à se séparer, ou si l'on veut, à se localiser sur des parties différentes de l'hybride, s'accroît avec l'âge de la plante et elle se prononce de plus en plus à mesure que la végétation s'approche de son terme, qui est, d'une part, la production du pollen, de l'autre, la formation de la graine. » C'est cette règle qui a conduit NAUDIN à la découverte de la règle du retour de la descendance hybride aux parents, et je désire en donner ici quelques exemples nouveaux.

Pirus Polleveriana L., appelé encore *P. Bollveriana* D. C. et aussi *P. auricularis* Knoop est un hybride ayant le port du Poirier et le feuillage étalé, blanchâtre, très analogue à celui du *Sorbus Aria*. On le considère comme un hybride entre le *Pirus communis* L. et le *Sorbus Aria* et FŌCKE (1881, p. 144) n'émet aucun doute à ce sujet; c'est aussi l'avis de DECAISNE (1870).

M. ALLARD d'Angers en possède un exemplaire dont j'ai pu étudier les fruits et les feuilles; les fruits, qui sont de petites poires jaunes, à chair jaunâtre et douce, ne renfermaient que des pépins avortés réduits à leur enveloppe brune. Sur cet arbre, j'ai observé cette année un cas d'hybridité disjointe; une branche de quatre ans, peu vigoureuse et sectionnée à deux ans portait à peu de distance en avant de la section deux courts rameaux à fruits dont l'une offrait les grandes feuilles larges et grossièrement dentées de l'hybride type, et l'autre exclusivement les feuilles du *Pirus communis*, étroites, allongées, à dents petites et serrées; la teinte jaune de ces dernières tranchait aussi, par contraste, avec le vert sombre des autres feuilles de l'arbre.

Dans la même pépinière, sur un *Crataego-Mespilus Dardari*, j'ai pris et dessiné un retour aux feuilles de *Crataegus* dont le développement est certainement dû à une taille d'été.

La juxtaposition des caractères de grains avec et sans épines dans les hybrides d'Orges dont il a été question antérieurement s'obtient toujours sur les plantes dont le tallage est très élevé; les derniers épis développés sont en même temps ceux où l'avortement des épillets est le plus fréquent et ceux où la

---

1. De même, KNIGTH (1817) a croisé entre eux le pêcher et l'amandier (*Amygdalus communis dulcis* ♀ × *Persica* sp. ♂) et depuis, beaucoup d'auteurs regardent ces deux arbustes comme des formes du même genre (FŌCKE dit même comme des sous-espèces d'une même espèce). L'arbre donna 8 fruits en 1817 dont 3 ressemblaient à de vraies amandes et 5 à de mauvaises pêches : le pollen était très imparfait. Le pollen serait au contraire meilleur après le croisement de l'Amandier avec le Brugnonier (*Persica lœvis* ou *Persica glabra*). D'autre part, à plusieurs reprises on a attribué à la greffe la naissance de la forme instable *Amygdalus persicoïdes* Ser. qui présente ces disjonctions dont l'origine est inconnue bien qu'elle ait été signalée à plusieurs reprises en France. M. GRIFFON (1911) a eu sans doute l'occasion d'observer un arbre ayant cette origine; mais il est bien difficile de prouver qu'il s'agit d'un hybride de greffe et non d'un hybride sexuel.

séparation des caractères est la plus nette. Des statistiques faites à ce point de vue spécial m'en ont donné une preuve directe.

Toutefois, une objection peut être soulevée en ce sens que les épillets d'Orges (dans les croisements *Hordeum distichum nutans* $\times$ *H. distichum erectum*, par exemple : 0.190 $\times$ 0.651 étudié plus haut) avortés, ne renfermant pas d'amande à leur intérieur sont aussi assez fréquemment ceux où les épines font défaut (grains α) ou encore ceux où les épines sont très peu nombreuses (β-α). J'ai eu soin dans les exemples décrits plus haut et dans mes statistiques de représenter par O, c'est-à-dire de considérer comme nuls, tous les épillets avortés qu'ils présentassent ou non des épines sur les nervures dorsales.

L'influence directe de la fécondité de l'épillet sur les caractères extérieurs de ces mêmes épillets est en effet manifeste dans toutes les séries hybrides d'Orges à glumes et à grains noirs avec des Orges à glumes et à grains blancs. On trouve de nombreux épillets blancs dispersés entre les épillets noirs sur les épis de ces hybrides et leur descendance ; mais cette fausse ségrégation des caractères en mosaïque tient précisément à ce que le pigment noir ne se développe sur les glumelles que dans le cas où l'ovaire fécondé donne naissance à un grain.

C'est sans doute à une influence de cette nature qu'il faut attribuer la latence de certains facteurs dans les hybrides mendéliens. M. BATESON (1909, p. 274) en a décrit un cas observé sur le *Lathyrus odoratus*. Deux plantes qui donnaient des fleurs rouges avec un étendard pourpre par l'addition du facteur B (bleu) au rouge donnèrent, après avoir cessé de croître pendant quelques semaines, des pousses tardives avec des fleurs d'un rouge uniforme. L'arrêt de végétation avait séparé le couple, absence ou présence du bleu B, sur le même hybride.

L'analogie que ces cas offrent avec la curieuse expérience de M. GUNTHRIE (1908), réalisée avec des croisements de poules blanches et de coqs noirs ou réciproquement, est frappante. Cet auteur a réussi à transplanter des ovaires de jeunes poules noires sur des jeunes poules blanches et inversement ; puis il étudia les produits de ces poules fécondées par des coqs dont l'hérédité était connue par des expériences de contrôle. L'opération paraît délicate et pourtant elle réussit assez bien ; les poules opérées doivent être jeunes et peser entre 500 et 750 grammes ; dans ces conditions on ne peut constater, dans les meilleures réussites, aucune différence entre la productivité des poules à ovaires greffés et la productivité des poules témoins.

Les lignées utilisées pour ces expériences étaient telles que les animaux blancs entre eux donnaient des produits blancs, les animaux noirs entre eux donnaient des produits noirs. Or, une poule noire pourvue d'un ovaire de poule blanche et fécondée par un coq noir a donné des poussins noirs et des poussins blancs en nombre sensiblement équivalent. Une poule blanche pourvue d'un ovaire de poule noire et fécondée par un coq blanc a donné des poussins de trois sortes : des noirs purs, des blancs purs et des blancs à taches noires. Même en admettant, ce qui resterait à prouver, que tous les œufs des poules castrées n'ont pas été extraits par l'opération, et que le mélange de poussins de deux couleurs ne prouve pas grand'chose, il reste à expliquer la ségrégation des pigments noirs par taches sur les poussins obtenus dans la dernière expérience citée.

On observe fréquemment des retours complets à une couleur sombre ou des réapparitions de larges taches pigmentées dans la descendance d'animaux albinos dont la pureté n'est pas absolue. On peut remarquer, comme je l'ai fait souvent sur le cobaye (et plus rarement sur le lapin) que le pigment qui apparaît ainsi en F_2 n'est pas quelconque, qu'on peut en deviner la teinte à certaines taches très petites et localisées aux extrémités des pattes, aux extrémités des oreilles et parfois aussi sur le nez des ascendants F_1. Si on accorde quelque valeur à ces corrélations, et je pourrai ultérieurement en donner de nombreux exemples détaillés, il faut convenir que la localisation est déjà esquissée sur les parents et rentre dans notre étude. L'hypothèse de NAUDIN, d'après qui l'hybride serait une mosaïque, s'étendra aussi à ces cas.

La localisation des caractères des espèces croisées sur des parties différentes de l'hybride de première génération est, comme nous venons de le voir, l'exception, du moins pour les croisements entre variétés de la même espèce ; toutefois, la ségrégation des caractères dans ces hybrides bisexuels, ou équilibrés comme les appelle M. DE VRIES, ne serait d'après NAUDIN que l'expression de la même loi, ce qui étend la liste des faits soumis à l'hérédité en mosaïque :

« Bien que les faits ne soient pas encore assez nombreux pour conclure avec certitude, dit-il en 1863, il semble que la tendance des espèces à se séparer, à se *localiser* sur les parties différentes de l'hybride, s'accroît avec l'âge de la plante et qu'elle se prononce de plus en plus à mesure que la végétation s'approche de son terme, qui est d'une part la production du pollen, de l'autre la formation de la graine. C'est, effectivement, aux sommités organiques des hybrides, au voisinage des organes de la reproduction, que ces disjonctions deviennent plus manifestes ; dans le *Cytisus Adami*, la disjonction se fait sur des rameaux fleuris ; elle se fait sur le fruit lui-même dans l'Orange bizarrerie et le *Datura Stramonio-lœvis* ; dans le *Mirabilis longifloro-Jalapa* et le *Linaria purpurea*, c'est la corolle qui manifeste le phénomène de la disjonction par la séparation des couleurs propres aux espèces productives. Ces faits autorisent à penser que le pollen et les ovules, le pollen surtout, qui est le terme de la floraison mâle, sont précisément les parties de la plante où la disjonction spécifique se fait avec le plus d'énergie ; et ce qui ajoute un degré de plus à la probabilité de cette hypothèse, c'est que ce sont en même temps des organes très élaborés et très petits, double raison pour rendre plus parfaite la localisation des deux essences. Cette hypothèse admise, et j'avoue qu'elle me paraît extrêmement probable, tous les changements qui surviennent s'expliquent pour ainsi dire d'eux-mêmes ; ils seraient au contraire inexplicables si on ne l'admettait pas.

« Supposons, dans la Linaire de première génération, que la disjonction se soit faite à la fois dans l'anthère et dans le contenu de l'ovaire ; que des grains de pollen appartiennent totalement à l'espèce du père, d'autres totalement à l'espèce de la mère ; que dans d'autres grains la disjonction soit nulle ou seulement commencée ; admettons encore que les ovules soient au même degré, disjoints dans le sens du père et dans le sens de la mère ; qu'arrivera-t-il lorsque les tubes polliniques descendront dans l'ovaire et iront chercher les ovules pour les féconder ? Si le tube d'un grain de pollen revenu à l'espèce du père rencontre un ovule disjoint dans le même sens, il se produira une fécondation *parfaitement légitime*, dont le résultat sera une plante *entièrement retournée à l'espèce paternelle*; la même combinaison s'effectuant entre un grain de pollen et un ovule disjoints tous deux dans le sens de la mère de l'hybride, le produit rentrera de même dans l'espèce de cette dernière; qu'au contraire, la combinaison s'effectue entre un ovule et un grain de pollen disjoints en sens contraire l'un de l'autre, il s'opérera une véritable *fécondation croisée*, comme celle qui a donné naissance à l'hybride même, et il en résultera encore une forme intermédiaire entre les deux types spécifiques. »

L'analogie avec le raisonnement de MENDEL est évidente. MENDEL a imaginé et comparé des caractères indépendants et accouplés sur les parents. Substituez, dans le dernier paragraphe du texte publié par NAUDIN en 1863, les mots caractères dominants ou récessifs aux mots père ou mère, vous trouverez la règle de disjonction numérique de MENDEL. A MENDEL revient l'honneur d'avoir imaginé la dominance ou la récessivité des caractères accouplés; mais souvent cette dominance n'est qu'une apparence (BAUR, 1911); le caractère dominant est le caractère de l'un des parents sensiblement atténué.

La loi de ségrégation des caractères dans le rapport 3 à 1 à la seconde génération repose strictement sur l'hypothèse : 1° qu'il y a autant d'ovules ayant fait retour à l'un ou à l'autre type; 2° qu'il y a autant de grains de pollen ayant fait les mêmes retours; 3° que les affinités des grains de pollen pour les ovules sont égales dans toutes les combinaisons possibles; 4° que toutes les combinaisons sont suivies de la même fertilité. Cette loi très précise et remarquable de l'hérédité alternante, découverte par MENDEL, est limitée par cela même à un très petit nombre de cas, à ceux qui répondent à toute la série des conditions exprimées ci-dessus. On a pris l'habitude d'énoncer ces conditions sous la forme d'une hypothèse unique relative à l'absence ou à la présence d'un caractère ou sous la forme d'un équilibre parfait entre les parents de l'hybride, ou enfin en disant que ces croisements équilibrés ne concernent que les variétés d'une même espèce. Toutes ces formules cachent les restrictions qui viennent d'être faites et limitent, à mon avis du moins, très sensiblement le domaine encore vaste régi par l'*hérédité mendélienne*.

L'hérédité en mosaïque ou *hérédité naudinienne* est astreinte à beaucoup moins de conditions; aussi ne s'exprime-t-elle point par des lois, mais par des règles. C'est la règle de l'*uniformité de la première génération hybride* à laquelle l'hybridité disjointe paraît être une exception flagrante; on ne peut nier cependant l'uniformité de plantes hybrides de première génération, que ces hybrides soient fertiles ou non, que les caractères des parents puissent ou non être appareillés, que l'on puisse ou non établir une dominance.

La disjonction des caractères n'arrive que tard dans l'évolution des hybrides de première génération, le plus souvent seulement dans la préparation des éléments sexuels. Telle est la seconde règle que NAUDIN a établie en 1863, et elle trouve une confirmation dans tous les travaux sur les hybrides parus depuis cinquante années. MILLARDET lui-même (1894 et 1901), en définissant l'hybridation sans croisement ou la fausse hybridation, que je désignerai ici par le terme d'*hérédité unilatérale*, MILLARDET n'a pas hésité à déclarer que ses observations sur le Fraisier et sur la Vigne sont en accord avec la théorie de NAUDIN.

La *règle du retour aux espèces* à partir de la seconde génération est donc une conséquence directe et logique de la mosaïque découverte par NAUDIN sur l'hybride de première génération. Elle renferme, comme cas particulier, la loi du retour de MENDEL; mais elle n'entraîne pas comme conséquence nécessaire

la fixité des lignées à caractères récessifs, fixité qu'on admet souvent sans con
trôle suffisant. Il faudrait s'étendre trop loin hors de notre sujet pour insister
sur ce point; j'ai voulu surtout montrer que cette règle du retour s'applique
aussi aux hybrides de greffe auxquels on ne peut songer à appliquer les lois
de MENDEL.

L'absence presque complète de conditions limitant le domaine de l'hérédité
naudinienne paraît l'avoir fait négliger des auteurs modernes. On connaît bien
les lois de MENDEL; on ignore presque les règles de NAUDIN, et c'est la seule
raison pour laquelle je parais prendre parti pour le savant français dont j'admire
l'œuvre. Je suis cependant un fervent admirateur de MENDEL, et je crois que
NAUDIN et MENDEL, s'ils s'étaient connus, se seraient appréciés à leur juste valeur.

INDEX BIBLIOGRAPHIQUE

1906. ALLARD (G.). — Sur un hybride de greffe (sur un *Crataego Mespilus* greffé sur *Cratægus*), *Bull. Soc. Dendrol. de France*, 1, p. 17-23.

1902. BATESON (W.) and SAUNDERS (E.-R.). — *Reports to the Evolution Committee of the Royal society*. 1.

1906. BATESON (W.) and SAUNDERS (E.-R.). — *Ibidem*, III.

1909. BATESON (W.). — Mendel's Principles of Heredity. Cambridge, 396 p.

1909. BAUR (E.). — Das Wesen und die Erblichkeitsverhältnisse der « Varietates albomarginatæ » Hort. von *Pelargonium zonale*. *Zeitsch. f. i. Abs. u. Vererbungslehre*, 1, p. 330-351.

1909. BAUR (E.). — Propfbastarde, Periclinalchimären und Hyperchimären. *Ber. d. d. bot. Ges.*, 27, p. 603-605.

1910. BAUR (E.). — Propfbastarde. *Biolog. Centralb.* 30, p. 497-514.

1911. BAUR (E.). — Einführung in die experimentelle Vererbungslehre, Berlin, 294 p.

1908. BEIJERINCK. — Beobachtungen über die Entstehung von *Cytisus purpureus* aus *Cytisus Adami*. *Ber. d. d. bot. Ges.*, 26, p. 137.

1907. BIFFEN (R. H.). — The hybridisation of Barleys. *Journ. Agr. Science*, II, p. 183.

1908. BLARINGHEM (L.). — Recherches sur les hybrides d'Orges. *C. R. Ac. des Sc.* Paris, t. 146, 15 juin, p. 1293.

1909. BLARINGHEM (L.). — Disjonctions des caractères d'hybrides entre espèces affines d'Orges. *C. R. Soc. de Biol. de Paris*, 66, p. 633-636.

1909. BLARINGHEM (L.). — Sur les hybrides d'Orges et la loi de MENDEL. *C. R. Acad. des Sc.*, Paris, 148, p. 854-857.

1910. BLARINGHEM (L.). — Les règles de NAUDIN et les lois de MENDEL relatives à la disjonction des descendances hybrides. *C. R. Ac. des Sc.*, Paris, 152, 9 janvier, p. 100.

1910. BLARINGHEM (L.). — L'amélioration des crus d'Orges de Brasserie en France, Paris, 22, avenue de Wagram, 220 pages, 20 tableaux.

1911. BLARINGHEM (L.). — La notion d'espèce et la disjonction des hybrides d'après CHARLES NAUDIN (1852-1875). *Progressus rei botanicae*, 4, p. 27-108.

1890. BRANDZA (M.). — Recherches anatomiques sur la structure de l'hybride entre l'*Aesculus rubicunda* et le *Pavia flava*. *Revue générale de botanique*, 2, 301-305.

1873. BRAUN (A.). — Über *Cytisus Adami*. *Bot. Zeit.*, t. 31, p. 636-664.

1910. BUDER (J.). — Studien an *Laburnum Adami*, I. Die Verteilung der Farbstoffe in den Blütenblättern. *Ber. d. d. bot. Gesellch*, t. 28, p. 188.

1911. BUDER (J.). — Studien an *Laburnum Adami*, II. Allgemeine anatomische Analyse des Mischlings und seiner Stammpflanzen. *Zeits. f. ind. Abs. u. Vererb.* 5, p. 209-284.

1907. CORRENS (C.). — Bestimmung und Vererbung des Geschlechtes, Berlin.

1899. DANIEL (J.). — La variation dans la greffe et l'hérédité des caractères acquis. *Ann. sc. natur. bot.* sér. VIII, 8.

1907-1908. DANIEL. (L.). — La question phylloxérique. Le greffage et la crise viticole. Bordeaux, 378 p.

1868. DARWIN (C.). — De la variation des animaux et des plantes à l'état domestique, traduction Barbier, I, p. 427-430.

1881. FOCKE (W.-O.). — Die Pflanzenmischlinge, Berlin.

1849. GAERTNER (C.-F.) v. — Versuche und Beobachtungen über die Bastarderzeugung im Pflanzenreich, Stuttgard.

1858. GODRON (A.). — Contributions à l'étude de l'hybridité végétale et de la tératologie végétale. Nancy, 1856-1858.

1863. GODRON (A.). — Des hybrides végétaux considérés au point de vue de leur fécondité et de la perpétuité ou non perpétuité de leurs caractères. *Ann. des sc. naturelles*, 4ᵉ sér. 19.

1864. Godron (A.). — Observations sur des races du *Datura stramonium*. *Mémoires de l'Académie Stanislas*, 1865, p. 330.

1907. Guthrie (C.-C.). — Further results of transplantation of ovaries in chickens, *Journ. of Exp. Zool.*, V, p. 563-576.

1847. Herbert, d'après Darwin, *Journ. of Hort. Soc*, vol. II, p. 100.

1908. Hildebrandt (F.). — Uber Sämmlinge von *Cytisus Adami*, *Ber. d. d. bot. Ges.* 26, p. 590.

1903. Johannsen (W.). — Uber Erblichkeit in Populationen und in reinen Linien. Iéna.

1909. Johannsen (W.). — Der exakten Erblichkeitlehre, Iéna.

1810. Knight (A.), d'après Focke (O.-W.), 1881, p. 113. *Transact. hort. Soc. in London*, III, p. 1 et t. IV, p. 369.

1901. Laubert (R.). — Anatomische und morphologische Studien am Bastard *Laburnum Adami*. *Beihefte z. bot. Centralbl.*, 10, p. 144.

1858. Le Jolis. — Notes sur les fleurs anormales de *Cytisus Adami*. *Mem. soc. sc. nat. Cherbourg*, 6, p. 157.

1895. Mac Farlane (J. M.). — A. comparaison of the minute structure of plant hybrids with that of their parents. *Transact. Roy. Soc. of Edinburg*, t. 37, p. 259.

1894. Millardet (A.). — Note sur l'hybridation sans croisement ou fausse hybridation *Mém Soc. sciences phys. et nat. de Bordeaux*, 4e sér., 4.

1901. Millardet (A.). — Note sur la fausse hybridation chez les ampélidées. *Revue de viticulture.*

1859. Naudin (C.). — Observation d'un cas remarquable d'hybridité disjointe. *C. R. Acad. des Sc. Paris*, t. 49, p. 616-619, reproduite dans Blaringhem, 1911.

1860. Naudin (C.). — Présentation par Decaisne des hybrides de *Linaria vulgaris* et *L. purpurea*. *Bull. soc. bot. de France*, t. 7, p. 485.

1862. Naudin (C.). — Retour définitif et complet des plantes hybrides aux formes des espèces productrices. *C. R. Acad. Sc. Paris*, t. 55, p. 521.

1865. Naudin (C.). — Nouvelles Recherches sur l'hybridité des végétaux (Conclusions du Mémoire déposé à l'Académie des Sciences en 1861). *Ann. des Sc. natur. bot.*, 4e sér., t. 19, p. 180-203.

1864. Naudin (C.). — De l'hybridité considérée comme cause de variabilité dans les végétaux. *C. R. Ac. des Sc.*, 59, p. 857 et *Ann. Sc. natur. bot.*, 1865, 3, p. 158.

1865. Naudin (C.). — Nouvelles Recherches sur l'hybridité des végétaux (renfermant une partie des faits et des dessins décrits dans le Mémoire manuscrit déposé à l'Académie des Sciences en 1861). *Nouvelles Archives du Muséum d'histoire naturelle*, 1, in-4°, 1-176 et 5 planches.

1890. Nilsson, N. Hjalmar. — Catalogue des cultures d'essais faites au laboratoire de Svalöf. *Sveriges Utsädes Forenings Tidskrift*, 1re année.

1902. Noll (F.). — Die Propfbastarde von Bronvaux. *Sitzungsber d. niederrh. Ges. f. Natur. u. Heilk*, S. A. 20.

1907. Noll (F.). — Neue beobachtungen an *Laburnum Adami*, idem, 1907.

1910. Przibram. — Experimental-Zoologie III. Phylogenese inklusive Heredität. Leipzig, 315 p.

1902. Saunders (E.-R.), voir Bateson.

1908. Shull (G. H.). — Some new cases of mendelian inheritance. *Bot. Gaz.*, 45, p. 103.

1909. Shull (G.-H.). — The presence and absence hypothesis. *American naturalist*, 42, p. 410-419.

1903. Tischler (G.) — Ueber eine merkwürdige Wachstumserscheinung in den Samenanlagen von *Cytisus Adami*. *Ber. d. d. bot. Ges.*, 21, p. 85.

1903. Tschermak (E. v.) — Die Theorie der Kryptomerie und der Kryptohybridismus. *Beih. zum bot. Centr.*, 16, Heft 3.

1908. Tschermak (E. v.). — Die Kreuzungszüchtung des Getreides und die Frage nach den Ursachen der Mutation. *Monatshefte fur Landw.*

1903. De Vries (H.). — Fécondation et hybridation. Discours prononcé à la Société des sciences à Haarlem, reproduit en anglais en 1910, à la suite de *Intracellulare Pangenesis* (traduction anglaise de l'ouvrage paru en allemand en 1889).

1905. De Vries (H.). — Species and Varieties: their origin by mutation. Traduction française par Blaringhem, sous le titre *Espèces et Variétés*, 1908, F. Alcan.

1908. De Vries (H.). — Plant Breeding, London.

1907. Winkler (H.). Ueber Propfbastarde und pflanzliche Chimären *Ber. d. d. bot. Ges.*, 25, p. 568.

1908. Winkler (H.). — *Solanum tubingense*, ein echter Propfbastarde zwischen Tomate und Nachtschatten. *Ber. d. d. bot. Ges.*, 26, p. 595.

1909. Winkler (H.). — Weitere Mitteilungen über Propfbastarde. *Zeitsch. f. Botanik*, 1, p. 315-345.

1910. Winkler (H.). — Ueber die Nachkommendchaft der *Solanum* Propfbastarde und die Chromosomenzahlen ihrer Keimzellen. *Zeitsch für Bot.*, 2, 1-58.

1910. Winkler (H.). — Ueber das Wesen der Propfbastarde. *Ber. d. d. bot. Ges.*, 28, p. 116.

« MOSAÏC » HEREDITY

SUMMARY

The *hérédité en mosaïque* is the particular way of hereditary transmission which translates itself by the juxtaposition of the parents corresponding characters on the child.

Discovered and studied by CHARLES NAUDIN from 1852 to 1865 it includes some typical examples, from which the hybrid origin is strictly established (*Datura stramonio-laevis, Linaria purpureo-vulgaris, Mirabilis longifloro-Jalapa*) and M. BLARINGHEM add many cases to them examinated in particular in this note (some hybrids between *Hordeum distichum nutans* and *H. distichum erectum*, between *Hordeum distichum* and *H. tetrastichum; Pirus Bellveriana*, steril hybrid between *Pirus* and *Sorbus*).

The presumate sexual hybrids, as the *Cytisus Adami, Cratægomespilus Dardari* and *Asnieresii*, the Orange-trees *Bizarria*, the almond-peach tree and so on, whose origin is badly known, can get in.

Last, the vegetal chimerys, realised by M. H. WINKLER, between *Solanum* and *Lycopersicum*, M. L. DANIEL's graft hybrids, are following the rules of particulate inheritance, and some mutations, as the *Pelargonium zonale* with its leaves bordered with white, and a few other steaks partially hereditary, can be joined.

In all these cases, the individual is a compound of texture belonging to two different species that might be recognised to a certain age, at their shape, their colour, their particular mode of growth and strugling all the time to disengage themselves from each other. It is a *living mosaïc* composed with discordant specific elements straitly mixed in the beginning of the life, but trying to disjoin themselves, to localize themselves on the differents parts, with the time. This localisation is helped by pruning, by stumps divisions, by repeated cuttings; it accentuates when approaching the time of flowering, of the formation of the ovuls and the pollens corns; but, in the mean time, it is not necessary complete.

The *hérédité en mosaïque*, called still *hérédité naudinienne* is submitted to two rules:

1° The *first hybrid generation's* F, *uniformity;*

2° The *return to the species* from the second generation, and sometimes ever since the first generation.

These rules are intended for the complicated hybrids, between very divergent species, with partly unfruitful descendance, — whatever the sexual affinity of the crossed forms might be, that the possibility of grouping all divergent characters of the parents by couples, that dominance and recessivity exist or not. The hérédité naudinienne, restricted by less conditions than the hérédité mendélienne, is governed not by rigorous laws as this one, but by rules; and it can be seen that it contains the hérédité mendélienne as a particular case.

NAUDIN has recognised, since 1863, the possible return to the parents of the hybrids, from the second generation. MENDEL, in 1865, made the same discovery, but presented it under a simplificated form and particularly lucid; he had therefore to limit a great deal his observations, field.

MENDEL limited his study to the cases where the parents differences can be paired, with one's dominance on the other. He admitted besides : 1° that in the characters separation, there are as much ovuls in one part, as much pollen corn in the other part, which return to one and the other type; 2° that the pollen corn's affinitys for the ovuls are equal for any possible combinaisons; 3° that all the combinaisons are followed by the same fecondity.

It can easily be understood why several authors have restrained the domain of the hérédité mendélienne to the crossing between varieties of the same species indefinitely fertile, equilibrated, when the domain of the hérédité naudinienne is much larger and even might be more extended, with some precaution to the progeny of chimery individuals which are not real hybrids.   J. L. B.

FACTEURS GÉNÉTIQUES ET FACTEURS DU MILIEU DANS L'AMÉLIORATION ET L'OBTENTION DES RACES [1]

Par A.-L. HAGEDOORN, Ph. D.

Verrières-le-Buisson (S.-et-O.).

On peut distinguer deux groupes de facteurs qui coopèrent dans le développement d'un organisme; les facteurs génétiques, héréditaires d'un côté, de l'autre, les facteurs non génétiques qui proviennent du milieu et dont les influences ne sont pas héréditaires.

Phot. Missël.

M. le Dʳ HAGEDOORN.

Un des faits les plus importants est que ce ne sont nullement les plantes ou les animaux qui rapportent le plus par unité de surface qui sont les plus répandus, mais que les animaux ou plantes les plus cultivés sont ceux qui, comme résultat de croisements artificiels ou spontanés, montrent la variabilité la plus grande, en d'autres mots, ceux parmi lesquels on peut, pour un grand nombre de facteurs génétiques, trouver des types qui les contiennent et d'autres qui ne les contiennent pas.

Tel est le cas du cheval, du blé, du chien, du pois, du porc, du mouton et des volailles. Pour n'importe quelle condition on peut, dans ces organismes, trouver un type avec une combinaison de facteurs héréditaires convenable.

Dans les stations expérimentales d'Horticulture et d'Agriculture, on s'est jusqu'ici surtout occupé de l'étude des facteurs non héréditaires coopérant au développement, et des méthodes les plus économiques pour la production des organismes cultivés. Une autre chose importante qu'on y fait, c'est de comparer les races les plus diverses, afin de choisir celles qui conviennent le mieux aux conditions de culture existantes, ou les plus économiques.

Il existe toujours deux manières pour élever le rendement d'un animal ou d'une plante, la première est d'étudier et de modifier les facteurs non génétiques, le milieu au sens le plus étendu, dans le but de trouver la méthode de culture et de ménagement, sous laquelle un type donné rend le plus de profit.

La seconde manière est de trouver ou de produire un type qui, mieux que les types cultivés jusqu'alors, est adapté aux conditions de culture usuelles, ou encore au climat.

En pratique il faut se servir des deux méthodes, mais alors bien se rendre compte que, si un certain type ne peut être cultivé que sous des conditions différentes et demande des soins spéciaux, nécessitant une dépense qui, bien que minime, revient chaque saison, il est préférable de chercher un autre type,

1. Communication faite à la seconde séance de la Conférence.

n'ayant pas ces inconvénients, ou, s'il n'existe pas, de le créer par des croisements convenables.

Dans l'obtention et l'amélioration des types de plantes et d'animaux de culture, il faut une coopération entre les praticiens d'une part, qui indiqueront
leurs désirs et qui se chargeront du choix parmi les recombinaisons de facteurs
héréditaires obtenus par le généliste, et d'autre part entre ce dernier, qui leur
indiquera le chemin à suivre pour atteindre leur but.

A mon avis il faut bien tenir ces deux choses séparées : d'un côté l'étude et
la manipulation des facteurs héréditaires, le domaine du généliste; de l'autre
côté, l'étude des facteurs non héréditaires dans le développement et le choix
entre les divers types des organismes, ce qui est plutôt le travail des stations
expérimentales, des experts et des agriculteurs.

Il ne faut jamais attendre d'un généliste spécialiste de montrer aux agriculteurs ce qu'il leur faut obtenir; il faut laisser cela aux praticiens, qui s'en
tireront toujours très bien.

Au moment du choix entre diverses recombinaisons, il faut surtout que ce
soient les praticiens, ou les stations expérimentales, qui se chargent de ce choix,
le généliste, s'il veut pouvoir assister les praticiens dans leur travail, ne peut
pas se spécialiser sur les blés ou les moutons ou sur d'autres animaux ou
plantes. Je crois même que, pour mieux faire son travail, qui consiste dans
l'étude et la manipulation des facteurs génétiques, il fera mieux de laisser aux
praticiens toute opinion sur les recombinaisons qu'il produira, surtout parce
qu'il serait tenté de voir des corrélations là où elles n'existent pas.

Dans le cas où l'on veut importer des types d'un autre endroit, pour les
comparer sous l'influence des conditions spéciales, dans lesquelles on se trouve,
il est bon d'éviter soigneusement de tomber dans l'erreur, encore trop fréquente
de n'importer que les variétés considérées comme bonnes dans le pays où elles
sont cultivées.

Le fait, qu'une variété a le renom d'être excellente n'importe où, signifie
que, par sa constitution héréditaire, elle est merveilleusement adaptée aux conditions et usages locaux, qui peuvent bien être un peu différents de ceux dans
la région pour laquelle la variété est destinée.

Dernièrement encore, on a, en Angleterre comme en Hollande, essayé des
variétés de blés australiens d'excellente réputation. Tous ces blés ont été extrêmement rouillés, et, sans exception, ils se sont montrés sans valeur. On a essayé
d'introduire des blés suédois en Hollande. Ces blés étaient d'une grande valeur
en Suède, mais l'opinion des cultivateurs hollandais leur fut plutôt défavorable,
entre autres raisons parce que les variétés suédoises sont toutes à grain coloré,
tandis qu'en Hollande les blés à grain blanc sont préférés et obtiennent un prix
plus élevé que ceux à grain coloré.

Il me paraît qu'une grande collection de types de plantes de culture, surtout de céréales, collectionnée sans tenir compte de la plus ou moins grande
valeur pratique de ces races dans leur pays d'origine, et tenue dans chaque
pays dans un endroit central, et où les stations expérimentales dans les diverses
régions pourraient se procurer des graines pour comparaisons, serait d'un
intérêt extrême.

On prétend assez souvent, que c'est, dans chaque région, qu'on devrait
obtenir les variétés de plantes et d'animaux qui conviennent à cette région,
mais en réalité il n'en est rien. On oublie de distinguer entre les deux phases

qui existent dans l'obtention de nouveaux types en vue des conditions spéciales et qui sont : 1° l'obtention de nouvelles combinaisons de facteurs héréditaires dans les descendants d'un hybride et 2° le choix entre ces diverses combinaisons.

Il va sans dire que le choix entre les nouveaux types obtenus après croisement doit être fait dans les conditions mêmes pour lesquelles il s'agit de trouver un type convenable. Le fait que les premiers blés obtenus à Svalöf sont excellents en Suède, ne résulte pas de leur obtention en Suède, et très probablement ces premiers blés n'avaient pas été faits du tout en Suède mais importés dans des mélanges provenant d'Angleterre ou d'Allemagne. Ces blés sont bons pour la Suède parce qu'ils ont été choisis en Suède, par des spécialistes suédois, dans le mélange dans lequel ils se trouvaient.

Il faut bien se rendre compte, que pour l'obtention de nouvelles combinaisons de facteurs héréditaires, le travail du généliste peut se faire aussi bien ailleurs qu'à l'endroit pour lequel on veut produire la nouvelle sorte. Il y a même des cas, pas très rares, dans lesquels le travail de croisement et d'obtention de nouvelles combinaisons ainsi que le choix parmi celles-ci ayant été fait au même endroit, les opérations ont été beaucoup retardées.

Je parle des cas, où il s'agit de produire un type, résistant aux rigueurs d'un climat très froid ou très sec.

Il va sans dire que le premier pas pour l'obtention d'une variété de pomme, par exemple, résistante aux hivers très rigoureux, est de chercher une pomme, de n'importe quelle qualité, mais supportant bien le climat. Ayant trouvé cette variété, il s'agit de l'essayer à l'endroit pour lequel elle doit servir. Si une variété se montre résistante, on la croisera avec une autre, donnant de bons fruits quoique gelant pendant un hiver qui ne tuerait pas la première. Alors nous pouvons nous attendre à ce que, parmi les individus de seconde génération, se trouvent quelques-uns (le nombre dépendant de celui des facteurs génétiques en jeu) étant à la fois résistants à l'hiver et portant de bons fruits.

Les qualités des hybrides de première génération, parents de nos futures variétés, ne peuvent nous intéresser que très peu.

Il se peut (les pommes se propageant par voie asexuelle, et étant en conséquence souvent hybrides pour des facteurs génétiques) que parmi les hybrides de première génération se trouvent déjà quelques individus résistants à l'hiver, comme cela a été trouvé à Ottawa en Canada, mais rien ne nous prouve que ce ne sont pas justement les hybrides ne supportant pas le climat qui vont nous donner parmi leurs descendants la combinaison cherchée, c'est-à-dire un arbre, à la fois très résistant, et donnant de très bons fruits.

Alors, si l'on soumet les hybrides de première génération au climat rigoureux pour lequel on cherche une variété résistante et de bon rendement, on risque inutilement de décimer les chances que l'on a de parvenir à son but. Ici, comme dans le cas où l'on voudrait obtenir par croisement un blé très résistant à la sécheresse, et de bon rendement, il faudra protéger les hybrides de première génération (qui, eux-mêmes pourraient souffrir) en les cultivant loin du pays pour lequel on veut obtenir un biotype convenable, et dans de bonnes conditions de climat.

Comme l'obtention de races résistantes aux intempéries est un des problèmes les plus importants au point de vue économique, j'ai voulu signaler cette cause trop fréquente de déceptions, dans l'espoir de rendre service aux praticiens, membres de cette Conférence.

GENETIC FACTORS AND NON GENETIC FACTORS IN THE AMELIORATION
AND BREEDING OF NEW VARIETIES

SUMMARY

Two kinds of factors cooperate in the development of the organisms : the genetic factors and the non-genetic factors, the environment in the widest sense. Those cultivated species which have the widest distribution are those which have the greatest genetic variability, those, in which a great number of genetic factors are present in, some absent from other individuals.

The study and the manipulation of the genetic factors is the work of the biologist; the study of the non-genetic factors and also the choice between the types with the different combinations of genetic factors produced by the biologist, must remain in the hands of the practical men, at the horticultural or agricultural experiment-stations.

In those cases where the new thing required is a type which will be especially well adapted to adverse climatic conditions, we must remember that if we try to reach our goal by crossing with a resistent form, the first hybrid generation need not necessarily be resistent. We can only hope to find our new type, amongst the individuals of the second generation, and the larger we can make the number of F_2 individuals, the better is our chance of finding what we want. It is decidedly a great mistake to risk the life of the F_1 individuals by exposing them to those conditions for which we seek a resistent form.

It is therefore recommended always to protect the F_1 plants as well as possible, so as not to let them die from drought or freeze to death. Through neglecting thus to protect the F_1 individuals, much good work has already been lost.

MENDÉLISME ET ACCLIMATATION [1]

Par H. NILSSON-EHLE

Svalöf (Suède).

Il est un fait bien connu, c'est que, en général, les variétés de nos céréales provenant des régions septentrionales, se distinguent par une maturité plus

Phot. Jonas.

M. le Dʳ H. Nilsson-Ehle.

précoce que les variétés cultivées plus au Sud. Cette différence est très marquée dans la péninsule scandinave en ce qui concerne, non seulement l'orge et l'avoine, mais encore le seigle et le blé. La prédisposition héréditaire innée des variétés du Nord à une maturité plus précoce, se manifeste nettement dès que ces variétés sont cultivées à la même place et sous les mêmes conditions que les variétés du Sud. Cultivées dans le Sud de la Suède, à Svalöf, les variétés d'avoine du Nord [2] présentent ainsi une précocité bien plus grande que l'avoine de Propstei cultivée dans le Sud de la Suède. Les années froides, tardives, cette différence peut s'élever jusqu'à 3 — 4 semaines, tandis que dans les années chaudes, elle peut se réduire à 1 — 2 semaines. De même, cette différence héréditaire se présente si les variétés du Nord sont cultivées à côté de celles du Sud dans la Suède centrale, à Upsala, ou dans la Suède septentrionale, à Luleå, où, en général, les variétés du Sud n'arrivent pas à maturité. La maturité précoce héréditaire des variétés du Nord représente ainsi une adaptation au climat, une *acclimatation héréditaire*.

A l'égard de *la résistance au froid*, il en est de même du blé d'hiver. Des variétés provenant de régions à climat plus rigoureux, cultivées au même endroit que les variétés provenant de régions plus tempérées, présentent une résistance décidément plus grande que celles-ci. Sous ce rapport, les différences sont moins grandes entre les diverses parties de la Suède; ce n'est que dans les hivers très rudes, comme 1900-1901, que l'on trouve une différence — peu considérable toutefois — entre le blé du pays du Midi de la Suède (Scanie), et celui des régions du Nord, comme Upland. D'un autre côté, les variétés suédoises, prises en groupe « Sammet », « Kubb », Blé de Scanie », « Blé de Gotland », etc., résistent bien mieux au froid que les variétés généralement cultivées dans l'Ouest de l'Europe, en Angleterre et en France, comme le Squarehead anglais, le Stand-up, etc. L'acclimatation héréditaire est ainsi, en général, également sous ce rapport, très distincte.

Comment cette acclimatation héréditaire s'est-elle produite? voilà une

---

1. Communication faite à la seconde séance de la Conférence.
2. Par exemple avoine noire de la Finlande septentrionale (= Nordfinnischer Schwarzhafer), voir Atterberg : Neues System der Hafervarietäten. *Die landw. Versuchsstationen*, Bd. 39, 1891, p. 183.

question très discutée. Une idée assez communément admise est celle de *Lamarck* ; selon lui, le climat provoquerait des changements directs dans les plantes, petit à petit ces changements deviendraient jusqu'à un certain degré héréditaires, et c'est ainsi que se produirait une acclimatation héréditaire.

Ayant fait à Svalöf une série d'observations expérimentales sur la résistance au froid de diverses variétés de blé, j'en ai publié des rapports, la première fois après l'hiver rigoureux de 1900-1901. Les conclusions générales auxquelles je suis arrivé en 1901 [1] sont les suivantes :

1° Les variétés de blé d'hiver cultivées longtemps sans sélection de la part de l'homme sont hétérogènes en ce qui concerne aussi bien la résistance au froid que d'autres caractères. Certains individus se montrent plus résistants que d'autres et, cultivés séparément, peuvent donner naissance à des variétés plus résistantes. Une acclimatation, facile à constater, même par le praticien, se produit alors par la disparition ou l'affaiblissement des individus moins résistants au cours des hivers rudes. Conséquemment, les individus plus résistants augmentent en proportion, et la population, dans son ensemble, devient plus résistante et garde cette résistance au froid comme un caractère héréditaire. Jusque-là, les observations faites s'accordent complètement avec les idées darwiniennes.

2° Cependant, *on ne trouve pas, dans la descendance d'un seul individu, une pareille variation héréditaire distincte,* du moins pas comme règle générale et pas dans les premières générations. Certes, il est vrai qu'il existe, même dans ces cas, des différences de résistance au froid entre divers individus, mais ces différences proviennent de changements accidentels dans les conditions de vie qui, même sur la même parcelle, ne peuvent jamais être absolument égales pour tous les individus, en un mot, ce sont des *modifications* dont jusqu'ici on n'a pas pu constater l'hérédité. Voilà pourquoi je critiquai la manière de voir Darwinienne, en tant que celle-ci suppose l'*existence permanente* d'une variation héréditaire, moyennant laquelle une sélection (naturelle ou artificielle) pourrait *toujours* produire des changements héréditaires. Donc, les vieilles races se composent de « formes » ayant différents degrés de résistance au froid. L'acclimatation consiste en une augmentation de la proportion des formes résistantes. Une augmentation de la résistance chez une forme donnée n'a, par contre, pu être constatée.

3° La différence héréditaire de résistance au froid entre formes différentes peut être très petite, plus petite que les différences de modification entre des individus particuliers de la même forme. Entre les formes les plus résistantes au froid et les moins résistantes, il y a ainsi toute une série de gradations.

4° Des formes ayant une résistance au froid différente peuvent bien se ressembler par leurs caractères morphologiques. Chez une variété apparemment uniforme, il peut ainsi se trouver des formes ayant une résistance au froid toute différente. D'un autre côté, des formes à extérieur différent peuvent présenter le même degré de résistance.

Ces conclusions s'accordent bien, comme on le voit, avec les résultats bien connus, obtenus à la suite des recherches sur d'autres caractères, donnés

---

1. Sammanställning of hösthvetesorternas vinterhärdighet à Svalöfs försöksfält åren 1898-1899 och 1900-1901. Rapport sur la résistance au froid des blés d'hiver dans les champs d'essais de Svalöf 1898-1899 et 1900-1901. *Sveriges Utsädesförenings Tidskrift*, 1901, p. 154-176.

en 1905 par *Johannsen*, et établis par celui-ci, pour la première fois, sur des calculs exacts et concluants[1]. Aussi *Johannsen* se réfère-t-il en divers endroits à mes conclusions citées, concernant la résistance au froid, comme étant à l'appui de sa théorie des « lignées pures » chez d'autres caractères quantitatifs et de leur constance, « fixité du type ».

Il en est de même des changements vers une maturité plus précoce chez les variétés anciennes. Beaucoup d'entre elles, par exemple l'avoine de Propstei, se composent de formes plus ou moins hâtives. Cultivées dans des régions où les formes tardives ne mûrissent que mal ou pas du tout, celles-ci diminuent dans la population qui devient alors, dans son ensemble, plus hâtive. Ce cas peut aussi être démontré par des exemples authentiques.

La question est donc de savoir de quelle nature sont ces diverses formes héréditaires et comment elles se sont produites. Les gradations héréditaires de précocité et de résistance au froid sont-elles des variations héréditaires, des mutations indépendamment produites? Les formes héréditaires, les biotypes selon le terme de *Johannsen*, qui peuvent être isolées chez les caractères ici traités, résistance au froid et précocité, sont-elles donc le résultat d'autant de mutations? J'ai déjà discuté cette question en divers endroits en faisant valoir que cela ne saurait être le cas, pas plus que pour d'autres caractères quantitatifs. *Au contraire, toutes mes recherches expérimentales tendent à démontrer que les gradations héréditaires nombreuses sont des combinaisons différentes de certains constituants selon la conception mendélienne, l'origine des constituants mêmes étant jusqu'ici inconnue.*

SÉGRÉGATION DU CARACTÈRE « RÉSISTANCE AU FROID »

Déjà en 1901, après l'hiver rigoureux, mes observations sur la résistance au froid dans la descendance des croisements entre variétés de résistance différente indiquaient que les gradations de ce caractère étaient des combinaisons. Une ségrégation en ce qui concerne la résistance au froid aussi bien que pour tout autre caractère put toujours être nettement constatée. Mais la simple proportion mendélienne 1 : 2 : 1 ne se produisit point. Il y avait cette même année un nombre de parcelles en F_3, appartenant à des hybridations entre la race très résistante suédoise « *Kubb* » (*Triticum compactum*) et des formes peu résistantes de *Squarehead*. Chaque parcelle formait la descendance d'un individu en F_2 de 1900, que j'avais choisi sans pouvoir tenir compte de sa résistance plus ou moins grande, parce que l'hiver de cette année laissait intactes toutes les plantes de seconde génération. Dans le cas d'une simple ségrégation mendélienne, on se serait attendu à avoir, chez le quart environ des parcelles, un même degré moyen de résistance au froid que celui du parent Kubb, mais cela ne fut point le cas. Entre 14 parcelles, aucune ne fit preuve d'une résistance aussi grande ; les parcelles survivantes furent toutes intermédiaires[2], quoique de différents degrés de résistance entre elles[3].

Le cas analogue s'est montré les années suivantes, dès qu'il fut possible,

---

1. *Ueber Erblichkeit in Populationen und in reinen Linien.* Iéna, G. Fischer, 1905.

2. C'est-à-dire dans leur ensemble ; probablement il y avait, par suite de ségrégation, dans certaines de ces parcelles des plantes aussi résistantes que Kubb.

3. Ce cas et un autre cas pareil ont été mentionnés dans « Einige Ergebnisse von Kreuzungen bei Hafer und Weizen ». *Botan. Notiser*, 1908. p. 289.

après des hivers rudes, de juger de la ségrégation de la résistance au froid chez la descendance d'une hybridation. Après 1901, ce furent les hivers de 1905 et de 1908 qui offrirent des occasions nouvelles d'observation de ce genre ; le blé fut alors en partie endommagé et sa résistance put être facilement appréciée. La ségrégation fut toujours évidente, comme en 1901, quoique seulement en F_2[1] où cependant l'on ne put obtenir de proportions entre les individus plus ou moins résistants. Le degré de résistance au froid, par suite de fluctuations de modification, ne peut être jugé d'après l'individu particulier, mais seulement d'après la moyenne d'un groupe d'individus, c'est-à-dire d'après la descendance des plantes de F_2, c'est-à-dire les parcelles en F_3. Cependant il se montra, en 1908, chez la seconde génération d'une hybridation **0235**, lignée relativement rustique issue de Squarehead, $\times$ **0470**, lignée de Stand up, peu résistante, que les plantes ayant le même degré de résistance au froid que 0470 étaient bien moins nombreuses qu'elles n'auraient dû l'être dans le cas d'une simple ségrégation. Le parent 0470 fut très endommagé cet hiver-là, plus de la moitié des plantes furent détruites tandis que 0235 resta intact. Dans la F_2 de cette hybridation une ségrégation se montra, un très petit nombre de plantes étant abîmées par le froid. Pourtant les plantes détruites étaient apparemment beaucoup trop rares pour que la simple ségrégation 1 : 2 : 1 pût exister ; les plantes ne furent cependant pas comptées.

Encore plus nettement qu'auparavant on put se rendre compte dans l'hiver de 1909, que la ségrégation pour le caractère « résistance au froid » est un phénomène compliqué. Des hybridations diverses entre des formes plus ou moins résistantes affirmèrent pleinement les observations faites en 1901 :

L'hybridation *Bore* (lignée relativement résistante) $\times$ *Grenadier* (lignée peu résistante), faite en 1905, n'avait pas été atteinte par le froid en F_1 (1906), ni en F_2, ni en F_3 (1908, 86 parcelles). Les parents étaient aussi restés intacts ces années-là. D'entre les parcelles de F_3, 17 furent cultivées en 1909 en F_4 sur des parcelles assez grandes. Dans l'hiver de 1909, considérablement plus rigoureux que les hivers de 1906 à 1908, le parent Grenadier fut tellement endommagé que près de la moitié des plantes succombèrent, tandis que Bore resta complètement intact. D'entre lesdites parcelles de F_4 la plupart (12) se montrèrent nettement intermédiaires, 4 ne furent pas du tout atteintes du froid (comme Bore), tandis qu'une seule fut tout aussi endommagée que Grenadier, ou même davantage. Sur 17 lignées il n'y en eut donc qu'une seule qui s'accordât avec l'un des parents.

Il faut aussi remarquer qu'il n'est pas sûr que les 4 lignées non atteintes par le froid soient aussi résistantes que Bore. Cela ne peut être constaté que dans un hiver qui soit assez rigoureux pour que Bore, lui-même, en souffre.

Il en fut de même de 28 parcelles de F_3 d'une hybridation **0516**, lignée de blé de Scanie (très résistante au froid) $\times$ *Grenadier* (lignée peu résistante) qui n'avait pas non plus souffert du froid les années précédentes. De ces 28 parcelles, 6 se trouvèrent aussi complètement intactes que le parent 0516, 18 furent plus ou moins intermédiaires, 5 furent atteintes du froid à peu près comme Grenadier (c'est-à-dire ayant environ la moitié des plantes abîmées), et 4 se

---

1. En 1908 il y avait des parcelles de F_3 en très grand nombre, mais toutes appartenant à des hybridations entre des formes relativement rustiques qui, cette année-là, ne furent point endommagées par le froid.

trouva décidément plus faible que Grenadier (presque toutes les plantes étant abîmées).

L'idée que j'ai émise en 1908[1], que la résistance au froid est un caractère complexe, basé sur plusieurs constituants, et que, conséquemment, la ségrégation en doit être compliquée, a donc encore été justifiée par mes observations expérimentales suivantes, non seulement par le fait que les gradations parentales dans la descendance d'une hybridation sont rares, mais encore par le fait qu'il se produit des gradations en dehors des limites des parents, ce qui est un phénomène commun aux cas de ségrégation de caractères quantitatifs en général, comme grandeur, nombre d'épillets aristés chez l'avoine, etc. Cependant, si un caractère quantitatif est basé sur plusieurs facteurs différents, la production de pareilles gradations transgressives n'est nullement plus difficile à expliquer que l'origine d'individus à grain blanc en F_2 d'une hybridation entre deux variétés de blé à grain rouge[2]. La ségrégation après une hybridation entre deux gradations montre donc nettement que ces gradations mêmes sont des *combinaisons* de composants qui peuvent se grouper indépendamment l'un de l'autre dans le sens mendélien.

Aussi du point de vue théorique on arrive à l'hypothèse que la résistance au froid est un caractère complexe, résultant de plusieurs constituants indépendants. Aussi *Johannsen*[3] parle-t-il de la résistance au froid comme d'un « *caractère de construction* » fondé sur le concours de toute une série de facteurs dans la plante, facteurs concernant la qualité chimique du liquide de la cellule, etc.

Quant au nombre des facteurs formant la résistance au froid et déterminant le caractère de la ségrégation, mes recherches ne sauraient certes encore l'établir. Cependant on peut, avec assurance, en tirer la conclusion que *les formes héréditaires, biotypes, espèces élémentaires, pouvant être distinguées des vieilles races en ce qui concerne la résistance au froid, sont des combinaisons différentes homozygotes et ne correspondent nullement à autant de mutations.*

SÉGRÉGATION DU CARACTÈRE « PRÉCOCITÉ »

Encore plus distinctement qu'en ce qui concerne la résistance au froid, les gradations héréditaires de la précocité se trouvent être des combinaisons différentes. Ce dernier caractère offre l'avantage de pouvoir être étudié chaque année. Toutes les années ne sont pourtant pas également favorables à la détermination de différences de la précocité héréditaire. Dans les années froides, où la maturité est retardée et prolongée, la différence se présente le plus distinctement, et même de petites différences héréditaires, difficiles à observer dans les années chaudes, peuvent alors être constatées sans peine. Si l'on compare un grand nombre de lignées entre elles en vue de leur précocité pendant une suite d'années, il en résulte nettement qu'elles forment une longue série de gradations continues entre les extrêmes, la maturité la plus hâtive et la plus tardive, ce qui se montre aussi, à un certain degré, dans les descriptions

1. « Einige Ergebnisse von Kreuzungen, etc. », *l. c.*

2. H. NILSSON-EHLE : Ueber Entstehung scharf abweichender Merkmale aus Kreuzung gleichartiger Formen beim Weizen. *Ber. d. deutsch. bot. Gesellsch,* Bd. 29, 1911, p. 65.

3. Om Arvelighedsforskning med Henblik paa Skovbruget. *Tidskrift for Skovraesen.* Bd 21, 1909. p. 175.

pratiques de diverses variétés, « très précoce » (p. ex. Avoine de Mesdag), « précoce » (Avoine de Dalarne), « assez précoce » (Ligowo), « précocité moyenne » (Propsteier), « assez tardive » (Tartare noire), « tardive » (Avoine noire de Suède, Roslags), « très tardive » (Jaune géante à grappes). Si l'on compare des lignées pures, beaucoup de petites nuances entre ces gradations peuvent être observées.

En ce qui concerne les céréales, la ségrégation du caractère précocité est nettement constatée chez le blé par *Biffen*[1]. Dans une hybridation entre *Triticum polonicum* (polish wheat), variété hâtive, et *Tr. turgidum* (Rivett), variété tardive, la ségrégation 1 hâtif : 2 intermédiaires : 1 tardif se présenta. Cependant la F_3 ne fut pas examinée. *Biffen* constata aussi que le caractère précocité était indépendant de la ségrégation des caractères morphologiques. Dans d'autres hybridations avec Rivett il trouva une forte variation en F_2, et il dit aussi que cette forte variation « points to an intensification of characters », *v. Tschermak*[2] se réfère aux expériences des sélectionneurs praticiens d'après lesquelles la précocité se comporte comme un caractère héréditaire indépendant, qui peut être combiné avec certains autres caractères chez les variétés tardives. De ses propres hybridations entre des variétés de blé, hâtives et tardives, *v. Tschermak* nous communique que la première génération s'est montrée intermédiaire ou prévalante et qu'une ségrégation impure s'est présentée en F_2.

Pour ma part, j'ai fait des observations sur la ségrégation de la précocité depuis 1901, particulièrement chez l'avoine et le blé de printemps, et j'en ai donné de petits rapports dans des publications diverses[5]. Après des croisements entre des lignées précoces et des lignées tardives il y a toujours une ségrégation certaine. Celle-ci est cependant assez souvent peu distincte en F_2, le développement plus ou moins tardif de différentes plantes étant aussi une manifestation de la fluctuation résultant de modifications qui, chez un seul individu, ne peut être avec sûreté distinguée de la variation héréditaire. Au contraire, en comparant entre eux les descendants de F_2, la ségrégation se montre très nettement, certaines parcelles de F_3 présentant une plus grande précocité moyenne que d'autres.

Ayant ainsi comparé, en 1902, le développement et la maturité de 179 parcelles de F_3 provenant en partie d'hybridations entre des lignées de blé d'été de précocité plus ou moins grande, j'ai trouvé une ségrégation très distincte. L'année 1902 était très froide avec une période de végétation très prolongée, et, conséquemment, les différences héréditaires de précocité entre des lignées différentes furent faciles à observer. Le but d'une partie de ces hybridations était d'unir la précocité des races suédoises aux qualités supérieures sous d'autres rapports des races étrangères plus tardives. Cette tâche se trouva cependant difficile dès le début, les lignées ayant la même précocité que le parent le plus précoce étant rares.

D'une hybridation entre **0729**, précoce de Suède (maturité en 1902, 5/10)

1. *Journ. Agricult. Sc.*, 1, 1905, p. 54.
2. Voir FRUWIRTH : *Die Züchtung landw. Kulturpfl.*, Bd. IV, 2ᵉ édition, 1910, p. 175.
5. Om nordskandinaviska och andra tidiga hafresorter och försök till deras förbättrande genom individualförädling och korsning. — Quelques annotations sur les variétés d'avoine du Nord de la Scandinavie et d'autres variétés d'avoine hâtives et sur les essais d'améliorer celles-ci par sélection et hybridation. — *Sveriges Utsädesförenings Tidskrift*, 1907, p. 209. Référé dans *Journal für Landwirtsch.* 1908, p. 506.
— Einige Ergebnisse von Kreuzungen bei Hafer und Weizen, *Botan. Notiser*, 1908, p. 287.

et **0503**, tardif, issu du blé « Emma » (maturité en 1902 22/10)[1], il y avait 20 parcelles en F₃, dont seulement *une* montra une précocité presque égale à celle de 0729 (6/10), tandis que toutes les autres furent bien plus tardives (15/10 — 22/10)[2]. Se trouvant plus disposée à la rouille que les deux parents, la parcelle précoce ne fut pourtant pas propagée. Cependant, j'ai réussi à isoler, d'une de ces parcelles de F₃, à précocité moyenne, par des sélections continuées de plantes isolées pendant les années suivantes, une lignée qui a été cultivée en grand depuis plusieurs années (1907-1910) à côté de 0729, et qui a toujours montré une maturité aussi précoce et un « épiage » quelque peu plus hâtif. Il est donc ainsi démontré avec sûreté que, par la ségrégation, des combinaisons peuvent naître qui soient aussi précoces que le parent précoce ; mais ces combinaisons-là sont *rares* et ne se présentent nullement dans la proportion 1 : 4 comme dans le cas d'une simple ségrégation mendélienne.

D'une autre hybridation (**0601**[3]**× 0729** et la réciproque **0729 × 0601**), il n'y avait, en 1902, que 5 parcelles de F₃ sur 29 qui montrèrent une maturité approximativement aussi hâtive que la sorte précoce 0729, tandis que toutes les autres étaient plus tardives.

0601		maturité	22/10
0729		—	4/10
0601 × 0729 } 0729 × 0601 } 5 parcelles de F₃		—	6/10
— 12 — —		—	8/10 — 20/10
— (14 — —		—	22/10)

Le dernier groupe est incertain aussi dans ce cas (par suite probablement hétérogène).

En 1902, j'avais la F₂ de 14 hybridations entre diverses lignées pures d'avoine. Après des croisements entre des lignées très précoces et des lignées tardives, la ségrégation se manifesta assez nettement, mais il fut pourtant impossible de ranger les plantes en groupes puisque, relativement à leur maturité, elles formaient une série continue entre les extrêmes, de même façon que les fluctuations de modification chez les parents eux-mêmes. Après des hybridations entre des formes plus proches, la ségrégation était moins distincte. D'une hybridation **0101 × 0353**[4] toutes les plantes de F₂ (160) furent semées en parcelles séparées en 1905. La maturité de celles-ci fut comparée à celle des parents, ce qui donna le résultat montré par le tableau ci-dessous. La maturité n'étant pas annotée chaque jour, il fallut ranger les parcelles en classes entre les jours d'annotation. 20 parcelles n'étaient ainsi pas mûres le 28/8, mais bien le 2/9 : leur maturité a donc eu lieu entre le 28/8 et le 2/9, etc.

	28/8	2/9	5/8	8/9	12/9
0101					(1)
0353		1			
0101 × 0353, 160 parcelles de la F₃	20	58	8	'94)	

---

1. Tant 0729 ♀ × 0503 ♂ que 0503 ♀ × 0729 ♂.

2. Les parcelles récoltées le 22/10 n'étaient pas absolument mûres : les parcelles tardives forment ainsi un groupe indécis dans lequel des différences héréditaires de précocité peuvent exister. Le jour de la maturité fut annoté, quand la plupart des plantes étaient mûres. Ainsi on peut seulement voir si les parcelles dans leur ensemble sont aussi précoces que le parent précoce ou non. Les parcelles présentant une dissociation en individus précoces et individus tardifs ont nécessairement une maturité moyenne plus tardive qu'une parcelle ne contenant que des individus précoces.

3. Lignée du blé Emma, tardive.

4. Voir *Kreuzungsuntersuchungen an Hafer und Weizen*, p. 57, 75. *Lunds Universitets Arsskrift*, 1909. — 0101, lignée de Jaune géante à grappes, tardive. 0353 = Ligowo, lignée assez précoce.

Les dernières dates pour la maturité sont certes moins sûres, les observations étant alors rendues difficiles par une période de tempêtes et de grandes pluies. Les résultats sûrs des observations sont pourtant :

a. Ségrégation très nette;

b. Les parcelles de la même précocité moyenne que 0555 sont trop rares pour que la simple ségrégation $1 : 2 : 1$ puisse exister.

La nature compliquée de la ségrégation se montre encore plus nettement par le fait suivant. Lorsque, en 1904, les parcelles de 1905 de la même précocité que 0355 furent examinées en vue de leur constance, elles présentèrent régulièrement une ségrégation distincte en ce qui concerne la précocité, les descendants de certaines plantes épiant plus tôt que les descendants d'autres plantes, comme on voit dans l'exemple suivant :

1905	Parcelle de F_3, maturité 28/8 — 2/9.					
	Parcelles de F_3 après des plantes isolées.					
1904 Floraison. . .	*a,* 10/7	*b)* 10/7	*c)* 12/7	*d)* 13/7	*e)* 14/7	*f)* 14/7
Maturité. . . .	19/8	19/8	19/8	24/8	25/8	25/8

La parcelle de F_3 n'était donc pas constante relativement à la précocité, mais présentait une ségrégation distincte. Il en était de même d'autres parcelles de F_3 qui, en 1905, furent annotées comme étant de la même précocité que 0555. Après cette ségrégation, quelques-unes des plantes montrèrent dans leurs descendances une floraison et une maturité moyennes un peu plus hâtives que 0355, d'autres furent plus tardives. Cette circonstance nous montre encore mieux que la ségrégation est compliquée.

A cela je veux ajouter que, après une sélection continue, j'ai obtenu de cette hybridation des lignées à précocité intermédiaire chez toutes les plantes. D'une telle lignée intermédiaire, apparemment constante, 32 plantes furent semées, en 1908, dans des rangs différents (de chaque plante 60 grains semés) pour être observées de plus près en vue de la constance de leur précocité. Tous ces rangs montrèrent une maturité moyenne intermédiaire, et l'on ne put point constater de différences entre les rangs différents, ni en floraison ni en maturité. Évidemment il se forme donc par la ségrégation des gradations à maturité intermédiaire qui peuvent devenir constantes, ce qui ne serait pas possible si la ségrégation était simple.

De plus, un autre cas se présenta pour la première fois en 1905 : après des hybridations entre certaines *lignées de la même précocité*, mais différentes sous d'autres rapports, quelques parcelles de F_3 peuvent être très distinctement plus précoces ou plus tardives que les parents. Cela se montra très nettement dans un croisement **0401 $\times$ 0950** [1].

	25/8	28/8	2/9	5/9	8/9	12/9
0401.		1				
0950.		1				
0401 $\times$ 0950. 17 parcelles de la F_3. . .	3	12			2	

De cette hybridation entre parents de la même précocité, il se produisit ainsi des lignées plus précoces aussi bien que des lignées plus tardives entre lesquelles la différence était très marquée. Ayant continué ces comparaisons,

1. Voir *Kreuzungsuntersuchungen*, p. 18, 99. 0401 = Avoine Cloche noire, lignée assez précoce ; 0950, lignée à grain blanc d'avoine de Canada, assez précoce.

144   IV⁰ CONFÉRENCE INTERNATIONALE DE GÉNÉTIQUE.

j'ai pu encore (en 1908) constater la même chose. D'une des parcelles plus précoces de F_3 (en 1903) une plante (a) fut semée, ainsi que d'une des parcelles plus tardives, deux plantes (b, c). A côté des parents, leur descendance donna les résultats suivants :

	Floraison.	Maturité.				
		16/8	24/8	29/8	31/8	14/9
0401	18/7			1		
0950	18/7			1		
0401 × 0950, F_4, a	12/7		1			
» » b	24/7					1
» » c	25/7					1

Il est donc évident que les lignées précoces, aussi bien que les tardives, gardent leur précocité aberrante, ce dont témoignent les notes journalières sur la floraison qui chez a se présenta 6 jours plus tôt, chez b, c 6-5 jours plus tard que chez les parents.

D'autres hybridations faites dans les années suivantes ont montré des cas complètement analogues. En 1903, des hybridations furent faites entre des lignées d'avoine du Nord (0660, 0668) et Ligowo (0353) dans le but d'unir la maturité très précoce de celles-là à une meilleure qualité du grain et à un rendement plus élevé. En F_2 (1905) furent choisies seulement les plantes les plus précoces pour être semées séparément.

0353 *Ligowo*, assez hâtive × **0668**, lignée d'avoine de Nordland (Norvège), très hâtive[1]. F_2 en 1905 : 670 plantes dont furent sélectionnées les 46 plus précoces. De celles-ci, il n'y avait cependant, en 1906, que 24 dont la descendance fût à peu près aussi précoce que 0668, tandis que les plantes restantes étaient plus tardives. Dans 9 parcelles les plus précoces de F_3, 46 plantes furent sélectionnées pour être semées séparément. La descendance de celles-ci (les parcelles de F_4), en 1907, présenta des différences distinctes, surtout relativement au temps de floraison. Il en résultait que, même les plus précoces des parcelles de F_3, n'étaient pas constantes, mais présentaient une certaine ségrégation. Il faut ajouter que, aussi chez cette hybridation, j'ai observé des parcelles (F_5, 1908) qui, dans leur ensemble, se sont montrées intermédiaires, constantes ou bien avec une ségrégation minime, point de plantes n'étant aussi tardives que 0353, mais non plus aucune aussi hâtive que 0668.

La rareté des individus aussi précoces que 0668, de même que la ségrégation de ceux-ci dans la descendance et la formation de gradations intermédiaires, indique clairement une ségrégation très compliquée. Obtenir des individus aussi précoces que le parent le plus précoce n'est certes, dans le cas d'un grand nombre d'individus, pas difficile ; mais combiner cette précocité avec la gradation désirée d'autres caractères, qui, indépendamment de la précocité, montrent une ségrégation de même aussi complexe, cela n'est évidemment pas chose facile. Savoir jusqu'à quel point on peut arriver, voilà, à mon avis, ce dont dépend le succès pratique des hybridations. Même dans le cas d'un grand nombre d'individus, il n'est nullement prouvé que toutes les combinaisons imaginables, même approximativement, apparaîtront. L'ancienne croyance qui considérait le succès des hybridations comme favorisé par le hasard, est par suite, sans doute, en quelque mesure vraie ; mais ce n'est nullement une preuve

1. Voir *Kreuzungsuntersuchungen*, p. 29.

contre la régularité mendelienne. Au contraire, elle est en pleine harmonie avec l'idée mendelienne des combinaisons qui comporte la possibilité de combinaisons libres de facteurs nombreux et, de plus, la possibilité d'un grand nombre de combinaisons même de peu de facteurs.

Dans les années 1908-1910 j'ai fait de nombreuses observations qui, avant tout, ont confirmé la naissance de formes décidément plus précoces ou plus tardives que les parents constants, après des hybridations entre des variétés de la même précocité ou peu différentes sous ce rapport. Dans certains cas, cette variation héréditaire transgressive dépasse d'une façon très marquée les limites des parents.

J'ai déjà exposé sommairement un de ces cas **0408 × 0450** [1]. La floraison, ainsi que la maturité de 0408 ont lieu, les années normales, quelques jours plus tôt que chez 0450. De cette hybridation furent semées, en 1908, toutes les plantes de F_2 (112) dans des parcelles séparées. En comparant ces 112 parcelles de F_3 avec les parents croissant à côté, je constatai que certaines parcelles, dans leur ensemble, avaient une floraison bien plus tardive que 0450. La différence entre celles-ci et 0450 était beaucoup plus grande qu'entre 0450 et 0408, lesquels, cette année-là, ne présentèrent qu'une différence de floraison d'un à deux jours. Le 18 juillet les panicules des parents 0408 et 0450 étaient toutes, entièrement ou en partie, sorties de la gaine. Chez 6 parcelles de l'hybridation cependant (8, 46, 58, 71, 97, 98) toutes les plantes montraient d'une façon frappante un développement plus tardif, les panicules n'étant pas encore visibles ou bien, seulement chez quelques plantes, ne sortant de la gaine que par les épillets supérieurs. Ce n'est que le 25 juillet que ces dernières parcelles-ci étaient arrivées à la même phase où étaient déjà 0408 et 0450 le 18 juillet. Cela n'était nullement dû à l'emplacement de ces parcelles, car d'autres parcelles toutes voisines (p. ex. 47 à côté de 46) présentaient une précocité plus grande que celle des deux parents. 4 autres parcelles (4, 23, 52, 54) étaient de même décidément plus tardives; la plupart des plantes ne montraient, le 18 juillet, aucune apparence de panicules, chez quelques autres les panicules commençaient à se montrer, et, dans des cas très rares, elles étaient à moitié sorties de la gaine. Plusieurs autres parcelles montraient une maturité moyenne plus tardive que les parents; la différence était pourtant moins distincte. Beaucoup de parcelles présentaient dans cette phase, une ségrégation nette, quelques plantes pouvant être développées aussitôt ou plus tôt que les parents, d'autres au contraire plus tard, en dehors des limites des fluctuations de modification des parents. La maturité eut lieu, chez les parcelles à la floraison la plus tardive, 5-8 jours plus tard que chez 0450; chez le reste la différence était moins distincte.

Les parcelles plus précoces que les parents étaient moins nombreuses et la différence, quoique distincte, n'était pas si grande. 4 parcelles (Nos 12, 47, 75, 85) étaient arrivées, le 13-14 juillet, à la même période de floraison que les parents au 18 juillet. A cette dernière date ces parcelles différaient très fortement des parents et, par conséquent, encore davantage des parcelles très tardives. Chez ces parcelles précoces, les panicules de toutes les plantes dépassaient alors leurs gaines de 5 à 20 centimètres et le plus souvent la panicule était entièrement étalée, tandis que, chez les parents, elle était encore serrée. La maturité

---

1. Einige Ergebnisse von Kreuzungen, etc. *Botan. Notiser*, 1908, p. 287. Voir aussi *Kreuzungsuntersuchungen*, p. 97. — 0408 = Avoine Cloche noire II de Svalöf, assez précoce; 0450 = Avoine Grand Mogol de Svalöf, assez tardive.

eut lieu, comme la floraison, quelques jours avant celle des parents. De plus, 7 autres parcelles furent annotées comme décidément plus précoces en tout que les parents.

Au reste on pouvait observer, dans beaucoup d'autres parcelles, des plantes à floraison plus hâtive que chez aucune plante des lots parents, et de ces parcelles là il fut facile d'obtenir de nombreuses lignées à précocité plus grande que celle des parents (en 1909 et 1910 de 4-5 jours), aussi bien que des lignées plus tardives (jusqu'à 12 jours). La ségrégation de F_2 continuait donc de la même façon chez une partie des parcelles de F_3.

Il en résulte clairement que la production des plantes plus et moins précoces en F_2 n'a rien d'accidentel, en dehors de la ségrégation ordinaire, mais que des plantes plus précoces aussi bien que des plantes plus tardives se produisent nécessairement par suite de certaines ségrégations. De plus, il faut observer que les formes les plus précoces et les formes les plus tardives sont reliées aux formes parentes par des phases intermédiaires successives, ce qui indique qu'une longue série de gradations continues se produit par la ségrégation, à peu près selon la figure schématique suivante :

$$\bullet \quad \bullet \quad \bullet \quad \bullet \quad \bullet \quad \bullet \quad \bullet \quad \bullet \mid \bullet \quad \bullet \mid \bullet \quad \bullet \quad \bullet \quad \bullet \quad \bullet$$

$$0408 \qquad 0450$$

La variation produite par le croisement 0408×0450 ne s'étend pourtant que sur une partie de la latitude de variation connue chez l'avoine. Les parcelles les plus tardives de F_3 sont assez extrêmes, elles appartiennent aux formes les plus tardives observées à Svalöf, tandis que les parcelles les plus précoces ne montrent pas, à beaucoup près, la même précocité que les plus précoces variétés existantes (comme Mesdag, etc.), qui en 1908 mûrissaient même 10-11 jours plus tôt que ces parcelles-là. Cet exemple nous montre cependant en tous cas que, par hybridation entre des lignées constantes d'à peu près la même précocité, une variation peut se produire qui remplisse une partie considérable de toute l'étendue de la variation héréditaire connue chez l'avoine.

Cela nous entraînerait trop loin de décrire en détail tous ces cas; voilà pourquoi je veux me borner à en mentionner quelques-uns en peu de mots.

D'une hybridation **0353 Ligowo**, assez hâtive, $\times$ **0401 Avoine Cloche noire** de Svalöf, assez hâtive, il y avait, en 1908, 88 plantes de F_2 semées en rangs divers (chaque rang à 50 grains seulement). Chez 0353 la floraison a lieu environ 5 jours plus tôt que chez 0401, mais leur maturité est à peu près simultanée. Des 88 rangs de F_3, 5 montraient, chez toutes les plantes, une floraison nettement plus tardive que 0401, tandis que 4 étaient aussi distinctement en avant de 0353. Dans quelques autres rangs il y avait de nombreuses plantes distinctement plus tardives que 0401, d'autres n'étant pas plus tardives. De la même façon, d'autres rangs montraient une ségrégation nette, des plantes plus précoces que 0353, d'autres pas plus précoces. Il y avait donc un cas entièrement analogue à celui de l'hybridation 0408×0450.

L'exemple le plus frappant de la naissance de formes nouvelles, en dehors des limites des parents, je l'ai observé l'an dernier en F_3 d'une hybridation **01006** $\times$ **0408** [1]. 01006 mûrit encore plus tard que 0450, la différence de floraison

---

1. 01006, lignée d'avoine noire de Suède (Roslags), tardive ;
0408 $=$ Avoine cloche noire II de Svalöf, assez hâtive.

et de maturité entre 0408, à Svalöf, étant de 7-8 jours environ. En F₂ (1909)
24 plantes furent sélectionnées, sans tenir compte de leur précocité. Entre les
24 parcelles de F₃ en 1910, il n'y en eut presque aucune qui fût aussi précoce
que 0408 (floraison 15/7, maturité 22/8), la plupart étaient intermédiaires ou
bien tardives comme 01006 (floraison 22/7, maturité 1/9). Une parcelle de F₃
était cependant encore considérablement plus tardive que 01006. A l'époque de
la floraison de 01006, cette dernière montrait encore une taille peu élevée, et ce
n'était que 12 jours plus tard (3/8) que sa floraison fut notée. La différence de
maturité était encore plus grande, celle-ci n'étant notée que le 18/9. Cependant
il y avait deux parcelles, dont la floraison fut notée au 25/7-26/7 et la maturité
au 4/9-6/9. Ces parcelles formaient la transition entre la dite parcelle extrême
et 01006.

Dans ce cas, il se produisait par hybridation une forme non seulement loin
en dehors des limites des parents, mais aussi, à en juger par ce qui s'est montré
jusqu'à présent, en dehors même des limites des variétés les plus tardives jusqu'ici connues. Entre les variétés nombreuses provenant de pays divers et les
lignées pures séparées d'elles, qui ont été cultivées à Svalöf, il y en a certainement qui ont été encore plus tardives que 01006, mais aucune cependant qui
ne se soit montrée aussi tardive que la lignée citée. Une comparaison continue
de ces variétés les années suivantes nous renseignera mieux sur ce sujet.

Ces exemples me paraissent suffisants pour montrer que le caractère précocité se comporte d'une manière très semblable chez des hybridations différentes.
Les résultats empiriques de mes expériences sur la précocité chez les hybridations peuvent donc se résumer en peu de mots :

1° La ségrégation a toujours lieu ;

2° La ségrégation, après une hybridation entre formes constantes plus et
moins précoces, n'a jamais pu être interprétée selon la simple formule mendelienne 1 : 2 : 1, mais a toujours, au contraire, été trouvée beaucoup plus compliquée ;

3° Lorsque les parents sont très inégaux comme précocité, il en résulte une
majorité de formes intermédiaires, qui peuvent devenir constantes, tandis que
les formes aussi précoces ou aussi tardives que les parents, ou bien celles
encore plus précoces ou encore plus tardives, sont relativement rares. En certains cas, la ségrégation semble plutôt se rapprocher de l'un des parents, par
exemple, les formes tardives prévalent ;

4° Dans les cas d'hybridations entre parents de la même précocité, ou peu
s'en faut, il arrive souvent qu'il se produit des formes plus précoces ou plus
tardives que les formes parentes. En certains cas, les différences ne sont que
faibles, en d'autres cas considérables, et très frappantes. Les formes extrêmes
sont liées aux formes parentes par des transitions. La naissance de formes plus
précoces et plus tardives (que celles des parents) n'est nullement accidentelle,
ne peut être le résultat de changements spontanés accidentels, elle est le résultat
du procédé de ségrégation : de pareilles formes transgressives se produisent
régulièrement par la ségrégation continue, dans la troisième génération, etc.

5° Par hybridation de formes constantes peu différentes ou même égales en
précocité, une variation héréditaire peut se produire, s'étendant sur une partie
considérable de la latitude de variation de la précocité connue chez l'avoine, et
des extrêmes peuvent se présenter, qui, même, semblent dépasser les limites des
formes héréditaires jusqu'ici connues.

Le procédé de ségrégation ici décrit indique nettement que la précocité est un caractère composé, résultant de plusieurs unités ou facteurs indépendants. C'est donc un caractère de « construction », de même façon que la résistance au froid. Sous cette hypothèse le procédé de ségrégation est parfaitement explicable.

Tout comme la même couleur peut être le résultat d'unités diverses, et, par des combinaisons différentes de celles-ci, des gradations différentes de la couleur peuvent naître, ce qui a été exposé dans plusieurs cas, de la même façon une série de gradations héréditaires au point de vue de ce caractère peut se produire par combinaisons diverses d'un certain nombre d'unités pour la précocité.

Par hybridation entre des extrêmes de couleurs, des formes intermédiaires constantes peuvent être obtenues, par exemple de la façon suivante, A_1, A_2, désignant des unités différentes de brun :

$$
\begin{array}{cccc}
\text{Blanc.} & & & \text{Brun.} \\
a_1 \ a_2 & & \times & A_1 \ A_2 \\
a_1 \ a_2, & A_1 \ a_2, & a_1 \ A_2, & A_1 \ A_2 \\
\text{blanc} & \underbrace{\text{brun} \qquad \text{brun}}_{\text{Intermédiaires.}} & & \text{brun}
\end{array}
$$

Par hybridation entre ces types intermédiaires il faut, par contre, que des formes se produisent, qui aillent au dehors des limites des parents :

$$
\begin{array}{cccc}
& A_1 \ a_2 & \times & a_1 \ A_2 \\
a_1 \ a_2, & A_1 \ a_2, & a_1 \ A_2, & A_1 \ A_2
\end{array}
$$

Sans aucun doute la ségrégation de la précocité doit être expliquée d'une manière semblable en principe, quoique ce cas-là paraisse être beaucoup plus compliqué. Pour ce caractère, il y a probablement beaucoup d'unités de nature et d'effet variables, quoiqu'on ne puisse encore rien dire de leur nombre ni de leur effet spécifique.

Pour découvrir cela, les recherches continuées doivent être faites dans des directions arrêtées, les formes extrêmes devant, avant tout, rentrer dans les expériences. Des facteurs de précocité identifiables, ayant un effet extérieur morphologique déterminé, qui ont été trouvés par Keeble et Pellew[1] chez *Pisum sativum*, n'ont pu être constatés chez *Avena sativa*.

Quand même mes recherches ne seraient donc, par rapport à ces questions, que de nature purement indicative, les résultats concordants déjà obtenus, cités ci-dessus, montrent pourtant, à mon avis, avec sûreté que les nombreux biotypes de précocité, qui peuvent être distingués, ne sont nullement des mutations indépendantes, mais des combinaisons différentes, et que les types plus précoces ou plus tardifs en dehors des limites des parents, obtenus par hybridation, ne sont que des combinaisons nouvelles de composants déjà existant chez les parents. Avant tout il faut faire valoir que des hybridations entre des lignées de la même précocité peuvent donner naissance à des lignées considérablement plus précoces et plus tardives ; cela prouve que la même forme constante peut être le résultat de différentes combinaisons d'unités.

Il faut bien remarquer que la forte ségrégation qui se produit dans la descendance d'une hybridation, même si les parents sont d'à peu près la même

---

1. The mode of inheritance of stature and of time of flowering in peas (Pisum sativum). *Journ. of Genetics*, V. 1, 1910, p. 47.

précocité, ne provient que d'*une seule* union de gamètes, puisque, dans mes hybridations, les descendances des divers individus de F_1 ont toujours été examinées séparément. La forte ségrégation ne peut donc pas résulter de ce que les gamètes d'un seul et même parent soient différents entre eux. Lorsque des individus différents d'une seule et même lignée ont été semés les uns à côté des autres, aucune différence de précocité entre leurs descendances n'a pu être constatée avec sûreté, tandis que, au contraire, les différences entre des lots provenant d'hybridations des lignées différentes d'à peu près la même précocité peuvent être frappantes et très grandes. Il faut donc que la forte ségrégation qui se présente dans la descendance d'une seule union de gamètes entre des lignées différentes d'à peu près la même précocité, provienne de ce que les deux gamètes sont des combinaisons différentes de facteurs mendéliens indépendants pour la précocité qui, par des regroupements, peuvent former de nouvelles formes conjointement avec les formes parentes. Chez une lignée devenue homozygote par rapport à ces facteurs de précocité les gamètes sont égaux, c'est-à-dire qu'ils forment la même combinaison. Dans le cas d'autofécondation dans une telle lignée les individus doivent donc présenter la même précocité dans leurs descendances.

DISCUSSION DE LA QUESTION D'ACCLIMATATION SUR LA BASE DES FAITS OBTENUS

De ce qui a été exposé ci-dessus il résulte clairement que, quand il s'agit des caractères précocité et résistance au froid, aussi bien du reste que de la plupart des autres caractères, *l'on ne peut nullement ranger les différences héréditaires sous l'aspect d'un petit nombre de formes distinctes, lignées ou « espèces élémentaires », chacune produite indépendamment par mutation.* Tout au contraire, les observations montrent clairement qu'il faut admettre qu'il existe une longue série de gradations continuelles, produites par les diverses combinaisons des facteurs composant ces caractères de construction. Même on ne saurait douter de ce que les vraies combinaisons et aussi les vraies gradations soient plus nombreuses que les gradations que peut distinguer notre esprit d'observation. Cela se montre le plus clairement par le fait que des formes qui nous paraissent absolument de la même précocité, peuvent pourtant être des combinaisons toutes différentes, pouvant, par hybridation, produire une forte ségrégation dans leur descendance et former de nouvelles formes bien loin en dehors des formes parentes. Puisqu'il est peu probable que des combinaisons différentes de facteurs intérieurs puissent produire absolument le même effet extérieur, c'est-à-dire absolument le même degré de précocité ou de résistance au froid, on voit facilement que, dans des cas pareils, il est bien inconsidéré de vouloir grouper toute la variation héréditaire dans un nombre de « types » extérieurs, « espèces élémentaires », possibles à distinguer par leur aspect extérieur. Il est vrai que des types bien distinguables peuvent être *isolés* d'une série continue, mais c'est faux de présenter la variation héréditaire comme consistant seulement en de pareils types, en faisant abstraction de toutes les transitions. Au contraire, nous avons certainement raison en soutenant que *les vraies différences héréditaires constitutionnelles sont encore plus nombreuses que même les différences héréditaires extérieures les plus subtiles,* pouvant être constatées. En fixant la moyenne d'un groupe d'individus à l'aide de méthodes exactes statistiques on peut vérifier, jusqu'à un certain degré, si ce groupe, par son carac-

tère héréditaire, se distingue d'un autre groupe d'individus, et de cette façon
on peut arriver toujours plus loin pour pouvoir constater de petites différences
héréditaires. Mais la méthode statistique ne peut pas prouver qu'il n'existe point
de différences héréditaires là où on n'en peut point constater avec sûreté en
examinant les caractères extérieurs. Les différences peuvent exister tout de
même, et, par hybridation entre formes apparemment égales (c'est-à-dire extérieurement), des résultats surprenants peuvent être obtenus, comme par exemple
par hybridation entre deux variétés de blé semblables à grain rouge, des individus
blancs, parce que les parents rouges possèdent des facteurs différents pour la
couleur rouge, ceux-ci pourtant presque du même effet extérieur. Cependant,
puisque déjà les composants des combinaisons peuvent être, par rapport à leur
effet extérieur spécifique, continuellement liés, à peine ou pas du tout distinguables, combien cela sera encore plus le cas des résultats extérieurs visibles
des *combinaisons* diverses de pareils facteurs proches!

Au lieu de se représenter la variation héréditaire comme consistant en un
nombre relativement petit de types, identifiables par leur effet extérieur, il faut
donc se la représenter comme un nombre d'unités mendeliennes, qui, par des
combinaisons diverses, forment une série de gradations continues, ces gradations, même celles qui se ressemblent au point de ne pouvoir avec sûreté être
distinguées les unes des autres, pouvant être des combinaisons différentes.

L'importance de ces faits pour la question d'acclimatation est évidente. *L'acclimatation, l'adaptation, signifie, en partant de ce point de vue, un regroupement
des composants ou facteurs mendeliens existants, en des combinaisons toujours
plus avantageuses, combinaisons correspondant le mieux au milieu donné.* Le
rôle de la sélection sur ce point ne peut être nié. C'est un fait facile à constater
que, dans une variété de blé à variation héréditaire de résistance au froid, les
individus moins résistants disparaissent ou diminuent, tandis que les individus
plus résistants survivent et dominent de plus en plus. De même, si une variété
d'avoine à variation héréditaire de précocité est transplantée plus au Nord, où
les combinaisons plus tardives mûrissent mal ou pas du tout, les combinaisons
plus précoces vont en augmentant. Un changement du caractère de précocité
moyen de la variété en est le résultat. Cependant les possibilités d'acclimatation
ne sont pas par cela épuisées, car, par hybridation entre les individus sélectionnés, en tant que ceux-ci sont des combinaisons différentes, il peut, par un
regroupement des unités, se produire éventuellement des combinaisons encore
plus précoces, lesquelles alors fournissent les matériaux d'un changement ultérieur vers une plus grande précocité, une acclimatation continue. *Le rôle de la
sélection est alors,* en diminuant le nombre d'individus plus tardifs, *de fournir
une plus grande possibilité d'hybridations entre les individus précoces, augmentant ainsi fortement les possibilités de la réalisation des combinaisons imaginables
dans la direction d'une plus grande précocité.* Dans une population mêlée d'individus précoces et tardifs, les possibilités de la formation de ces combinaisons
doivent nécessairement être moins grandes. Le procédé devient par cela plutôt
analogue au travail de l'éleveur choisissant et hybridant les combinaisons précoces dans l'espoir d'en obtenir ainsi d'encore plus précoces.

Pour qu'un pareil changement graduel, par un regroupement d'unités, puisse
avoir lieu, il faut naturellement qu'il se fasse des hybridations entre des individus différents dans la nature. La fréquence de l'hybridité proportionnellement
à celle de l'autofécondation est égale pour le résultat final; cependant, chez des

espèces s'hybridant régulièrement, le résultat possible peut naturellement être obtenu plus rapidement. Chez les plantes où l'autofécondation prédomine et où l'hybridité est relativement rare, comme le blé et l'avoine, le procédé devient certes plus lent, mais est à la fin évidemment le même.

La conception formulée ci-dessus sur la base de faits expérimentaux a, évidemment, beaucoup de commun avec celle de *Darwin*. Selon *Darwin* il existe presque toujours entre les individus de petites différences qui, étant souvent héréditaires, offrent de la matière pour la sélection. Par la sélection de certains individus, un changement peut être produit dans une certaine direction, et, ces individus variant encore dans leurs descendances, des changements ultérieurs peuvent, par une sélection continuée, être obtenus. Dès que l'hybridité existe et que les individus peuvent, par suite, varier encore dans leurs descendances, l'harmonie avec l'exposé empirique, sinon avec les théories de Darwin est évidente; dans l'un et l'autre cas le changement est de nature successive et cumulative.

Certes, il a été supposé par *de Vries* que le changement qui peut être obtenu par les petites variations individuelles quantitatives n'est point persistant. Mais la variation quantitative continuelle est, évidemment, comme je l'ai déjà fait observer à maintes reprises pour ce qui concerne les céréales, de deux natures différentes :

a) Modification quantitative continuelle, produite par de petites différences dans les circonstances extérieures pour les différents individus croissant dans la même place;

b) Variation héréditaire quantitative, continuelle, indépendante de la précédente et basée sur des combinaisons d'unités, c'est-à-dire, variation de combinaison.

Puisque même cette dernière variation, par des hybridations continuées et, en conséquence, des regroupements incessants d'unités, devient de nature plus ou moins fluctuante et individuelle, le nom de fluctuation, limité aux modifications quantitatives, me paraît peu exact; voilà pourquoi il faudrait à la place distinguer en :

a) Modification individuelle fluctuante avec des modifications en plus et en moins;

b) Variation individuelle fluctuante avec des variations en plus et en moins.

En harmonie avec la conception de la variation individuelle comme étant une variation de combinaison et non le résultat d'une tendance permanente à des changements spontanés, se trouvent les observations sur la constance des combinaisons homozygotes. Là où l'hybridité est rare et l'autofécondation prépondérante, comme chez les céréales ici traitées, le cas peut facilement se présenter (à cause du fait déjà relevé par *Mendel* que chez l'autofécondation continuée les combinaisons hétérozygotes dans la descendance d'une hybridation deviennent nécessairement et proportionnellement toujours plus rares) que les combinaisons homozygotes deviennent plus nombreuses que les combinaisons hétérozygotes; c'est pourquoi la variation héréditaire chez ces céréales en premier lieu doit se présenter comme une série de biotypes constants quoique continuellement liés, comme il a déjà été mentionné ici-dessus relativement à la résistance au froid. Aussi ne se produit-il dans la descendance de ceux-ci que des modifications fluctuantes, comme je l'ai fait valoir en 1901 : en même temps j'ai soutenu qu'une acclimatation dans cette voie, par une sélection naturelle de modifications, n'était nullement constatée.

De ces arguments, on pourra conclure que l'idée de changements successifs héréditaires, produits par des groupements des unités, n'est en somme pas en contradiction prononcée avec les idées de *Darwin* lui-même, lesquelles, par leur formulaire vague, n'expriment à peine que l'existence authentique d'une petite variation héréditaire comme la base de la sélection et des changements, mais qui ne disent rien de plus précis quant à la nature ou à l'origine de cette variation. L'idée de changements par des regroupements devrait plutôt être qualifiée d'un développement de la manière de voir de Darwin dans une direction que celui-ci ne pouvait prendre, ne connaissant pas l'œuvre de Mendel ni son importante *idée nouvelle des combinaisons*, basée sur les unités indépendantes. Cependant, cette conception de combinaison mendelienne, basée sur des expériences, est évidemment en opposition décidée avec l'idée qui explique la variation individuelle comme une tendance innée, partout existante, à des changements. D'après cette interprétation, il existerait évidemment toujours, même chez les combinaisons homozygotes (c'est-à-dire les biotypes constants), une tendance de fluctuation de nature à pouvoir toujours, par sélection, produire des changements héréditaires successifs.

De même cette conception mendelienne se distingue de la conception darwinienne, telle que celle-ci s'est développée après Darwin, par ce qu'elle doit regarder le changement successif, en tant que celui-ci est basé sur des combinaisons de constituants déjà existants, comme limité, dans bien des cas peut-être même très limité. Certes, ce n'est que l'expérience qui puisse nous donner des renseignements plus complets sur ce sujet. Cela ne nous paraît pas impossible que, par des hybridations systématiques, par exemple entre des variétés d'avoine différentes les plus précoces, l'on puisse obtenir des variétés surpassant en précocité toutes les variétés jusqu'ici connues, aussi bien que, par hybridation, des formes extrêmement tardives se sont réellement produites (voir ci-dessus); jusqu'où l'on peut arriver ainsi, ne peut certes pas être prédit. D'un autre côté cependant, il est hors de doute que les idées concernant de grands changements héréditaires qu'auraient subis graduellement les plantes cultivées par l'effet de la sélection, ne soient souvent fort exagérées, étant plutôt des déductions théoriques que basées sur des faits historiques ou expérimentaux. De ces grands changements prétendus on ne peut tirer aucune conséquence quant aux changements successifs réellement possibles.

A propos de la discussion sur cette possibilité limitée d'acclimatation par combinaison, la question se pose, si l'acclimatation ne peut être obtenue par des changements héréditaires vraiment spontanés, c'est-à-dire par des mutations. Même si une combinaison homozygote (biotype) n'a pas une tendance permanente à des fluctuations endogènes, mais seulement à des fluctuations de modification non héréditaires, selon ce qu'il en est dit plus haut, il ne s'ensuit évidemment pas, que ce biotype ne puisse, de temps en temps, produire des changements héréditaires. Mon expérience sur ce point est cependant jusqu'ici de nature négative.

Sous ce rapport, je me suis principalement occupé des blés de printemps, parce que, spécialement chez cette céréale, c'était un but désiré pour la pratique, d'acclimater, si possible, dans le sens d'une plus grande précocité, de bonnes variétés étrangères qui, à cause de leur maturité tardive, ne pouvaient être cultivées en Suède. Dans ce but j'ai sélectionné, en 1900-1901, dans des lignées pures, cultivées pendant quelques générations, des plantes à floraison plus précoce que le reste. A cette phase du développement, les différences sont particulièrement frappantes. Les plantes aberrantes furent marquées par des fils de laine en couleurs vives, et purent ainsi facilement être isolées au temps de la maturité. Semées séparément à côté de plantes normales, elles ne présentaient cependant, dans leur descendance, en aucun cas, une floraison plus précoce que les plantes normales, ce n'était donc rien que des fluctuations de modification considérables. A cause de cette expérience négative et décourageante, j'ai depuis lors tâché d'avancer dans la direction désirée par des hybridations entre les races étrangères tardives et des races indigènes précoces.

Chez les blés d'hiver, au contraire, j'ai souvent et même régulièrement, pu constater dans la descendance de lignées pures originairement homogènes, des différences héréditaires de précocité aussi bien que de résistance au froid. Dans mes publications postérieures à 1906[1], j'ai cependant plusieurs fois signalé le fait que ces formes-là, plus résistantes au froid ou plus précoces, diffèrent toujours du type mère en d'autres caractères également. On n'obtient nullement l'ancienne combinaison-biotype acclimatée, mais de nouvelles combinaisons-biotypes, ce qui, au point de vue pratique, est un fait très remarquable. On ne peut jamais être sûr si la plante aberrante plus résistante au froid vaut autant que la variété ancienne pour ce qui est de ses autres caractères, car, généralement, elle diffère de celle-ci sous beaucoup d'autres rapports, comme qualité de la paille et du grain, résistance à la rouille etc., tous ces caractères-là se répartissant après des hybridations indépendamment l'un de l'autre. La plante aberrante est une combinaison nouvelle dont la valeur ne saurait être vérifiée que par des expériences nouvelles et suffisantes. *Westergaard*, éleveur danois bien connu, est arrivé justement aux mêmes conclusions en essayant d'utiliser ces formes aberrantes de blés d'hiver dans la sélection pratique. L'examen de la valeur de formes pareilles, dit-il, doit être refait depuis le commencement, et on trouve souvent alors qu'elles possèdent des défauts qui manquaient chez la variété mère et qui les rendent sans valeur.

Au point de vue théorique, il faut particulièrement insister sur la nature de ces plantes aberrantes d'être des combinaisons nouvelles, puisqu'il ressort clairement qu'elles peuvent être des produits d'hybridations naturelles avec des regroupements concomitants des caractères. C'est aussi une opinion commune chez les expérimentateurs s'occupant du blé d'hiver, que de pareilles hybridations naturelles se présentent assez souvent. Ces formes aberrantes ne peuvent donc pas encore servir d'exemple de changements spontanés, ni vers une plus grande résistance au froid, ni vers une plus grande précocité.

Toutefois, je ne veux pas par cela nier que de pareils changements spontanés de résistance au froid et de précocité ne puissent se produire chez les céréales ici traitées, d'autant moins que j'ai pu constater de pareils changements, sans nul doute, relativement à d'autres caractères[2]. Mais il s'agit ici

---

1. Något om korsningar och deras betydelse för förädlingsarbetena med hösthvete. — Quelques annotations sur les hybridations et leur importance pour les travaux d'amélioration des blés d'hiver.— *Sveriges Utsädesförenings Tidskrift*, 1906, p. 300. Ref. dans *Journal f. Landwirtsch.*, 1908, p. 299.

2. H. Nilsson-Ehle : Ueber Fälle spontanen Wegfallens eines Hemmungsfaktors beim Hafer. *Zeitschr. indukt. Abst. u Vererbungslehre*, T. 5, 1911, p. 1. — Spontanes Wegfallen eines Farbenfaktors beim Hafer *Verhandl. d. naturforsch. Vereines in Brünn*, T. XLIX, 1911.

avant tout de savoir si, dans ces cas, il se produit des différences qui ne soient pas connues auparavant. Si les mutations ne sont que des réversions à des caractères déjà connus, il est évident qu'il n'y a pas plus à y gagner, qu'à des combinaisons de caractères déjà existants; des formes plus précoces ou plus résistantes au froid que les formes déjà existantes ou possibles ne peuvent être obtenues ainsi et de nouveaux biotypes ne résultent pas de ces mutations-là.

A mon avis, nous ne nous trouvons qu'au début de la vraie interprétation de ces questions si importantes en principe. Pour l'éclaircissement de la question de l'existence de variations spontanées, de mutations, chez les caractères précocité et résistance au froid, il est évident que la connaissance des unités formant ces caractères-là serait d'une grande importance. Mais, tant que ces unités ne seront pas connues davantage qu'elles ne le sont à présent, il sera sûrement difficile de prouver, d'une manière exacte, l'existence de changements spontanés éventuels et d'en déterminer la nature, même chez les lignées pures.

Non moins à l'égard de la question encore trop inexpliquée de la naissance de caractères vraiments nouveaux par des changements spontanés, il me paraît prématuré de nier catégoriquement, par suite de déductions théoriques, pour le présent, la possibilité de changements héréditaires, d'acclimation héréditaire, par l'action directe du milieu dans le sens de Lamarck. Il faut pourtant avouer que, aussi sur ce point-là, les résultats que j'ai pu réunir pour l'éclaircissement de cette question, jusqu'ici sont négatifs. J'ai fait valoir, en 1901, que l'acclimation des céréales dans le sens de Lamarck devait encore être regardée comme inexpliquée, parce que, dès qu'une variation héréditaire déjà existait chez une variété, on ne pouvait pas distinguer l'action du milieu d'avec celle de la sélection.

La note connue de *Schübeler*, selon laquelle les variétés précoces, originaires de régions du Nord ou de régions élevées, cultivées en terre basse, au bout de de peu d'années changeraient de caractère au point de mûrir aussi tard que les variétés indigènes, paraît cependant peu plausible même au point de vue de la sélection, et ne se confirme nullement par les observations faites depuis sur le même sujet. Par des essais comparatifs de diverses variétés d'avoine, *Grotenfelt*[1] a trouvé que la courte période végétative de l'avoine noire du Nord de la Finlande ne s'est point perdue après avoir été cultivée pendant 4 années dans le Sud de la Finlande. Ces observations peuvent être attestées et complétées par les observations annotées sur une lignée pure de l'avoine du Nord de la Finlande **0660**, cultivée à Svalöf depuis 1893. Pendant les premières années, on n'en a observé que la maturité très précoce comparée à celle des variétés de Scanie; certaines années une différence en maturité même de vingt jours pouvait se présenter. Depuis 1899 il existe cependant des notes complètes sur le nombre de jours de la période végétative, lesquelles démontrent que cette variété a jusqu'ici conservé entièrement sa précocité, comparée à des variétés plus tardives. Le nombre de jours de la période végétative chez une lignée 0501, avoine Hvitling de Svalöf, de précocité moyenne, ordinaire chez les avoines de Scanie, est donné ci-dessous à côté de celui de 0660.

1. Redogörelser för landtbruksekonomiska försök å Mustiala. Rapports sur les essais agricoles économiques à Mustiala. *Landtbruksstyrelsens meddelanden.* No XX. Helsingfors 1897,

	NOMBRE DE JOURS DE LA PÉRIODE VÉGÉTATIVE.		DIFFÉRENCE EN PÉRIODE VÉGÉTATIVE.
	0660	0301	Jours.
1899.	99	104	6
1900.	101	108	7
1901.	91	105	14
1902.	119	150	31
1903.	106	121	15
1904.	94	105	11
1905.	96	103	7
1906.	96	104	8
1907.	114	135	21
1908.	106	116	10
1909.	109	127	18
1910.	92	104	12

Cet exemple nous montre une lignée pure d'une variété précoce du Nord de la Scandinavie dont la précocité ne s'est point perdue après avoir été cultivée dans le Sud de la Suède durant 18 années, et chez laquelle aucun décroissement de la précocité relative non plus n'a pu être constaté pendant les 12 années de comparaison scrupuleuse. Si le climat provoquait des changements dans le caractère héréditaire, il devrait niveler, réduire les différences entre les différentes variétés, cultivées dans la même place, mais l'expérience jusqu'ici acquise ne va pas dans cette direction-là. Les observations ne sont pourtant pas encore de nature à permettre que, à ce titre, on puisse nier la possibilité d'un changement lent.

Dans les années froides, humides, à période végétative prolongée, comme 1902, 1907 et 1909, les différences en temps de végétation deviennent considérablement plus grandes que dans les années chaudes, sèches, comme 1899-1900, 1905-1906 [1], mais c'est justement cette grande différence entre les années qui rend difficile, sinon impossible à constater si quelque petit changement vers une période végétative prolongée s'est produit pendant la période. Il faudrait pour cela des années absolument semblables, ce qui ne se trouve guère. Cette question demande donc à être traitée à fond, à des points de vue différents, et en utilisant des lignées constantes d'espèces diverses, avant de pouvoir tirer une conclusion définitive.

Mon expérience de l'acclimatation héréditaire chez les céréales peut être, en peu de mots, résumée ainsi :

L'acclimatation par combinaison est la seule que, jusqu'ici, j'aie pu constater chez les céréales par des faits expérimentaux. Je n'entends cependant pas par là que cette forme d'acclimatation héréditaire soit la seule existante. Mais c'est évidemment la plus facile à constater à l'aide d'expériences. Il s'agit donc à présent de tâcher, par des recherches expérimentales, de découvrir en quelle mesure des changements héréditaires adaptifs de cette catégorie peuvent naître autrement que par combinaison de facteurs déjà existants, par des changements spontanés ou par l'action directe du milieu. En vue de la portée fondamentale de ces questions, il me semble qu'elles doivent, pour le moment, réclamer un intérêt tout particulier.

1. Si l'on ne considérait pas cette qualité différente des années, on croirait facilement que des changements subits vers une maturité plus égale se présentent en réalité lorsque des années chaudes succèdent à des années froides.

ON ACCLIMATIZATION BY RECOMBINATION OF MENDELIAN FACTORS

SUMMARY

It is evident that in considering the question of the alteration of a type the mendelian idea of the recombination of characters is of great importance. If a quantitative character, for instance size, is concerned with several independant mendelian factors, which by various combinations give rise to different grades of this character, then it becomes possible to produce a gradual change in the population, by means of selection of individuals, and repeated hybridizations.

The extent, and the duration of such a change, depend on the number and the nature of the unit factors. In my opinion we are only on the threshold of any real understanding of the inheritance of quantitative variation. It is possible that in the case of certain organisms and characters, quantitative variation may be more complicated, and depend on a much larger number of factors, than in other cases. For this reason, it cannot be denied, even from the mendelian point of view, that the probabilities of the occurence of a change in the type may be very different, and similarly that it may be slower in some cases than in others, although there must always be a fixed limit to the changes occurring by the recombination of factors. By long continual research much light should be thrown on the question.

According to my experimental researches with the cereals, there can be no doubt that there is a certain relation between those adaptive changes of plants called hereditary acclimatization, and the regrouping of mendelian factors. I have suggested on the basis of experiments with autumn wheat, published in 1901, that the increased resistance to cold which certain delicate varieties acquire, after being grown in Sweden for a series of years, depends on the fact that although they may be morphologically uniform, in reality there are various types present, which differ in their powers of resistance. The increased resistance to cold of such varieties is directly due to the increase in the numbers of the more resistant types. At that time I said nothing about the nature or origin of these forms and did not describe them as mutations which appeared from time to time, and of which only the most resistant survived.

The facts cannot be explained so simply. On the contrary, all my researches tend to show that the numerous types which can be distinguished, both in the characters of resistance to cold, precocity, and other quantitative characters, are produced by various combinations of certain mendelian factors, the origin of these factors being unknown.

From crosses made between types which differ from each other only quantitatively, either in respect of precocity or of resistance to cold, there results always definite segregation, which however can only be proved by analysis of the progeny of each F_2 plant. In the course of my experiments in hybridization I have examined several hundreds of F_3 families. With regard to the precocity of wheat and of oats, the most important results (with the exception of the proof of the occurrence of segregation) were as follows.

1st. — Segregation from a cross between true breeding forms which differ from each other in precocity, has never given the simple mendelian ratio 1 : 2 : 1 but a much more complicated ratio.

2nd. — If the parents differ considerably from each other as regards precocity, then a large majority of intermediate forms are obtained which may become constant, whereas those forms which resemble the parents, or those which are earlier or later than either parent, are relatively rare. In some cases there is a majority of forms resembling, or nearly resembling, one of the parents, for instance, the later forms may prevail.

3rd. — In the case of crosses between forms of the same precocity, or differing slightly from each other, forms may arise which are earlier or later than either parent. In some of these cases the differences are very slight, but in others they are definite and considerable. The extremes are connected with the parental types by transitional forms. The origin of these new types cannot be due to spontaneous changes or to any accidental cause, but are solely the result of segregation. Similar transgressive forms are produced, through continued segregation, in the following generations.

4th. — By hybridization of constant types, resembling each other or differing only slightly in precocity, a range of variation may be produced extending over a great part of the specific range of variation for this character, and extreme forms may occur which appear to exceed the limits hitherto known.

My observations on the character of resistance to cold in autumn wheat are less numerous, but the results are analogous.

All observations hitherto made on segregation are in agreement with the idea that these results are due to the separation of several mendelian factors which by various recombinations give rise to a long series of forms.

These forms are therefore not mutations, but represent various combinations of a relatively small number of factors. In the cereals, in which self fertilization is the rule, the true breeding forms must be regarded as homozygous with regard to these factors. It is especially to be observed that similar, or very nearly similar forms, may be quite different combinations of factors, as is shown by the fact that from a cross between two such similar forms there may arise new types in which certain quantitative characters exceed, sometimes even in a high degree, the range of these characters found in the parents. The same external appearence may be the manifestation of diverse internal constitution, or, in other words, may be produced by combinations of different factors.

The selection, according to their external appearance and not according to their gametic constitution, of types best adapted to their conditions, is thus only one aspect of acclimatization. Inasmuch as these selected forms represent different factorial combinations, there exists the possibility of producing by hybridization new combinations which may be still better adapted, and this method of improvement may be continued till the most favourable combination is found. Acclimatization, or adaptation, means then, from this point of view, a regrouping of the components or mendelian factors already existing, giving more advantageous combinations,

Without denying the possibility of other modes of acclimatization, that which I have described, and which occurs by the recombination of factors already existing, is the only method that I have been able to verify through experiments with the cereals. It must be confessed however that this mode of acclimatization is the most easy one which may be stated by empirical investigations.

How are mendelian factors produced? That is the problem which now presents itself, and from the true solution of which we are probably still far distant.

SUR « L'ORIGINE DES ESPÈCES PAR MUTATION »[1]

Par A.-W. SUTTON F. L. S., V. M. H.

Reading (Angleterre).

M. Griffon m'ayant fait l'honneur de m'inviter à prendre part à la discussion sur ce sujet d'un intérêt général en faisant part de mon expérience personnelle concernant la théorie développée sur l'origine des espèces par Mutation, j'ai préparé avec les soins les plus minutieux, comme le mérite le sujet, les notes suivantes :

Pendant près de quarante ans j'ai eu de nombreuses opportunités de suivre le développement de bien des milliers de plantes cultivées à titre d'essais, et mon opinion personnelle — qui est partagée par mes collaborateurs — me porte à dire que le procédé de « mutation » n'a donné comme résultat aucune création se rapprochant de la dénomination « nouvelle espèce. »

L'existence de « variations permanentes » n'est mise en doute par personne, car des formes variétales font quelquefois leur apparition spontanée parmi les récoltes, et, lorsque ces « variations » sont, par la culture soumises à l'isolation, il arrive fréquemment qu'elles conservent leurs caractères distinctifs.

D'autres ne sont que des « variations fluctuantes, » incertaines, qui, à moins qu'elles ne soient choisies ou épurées soigneusement d'année en année ne tardent pas à perdre leur identité.

Mais ces modifications ne sont que ce que l'horticulteur praticien connaît sous la dénomination acceptée de « variétés » nouvelles d'un sujet et non pas des nouvelles « espèces. »

Il a, je crois, été suggéré que les Fraisiers sans filets, et les Fraisiers à fruits blancs seraient acceptés comme étant des « mutations », et s'il en est ainsi, sans doute les Courges à la moelle non coureuse (ou buissonante), les Haricots beurre nains, les Pois mange-tout ou Pois sans parchemin, les Tomates à fruits jaunes, les Concombres à fruits blancs, les céleris-raves, les Choux rouges, les Navets à peau noire, les Laitues à couper, et les Pois de senteur nains « Cupid » ont droit à la même dénomination. Mais ce ne sont pas là des « espèces » nouvelles dans l'acception du mot, mais seulement des « variétés » distinctes, et elles restent ce qu'elles ont toujours été, des Fraisiers, des Courges, des Haricots, des Pois, des Tomates, etc.

Je n'ai certainement jamais eu connaissance d'une tomate produisant autre chose qu'une Tomate ou d'un fraisier autre chose qu'un fraisier; et un pois culinaire nain ne diffère aucunement des autres pois si ce n'est quant à la longueur de ses tiges, et si cette petitesse ou nanification est attribuée à la « Mutation », ce terme ne dit rien de plus que « variation. »

Je reconnais volontiers que ce n'est que mon opinion. C'est tout ce que j'ai trouvé dans les expériences faites chez moi.

1. Communication faite à la troisième séance de la Conférence.

RE " THE ORIGIN OF SPECIES BY MUTATIONS "

I have been asked by M. Griffon to give my own experience upon the theory of the origin of species by mutation. For nearly 40 years I have had opportunities of watching many thousands of plants under cultivation, and my own opinion which is shared by my collaborateurs is that there is nothing approaching a new « species » which has arisen by « mutation ».

That there are « permanent variations » there is no doubt, for varietal forms are sometimes seen amongst crops, and these when isolated ard grown on often retain their distinctive characteristics.

Some however are only « fluctuating variations » and unless carefully selected year by year soon lose their identity.

But these modifications are only what practical horticulturists would call new « varieties » of a certain subject, and not new » species ».

I think it has been suggested that white-fruited Strawberries, and Strawberries without runners should be accepted as « mutations », and, if so, doubtless bush Marrows (Courge à la Moelle non-coureuse), Waxpodded Beans (Haricots nains beurre), Sugar Peas (Pois sans parchemin) white skinned Cucumbers, Celeriac, Red Cabbage, Black skinned Turnips, Cutting Lettuces, Cupid Sweet Peas and Yellow Tomatoes should also be included, but these are not new « species » in any true sense, but only distinct « varieties » and they remain as before, Strawberries, Marrows, Dwarf Beans, Peas and Tomatoes.

I certainly have never known a Tomato to produce anything but a Tomato, or a Strawberry anything but a Strawberry, and a dwarf culinary Pea differs in no way from other peas except in the length of stem, and if this dwarfness is attributed to « mutation » it amounts to nothing more than « variation ».

MUTATIONS DANS DES LIGNÉES PURES DE HARICOTS
ET DISCUSSION AU SUJET DE LA MUTATION EN GÉNÉRAL [1]

Par W. JOHANNSEN
Professeur à l'Université de Copenhague.

Il y a quelques années, j'ai décrit deux mutations portant sur un changement soudain dans la *couleur des feuilles* : une forme *aurea* et une forme *blanc pur* (cette dernière incapable de vivre); ces deux mutations s'étant produites comme variations de bourgeons.

Dans une autre lignée pure, la seule qui est caractérisée par des fleurs d'un coloris blanc jaunâtre pur, sans aucune trace de violet, et, par suite, pouvant être facilement contrôlée dans la pureté de sa descendance, des mutations concernant la *dimension des graines* se sont manifestées. Mais ces mutations furent réalisées de différentes façons. L'une d'elles se montra, dès le commencement, absolument constante, et était, sans aucun doute, homozygote; tandis que l'autre se montra, au début, dans une condition hétérozygote. De ces deux nouveaux biotypes, le premier, avec des graines allongées et relativement étroites, a une origine que l'on peut faire remonter jusqu'à une plante de 1903. Deux des graines (probablement d'une même cosse) furent changées dans leur constitution génotypique, comme l'on put s'en rendre compte dans leur descendance. Il suffit d'indiquer les mesures moyennes des graines du biotype « original » et du type « allongé » dans l'année 1908 :

	TYPE ORIGINAL.	TYPE ALLONGÉ.
Longueur en $^m/_m$.	11.790 ± 0.022	12.756 ± 0.040
Largeur en $^m/_m$.	$8.557 \pm 0,012$	$8.515 \pm 0,021$
Rapport : $\dfrac{100 \text{ Largeur}}{\text{Longueur}}$	$72,4$	$66,8$

Aucune sélection ne fut capable de changer ce nouveau type qui ne montra aucune trace de ségrégation. Les conditions externes ont une grande influence sur les dimensions et la forme des graines, mais la différence entre la moyenne du type original et celle du type allongé est toujours à peu près constante.

L'autre mutation donnant naissance à une forme de graine plus courte et plus large, a une origine que l'on ne peut sûrement faire remonter avant l'année 1907. Parmi les plantes de cette année-là, plusieurs irrégularités apparurent, semblant dues, au premier aspect, à l'effet de la sélection, mais, en réalité, cela n'était pas le cas. La mutation était réellement *hétérozygote* et la

---

Phot. Rüse.

M. le Professeur JOHANNSEN.

1. Communication faite à la première séance de la Conférence.

différence entre ce nouveau biotype et le type original était bien moindre que dans le cas précédent. Il n'est pas étonnant qu'il soit complètement impossible de reconnaître la nature d'une telle plante par l'inspection statistique de ses 20 ou 40 graines ; seulement une inspection plus étroite des séries de ses descendants peut donner des renseignements bien évidents sur sa nature génotypique. Elle peut être homozygote « large », homozygote « originale », ou hétérozygote « intermédiaire ».

Après l'étude de sa descendance, résultant d'observations continues dans les générations suivantes, il est possible de caractériser le nouveau biotype à l'état d' « homozygote extrait ». En 1908, les différents assortiments génotypiques de cette ligne pure, aussi loin qu'ils pouvaient être sûrement reconnus, étaient caractérisés par les mesures moyennes suivantes :

	LONGUEUR.	LARGEUR.	RAPPORT.
Homozygotes « larges »	11.532 ± 0,036	8.787 ± 0,024	77,5
Hétérozygotes.	11.251 ± 0,034	8.431 ± 0,021	74,9
Biotype original.	11.790 ± 0,022	8.557 ± 0,012	72,4

Le biotype allongé, précédemment mentionné, était, dans la même année, caractérisé par les moyennes suivantes : longueur, 12,756 ; largeur, 8,515 ; et le rapport était de 66,8. La déviation, spécialement en longueur, du type original est ici beaucoup plus visible que celle du biotype « large ».

La ségrégation des « larges » hétérozygotes suit clairement la proportion 1 : 2 : 1 ; il en résulte donc que la mutation consiste dans la différence (perte ou gain) d'un seul facteur.

Quant au biotype « allongé », le croisement artificiel avec le type original n'a pas donné de résultats cette année, mais nous en aurons probablement l'an prochain.

Sous le nom de mutation on désigne une altération brusque discontinue du biotype et indépendante de tout croisement. Par conséquent les mutations doivent être réalisables dans des lignes pures, et c'est actuellement le cas.

Toute mutation jusqu'ici étudiée plus profondément semble être l'expression d'une perte ou du dédoublement d'un seul facteur génétique. Mais il y a deux différentes manières de réalisation des mutations : 1° pendant le développement végétatif de l'individu ; 2° à l'occasion de la genèse des gamètes.

Dans le premier cas la mutation est, dès le début, dans un état « homozygotique » ; mais dans le second cas elle est souvent, ou même ordinairement, présente à l'état d'hétérozygote, comme l'a pensé Hugo de Vries.

Mes expériences m'ont fourni des exemples de ces deux formes de mutation. Dans les notes qui précèdent se trouvent les deux exemples, réalisés dans une même lignée pure de haricots.

En ce moment où la ségrégation dite « mendélienne » est comparée avec les indications de *Naudin* et de *Millardet* sur la « disjonction » végétative des hybrides, les mutations pendant la vie végétative, par voie de « variation de bourgeons », présentent un intérêt spécial ; car une mutation qui consiste dans la perte d'un facteur génétique est, en quelque sorte, analogue à ce qui se produit dans la disjonction végétative des hybrides.

Nous avons alors chez les lignées pures non seulement des mutations qui sont analogues à la ségrégation « mendélienne », mais aussi des mutations qui sont analogues à la disjonction de Naudin et de Millardet.

Je crois qu'il s'agit dans tous les différents cas d'un processus de même ordre, c'est-à-dire d'une perte d'un facteur génétique — ou même d'une désagrégation ou polymérisation quelconque dans la constitution génotypique de l'organisme en question.

Malgré la grande admiration que j'ai pour les travaux de Naudin je ne puis constater qu'il ait abandonné la conception morphologique ancienne dans laquelle l'espèce était considérée comme une *entité*. Les ségrégations des différents caractères pendant les « disjonctions » observées par Naudin sont pour lui des manifestations de l'une ou de l'autre *espèce* parente.

L'idée moderne de *facteurs* génétiques — idée de nature plus chimique que morphologique — n'entrait pas dans la conception de Naudin. La même observation s'applique, si je ne me trompe, aux idées de Millardet. Mais en *Sageret*, il y a quatre-vingt-dix ans, on trouve plutôt un précurseur de Mendel, car il considère les « caractères » comme des unités.

Je n'entrerai pas dans une discussion sur des questions historiques; pour moi il s'agit de préciser l'aspect *chimico-physique* de la génétique moderne, s'émancipant des idées morphologiques traditionnelles.

La théorie de « présence et absence » forme, je le crois, une base excellente pour le développement des conceptions chimiques en génétique. Seulement la notion de dominance doit être revisée. Je ne peux pas admettre que la dominance indique la présence d'un facteur, tandis que la récessiveté doit être le résultat d'un manque.

Dominance veut dire seulement que le facteur en question (ou le *manque* d'un facteur) cause la réaction spéciale, même dans l'état *hétérozygotique*. Et *récessiveté* veut dire seulement que le facteur (ou le manque d'un facteur) ne cause la réaction en question qu'en état « homozygotique ».

Avec cette définition nous sommes mieux, je le crois, en accord avec les conceptions chimiques. Et nous regardons, sans difficulté, les cas où *un seul facteur* cause plusieurs réactions, dont quelques-unes sont *dominantes*, tandis qu'une autre est *récessive*.

On trouvera un exemple de telle sorte dans les récents travaux de M. Nilson-Ehle sur les mutations chez l'avoine.

Mais ces considérations et expériences nous montrent la nature purement relative des analyses génétiques modernes : la difficulté de préciser la nature *positive* ou *négative* d'un facteur en question. C'est pourquoi il est presque impossible de déterminer si une mutation est causée par une *perte* de quelque chose, c'est-à-dire une simplification, ou par une addition, c'est-à-dire une complication dans la constitution génotypique.

MUTATIONS IN PURE LINES OF BEANS AND DISCUSSION ABOUT MUTATION

SUMMARY

In one of my pure lines of beans, sharply characterized among all my other lines, two mutations have occurred.

The first was realized (as a bud-variation I suppose) in 1905 and the new biotype was immediately constant. The second mutation can be traced back to 1907, and here the mutant was realized in *heterozygous* condition.

The first mutant, *homozygous* from the very beginning, is characterized by great size and relative narrow shape of the beans; it may here be called the *narrow biotype*. In the second mutation a *broad biotype* was realized, which could be « extracted » from the original heterozygote through segregation. Owing to the highly transgressive variations it is necessary to know the progeny of any individual before it can be recognized as homo — or heterozygous. We shall not enter the details of this matter.

The « Presence and Absence-Theory » seems to be the best base for the further devellopment of hypotheses as to the nature of segregations and mutations. But it is necessary to revise the notion « Dominance ». Dominance says *nothing* as to the positivity of any factor, but it indicates only that a *factor* (or an *absence* of a factor) is able to realize the character or reaction in question *even in case of heterozygosis*. And Recessivity means only that *homozygosis* (as to presence or to absence) is necessary for the realization of the reactions in question.

The best support for this view is given in all such cases, where one single factor (or the absence of one single factor) is the genotypical cause for two or more characters, some of which are dominant and some recessive. As an example it will suffice to point out *Nilsson-Ehle's* recent indications about mutations in oats.

Indeed our genetic analysis is mostly purely *relative*. Dominance and Recessivity alone are wholly irrelevant as to the decision of where a positive factor and where an absence is found in the case of segregation. And therefore it is highly difficult to say if a mutation is effected by an *addition* or by a *loss* — by complication or by simplification of the genotypical constitution of the original biotype.

GREFFAGE ET HYBRIDATION ASEXUELLE [1]

Par E. GRIFFON

Professeur à l'École Nationale d'agriculture de Grignon.

I

Une question qui a été en France, à la suite de la reconstitution du vignoble, l'objet de discussions très vives, est, sans contredit, celle du greffage, ou, d'une façon plus précise, celle de l'influence réciproque du sujet américain et du greffon indigène.

Phot. Boivin.

M. E. Griffon (1869-1912).

Forts d'une expérience séculaire dans le domaine de l'arboriculture fruitière, de nombreux viticulteurs n'hésitèrent pas à s'engager dans la voie tracée par quelques personnes d'initiative et à changer complètement, faute de remède satisfaisant, les modes de multiplication jusque là employés, c'est-à-dire le bouturage et le marcottage.

L'expérience colossale qui se poursuit depuis une trentaine d'années semble bien avoir réussi et sauvé la viticulture. L'entreprise était difficile; aussi a-t-elle rencontré ça et là des résistances tenant à des causes variées : peur du nouveau, frais élevés de reconstitution, difficulté d'avoir de bons porte-greffes, maladies amenées par les plants américains, crainte chez quelques-uns de détériorer la qualité des vins, de vendre moins bien les produits de certains grands crus; chez d'autres plus nombreux, d'abréger considérablement la durée du vignoble, etc.

Certains viticulteurs ont poussé le cri d'alarme, et cependant, comme les autres, ils ont fini par reconstituer leurs vignobles en plants greffés. C'est qu'en effet on n'a pas mieux aujourd'hui, au point de vue cultural et économique à la fois. Sans doute beaucoup seraient enchantés de revenir à l'ancien système de culture; mais pour le moment le phylloxéra guette et arrive un jour ou l'autre à avoir raison des vignes françaises franches de pied.

Dans des ouvrages parus depuis 1897 [2], un professeur de la Faculté des Sciences de Rennes, M. Daniel, s'est fait le porte-parole des mécontents de la viticulture nouvelle et, à la suite d'expériences de greffage faites depuis 1890 sur des plantes variées, des plantes herbacées principalement, s'est cru autorisé à prétendre que, dans la greffe, les deux composants ou symbiotes réagissent

---

1. Communication faite à la cinquième séance de la Conférence.

2. Daniel. 1. *La variation dans la greffe et l'hérédité des caractères acquis* (Ann. Sc. nat. Bot. VIII, 1899).

   2. *Les variations spécifiques dans le greffage* (Congrès de Lyon, 1901).

   3. *La théorie des capacités fonctionnelles* (1 vol., Rennes, 1902).

   4. *La question phylloxérique, le greffage et la crise viticole* (1er fasc., 1908; 2e fasc., 1910).

l'un sur l'autre au point d'altérer les caractères fondamentaux des espèces et des variétés, de donner naissance à de véritables hybrides d'origine asexuelle. D'après M. Daniel, on pourrait même, en choisissant convenablement les sujets et les greffons, modifier spécifiquement les uns et les autres dans des sens déterminés et arriver ainsi à perfectionner systématiquement les végétaux comme on le fait avec tant de succès par l'hybridation sexuelle; par contre, l'inverse peut avoir lieu, notamment la Vigne indigène greffée serait modifiée désavantageusement par la Vigne américaine, surtout en ce qui concerne la qualité des produits.

Un chimiste éminent, M. Armand Gautier, pense que, par la *coalescence des plasmas* de deux plantes différentes dans une greffe, il se produit des influences réciproques d'ordre chimique, susceptibles d'engendrer un *hybride par greffe*.

Ces notions nouvelles d'*hybridation asexuelle*, de *perfectionnement systématique* des végétaux *par la greffe*, d'adultération des caractères de nos Vignes, ont été acceptées par quelques personnes, mais ont rencontré une hostilité manifeste dans la masse, surtout chez les praticiens. Comment expliquer en effet que des choses si importantes soient passées inaperçues alors que depuis des siècles les horticulteurs greffent sans rien rencontrer de semblable?

Fig. 1. — Solanum ovigerum. — Fruits allongés en forme d'Aubergine (Pied non greffé).

En réalité, comme je le montrerai plus loin, la question a été très embrouillée, ce qui a permis d'énoncer comme vraies des conclusions inexactes; en outre, les faits observés ont été très exagérés ou mal interprétés.

Quelle était donc l'opinion des praticiens et des botanistes sur les actions réciproques du sujet et du greffon à la fin du xviiie siècle et au commencement du xixe?

Dans sa *Physique des arbres* publiée en 1758, Duhamel du Monceau rapporte que, si les anciens croyaient à la possibilité d'allier les plantes les plus diverses et d'obtenir ainsi des influences profondes capables de modifier les caractères essentiels des plantes associées, ses contemporains et lui constataient, par expérience, que de pareilles opinions étaient fausses de tout point.

Fig. 2. — Aubergine violette longue non greffée (1910). Fruits côtelés.

Thouin dans sa *Monographie des greffes* (1821) fait une observation analogue. Ce dernier auteur enseigne que la greffe sert à multiplier et à conserver les variétés, sous-variétés et races d'arbres, à perpétuer les monstruosités remarquables, suites de maladies ou d'accidents (panachures, laciniures, etc.), à accélérer la fructification, à embellir les fleurs de beaucoup de variétés, enfin à bonifier les fruits d'arbres économiques et à en rendre la maturité plus précoce.

On voit, de suite, par ces quelques lignes que Thouin admet la conservation par la greffe des caractères fondamentaux des espèces et des variétés et en même temps certaines modifications biologiques et chimiques telles que : fruits plus précoces, plus savoureux, fleurs plus belles. Presque tous les botanistes et tous les praticiens sont encore de cet avis, qui était celui de Duhamel, de Mirbel et de de Candolle.

Ce n'est pas tout. Dans un chapitre intitulé : *Changements qu'opèrent les greffes*, Thouin passe en revue les modifications suivantes :

1⁰ *Dans la grandeur*. Ainsi les Pommiers greffés sur franc s'élèvent plus que ceux qui sont greffés sur Paradis.

2⁰ *Dans le port*. Le *Prunus pumila* venu de graines est un arbuste rampant; greffé sur Prunier, ses tiges droites et réunies en faisceaux parviennent à la hauteur de plus d'un mètre.

3° *Dans la rusticité*. Le Néflier du Japon (*Eriobotrya japonica*) greffé sur Épine et couvert de paille passe l'hiver en pleine terre; mais dans les mêmes conditions la gelée a fait périr les individus francs de pied.

4° *Dans la fructification*. Le Robinier visqueux greffé donne rarement des graines; franc de pied il en produit beaucoup. L'inverse a lieu pour le Sorbier des Oiseleurs.

5° *Dans la grosseur des fruits*. Beaucoup de fruits charnus et particulièrement à pépins sont plus volumineux sur les arbres greffés que sur ceux qui sont francs de pied.

6° *Dans la qualité des graines*. Les graines sont en général mieux nourries, plus nombreuses et plus fertiles sur les individus non greffés que sur les autres.

7° *Dans la saveur des fruits*. Le Prunier de Reine-Claude donne des fruits qui n'ont pas la même saveur lorsqu'ils sont greffés sur différentes variétés de sauvageons, et il en est de même pour les Cerisiers greffés sur Mahaleb, Laurier-Cerise ou Merisier.

8° *Dans la longévité*. Les arbres fruitiers par exemple vivent

Fig. 3. — Aubergine violette longue (Fruits côtelés).

moins longtemps greffés que francs de pied. Par contre le *Pavia* greffé sur Marronnier vit plus longtemps que non greffé.

Ces types de modifications sont admis (en tant que types) par tout le monde. On les trouve plus ou moins longuement étudiés ou développés dans Sageret, dans Noisette et leurs successeurs, Hardy, du Breuil, Sahut, Passy, par exemple. On n'est pas d'accord sur tous les faits et on professe que ce sont là questions d'espèces, qu'on ne peut généraliser.

D'autre part, si l'on réfléchit sérieusement à la cause et à la nature de tous ces changements, on arrive à la conclusion qu'en aucun cas l'existence d'une hybridation asexuelle quelconque ne s'impose à l'esprit. C'est cette conclusion que je voudrais établir au cours de la présente communication.

II

Mais, par suite de la confusion qui s'est introduite dans le débat au cours des vingt dernières années, que j'ai rappelée plus haut et dont les causes ne sont pas difficiles à saisir, il est nécessaire, avant d'aller plus loin, de poser ici certains principes, de rappeler certaines définitions destinées à nous guider dans la discussion qui va suivre.

On a répété à satiété que, dans la greffe, il se produit une hybridation asexuelle et que celle-ci est capable d'engendrer des variations dites « *spéci-*

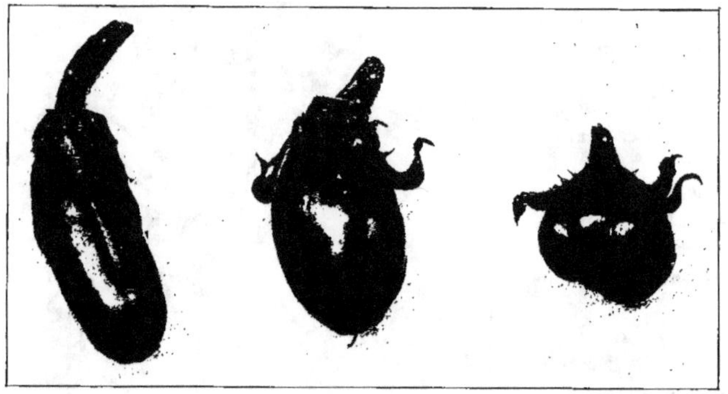

Fig. 4. — Fruits d'Aubergine longue déformés (sans greffage).

fiques ». Une plante naine greffée sur une plante normale participe des caractères de cette dernière ; une plante à fruits doux greffée sur une plante à fruits amers donne des fruits plus ou moins amers ; une plante à fruits allongés greffée sur une plante à fruits raccourcis donne des fruits intermédiaires, etc., en sorte que les caractères des espèces et variétés des plantes associées se fusionnent ou se juxtaposent comme dans l'hybridation sexuelle. Mais la variation spécifique peut être entendue de deux façons : ou bien elle porte sur des caractères fondamentaux et permanents d'espèce ou de variété ; ou bien elle porte sur des caractères moins importants et changeants en dehors de toute greffe. Dans le premier cas, je montrerai qu'il n'y a pas d'influence spécifique du sujet sur le greffon et réciproquement, alors que dans le second cette influence peut avoir lieu et s'explique parfaitement grâce aux changements de nutrition produits par la vie symbiotique remplaçant la vie normale autonome ; c'est ainsi qu'un certain sol, une opération culturale donnée peuvent engendrer, chez une plante non greffée, des modifications qui, tout en ayant parfois une certaine importance pratique, n'affectent nullement les caractères distinctifs de son espèce ou de sa race. Une poire de Passe-Crassane peut être, sur des sujets différents, plus ou moins sucrée, plus ou moins arrondie, c'est toujours une Passe-Crassane et les variations observées se retrouvent telles suivant la nature du sol, l'engrais, la taille, les conditions climatériques ; d'autre part, un sujet à fruits moins riches en sucre pourra très bien provoquer la formation de fruits plus sucrés chez le greffon, ce que ne ferait pas l'hybridation asexuelle, la variation spécifique considérée au sens étroit du mot.

Le Poirier greffé sur Cognassier ne donne pas des Poires influencées par le coing quant à la forme et quant au goût ; le Cerisier greffé sur le *Cerasus Mahaleb* ou Sainte-Lucie ne donne pas de cerises amères ou âcres ; le Gamay greffé sur Riparia ne donne pas non plus des grappes ayant les caractères du porte-greffe américain. Mais le degré de vigueur de ces sujets influe sur le greffon et par suite sur les produits, comme l'ont toujours admis les praticiens; c'est en ce sens que l'influence spécifique peut, en particulier, se faire sentir et l'on comprend de suite que cela n'a rien à voir avec l'hybridation asexuelle.

Quant aux autres changements cités par Thouin et rappelés plus haut, ils sont dus à l'action de la greffe en elle-même, action qui, d'après le distingué viticulteur qu'est M. Couderc, se rapproche beaucoup de celle de l'incision annulaire ou de la ligature, à cause de l'obstacle mis à la circulation de la sève; mais alors l'influence spécifique est nulle. On ne voit pas du tout la nécessité de faire appel à celle-ci, qu'engendreraient la coalescence des plasmas, le mélange des substances morphogènes, la conjugaison asexuelle, pour comprendre que la greffe puisse diminuer la longévité ou augmenter la quantité du sucre des fruits par exemple.

Fig. 5. — Aubergine blanche type.

III

Cette distinction essentielle une fois bien établie, il y a lieu de se demander d'où viennent les pousses dont on étudie les variations. Ces pousses peuvent prendre naissance sur le greffon, sur le bourrelet, sur le sujet. M. Daniel avait considéré comme une nouveauté le fait de laisser développer des rameaux sur ce dernier et sur le premier à la fois et c'est ce qu'il appelle encore la *greffe mixte*, expression d'ailleurs fort peu claire et qui tendrait plutôt à faire croire par exemple que le greffon vit, partie implanté dans son sujet, partie dans le sol avec ses racines propres. Or, qui ne connaît ces palmettes développées sur Cognassier, dont les branches du bas sont d'une variété et celles du haut d'une autre; qui n'a vu, dans le Centre, ces haies d'Aubépine greffée en Néflier, ces champs de Cerisiers mal tenus çà et là, dont le sujet Mahaleb se couvre de repousses qui fleurissent et fructifient [1]? Or, jamais dans ces cas la moindre variation spécifique (*sensu stricto*) n'a été observée.

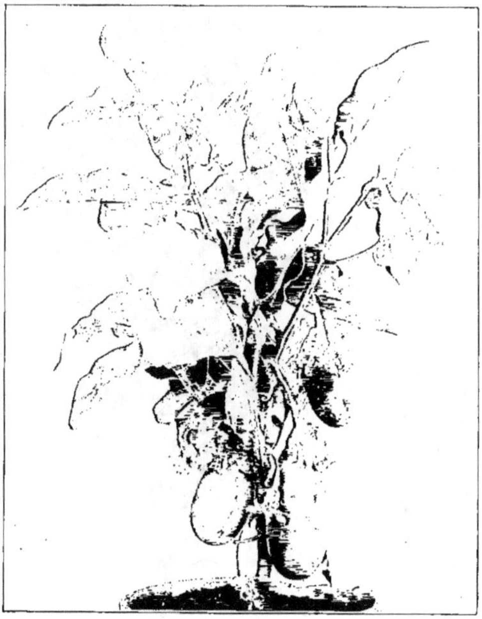

Quand les pousses prennent naissance exclusivement soit sur le greffon, soit sur le sujet, on ne constate chez elles aucune hybridation asexuelle comme je le montrerai plus loin; or, on avouera que c'est le cas de la plupart des greffes exécutées par les praticiens.

Mais, de temps à autre, des rejets peuvent prendre naissance dans les tissus du bourrelet lui-même et alors il arrive parfois que ces rejets sont anormaux. Ce serait le cas des *Solanum* obtenus par Winkler après décapitation des greffes de Morelle noire (*Sola-num nigrum*) avec Tomate (*Solanum Lycopersicum*). Ces rejets seraient des *chimères* (sectoriales ou périclinales), c'est-à-dire des êtres composites dont les tissus proviendraient partie de cellules provenant du sujet, partie de cellules provenant du greffon (Winkler, Baur); pour Winkler, quelques-uns seraient de *vrais hybrides de greffe* résultant d'une fusion dans le callus de cellules des deux composants; enfin Strasburger envisage le cas de rejets paraissant être des hybrides vrais, mais n'étant encore que des *chimères* ou *pseudo-hybrides* provenant d'un tissu embryonnaire à éléments intimement mêlés, des *hyperchimères*. Certains ont pensé qu'on pourrait rattacher à ces divers cas les fameux Orangers *Bizarria*, *Cratægomespilus* et *Cytisus Adami*. Mon intention n'est pas de discuter ici ces questions fort intéressantes, mais encore controversées [2]. Je retiens seulement qu'elles n'ont rien à voir avec les greffes ordinaires dont j'ai parlé jusqu'ici;

Fig. 6. — Aubergine violette ronde (Fruits allongés).

---

1. En Orient, on fait communément des greffes mixtes chez les Aurantiacées et les Pomacées.
2. Je renvoie, pour ces sujets très curieux, aux travaux de Winkler, Baur et Strasburger.

c'est d'ailleurs l'opinion que Winkler et Baur ont fait connaître dans leurs écrits
et qu'ils m'ont exprimée par lettre ou verbalement.

IV

D'autre part, la discussion sur la variation dans la greffe, pour être

Fig. 7. — Aubergine violette ronde non greffée (1907).

sérieuse, nécessite qu'on distingue bien les diverses natures de caractères
susceptibles d'être envisagés. Parmi ces caractères, les uns sont morphologiques (anatomiques ou organographiques); d'autres sont biologiques, chimiques, pathologiques ou tératologiques. Les propriétés organoleptiques, si
intéressantes et si souvent invoquées, sont dues à des caractères chimiques
joints ou non à des caractères anatomiques.

Or, parmi tous ces caractères, les uns sont sujets à certaines variations quantitatives avec ou sans greffage; ces variations sont dues au climat, au sol, aux
opérations culturales; elles portent, par exemple, sur la richesse en tel principe
chimique (sucre, acide, etc.), et, par suite, sur le goût, sur la vigueur, l'ampleur
du feuillage, l'époque du débourrement, la résistance à certaines maladies, etc.
On a affaire alors à des *variations* dites *de nutrition* qui n'affectent pas les
caractères fondamentaux des espèces et des variétés et qui, chez les plantes
greffées, se produisent soit sous l'empire de causes externes ou internes comme
chez les plantes non greffées, soit sous l'action de la greffe elle-même, ainsi
qu'il a été indiqué plus haut d'après Thouin et Couderc, ce dernier ne voyant
pas du tout dans de telles variations la résultante d'une hybridation asexuelle
quelconque.

On fait cependant observer que plusieurs chemins mènent à Rome, que,
d'après Pascal, des causes différentes peuvent produire le même effet! Ai-je

besoin de dire qu'il est bien inutile de nous rappeler ces grandes vérités;
d'autre part, il ne suffit pas de les proclamer, il faut prouver qu'un tel effet est
bien produit par telle cause au lieu de telle autre; or, ces preuves, on ne les
donne jamais, on se borne à affirmer, ce qui évidemment est bien plus facile.

Fig. 8. — Piment rouge long sur Tomate rouge grosse.

Certains caractères, qualitatifs surtout, sont, en général, constants, et
jamais la greffe ne les fait apparaître ou disparaître, et pourtant cela devrait se
produire avec l'hybridation asexuelle. On devrait, par exemple, comme je l'ai
dit plus haut, faire apparaître le goût de coing dans la poire, celui des raisins
américains dans les raisins français, celui du Navet dans le Chou greffé sur
Navet, celui de la Cerise de Malaheb dans la Cerise anglaise ou le Bigarreau;
mais on sait que de pareils résultats ne s'observent jamais. Quand on greffe,
comme à Chablis, un Pinot blanc Chardonnay sur Rupestris, on obtient un
raisin blanc comme celui que nous connaissions avant la reconstitution et qui
donne du vin de Chablis, du vin plus ou moins bon suivant les années, comme
autrefois encore, du vin qui, comme celui de 1912, pourra sans doute être mis
sur le pied des plus fameux du siècle dernier.

Ce sont justement ces caractères constants, fondamentaux, qu'il faut invoquer, je ne dirai pas quand on parle seulement de l'influence réciproque du

sujet sur le greffon, mais bien de l'hybridation asexuelle. et c'est bien ce que les partisans de cette dernière font rarement, amenant ainsi. volontairement ou non, une confusion dans l'esprit des lecteurs non avertis.

Les variations constatées dans la greffe et en dehors d'elle étant bien définies, les caractères sur lesquels elles portent nettement spécifiés, la discussion devient relativement facile et l'on se rend vite compte que de ce qu'une variation est constatée pour tel caractère, il est illégitime d'en conclure, d'une part, qu'on la retrouvera avec d'autres plantes. d'autre part, que des variations se manifesteront dans les autres caractères de la même plante. L'expérience seule, et non la simple analogie, permet de trancher la question. De ce qu'un Navet, par exemple, aurait (ce que je n'ai jamais observé) le goût de Chou en poussant comme greffon sur le Chou lui-même, on n'a pas le droit d'en induire que la Vigne française, greffée sur Vigne américaine, va donner des raisins à goût foxé, fait qui du reste a été reconnu inexact par tous les viticulteurs sérieux.

V

Si on laisse de côté la question encore controversée des chimères, question du reste très peu importante dans la culture, on ne trouve

Fig. 9. — Piment carré doux sur Piment rouge long.

aucun fait *nettement établi* qui milite en faveur de la théorie de l'hybridation asexuelle et tout s'explique très bien par les variations de nutrition qui ont été reconnues de tout temps par les botanistes et les praticiens. C'est le raisonnement et l'expérience qui nous obligent à nous ranger à cette manière de voir et non un vain dogmatisme, comme on l'affirme dédaigneusement et sans la moindre preuve.

Il est cependant un cas, connu depuis plusieurs siècles déjà, qui confirme l'existence d'une influence spécifique (*sensu stricto*) dans la greffe, c'est celui de *transmission de la panachure*. On sait depuis bientôt deux siècles que la panachure jaune du Jasmin se manifeste dans un sujet vert par la simple implantation d'un bourgeon panaché. De nombreux essais ont été effectués pendant le cours du siècle dernier et au début de celui-ci par Sageret, Morren, Lindemuth, Daniel, Vöchting, Baur, Bellair, Griffon, etc., essais qui ont fait connaître que de nombreuses espèces panachées (à marbrures jaunes notamment) sont susceptibles par greffe d'infecter les types verts. Mais jamais il n'est venu l'idée à un botaniste sérieux constatant une pareille influence spécifique de voir dans la plante modifiée un hybride asexuel ; c'est toujours la même forme à laquelle on a vraisemblablement inoculé soit une bactérie invisible, soit un principe destructeur de la chrorophylle.

Ce fait doit donc être soigneusement distingué des cas ordinaires de la pratique et, encore une fois, son existence ne prouve nullement que la vigne américaine adultère la vigne française, qu'il se produit dans la reconstitution du vignoble des hybrides asexuels.

Fig. 10. - Morelle noire sur Tomate.

On peut ajouter à la question de la transmission de certaines panachures celle du passage de certains principes du sujet au greffon ou réciproquement.

En général tous les essais effectués en cette matière conduisent, comme l'a montré Guignard[1] pour les glucosides des *Phaseolus* et des *Cotoneaster*, à la notion de l'autonomie des symbiotes de la greffe. Cependant divers auteurs depuis Strasburger ont montré que, dans la greffe dite mixte, des alcaloïdes

1. Guignard. *Ann. Sc. nat. Bot.*, 9e série, t. VI, 1907.

pouvaient passer, en faible quantité il est vrai, du sujet dans le greffon, par exemple de la Belladone dans la Tomate. M. Javillier[1] a expérimenté à ce sujet avec des matériaux provenant de mes cultures; il a pu confirmer et étendre certains résultats obtenus par M. Laurent[2].

VI

Dans tout ce qui précède il n'est question que de l'influence *directe* et réciproque du sujet et du greffon; c'est là du reste ce qui intéresse à un haut degré la pratique horticole et viticole. Mais il faut considérer aussi, comme on l'a fait depuis longtemps, comme l'a fort bien exposé Cabanis à la fin du xviiie siècle, comme le fait M. Daniel depuis vingt ans, l'influence *indirecte*, l'influence sur la postérité de chaque composant, du greffon notamment dans les greffes ordinaires si répandues, et alors deux cas sont à distinguer : 1° on multiplie l'espèce ou la variété du greffon asexuellement, par la greffe ou la bouture; 2° on les reproduit par la graine.

Si donc des variations apparaissent dans la descendance des greffons, il faut, après en avoir apprécié comme il convient l'importance et la fréquence, faire les distinctions qui ont été envisagées plus haut au sujet de l'influence directe.

Eh bien, rien de ce qui a été avancé touchant cette influence indirecte dans les greffes ordinaires ne permet de conclure en faveur de l'hybridation asexuelle. Au surplus la question est loin d'avoir été aussi étudiée que celle de l'influence directe.

Mais, comme les plantes varient plus ou moins en dehors de toute greffe, on peut se demander si le greffage ne pourrait pas augmenter la proportion des variations dans la descendance. Cabanis, Sageret ont rappelé que des praticiens de leur temps pensaient que des pépins de poires venues de greffe sur Cognassier donnent plus de variétés nouvelles que n'en donnent les pépins de poires venues sur franc. Mais aucune expérience vraiment démonstrative n'est venue appuyer cette manière de voir.

Fig. 11. — Tabac sur Pomme de terre.

1. Javillier. *Ann. Inst. Pasteur*, t. XXIV, 1910.
2 Laurent. *Thèse de Doctorat*, Paris, 1908.

VII

Nous avons maintenant tous les éléments voulus pour apprécier la valeur
et la portée des expériences qui concernent la question du greffage et de l'hybridation asexuelle.

Ayant eu l'occasion, d'une part, de discuter avec M. Daniel lui-même,
d'autre part de m'entretenir avec de nombreux jardiniers ou vignerons, de suivre un
vignoble de la Basse-Bourgogne dont je connais bien le passé, il m'a été impossible
d'admettre la théorie de l'hybridation asexuelle que je jugeais inexplicable
dans les greffes ordinaires et surtout contraire aux faits.

Fig. 12. — Belladone sur Pomme de terre.

Mais enfin sachant, comme tout expérimentateur, qu'un fait positif bien
établi ne peut être infirmé par des faits négatifs si nombreux qu'ils soient,
j'ai tenu à reprendre les recherches de M. Daniel sur les plantes autres que
la vigne et à voir : 1° si les résultats du botaniste rennais pouvaient être retrouvés ; 2° s'ils avaient bien la portée qu'il se plaît à leur attribuer.

Je me suis fait la main à l'opération du greffage au cours de l'année 1905,
mais je n'ai publié aucun des résultats obtenus et j'ai repris mes essais en 1906 ;
j'en ai entrepris d'autres en 1907, 1908, 1909, 1910 et 1911. Les greffes ont été
très nombreuses : en 1908 et 1909 notamment, mon jardin d'essais contenait
plusieurs milliers de plantes greffées et de plantes témoins ; un de mes jardiniers,
M. Pichenaud, m'a donné son aide obligeante avec beaucoup de compétence et
de zèle ; je lui en suis particulièrement reconnaissant[1]. J'ai suivi de très près la
végétation de tous les individus et j'ai fait venir souvent des confrères ou des
praticiens pour constater et apprécier les résultats obtenus[2].

Quand les greffes sont bien faites et les plantes bien soignées, ou bien on
ne constate pas de modifications du tout, ou bien on en constate, mais alors
tout s'explique par des variations de nutrition analogues à celles qu'on voit

---

1. J'associe à cet hommage MM. Moreau et P. Berthault qui ont, en même temps que moi, surveillé
les cultures et m'ont fait part d'un certain nombre d'observations.

2. En. Griffon. *Bull. Soc. Bot. de France*, 1907, p. 699 ; 1908, p. 597 ; 1909, p. 205 à 612 ; 1910,
p. 517 ; et *C. R. Acad. des sciences*, 7 mars 1910.

chez les témoins et rien n'autorise à admettre l'existence d'une hybridation asexuelle quelconque.

Il m'est arrivé cependant que des variations dues à une cause interne ou externe se sont manifestées chez quelques plantes et pas sur d'autres, mais en faisant de nombreux essais, en examinant les plantes témoins du champ d'expérience et celles de jardins divers des environs, j'ai pu constater les mêmes variations et en aussi grand nombre sur les pieds non greffés.

A. — J'ai greffé plusieurs années de suite l'Aubergine pondeuse (*Solanum*

Fig. 13. — Tomate sur Belladone.

Melongena var. *ovigerum*) à fruits ovales et blancs sur l'Aubergine écarlate à fruits côtelés et jaune orangé. En 1910, j'ai récolté sur plusieurs pieds de la même plante non greffée des fruits qui s'étaient allongés comme dans l'Aubergine violette longue (fig. 1); en outre, quelques-uns des fruits venus ou non de greffe étaient un peu côtelés et jaunâtres à l'extrémité; d'autres, normaux au moins quant à la forme, étaient eux aussi devenus jaunâtres. La coloration jaune est vraisemblablement due à l'humidité de l'automne, comme le pensent les praticiens que j'ai consultés: l'allongement des fruits est un retour peut-être au type ancestral, l'Aubergine longue, l'apparition des côtes, une variation de nutrition dont le mécanisme nous échappe; en tout cas rien ne permet de considérer comme démontré que la greffe soit pour quoi que ce soit dans les modifications observées; il est bien plus logique de penser que les causes qui ont

fait varier les plantes greffées sont les mêmes que celles qui ont amené des
changements identiques chez les plantes non greffées.

B. — Une des expériences de M. Daniel qui sont le plus souvent citées
comme très démonstratives en faveur de l'hybridation asexuelle est celle d'Aubergine violette longue qui, greffée sur tomate, donne des fruits raccourcis et
côtelés. Le fait est exact; j'ai pu le constater à Fontaine-bleau, en 1897, dans le Jardin du Laboratoire de Biologie où l'auteur a opéré. Le fruit côtelé ne contenait pas de graines; on n'a donc pu étudier sa descendance. J'ai refait cette expérience plusieurs années de suite et sur un nombre de pieds très grands, j'ai toujours obtenu sur le greffon des fruits allongés, conformes au type; cependant en 1910 des pieds témoins venus de graines du Midi, non greffés par conséquent, ont donné des Aubergines plus ou moins raccourcies et côtelées (fig. 2, 3 et

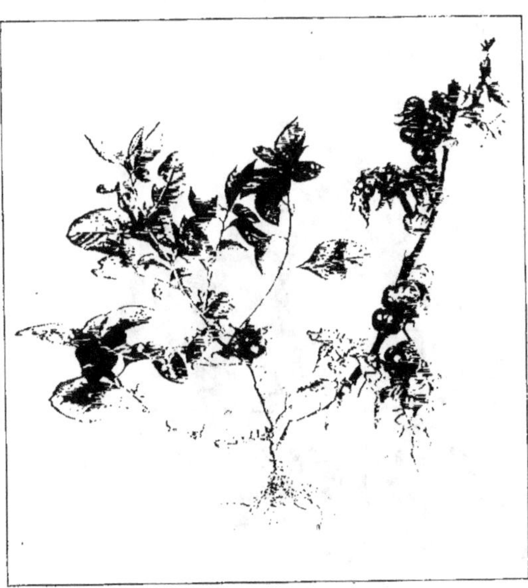

Fig. 14. — Belladone sur Tomate.

4); or cette année 1910 a été jusqu'à la fin de juin pluvieuse et froide, aussi les
intempéries sont-elles vraisemblablement la cause des variations ainsi que le
pensent beaucoup de maraîchers parisiens à qui j'ai signalé le fait. Comme on
le voit, il n'est pas scientifique de prétendre que le sujet Tomate s'est hybridé
asexuellement avec le greffon Aubergine et a obligé celui-ci à donner des fruits
intermédiaires; on est tout simplement en présence de variations bien connues
chez l'aubergine, avec ou sans greffe.

M. Gautié, de Toulouse, a écrit que ces Aubergines modifiées ne se voient
jamais dans le Midi; c'est une erreur, mais naturellement on ne porte pas ces
fruits sur le marché; de plus, j'ai appris que, sans greffe, dans des cultures
bien soignées en année normale sans intempéries, les variations sont très peu
nombreuses.

J'ai pu, dans d'autres cas, avec ou sans greffe, découvrir quelques causes
de variations, notamment de formation de côtes sur des fruits qui en sont normalement dépourvus. Ainsi, sur un fruit de Pondeuse, blanc et lisse, j'ai observé
une attaque de *Phytophthora* suivant deux méridiens; les tissus atteints se sont
moins développés que les tissus environnants; la maladie a cessé et à la maturité le fruit présentait deux sillons nets avec deux côtes dont une grosse et

une petite. Une personne n'ayant pas suivi avec attention le développement des fruits en aurait conclu que le phénomène se serait produit par l'influence d'un sujet à fruits raccourcis et côtelés; mais le fait s'est présenté sur un pied non greffé (fig. 5) et sur un pied greffé avec Aubergine violette longue.

Fig. 15. — Pomme de terre sur Tomate.

D'autres fois ce sont des mollusques qui rongent légèrement les fruits jeunes et provoquent la formation de sillons.

Enfin, en 1907, des pieds d'Aubergine violette ronde greffés sur elle-même portaient des fruits plus allongés que de coutume et non pas en forme de poire courte (fig. 6); un pied non greffé de cette Aubergine ronde a donné un fruit raccourci et côtelé (fig. 7); s'il avait été greffé sur Tomate on aurait vu tout de suite une manifestation de l'influence spécifique.

En résumé, les aubergines sont très sujettes à varier et le fait est bien connu dans la culture de ces plantes : les intempéries, les actions parasitaires et des causes internes encore indéterminées sont les facteurs de la variation; la greffe agit peut-être aussi en tant que modificateur de nutrition (changement de vigueur, de hâtivité, etc.), mais dans une mesure qui semble faible si l'opération est bien réussie et, en aucun cas, on n'éprouve le besoin d'avoir recours à l'hypothétique hybridation asexuelle pour rendre compte des faits observés.

C. — J'ai exécuté de nombreuses greffes mixtes de Piments et de Tomates et jamais je n'ai vu les races se modifier ; les fruits de Piments peuvent, sous l'influence de changements de nutrition, varier un peu, mais le type se maintient et cela avec ou sans greffe. Voici une greffe mixte de Tomate rouge grosse avec Piment rouge long : aucune modification ne peut être relevée dans la forme des fruits (fig. 8) et il en est de même avec la greffe du Piment carré doux sur Piment rouge long (fig. 9). Quant au fameux Piment conique, qui, greffé sur Tomate, aurait donné des fruits plus ou moins aplatis, côtelés ou non, je suis persuadé qu'il n'était autre que le Piment tomate, variété curieuse qui donne précisément de tels fruits. Enfin chacun sait que les Tomates, sans greffe, sont plus ou moins sillonnées suivant les années et on comprend que ce phénomène se produise aussi bien chez les plantes greffées que chez les témoins non greffés.

D. — J'ai associé en greffe simple ou mixte Morelle noire et Tomate, Tomate et Belladone, Tabac et

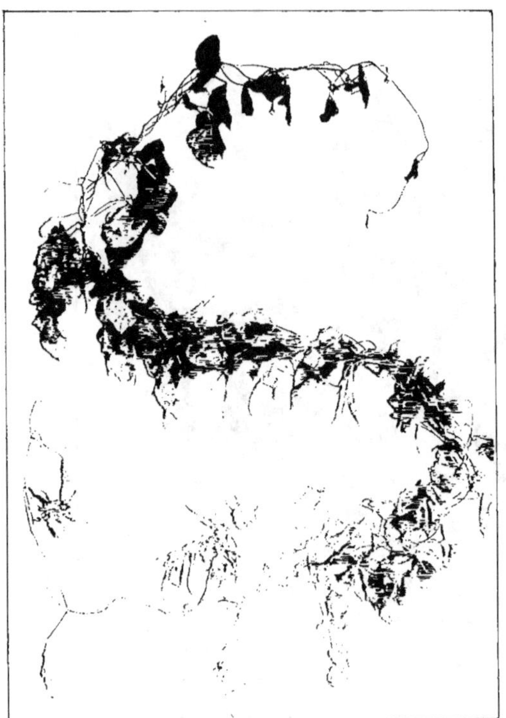

Fig. 16. — Haricot Soissons nain sur Soissons à rames.

Belladone, Belladone et Pomme de terre, Tabac et Pomme de terre et chaque espèce ou variété a conservé ses caractères fondamentaux. Les greffes de Morelle noire sur Tomate ne m'ont pas donné de chimères comme chez Winkler, mais je ne décapitais pas les plantes pour les faire rejeter au niveau du bourrelet (fig. 10). Plusieurs fois cependant des pousses sont nées latéralement sur ce dernier, mais elles étaient normales, appartenant exclusivement les unes au sujet, les autres au greffon.

Avec les plantes à alcaloïdes j'ai pu faire quelques essais. Des tubercules de Pomme de terre (variété Géante bleue) récoltés dans mes cultures sous un Tabac riche en nicotine ont été analysées au Laboratoire de M. Schlœsing fils (École d'Application des Manufactures de l'État), mais il n'a pas été trouvé trace de nicotine dans leurs tissus (fig. 11).

En opérant avec des échantillons provenant de mes cultures, M. Javillier n'a pu constater la présence de l'atropine dans les tubercules de Pomme de terre nés sous une Belladone (greffe simple) (fig. 12). Il n'a pu constater non plus la présence de la nicotine dans les tubercules, les tiges et les feuilles de Pomme de terre greffée (greffe mixte) avec Tabac.

Fig. 17. — Chou pointu de Winnigstadt sur Chou Milan frisé.

Voilà bien des résultats négatifs, semblables par conséquent à ceux de M. Guignard sur les glucosides cyanhydriques qui ne franchissent pas le bourrelet de greffe quand une plante à glucoside est greffée sur une autre qui n'en contient pas, mais qui, cependant, le franchit quand cette autre en contient.

Par contre, M. Javillier a trouvé que, dans la greffe mixte de Tomate sur Belladone et inversement (fig. 13 et 14), l'atropine franchit le bourrelet et va dans les fruits de la Tomate; mais cette migration est quantitativement très faible, elle se réduit à quelques milligrammes dans le cas le plus favorable; ces expériences confirment et complètent celles de M. Laurent, de Rennes, sur la présence d'alcaloïde dans la Tomate venue de greffe avec Belladone.

J'ai autofécondé des fruits de Tomate nés sur ces greffes, et j'ai semé les graines en 1910. Les pieds récoltés m'ont fourni des fruits qui, analysés par M. Javillier, se sont montrés dépourvus d'alcaloïdes.

En somme, dans certains cas, des substances déterminées, spéciales à l'un des composants de la greffe, peuvent franchir le bourrelet, entraînées dans la sève en très faible quantité; elles engendrent alors une modification chimique directe, mais n'affectent pas la descendance. Il n'y a pas plus d'hybridité asexuelle dans ce phénomène que dans celui de la transmission de certaines panachures par le greffage.

E. — Dans tous mes essais visés au paragraphe D, l'influence spécifique (*sensu stricto*) a été nulle, directement ou indirectement. Cependant quelques tubercules provenant de greffe de Belladone sur Pomme de terre (Géante bleue) en 1907, puis plantés en 1908, ont donné des pieds à tubercules blancs lavés de violet, alors que le type est entièrement violet; un observateur superficiel ou à idées préconçues dirait que c'est là une influence indirecte du greffon sur le sujet; mais des pieds témoins (non greffés) ont présenté le même phénomène qui, du reste, s'est produit à plusieurs reprises dans les environs de Paris et dans le Nord, transformant ainsi la Géante bleue en une sous-variété, la Géante blanche.

En 1909, les tubercules de Géante bleue greffée avec le Tabac ont donné de suite cette sous-variété décolorée, le même phénomène se produisait sur des pieds non greffés, mais en 1910, avec de pareilles greffes aucune modification n'est apparue.

F. — La greffe de Pomme de terre sur la Tomate est très anciennement connue (Tschudy, etc.) : elle réussit facilement. Souvent on voit les bourgeons axillaires du greffon se renfler et

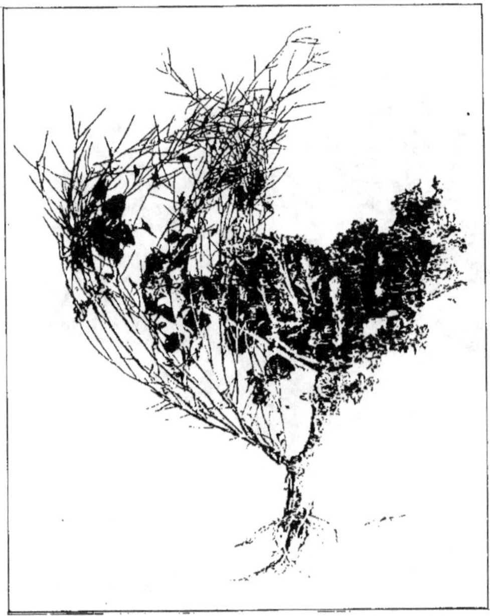

Fig. 18. — Alliaire sur Chou frisé.

donner des tubercules : mais le même phénomène se produit dans la culture sans greffe sous l'influence de conditions météorologiques, d'attaques d'insectes, etc..Mais comme, cette fois, la proportion de pieds à tubercules aériens est très grande, bien plus que dans les témoins, on peut considérer le greffage comme une cause de tubérisation des bourgeons axillaires et cela s'explique très bien, l'emmagasinement des réserves ne pouvant plus se faire facilement dans la partie souterraine Tomate. Il s'agit donc simplement ici d'une variation de nutrition. Quant à ces tubercules aériens ils conservent les caractères du type et reproduisent fidèlement ce dernier par plantation (fig. 15).

G. — Un certain nombre de mes essais ont porté sur les Légumineuses (*Phaseolus*) et les Crucifères (*Brassica*).

J'ai greffé le Soissons nain et le Soissons à rames, le Soissons à rame et le Haricot Noir de Belgique (greffe simple et greffe mixte). Chaque variété a conservé à peu près son type quant à la taille; aucune variation ne s'est manifestée dans la forme des fleurs ni dans les gousses et graines (fig. 16). Le Noir de Belgique notamment, allié au Soissons à rames et à fruits parcheminés, est devenu parcheminé lui aussi, comme l'avait annoncé M. Daniel, mais il ne pouvait en être autrement puisque ce Haricot possède normalement un tel caractère !

Toutefois, parmi mes nombreuses greffes, il est arrivé que des pieds à mauvaise soudure ont ralenti leur végétation, donné des inflorescences pauciflores et des tiges moins longues. Y a-t-il lieu de s'en étonner? Nullement; tous les praticiens connaissent des faits analogues et au surplus parfaitement explicables sans avoir recours à l'hybridation asexuelle. D'autre part, qu'avec un sujet géant et une bonne soudure une plante naine accroisse un peu sa taille ordinaire, cela n'a rien qui puisse surprendre ; mais cette plante reste naine quand même; elle ne se transforme pas en variété géante ni même moyenne.

H. — Les expériences sur les Crucifères sont très délicates en raison de la facilité avec laquelle ces plantes se croisent ; beaucoup de variétés commerciales ne sont pas « franches »; d'autre part, avec des graines pures on peut

Fig. 19. — Soleil vivace.

avoir dans les parties végétatives des fluctuations assez marquées. Voici un Chou milan frisé : il peut l'être plus ou moins; supposons qu'il le soit beaucoup et qu'en le greffant sur un Chou à feuilles lisses (Chou pointu de Winnigstadt) on obtienne des feuilles un peu moins frisées, on n'a pas d'emblée le droit de prétendre que le caractère du sujet s'est mêlé à celui du greffon; dans les témoins, en effet, on trouve de telles variations et en aussi grande quantité.

Dans la greffe mixte de ces deux variétés chacun des composants conserve ses caractères fondamentaux : état de la feuille, lisse ou frisé, forme de la pomme, pointue ou arrondie (fig. 17). Il en est de même de la greffe d'Alliaire (*Sisymbrium Alliaria*) sur Chou frisé; ce dernier ne prend pas le goût d'Ail (fig. 18). Toutes mes autres greffes de Choux et de Navets m'ont donné des résultats analogues. En somme les modifications observées dans les greffes de Crucifères sont dues à la variation inhérente aux races cultivées, à l'emploi de races impures et, quand il s'agit d'influence sur la postérité du greffon, à

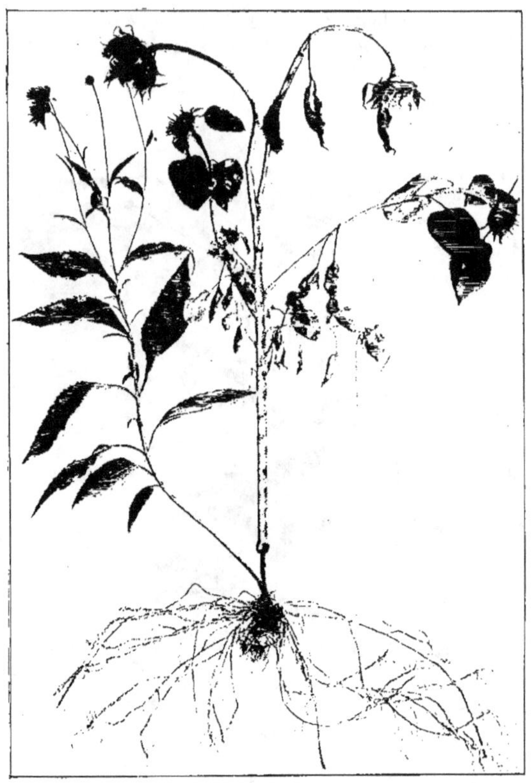

Fig. 20. — Soleil annuel sur Soleil vivace.

cette variation ou à l'hybridation sexuelle, mais nullement à l'hybridation asexuelle.

1. — J'arrive maintenant aux greffes de Composées, d'*Helianthus* notamment. L'*Helianthus lætiflorus* greffé avec l'*Helianthus annuus* conserve tous ses caractères spécifiques, comme le montrent les figures 19 et 20. Il en est de même pour les greffes d'*Helianthus tuberosus* avec *H. annuus* (fig. 21 et 22).

La discussion que jai faite des variations observées par M. Daniel m'a conduit à affirmer que l'influence spécifique (*sensu stricto*) est nulle. Tout se résume, là encore, à de simples variations de nutrition.

En 1909, des greffons de Grand Soleil (*H. annuus*) sur Topinambour (*H. tuberosus*) ont pris un développement plus faible que de coutume; les tubercules du sujet étaient moins nombreux que dans les témoins, moins renflés et plus éloignés de la base de la tige (fig. 23); c'est bien là faible vigueur des greffons qui a été la cause de cette variation de nutrition. Du reste, ces tubercules peu renflés ont été plantés en 1910, et tous ont donné des individus normaux quant à la hauteur des tiges, au renflement et à l'agglomération des tubercules (fig. 24).

J. — Je n'insiste pas davantage sur les greffes herbacées. Il me suffira de dire que les nombreux autres essais, que je passe sous silence pour ne pas allonger outre mesure cette communication, m'ont donné des résultats analogues.

Les essais de M. Daniel sur les greffes l'avaient conduit à admettre que chez la vigne et les arbres fruitiers où le greffage est si employé, il se produit également des variations spécifiques, des hybridations asexuelles. J'ai montré que rien ne légitime pareille supposition ; au surplus jamais les praticiens, arboriculteurs et viticulteurs, n'avaient observé quoi que ce soit en faveur de cette dernière.

Je pourrais donc m'arrêter ici et conclure ; néanmoins je désire faire quelques observations touchant les variations dans le greffage des arbres fruitiers et de la vigne.

Jamais on n'a vu varier spécifiquement (*sensu stricto*) les races de poiriers greffés sur cognassier. On a bien signalé quelques cas de greffes de boutons à fleurs qui, implantés sur telle variété, auraient donné des fruits tenant plus ou moins de cette dernière ; mais de temps à autre on voit, sans greffe, des fruits

Fig. 21. — Topinambour sur Soleil.

variant de forme et de coloration, voire même de goût ; or, d'une manière générale, les greffes de boutons à fleurs donnent de beaux fruits, bien typiques, souvent employés dans les expositions pour représenter les variétés. Pourquoi de temps en temps la variation ne se ferait-elle pas sentir sur eux comme elle se fait sentir sur les autres, obtenus de la façon habituelle. De plus, si la variation a aiguillé le fruit modifié vers la forme de ceux du sujet, on peut y voir une pure coïncidence ; il faudrait, avant de conclure, faire de nombreux essais sur des sujets très différents, mettre aussi la variété sur elle-même, ce qu'on ne fait jamais, et apprécier les résultats ; tant qu'on n'aura pas fait ce travail, il sera impossible d'avoir une opinion ferme sur la variation des arbres fruitiers ainsi que dans le surgreffage.

Quant aux variations de sucre et d'acidité, elles sont, comme dans la vigne, plus ou moins marquées suivant les sujets, en tout cas nullement en rapport avec la composition chimique des fruits de ces sujets, donc nullement spécifique (*sensu stricto*), sans rapport avec ce que devrait fournir l'hybridation asexuelle.

Fig. 22. — Topinambour sur Soleil annuel. Greffe mixte (1909).

M. Daniel avait pensé que la vigne française greffée sur vigne américaine serait influencée par celle-ci au point d'adultérer les caractères morphologiques et chimiques des raisins, par conséquent de détériorer les crus. L'expérience démontre, comme je le disais au début, la fausseté d'une telle manière de voir et les viticulteurs compétents ont vivement protesté contre cette dernière[1].

Au cours de plusieurs visites que j'ai faites en Côte-d'Or, je n'ai jamais

1. Voir notamment : *Congrès viticole d'Angers 1907*; *Revue de viticulture* (Paris); *Progrès agricole et viticole* (Montpellier).

vu de raisins français à goût rendu foxé par le sujet américain, j'ai dégusté des
vins rouges ou blancs de première qualité et, dans le domaine paternel, nous
récoltons du vin aussi bon qu'avant la greffe (1895-1900). Nos vignes ne sont
pas plus attaquées par le mildiou et l'oïdium que les vignes non greffées qui

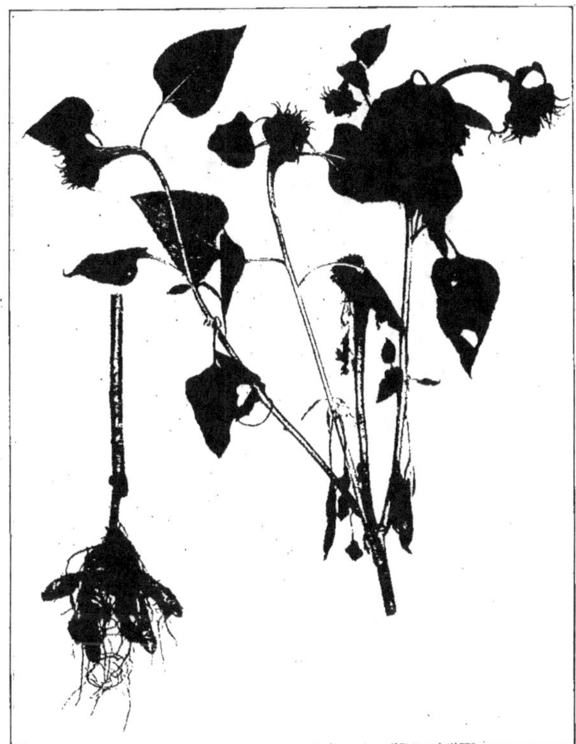

Fig. 23. — Soleil sur Topinambour.

nous restent encore ; enfin, cette année 1911, nous allons faire du vin qui, de
l'avis de tous, rivalisera avec ceux des années 1865, 1870, 1881 et 1893. Je n'ai
jamais mangé, dans le vignoble de Chablis, des raisins plus sucrés et plus parfumés que vers cette fin de septembre.

Il faut dire cependant, ce qui est du reste bien connu, qu'on a, chez moi
comme en bien des endroits, la tendance à remplacer les cépages fins et à faible
rendement par des cépages inférieurs et à plus grands rendements ; c'est ainsi
que le Pinot fin de Bourgogne cède le pas au Gamay : naturellement la qualité
des vins a baissé de ce fait chez beaucoup de propriétaires, mais il y a encore
des vins de valeur comme autrefois.

VIII

Arrivé au terme de cette communication, nous avons l'impression très nette qu'après avoir suivi les partisans — nombreux d'ailleurs - de l'hybridation asexuelle *dans les greffes ordinaires*, nous sommes revenus aux conceptions du siècle dernier, les mêmes que celles de la plupart des botanistes et praticiens d'aujourd'hui.

Fig. 24. — Topinambour provenant de tubercules allongés de greffe d'*H. annuus* de 1909.

Si on laisse de côté le cas très intéressant des repousses du bourrelet susceptibles, au dire de l'école allemande, de donner des chimères ou pseudo-hybrides (Baur), et peut-être aussi de vrais hybrides de greffes (Winkler), celui depuis longtemps connu de la panachure infectieuse, celui du passage, dans quelques greffes chez les Solanées, de faibles quantités d'alcaloïdes au travers du bourrelet, on voit que dans les greffes ordinaires, celles qui intéressent les praticiens, arboriculteurs et viticulteurs, aucune influence spécifique (*sensu stricto*), c'est-à-dire de nature à modifier les caractères fondamentaux des espèces et des races cultivées, ne peut être mise en évidence d'une façon formelle. C'est donc bien à tort, sans preuves scientifiquement établies, qu'on a essayé de jeter le discrédit sur le procédé actuellement employé pour la reconstitution du vignoble ; cette reconstitution a entraîné avec elle des inconvénients qui ne tiennent nullement à l'hybridation asexuelle et le greffage serait certainement abandonné en bien des endroits si, malgré le phylloxéra, l'on pouvait cultiver indéfiniment et sans beaucoup de frais nos anciens cépages francs de pied, ou bien si l'on avait à sa disposition des hybrides résistants et de qualité. On nous a anoncé à grands fracas que, par suite de l'influence spécifique, on arriverait, en greffant, à perfectionner systématiquement les plantes et à créer des variétés comme on le fait avec l'hybridation sexuelle ; cette promesse vingt fois renouvelée, pour la vigne notamment, n'a pu encore, et pour cause, recevoir même un commencement de réalisation.

Est-ce à dire que les plantes greffées ne peuvent pas varier ? Certes non. Tout d'abord elles varient comme le font les races correspondantes non greffées ; elles se modifient plus ou moins par suite des changements qui accompagnent la vie symbiotique du sujet et du greffon. Mais ce sont là pures variations de nutrition et non ces fameuses variations spécifiques qu'engendrerait l'hybridation asexuelle [1].

Les échantillons suivants (spécimens d'herbier et photographies) étaient exposés dans la salle des séances à l'appui de cette communication.

I. LE GREFFAGE ET LA VARIATION.

1. AUBERGINES.

Solanum ovigerum (Pondeuse) témoin.
Solanum laciniatum sur Solanum ovigerum. — Morelle à feuilles laciniées sur pondeuse.
Solanum ovigerum sur Solanum ovigerum.
Solanum ovigerum sur Solanum coccineum (Pondeuse sur Aubergine écarlate).
Solanum Melongena sur Solanum Lycopersicum
    (Aubergine violette longue sur Tomate rouge grosse)   Fleurs.
    —   —   —   Fruits.
Solanum coccineum sur Solanum ovigerum (Aubergine écarlate sur Pondeuse).

2. AUBERGINES.

Variation des Témoins.

Aubergine violette ronde à fruits allongés.
    —   —   fruits côtelés.
Aubergine violette longue à fruit courbé.
    —   —   fruit arrondi (deux photogr.)
    —   —   fruit aplati et côtelé.
    —   —   fruit côtelé.

3. MORELLE NOIRE ET TOMATE.

Solanum nigrum sur Solanum Lycopersicum (Morelle noire sur Tomate rouge grosse).
Solanum Lycopersicum sur Solanum nigrum (Tomate rouge grosse sur Morelle noire).

4. BELLADONE ET TOMATE.

Atropa Belladona sur Solanum Lycopersicum (Belladone sur Tomate rouge grosse).
Solanum Lycopersicum sur Atropa Belladona (Tomate rouge grosse sur Belladone).

---

1. Pour la bibliographie de la question consulter notamment : 1° Vöchting : *Ueber Transplantation am Pflanzenkörper*, Tübingen, 1892; 2° Daniel (*loc. cit.*); 3° Winkler : *Untersuchungen ueber Propfbastarde*; 1 vol. Iéna, 1912; un fascicule seul a paru.

5. POMME DE TERRE, TOMATE ET BELLADONE.

Solanum tuberosum sur Solanum Lycopersicum (Pomme de terre géante bleue sur Tomate rouge grosse).

Solanum Lycopersicum sur Solanum tuberosum (Tomate rouge grosse sur Pomme de terre géante bleue).

Solanum tuberosum sur Solanum Lycopersicum (Pomme de terre géante bleue sur Tomate rouge grosse). — Rameaux avec tubercules aériens.

Atropa Belladona sur Solanum tuberosum
    (Belladone sur Pomme de terre géante bleue). — Plantes jeunes en pot.
    —   —   —   Plantes adultes, le sujet avec ses tubercules souterrains.

Nicotiana Tabacum sur Solanum tuberosum (Tabac sur Pomme de terre Géante bleue).

6. TABAC.

Nicotiana Tabacum sur Atropa Belladona (Tabac sur Belladone).

Petunia sur Nicotiana Tabacum (Petunia sur Tabac).

Tabac rouge sur Tabac blanc. — Fleurs.
    —   —   Fleurs et fruits.

7. PIMENTS.

1. Piment noir long. — P. de Cayenne. — P. Mammouth jaune. — P. carré doux d'Amérique.
2. Piment tomate.
3. Piment carré rouge. — P. long rouge.
4. Piment carré doux d'Amérique sur Piment rouge long.
5. Piment rouge long sur Tomate rouge grosse.

8. HARICOTS.

1. Beurre nain sur Beurre à rames.
2. Soissons nains sur Soissons à rames.
3. Noir de Belgique sur Soissons à rames. — Soissons à rames sur Noir de Belgique.
4. Soissons nains sur Soissons à rames. — Soissons à rames sur Soissons nains.

9. CHOUX.

Chou-fleur Lenormand à pied court sur chou pointu de Winnigstadt (Chou-fleur à pomme bien formée).

Chou-fleur Lenormand à pied court sur chou pointu de Winnigstadt (Inflorescence du chou-fleur bien développée).

Alliaria officinalis sur Brassica oleracea (Alliaire sur Chou pointu de Winnigstadt).

Brassica oleracea sur Alliaria officinalis (Chou pointu de Winnigstadt sur Alliaire officinale).

Chou de Winnigstadt sur Chou de Milan. }
Chou de Milan sur Chou de Winnigstadt. }
Chou de Winnigstadt sur Navet de Meaux. } Greffe simple.
Navet de Meaux sur Chou de Winnigstadt. }

Chou de Winnigstadt sur Chou de Milan. } Greffe mixte.
Navet de Meaux sur Chou de Winnigstadt. }

10. HELIANTHUS.

Helianthus tuberosus (Topinambour). }
    —   lætiflorus (Soleil vivace). } Témoins.
    —   annuus (Soleil annuel). }

Helianthus annuus sur Helianthus lætiflorus (Soleil annuel sur Soleil vivace).
Helianthus lætiflorus sur Helianthus annuus (Soleil vivace sur Soleil annuel).
Helianthus annuus sur Helianthus tuberosus (Soleil annuel sur Topinambour).
Helianthus tuberosus sur Helianthus annuus (Topinambour sur Soleil annuel) Greffe simple.
Helianthus tuberosus sur Helianthus annuus (Topinambour sur Soleil annuel) Greffe mixte.
Helianthus tuberosus non greffé. — Stolons allongés.

II. HYBRIDATION.

1. HYBRIDES DE PIMENTS.

1. Piment noir long. — Piment carré doux. — Hybride Long × Carré. — Hybride Carré × Long.
2. Fruits de : Piment carré doux. — Piment noir long.— Hybride de 1ʳᵉ génération.
3. Fruits de : Piment noir long. — Piment carré doux. — Hybride Carré × Long. — Hybride Long × Carré.
4. Fruits : a. — Les parents.
      b. — Hybrides de 1ʳᵉ génération.
      c. —   —   2ᵉ   —
5. Fruits d'hybrides de 2ᵉ génération.

2. HYBRIDES D'AUBERGINES.

1. Solanum ovigerum (Aubergine blanche). ⎫ Parents.
2. Solanum coccineum (Aubergine écarlate). ⎭
3. Hybride d'Aubergine écarlate fécondée par Aubergine blanche.
4. Rameaux de : Aubergine blanche fécondée par Aubergine écarlate. — Aubergine écarlate fécondée par Aubergine blanche.
5. Fruits : Aubergine écarlate.
      Aubergine blanche.
      Aubergine écarlate × Aubergine blanche.

GRAFTING AND ASEXUAL HYBRIDIZATION

SUMMARY

The much disputed question of the existence of asexual hybridization occurring as the result of grafting can only be discussed seriously if the following fundamental distinctions are made:

1st. a. The shoots which develop after the operation are derived from buds already existing, on the stock or on the graft, or from buds which are formed after the operation, exclusively on the stock or graft.

b. The shoots arise on the cushion of the graft, and are derived from composite buds, producing a chimœra, or a pseudo-hybrid (*Crataego-mespilus*, *Cytisus Adami*, Bizarria, *Solanum*, etc.), or perhaps from real hybrid buds; i. e. buds resulting from asexual conjugation of cells, or from cells reciprocally influenced by the passage of certain substances.

2nd. Those cases dealt with under (b) concern phenomena which appear to be exceptional, and which have been the object of important researches, made by Winkler, Baur, etc., as regards the histology of their production; they are however, unimportant from the practical point of view, and the statement that the stock may profoundly influence the graft, and reciprocally, in many cases, does not rest on evidence derived from these exceptional cases; it must also be recognised that these phenomena require further study before they can receive a definite interpretation.

3rd. Putting on one side these rare cases, it remains to enquire whether the graft alone developes, which is the general rule, or whether shoots arise also on the stock (mixed grafting), which occurs very often experimentally and also in the course of ordinary culture, either in consequence of neglect, or intentionally (as in trees grafted on stocks of which the buds have not been removed, re-grafting of pears, hedges of hawthorn grafted on Medlars, etc.)

4th. The characters of the variations observed should be carefully distinguished. They may be morphological (anatomical or organographic) biological, chemical, pathological, and teratological. The interesting and often quoted organoleptic properties are due to chemical characters which may or may not be connected with anatomical features.

5th. Among the above mentioned characters, some are subject to quantitative variation, due to the climate, soil or cultural operations, etc. (chemical constitution, flavour, vigour, power of resistance to disease), and these variations may occur with or without grafting. Other characters are fixed and serve to distinguish species and varieties (certain morphological and chemical characters:) to these special attention must be paid when asexual hybridization is concerned.

6th. The phenomenon of asexual hybridization, if it exists, is not necessarily bound up with that reciprocal specific influence of the stock and graft, as understood by M. Daniel (a vigourous stock giving rise to strong growth in the graft, or a weak stock affording poor nourishment to a vigourous graft, etc.).

There is thus reason for separating *specific variations* or variations concerning the essential characters of species and varieties, which if they appeared in the graft, would be due to asexual hybridization, from those other variations, specific or not, often named *nutritive variations*, and which are due to modifications of the nutritive functions arising from the evidently abnormal development, especially in the early stages, of stock and graft.

With these variations which owe their origin to grafting, must be included those which, whether of internal or external origin, may occur also in plants which are not grafted, and which belong to a pure race. It may be questioned whether these latter variations are not more frequent in the case of grafts, than in plants not grafted, but it is impossible at the present time to answer the question in the affirmative.

7th. Experience and not analogy is necessary in the majority of cases, in order to define the nature, extent and frequency of the variations of the graft. Those discussions in which the re-constitution of the vineyards by grafting is urged would be calmer and clearer if this observation could be borne in mind, and if those distinctions were made which have already been mentioned above.

8th. In all that preceeds there has only been question of the *direct* and reciprocal influence of stock and graft; it is this side of the question which interests the horticulturist and the cultivator of vines. But there is another point to be considered, as has been well show by Cabanis at the end of the

eighteenth century and by M. Daniel during the last twenty years, and that is
the *indirect* influence, or the influence *on the posterity* of each component of
the graft, for example, in ordinary simple grafting; of such cases two may be
distinguished : 1st : the graft is propagated asexually by grafting or by cutting ; 2nd : propagation is by seed. If variations appear among the descendants of the grafts, it is necessary after appreciating the importance and frequency of such variations, to classify them according to the distinctions
already suggested with regard to the direct reciprocal influence of stock and
graft.

9th. During the last six years I have observed a series of grafting experiments on herbaceous and woody plants, for fifteen years I have made observations in gardens and vineyards on variation of grafted plants.

These experiments and observations are far from including all those cases
ennumerated above, and my researches are only a contribution to the study of
the question of variation in grafted plants, not a complete and definite account.
But I am in a position to affirm that, in agreement with received opinion based
on experience, the result of all my observations on fruit trees and vines and on
the Solanaceæ, Compositæ, Cruciferæ and Leguminosæ, and also on variegated and on pigmented foliage plants, show that grafting has in no case given
rise to a direct specific influence capable of modifying the fundamental characters of species or of races.

It is not necessary to resort to the hypothesis of asexual hybridization in
order to explain the infrequent variations which I have been able to demonstrate. I do not hold that this mode of hybridization is impossible, but I consider that it is improbable in those cases dealt with in paragraph 1ª, and I have
not obtained any evidence that it occurs.

M. BAUR. — J'ai suivi comme vous les déductions de M. Griffon avec le
plus grand intérêt et je me réjouis de pouvoir constater que sa manière de
voir s'accorde avec la mienne.

J'ai également toujours trouvé que les variations très souvent insolites
qu'un individu éprouve dans le courant de la vie en symbiose qui résulte de la
greffe, correspondent absolument à des changements de nourriture qui ne
changent en aucun cas les caractères héréditaires.

Je me réjouis d'autant plus de cette concordance de résultats que j'ai
remarqué dans la première séance combien les intéressantes et ingénieuses
déductions de M. le professeur Gautier émanaient d'hypothèses tout à fait
insoutenables, reposant sur de vieilles assertions non confirmées, et en grande
partie réfutées; tout spécialement, l'assertion de Daniel que l'aubergine à fruits
lisses (*Solanum melongena*), greffée sur une tomate à fruits à côtes (*S. lyco
persicum*) devient pareillement à fruits à côtes. Dans mes nombreuses expériences de contrôle, je n'ai jamais trouvé ce fait confirmé.

Dans une précédente publication, j'ai déjà montré que, très vraisemblablement, Daniel a expérimenté avec une race d'aubergine qui, non greffée, forme
occasionnellement des fruits à côtes.

Comme complément, qu'il me soit permis de communiquer une méthode
de production d'hybrides de greffe — ou, disons mieux, de « chimères » — chez
les peupliers (*Populus trichocarpa P. canadensis et P. nigra*).

Ce genre se prête volontiers à de tels essais; cela vient de ce qu'on opère de la bonne manière et au bon moment. D'après ma propre expérience, la meilleure méthode est la suivante :

En juillet, on écussonne le *P. trichocarpa* sur un rameau — poussé pendant l'été — du *P. canadensis* (un talon sans bois surtout !) ou inversement, on écussonne un œil de *canadensis* sur *trichocarpa*. On laisse l'œil pousser au printemps suivant. On accélère la végétation de cette pousse en coupant les rameaux voisins. Au commencement de juillet, on taille transversalement la greffe juste au-dessous de l'œil poussé, de façon qu'il reste encore le plus possible de talon. On recouvre ensuite le tronçon d'une coiffe de parchemin fortement liée pour le protéger de l'évaporation et des vers (*Sesia*) qui mangent le bourrelet. On obtient alors une très forte hypertrophie du bourrelet sur le tronçon, particulièrement dans la zone de soudure du talon et du sujet. Environ dix à quatorze jours après la taille, les points de végétation sur le bourrelet se différencient en grandes quantités et l'on obtient presque toujours l'une ou l'autre chimère. L'essentiel est que les saisons indiquées soient observées pour les opérations.

Il serait tout à fait impropre d'appliquer la greffe en fente au lieu de l'écussonnage, parce que, presque toujours, après la taille transversale en travers du greffon et du sujet, le tronçon restant de la greffe meurt.

Par contre, il existe une méthode pratiquement passable : une branche de *P. trichocarpa* et une de *canadensis* provenant de deux plantes croissant l'une près de l'autre sont entaillées dans leur longueur sur une grande étendue et soudées entre elles. Un an et même deux ans plus tard, en juillet, on fait une taille transversale à la partie supérieure de la soudure; on obtient alors sur la surface blessée une riche végétation, mais qui ne paraît pas donner aussi fréquemment des « chimères », comme dans l'écussonnage.

Je ferai plus tard une communication plus détaillée sur les chimères de peuplier : il ne s'agissait seulement ici que de décrire la manière de procéder, qui a peut-être aussi un réel intérêt pratique.

Les races de *Brassica* me paraissent être tout à fait convenables pour la production de chimères, bien que je n'en aie moi-même pas encore obtenu.

M. GRIFFON. — Je suis de l'avis de M. Baur. Tout ce que j'ai fait précédemment concorde avec sa manière de voir. J'ai oublié précisément de dire que j'avais fait des essais sur le greffage de plantes colorées. Quand il s'agit de plantes colorées en rouge, il ne se produit aucun changement; quand, au contraire, il s'agit de plantes panachées, il se produit des changements. Cela a été étudié depuis longtemps et j'ai retrouvé tous les résultats des anciens auteurs ainsi que vos résultats. On est bien fixé sur ce point. Ce n'est pas parce qu'il y a transmission de la panachure qu'il faut croire qu'il y a mélange des caractères.

Quand une plante a des feuilles qui deviennent un peu jaunes, ce n'en est pas moins toujours la même plante. La feuille panachée se transmet. Cela prouve une chose, c'est que, lorsque je n'obtiens pas les résultats des auteurs qui admettent l'hybridation asexuelle, ce n'est pas parce que les expériences sont mal faites, puisque, quand il s'agit de résultats obtenus par d'autres auteurs, je les obtiens également.

M. PASSY. — Je ne pensais pas aborder ce sujet, aussi n'ai-je apporté aucun document. C'est uniquement parce que mon collègue et ami, M. Griffon, a traité cette question que je voudrais ajouter quelques mots.

Je crois avoir été un des premiers à réfuter la théorie de l'hybridation asexuelle, parce que les faits constatés et les expériences que j'ai faites ne me permettaient pas de l'admettre.

Je pratique très souvent la greffe mixte. Quand M. Daniel a lancé ce nom de « greffe mixte », je l'ai repoussé, en montrant, d'abord, que la greffe mixte n'était pas une nouveauté, ensuite qu'elle n'est pas ce qu'il croyait.

Je fais constamment l'expérience suivante : Je greffe un poirier vigoureux sur un cognassier ; je greffe sur cette variété une deuxième variété de poirier moins vigoureux, et parfois une troisième. Chacune de ces variétés fructifie avec ses caractères, mûrit à son époque, donne des fruits de sa qualité. Quelquefois la vigueur de la variété faible est augmentée, parce qu'elle bénéficie de la vigueur de la variété intermédiaire. Dans tous ces cas, les fruits restent identiques à la moyenne des fruits de chaque variété. On peut constater, comme on le constate ailleurs, certaines variations dues à des causes qui, dans la majorité des cas, nous échappent.

J'ai trouvé, sur certains doyennés des fruits presque sphériques, avec un pédoncule aussi long que le fruit. Ce que j'ai trouvé de plus frappant, c'est, sur un Doyenné du Comice, tous les fruits de l'arbre, sphériques et même un peu aplatis, sans pédoncule, ressemblant d'une façon frappante à certaines variétés de pommes. Si la greffe avait été faite sur un pommier, on aurait dit avec apparence de vérité : voilà la preuve évidente de l'hybridation asexuelle ; cependant, cette déformation aurait pu n'être qu'accidentelle. Depuis sur ce Doyenné du Comice les fruits ont repris leur forme normale.

Nous connaissons un certain nombre d'exemples de greffe de poirier sur pommier et inverse fructifiant ; toujours les fruits ont conservé les véritables caractères de la variété qui a été greffée. La maturation, la grosseur, la vigueur de l'arbre sont plus ou moins changées, mais il n'y a pas de modifications spécifiques.

M. Couderc. — Je crois qu'il sera intéressant, après la communication de M. Griffon, de vous dire un mot de ce qu'on a appelé les *variations brusques* ; elles sont d'une telle ampleur qu'elles sont indéniables ; ce sont, en effet, non pas des petites variations de forme des fruits ou des fleurs, ou de simples changements de coloration, mais des variations de nature spécifique, dans le sens botanique du mot.

La vigne est une des plantes qui les présente, bien qu'elle les présente rarement ; elles se produisent chez les hybrides soit d'espèces américaines entre elles, soit de ces espèces avec le *Vinifera*.

Prenons par exemple le Jacquez, hybride trouvé en Amérique, qui aurait trois composants : le *Vitis vinifera* (ce qui est douteux), le *Vitis cinerea*, et le *Vitis aestivalis* qui domine de beaucoup. Le Jacquez a été importé en France, et y a été très cultivé à un moment donné. Les champs de Jacquez sont, en général, très uniformes et toutes les souches sont semblables comme feuillage et comme fruit.

J'ai eu chez moi un bras d'une vieille souche de Jacquez qui s'est mis tout à coup à avoir des feuilles entières au lieu de lobées et des grappes cylindriques de 40 centimètres et plus de long, avec des grains minuscules ; bref, à reproduire presque identiquement la variété du *V. aestivalis*, connue sous le nom de *Vitis bicolor*, variété que plusieurs auteurs regardent comme une bonne espèce botanique distincte.

Tout le monde connaît le cas du pied de Jacquez du champ d'expérience officiel du Mas de las Sorrès, où un bras s'est mis, brusquement, à produire des grappes à gros grains, tandis que le Jacquez est normalement à fort petits grains. Cette variation a pu être fixée par le bouturage, mais les pieds en provenant ont une tendance manifeste à retourner plus ou moins au Jacquez type, soit par tout le cep, soit par une partie des bras seulement.

Il s'est produit des variations du même ordre chez mes hybrides : là un hybride à origine absolument sûre, un Chasselas × Rupestris par exemple, s'est mis, parvenu au delà de 20 ans d'âge, à reproduire brusquement sur un de ses bras, le Rupestris, son père, ou le Chasselas, sa mère, ou des formes intermédiaires se rapprochant étrangement de l'un ou de l'autre. Ces variations brusques sont, en général, peu vigoureuses et le bois des pampres s'aoûte mal. Au point de vue phylloxérique leur résistance diffère complètement de celle de l'hybride qui a varié; il faut étudier à nouveau la variation comme on le fait d'un nouvel hybride de semis; ainsi mon hybride 28-112 est une variation brusque à gros grains du 28-112 primitif qui est à petits grains; or la variation à gros grains n'a qu'une résistance phylloxérique très faible, tandis que le 28-112 primitif est de première résistance.

Les variations brusques ne se sont jamais produites chez moi que sur des ceps âgés et taillés à coursons, jamais sur des ceps jeunes ou taillés à long bois. Mais le *fait remarquable* et sur lequel vous me permettrez d'insister, c'est qu'elles se sont produites uniquement sur des ceps francs de pieds; chez moi, pour la raison bien simple que je cultive tous les hybrides ainsi. (Elles sont d'ailleurs très rares; je n'en ai observé que 7 sur plus de 30 000 pieds d'hybrides.)

Chez d'autres personnes, il s'est produit des variations semblables, mais sur des hybrides greffés : de la meilleure foi du monde, elles ont attribué ce fait à la greffe et ont été plus loin et prétendu que le porte-greffe réagissait sur son greffon et lui communiquait une partie de ses caractères : *c'est absolument faux*, puisque le même hybride varie brusquement franc de pied aussi bien que greffé.

Prenons pour exemple l'hybride de Chasselas × Rupestris cité plus haut : on le greffe sur Rupestris : un bras varie brusquement et retourne au Rupestris, le père. On est naturellement porté à attribuer cette variation au Rupestris porte-greffe; mais la même variation ou des variations similaires se produisent si le dit Chasselas × Rupestris est greffé sur Riparia, sur Berlandieri et ou, plus simplement, s'il est tout bonnement franc de pied.

Attribuer à la greffe elle-même les variations spécifiques des Hybrides est donc une attribution purement gratuite; la greffe ne joue d'autre rôle que de modifier en plus ou en moins la *nourriture* que reçoit le greffon, rôle analogue à celui d'une fumure surabondante, de la taille courte, du rabattement du cep, de la ligature et de l'étranglement d'un bras ou du tronc (cette dernière pratique, puissant moyen pour provoquer des variations brusques, mais qui en général ne sont pas durables et susceptibles d'être fixées).

Conclusion. — Chez les Vitis du moins, aucun caractère spécifique ne se transmet par la greffe du porte-greffe au greffon ou réciproquement, pas plus chez les espèces pures que chez les hybrides : je puis l'affirmer d'après l'observation minutieuse de milliers de greffes de tout âge et les plus diverses, soit comme greffons, soit comme porte-greffe.

LA LOI D'UNIFORMITÉ DES HYBRIDES DE PREMIÈRE GÉNÉRATION EST-ELLE ABSOLUE?

Par M. GARD

Docteur ès sciences, Bordeaux (Gironde).

Naudin[1] a conclu de ses expériences que tous les hybrides de première génération d'un même croisement et du croisement réciproque présentaient une grande uniformité.

Ses résultats eussent été plus probants : 1° si les fleurs castrées avaient été soustraites à la visite des insectes; 2° si, disposant d'un espace suffisant, il avait pu élever tous les individus hybrides au lieu de n'en conserver, le plus souvent, qu'une faible partie. Parfois même il ne sème qu'une portion des graines obtenues. Cependant cette quasi-uniformité d'hybrides conservés au hasard dans un lot considérable de plantules, est en faveur de la conclusion de Naudin, bien qu'une restriction s'impose dans certains cas : beaucoup, parmi les plantes issues des croisements (parfois le plus grand nombre), sont identiques à l'espèce-mère. Sans examiner l'état de leurs organes sexuels, Naudin admet qu'elles sont dues à une fécondation légitime accidentelle.

Les résultats des cas particuliers étudiés par Mendel[2] viennent à l'appui de la règle de Naudin, si bien que certains biologistes actuels sont tentés d'adopter cette dernière comme l'expression d'un dogme intangible[3].

Je voudrais montrer que, dans le genre *Cistus*, les faits ne sont pas aussi simples.

I. De la fécondation du *C. ladaniferus* par le *C. monspeliensis*, il est né douze plantes hybrides et une, identique à l'espèce-mère. Les premières se partagent en deux groupes bien distincts : les unes sont presque semblables à *C. monspeliensis*, les autres à *C. ladaniferus*, surtout par le feuillage. Leurs caractères anatomiques ne sont pas non plus les mêmes et alors que les premiers ont environ 85 pour 100 de grains de pollen vides. les seconds les ont tous vides ou à peu près[4].

Les 15 individus issus du croisement de *C. laurifolius* par *C. monspeliensis* sont loin d'être uniformes. A partir d'un type extrême, rapproché du père, il y a divers intermédiaires dont les plus éloignés tendent vers *C. laurifolius* par la forme des feuilles, sans d'ailleurs se rapprocher autant de cette espèce que les

---

1. Cn. Naudin. Nouvelles Recherches sur l'hybridité dans les végétaux. *Nouvelles Archives du Muséum d'histoire naturelle*, tome 1, 1865.

2. G. Mendel. 'Verandlungen des naturforschenden Vereines in Brünn; IV, 1865'.

3. Mendel lui-même a, dans le genre *Hieracium*, donné quelques exemples d'hybrides bien différents, résultant d'une même première fécondation. Parmi les anciens Généticistes, quelques-uns ont signalé des faits semblables. On objectera qu'ils n'ont peut-être pas réalisé, dans toutes leurs expériences. les deux conditions rigoureusement nécessaires : une technique irréprochable. d'une part, et l'emploi d'espèces pures. d'autre part. Naudin a eu soin de discuter la nature, spécifique ou hybride, des plantes soupçonnées d'être litigieuses, qu'il croisait.

Je rappelle que. dans une même fécondation. certains *Fragaria* ont donné à Millardet les deux sortes de faux hybrides : les uns, plus nombreux, du type maternel. les autres du type paternel.

4. Chez les Cistes. la proportion de grains vides est faible et. selon l'espèce considérée. varie entre 0 et 10 pour 100 environ.

premiers de *C. monspeliensis*. Il y a aussi des différences importantes dans la structure.

Ce sont des faits sensiblement analogues chez *C. populifolius* × C. *salvifolius*[1] où, parmi les 25 plantes, les unes sont très voisines de *C. populifolius*, d'autres sont intermédiaires avec passages du premier groupe au second, par les dimensions et la configuration foliaires. Les rameaux de celles-ci peuvent porter les uns des feuilles intermédiaires, les autres des feuilles identiques à celles de l'espèce-mère, qui, dans l'ensemble, est de beaucoup prépondérante.

L'étude des caractères anatomiques, tels que la répartition du système pileux, la structure des poils glanduleux unisériés, la forme de la coupe transversale du limbe, les épidermes, conduit également à établir des groupements différents entre ces hybrides, groupements qui ne concordent pas forcément avec les premiers.

Enfin l'état des organes sexuels n'est pas le même chez tous. La proportion des grains de pollen vides varie de 25 à 70 pour 100 selon les individus.

Soit encore les 170 hybrides de *C. albidus* et de *C. polymorphus* subspec. *villosus*. Les uns ont les feuilles orbiculaires et pétiolées du second, d'autres les feuilles allongées et sessiles du *C. albidus*, tandis qu'une troisième catégorie offre des formes assez variées de feuilles intermédiaires. Les hybrides d'une même sorte peuvent différer par des caractères autres que ceux des feuilles. On établit des divisions distinctes en considérant par exemple les poils tecteurs simples, abondants sur les sépales, pédicelles et rameaux de *C. polymorphus* subspec. *villosus*, absents ou très rares chez l'autre parent; ou encore les poils glanduleux unisériés.

II. L'hétérogénéité des hybrides de première génération peut résulter de ce que les hybrides réciproques présentent des différences importantes.

Un exemple remarquable est fourni par les plantes issues des *C. ladaniferus* et *C. hirsutus*. Avec le premier comme mère, 12 hybrides sont obtenus dont les feuilles sont lancéolées: les 8 hybrides réciproques ont les feuilles ovales obtuses. Les caractères anatomiques ne font que renforcer cette séparation. Un botaniste classificateur n'hésiterait pas à en faire deux espèces distinctes.

Les hybrides réciproques peuvent aussi être très différents dans l'ensemble, tout en possédant des individus identiques, parce que les uns sont uniformes, alors que ceux de la combinaison inverse sont hétérogènes. C'est ce qui a lieu pour les 56 hybrides *C. salvifolius* × *C. populifolius* à peu près homogènes, alors, comme on l'a vu, que leurs réciproques offrent des types distincts.

III. Il n'en est pas toujours ainsi. Les différences entre individus d'un même croisement et entre hybrides réciproques peuvent être de l'ordre de variation des espèces elles-mêmes.

Les seconds peuvent être identiques de deux façons : 1° parce qu'ils sont tous uniformes; 2° parce qu'ils renferment à peu près les mêmes types hétérogènes; tels sont les groupements reconnus dans les 170 hybrides de *C. albidus* × *C. polymorphus* subspec. *villosus*; ils se retrouvent chez les 101 hybrides réciproques, mais avec une importance inégale.

____

1. Le signe × signifie *fécondé par*.

IV. Quelles que soient les variations, faibles ou fortes, présentées par les hybrides d'un même croisement, ces derniers possèdent toujours des caractères des deux espèces croisées. Il est des cas où la nature hybride des individus n'apparaît pas au premier examen. Dans un certain nombre de croisements, M. Bornet a obtenu, outre les hybrides habituels, des plantes identiques à l'espèce maternelle[1]. Il a pensé, comme Naudin, qu'elles étaient dues à une fécondation légitime accidentelle, et ne les a pas conservées en herbier. Mais, étant donnée la rigueur de la technique de M. Bornet, j'ai émis l'opinion qu'on avait vraisemblablement affaire à de faux hybrides. Or, depuis la publication du travail ci-dessous mentionné, j'ai trouvé dans l'herbier quatre plantes identiques qui portaient l'indication : « nées dans le semis du croisement 25 (*C. laurifolius* × *C. ladaniferus*) » qui a produit en outre quinze hybrides au sens ordinaire du terme. Bien que ces quatre plantes ne se distinguent pas du père, leur nature hybride résulte de particularités telles que des variations dans l'intensité et la dimension des macules, la grandeur des fleurs, mais surtout dans l'altération presque complète de leur pollen.

Il y a, chez les hybrides de première génération dans le genre *Cistus*, tous les degrés entre l'uniformité telle que l'entendait Naudin et une hétérogénéité très marquée. Celle-ci peut exister non seulement entre individus d'un même croisement, mais encore être due à des différences importantes entre hybrides réciproques, ou enfin à la production, dans la même combinaison d'hybrides vrais et de faux hybrides qui, dans six cas, sont du type maternel et dans un cas, du type paternel.

IS THE LAW OF THE UNIFORMITY OF HYBRIDS OF THE FIRST GENERATION, ABSOLUTE

SUMMARY

Naudin concluded from his experiments that all the hybrids derived from a cross resemble each other in the first generation. The experiments made by Naudin are, however, not convincing: he did not protect his flowers from insect pollination, and he did not always grow all the seed obtained. In the following account of the experiments made by M. Gard, in hybridizing various species of *Cistus*, it will be seen that the results of Naudin are not confirmed.

1° *Cistus ladaniferus* × *C. monspeliensis*. — 15 hybrids were obtained, and one plant resembling the seed parent. The former consisted of two types, one of which nearly resembled *C. ladaniferus* and the other *C. monspeliensis*.

C. laurifolius × *C. monspeliensis*. — 12 hybrids were obtained: among these were various intermediate forms.

C. populifolius × *C. salvifolius*. — 25 hybrids were obtained, and as in the last case, there were various intermediate forms.

C. albidus × *C. polymorphus* subsp. *villosus*. — 170 hybrids were obtained. Some of these possessed the leaf characters of the seed parent, others those of the male parent, while a third category consisted of intermediate forms.

---

1. M. Gard. Recherches sur les hybrides artificiels de Cistes obtenus par M. Ed. Bornet. Premier Mémoire : Notes inédites et résultats expérimentaux (*Ann. Sc. nat. Bot.*, 9° série, t. XII, p. 108).

2° The reciprocal crosses may give different hybrid forms. *C. ladanife-rus* × *C. hirsutus*. — 12 hybrids were obtained, with lanceolate leaves. From the reciprocal cross, 8 hybrids were obtained, with oval-obtuse leaves.

5° The reciprocal hybrids may resemble each other in two ways : 1st, by their uniformity; 2nd, because they consist of similar, heterogenous types; an example of this occurs in *C. albidus* × *C. polymorphus* subsp. *villosus*. and the reciprocal cross.

4° The hybrids always possess some of the characters of the parent species; there are many cases in which the hybrids exactly resemble one or other of the parents. For instance, in *C. laurifolius* × *C. ladaniferus* fifteen hybrid or intermediate forms were obtained, and four plants which exactly resembled the male parent.

It may be concluded that the first generation from crosses between species of the genus *Cistus* may be uniform in type, or may be heterogeneous.

RECROISÉES ENTRE ELLES DEUX ESPÈCES QUI SE SONT DÉGAGÉES D'UN HYBRIDE N'OBÉISSENT PLUS A LA LOI MENDÉLIENNE DE LA DOMINANCE

Par Georges BELLAIR

Jardinier-chef des Palais nationaux, à l'Orangerie, Versailles.

Des expériences sur l'hybridation des Tabacs nous ont conduit à émettre la proposition qui fait le titre de cette étude.

Voici les expériences ; nous interpréterons ensuite les faits qu'elles nous ont révélés.

Il s'agit d'hybrides de *Nicotiana*. Trois fois, le *Nicotiana sylvestris* fécondé par le *Nicotiana Tabacum* nous donne le même type d'hybride : un tabac ayant l'aspect général du *Nicotiana Tabacum*, mais avec un port plus élevé; des proportions plus grandes, une floraison extrêmement accrue, une fécondité presque nulle.

Ces hybrides, observés assidûment, produisent seulement quelques graines qui, semées, donnent naissance à des individus polymorphes, parmi lesquels plusieurs tabacs stériles à fleurs blanches et d'autres à fleurs roses. Ces derniers seulement fructifient, mais d'une manière encore imparfaite, et les graines de ces hybrides dérivés nous procurent, cette fois, les deux types spécifiques de tabacs que nous trouvons à l'origine de l'expérience : le *Nicotiana sylvestris* et le *Nicotiania Tabacum*.

Ces deux tabacs qui furent les générateurs de l'hybride initial réapparaissent, ici, avec leur port ordinaire et leur fertilité normale ; ils ont tous les caractères extérieurs d'espèces pures et, cependant, recroisés entre eux, ils ne procurent pas le type uniforme d'hybride qu'on obtient en croisant un *Nicotiania sylvestris* et un *Nicotiana Tabacum* n'ayant point passé par la vie hybride.

Telles qu'elles sont, c'est-à-dire issues d'hybride, nos deux espèces, hybridées à nouveau, produisent toute une série de types très curieux, très particuliers, très dissemblables : on y trouve des tabacs élancés, géants, et d'autres courts, trapus, presque nains ; des plantes à fleurs blanches, d'autres à fleurs roses, à fleurs rouges, à fleurs striées; des plantes à fleurs brièvement tubulées et d'autres à fleurs longuement tubulées ; des plantes à corolle large et d'autres à corolle étroite, etc.

Il faut donc admettre que le *Nicotiana sylvestris* et le *Nicotiana Tabacum* qui ont vécu intimement unis dans un individu commun (l'hybride) ne sont pas purs absolument ; que la vie hybride, dont ils se sont dégagés, les a modifiés, sinon dans leur aspect extérieur, du moins dans leur structure intime et leurs prédispositions héréditaires ; que chaque espèce, enfin, a augmenté le nombre ou modifié la nature de ses unités physiologiques.

La force d'hérédité du *Nicotiana Tabacum*, par exemple, qui se manifestait avec prépondérance dans l'hybride initial, a été ébranlée dans le *Nicotiana Tabacum* dégagé de cet hybride, puisqu'elle ne se manifeste plus autant ou plus du tout.

Bref, ces espèces, sorties d'un hybride où elles ont vécu dans une sorte de symbiose étroite, semblent renfermer, maintenant, des forces cachées, qui n'existaient pas antérieurement à l'hybridation.

Dans les observations que nous venons de relater, les faits de dissociation des hybrides ne se sont pas déroulés tout à fait dans l'ordre indiqué par Mendel. Mais nos hybrides de *Nicotiana* sont des hybrides d'espèces, non des métis. D'ailleurs, Mendel lui-même a prévu des restrictions à ses lois[1], qui semblent ne s'appliquer complètement qu'aux seuls métis, c'est-à-dire aux produits d'une espèce pure croisée avec une de ses variétés ou encore aux produits de deux variétés de même espèce.

Le fait de nos tabacs devenus réfractaires à la loi mendélienne de la dominance n'est qu'une observation isolée; aussi ne prétendons-nous pas en induire de suite une loi nouvelle, hypothétique encore. Nous avons voulu seulement analyser un phénomène, l'étudier dans ses détails, dans les circonstances qui l'entourent, afin de l'exposer plus nettement à l'examen et à la discussion.

Si nos faits ne sont pas complètement d'accord avec les lois de Mendel, ils n'en diffèrent que sur des points de peu d'importance, et ils concordent parfaitement, en tous les cas, avec cette idée essentielle du Lamarckisme : « l'influence capitale du milieu et du mode d'existence sur les êtres vivants ».

Il reste à vérifier la constance de la proposition que nous avons placée en tête de cette étude, en essayant de faire naître, chez d'autres espèces, des phénomènes semblables à ceux rapportés ici. C'est à cela que nous nous occupons actuellement.

TWO SPECIES DERIVED FROM A HYBRID WHEN CROSSED WITH EACH OTHER
DO NOT OBEY THE MENDELIAN LAW OF DOMINANCE

SUMMARY

Experiment 1.   *Nicotiana sylvestris* × *N. Tabacum.*

A hybrid was obtained in which the characters of *N. Tabacum* were dominant, but the plant was larger, more floriferous and much less fertile. From the seeds of this hybrid we obtained plants completely sterile, also plants with some degree of fertility.

The seeds from these fertile plants give the two types of tobacco originally crossed, viz. *N. Tabacum* and *N. sylvestris*. Moreover these plants possess in full their respective specific characters, and are normally floriferous and fertile.

Expériment 2. —

The two pure species derived from the hybrid as above described, were crossed with each other, but this time gave a different result. The Mendelian Law of dominance was not followed, and instead of obtaining a hybrid with the characters of *N. Tabacum* (as in the first experiment) a series of dissimilar types was produced, consisting of Giant Tobacco plants, nearly dwarf Tobacco plants, and plants with red, white, and pink flowers, striped flowers, etc.

Interpretation of the facts. — " It must be admitted that the *N. Tabacum*, and the *N. sylvestris*, which have been associated in a single individual, are not

---

1. Ces restrictions lui ont été indiquées spécialement par les résultats de ses expériences de croisements entre diverses variétés d'Epervière (*Hieracium*).

absolutely pure, but that the hybrid condition from which they are derived has modified their internal structure and their hereditary characteristics, although externally they remain unchanged. The species have in fact increased the number, or altered the nature, of their physiological units. "

It is this interpretation, and the facts from which it is deduced, that have led us to make the proposition contained in our title, that two species derived from a hybrid, when crossed with each other, do not obey the Mendelian law of dominance.

SOCIOLOGICAL AND OTHER ASPECTS OF THE UNIT-CHARACTER CONCEPTION

By A. RUGG-GUNN, M. B., Ch. B.

London.

It is commonplace that one of the most important fruits of scientific progress has been the gradual unfolding of the ultimate units which make up the endless variety of form and material revealed in Nature. The conception of the constitution of things thus implied would probably in its rude beginnings date far back to the first conscious observations of early man on the heavenly bodies at night, and would become a comparatively well established one with the later important generalisation that the earth itself was a huge, detached body, floating in space, and not very dissimilar probably to the celestial units around it. Later still Copernicus by demonstrating the truth of the doctrine now known by his name gave a fresh impetus to the trend of thought in this direction, which now promises almost to revert to the acute speculations of the ancients — Leucippus, Democritus, Epicurus, and Lucretius — concerning the plan of the Cosmos. A long interval elapses and Schlieden and Schwann have discovered the cell, the unit of organic structure, and Dalton in the atom enunciates a still more ultimate unit common alike to living and non-living matter. Finally, Herbert Spencer, reasoning from à priori grounds conceived the existence of these physiological or constitutional units, which, though their full importance as the agents of heredity was not suspected by him, really form the subject matter of our present genetic discussions. And to Spencer's à priori arguments we are now in a position to add Mendel's experimental proof.

Mendel's great contribution to scientific thought resulted from his recognition of the fact that every somatic feature of an organism arose from a corresponding gametic representative, and the discovery itself is in essence the fact that when variations of a feature meet in fertilisation segregation of their respective representatives occur in the gametes of the resulting organism. Gametic segregation in heterozygotes is more or less universal; the corresponding somatic condition is, however, not so easy to conceive, as here we are dealing not with discreet independent units, as in the case of the gametes, but with the complex realisation into which the potentialities of these units have developed. That however they are not single units but occur in pairs is now a practically universal axiom of genetics and I venture to think that we have sufficient evidence for the suggestion that in some cases at any rate some sort of union or combination occurs between them. The instance of the heterozygous (blue) Andalusian fowl is a classic example which to my mind is a clear indication of a mutual influence exerted by the heterozygous units. Even in examples illustrating the phenomenon of dominance, there is nothing to gainsay a degree of combination of the « presence » and « absence » factors. The significance of the distribution of chromosomes in gametic and somatic cells respectively is as yet unknown but the distinction should be borne in mind in considering this question. If then, in gametogenesis we have segregation of unit characters in somatogenesis combination, or, to make use of a chemical metaphor, if the gametes contain the unit-character elements, and the soma the molecular compounds, I venture to put forward the suggestion that in this phenomenon we have an additional though probably united cause of variation. It is obvious that each member of an allelomorphic pair may each successive generation form an entirely new heterozygous combination giving rise to an entirely new somatic feature in each instance. There are of course well defined limits; when the unit-character in question is a « presence » factor and each successive allelomorphic pair formed in the course of descent is a « presence » and « absence », pair naturally dominance will be exhibited and no variation occur. Further such variation is wholly confined to heterozygotes and in consequence can never become « fixed ». Its practical importance however is, I believe, considerable and the lantern slide which I now proceed to show you will illustrate more clearly the point I have endeavoured to make. The organism or holophyte, to use a convenient term suggested by Berry Hart, is represented by two squares a large (S) the soma and a smaller (G) the gametic portion. These are further subdivided into squares, each one of which represents one of the units which together constitute the individual. (Strictly speaking each square in G represents

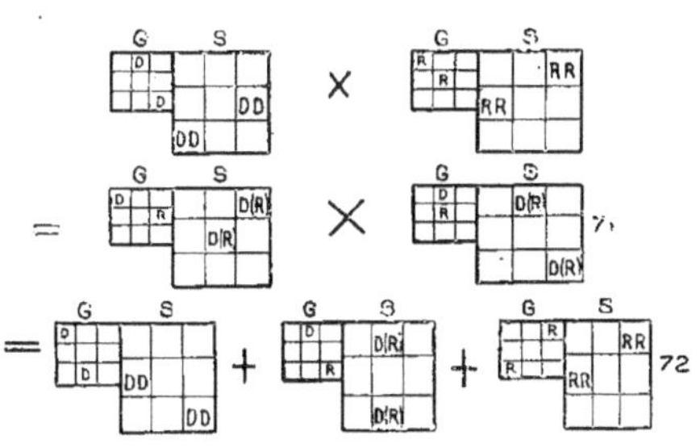

Diagrammatic Representation of Simplest Mendelian Ratio after Berry Hart. (*modified.*)

one gamete; to be quite accurate each subdivision of G should be further subdivided to contain an equal number of squares to (S).) The squares in are of course the equivalent of two units in G; the two units beings probably combined or at any rate devoid of the interdependence exhibited in G and for this reason in my opinion a potential cause of variation. As to the nature of these units we are still in the dark, their place in a chemical or morphological scheme has yet to be determined. That they originate and probably control the complex workings of somatic development appears an eminently reasonable assumption; that they resemble in some particulars the bodies known as enzymes is a statement equally justifiable; and that further it is conceivable that they may be chemically classified as catalysts is a suggestion I am tempted to make.

But, apart from their true nature, and apart from the relationship that exists between the pairs in the somatic tissues, the light thrown upon the character of the individual they compose by this conception of his constitution, seems to me an all-important one. We have to think of the individual organism in terms of his unit-characters; we have in short, reduced him, immeasurably complex though he often is, to a mere aggregate of definite units. Even man we must now regard as in essence nothing more than a vast, highly complex aggregate of unit-characters which, faithfully, in miniature or tabloid form, mirror every trait, every function and every feature of his composite physical, and in all probability mental and moral being also. It is worthy of note that such an aggregate must be capable of assuming, like any other aggregate, a stable or an unstable pattern, and that a field may exist here for the operation in organisms of natural selection - the unstable becoming eliminated and the more stable allowed to survive. This function of natural selection is, of course, widely different from the usual one, the latter being directed against individual units and not against the pattern or distribution which the full complement of these assume. Possibly in this suggestion lies also some explanation of the phenomenon of correlation, though its effects in the evolution of more stable forms is to my mind the more important. The nature of such a pattern is independent, of course, on the nature of its component units. Out of well made bricks a rectangular mass alone can be built with stability; out of spherical shot a cone, a pyramid, or similar structure.

If then, it is permissible to speak of an organism, man, for instance, as for all practical purposes a mere congeries of particular units, it follows that a study of less complex aggregates of more homogeneous units will, by analogy if not more directly, give us some degree of insight into his true nature and — a matter of extreme sociological importance — into the nature of his reaction to the extraneous forces constantly trained upon him.

The study of the simple leads us by easy and natural gradations to the study of the complex, so the study of the forces which the enveloping environment brings to bear on a simple molecular aggregate such as a crystal of an inorganic salt will pave the way to a like consideration of environmental influences on that higher aggregate, the human being. Now, this influence, at first sight so comprehensive, on close examination proves to be really definitely limited. The molecules of, say, sodium chloride or any other crystalline substance, possess the inherent property of grouping themselves into one specific pattern and one pattern only, and no known extraneous agency is able to deviate them from forming a given size of angle or a given relation of planes. But this power is obviously subject to outside influence in either of two directions : the development or formation can be encouraged or, on the other hand retarded. An environment can, in short, be devised which will be the best possible for these particular molecules, enabling the crystal they form to grow to the largest possible size and finish its special structure down to the minutest conceivable detail. And there can also be devised equally surely an environment in which growth is scarcely at all possible or only possible in a most rudimentary and incomplete form. But the growth, such as it is, is entirely of a type with the gorgeous product of more favourable surroundings — the power to develop is inhibited but not in any way changed. Environment in any form is utterly powerless to recast these molecules in a different mould. The pattern never varies; what does vary is the ability to execute it.

To my mind this reasoning is equally applicable to our organic aggregates and the units of which they are composed, notwithstanding the present day pseudo-sociological doctrine of an all powerful environment, which practically amounts to an obsession. The existence of a constant powerful play of forces on say, the human aggregate and its component units, by his immediate surroundings cannot be gainsaid, but the other side of the equation, the objective of these forces must not be ignored. It has been taken for granted that the reaction of the objective will be equal and identical irrespective of its nature. What will the reaction be in the case of an « absence » unit? In accordance with the physical laws of the interaction of forces the magnitude of the force is directly as the product of the masses between which the attraction exists. Let

X = the force we are considering, viz : the influence of the environment on a particular unit-character, and let A = the unit-character and B the environment. Then $X = A \times B$.

If A, however, is an « absence » factor then $X = B \times 0$, i. e. $X = 0$: in other words, the environmental influence does not exist. Practical applications are obvious, but I may sum up by saying that not only social reform but education-though in the light of the above social reform may be taken as equivalent to racial education — is limited beyond what can be accomplished by breeding, which I do not propose to touch on here, to retarding to the utmost the growth of undesirable unit-characters and fostering to the utmost the growth of desirable ones, and it can further be taken for granted that mental and moral characters, like physical ones, grow as a result of adequate exercise and adequate nutrition. To attempt to influence characters which do not exist is founded on a wrong conception of the constitution of our material and is at best a mere waste of time.

With a word or two on what I take to be the cause and origin of the cleavage of the more civilized races into two great classes — upper and lower — I may fitly bring these remarks to a close. The further back we go in the history of any race, the more evenly distributed among its members will be, I take it, the component units of any given allelomorphic pair. Let one entail on its possessor a disadvantage in the struggle for existence or the other a decided advantage and, as time goes on, the disproportion between the representatives of the two will gradually increase. The strain endowed with the former, would thus tend, generation after generation, to contribute less and less to the general population, and as it is obvious that many unit-characters coming under this category would make their unfortunate possessors more or less helpless in the struggle for existence, it would follow that a separation of classes would result — the bearers of advantageous characters, on the one hand assuming a dominant position in the race and the bearers of the less advantageous or the unfit gradually becoming subject to them. « Natural selection », says de Vries « acts as a sieve » ; by separating the fit from the unfit it make in the race the first great cleavage which marks the earliest formation of our different social classes. Should, further, what may be termed the unfitter character of an allelomorphic pair be a recessive, it is plain that the race can never become quite pure in respect of the other allelomorph, for heterozygous marriages would continue to bring forth a definite proportion of extracted recessives. If a dominant, the prospects are brighter, and if heterozygous worst of all. Such selection of the properties of unit-characters has probably had considerable influence in the course of evolution; one would hardly expect for example, that a character, other than a heterozygous one, grossly disadvantageous to its possessor would be of frequent appearance in old established species.

ASPECTS SOCIOLOGIQUES ET AUTRES DE LA CONCEPTION
DES « CARACTÈRES-UNITÉS »

RÉSUMÉ

La grande contribution scientifique apportée par Mendel, résulte du fait que chaque caractère d'un organisme correspond à une constitution gamétique donnée ; et, quand deux constitutions différentes se joignent par la fertilisation, la ségrégation se produit dans les gamètes de l'organisme résultant.

Il est généralement reconnu maintenant que les « unités de caractères » ne sont pas simples, mais vont par paires et que quelquefois une sorte d'union existe entre ces unités, comme dans le cas de la poule andalouse bleue.

Nous ne connaissons pas actuellement la nature de ces unités, mais elles ressemblent, par certaines de leurs particularités, aux corps que l'on nomme enzymes, et elles pourraient être chimiquement classées comme des substances catalytiques.

Mais il faut surtout considérer l'individu qu'elles composent. L'homme, par exemple, doit être regardé comme un assemblage éminemment complexe d'« unités de caractères », assemblage qui peut être stable ou instable, d'où un vaste champ ouvert à la sélection naturelle.

L'étude d'un assemblage moins complexe d'unités plus homogènes peut, par analogie, sinon directement, jeter quelque lumière sur sa véritable nature.

L'étude du simple conduit graduellement à l'étude du composé, et celle de l'action des forces qui environnent une simple agrégation de molécules, comme un cristal, peut conduire à l'étude de l'action de ces mêmes forces sur un agrégat plus complexe : l'être humain.

Si, dans une race, deux caractères allélomorphes entraînent respectivement, dans « la lutte pour la vie », un avantage et un désavantage, dans le cours des générations la disproportion entre les individus des deux types augmentera graduellement. On peut supposer qu'un caractère hautement désavantageux, à moins qu'il ne soit de nature hétérozygote, ne pourra fréquemment apparaître dans une espèce anciennement établie.

NOTE SUR LA PARTHÉNOGÉNÈSE CHEZ LES PLANTES [1]

Par Mme Rose Haig-THOMAS

Moyles Court, Ringwood (Angleterre).

La *Parthénogénèse* ou *Apogamie* [2] peut se produire dans plusieurs espèces ou variétés de *Nicotiana*. Les graines parthénogénétiques semées reproduisent identiquement l'espèce ou la variété, ou bien, si ces graines sont obtenues comme résultat d'un croisement en F$_1$ ou F$_2$, la ségrégation attendue dans la couleur des fleurs se produit.

En 1911, une fleur femelle de Concombre, non fécondée, donna naissance à un fruit de 44 centimètres de longueur, sur 21 centimètres de circonférence.

Œnothera biennis. — En 1910, j'ai obtenu des graines parthénogénétiques de cette plante, paraissant aussi bonnes que des graines normalement fécondées. Ces graines furent semées en mars 1911, mais ne levèrent pas. Mais comme quelques graines fécondées d'*Œnothera biennis*, semées dans les mêmes conditions, ne levèrent pas non plus, l'insuccès peut être mis sur le compte de la sécheresse.

Cet été (1911) diverses plantes furent essayées au point de vue « parthénogénèse ». Une forme à feuilles étroites d'*Œnothera*, naturalisée dans un coin du jardin — peut-être un sport d'*Œnothera biennis*, — a donné de bons résultats à ce point de vue (spécimens d'herbier).

Dans toutes ces expériences en vue de la parthénogénèse, les boutons les plus jeunes possibles sont utilisés. Dans le cas des Œnothères, le stigmate, les anthères et une partie de la corolle furent coupés.

EXPERIMENTS ON PARTHENOGENESIS IN PLANTS

SUMMARY

These experiments go to prove that parthenogenesis is possible in several species of *Nicotiana*, also in an evening primrose and in the cucumber, and that the parthenogenetic seeds from these plants reproduced the type of the parent. The plants from these seeds were normal and had fertile anthers.

M. le Professeur BATESON, *président*. — Je me permettrai de dire qu'au moment où Mme Haig Thomas a communiqué ses expériences sur la parthénogénèse chez les *Nicotiana*, je montrais un peu de scepticisme.

J'ai tenté de répéter ces expériences, à Londres, en me servant de plusieurs espèces de tabac, et dans mes premières expériences je n'ai pas eu la chance de rencontrer un seul cas de parthénogénèse ou d'apogamie, comme dit la botanique

Mme Haig Thomas a eu la bonté de m'offrir quelques graines d'un *Nicotiana* (Tabac de Cuba). Personne n'en connaît l'origine; on ne sait si cette plante est venue de l'île du même nom ou de Tobago — ce qui me semble plus probable. — J'ai répété avec cette espèce les expériences de Mme Haig Thomas, et j'ai eu le plaisir de constater qu'elle avait parfaitement raison. Il y a, en effet, dans cette espèce une parthénogénèse assez fréquente.

1. Communication faite à la troisième séance de la Conférence.
2. Voir *The Mendel Journal*, n° 1, octobre 1909; et n° 2, février 1911.

THE APPLICATION OF THE PRINCIPLES OF GENETICS TO SOME PRACTICAL PROBLEMS[1]

By Major C. C. **HURST** F. L. S.

Director of the Burbage Experiment Station (England).

The new Science of Genetics, so faithfully christened by Bateson at our last conference, has been founded on the wonderful work of Mendel. The

Major C. C. Hurst.

development of the new Science has recently been so rapid, that in many respects it has quite outgrown its Mendelian infancy and simplicity. It is indeed fast taking on the more complex strength and beauty of vigorous youth, equally unspoiled by tradition and untrammelled by convention. The time is now at hand therefore, when the important question of its usefulness in life, may be fairly asked of it. An older Science might resent such a question and scornfully reply, " Truth for Truth's sake ". But not so our new world science, filled with the Spirit of the Age which requires even Truth to be efficient. The efficient application of pure Science to the practical problems of life, is in any case a matter of considerable difficulty, and this is particularly so with such a Science as Genetics. In the first place comes the necessary appreciation of the significance of the practical problem to be solved. This can only be attained by years of intimate practical experience, usually impossible to the Man of Science. In the second place comes the equally important first-hand knowledge of research in the pure science concerned. This can only be secured by years of scientific study and experience, usually impossible to the practical man. It is evident that the opportunities of efficiently applying pure Science to the practical problems of life, are few and far between. A great responsibility therefore rests on those individuals who happen to be placed in circumstances where scientific research and economic work can be happily combined.

With this object in view, the Burbage Experiment Station has been established, for the application of the principles of Genetics to some practical problems of Agriculture, Horticulture, and Forestry, on an extended scale, and in the following report a slight sketch is given of the practical problems that have been taken up at the station.

Culinary Peas. — In Culinary peas, perhaps the most pressing practical problem to be solved, is the frequent appearance of " rogues " amongst some of the best and most carefully selected varieties. Some of these are undoubtedly due to accidental mixture during process of harvesting, cleaning, and so

1. Communication faite à la première séance de la Conférence.

forth. A few might possibly be due to cross fertilisation by insects, though in view of the peculiar structure of the flowers such cases must be exceedingly rare. Out of 112 varieties tested at the Station this summer, no less than 53 threw " rogues " notwithstanding that all the stocks were obtained from the most reliable sources. One particular kind of " rogue " appeared persistently in many different dwarf wrinkled varieties. It was easily distinguished by its thin, vetch-like haulm, 1 1/2 ft high, short internodes, small leaves and flowers, small curved pods containing medium-sized green wrinkled seeds. Steps have been taken to investigate the nature of this " rogue ", the cause of its appearance, and the possibilities of its elimination.

In the cultivation of culinary peas great importance is naturally attached to the question of earliness, and it may be interesting to note that this summer in the 112 varieties (all sown within 5 days) there was a range of difference of 52 days, in the time of ripening for culinary purposes.

The question of yield is a most important economic consideration.

The heaviest croppers appear to be those varieties which bear the largest number of pairs of pods. Recent results show that this is more apparent than real.

Some varieties e. g. " Velocity " seem to bear no pairs at all, while others bear different proportions of pairs to singles. Thus for instance, among those counted on individual plants,

20	plants	of	Velocity	gave	0	pairs and	202	singles,
20	—		Peter Pan	—	4	---	471	—
27	—		First of All	—	7	--	558	—
35	—		Primo	---	11	—	459	—
51	—		William 1st	--	66	—	749	---
40	—		Eight weeks	---	95	---	648	--
20	—		English Wonder	—	142	—	595	---

These facts suggest that the tendency to produce more pods in pairs is inherited, and there seems to be no reason why the application of the methods of genetics to this problem should not prove effective. Altogether, this year, 521 plants of selected varieties of culinary peas have been grown singly, and their seeds saved separately with the object of raising homozygous lines from which all rogues have been permanently eliminated, and which will bear a larger proportion of their pods in pairs.

The solitary appearance in the 6 1/2 acres of trials, of a single green pod containing 5 peas with purple-tinged seed-coats is recorded.

Whether these seeds are pathological or normal remains to be seen.

At present they seem to be sound, though rather smaller and more wrinkled than their fellow seeds on the same plant. Their future behaviour will be looked forward to with some interest.

Sweet Peas.   Sweet Peas differ from Culinary Peas in the fact that their development during the last few years has been extremely rapid, indeed it is somewhat difficult to keep pace with the various practical problems that have arisen so quickly and unexpectedly. The introduction of the popular waved flowers known as the " Spencer " Sweet Peas, has created a revolution in Sweet Pea growing, and many of the " grandiflora " hooded varieties, as popular a few years ago, are now entirely superseded, while the old-fashioned forms with plain erect standards are quite obsolete.

It is interesting to note how quickly practical breeders have taken advantage of Mendelian research and have thus been able to raise waved forms of the old " grandiflora " types in a very short time. One difficulty however seems to have been encountered. and that is that certain dark blue shades of colour, of the " Lord Nelson " type do not seem to take on the true waved form as other colours do.

The question of the desirability of raising varieties with double standards is still a moot one with Sweet Pea fanciers. It would appear however that some difficulty may be experienced in raising such forms true to type, for I notice that most of the flowers with double standards have an exposed pistil. these are more likely to be cross-fertilised by insects, and in any case may require to be fertilised by hand to set many seeds. Further observation shows that the more wavy the flower, the more the pistil is exposed, and this may possibly account for the extraordinary number of rogues that now occur in the most carefully selected strains of the best modern varieties. This summer I had the pleasure of visiting the National Sweet Pea Society's trials at Sutton Green, and out of a total of 260 stocks sent by the leading growers, no less than 99 contained " rogues ". In our Mendelian Experiments with the old erect and hooded forms, we found only a few " rogues " caused probably by the bee *Megachile*.

It would appear however that in the modern waved forms the " rogues " are far more numerous, and it is possible that in the future the question will have to be faced, as to the necessity of covering the flowers to secure true stocks. and further of hand-fertilising the flowers to secure a good crop.

An interesting form of Sweet Pea has been observed at the station this summer, in which the Standards of the flowers are divided into three distinct lobes, an apical lobe with two basal side-lobes, not unlike a Shamrock leaf. Steps are being taken to breed from this form which has appeared in all the flowers of one plant. Out of 117 varieties of Sweet Peas tested at the station this year, 20 have been selected for further work, and 563 individual plants have been grown separately and their seed saved individually in order to secure, if possible, homozygous lines.

Orchids. — The important and complicated question of raising hybrid albinos true from seed, has been much simplified by the application of the Genetic principle that colour may be due to the simultaneous presence of two complementary factors.

In the light of recent results, we are now able to classify many individual albinos, with some confidence, as pure C., pure R.. and impure C. albinos. In order to obtain hybrid albinos true, all we have to do is to mate the pure C. albinos with other pure C. albinos, and the pure R. albinos with other pure R. albinos. On the other hand if the C. albinos be mated with the R. albinos, coloured forms will undoubtedly result, and our object will not. be attained. All this goes to show the importance of adopting some simple method of identification for individual albinos that are used for stud purposes. (For details see *Journ. Roy. Hort. Soc. Lond.*, XXXVI, Part I, pp. 44-48 (1910), also *Gardeners' Chronicle*, 1909, i, p. 81, 1912, ii, p. 374.)

The solution of the present-day problem of raising a scarlet " crispum ", or a scarlet Cattleya would no doubt be much hastened by a simple application of the principles of Genetics.   To be successful, it will no doubt be necessary to have the scarlet colour and the large size represented in the *gametes* of *both parents*.   In the case of the scarlet " crispum ", such a cross as *Odontioda* × *Vuylstekeæ* (*Odontoglossum nobile* × *Cochlioda Noetzliana*), mated with *Odontioda* × *Bradshawiæ* (*O. crispum* × *C. Noetzliana*) should give the desired result in about 1 out of 16 plants raised, provided the case is a simple one.   In order to get rid of the purple tinge, it would be well to use *O. nobile album* and *O. crispum xantholes* for the original grandparents, as these albinos are known to breed true when crossed.

The fact of the existence of a certain amount of self-sterility in many orchids, makes breeding somewhat more complicated than in other plants. For instance, for several years I have been attempting to self certain segregates of *Cypripedium* × *Hera*, and so far the only positive result obtained has been 1 plant raised from *C.* × *Hera punctatum*, and an apparently good pod of seed now developing on *C.* × *H. Hurstii*.   More than 150 selfings have given no good seeds.

Primula. — A homozygous line of Giant Star Primulas with pink flowers, cut petals, chocolate eye, fern leaves and red stems, has been obtained in F₁ of a cross between *P. sinensis* and *P. stellata*.   The original parents were a white « sinensis » with fern leaves and green stems, crossed with a pink « stellata » with palm leaves and red stems.

F₁ were all light purple, imperfect " sinensis " with palm leaves and red stems.   F₂ segregated into a medley of forms, with white, tinged white, pink, light purple, purple, " sinensis ", imperfect " sinensis " and " stellata " flowers, palm and fern leaves, and red and green stems.   A pink " stellata " with palm leaves and red stems was selfed and gave in F₃ 18 pink " stellata " with palm leaves and red stems, 9 the same but with cut petals, 5 pink " stellata " with fern leaves and red stems, 1 the same but with cut petals, and 1 pink stellata with palm leaves, red stems, cut petals, chocolate eye and *giant flowers*.   This last plant was selfed and gave in F₄, 55 plants of pink " stellata " with cut petals, chocolate eye, *giant flowers* and red stems, of which 22 had palm leaves and 11 fern leaves.

One of the fern leaved plants was selfed and gave in F₅, 112 plants of pink " stellata " with cut petals, chocolate eye, *giant flowers*, fern leaves and red stems.   These breed true in F₆.

In this way a new form of Giant Star Primula came into existence, and breeds perfectly true in accordance with the principles of Genetics.

Antirrhinum. — A number of selected plants of the new shades of colour in Snapdragons of intermediate height, known in gardens as Coccineum, Firefly, Daphne, Nobile, Gloriosum, Niobe, Sunset, Aurora, Black Prince, Dainty Queen, Buff Queen. Rose Queen, and Maize Queen, have been selfed with the object of obtaining homozygous lines free from " rogues ", which in the best of stocks are far too common.   Cuttings of the original plants have also been taken for comparison of parents and offspring next year.   The inheritance of the peculiar speckled and striped forms is also being studied.

Roses. — The best garden roses are more easily raised from buds than from seeds, and no advantage would probably be gained by attempting to raise pure seedling lines. It would appear therefore that the application of genetics should be directed to the raising of new and improved varieties. In order to clear the way for this, and to know precisely what to use as parents so as to attain a definite result, it is necessary first of all to ascertain the gametic composition of the best garden varieties; 550 distinct varieties of all classes, have been grown at the Station this year, and 60 of the best of these varieties, representing the Hybrid Perpetual, Hybrid Tea, Tea, Climber and Rambler classes have been selected for seeding. Naturally some years must elapse before any definite results can be recorded.

There is however another problem of great importance to nurserymen, which the science of genetics can help to solve, and that is the raising of certain homozygous lines of Seedling Briar Stocks, on which to work Hybrid Teas and Teas. The present practice is to raise stocks from seeds collected promiscuously from various wild forms of *Rosa canina* and *arvensis*. The variability of these forms is well known, and the result is that about 50 per cent of the stocks raised are unsuitable for the purpose. Consequently the waste is considerable, and the nurseryman only gets about half a crop of Rose trees.

On the other hand a crop of Rose trees worked on the uniform Manetti Stock (raised from cuttings) usually yields a full crop of healthy plants. But only the Hybrid Perpetuals and a few Hybrid Teas will thrive on the Manetti, and the Dog Briar must be used for the best of the Hybrid Teas and Teas.

The problem therefore is to select a vigorous hardwooded seedling Briar with upright habit and straight stem, and raise a homozygous line of this which will provide a uniform stock suitable for working the choicer varieties of roses upon. We have raised 100000 seedling Briars at the Station from which we are selecting this year, certain special types to breed from, in the hope of obtaining a homozygous line of stocks suitable for the purpose.

Rhododendrons and Azaleas. — 144 varieties of grafted Rhododendrons are being grown at the station this year, and 50 of the best varieties have been selected for seeding, in order to ascertain their gametic composition, with a view to future experiments. Special attention has been given to the recently introduced « Pink Pearl », a new break in Rhododendrons, much superior to other varieties in size of flowers and general vigour. It is possible that this hybrid, when selfed, may segregate some useful novelties.

An interesting yellow variety of Rhododendron has recently appeared here amongst some hybrid seedlings, which may be the forerunner of a new race of yellow Rhododendrons. An attempt is also being made to secure homozygous lines of some of the best forms of *Azalea sinensis* in different shades of colour.

Berberis. — *Berberis* $\times$ *stenophylla*, a garden hybrid of *B. Darwinii* and *B. empetrifolia*, has been seeded here in the open for many years, and a report of the extraordinary variability of the seedlings was made at our first Conference in London 12 years ago. At that time Mendel's work was of course quite unknown, and we did not realise then as we do now, that this variability in the second generation is simply Mendelian segregation. Professor De Vries was the first to recognise it, for early in 1900 he wrote to me asking if the Berberis hybrids exhibited at the Conference followed Mendel's law. Ever since that time I have tried to self $B. \times stenophylla$ in all kinds of ways, but so far have failed. Yet, every year it sets quite freely in the open. Dr Shull has suggested to me that the plant is probably self-sterile with its own pollen, and that the seeds produced in the open are the results of pollination by $B. Darwinii$ It may be so, and yet the results obtained from the open flowers seem more likely to have come from self pollination. Hitherto I have refrained from publishing the Berberis data, though they provide a particularly interesting illustration of Mendelian segregation, simply because I could not be certain about the precise parentage of the hybrids either in F_2 or F_3. It must also be remembered that only a single plant of F_1 has so far as I know ever been raised, and that was from a natural cross in a garden. I have failed to repeat the cross after many trials.

At the Station we have some 2500 plants of F_2 and F_3 of the cross, raised from open flowers, and amongst these have appeared a number of valuable garden forms, which clearly have arisen by segregation and recombination of the characters of the original species $B. Darwinii$ and $B. empetrifolia$. Perhaps the best of these forms is one which has the orange-coloured flowers of $B. Darwinii$ combined with the graceful, drooping habit of the F_1 hybrid $B. \times stenophylla$. Curiously enough this F_2 form is much more vigorous in habit than the F_1 hybrid, and flowers about 10 days later.

Hollies. — A large number of berries gathered from different varieties of hollies with variegated leaves, have been sown and have given some rather curious results. So far, all those varieties with gold and silver *margined* leaves germinate freely with *yellow* cotyledons, and then perish, producing no adult plants.

On the other hand those varieties with gold and silver *blotched* leaves, germinate with green cotyledons, and grow up into adult plants with green leaves like the common holly. No doubt Professor Baur will be able to throw some light on this curious fact. One difficulty which occurs to me is that the female variegated hollies concerned, must almost certainly have been fertilised by common green males, unless apogamy took place.

To test this matter further, an isolated breeding plot of 14 female hollies with one variety of male has been planted for seed.

The well known variety of Holly, known as " Golden Queen " is curiously enough, a male, but this year a single small berry containing only a single seed, has been observed on this variety. If this seed germinates it will be interesting to see what it produces.

Forest Trees. — A number of individual trees of straight growing Oaks, true silver-barked Birches, erect-growing Hollies, English yews, and white-thorn Quicks for hedges have been selected, and isolated as far as possible, from which it is hoped to raise homozygous lines, in order to prevent the large wastage now existent in nurseries where mixed seedlings are grown. In most of these crops I have observed certain beds, in which quite 50 % of the plants were either useless and had to be destroyed, or what was almost as bad, had to be transplanted and grown on for several years before they became saleable. If uniform seedlings of these crops could be obtained by the nurseryman the crop would be realised in a much shorter time, it would be much heavier, and would give more satisfaction to the planter.

Fruit Trees. — A large number of trees of Apples, Pears, Plums and Cherries have been grown at the Station, and from these. 55 varieties were selected for seeding, as a preliminary experiment. Altogether 157 branches were bagged, consisting of 119 Apples, 16 Pears, 16 Plums, and 6 Cherries. Owing to self-sterility, only a few positive results have been obtained, notwithstanding that most of the flowers were carefully hand-fertilised.

In Apples the only results were 4 medium sized fruit of " Irish Peach " (destroyed by caterpillars) 2 large fruits of " Foster's Seedling ", and 2 large fruits of " Lord Grosvenor ", each containing apparently good seeds. In Pears the only results were 6 large fruits of " Hessel " containing apparently good seeds, and 3 medium-sized fruits of " Doyenné du Comice " (destroyed by caterpillars). The Plums gave much better results, and the following full-sized fruits containing apparently good seeds, have been gathered viz : — 6 The Czar, 2 Pond's Seedling, 55 Victoria ; the only variety that failed being " River's Early Prolific ".

A number of seeds of " Boskoop Giant " and " Victoria " Black Currants, " Ruby Castle " Red Currants, and " Royal Sovereign " Strawberries have also been gathered, these varieties being apparently fully self-fertile even without hand-fertilisation.

Next year we hope to continue these experiments on a larger scale, the object being to ascertain the gametic constitution of our best garden fruits with a view to future crossings, which it is hoped may give improved varieties.

Mangel-Wurzel. — The value of a crop of mangolds depends mainly on the weight of roots grown per acre, the interesting question of the amount of drymatter and feeding qualities in the root being generally regarded as a secondary consideration. According to our experience, in the best cultures, the weight per acre is determined very largely by the shape of the individual root, and the optimum shape appears to be that of an elongated globe, usually known in England as the " Monarch " type. The " Long Red ", " Gatepost " and the " Tankard " shapes do not weigh so well as the elongated globe, nor do the ordinary round and flat globes. The " Monarch " type does not however, even in the best of stocks, breed absolutely true. Thus in 2 acres grown here last year there were approximately 70 0/0 of the true " Monarch " type, 15 0/0 of round globes, 5 0/0 of flat globes 5 0/0 of Tankards, 5 0/0 of Gateposts and no long reds. In order to secure a homozygous line of Monarchs, 25 selected roots were planted out this spring, their flowers have been carefully bagged and self fertilised, and it is hoped that some of these will breed true and give the required homozygous line. So far, the seeds seem to have set in the bags fairly well, though apparently not so well as those in the open. Another source of waste in a crop of Mangolds is the frequent appearance of annual roots, which run to seed the first year and are consequently worthless. Professor Bateson has suggested that these annuals may be recessive forms thrown by certain impure dominants amongst the biennials. The varying numbers thrown by different stocks being due to the variable numbers of pure and impure dominants. This may well be so, for I observe that in 20 different stocks of Mangolds, grown for trial and comparison at the Station this year, 9 of them threw no " runners " at all, while others varied from 26 " runners " per acre to as many as 780 " runners " per acre.

To test the matter some of the " runners " have been bagged and selfed, and if this view is correct, all the roots grown from them should " run " to seed. On the other hand some of the 25 pure lines noted above should throw no runners at all, being homozygous in that respect, while others should throw runners at the rate of 25 0/0, being heterozygous in that respect.

An interesting problem for the future is a projected attempt to raise a new variety of Mangel with the " Monarch " shape, and the extra dry matter of the white fleshed " Long Red " or the feeding qualities of the yellow fleshed " Tankard ". At present however these distinct qualities seem to be incompatible with one another, and it may be impossible to obtain such a combination.

Swede Turnips. — 40 roots of two varieties, purple-top and green-top Swede Turnips have been seeded in order to raise homozygous lines of each. Both varieties appear to be fully self-fertile.

Drumhead Cabbage. — The value of a crop of Drumhead Ox Cabbages depends on the weight of food stuff produced per acre, and under good culture, this rests mainly on the size and hardness of head of individual plants. A further important consideration is that as the plants must be autumn sown to get the best results, the young plants must be sufficiently hardy in constitution to withstand a severe winter in the seed-beds. 4 selected varieties have been tested at the Station this season, and the best one undoubtedly is a local variety that has been grown here for many years under the old method of mass selection. This variety is known under the name of Blue Drumhead, and is so called because the leaves contain a good deal of purple sap, and also carry a peculiar glaucous bloom of a waxy nature. In this respect it differs considerably from the ordinary green Drumheads, and it has the further advantage of producing but few runners in the seeds-beds, when sown at the normal time. An acre of this variety was planted out last year and seemed fairly true to type as regards blueness and hardiness, though it varied considerably in size and hardness of head; about 5 0/0 were green with white ribs and veins like the ordinary Drumhead, about 5 0/0 never turned in properly, about 1 0/0 were red pickling Cabbages, a few odd plants were purple-leaved kales, while a single plant was a curious combination of a Cabbage and a Brussels Sprouts.

25 individual plants of these were selected and planted out last autumn, the flowers carefully bagged and hand-fertilised this summer, and it is hoped that amongst them will be found a homozygous line that will throw no " rogues ".

Unfortunately, there seems to be a high degree of self-sterility amongst these Cabbages, thus one plant produced only 2 good seeds, others from 6-20 each, others 50-100 each., one plant gave 300, and another 550 seeds.

This compares unfavourably with results obtained from selfed Swede Turnips, which being fully self-fertile, have produced from 1 000 to 2 000 seeds each.

The question of running to seed is perhaps more important in Cabbages than in Mangels. In Cabbages however the question is apparently more complicated by the influence of conditions e. g. early sowing. There is no doubt however that different stocks of Cabbages give different proportions of " runners " even when sown at the same time and under similar conditions. For instance, in the 4 stocks sown here at the same time last autumn, the first gave 290, the second 2 223, the third 5 892 and the fourth 12 157 runners per acre in the seed beds. How far these figures would have been affected had the seed been sown a month earlier is problematical. This year, a series of sowings have been made twice a week through July and August to further test this important matter.

Poultry. — A number of chickens of White Leghorns and White Wyandottes, bred from two distinct " 200 egg " strains, have been reared, and an attempt will be made to raise from them homozygous lines that will maintain this standard of egg-production. To do this in the case of the Wyandotte, it may possibly be necessary to eliminate the broody instinct, which in my previous experiments appeared to behave as a Mendelian dominant character in Buff Cochins. In such a case, it will be interesting to see whether the coloured egg disappears with the broody instinct.

Pigeons. — We have this year taken up the breeding of the Homing or Racing pigeon at the Station and have found it a most interesting study. The principal characters that go to make an efficient racing pigeon in good training, appear to be mainly mental and temperamental. The rapid development of the modern homer in recent years seems to have been due to the rigid selection or natural weeding out process, which takes place in the best lofts. The system being that only those birds that have the intelligence and determination to return home quickly from long distances, are bred from. The " wasters " either succumbing by the way, or are trapped and bred from by second-rate fanciers. Notwithstanding this rigid selection of breeding stock, the best birds still throw " wasters ", and our object is to attempt to raise homozygous lines which will throw no " wasters ". Two distinct strains have been bred from this year, a pure-breeding blue and a pure-breeding red strain; a number of " squeakers " have been reared, trained, and raced with a local Flying Club this summer.

It is interesting to note that feeble-mindedness seems to be a recessive character in pigeons, as well as in Man.

Rabbits. — In the whole range of fancy live stock, perhaps the most difficult animal to breed is a Champion Dutch Rabbit. It is quite an ordinary experience with Dutch fanciers to breed 1000 animals of the best pedigree, without obtaining a Champion. One of the reasons for this is undoubtedly that the model markings required in a Champion winner are fluctuating variations which are not germinal. At the same time my experiments show that at least 25 0/0 of the " wasters " i. e. the spotted forms, can be eliminated. The " Dutch " winner has about equal proportions of coloured and white fur arranged in a regular pattern. The offspring of winners however vary considerably in these proportions of coloured and white fur. If 5 be taken to represent equal proportions of coloured and white, and 6, 7, 8 and 9 represent increasing excess of coloured over white, then 9 will be almost self-coloured. If 4, 3, 2 and 1 represent increasing excess of white over coloured, then 1 will be almost white.

So far as my experiments have gone, 5×5 gives 1, 2, 3, 5, 6, 7, and 8 the types 4 and 9 being absent. Now 1, 2 and 3 breed true to 1, 2 and 3, giving no higher form. Consequently 5, 6, 7 and 8 being dominant to 1, 2 and 3, pure dominants can be raised carrying no low numbers. Steps are being taken to raise these homozygous lines that will not throw the spotted wasters. Professor Punnett of Cambridge has recently been good enough to send me a pair of chocolate rabbits, with the object of introducing this new and striking colour into the Dutch breed.

Horses. — A study of the General Stud Book and Racing Calendar has revealed the existence of several Thoroughbred mares and stallions, which when bred together give nothing but steeplechasers.

In view of this fortunate find of what is apparently a homozygous line of chasers, steps are being taken to purchase mares and stallions, the offspring of this line, for experimental breeding. Thanks to the keen interest and kind generosity of Captain Part of the 21st. Lancers, it has been possible to put these Mendelian experiments into operation this season. The experiments will be carried out partly at this Station and partly at Captain Part's Stud in Hertfordshire. The Board of Agriculture and Fisheries, London, have detailed their Superintending Inspector, Mr F. W. Carter to watch and assist the experiments on their behalf. It is hoped that these experiments may help to solve the practical problem of the making of a homozygous hunter.

Experience suggests that the hereditary factors concerned in the making of a hunter or chaser, represent mental and temperamental qualities rather than purely physical characters, as is usually supposed.

In the hunter for example, a perfect physical conformation is useless without the « jumping temperament », and the possession of courage in a trial of endurance, is often a greater asset than a powerful physique.

This particular case provides an illustration of some unexpected possibilities in the application of the principles of Genetics to practical problems. In this case, like many others, we have at present no knowledge whatever of the Mendelian units which go to make a chaser or a hunter. All we know is that certain matings produce such horses, while others do not, even with the best possible training.

There may be many gametic units concerned or there may be but one.

The important point is, that notwithstanding our present ignorance of the precise gametic units or combination of units, that go to make the hunter or chaser zygote, we can still proceed to apply the *principles* of Genetics to the practical problem of hunter-breeding with some hopes of success. In such cases, the practical application is of necessity in advance of present knowledge, and therefore involves true experimental research.

Man. — Pedigrees of local families, and individual observations of the colour of the eyes, hair and skin of the local population, are being recorded at the Station. The results so far obtained, show clearly that Mendelian segregation is taking place in Man, much as it is in other animals and plants. Segregation is most apparent in such characters as brown and blue eyes, brown and red hair, dark and fair skin, pale and coloured complexion, non-musical and musical temperaments, which broadly speaking, appear to behave as Mendelian dominants and recessives, respectively. Other characters, including mental and moral qualities are also under investigation.

With regard to the application of the principles of Genetics to practical human problems, there is no doubt that the human race can be improved, and made more efficient physically, mentally and morally by the application of the principles of Genetics, equally with domesticated animals and cultivated plants, provided always, that Man is willing to take the necessary action.

APPLICATIONS PRATIQUES DES PRINCIPES DE GÉNÉTIQUE

RÉSUMÉ

Grâce aux rapides progrès récemment faits par la nouvelle science, la « Génétique » on peut maintenant appliquer ses principes sur une grande échelle à la solution de divers problèmes intéressants.

La station expérimentale de Burbage a été établie dans ce but, et le rapport donne un aperçu des diverses expériences entreprises.

Pois potagers et pois de senteur. — Des lignées homozygotes pures ont été obtenues.

Orchidées. — La question importante de l'obtention de formes albinos hybrides se reproduisant de semis a été simplifiée par l'observation du fait que la couleur est due à la présence de deux facteurs complémentaires.

Primevères. — Des lignées homozygotes de primevères de Chine ont été obtenues.

Mufliers. — Des lignées homozygotes pures sont en voie d'obtention, l'hérédité des formes striées est étudiée.

Roses. — L'étude de la constitution gamétique des meilleures variétés est entreprise. On recherche aussi l'obtention de lignées pures d'églantiers plus adaptées pour le greffage des hybrides de thés que le mélange hétérozygote actuel

Rhododendrons et azalées. — La constitution gamétique des meilleures variétés est aussi étudiée.

Berberis. — Quelques formes horticoles intéressantes ont été acquises par ségrégation et recombinaison des caractères des espèces B. *Darwini* et B. *empetrifolia*.

Houx. — La manière curieuse dont se comportent les divers types panachés est étudiée.

Arbres forestiers. — Un certain nombre d'arbres, chênes, bouleaux, houx, ifs, aubépines ont été sélectionnés et isolés dans l'espoir d'obtenir des lignées homozygotes.

Arbres fruitiers. — On a essayé d'obtenir des graines d'un grand nombre de variétés. Beaucoup sont plus ou moins stériles étant autofécondées, et peu de résultats positifs ont été obtenus jusqu'à maintenant.

Betteraves. — On a cherché à obtenir des lignées pures débarrassées des « rogues ». Les betteraves paraissent être fertiles avec leur propre pollen; mais, par suite de la nature de ce dernier, les croisements sont difficiles.

Navets. — Deux variétés ont été sélectionnées; elles sont entièrement fertiles avec leur propre pollen.

Chou. — On a essayé d'obtenir, d'une variété locale supérieure comme rendement et qualité, une lignée homozygote, mais les plantes se sont montrées stériles avec leur pollen respectif.

Volaille. — Des lignées distinctes ont été obtenues dans les races « White Leghorn » et « White Wyandotte » et un essai est fait pour avoir des lignées pures conservant les qualités supérieures de ces deux races.

Pigeons. — Un certain nombre de « voyageurs » provenant de deux races distinctes ont été obtenus, dressés et entraînés et l'on cherche à produire des lignées ne donnant plus de « non valeurs ». Une intelligence inférieure semble être un caractère récessif aussi bien chez le pigeon que chez l'homme.

Lapins. — Les différentes marques des sujets d'élite dans les variétés hollandaises d'exposition sont dues à des variations de fluctuation. Mais il est évident qu'au moins 25 pour 100 des individus inférieurs, c'est-à-dire tachetés, peuvent être éliminés. Des lignées homozygotes ne donnant plus de ces individus, sont à l'étude.

Chevaux. — Une étude approfondie des « stud books » a montré l'existence de plusieurs juments et étalons ne donnant entre eux que des produits supérieurs (steeple chasers).

Quelques animaux provenant de ce sang ont été achetés dans le but de produire une race homozygote de chevaux de chasse.

Homme. — Des « pedigree » de familles locales ont été établis et des observations individuelles sur la couleur des yeux, des cheveux et de la peau ont été faites. La question de l'hérédité du sens musical, du daltonisme, et des autres caractères est aussi étudiée.

Cette brève esquisse peut servir à démontrer la valeur pratique des principes de « génétique ».

Dans beaucoup de cas, l'application de ces principes est en avance sur ce que nous savons à l'état actuel, et, par suite, est, en elle-même, une étude scientifique.

Sans le moindre doute, ces données peuvent être appliquées à l'amélioration de la race humaine, à condition que l'homme soit désireux de faire lui-même ce qui est nécessaire.

THE RESULT OF SELECTING FLUCTUATING VARIATIONS
DATA FROM THE ILLINOIS CORN BREEDING EXPERIMENTS[1]

By Dr Frank M. SURFACE

Biologist, Kentucky Agricultural Experiment Station.

There are few biological problems which are attracting more attention at the present time than that regarding the effect of selecting small, fluctuating variations. Until recently the effectiveness of such selection has been accepted almost without question. However, the recent work of Johannsen, Jennings and others has caused many biologists to entertain serious doubts as to the real evolutionary significance of so-called fluctuating variations. If one searches through the literature for clear cut cases in which plants or animals have been modified by the gradual accumulation of small variations he is surprised at the small number which are supported by adequate data. Of these few cases there is one which has been referred to frequently as a classic example, of what can be done by simple selection. I refer to the work of breeding corn (maize) for chemical constitution carried out by the Illinois Agricultural Experiment Station.

Over two years ago while engaged in some corn breeding work at the Maine Experiment Station, the writer had occasion to work out the pedigree tables which are given in the present paper. (cf. pp. 225-229). When displayed in this way, the results of these extensive experiments appeared suggestive of the results which actually come from an attempt to select fluctuating variations. The writer is well aware that no definite conclusions of far reaching importance can be drawn from this data alone. It was for this reason and with the hope of accumulating more definite data that publication has been delayed so long. In view of the interest manifested in this subject at the present time it has seemed worth while to publish these tables together with a brief discussion.

In 1908 the Illinois Experiment Station published[2] the detailed evidence of very careful and long continued experiments in selecting corn with reference to the chemical constitution of the grain. Four definite experiments were carried out simultaneously, viz : (1) Selecting to increase the protein content; (2) Selecting to decrease the protein content; (3) To increase the oil content and (4) to decrease the oil content. For the details of these experiments the reader must be referred to the bulletin mentioned and others by the same Station. For the present discussion it will be sufficient to mention only a few of the more important points regarding the methods used in these experiments.

After some preliminary work there were selected in 1896 one hundred and sixty-three ears from a standard variety of white dent corn. Chemical analyses were made from samples of these ears, showing the protein and oil content of each. From these one hundred and sixty-three ears the twenty-four showing

---

1. Communication faite à la seconde séance de la Conférence.
2. Ten Generations of Corn Breeding, by Louis H. Smith. *Ill. Agr. Exper. Station Bull.*, No 128.

the highest per cent. of protein were selected for starting the " high-protein " plot. In a like manner the twenty-four ears showing the highest per cent of oil were chosen for the " high-oil " plot. Similarily the twelve cars having the lowest protein content and the twelve ears having the lowest oil content were selected for starting the " low-protein " and the" low-oil " plots respectively. In each case the plots were planted on the ear-to-the-row system. In the following year there were analyzed a number of ears from each of the twenty-four rows, say of the high-protein plot, and from these ears the twenty-four showing the highest per cent of protein, regardless of pedigree, were selected for planting in the " high-protein " plot the following year. Similar methods were employed in the succeeding years and in the other plots. The important point for consideration here is that in each year those ears from a given plot which showed the greatest deviation in the desired direction were chosen to continue that experiment. Thus it was an experiment in selecting fluctuating variations.

The success of the experiment in accomplishing the desired results are most marked. Thus starting with an average protein content, in the original one hundred and sixty-three ears, of 10.92 per cent they were able in ten years to increase the average per cent of protein to 14.26. On the other hand in the low protein plots the percentage was reduced to 8.64. Similar results were accomplished with the high and low oil plots. The yearly fluctuations in the different plots are shown in tables 1 and 2 which are taken from tables 5 and 6 of the Illinois bulletin No 128.

TABLE 1.

Average per cent. of Protein in the Crops harvested.

YEAR.	HIGH PROTEIN PLOT.	LOW PROTEIN PLOT.
1896	10,92	10,92
1897	11,10	10,55
1898	11,05	10,55
1899	11,46	9,86
1900	12,32	9,54
1901	14,12	10,04
1902	12,54	8,22
1903	15,04	8,62
1904	15,05	9,27
1905	14,72	8,57
1906	14,26	8,64

TABLE 2.

Average Per cent. of Oil in the Crops harvested.

YEAR.	HIGH-OIL PLOT.	LOW-OIL PLOT.
1896	4,70	4,70
1897	4,75	4,06
1898	5,15	3,99
1899	5,64	3,82
1900	6,12	3,57
1901	6,09	3,43
1902	6,41	3,02
1903	6,50	2,97
1904	6,97	2,89
1905	7,29	2,58
1906	7,57	2,66

That the striking results shown in these tables were not due to the effect of environmental circumstances is clearly shown by the analyses from the so-called " mixed protein " and " mixed-oil " plots. In these plots kernels from the high and the low strains were planted in the same hills. Subsequent analyses showed that under these conditions the various strains maintained their respective chemical characteristics. Thus there cannot be the least doubt but that certain characters were fixed[1] in these various strains by the selection practiced.

At the time that the selections were made a careful record of the pedigree of each ear was kept. These pedigrees are, of course, for the maternal side only, since hand pollination was not practiced. In the appendix to bulletin No. 128 all the analyses for the ten years are given and arranged in such a way that it is possible to trace out the pedigree of each individual ear. It is from this data that the following pedigree tables (Tables, 3, 4, 5, and 6) have been constructed. In the following discussion it will be advantageous to take each plot separately. This may be done in the order in which they occur in the bulletin.

High Protein Corn.

As stated above twenty-four ears containing the highest per cent of protein were selected from the one hundred and sixty-three ears analysed in 1896. These were given registry numbers from 101 to 124 inclusive as shown in column one of table 3[2].

The next season four sound ears were analysed from each of the twenty-four rows. From these ninety-six ears, the twenty-four again having the highest per cent of protein were selected for planting. The distribution of these selected ears among the twenty-four original ears is shown in column two of table 5. For example it is seen that ear No 124 produced two ears (nos 216 and 209) which were among the first twenty-four as regards protein content. Ear No. 123 on the other hand failed to produce any ear (so far as the ears analysed showed) sufficiently rich in protein to be included among the first twenty-four. In this way it is seen at once that eight of the twenty-four original ears fail to be represented in the second generation while eight other ears contribute two ears each for planting in the following year. Exactly the same selection was practiced in the second year and the resulting selected ears are shown in the third column of table 5. Of the sixteen original ears represented in the second generation, only one, viz : No. 116, was dropped out in the third generation. In the next generation there is a very significant dropping out of some of the original lines. Thus in this fourth generation, only 9 of the original twenty-four ears are represented by progeny. Five of the original lines contribute twenty of the twenty-four ears, or 80 per cent in this generation while two lines, viz : 106 and 112 contribute fourteen ears or nearly sixty per cent. Thus at the end of the fourth generation it is clear that certain of the original lines have a much greater tendency to produce ears with a high per cent of protein. By simply selecting on the basis of the protein content of the individual ear, for four years, 70 per cent of the original lines have been dropped.

---

1. This point is also brought out in a recent paper by L. H. Smith. " Increasing Protein and Fat in Corn ", *American Breeders, Assoc. Report.*, vol. VI, pp. 5-11, 1911.

2. For convenience these ears will be called the first generation of high-protein corn.

TABLE 5.

Pedigree Chart of « High-protein » Corn.

GENERATION N°.										
1	2	3	4	5	6	7	8	9	10	11
101										
102	215	320	410	502						
103	208	314 {	424							
			409							
104	214 {	316	421							
		310								
105										
106 {	222									
	213 {	306 {	401	514						
			405							
		315	418							
		319 {	417							
			414							
			416							
107 {	219	301								
	223									
108 {	206	521 {	415							
			406							
	217									
109										
110										
111										
112 {	212 {	311 {	407	510						
			420							
			411 {	506	604					
				513						
		342								
		513								
		509 {	404							
			402	515 {	614					
					606					
					603					
			408							
	205	517 {	422							
			112 {	505						
				509	615	705	822			
113 {	210									
	220	524								
114	204	505								
115	224	504								
116	202									
117										
118	218	502								
119 {	221	507	405	511						
	201	505								
120	203	508								

TABLE 5 (Suite).

Pedigree Chart of « High-protein » Corn.

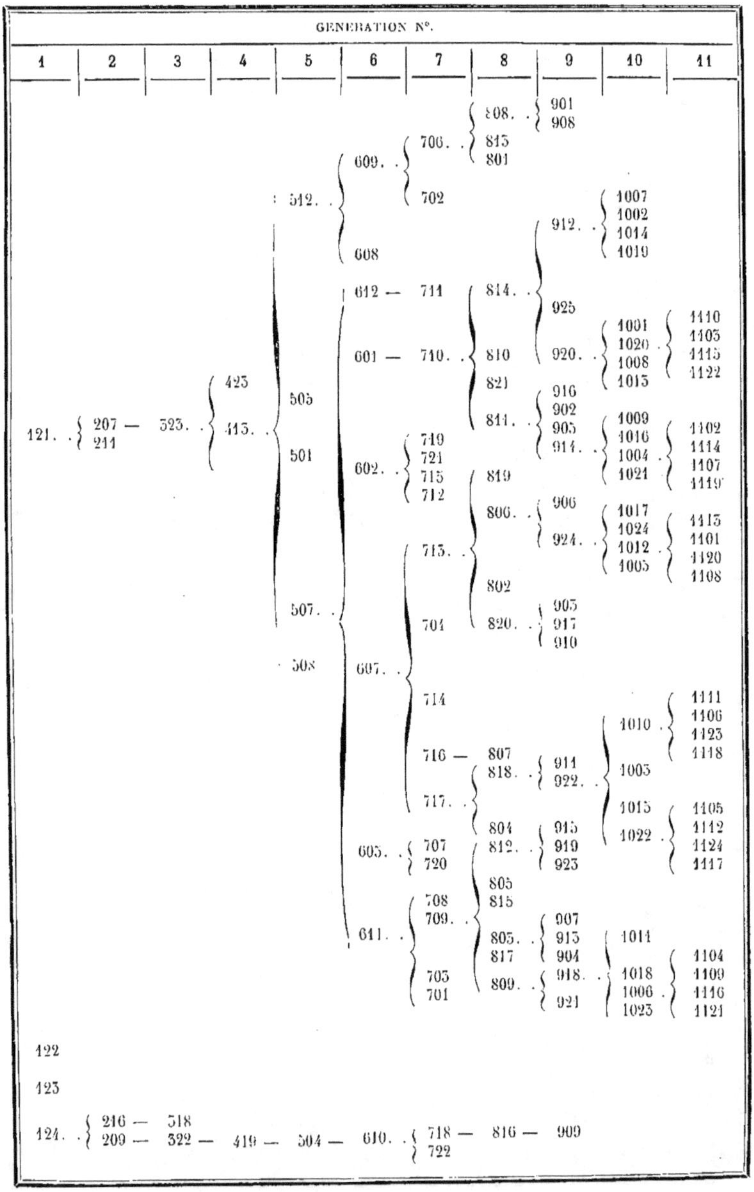

					GENERATION N°.					
1	2	3	4	5	6	7	8	9	10	11
							808	901 908		
						706	815 801			
						609				
				512		702				
								912	1007 1002 1014 1019	
					608					
					612	711				
							814	925		
					601	710	810 821			
								920	1001 1020 1008 1015	1110 1103 1115 1122
				505						
			423							
121	207 211	523	413							
				501						
							811	916 902 905		
					602	719 721 715 712				
								914	1009 1016 1004 1021	1102 1114 1107 1119
							819			
							806	906		
						713				
								924	1017 1024 1012 1005	1113 1101 1120 1108
							802			
				507						
						701	820	905 917 910		
				508	607					
						714				
									1010	1111 1106 1123 1118
						716	807			
							818	911 922	1003	
						717				
									1015	
									1022	1105 1112 1124 1117
							804			
					605	707 720	812	915 919 923		
							805 815			
						708				
						709				
					611		805	907 913 904	1011	
							817			
						703 701	809	918 921	1018 1006 1023	1104 1109 1116 1121
122										
123										
124	216 209	518 322	419	504	610	718 722	816	909		

TABLE 4.

Pedigree of « Low protein » Corn.

1	2	3	4	5	6	7	8	9	10	11

GENERATION Nº.

```
102
103. . { 208
        203

104 —  201 —  309. . { 407 — 501
                       405 — { 509
                       410. . { 512
                               504

105 —  207. . { 313 — 402 — 514. . { 606. . { 706
               516                            605      701
               302. . { 416                          { 702. . { 815. . { 918
                       415                            713       805        925
                                             603. . { 720       816       904
                                                      719       819
                                                      705

106. . { 212
        211 — { 311
               303
        210. . { 314 — 403. . { 505 — 612 — 708 — 812 — 917      { 1006 . } 1107
                                       714    820    912 . . . 1011        1119
                                                      925               1011   1102
                                                                        1023   1114

                                     602. . { 715. . { 804. . {        { 1018 . } 1112
                                                                        1004      1105
                                                                        1009      1124
                                                                                  1117
                                              712    814    906. . {   { 1016 . } 1110
                                                     817                 1021      1105
                                                     818. . { 921                  1122
                                                             910                   1115
                                                     808
                          506. . {
                                     613 — 704. . { 821. . { 919   { 1005
                                                            924. . { 1024
                                                            915     1017   { 1106
                                                                    1012 . { 1111
                                                    806                     1118
                                                    810 . { 905             1123
                                                           922
                                                    802. . { 911   { 1007
                                                            902. . { 1002  { 1108
                                                                    1014 . { 1120
                                                                    1019    1101
                                                                            1113

107. . { 205. . { 308. . { 401 — 511
                          406 - { 503. . { 601 — 707. . { 801
                  304 — 413                611              815
        202
        209     { 507 — 404. . { 502. . { 614. . { 722
        204. . { 312            507              709
                                        { 609
                                          610 — 703 — 822
                                          604 { 717
                                              710
                5 05 — 411 — 510. . { 608. . { 718
                                              716 — 807. . { 905
                                              721 , 814      909
                                              711. . {       916
                                                      805. . { 908   { 1001
                                                              914 . . { 1013
                                                              901     1008
                                                                      1020
                                                      809. . { 907   { 1010 . { 1104
                                                              913      1005     1116
                                                              920. . { 1022     1109
                                                                      1015      1121

108
109 —  206. . { 515 — 412 — 515 — 607
               501
               510 — 414
        506. . { 409
                408 — 508
110
111
112
```

TABLE 5.

Pedigree table of « High-Oil » plot.

GÉNÉRATION Nº.

1	2	3	4	5	6	7	8	9	10	11
101										
102										
103								909		
104	209						810	914		
105	219							925		
106	203							917		
107	224	308	403	506		709	812	922		
108								907		
109	211	302								
110	221									
							814	921	1008	1107
								916	1001	1102
								903	1013	1114
										1119
										1103
										1110
										1145
										1122
111	210	303	407	511	601					
			409	508	605					
					609					
					608					
	213									
	216					715	821			
	214	311	408	507	605		817	911	1020	
			404				808	904	1004	
									1003	
									1021	
									1016	
						707				
						718	801			
							805			
						717	802	901		
								912		
						714				
						702	816	908	1005	1104
							918		1010	1109
							915		1015	1116
						708			1022	1121
						610				
						745	805			
							806			
							809			
							811	919		
							815	906		
							815	924		
							819			
112	217									
113	201									
	212	306	401	515						
				505						
		307	412	503	606					
114	215	305	402	502	613	701				
	206		411	514	614	706				
				509		719				
					611	721	822	905	1002	1106
						712		902	1007	1111
									1014	1118
									1019	1123
115	204			510						
	202			512			804	920	1017	1105
	208	304	406	501				913	1024	1112
					602	705	807		1012	1117
						710	820	925	1005	1124
						720	818	910	1011	1101
116	225								1006	1108
117	220			512	612	711			1018	1113
						716			1023	1120
						722				
118	207	309	410		604	705				
	222			504	607	704				
119										
120	218	301	405	510						
121										
122	205									
123										
124										

TABLE 6.

Pedigree Chart of « Low-Oil » Corn.

GENERATION N°.										
1	**2**	**3**	**4**	**5**	**6**	**7**	**8**	**9**	**10**	**11**
101										
102 —	202									
103										
104										1004	
105..	201 —	512..	405					908..	1009	1101
			412					901	1016.	1108
	209 —	505 —	402		602 —	718 —	806..	915	1021	1115
				507..						1120
					612..	716.	817			
						705	814 —	909		
						706			1002.	1102
		314 —	408..				813	911		
						710				1107
							804..			1114
				510				906..	1007	1119
							819			
	207..	516			606..				1019	1106
										1111
									1014.	1118
				512..	722..					1123
		511 —	406..				811..	902	1001	
								917	1008	
106..	212				611 —	709		914.	1015	1105
				502..	613				1020.	1112
					614 —	702	809			1117
							815.	913	1005	1124
								924	1012	
	203 —	505						920.	1017	
		301 —	404 —	513					1024	
	205..	509 —	416.	509 —	601					
		308 —	403	511 —	604..	703				
						704				
						714				
						708 —	816.	905		
								922		
107										
		315 —	415	508 —	609..	712	822	905	1010	
							818.	916	1003	
	204..		409..		720..		805	925	1015	
							802		1022	
						711	810.	912		
108..		507..		506 —	607..		821	921		
			410..	505		715	812.	918.		
						719.	808	907		
	210			503 —	605 —	707	803	925		
109 —	208..	515 —	415 —	514 —	608					
		502 —	401 —	501						
								904	1006.	1104
										1109
						701	801			1116
					605.	715	807	910.	1011	1121
110..	211	310.	407 —	504..	610	717	820	919	1023	1103
	206..	304	411			721			1018.	1110
		306 —	414							1115
										1122
111										
112										

In the next or fifth generation three more of these original lines were dropped[1]. Here again one finds that two of the original lines, viz : 112 and 121, contribute eleven of the fifteen selected ears or over 75 per cent. Line No. 106 which had six ears in the fourth generation failed to produce more than one ear good enough to come inside the first fifteen.

Passing to the sixth generation one finds that three more of the original lines are dropped from the contest. There are only three of the original twenty-four ears represented by progeny in this, the sixth generation, and one of these (No. 124) contributed only a single ear.

In the seventh generation these same three lines are represented. However, the superiority of line No. 121 to produce ears high in protein is clearly evident. Nineteen of the twenty-two ears, or over 86 per cent, come from this one line.

In the eighth generation there is practically no change in the relationship of these lines. Twenty of the twenty-two ears are furnished by line No. 121. In the ninth generation line No. 112 drops out and line No. 124 fails to secure a place in the tenth generation. *It thus happens that in the tenth and eleventh generations all of the high protein corn is the offspring of a single ear viz : No. 121.*

It is to be remembered that this condition has been brought about simply by selecting each year those individual ears which showed the highest per cent. of protein. Everyone who has had any experience with selection of this kind knows that many of the original lines are always dropped out as the work proceeds. But it is rather surprising to find so striking an example of the superiority of a single line[2].

Before considering the other experiments it will be well to examine the pedigree of this line a little more closely. In the first four generations there is nothing remarkable in its history. Up to that time there are several other lines which give more promise of producing high protein ears than this one.

Line No. 112 has eight ears in the fourth generation and line No. 106 has six ears, while No. 121 has but two. One of these ears (No. 415) however, had within it the ability to produce ears high in protein content. In the fifth generation this ear produced five of the fifteen ears planted. This is a larger number of ears high enough in protein to be selected, than had been produced by any one ear up to this time. So far as can be learned from the published records there are no special cultural reasons why the progeny of this ear should have been higher in protein than the progeny of other ears.

In the sixth generation of line 121, ear No. 512 produced two ears and ear No. 507 produced six ears out of a total of fourteen planted. It should be stated here that in this year (1901) a severe drought injured the corn very much and had considerable influence on the resulting selection. The following quotation from the Illinois Bulletin No. 128 will make this plain : (page 469).

" In the case of the high-protein plot the damaging effect of this drought was so pronounced as to render the crop almost a total failure. The yield of ear corn amounted to only about six bushels per acre and consisted mostly of

1. It should be mentioned here that for the fifth generation only fifteen ears were selected and for the sixth generation only fourteen ears. For the years following the number of ears selected ranged from twenty-two to twenty-five.

2 In the tenth and eleventh generations the plan of detasseling alternate rows and saving seed from these only was put into effect. Also in these years a much larger number of ears were analyzed from each mother row. This change in method could not have effected the results brought out here, because, line No. 121 had demonstrated its superiority several generations before this change was made.

mere nubbins. On account of the scarcity of ears, it was impossible to follow the regular system of sampling, so the entire product from each plot-row was collected and all of the sound ears and even many nubbins were selected for analyses in order to obtain the results of the year and the sort of seed with which to maintain the experiment. The low protein plot did not suffer so badly from the drought, so that here the sampling and selection were made as usual ".

Ears No. 507 and 515 were planted in the " Special High-Protein Plot " and all the ears selected from these two lines were from this plot. In the appendix of the bulletin mentioned, the analyses of twenty-seven ears from No. 507 (line 121) are given. Of these, six were selected. Similarily from ear No. 515 (line 112), the analyse of forty-five ears are given but only three were selected. None of these three ears were able to get progeny in the next generation while in striking contrast *every one* of the six ears from No. 507 produced ears good enough to be selected the following year. Further these latter ears produced practically *all* of the High-protein corn from this time on.

Certainly ears No. 507 and 515 at least had the same opportunity to produce high protein ears. The results as shown above however are strikingly different.

Looking at the pedigree of line 121 alone it may be said to fall into two parts. The first of these, covering the first four generations is characterized by mediocrity in protein productions. The second part i. e., after the fourth generation, is characterized by the production of a large number of ears with high protein content.

Evidently something happened to ear No. 415, or perhaps to ear No. 507 which produced a prepotency towards high protein production. What this something may have been, can only be conjectured. It may have been of the nature of a mutation. This is perhaps the first suggestion that occurs to one. In this case there are certain possible contributory factors which may have been operative. The chief of these are to be found in either selective fertilization or in the proper amount of inbreeding. At this time the larger amount of pollen in the field was coming from two or three lines. These, of course, had been crossed with other lines but nevertheless they were pure bred on one side. We know too little of the effect of such inbreeding to make more than a suggestion.

The suggestion is certainly close at hand that in the third or fourth generation of line No. 121 a particularly happy combination oi germinal plasma occurred. As a result of this combination a line which was previously only mediocre in its protein producing ability suddenly acquired a marked increase in this direction. This ability to produce a large number of high protein ears has evidently been transmitted to later generations.

The phenomena of propotency which it seems to me is displayed in this instance is one which has been discredited largely by scientific breeders in recent years. Pearl[1] however, has recently shown that in poultry the offspring oi certain matings transmit for several generations at least, the ability to produce either a high or low degree of egg production as the case may be.

One more point must be considered here. From table 1 (page 223) it is seen that starting with a protein content of 10.92 per cent. at the end of the

---

1. Inheritance of Fecundity in the « Domestic Fowl », *Amer. Nat.*, vol. XLV, June 1911.

third year the protein content was only 11.46 per cent. or a gain of. 54 per cent. in four years. However, the next year the protein content jumped to 12.32 per cent., or a gain of. 86 per cent. in one year. Now referring back to table 3 it is seen that it is just at the end of the third years selection that there is a great reduction in the number of lines represented. Thus only six of the original twenty four lines are represented in the fifth generation. Also it is just here that line No. 121 begins to show its prepotency. The next year (1901) there is a very much larger increase in the average per cent. of protein, viz : 1.80 per cent. for the year. It has already been stated that climatic conditions caused an exceptionally high per cent of protein in this year. The next year (1902) the protein content fell back again and then rose with some irregularities.

The most interesting feature here, however, is that so long as a comparatively large number of lines are represented in the pedigree the average protein content remains almost stationary. When the number of the lines begins to be diminished the average protein content begins to be increased much more rapidly. This may of course, be a coincidence but it is a point which needs more analytical study.

Before discussing this question further it will be well to examine very briefly the remaining three experiments. In no one of these are the results so striking as in the high protein plots. However, in a general way they point to the same conclusions.

Low Protein Plots.

Table 4 shows the various lines of the low protein plots arranged in the same way as the high protein pedigrees. It will not be necessary to enter into the details of these tables. They present many interesting things to anyone who cares to study them. Only a few of the more important conclusions are pointed out here.

In the first place, it is seen that starting with twelve original lines there are only two of these represented in the last generation. Only three lines persist beyond the sixth generation. Of the two lines which have progeny in the last generation, one is much superior to the other in its ability, to produce ears low in protein. This has not been true of its whole history. In the first seven years, line No. 106 produced only a moderate number of ears low enough to be selected. After the seventh generation. however, this faculty appears to have increased very greatly.

Comparing this table with column 3 of table 1, it is seen that it was not until 1902, or the seventh generation, that any very great or permanent decrease in the per cent. of protein was brought about. Here again the most marked improvement in the direction sought occurs only after the number of lines has been very materially reduced.

The results of the low protein experiment while not quite so striking as those of high protein plot are nevertheless along the same general lines and tend to confirm the conclusions drawn from it.

High Oil Plots.

Table 5 gives the pedigrees for the high oil plots. From this table one may briefly note the following points :

1. Of the twenty-four ears used to start this experiment in 1896 only eight are represented by progeny in the third generation;

2. At the end of the sixth generation all but three of the original lines have been dropped;

5. These three lines are maintained to the end of the experiment. The number of selected ears in the later generation are not, however, equally divided between these three lines. Line No. 111 is by far the most prolific producer of ears with high oil content;

4. Again certain apparently crucial points in the history of these lines are noted. Thus in Line No. 111, ear No. 609 produced an exceptionally large number of ears with a high oil content. Similarily in line No. 118, ear No. 710 produced four good ears while seven other ears from the same line in the same generation failed to produce any which were good enough to be selected.

Low Oil Plots.

As shown in table 6, twelve ears were selected for starting the experiment in decreasing the oil content. From this table we note :

1. That only three of the original lines are represented in the seventh generation;

2. Of these three only two, viz : 106 and 110, are represented in the eleventh generation. Line No. 108 is maintained up to the eleventh generation and then dropped;

3. Of these two lines, No. 106 is by far the better, and contributed sixteen of the twenty-four ears to the last generation;

4. Again it is noted that certain ears have a marked tendency to produce a large number of ears with a low oil content. Examples of this are seen in the seventh generation in ears No. 722, 720, and 719.

Discussions and Conclusion.

Taking into consideration the results of all four experiments as displayed here it is clearly seen that one of the most striking effects of the selection practiced has been to reduce the number of lines. Two of the experiments (Tables 3 and 5) were started with twenty-four ears each. At the end of five years the high-protein corn shows progeny from only three of the original ears, and the high-oil from four of the original ears. At the end of ten years the high-protein corn showed progeny from only one of the original ears and the high-oil from three of the original ears. So far the results are in accord with the genotype conception of Johannsen as applied to non-self-fertilized organisms. However, if nothing but the isolation of favorable genotypes had taken place the extremes of protein production would not have been greatly changed. This, however, did take place here. In the later years we find many individual ears with a per cent. of protein far beyond anything which occurred in the earlier years. In this respect these results parallel the classical case of de Vries's selection of buttercups. In this latter case the extreme was moved far beyond what it was before the selection. Unfortunately in the case of de Vries's work pedigree data is not available.

Table 7 shows for each year the maximum and minimum per cent. of protein in the ears which were selected for planting the high-protein plots.

TABLE 7.

Table showing the maximum and minimum per cent. of protein in the ears selected for planting in the high-protein plots.

YEAR.	MAXIMUM.	MINIMUM.
1896	13,87	11,89
1897	13,62	11,89
1898	14,92	12,35
1899	14,78	13,19
1900	15,71	14,01
1901	16,12	14,93
1902	15,01	13.68
1903	17,33	14,60
1904	17,79	15,83
1905	17,59	15,52
1906	17,67	15,16

From this table it is clear that the maximum has been moved permanently in the direction of the selection. To obtain a more reliable basis for comparison we may average the maximum per cent. of protein in the first three years, and in the last three years. These averages are 14.14 per cent, and 17.62 per cent., respectively, or a difference of 3.48 per cent. Further it is seen that in the last four years the minimum per cent of protein in the selected ears is greater than the maximum during the first two years.

Clearly we are dealing here not merely with the isolation of a genotype but with a definite evolutionary change. The whole variation polygon has been moved definitely in the direction of the selection [1].

Yet I think that no one can study table 3 and still maintain that it was the simple selection of fluctuating variations that brought about the change in protein production. Certainly something was acting in line No. 121 which was not affecting the other lines.

The recent interesting experiments of Shull and East in dealing with homozygous strains of corn may have some bearing in this connection. These authors have shown [2] that when two strains of corn which have been inbred for several generations are then crossed the resulting progeny are far superior to either parent in yield. It is quite possible that a somewhat similar explanation would account for the great development of line No. 121, after the fourth generation.

It is of interest to note here the similarity between these experiments and the selection work with poultry at the Maine Agricultural Experiment Station. It has been shown [3] that after nine years of intensive selection of poultry for increased egg production the average production of the flock was not changed. A possible explanation of the different result reached by these two similar experiments may be in the fact that the corn plot was started with only twenty-four individual ears, while in the poultry experiments, seventy birds were used in the first year's breeding. In the succeeding years a very much larger number of

<hr>

1. This question as to the amount of shifting of the entire variation polygon was studied to some extent, but it was deemed that the published data was not sufficient to draw trustworthy conclusions.

2. SHULL (G.-H.). A pure line method in corn breeding, *Rpt. Amer. Breeders Assc.*, vol. V, pp. 51-59 — EAST (E.-M.). *Amer Nat.* Vol. XLIII p. 173-182, 1909.

3. PEARL (R.) and SURFACE. F. M., U. S. Dept. Agr., Bur. Anim. Ind. Bul. 110, pt. 1, 1909, *Zeit. f. Induct. Abst.-u.-Vererb-Lehre.*, Bd. 2, 1909, pp. 257-273.

birds were used, while in the corn experiments there were never more than twenty-five ears planted in one plot. It would have been a much more difficult task to have isolated the high genotypes if such existed among the poultry.

In conclusion it should be said that too much credit cannot be given to the Illinois Experiment Station for the careful manner in which these experiments have been carried out. The experiments were begun with the practical object of finding out whether the chemical composition of corn could be modified by selection. The results showed unmistakeably that it could. Whether the theoretical conclusions were correct or not, the fact remains that the methods used were such as to obtain the desired results.

RÉSULTATS D'UNE SÉLECTION PARMI DES VARIATIONS FLUCTUANTES

RÉSUMÉ

En 1908, la station expérimentale agricole de l'Illinois a publié[1] le compte rendu d'une longue expérience de sélection sur le Maïs, avec des références sur la composition chimique du grain. Quatre expériences importantes furent continuées pendant une période de dix années. Ces expériences furent faites dans le but :

1º D'essayer d'augmenter le contenu du grain en protéine;

2º D'essayer de diminuer ce même contenu;

3º D'essayer d'augmenter la proportion d'huile contenue dans le grain;

4º D'essayer de diminuer cette même proportion.

La méthode employée était la suivante : choisir chaque année, dans un lot donné, les épis qui montraient la plus grande déviation dans la direction désirée. C'était, par suite, une simple expérience de sélection parmi des variations fluctuantes.

Le succès de ces expériences, dans l'obtention du résultat désiré, fut très marqué; ainsi, dans le lot riche en protéine, la moyenne du pourcentage de protéine dans la récolte s'éleva de 10,92 pour 100 en 1896 à 14,26 pour 100 en 1906. De l'autre côté, dans le lot faible en protéine, la moyenne tomba de 10,92 pour 100 en 1896 à 8,64 pour 100 en 1906.

Ce résultat offre un intérêt tout particulier en raison des importants et récents travaux de Johannsen et autres sur le même sujet. Il semblerait que, dans ce cas, la sélection parmi des variations fluctuantes ait été couronnée de succès.

Dans le même Bulletin, la station expérimentale de l'Illinois a donné le " pedigree " détaillé (du côté maternel) de chaque épi examiné durant les dix années de l'expérience. De ce " pedigree ", des tables ont été construites qui montrent la généalogie maternelle de chaque épi. En examinant ces tables, on voit que, dans les dernières années, les épis plantés ne sont pas distribués au hasard parmi la descendance de ceux qui avaient été choisis au début.

Au contraire, certaines lignées originales montrent une tendance marquée à produire, de préférence, des épis ayant le caractère désiré; ainsi dans le lot

---

1. Ten Generations of Corn-breeding, par Louis H. Smith; Illinois Agric. Exp. Stat. Bull. n. 128 (1908).

ayant un pourcentage élevé de protéine, *tous les épis plantés après la neuvième génération sont la descendance d'un même épi original.*

La présentation de ces résultats sous forme de tables " pedigree " montre, au moins, d'une façon très suggestive, de quelle manière la sélection peut agir. Elle démontre que, bien qu'ayant une égale opportunité, toutes les " lignes " ne produisent pas également de bons résultats. Tout au moins dans le cas qui nous occupe, la sélection parmi les variations fluctuantes s'est, en réalité, traduite par une sélection de diverses lignes possédant une puissance plus grande pour la production du résultat cherché.

DE L'ÉTUDE DES CARACTÈRES ANORMAUX PRÉSENTÉS PAR LES PLANTULES POUR LA RECHERCHE DES VARIÉTÉS NOUVELLES [1]

Par N. STRAMPELLI

Directeur de la Station expérimentale de Riéti (Italie).

Lorsque l'on effectue des semis dans des terrines convenables avec toutes les précautions voulues pour que les jeunes plantes d'une espèce donnée se trouvent dans des conditions identiques au point de vue de la position, de l'orientation, de la profondeur, etc., et en observant attentivement et minutieusement les plantules dès le moment où elles sortent de terre, il n'est pas difficile d'en trouver quelques-unes qui, par un caractère quelconque et exceptionnel, se distinguent des voisines.

En faisant des études de ce genre sur le froment variété Riéti, j'ai rencontré des plantules qui se faisaient remarquer :

1° Par une supériorité évidente dans la rapidité de leur développement végétatif ;

2° Par la présence d'une première feuille de couleur brunâtre ou rougeâtre ;

3° Par l'enveloppe de la plumule colorée en brun ou en rouge plus ou moins vif ;

4° Par le rapport plus grand entre la longueur ou la largeur de la première feuille ;

Phot. Joncker.

M. NAZARENO STRAMPELLI.

5° Par la présence de deux feuilles primaires au lieu d'une, etc., etc....

La précocité du développement végétatif et la couleur de l'enveloppe de la plumule sont héréditaires et se retrouvent dans les plantes adultes. En fait, les jeunes plantes qui se développent rapidement dès les premières phases de la végétation donnent généralement des plantes précoces à tous les autres points de vue, y compris la maturité ; et leurs descendants sont également précoces ; les jeunes plantes dont l'enveloppe de la plumule est rouge donnent des adultes qui, à l'époque de la floraison, montrent une coloration rouge soit sur les nœuds, soit à la base du limbe, soit au dernier entre-nœud du chaume, soit sur les anthères, soit simultanément sur toutes ces parties, et la même coloration se reproduit dans les générations suivantes.

Dans la descendance de deux plantes présentant deux feuilles primaires au lieu d'une j'ai obtenu *deux formes* qui se distinguent spécialement par leur précocité, par leur chaume peu élevé, toutes les plantes étant de même hauteur, et par leur résistance à la verse.

Les jeunes plantes des légumineuses offrent souvent des caractères anormaux plus visibles que chez le froment ; parmi ceux-ci il faut signaler la présence fréquente de feuilles cotylédonaires surnuméraires.

---

1. Communication faite à la deuxième séance de la Conférence.

J'ai trouvé des jeunes plantes de luzerne (*Medicago sativa*) et de trèfle des prés (*Trifolium pratense*) avec trois et même quatre feuilles cotylédonaires (fig. 1)

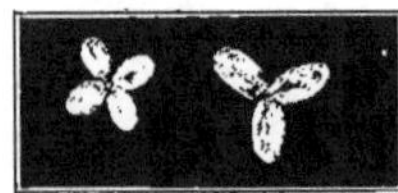

Fig. 1.

et ces plantes me donnent, sans exception, des adultes différant du type normal, soit par leur développement végétatif plus ou moins fort, soit par leur port, les dimensions de l'inflorescence, la forme, les dimensions et la couleur des différentes parties de la corolle, par la taille et la forme des graines, etc., etc.

C'est ainsi que j'ai pu obtenir :

a) Une luzerne très vigoureuse de taille supérieure à la normale, à fleurs parfaitement colorées de bleu violacé avec toutes les graines très allongées et recourbées en arc (fig. 2).

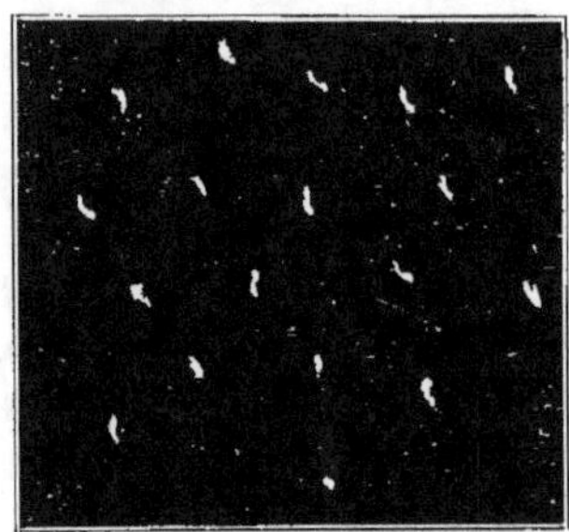

Fig. 2.

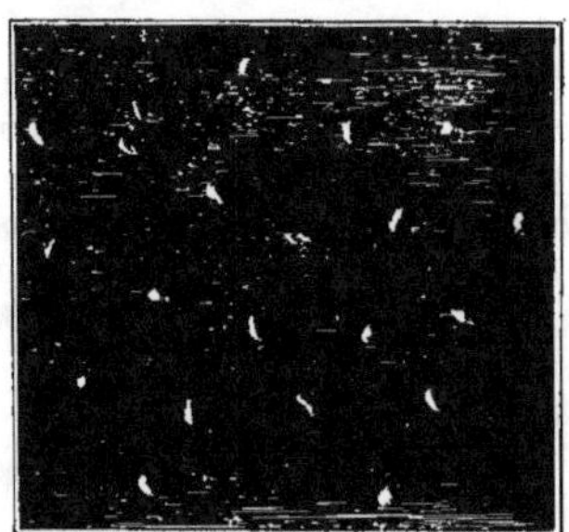

Fig. 3.

b) Une autre luzerne à développement très inférieur à la précédente, à fleurs nettement bleu clair et à graines ovales (fig. 3).

c) Une autre luzerne à fleurs violet rougeâtre.

d) Une autre encore à fleurs gris d'acier.

J'ai encore plusieurs trèfles des prés distincts par la forme des folioles et par la présence ou l'absence de la tache vert blanchâtre des folioles elles-mêmes, par la position et les dimensions de la forme de la tache médiane, par la grandeur variable des inflorescences, etc. (voir fig. 5) et parmi ces différents types il s'en rencontre à développement très vigoureux et rapide.

Fig. 4.

Il y a des légumineuses chez lesquelles il n'est pas possible de rencontrer des feuilles cotylédonaires surnuméraires; mais, même chez celles-ci, il n'est pas difficile de remarquer des jeunes plantes ayant d'autres caractères distincts et visibles qui attestent la possibilité d'un « sport ».

Pour citer un bon exemple, le sainfoin (*Onobrychis sativa* Link), chez lequel normalement la première feuille, après les feuilles cotylédonaires, est monophylle, avec un pétiole long, vert et sans stipule, présente parfois des cas dans lesquels cette feuille est à deux et même trois folioles; en même temps le pétiole peut être rouge ou muni de stipules (fig. 4).

Inutile de dire que ces caractères exceptionnels peuvent se trouver seuls ou diversement associés sur un même individu.

Pour cette même espèce (sainfoin), un caractère important, et qui mérite

Fig. 5.

d'être noté, est l'ordre dans lequel sont émises les feuilles postérieures à la première et le nombre des couples de folioles qu'elles portent. Il n'est pas inutile de signaler ici que j'ai obtenu en choisissant des jeunes plantes qui présentaient un ou plusieurs des caractères anormaux signalés plus haut :

1° Une jeune plante dont la première feuille avait trois folioles, qui donna une plante adulte à végétation vigoureuse de hauteur moyenne (0 m. 65), et dont la feuille avait un pétiole relativement court et des couples de folioles à peu près équidistantes, des folioles ovales, elliptiques, ayant chacune au sommet un petit prolongement de la nervure médiane; des inflorescences très courtes au point de ressembler à des capitules; des fleurs à étendard grand et ample, à carène relativement petite, à profil semi-circulaire et présentant des nervures violacées, si faibles qu'elles sont à peine visibles (voir nos 9 a, 9 b, 9 c de la fig. 6).

2° D'une jeune plante ayant la première feuille à deux folioles et le pétiole rougeâtre j'ai obtenu une plante adulte à végétation vigoureuse, à tige plus haute que la moyenne normale (0 m. 85), à feuilles assez longues, couples des folioles uniformément espacées, à folioles ovales allongées, ayant au sommet un prolongement assez marqué de nervures médianes; inflorescence très longue, de 12 à

16 centimètres, à fleurs moyennes, à carène relativement allongée ayant un profil à angle obtu et six nervures violacées de chaque côté (v. n°ˢ 8 *a*, 8 *b* de la fig. 7 et 8 *c* de la fig. 6).

3° Une jeune plante dont la première feuille était monophylle, à pétiole

Fig. 6.

rouge et dont la troisième feuille, à cinq folioles présentait le couple inférieur très distant des trois autres folioles ; j'ai obtenu une plante adulte caractérisée par des feuilles longues à long pétiole, avec des paires de folioles en nombre limité et inégalement distantes les unes des autres ; des folioles ovales elliptiques plus petites, des inflorescences moyennement longues avec quelques fleurs espacées à la base (v. n°ˢ 4 *a*, 4 *b*, 4 *c* de la fig. 6).

4° Une plantule qui avait émis en même temps la première et la deuxième feuille, toutes deux monophylles, se distingue à l'âge adulte par une feuille longue, à folioles très caractéristiquement ovales, nettement tronquées au sommet ; par sa grande précocité de floraison et de maturation, et par la rapidité avec laquelle elle émettait des tiges secondaires après que les premières étaient desséchées à la suite de la maturation des graines (v. n° 7, fig. 9).

5° D'une jeune plante ayant la première feuille monophylle et le pétiole rose muni de stipules, j'ai eu une plante adulte caractérisée par ses folioles très

étroites, presque linéaires, et aussi par l'abondante et rapide production des
tiges secondaires (v. n° 5, fig. 10).

6° Une plantule à première feuille monophylle, pétiole vert, etc., nullement
distincte du type normal, attira mon attention par la rapidité avec laquelle elle

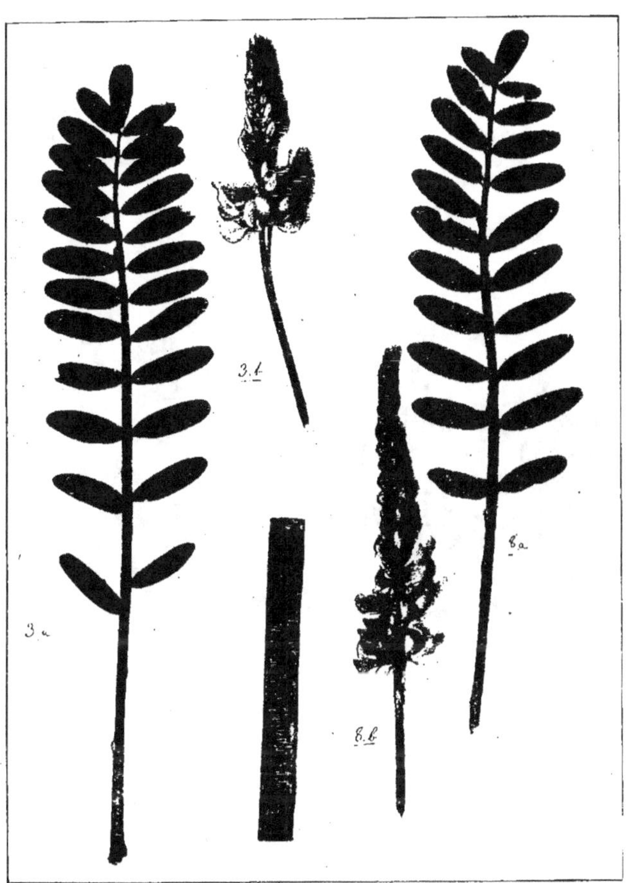

Fig. 7.

émettait les quatre premières feuilles, dont 2 à 5 folioles, lorsqu'elle était
encore dans la terrine de semis. Egalement après la première transplantation
elle continua à montrer la même rapidité du développement, émettant très vite
huit autres feuilles toutes polyphylles.

La plante adulte se distingue principalement par la vigueur et la hauteur
très exceptionnelle de ses tiges qui dépasse 1 m. 60 (v. n° 5, fig. 8, n°° 3 *a* et
3 *b*, fig. 7 et n° 5, fig. 6).

J'ai voulu enfin voir si, dans les générations successives, la descendance des plantes décrites aux nᵒˢ 1 et 2 avait conservé, et dans quelle mesure, le caractère de la première feuille à 2 ou 3 folioles, et j'ai semé les graines produites desdites plantes dans mes terrines.

Fig. 8.

Dans la descendance de la plante nᵒ 1 je n'ai trouvé qu'une jeune plante ayant la première feuille à deux folioles et dans la descendance de la plante nᵒ 2 j'ai eu des plantes à première feuille à 2 folioles, mais à raison de trois par mille environ, et des feuilles à trois folioles, un par mille.

De même dans les semis provenant de plantes qui, à l'état jeune, avaient présenté des feuilles cotylédonaires surnuméraires (luzerne, trèfle), il n'y eu que très peu de plantes présentant ce caractère.

La présence de deux ou trois folioles dans la première feuille du sainfoin et celle de feuilles cotylédonaires surnuméraires dans le trèfle et la luzerne ne sont pas des caractères fixes héréditaires mais sont d'excellents indices pour faire connaître que l'individu qui les possède se trouve dans une période de mutation, une telle période enfin se prolongeant quelquefois, même dans les générations suivantes.

En fait, dans la descendance de la plante de sainfoin nᵒ 1 : d'une jeune plante ayant les premières feuilles à 2 folioles, j'ai obtenu une plante adulte ayant des feuilles et des folioles presque du type normal (v. *b* de la fig. 9). Tandis que d'une autre jeune plante à première feuille, ayant trois folioles, j'ai

eu une plante adulte à feuilles riches, de couples de folioles plus grandes que
les normales, ovales, allongées et tronquées au sommet (v. *g* de la fig. 10);
une autre jeune plante à premières feuilles monophylles, mais à folioles très
longues et pointues, devenue adulte, présentait des feuilles à pétioles très

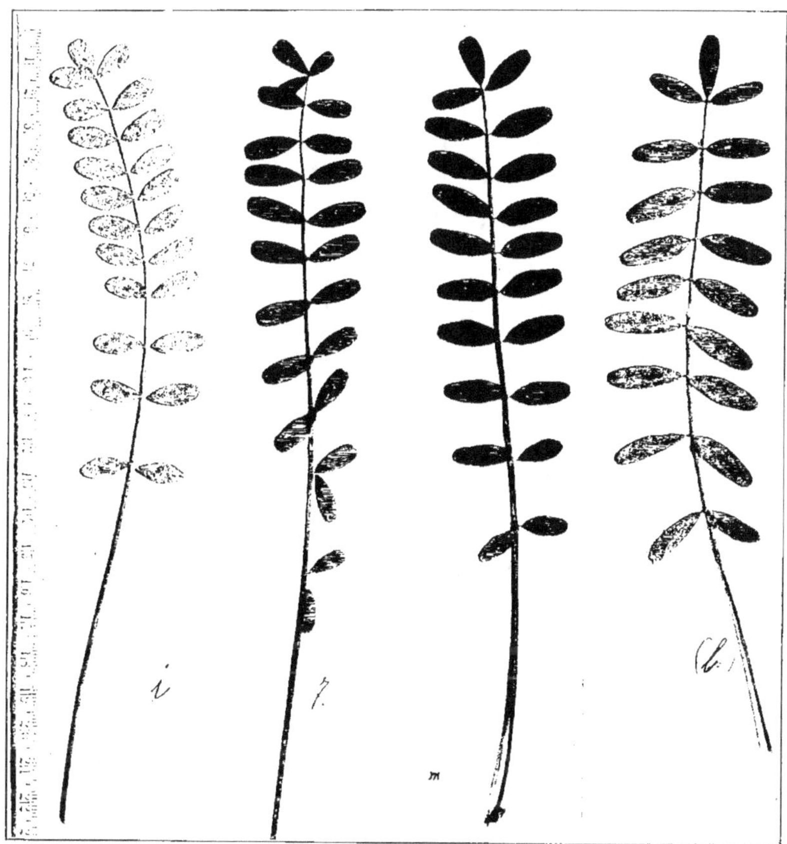

Fig. 9.

longs avec de nombreuses paires de folioles ovales, très allongées (v. *h* de
la fig. 11).

Une autre jeune plante encore, dont la première feuille était monophylle à
folioles arrondies, presque circulaires et ayant au sommet un petit angle
rentrant, a donné une plante adulte avec des folioles ovales arrondies (fig. 9).

Dans la descendance de la plante de sainfoin n° 2 :

Une jeune plante à première feuille ayant deux folioles a donné une
plante adulte dont la feuille portait un grand nombre de paires de folioles ovales,
courtes et plutôt larges (v. *m* de la fig. 9).

Une autre plante à première feuille à trois folioles, devenue adulte, présentait des feuilles ayant des paires, rares et très écartées, de folioles lancéolées,

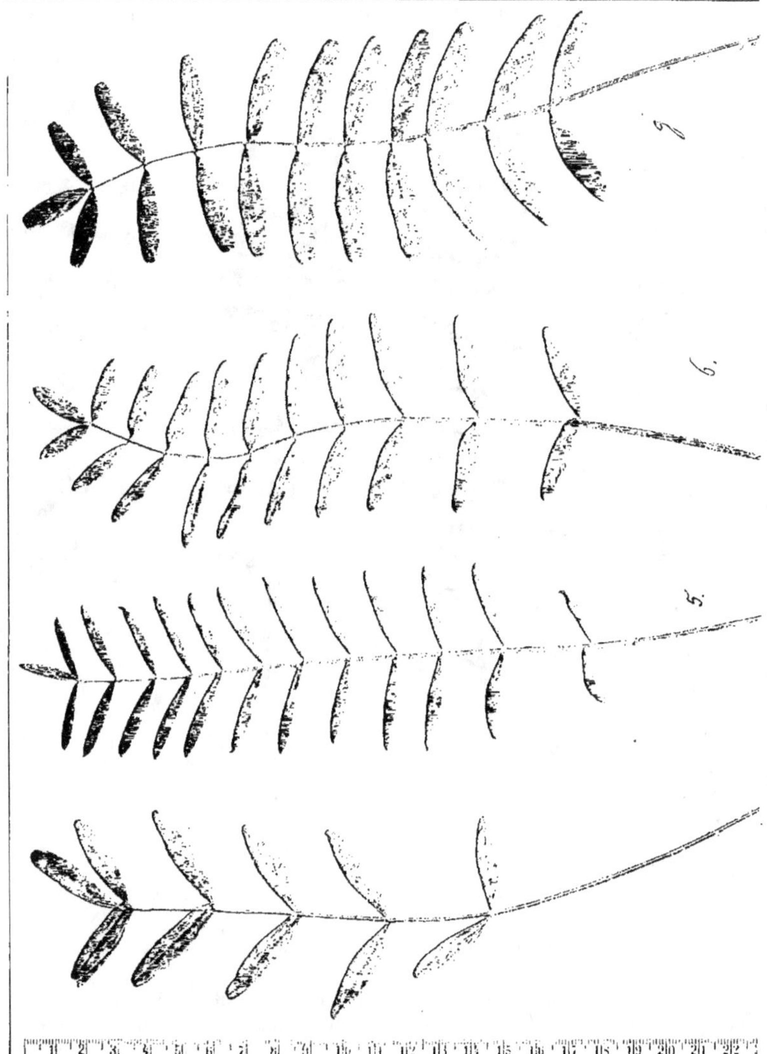

allongées, de telle sorte que les feuilles rappelaient presque celles d'un *Lathyrus* (v. n. fig. 10).

Les résultats ici consignés ne sont pas sans intérêt et démontrent l'excellence de la méthode de l'étude des caractères anormaux présentés par les jeunes plantes en pépinière, pour arriver facilement à comprendre la possibilité des mutations dans les plantes agricoles; mais, pour arriver à une utilité pratique, cette méthode doit naturellement être complétée par la culture pédigrée, nécessaire pour fixer et épurer les nouvelles formes trouvées, et par des cultures de comparaison qui servent à déterminer la valeur culturale desdites formes nouvelles.

C'est ce que je fais en ce moment.

A STUDY OF ABNORMAL CHARACTERS IN SEEDLINGS, WITH A VIEW TO OBTAINING NEW VARIETIES

SUMMARY

The author gives an account of experiments on wheat; and on various species of the Leguminosae, the object of which has been to test the value of selecting those seedling presenting abnormalities, in the search for new varieties. The seeds were sown as far as possible in identical conditions as regards position, orientation, depth of soil, etc.

In the case of the wheat experiments, seedlings presenting such characters as a marked rapidity of growth, the presence of two first leaves instead of one, etc., were selected for further study. Precocity of development was found to be an inherited character. Among the descendants of two plants possessing two primary leaves, two forms were obtained characterized by a marked precocity, short haulm and power of resistance to heavy rains.

In the experiments on species of Leguminosae, seedlings of Lucerne (*Medicago sativa*) and Clover (*Trifolium pratense*) with three, or even four cotyledons, were selected, and these seedlings without exception gave adults differing from the normal type, either by their vegetative developement, habit, size of inflorescence, form of corolla, etc. Among the descendants of these plants only a very small proportion possessed extra cotyledons. In other species of the Leguminosae, extra cotyledons have not been observed. Such is the case in Sainfoin (*Onobrychis sativa* Link) which species may however show

Fig. 11.

a variation in the first leaf which is normally simple but may develope two or three leaflets. Only a small proportion of the descendants of these plants possess a compound first leaf (1-5 in a thousand) but again, as in the experiment with Lucerne and Clover, many new types appeared.

These results are not without interest and show the value of the method of selection of seedlings presenting abnormal characters, which method should, however, be accompanied by pedigree cultures.

M. Ph. DE VILMORIN. — En ce qui concerne le trèfle, M. Strampelli dit que, toutes les fois qu'il a trouvé des plantes ayant un nombre anormal de cotylédons, il a obtenu des plantes qui diffèrent du type normal.

Le même fait a été observé par M. de Vries, et, à Verrières, j'ai également obtenu, de semis de *Trifolium pratense*, des graines se reproduisant avec un nombre anormal de cotylédons.

M. le Professeur vous présente une photographie représentant trois formes de sainfoin : un nain, un grand, un géant, et des différences imperceptibles dans la forme des feuilles.

Personnellement, cette communication m'intéresse beaucoup, parce que j'ai fait autrefois des expériences sur du sainfoin et je n'ai pas pu arriver par sélection, par le choix d'individus différents les uns des autres, mais à l'état adulte, à distinguer plusieurs formes plus ou moins précoces ou plus ou moins géantes.

Il serait très désirable que les expériences du Professeur Strampelli soient continuées et développées.

M. COUDERC. — Ce qu'a fait M. le Professeur Strampelli peut avoir de l'utilité pour les plantes annuelles, mais il n'en est pas de même pour les végétaux ligneux, pour les arbres ; les variations que l'on remarque peuvent ne pas persister avec l'âge ; il se produit presque toujours un nivellement général entre les plantes d'un même semis ou de semis similaires. Chez la vigne, certains pieds d'un semis hybride ressemblent dans leur jeune âge plus au père qu'à la mère ; mais, à mesure que les plantes se développent, et dès la deuxième ou la troisième année, vous constatez une égalisation entre les parents, et même, plus tard, un rapprochement de la mère. Chez les plantes annuelles, cette variation doit se produire plus vite ou pas du tout ; mais, chez les végétaux ligneux, c'est excessivement variable. En résumé, la prédominance d'une espèce sur l'autre mise de côté, on remarque que, dans les semis jeunes, c'est le père qui paraît d'abord prépondérant, mais que, par la suite, tous les semis tendent vers une moyenne entre les deux auteurs.

(Voir pour les développements et les exemples : *Etude sur l'hybridation de la vigne*, 1887. Protat, imp., Mâcon ; et surtout : *Résultats généraux de l'hybridation des vignes*, dans le Congrès de l'hybridation de la vigne, 1902, Lyon. Legendre, imp.)

M. le professeur CAULLERY, président. — Je rapprocherai ce que vient de dire M. Couderc de ce qui se passe chez les animaux, en particulier chez les oiseaux. M. Giard, il y a quelques années, avait attiré l'attention, dans une note intitulée : *Caractères dominants transitoires chez certains hybrides*[1], sur des hybrides de serin et de chardonneret, qui présentent dans le jeune âge d'une façon très marquée les caractères de plumage de l'un des parents, caractères qui s'effacent par la suite. Il y a vraisemblablement de nombreux faits de cet ordre.

1. C. R. Biolog.. Paris, 1905.

THE DEVELOPMENT OF DISEASE RESISTANT VARIETIES OF PLANTS[1]

By **W. A. ORTON**

Pathologist, Bureau of Plant Industry.
U. S. Department of Agriculture, Washington D. C.

The problems connected with the study of Immunity and the development
of new varieties of plants resistant to diseases inspire the investigator who works
in this borderland between Pathology and Gene-
tics with a three-fold interest, because of the
opportunities that are presented to promote the one
science thru contributions to our knowledge of
parasitism, and the other by adding data on variation and heredity, while at the same time he presents to agriculture new means for the more efficient control of disease.

The nature of the subject requires also that
one should acquire the triple viewpoint of the pathologist, of the breeder and of the farmer, and
bring to his task the equipment of all three.

To treat Disease Resistance in plants exhaus-
tively from all three standpoints, would, however,
far exceed the limitations of this paper, and would
tax unnecessarily the patience of an audience interested primarily in Genetics. We desire, never
theless, to delay our discussion of disease-resistance

M. Orton.

as an inheritable character, while we define briefly our conceptions of disease,
of the nature and degrees of parasitism and our viewpoint of immunity, in order
to present to the student of Genetics something of the viewpoint of the pathologist on these questions[2].

We may define disease as any departure from the normal development and
metabolism of a plant. Two great groups of diseases may conveniently be established — the parasitic and the non parasitic. — In the latter are included the
physiological effects of deficiencies or excesses of nutriment, the influence of
unfavorable soils and weather, of unaccustomed climates and the like. Here the
student of genetics may find rich material if he will study the adaptation of
plants to their environment, the effect of food supply on variation, the resistance
to drought, to frost and to heat, with respect to inheritance.

We shall dwell later on the influence that the physiological condition of a
plant may have on its resistance or susceptibility to disease, but with this
exception shall not deal in this paper with resistance to non parasitic diseases.

Parasitism from the Evolution Viewpoint. — Parasitism is a method of
nutrition that has been developed by certain organisms, whereby they live in

1. Communication faite à la troisième séance de la Conférence.
2. Orton (W.-A.). The Development of Farm Crops Resistant to Disease, *Yearbook, U. S. Department
of Agric.*, 1908. pp. 453-464.

or on and at the expense of other organisms. The interrelationships that have been developed in the organic world thru mutual adaptation between associated organisms are exceedingly complex and difficult to classify[1]. A distinction should be made between parasitism proper and certain closely related types of nutrition, e. g., *Mutualism*. where reciprocal benefits are enjoyed by the associated organisms (Symbiosis is a form of mutualism where there is fusion between the two organisms, but is by some, used as a synonym for parasitism) : *Commensalism*, where benefit results to one of the associated organisms and no observable injury comes to the other : *Predatism*, where one organism destroys another quickly or entirely : and *Saprophytism*, where one organism lives on the dead remains of others.

The parasites have been classified according to various viewpoints. For example, they are listed by the systematist by their taxonomic rank, Bacteria, Fungi, with their subdivisions the Uredineae, Ustilagineae, Hyphomycetes, etc., Algae, Phanerogams, or they may be grouped by the organ attacked, into parasites of the leaf, stem, root or seed; or by the number of hosts, as monoxenous, heteroxenous; or by adaptation or necessity, as facultative or obligate parasites; and in yet other ways[2].

A new classification, and from our standpoint as students of Genetics a much more helpful one, is here proposed to be based on the evolutionary development or degree of adaptation to the parasitic existence. Three groups may conveniently be recognized, without overlooking the fact that there are numerous intermediate stages.

A. In which the adaptive relation between host and parasite has reached the highest stage of development. Ex. the Uredinae, Ustilagineae, and Erysipheae.

B. Clearly adapted to special hosts, but favored in their development by circumstances that weaken the vitality of the host. Ex. *Alternaria Solani*, *Phoma Betae*.

C. Least adapted to the parasitic existence, usually wound parasites, often highly destructive to the tissues of their host. Ex. *Bacillus caratovorus*, *Rhizopus nigricans*.

The qualities which determine the rank of a parasite in this scale are the following[3] :

1. The ability to grow in the living cells of the host, or, at least, not killing them until the life cycle is completed. This is perhaps the most significant quality of the series. since it may imply an adaptation of the host as well as of the parasite.

2. The ability to stimulate the host to abnormal development.

3. Specialization of parasitism; (a), thru limitation to a single host species; (b), thru alternation of hosts.

4. The ability to grow in the tissues of an otherwise healthy host and to grow better the more vigourous the host.

5. Perfection of means of dispersal, the adaptation of spore production and dissemination to the parasitic existence.

1. LALOY (L.). *Parasitisme et Mutualisme dans la Nature*. Paris, 1906.
2. Cf. STILES (C.-W.). *Proceedings of the Entomological Society of Washington*, vol. 5, pp. 1-7, 1896.
3. SMITH (Theobald). *Science*, N. S., XX, p. 817, 1904.

6. Reduction of toxin formation or injury to the host. The amount of injury affords an insight into the degree of perfection of parisitism, when considered in connection with the means of reproduction of the parasite, the course of evolution being in the direction of lessened injury.

7. The ability to infect an uninjured host and the existence of special adaptations for infection. The mere fact of penetration does not prove the degree of parasitism, since certain saprophytic forms may be stimulated by chemotaxis, for example, thru the presence of sugars, to enter plant tissues, and some parasitic forms penetrate the epidermis of plants they cannot infect[1].

It will therefore be seen that disease resistance is not to be spoken of in general terms, nor is it to be confused with hardiness or with general vigor of growth, but that it is specific for each disease, and is associated with a definite reaction on the part of the plant cell or its contents, against the invading parasite. We shall show later that plants may resist one disease and be susceptible to another. Whatever the fundamental difference may be which confers this resistance, it may be viewed as a character developed in the evolution of the species and as an adaptation to existence in association with the parasite.

Failure to consider these points lessens the value of records on disease resistance made by agronomists and horticulturists in their varietal studies[2]. The too common statement that a variety is " disease resistant " possesses little significance unless one knows what disease was prevalent at the time of the observation. For example, a variety of potato has been advertised as " immune to blight ", this being based on its health and vigor in a dry season, when tipburn and early blight, *Alternaria solani* were prevalent. Subsequently, a wet season showed this sort to be one of the most susceptible to late blight, *Phytophthora infestans*, in the entire collection.

Further confusion may result thru failure to maintain the distinction between actual disease resistance and *disease escaping* and *disease endurance*.

Plants often escape disease without possessing any real resistance, for example, very early maturing potatoes often ripen before the onset of *Phytophthora infestans*. Certain Japanese cowpeas mature early and produce a crop in South Carolina before the roots become galled by *Heterodera radicicola*, whereas later varieties die before fruiting. Cereals sometimes escape smut infections because of low temperatures during the period of germination.

Disease endurance is usually due to firmer leaf tissues, which resist dessication but do not protect from infection.

EXPERIMENTS IN BREEDING FOR DISEASE RESISTANCE.

Excellent subjects for the study of disease resistance have been afforded by maladies of cotton, cowpea, watermelon, potato and other crops, which have been under investigation in the United States Department of Agriculture during recent years[3]. The most notable instances are presented by a group of wilt diseases, caused by closely related fungi of the genus Fusarium. These are the cotton wilt (*Fusarium vasinfectum*, Atk.), the cowpea wilt (F. *tracheiphilium*

---

1. SALMON E.-S., *New Phytologist*, IV. pp. 217-222, 1905.

2. ORTON (W.-A.), *Proc. Soc. Hort. Science*, 1907, p. 28; pp. 51-55.

3. With the exceptions mentioned in the text the work cited has been carried on by the writer during the period from June, 1899 to the present year. Since 1904, Mr W.-W. Gilbert has been actively associated with him in the breeding work.

Erw. Sm.) and the watermelon wilt (F. *niveum* Erw. Sm.).   As the etiology of these diseases is practically the same, one description will suffice.

The infection takes place in the soil, thru the small roots.   The fungus grows upward thru the water vessels, which become so filled with its hyphae that the water supply of the plant is cut off.   The resultant wilting may be very sudden, or it may be preceded by diminished growth, by gradual loss of foliage, and by marginal and intervenal yellowing of the leaves.   The death of the plant usually results before there is any external development of the fungus, but in

1. Cotton wilt, showing a plant of Sea Island cotton dying from this disease with a healthy plant at the left.

Fig. 1. — " Cotton wilt ", plante de " Sea Island ", atteinte par la maladie avec, à gauche, une plante saine.

the discolored wood vessels it can be detected readily as a branching, septate, usually hyaline, mycelium, bearing small, one-celled, oval spores.   It is easily isolated and grown in pure culture.   Later, after the plant dies, the fungus grows outward from the vessels and produces in long pink sporodochia, the lunate Fusarium spores.   There is also found on the roots in many cases the bright red perithecia of a Nectriaceous fungus, *Neocosmopora vasinfecta* Erw. Sm.

These diseases were fully described by Dr. Erwin F. Smith in 1899[1].   He established the parasitic nature of the watermelon Fusarium by repeated successful inoculations with pure cultures, and suggested the probability that the *Neocosmopora* was the ascogenous form, basing his opinion on the almost

1. Smith (Erwin F.). Wilt Disease of Cotton, Watermelon and Cowpea. *Div. Veg. Phys. and Path. U. S. Dept. Agr. Bul.*, 17.

universal occurrence of the perithecia on the roots of cowpea and watermelon, and (less commonly) cotton plants dead from wilt.   He showed that a *Fusarium* was the conidial stage of the *Neocosmopora*, and developed the ascogenous stage in pure cultures of this Fusarium,   He pointed out in his bulletin that the genetic connection of the parasitic form with *Neocosmospora* had not been fully established by growing the ascospores in cultures originating from internal conidia, or by securing infections with cultures originating from ascospores.

   Subsequent work[1] by Butler in India and Higgins in North Carolina has

2. Field of Upland cotton in South Carolina nearly destroyed with wilt.   Compare with next figure.

2. Champ de coton " Upland ", dans la Caroline du Sud, presque entièrement
détruit par la maladie — Comparer avec la figure suivante.

thrown some doubt on the parasitism of *Neocosmospora* and on its genetic connection with the wilt producing Fusaria.   There can be no doubt whatever as to the causal connection of the latter with the wilt diseases of cotton, watermelon and cowpea.   The infection experiments of Dr. Smith have been repeated by the writer with positive results, which are confirmed by hundreds of field observations[2].

   Before we discuss in detail the problems of resistance and susceptibility to these diseases, the question presents itself of the position occupied in the scale of parasitism by these strains or species of *Fusarium*, and how we may interpret the resistance of the host.   The evidence seems to indicate that they

1. Butler (E.-J.). The Wilt disease of Pigeon pea and the Parasitism of *Neocosmospora vasinfecta*. — Smith. *Mem. Dept. Agr. India Bot. Ser.* 2 (1910) No. 9, pp. 64. — Higgins (B.-B.). Is *Neocosmospora va-infecta* (Atk.). Smith the perithecial stage of the Fusarium which causes Cowpea wilt, 32 nd *Ann. Rpt. of the N. C. Expt. Sta.*, 1909.

2 Orton (W.-A.). The Wilt Disease of Cotton and its Control. Bul. 27. *Div. Veg. Phys. and Path.* U. S. Dept. Agric.

possess a high degree of adaptation to the parasitic existence, and are not to be classed with weakling or wound parasites.

1. They penetrate unaided the roots of the host.

2. They grow thru the living cells of root and stem without killing by toxin formation the tissues they invade. Contrast the behavior of *Sclerotinia sclerotiorum* in its attack on lettuce.

5. Field of resistant cotton, variety Dillon, on same badly infected land as preceding picture.

Fig. 3. — Champ de coton d'une variété résistante " Dillon " sur le même terrain infesté que celui montré par la figure précédente.

3. They are highly specialized in their adaptation to hosts. So far as our knowledge goes, *Fusarium niveum* attacks no other living plant than the watermelon, *F. tracheiphilum* only the cowpea (*Vigna*) and *F. vasinfectum* only cotton and its relative, okra (*Hibiscus esculentus*). In this respect, coupled with their close morphological resemblance and their common geographical distribution, they seem to be analogous to the biological strains of *Puccinia* and *Erysiphe*.

4. The host plants are attacked when otherwise healthy and growing in soil, which, previous to its infection by this fungus, was ideal for their best development. The disease occurs in fields that are neither too dry nor too wet. Furthermore, neither neglect of cultivation nor poverty of soil predispose to these diseases. If anything, wilt is worse on highly cultivated and well fertilized fields.

5. The occurrence and manner of spread in the field indicate that the

principal factor involved is the presence of the parasite. Wilt is found in scattered areas of irregular size and form, which enlarge annually, as if by the spread of the fungus thru the soil. It is undeniably carried from one field to another by the surface water which runs off after heavy rains. Conspicuous examples of distribution in stable manure infected from diseased plants are on record. In fact, in our breeding of watermelons a compost of stable manure

4. Breeding field of Upland cotton planted with progeny rows each from the seed of an individual plant Note difference in inheritance of wilt resistance.

Fig. 4. — Champ pour la sélection du coton " Upland " planté en rangs provenant chacun des graines d'une plante individuelle — Observer la différence dans l'hérédité de la résistance à la maladie.

with infected melon plants was used in each hill to secure a thoro and uniform exposure to the disease. After infected soils are sterilized by heat, healthy plants may be grown.

On the other side of the question, a few facts are to be opposed to the foregoing. 1. Wilt occurs principally in sandy, sandy loam, and light alluvial soils. Why it is not prevalent in clay soils, we do not know. The same preference for sand is shown by the parasitic nematode, *Heterodera radicicola*. 2. The closest relatives of *Fusarium* include many saprophytic forms. 5. The wilt fungi themselves grow luxuriantly as saprophytes on all the common culture media and remain in the soil for many years in the absence of their special hosts. These things are not sufficient to weigh against the other indications of highly developed parasitism.

Cotton Wilt. — Cotton wilt is widely distributed in the coastal plain of the southern United States from North Carolina to eastern Texas and Oklahoma.

It attacks both the common Upland cotton (*Gossypium hirsutum*) and the Sea Island cotton (*Gossypium barbadense*), the former somewhat more severely. There is very little varietal resistance, the best kinds in this respect are more than half diseased. At rare intervals there occur in much infected fields individual plants which remain healthy. It is believed that some of these are actually resistant and that others have accidentally escaped infection, or have outgrown the invading fungus. It is difficult to distinguish between these cases until we plant the seed separately in a thoroly infected field, when we find that some, usually only a small percentage, of our selections, can transmit their resistance to their offspring. The cause of this resistance is not fully established, but there is evidence to indicate that it is a physiological rather than a morphological quality. No differences have been found between immune and susceptible plants in the structure of roots or vessels (the parts attacked) or in form of leaf, habit of growth or color of foliage. Neither are there observable differences in time of germination, rate of development or period of maturity.

5. Watermelon, illustrating Eden type, the mother parent of the hybrid.

Fig. 5. — Pastèque, type " Eden ", plante mère de l'hybride.

The resistance is specific. Varieties which resist one disease may be susceptible to another — e. g., Centerville Sea Island Cotton resists both wilt and bacterial blight (*Bacterium malvacearum*) while the Rivers is wilt-resistant, but susceptible to bacterial blight. Finally, analogy with diseases of mankind and animals leads us to search for physiological rather than structural qualities.

The resistance behaves as an inheritable character. By discarding all the selections which show indication of susceptibility to wilt, and applying to the remainder the methods of line breeding, it has been possible te develop well fixed varieties possessing almost complete disease resistance. This resistance is augmented rather than diminished during succeeding years unless the selection is discontinued, in which case several causes tend toward deterioration.

These are, in the order of their practical importance, (1) mixture with seed of non-resistant sorts at the public gins ; (2) cross pollination with non-resistant cotton in neighboring fields, thru the agency of insects; (5) variation or reversion within the variety, due, perhaps to the influence of crosses in previous generations.

The working methods followed in our breeding of wilt-resistant cotton are in essential principles similar to those of breeders working with other plants. Disease resistance is made the first requirement. The earlier work[1] was entirely

1. Orton (W.-A.). The Wilt Disease of Cotton and Its Control. Bul. 27, *Div. Veg. Phys. and Path.*, 1900. Idid. On the Breeding of Disease Resistant Varieties, *Proc. International Conference on Plant Breeding and Hybridization*, 1902, pp. 41-53.

thru selection. Hybridization was not found necessary. The search for resistant stocks was made in the worst infected areas. Of the numerous individual plants selected, only those were preserved which produced resistant progeny in the following season. After a number of resistant families had been secured, further selections were made on the basis of necessary commercial qualities. The most important of these are (1) *yield* : determined by the weight of the progeny row rather than by that of the individual plant: (2) *Percent. of. lint to seed*, deter-

6. Citron or stock melon, the pollen parent of the hybrid.
Fig. 6. — Melon citron (stock melon), le parent mâle de l'hybride.

mined by ginning the entire yield of a plant or of a progeny row, the examination of small samples having been proved to give fallacious results; (3) *Size of boll*, determined by weighing the seed cotton from ten or more bolls. Measurements of bolls are of no consequence; (4) *Uniformity*, determined by examining the length of lint and habit of growth before the picking and the color of the seed covering after ginning; (5) *Length of lint*, which in Sea Island cotton is a character of primary importance, is determined by combing out the lint on several seeds from different bolls. The several varieties that have been bred will now be briefly described :

Of Upland Cotton. (Gossypium hirsutum.) 1. *Dillon*. A variety characterized as follows : — Plant tall, erect, wilt resistant, productive, often with one, two or three large basal branches. Fruiting limbs reduced to clusters of bolls close to main stalk. Leaves medium size; bolls of medium size, 96 being required to yield 1 pound of seed cotton. Bolls erect, seed small, average weight of 100 seeds 9 grams, covered with close, brownish green fuzz. Staple medium to short, 7/8 to 1 inch, white, straight, percentage of lint to seed cotton 57.+. Developed from the Jackson Limbless by selection begun in 1900. It

Idem. On Methods of Breeding for Disease Resistance, *Proc. Soc. Hort. Science*, 1907, p. 28.
» Plant Breeding as a Factor in Controlling Plant Diseases. *American Breeders, Association*, vol. 1, pp. 69-72.
» Breeding Disease Resistant Plants, *American Breeders. Association*, vol. 1, pp. 202-207.
» On the Theory and Practice of Breeding Disease Resistant Plants, *American Breeders, Association*. vol. 4, pp. 144-156.

was introduced into cultivation about 1905 and is now widely grown in South Carolina, Georgia and Alabama.

2. *Dixie*. A variety of the more common and favorite type. Plant vigorous, wilt resistant, nearly of the Peterkin type, pyramidal, with large basal branches and long, slender fruiting limbs; leaves medium size; bolls medium, 76 required for 1 pound of seed cotton, easy to pick; seed small, weight of 100 seeds 10 grams, variable in color but typically covered with greenish brown

7. Third-generation offspring of the watermelon citron hybrid.
Fig. 7. — Troisième génération de l'hybride de Pastèque et de Melon citron.

fuzz; lint 1 to 1-1/8 inch, percentage of lint to seed 35. Developed by selection from a chance plant found in Alabama in 1901. Distributed since 1908.

3. *Modella*. Developed by A. C. Lewis of the Georgia State Board of Entomology by selection from a common variety. This and other strains of the same breeder are promising.

Of Sea Island Cotton (Gossypium barbadense). *Rivers*. Originated by a selection made in 1899 by E. L. Rivers, James Island, S. C., and further improved and propagated by him. This is a variety of fine quality of staple and good productiveness, but requiring high culture, and therefore doing best on the Carolina islands. Description : Plant resistant to wilt, vigorous, compact, pyramidal, branching near the base; limbs small, smooth, close-jointed, reddish-green; leaves medium size, deep-lobed; bolls medium size, 1 inch by 2 inches, long and pointed, three to four lobed; seed small, black, well covered; per cent. of lint, 28; staple 2 inches long, cream white, fully to extra fine; season medium early.

Centerville. This variety had its beginning in a selection made by the writer for wilt resistance, from a field on Edisto Island in South Carolina.

From this strain Mr. Rivers selected the plant which was the parent of Centerville. This variety is fully wilt resistant and very productive, but inclined to overbear, in which case the bolls may not ripen well. It is notable for its resistance to *Bacterium malvacearum* as well as to wilt.

Other resistant strains of Sea Island cotton were developed in the course of the Department's work, but not introduced into cultivation because they failed to equal those already mentioned. Following the success of the Rivers cotton, still other varieties have been independently developed by the planters. The feasibility of securing resistant varieties of cotton by selection alone is thus fully established.   Over 2 000 bushels of seed of the several resistant varieties have been placed in the hands of farmers thru the Congressional Seed Distribution, and their cultivation is now quite general in localities where wilt prevails.   The control of wilt has proved possible in general farm practise by the

8. Field of Iron cowpea, showing resistance to wilt and rootknot as compared with the non-resistant varieties on the right.

Fig. 8. — Champ de Cowpea, variété " Iron ", montrant la résistance aux maladies comparée avec des variétés non résistantes (à droite).

use of these resistant sorts, combined with rotation of crops to keep down the rootknot nematode.

The numerous hybrids that we have made between the resistant and non-resistant varieties of cotton have given very conflicting results, so far as the inheritance of immunity as a Mendelian character is concerned.   In short, every culture gives a different ratio between the number of healthy and diseased plants.   In general the crosses behave as if resistance were dominant, but many show variability due, doubtless, to the gametic composition of the parents. The subject is not an easy one.   We are dealing with an open fertilized plant of very complex gametic composition, and altho we used for crossing strains that had been line-bred for some years, we cannot assert that they were homozygous with respect to wilt-resistance.   The disease itself is sometimes uncertain in its appearance.   We cannot always select land in which every susceptible plant will become infected, nor have we been able to secure accurate counts of the plants that die.

The essential facts, after all, are that resistance does occur and that it may be transmitted as a unit character and established in varieties possessing good

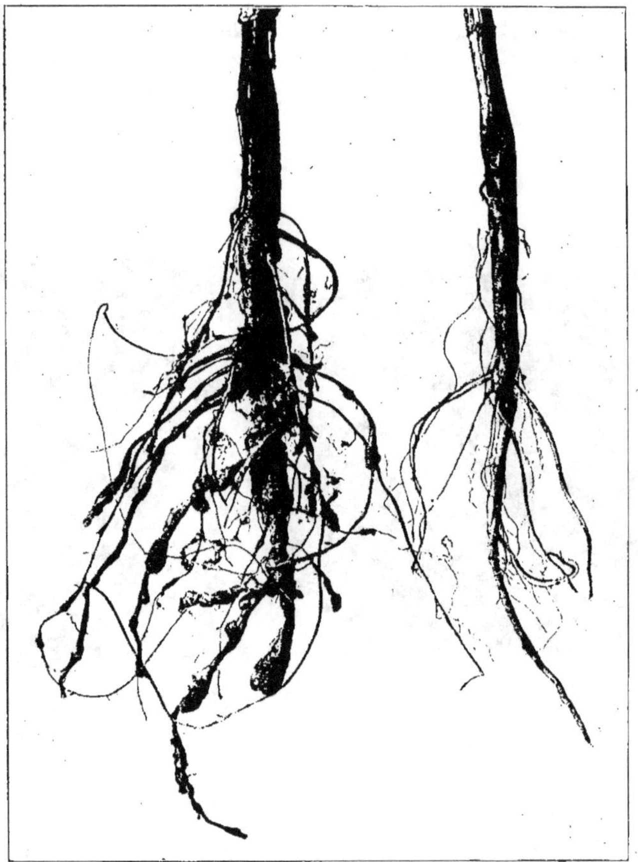

9. Cowpea roots from adjacent rows; variety Unknown at the left, badly infected by root-knot; Iron at the right, entirely resistant.

Fig. 9. — Racines de Cowpea provenant de rangs voisins; variété " Unknown " à gauche très infestée, par le " root-knot " et, à droite, " Iron " entièrement résistant.

qualities in respect to yield and staple, provided only that the method of individual selection and progeny testing is applied.

COWPEA WILT AND ROOTKNOT

The cowpea (*Vigna sinensis*)[1] is the most important legume of the southern

1. *Varieties of the Cowpea and Immediately Related Species*, C. V. Piper, U. S. *Department of*

United States, where it is in general cultivation for green manuring, for forage and for human food. The wilt disease due to *Fusarium tracheiphilum* Erw. Sm. occurs more or less on sandy soil from Virginia to Florida and Texas. It is very similar in character to the cotton wilt, but owing to the difference in the structure and physiology of the plants, the cowpea does not exhibit the sudden wilting characteristic of the cotton, but a gradual casting of the leaves precedes death.

In the same districts there is widespread infestation by the rootknot nematode (*Heterodera radicicola* (Greef.) Mül.), to which the cowpea is very susceptible. Hundreds of other wild and cultivated plants are attacked by H. *radicicola* [1], but the universal use of the cowpea as a forage crop and for green manuring makes its susceptibility of great economic importance, since its culture on infected fields results in still greater loss to subsequent cotton crops.

Our tests of cowpea varieties did not show the occurence of exceptionally resistant plants as had been the case in cotton. All of the numerous sorts in general cultivation proved quite susceptible to wilt as well as to rootknot, except one variety, named Iron, which was discovered to be practically immune to both diseases [2].

At the time of its discovery, the Iron Cowpea was in cultivation only in a limited area in central South Carolina. Its origin is unknown, but as wilt is prevalent there, it may be presumed to be of chance origin and to have been preserved by natural selection. During the past eleven years it has been widely distributed by the U. S. Department of Agriculture and is now much grown. It has proved to be very valuable, especially where other sorts are killed by disease. It has preserved its vigor and resistance perfectly, and has furthermore proved to be resistant to Rust (*Uromyces appendiculatus* (Pers.) Link.) and to leaf spot (*Cercospora cruenta*). It is interesting to note that it is susceptible to two other fungi, Leaf-spot (*Amerosporium oeconomicum*) and Mildew (*Erysiphe polygoni*) both of which are fortunately of little economic importance.

The Iron Cowpea is of vigorous growth and consequently desirable for forage and green manuring, but is less fruitful than many others. It was consequently desired to produce a heavier yielding strain, and to this end crosses were made with other varieties named Black, Unknown, Whippoorwill and California Blackeye.

The crosses were made in the Departmental greenhouses in winter. The first generation, grown in South Carolina, was uniform in character, and disease resistant. (Resistance dominant). The second generation presented the greatest possible variation. A considerable number of the plants were large and vigorous, but produced no seeds. The necessity of securing strains that were at the same time resistant to both wilt and root-knot and of uniform seed color and habit of growth prolonged the breeding considerably; but thru the work

Agriculture, Bureau of Plant Industry. — WIGHT (W.-F.). The History of the Cowpea and its Introduction into America, *U. S. Department of Agriculture, Bureau of Plant Industry*, Bull. 102, Part VI.

1. BESSEY (Dr. Ernst A. . Rootknot *U. S. Department of Agriculture, Bureau of Plant Industry*, Bull. 217, 1911.

2. WEBBER (H.-J.), and ORTON (W.-A.). Some Diseases of the Cowpea :

I. The Wilt Disease of the Cowpea and Its Control. W.-A. Orton.

II. A Cowpea Resistant to Root Knot (*Heterodera radicicola*, (H.-J.) WEBBER and (W.-A., ORTON. *Bureau of Plant Industry*, Bull. 17.

of Mr. Gilbert the desired result has been attained and we now have strains derived from the Iron and Whippoorwill cross that have the fruitfulness of the latter combined with the resistance of Iron. The cowpea is, as a rule, self-fertilized, so that it has not been necessary to isolate the selections.

There is now no doubt that the character of disease-resistance in the cowpea may be recombined thru crossing with other characters possessed by other varieties.

The resistance to nematode attack exhibited by the Iron Cowpea and its hybrids is most remarkable, when one considers the omnivorous habits of *Heterodera radicicola*, and the susceptibility of other varieties of *Vigna*. These facts should greatly encourage breeders to seek to discover immunity to many other diseases.

DISEASE RESISTANCE IN THE WATERMELON   (*Citrullus vulgaris.*)

The watermelon wilt, due to *Fusarium niveum* Erw. Sm. occurs in most of the Southern United States, and in Oklahoma, Iowa, California and Oregon. Most of the work of the Department of Agriculture has been done in South Carolina, where the disease is a serious handicap to the growing of melons on a large scale for the northern markets. All varieties of watermelons appear to be very susceptible to the disease. Extended tests in 1900 and 1901 failed to show any basis for selection among the 120 or more varieties tested. There was, however, an inedible form of *Citrullus vulgaris*, locally known as " citron " or " stock melon " which proved to be immune to wilt. This citron, which was made (1901) the pollen parent in a cross with a watermelon, has a vigorous, late-maturing vine, with long, white fruit, having a very tough, hard rind, hard green flesh and large green seeds. The rind is sometimes cooked and made into preserves. The other parent was the standard market variety Eden, an oval, striped melon, with red flesh and white medium-sized seeds.

F_1 (1902) from this cross proved itself of wonderful vigor and productiveness, with uniform fruit, intermediate betwen the parents, having the oval form and stripes of the watermelon and the hard flesh of the citron. F_2 (1903) was extremely variable in every respect, the various citron characters appearing to be dominant in the greater part of the melons. From among 3 000 or 4 000 plants, ten fruits were selected on the basis of their resistance and quality, and planted the following year (1904) in isolated infected plots. Of these ten, the progeny of eight were so variable and produced so many melons with citron characters, that they were rejected. Two of the plots bore melons of uniform appearance and quality, one with dark green rind, bright red flesh and small, shiny, black seeds, unlike either parent, the other oval and striped exactly like the Eden parent, having red flesh and white, medium sized seeds. Both these were from the hybrid F_1, pollinated by Eden and were consequently 3/4 melon and 1/4 citron. Altho an encouraging progress had now been made, the work was not yet done. All the best melons were selected and planted separately in 1905, when further variations were observable. We no longer had citrons or wholly inedible melons nor were many susceptible to wilt, but there were differences in color and size of the seeds, in the striping and coloring of the melons, and the tenderness and sweetness of the flesh and in thickness and toughness of the rind. In some cases the flesh was extremely bitter.

All these were rejected and the selection of individuals continued five years longer. The result is a melon wich has been named the Conqueror, of great uniformity and disease-resistance, with a thin tough rind, which enables it to endure long railway shipments. The fruits retain their quality unusually long after maturity and are not quickly sunburned. The flesh is so juicy that the melons are heavier than the Eden melons of the same size. The quality and flavor are good, though not equal to the finest. These characters have been preserved as far from the place of origin as eastern Iowa, 740 miles, but in Oregon, on the Pacific Coast the resistance has not been maintained. We now believe that changes of climate influence the inheritance and that it will be necessary to develop locally adapted varieties. This highly important phase of heredity studies has not of late received the attention it deserves. Such work has been undertaken for North-Carolina, where in cooperation with the North Carolina Experiment Station we are seeking to produce a variety better adapted to their conditions and markets than the Conqueror.

DISEASE RESISTANCE IN THE POTATO.

During the past six years much has been done in the United States on the disease resistance of the potato. We have to deal with Late Blight (*Phytophthora infestans*), with wilt (*Fusarium oxysporum*), with early blight (*Alternaria solani*) and with scab (*Oospora scabies*).

The most significant results have been obtained by Prof. L.-R. Jones[1] who has shown thru cultures of *Phytophthora* on raw blocks of potato, that there is much difference in varietal susceptibility, and that this may be measured by a laboratory test, according to the amount of growth on the uncooked inoculated surface after a fixed time. This is interpreted to mean that the resistance is a physiological reaction of the living protoplasm. Certainly it is not due to .a protective epidermis. Resistance of foliage to Phytophthora may, however, as pointed out by Stuart[2] be associated with a morphological character, i. e., a thick, firm hairy leaf, of small size, with an open habit of growth, and less favorable for the germination of spores.

GENERAL CONCLUSIONS.

Taken together, and in relation to the results secured in France, with resistant vines, the outlook for further application of the principle of breeding disease resistance is hopeful. Too much must not be expected. It is more than a mere Mendelian recombination to be effected in three or four years. The factors influencing success are numerous, for example, the nature of the parasite, the genetic character of the host, whether a basis for breeding is available, whether market quality can be had. In highly bred crops these attainments are correspondingly difficult. Disease resistance should, nevertheless, be aimed for in all breeding.

1. JONES, GIDDINGS and LUTMAN. Investigations of the Potato Fungus, Phytophthora infestans. *Bureau of Plant Industry*, Bull. n° 245; 1912.
2. STUART (Wm.). Disease Resistance of Potatoes. *Vt. Ag. Exp. Sta. Bul.*, n° 122.

OBTENTION DE VARIÉTÉS DE PLANTES RÉSISTANTES AUX MALADIES

RÉSUMÉ

Le mémoire présenté relate, en premier lieu, les maladies des plantes dues à des champignons parasites ou à des bactéries.

Dans l'introduction, le *parasitisme* est discuté au point de vue de l'évolution et le phénomène de *l'immunité* ou *résistance aux maladies* est analysé avec références relatives à son développement probable comme résultat d'une longue association de l'hôte et du parasite.

Trois groupes de parasites sont distingués :

1° Ceux chez qui l'adaptation réciproque de l'hôte et du parasite a atteint son plus haut point;

2° Ceux qui montrent une adaptation bien nette à des hôtes spéciaux; mais, dans ce cas, le parasite est favorisé par des circonstances qui affaiblissent la vitalité de l'hôte;

3° Ceux qui montrent l'adaptation la plus faible à une existence parasitaire.

Les qualités qui déterminent le rang occupé par un parasite au point de vue de l'évolution sont :

1° L'habileté à se développer dans les cellules vivantes de l'hôte;

2° L'habileté à stimuler le développement de l'hôte;

3° La spécialisation du parasite;

4° La perfection des moyens de dispersion;

5° La réduction dans la formation des toxines;

6° L'habileté à infecter un hôte non encore atteint.

L'attention est attirée sur la nature spécifique de la résistance à la maladie, comme une réaction définie entre l'hôte et le parasite; mais cela n'est pas général.

Les expériences décrites dans cette communication ont principalement eu lieu avec un groupe de maladies (wilt diseases) dues à des espèces parasites de *Fusarium* comme par exemple : le *Fusarium vasinfectum* Atk (" wilt " du Coton); *Fusarium tracheiphilum* Erw. Sm. (" wilt " du Cowpea, *Vigna unguiculata*); *Fusarium niveum* Erw. Sm. (" wilt " de la Pastèque, *Citrullus vulgaris*).

Ces champignons sont des parasites hautement spécialisés, vivant dans les tissus vasculaires de leurs hôtes. L'infection se fait par l'intermédiaire des petites racines. Des conditions défectueuses, telles qu'un sol non favorable, et des conditions de température spéciales ne sont pas nécessaires pour l'infection. La maladie reste dans les sols infectés, pendant de nombreuses années.

Dans le Coton il y a seulement de légères différences entre les variétés au point de vue de leur résistance à la maladie. A de rares intervalles, quelques plantes se montrent, solitaires, possédant une résistance naturelle. Et, en partant de ces plantes auto-fécondées, des " lignes " de plantes résistantes ont été obtenues et maintenues pendant plusieurs années. Les qualités commerciales de ces races ont été élevées par sélection au niveau des meilleures sortes en usage.

Des descriptions sont données de variétés qui ont été déjà introduites dans la pratique agricole :

Coton.

Dillon. — Variété de la série " Upland " avec les balles groupées en grappes.

Dixie. — Variété " Upland " ayant la forme pyramidale usuelle.

Modella. — (obtenue par M. A.-C. Lewis).

Rivers. — La première variété résistante de la série " Sea island ".

Centerville. — Une variété " Sea island " résistant à la fois au " Cotton wilt " et à la maladie bactérienne causée par le *Bacterium Malvaccarum.*

Les résultats de récents croisements sont donnés, dans lesquels la résistance semble être un caractère dominant; mais ces résultats présentent des différences embarrassantes qui n'en permettent pas, jusqu'à présent, l'interprétation en termes mendéliens.

Cowpea.

Une variété nommée " Iron " résistante au " wilt " et aussi au nématode (*Heterodera radicicola*, Greef Mül.) a été découverte.

Les hybrides entre " Iron " et d'autres variétés comme *Black* et *Whippoorwill* montrent clairement que l'hérédité de la résistance à cette maladie est un " unit-character ", cette résistance semblant être dominante. En F_2 un nombre considérable de descendants se sont montrés stériles; mais, de ceux qui restaient, des types fixés ont été obtenus combinant la résistance à la maladie du parent " Iron " avec la productivité, la couleur des graines et le port de l'autre parent.

Pastèque.

Aucune variété de Pastèque résistante à la maladie n'a été découverte, pouvant servir de base pour une sélection, mais une variété non comestible de Melon, résistante au " wilt ", a été croisée avec la Pastèque. F_1 donne une forme intermédiaire et F_2 montre la plus grande variation possible. En F_3 deux types fixés, un avec l'écorce verte, supprimé par la suite; et un autre ressemblant à une Pastèque, mais capable de résister à la maladie. Cinq années de sélection généalogique ont suffi à éliminer des variations d'ordre secondaire et une nouvelle variété nommée *Conqueror* a été obtenue, combinant les qualités comestibles de la Pastèque à une résistance à la maladie et étant, en outre, plus rustique.

Cette variété conserve son uniformité dans la Caroline du Sud, et remonte jusqu'à Iowa; mais en Orégon, elle perd de sa résistance.

La cause de la résistance à la maladie doit être une réaction protoplasmique plutôt que morphologique. Les variétés atteintes par la maladie et celles y échappant doivent être distinguées. Chaque cas doit être étudié par lui-même. Il est très improbable que l'on puisse obtenir des plantes résistantes à toutes les maladies; mais, en beaucoup de cas, de grands progrès peuvent être faits. Pour combiner les qualités commerciales désirables il y a souvent de très grandes difficultés. En outre, les parasites peuvent aussi changer leur façon d'attaquer les races résistantes; mais ceci est une possibilité théorique qui, jusqu'à présent, n'a pas été confirmée et qui, en tout cas, ne peut nous empêcher de chercher à obtenir des variétés résistantes de la façon que nous venons d'indiquer.

M. Ph. de Vilmorin. — Je pense que les Français ont compris. Le professeur Orton est arrivé, par hybridation, à créer un certain nombre de plantes résistantes aux maladies cryptogamiques. Je n'ai pas besoin d'insister sur l'importance énorme au point de vue agricole et horticole d'une découverte de ce genre. Souhaitons que le professeur Orton continue et nous débarrasse complètement de tous les parasites.

M. COUDERC. — J'ai écouté avec intérêt la communication que vient de faire M. Orton. Depuis près de quarante ans, je suis attelé au même travail et nous sommes nombreux en France qui faisons de même. Vous savez tous que la terrible maladie qui a fait disparaître la plante économique la plus importante, la vigne, a débuté par la France; c'est en France que le phylloxera a été découvert; c'est en France que le remède pratique a été trouvé presque aussitôt, c'est-à-dire le remplacement des vignes par des vignes d'Amérique qui résistent au phylloxera.

Cette résistance est très relative et il s'agit plutôt d'une découverte économique que scientifique. On ne connaît aucune espèce de *Vitis* qui soit à l'abri de l'attaque de l'insecte; ce moyen a cependant suffi pour arriver à reconstituer l'immense vignoble du Midi de la France.

Un problème se posait immédiatement, celui de trouver des variétés de vignes possédant au point le plus haut les qualités de résistance au phylloxera et réunissant dans le raisin les qualités des vignes européennes, qualités si diverses dont M. Armand Gautier nous a donné un aperçu dans sa communication. C'est à ce travail que nous nous sommes mis, et nous avons rencontré des difficultés considérables. D'un côté, nous avions un avantage très important dans ce fait que nous n'avions pas à nous occuper des théories mendéliennes, dont personne d'ailleurs ne s'occupait à cette époque, puisque, un cépage hybride une fois trouvé, il n'y a plus qu'à le multiplier par bouture ou par greffe.

Nous nous sommes heurtés à cette difficulté que la résistance au phylloxera n'est absolue dans aucune vigne américaine, et par conséquent nous ne pouvions être certains de voir cette résistance se transmettre aux descendants.

Depuis trente-huit ans que nous avons sélectionné les vignes américaines au point de vue de la résistance à l'insecte, nous avons constaté que l'insecte arrive, lui aussi, à se sélectionner, à faire une race physiologique, à faire le travail à rebours pendant que nous le faisions dans le sens direct.

Je ne m'étendrai pas davantage sur le phylloxera, mais je me placerai sur un sujet plus en rapport avec celui qu'a trouvé M. Orton : la résistance au mildew.

Le mildew est arrivé au moment où les producteurs français étaient en plein travail de résistance, et il a fallu reprendre le problème. Le moyen de défense a été trouvé également en France et l'on a pu sauver une nouvelle fois la vigne : on a importé des espèces américaines complètement indemnes de mildew.

Nous avons trouvé ce qu'a trouvé M. Orton lui-même, c'est-à-dire des vignes produisant des raisins convenables et ne craignant pas le mildew.

Il faut faire observer, pour les parasites végétaux, que les circonstances jouent souvent un grand rôle et que la résistance n'est pas absolue. Beaucoup de parasites végétaux se comportent souvent comme des demi-parasites.

En automne, les réserves s'accumulent autour des bourgeons et les feuilles présentent une résistance beaucoup moins grande aux parasites. C'est ce qui arrive dans le groupe des hybrides, et vous avez alors des résistances moyennes qu'on ne peut pas expliquer autrement ; en un mot, l'hybride, qui est très résistant à un certain moment de sa végétation, l'est beaucoup moins à d'autres.

Ces questions ont été longuement développées dans les congrès spéciaux, car la vigne a tellement d'importance en France que des congrès spéciaux de l'hybridation de la vigne ont eu lieu ; ces congrès réunissaient de très nombreux adhérents et l'on y a fait des communications très importantes sur la végétation et sur la résistance à la maladie.

J'ai pris uniquement la parole pour vous signaler ces travaux sur la vigne, travaux essentiellement français, qui permettent actuellement la reconstitution du vignoble dans le monde entier, et qui se rattachent étroitement à la Génétique.

Nous n'avons pas trouvé le mot et le mot n'était pas trouvé quand nous avons entrepris ces travaux, mais croyez qu'il y a quarante ans que nous pratiquons la chose.

M. le Prof. Bateson, président. — Je ne suis pas le seul qui soit heureux d'avoir entendu la communication de M. Couderc.

Je me permets de joindre mes félicitations à celles que M. de Vilmorin a adressées à M. Orton.

Il paraît que les travaux de M. Orton sont les plus pratiques de tous ceux qui ont été présentés à ce jour. Nous désirons tous féliciter M. Orton, et le département d'Agriculture auquel il appartient et qu'il représente ici, des habiles recherches qu'il a faites et du beau succès qu'il a obtenu.

Il me semble que la réussite de M. Orton est faite pour encourager la poursuite de l'étude de la Génétique appliquée aux problèmes pratiques.

SUR LES RACES GÉOGRAPHIQUES A CARACTÈRES MI-PARTIE FIXES ET MI-PARTIE VARIABLES

Par **VIVIAND-MOREL**
Rédacteur en chef du *Lyon Horticole*, Lyon.

Nous avons eu l'occasion de cultiver pendant trente ans, dans le jardin d'Alexis Jordan, le plus grand nombre des types linnéens qui croissent à l'état

Phot. *Victoire.*
M. VIVIAND-MOREL.

sauvage en France et dans d'autres parties de l'Europe, ainsi qu'un certain nombre de ceux du Nord de l'Afrique. Les types linnéens, comme la plupart des botanistes le savent, ne sont pas des entités, mais des agrégats de formes, de races ou d'espèces affines, qui se comportent par le semis de différentes manières. C'est à propos de ces manières de se comporter par la voie de générations successives, que nous voudrions faire quelques remarques intéressant la génétique.

Ces remarques pourront être vérifiées par toutes les personnes que cette question intéresse. On ne les trouvera pas dans les œuvres du maître A. Jordan et, bien souvent, elles seront en contradiction avec sa théorie ou sa doctrine.

En 1875, lors du Congrès tenu à Lyon par l'Association pour l'Avancement des Sciences (séance du 28 août), Jordan a fait une communication *sur le fait de l'existence en société, à l'état sauvage, des espèces végétales affines.*

Je citerai de cette communication le passage suivant qui résume assez bien comment les choses semblent se passer, un peu partout, quand l'observateur examine avec attention la flore d'un pays :

« Ayant observé dans leurs stations diverses, pendant plus de trente années, une foule de végétaux de toutes les familles et de toutes les catégories, des plantes annuelles ou vivaces, bulbeuses ou aquatiques, des arbres ou des arbustes, j'ai pu constater presque partout que lorsqu'un type linnéen, vraiment indigène dans une contrée, y était commun à ce point qu'on pouvait le citer parmi les plantes caractéristiques de la végétation d'une certaine étendue du territoire, ce type y était presque toujours représenté par des formes diverses, plus ou moins nombreuses, croissant en société pêle-mêle. L'observateur superficiel, qui parcourt le terrain, n'est frappé que des ressemblances de ces diverses formes; il n'aperçoit pas leurs différences, ou, n'y attachant aucune importance, il ne s'arrête pas à les considérer attentivement; il croit n'avoir affaire qu'à un type unique, susceptible de quelques modifications accidentelles et sans valeur. Tandis que celui qui observe avec attention peut aisément se convaincre, sur les lieux, que ces modifications apparentes se retrouvent sur des individus divers, tous parfaitement semblables entre eux.

Si, pour pouvoir continuer et compléter son observation, il arrache des pieds vivants de chacune des formes qu'il a pu distinguer et les replante ensuite, dans un même lieu, afin de les suivre dans tous leurs développements, il se convaincra bientôt qu'elles présentent des différences appréciables, dans tous leurs organes. *S'il sème leurs graines, il les verra se reproduire avec une parfaite identité de caractères.*

« Voilà le fait que j'ai pu constater moi-même mille fois, que j'ai fait constater dans les lieux que je ne pouvais visiter, en France, en Corse et en Algérie ou ailleurs, par divers botanistes qui m'ont envoyé soit des graines, soit des pieds vivants de formes nombreuses, recueillis dans les mêmes stations et appartenant aux mêmes types linnéens. Je ne dis pas que les plantes communes soient toutes également et partout diversifiées. Il y a, sous ce rapport, de grandes différences entre elles. Je dis seulement que le cas où elles présentent diverses formes croissant en société est le cas le plus ordinaire, et je crois que ce fait paraîtra clair, patent, indiscutable, à quiconque prendra la peine de le vérifier sérieusement.

« Il y a aussi des plantes peu communes, qui sont cependant plus variées de formes que beaucoup d'autres plus répandues. Ce ne sont pas uniquement les plantes dites polymorphes, auxquelles les floristes ont attribué un tempérament variable, qui présentent des formes très nombreuses. Il y a des espèces réputées monotypes dont on n'a signalé aucune variété, qui n'en sont pas moins représentées par plusieurs formes distinctes. »

A l'appui des remarques précédentes, Jordan cite comme représentées par des formes plus ou moins variées les espèces suivantes : *Convallaria maialis, Polygonatum vulgare, Sorbus Aria, Ramondia pyrenaica, Saxifraga : oppositifolia, rotundifolia, hirsuta, umbrosa, aizoides, hypnoides, Corydalis solida, Ficaria ranunculoides, Ranunculus chœrophyllos, Scilla : bifolia, autumnalis, obtusifolia, maritima, Ornithogalum arabicum, Gladiolus communis,* ou *segetum, Narcissus : poeticus, Pseudo-narcissus, Vincetoxicum officinale,* etc. Parmi les plantes rares, Jordan cite spécialement : *Alyssum pyrenaicum, Genista horrida* (de Couzon, Rhône), *Brassica corsica.*

L'auteur aurait pu allonger considérablement cette liste, en y faisant figurer le plus grand nombre des types linnéens qu'il cultivait dans son jardin en nombreux individus représentant des formes plus ou moins bien caractérisées. *Ceci est un fait qui ne saurait être contesté.* Le botaniste qui voudra former des collections semblables à celles que possédaient Jordan, n'aura qu'à procéder comme lui, en se procurant les types linnéens vivant à l'état sauvage en Europe, dans des provinces ou des nations variées et aussi dans son propre voisinage.

Nous avons souligné plus haut le passage suivant de cette partie de la communication de l'auteur, la seule qui intéresse vraiment la génétique : « *S'il sème leurs graines, il les verra se reproduire avec une parfaite identité de caractères.* »

Cette assertion est exacte pour la plupart des *espèces annuelles sauvages* et nous avons pu nous en assurer par de nombreux semis répétés chaque année. Elle l'est déjà moins pour les sortes dites bisannuelles. Les plantes vivaces se comportent de manières différentes, suivant les genres et les espèces; quant aux arbres et arbustes, nous avons pu nous assurer aussi que les formes d'un grand nombre d'entre eux étaient douées d'une variabilité innée et que, certains, donnaient autant de formes que d'individus. Cette remarque n'est pas nouvelle pour certains genres, attendu que pas un pépiniériste n'ignore qu'aucune variété de poirier ne se reproduit de ses pépins.

A. Jordan a admis comme démontré, dans sa communication, en se basant, sans doute, sur des expériences antérieures, portant surtout sur des plantes annuelles, que les plantes qu'il cite reproduisaient aussi leurs formes par le semis. *Cette assertion est inexacte pour le plus grand nombre d'entre elles!* Elle est inexacte pour les *Sorbus Aria*, les *Ramondia*, toutes les Saxifrages, *Corydalis*, *Ficaria*, les liliacées citées, *Vincetoxicum*, *Genista horrida* et *Brassica corsica*, que nous avons semés et resemés sans jamais voir les menus détails qui caractérisaient les individus se reproduire exactement, comme se reproduisent ceux des races de plantes annuelles.

On pourrait demander pourquoi Jordan, qui était d'une habileté supérieure dans l'analyse des petites espèces. n'a pas su voir les variations qui se produisaient dans son jardin. Pour trouver une réponse à cette question, il y a lieu de mentionner le passage suivant du travail que nous avons déjà cité et qui en est comme la conclusion :

« La science, ai-je dit, ne pouvant avoir d'autre base solide que les faits qui constituent son domaine propre, l'étude des faits par l'emploi de la méthode d'analyse sera donc la vraie source du progrès scientifique. Cependant, je ne suis pas de ceux qui prétendent réduire la science à un grossier empirisme. L'observateur qui étudie les faits a besoin d'une lumière pour éclairer sa voie ; sans cela, il marche comme un aveugle et à tâtons. Cette lumière ne lui viendra pas des faits purement matériels, puisqu'il en a besoin pour les connaître et les juger. Elle ne pourra lui venir que des sciences métaphysiques. Selon moi, l'observateur qui veut marcher d'un pas assuré, dans la route qu'il doit parcourir, doit prendre toujours la philosophie pour guide et la théologie pour boussole. »

Les faits contredisant sa doctrine métaphysique et théologique, pour lui étaient controuvés, erronés, mal observés. Les graines avaient dû se mélanger dans le semis. Il croyait peu à l'hybridation, sauf sur la fin de sa vie. On le comprend dans une certaine mesure, il avait tant semé de petites races sauvages voisines, au début de ses études, sans les voir s'hybrider, qu'il a conclu plus tard, sans autre forme de procès, que toutes les races devaient se comporter de la même manière. Cependant, il ne niait pas les croisements clandestins, mais il se refusait à les voir.

« Quoique l'hybridité s'opère presque toujours entre des types tranchés, je suis loin d'affirmer qu'il n'y ait pas des cas, dans certaines familles surtout, où elle n'ait une action plus générale sur des plantes nombreuses réunies dans un jardin. Une seule espèce peut d'ailleurs en féconder plusieurs autres et jeter le désordre dans toute une collection. Pour les fleuristes marchands, c'est là quelquefois un précieux avantage ; mais, pour le botaniste qui cherche à délimiter les espèces, c'est un véritable fléau ; car l'hybridité introduit la confusion et le chaos là où elle joue un rôle et donne des produits fertiles. Ce qu'on a de mieux à faire, dans ce cas, c'est de détruire les sujets hybrides et de jeter leurs graines. Pour recommencer l'étude, il faut de nouvelles graines et de nouveaux sujets. »

Sans vouloir l'avouer, Jordan était très sensible à la critique de ses espèces, surtout lorsqu'on lui disait qu'elles étaient de *simples races locales*. C'est même pour cette raison, pensons-nous, d'après certains propos tenus par lui-même, qu'il a publié ses remarques sur le fait de l'existence en société à l'état sauvage des espaces affines. Il accumule dans sa communication des arguments nombreux contre le Darwinisme, dont quelques-uns très spécieux, paraissant probants, étaient cependant fort discutables.

On voudra bien excuser la longueur de ce préambule qu'il nous a paru nécessaire de développer avant d'arriver au sujet principal de notre communi-cation. Si la doctrine de Jordan n'est qu'en partie exacte, on peut dire aussi que celle de Darwin repose quelquefois sur des assertions dont la valeur scientifique est bien faible. Mais dans l'étude de certaines races dont nous allons parler, il semble qu'on puisse dans une certaine mesure, s'appuyer en même temps et sur le Darwinisme et sur le Jordanisme, pour trouver l'explication de la fixité de quelques-uns de leurs caractères biologiques et de la variabilité d'un certain nombre de leurs caractères morphologiques.

Chez les véritables espèces affines, tous les individus issus d'un même semis sont semblables entre eux quand ils sont placés dans les mêmes conditions; ce n'est que très exceptionnellement qu'on peut y observer des sujets aberrants. Décrire et analyser minutieusement un individu de ces petites espèces, c'est décrire l'espèce elle-même.

Il en est tout autrement pour les espèces affines ou races géographiques dont il va être question. Chez celles-ci, quelques caractères seulement semblent bien fixés et permettent de les grouper sous une même appellation; mais, en y regardant de très près, à l'analyse on s'aperçoit assez vite que chaque individu n'est pas exactement semblable à son voisin. Décrire un de ces indi-vidus, ce n'est pas décrire la race dont il fait partie.

Quelques exemples feront mieux comprendre ce dont nous voulons parler que toutes les définitions que nous pourrions donner sur ce sujet un peu abstrait.

Jordan parle dans sa brochure (*loc. cit.*) du *Genista horrida* de Couzon (Rhône), qu'il a nommé *Genista lugdunensis*, parce qu'il le trouvait différent de celui signalé par Vahl, à Jacca, en Aragon. Or, à Couzon même où nous avons été chercher des boutures de ce curieux genêt, dans un endroit presque inacces-sible, nous en avons rapporté six formes voisines, ou plutôt six individus différents entre eux, qui furent multipliés en bon nombre et cultivés dans son jardin où ils formèrent des touffes d'un mètre de diamètre. Des graines de ces formes furent semées, mais aucune ne reproduisit les caractères individuels qui les distinguaient entre elles. Toutes cependant avaient conservé les caractères généraux du *Genista lugdunensis*. Des *Genista horrida* envoyés à Jordan, par Bordère, des Pyrénées, se distinguaient à première vue de tous ceux de Couzon, tout en étant variés individuellement. La race de ce genêt pyrénéen est évidemment distincte de celle de Couzon, mais, comme celle-ci, elle est également composée d'individus variables.

Genista pilosa. — Si le *Genista horrida* est une plante rare en France, le *G. pilosa* y est beaucoup plus répandu, ainsi que dans l'Europe centrale. En raison de sa dispersion étendue, il compte des races locales intéressantes, souvent fort distinctes, dont nous avons cultivé et semé quelques-unes d'origines diverses. Il y en a qui, dans les cultures, atteignent une taille de un mètre de hauteur; d'autres restent naines et couchées, et il en est d'intermédiaires comme dimensions. Ces races locales sont distinctes entre elles, mais les sujets qui les composent, tout en ayant des caractères communs, représentent aussi des variations individuelles.

Les *Genista sagitalis*, *germanica*, *tinctoria* et quelques autres cultivés et semés comprennent aussi des races locales qui se comportent comme les types précédents.

Orchis rubra. — Cet Orchis, rare en France, avait été planté en pots en assez nombreux exemplaires et hivernés sous châssis en hiver. Les uns étaient originaires d'Algérie, les autres de Corse (Bonifacio) et les derniers de Saint-Maurice-de-Gourdan (Ain). Cultivés dans les mêmes conditions, ces Orchis fleurissaient très régulièrement chaque année à des époques différentes. Les Orchis d'Alger arrivaient fin mars, ceux de Bonifacio fin avril et ceux du département de l'Ain fin mai. Dans leur station naturelle, où nous avons récolté ces derniers, ils sont toujours en fleurs le 5 juin. Pendant de longues années, ces trois races se sont toujours montrées avec les mêmes caractères de précocité ou de tardiveté. Elles présentaient du reste des différences morphologiques très appréciables : grappes de fleurs très fournies chez les sujets d'Alger, diminuant de dimension chez les plantes de Bonifacio, pour arriver chez les plantes de l'Ain à n'avoir plus que trois ou quatre fleurs. Dans cette dernière station où nous les avons examinés en grand nombre, en poussant l'analyse un peu loin, il aurait été impossible d'en trouver deux sujets semblables. Ceux d'Alger et de Bonifacio étaient également variés de forme et de couleur.

Cet Orchis n'a jamais été semé. Les Orchis de France ne germent que très exceptionnellement dans les cultures. Des remarques, semblables aux précédentes, ont été faites sur d'autres types récoltés dans des régions éloignées les unes des autres. Il semble bien que les conditions climatériques ont dû agir pendant de longues années pour assurer la stabilité de ces caractères.

Narcissus pseudo-Narcissus. — Ce type est répandu dans une partie de l'Europe et quelques-unes de ses formes ont été élevées au rang d'espèces par plusieurs botanistes. En France, il est assez commun. On le rencontre dans le Lyonnais. Jordan en avait une collection formée de races locales assez nombreuses. Nos remarques pourraient porter sur plusieurs d'entre elles ; nous nous bornerons à deux, l'une qui habite le Mont Pilat, l'autre le Mont Cindre et ses environs. La plante du Pilat fleurissait fin avril dans son jardin ; celle du Mont Cindre était toujours fleurie vers le 15 mars, un peu plus tôt ou un peu plus tard, suivant les saisons. Ce caractère a été observé très régulièrement sur les deux races pendant de longues années ; il n'a jamais varié. On a mis sur le compte de l'altitude la tardiveté de la race du Pilat et la précocité de celle du Mont Cindre, et il est en effet très probable que ces deux caractères se sont produits peu à peu dans ces deux stations et s'y sont fixés à la suite d'un grand nombre d'années. Ce qu'il y a de certain et qu'on pourra toujours vérifier, c'est que les bulbes récoltés au Pilat et plantés au Jardin restent tardifs et ceux du Mont Cindre demeurent précoces. L'élevage des Narcisses est un peu lent par graines ; malgré cet inconvénient, il a été fait, au moins une fois, des semis de ces deux races et elles ont conservé les caractères dont il vient d'être parlé. Peut-être faudrait-il faire des semis successifs de ces deux races pour s'assurer si leur fixité ne se modifierait pas. Mais chacune est composée d'individus qui, analysés dans tous leurs détails morphologiques, présentent des différences très appréciables, soit que quelques-unes tiennent à l'âge des bulbes, soit que quelques autres se soient produites par des croisements ou tout autres causes mal définies.

Cette précocité et cette tardiveté s'observent facilement sur beaucoup d'autres types de *Narcissus*, notamment sur les *Narcissus poeticus*, *Junquilla*, *Bulbocodium*, ceux du groupe Hermione, etc.

Sempervivum. — Ce genre est mal connu en botanique parce que dans les échantillons d'herbier les caractères disparaissent en partie. Les collections d'espèces cultivées sont envahies par des hybrides et des races comprenant des variations individuelles trompeuses. Nous avons cultivé à peu près toutes les sortes connues et Jordan n'en avait pas moins de 5000 pots (chaque espèce, forme, ou localité étant représentée par cinq pots). Nous les avons étudiées dans les localités où ils abondent : Tournon, Zermatt, Mont-Cenis, etc. Et, au surplus, nous en avons fait de nombreux semis.

Les types principaux des *Sempervivum* de France sont les suivants : *S. tectorum, montanum, arachnoideum* et *hirtum* (Diopogon).

Les *S. montanum* et *arachnoideum* sont peu variés et le *S. hirtum* ne l'est pas beaucoup plus. Quatre ou cinq formes à peu près.

Le *Sempervivum tectorum*, le plus répandu, a été divisé en plusieurs sous-espèces et formes : *rupestre, Mettenianum, murale, calcareum, arvernense, Boutignyanum*, et quelques autres. Presque tous les autres Sempervivum, mentionnés en France, sont des variétés ou mieux des variations, ou des hybrides de ces sous-espèces ou formes qui se sont croisés avec les *S. arachnoideum* ou *montanum*. Nous avons pu nous assurer *par le semis* qu'on pouvait assimiler à des races locales fluctuantes, en partie, toutes ces sous-espèces du *S. tectorum*. Déjà dans les localités où elles croissent en grand nombre, l'observateur averti y remarque des variations individuelles qui semblent conserver entre elles un « air » de race. S'il récolte des graines de ces races *sur un seul individu* et qu'il les sème, il est tout étonné de retrouver dans le semis les variations qu'il a observées sur place et, en même temps, leur aspect de race particulier. Nous avons semé le *S. calcareum* Jordan, un des mieux caractérisés, et nous en avons obtenu six variétés distinctes. Le *S. arvernense* Lamotte en a produit une douzaine; le *S. Boutignyanum* on a donné huit. Un *S. rupestre*, dont les graines avaient été récoltées à Zermatt, sur un seul pied, a reproduit les principales sortes observées dans le pays, dont quelques-unes ont été nommées par le D\u1d63 Lagger. Il serait oiseux de poursuivre plus loin cette énumération des résultats que les semis de plus de 40 *Sempervivum* ont produits. Citons cependant encore le suivant, qui se rapporte à une plante très connue dans les collections, nous voulons parler du *S. triste*, dont les feuilles sont colorées en violet d'une intensité variable avec les saisons. Un semis de cette espèce ayant été fait, a donné une centaine de sujets tous distincts entre eux par de menus caractères individuels portant sur la coloration de leurs rosettes (de violet très varié) et sur la forme de leurs inflorescences. On pourra facilement répéter ce semis.

Dans la plupart des montagnes où vivent ensemble les races de *Sempervivum tectorum* et les *S. arachnoideum*, voire, mais moins souvent, les *S. montanum*, on trouve des hybrides dont le *S. piliferum* Jordan, ou le *S. Pomeli*

Lamotte, peuvent servir de chefs de file. Nous les avons observés à Zermatt (où ils sont communs), au Lautaret (près de l'Hôtel), au Mont-Cenis (dans les prés), au Mont-de-Lans, etc. La collection de Jordan en comprenait de 45 provenances. Ces hybrides sont stériles. Peut-être peuvent-ils être fécondés avec un de leurs ascendants.

Un caractère qui paraît se maintenir dans les semis des races locales de *Sempervivum tectorum* est celui de la densité des rosettes et de la forme générale de leurs feuilles. Cultivées dans les mêmes conditions et abstraction faite de leur coloration, qui est variable, l'observateur averti les distingue assez bien. Les formes de *S. calcareum, arvernense, Boutignyanum, triste*, etc., ne passent pas de l'une à l'autre malgré leurs variations individuelles. Il serait très intéressant de faire des croisements mendéliens entre ces races.

Le froid désignant dans les cultures les races méridionales des types linnéens à dispersion étendue. — On sait que les espèces linnéennes ne sont pas toutes particulières à des régions déterminées et qu'il en est qui, quoique plus répandues dans les régions méridionales, ont cependant fondé des colonies dans des stations plus froides. Lorsque l'on cultive ces espèces dans les jardins, on observe qu'elles sont formées de races plus ou moins distinctes par leurs caractères morphologiques. C'est ce qu'on voit dans les années ordinaires où les hivers ne sont pas rigoureux. Mais quand le froid est excessif et de longue durée, il fait apparaître un caractère biologique important sur toutes les races de ces espèces qui ont été tirées des contrées chaudes de l'Europe. Le froid les tue pour ainsi dire toutes. Il respecte les races d'origine plus septentrionale. En voici un exemple frappant. Jordan avait formé une collection de *Sedum altissimum*, composée de sujets tirés de différents pays : du Midi de la France, d'Espagne, d'Italie. Ce type remonte dans la Drôme, l'Ardèche, l'Isère, l'Ain, les Hautes-Alpes, où il a des stations généralement chaudes. La collection comprenait la plupart des formes qui croissent dans ces départements, en même temps que celles d'Espagne, d'Italie et du littoral méditerranéen, environ deux cents pots. Un hiver rigoureux survint qui gela une partie importante de cette collection et respecta l'autre partie. Catalogue en main, en dénombrant les plantes mortes, on constata que toutes celles d'Espagne, d'Italie et une partie de celles de Provence étaient gelées. Au contraire, les sortes de la Drôme, de l'Ardèche, de l'Isère, de l'Ain et des Hautes-Alpes avaient résisté au froid.

Ce qui est arrivé à ces *Sedum altissimum*, composés de races frileuses et de races rustiques dont quelques-unes se sont sans doute peu à peu aguerries contre le froid, on peut l'observer sur beaucoup d'autres espèces. Les grands hivers se chargent, dans les jardins, de faire connaître les races rustiques de celles qui le sont moins. On pourrait énumérer un assez bon nombre des unes et des autres, si certains genres étaient plus fréquemment cultivés. Dans une collection d'*Hedera Helix*, dont les sujets étaient élevés en colonne, l'hiver de 1879-1880 a gelé tous ceux d'origine orientale ou méridionale et respecté ceux qui avaient été récoltés dans les bois du Lyonnais. Parmi les *Rhamnus Alaternus, Prunus Laurocerasus, Rosmarinus, Lavandula latifolia, Daphne Laureola*, etc., que nous avons cultivés en bon nombre, les hivers longs et froids ont souvent gelé certains sujets d'origine méridionale et laissé indemnes ceux qui remontent vers le nord où ils ont établi des stations depuis de longues années.

Ce caractère biologique aurait son importance si la loi de Mendel pouvait être appliquée à ces races et produire des sortes plus rustiques dans certains genres fréquemment cultivés. Qui peut prévoir ce que donneraient les métis-sages du Laurier Colchique et du Laurier des Balkans (var. *Schipkaensis*), ce dernier étant rustique. l'autre l'étant moins. Ces deux races locales du *Prunus Laurocerasus* sont répandues dans les pépinières. Mêmes croisements pourraient être opérés entre races de Lierre, de Buis, etc.

Il faudrait publier un gros volume si nous voulions signaler toutes les races locales des types linnéens de plantes françaises qui se présentent avec des caractères fixes et des caractères individuels variables, les uns morphologiques, les autres biologiques. Une analyse serrée de chaque race devrait mettre en évidence les uns et les autres de ces caractères.

Quoi qu'il en soit, nous pensons pouvoir conclure des quelques remarques précédentes qu'il y a lieu pour les plantes vivaces, les arbres et les arbustes, de ne pas considérer les races qui les composent comme celles du plus grand nombre des plantes annuelles, ces dernières étant généralement bien fixées et se reproduisant par le semis, sauf exceptions plutôt rares. Sous le nom de races, nous entendons désigner les formes, variétés et petites espèces pouvant être rattachées à un type linnéen.

ON GEOGRAPHICAL RACES, WITH FIXED, AND VARIABLE CHARACTERS

SUMMARY

The very large number of Linnœan types indigenous to France and other parts of Europe and N. Africa, grown in the garden of Alexis Jordan during the last thirty years, have given the author an opportuny of making observations of interest to students of genetics. These observations de not agree in all points with the conclusions of A. Jordan. For instance, in a passage from a communication read by Jordan at Lyon in 1875, he says. " Having observed, in diverse situations during the last thirty years, a large number of plants of all families and classes, annual or perennial, bulbous or aquatic, trees or shrubs. I have been able to establish in nearly every case, that when a Linnœan type that is really indigenous is so common that it may be counted among the characteristic vegetation of the district, this type is nearly always represented by diverse forms, more or less numerous, growing together haphazard............... *On sowing their seeds, it will be found that they breed absolutely true to type.* "

In support of the above remarks Jordan gives a list of species which are represented by more or less numerous forms. This list might be lengthened considerably, for the existence of such species cannot be denied, but the assertion that the constituent forms breed true to type is not equally correct. It is true as regards the greater number of annual species, but it does not hold in the case of biennials, perennials. and trees and shrubs.

It may be asked how it came to pass that Jordan, a peculiarly acute observer in the analysis of " petites espèces ", did not perceive the various forms derived from perennial species in his own garden. The fact that he based his theory on a large number of experiments with annual species, performed at the beginning of his career, to some extent explains his assumption that other races behave in a similar manner.

In the true " petites espèces ", all the progeny of an individual resemble each other when grown in the same conditions, but in the geographical types under consideration, certains characters only are fixed. The case of *Genista horrida* of Couzon (Rhône) renamed *G. lugdunensis* by Jordan, is such a type; six forms of this Broom were found growing near together at Couzon, and their seeds were sown, but in no case was the original form reproduced in the progeny.

An interesting example of a climatic adaptation is found in *Orchis rubra*, of which plants from Algeria, Corsica, and Ain, were grown in pots, and wintered in frames. Although cultivated under similar conditions, these Orchids continue to flower at different periods, those from Algeria at the end of March, those from Corsica at the end of April, and those from Ain at the end of May. Unfortunately no seed has been obtained from them.

In *Narcissus pseudo-Narcissus*, an early form from Mont Cindre, and a later form from Mont Pilat have maintained their different flowering periods, not only when propagated vegetatively but also when raised from seed.

An extensive study has been made of the genus *Sempervivum*, in which hybrids and sub-species abound. The most widely distributed species, *S. tectorum*, has been separated into several subspecies, and nearly all other forms of *Sempervivum* are varieties, or hybrids, of these subspecies, crossed with *S. arachnoideum* or *montanum*. Six distinct forms have been obtained from seeds of *S. calcareum*, and twelve forms from seeds of *S. arvernense*. An interesting variation found in many Linnœan species is the increased hardiness of certain types. An example of this is found in *Sedum altissimum*, of which species plants were obtained from France, Italy and Spain. During a very cold winter, a large number of the plants were killed, and it was found that only those that came from the colder parts of France had survived.

Enough has been said to show that the races (forms, varieties, and petites " espèces " which compose a Linnœan type, do not in all cases possess fixed characters; that in the case of perennial and shrubby plants they seldom breed true, although in annual species, the great majority of such forms reproduce themselves by seed.

LES EFFETS DE L'ASSIMILATION DANS LA CULTURE DES PLANTES [1]
Par Siegfried STRAKOSCH
Vienne (Autriche).

Les trois catégories d'éléments qui fournissent à nos plantes de culture la matière utilisable, c'est-à-dire : l'acide carbonique, l'eau et les sels du sol, n'ont pas, comme nous le savons, une même valeur économique. L'acide carbonique et l'eau existent toujours en quantité illimitée et ne coûtent rien ou presque rien. Les matières nutritives du sol n'existent qu'en quantités limitées et, si nous ne voulons pas que le sol s'appauvrisse, il faut les restituer et cette restitution coûte de l'argent et du travail. C'est pour cela qu'il n'est pas indifférent de savoir dans quelles proportions ces trois catégories d'éléments sont utilisées par les différentes plantes pour produire de la substance utile. Ce « rendement de travail » des plantes de culture, si l'on peut s'exprimer ainsi, n'était autrefois admis, comme objet de recherches statistiques, ni par les physiologistes, ni par les agronomes. C'est le huitième Congrès International d'Agriculture, tenu à Vienne en 1907, qui pour la première fois, sur mon instigation, s'est occupé de cette question au point de vue économique [2].

Ce n'est pas la quantité d'acide carbonique et d'eau assimilée qui nous intéresse, mais la question se résume simplement en ceci : qu'est-ce que la plante consomme en valeur économique et qu'est-ce qu'elle produit en cette même valeur? Nous avons alors, d'un côté, les éléments nutritifs extraits du sol, et de l'autre, la substance utilisable produite dans la récolte. Comme on ne peut pas comparer des valeurs d'ordre différent il nous faut avant tout les exprimer à l'aide d'une même unité de mesure.

Le procédé que j'ai choisi est le suivant : la valeur de consommation, c'est-à-dire l'absorption d'éléments nutritifs du sol, est calculée d'après l'analyse chimique de la récolte (le besoin en azote des légumineuses étant coté comme zéro) et la valeur de production, c'est-à-dire la substance utilisable recueillie dans les récoltes, est calculée d'après les valeurs physiologiques effectivement observées. Dans ceci j'ai suivi les travaux fondamentaux de Kellner; les substances du sol absorbées et les substances physiologiques récoltées, sont ramenées à une somme d'argent, établie d'après le prix du cours des éléments renfermés.

Pour l'utilisation d'éléments du sol représentant une valeur de 1 franc, les plantes cultivées suivantes ont donné, en valeur utilisable :

Ray-grass	1,60	Serradelle	6,25
Betterave fourragère	1,75	Maïs	7,50
Fléole des prés	2,50	Betterave à sucre	9,50
Avoine	3,25	Vesce (fourrage)	12,00
Seigle	3,75	Luzerne	12,75
Carotte fourragère	3,75	Fèves	14,10
Blé	4,00	Trèfle rouge	15,00
Orge	4,50	Sainfoin	20,75
Maïs vert	4,50	Pois fourragers	21,00
Pomme de terre	5,50	Trèfle incarnat	22,75
Topinambour	6,25	Soja	24,75

1. Communication faite à la cinquième séance de la Conférence.
2. STRAKOSCH. *Das Problem der ungleichen Arbeitsleistung unserer Kulturpflanzen*, Berlin 1907. (chez Paul Parey). In. *Bodenokonomie und Wirtschaftspolitik*. Wien-Leipzig 1908, (chez Braumüller). In. Hebung der Produktivkraft der Landwirtschaft — das Mittel zur Rettung gegen die Teuerung-Wien 1911. (Sonderabdruck der *Oesterreichischen Agrar-Zeitung*.)

Par ce tableau nous pouvons nous rendre compte combien le « rendement de travail » des différentes plantes de culture est inégal. Avec la même quantité de matières nutritives, quelques-unes produisent trois ou quatre fois plus que d'autres. Cette divergence énorme dans le pouvoir assimilateur ne se trouve pas seulement chez des plantes qui diffèrent dans leurs besoins de culture, mais aussi parmi celles qui, dans la rotation, peuvent aisément se remplacer, comme, par exemple, les diverses céréales, les légumineuses, les plantes de prairie, etc. On peut même trouver des différences notables entre des plantes de la même espèce, comme c'est le cas pour les betteraves : la betterave à sucre produit la même valeur de substances physiologiques utilisables que la betterave fourragère avec un tiers seulement des éléments nutritifs nécessaires pour cette dernière, et c'est à la sélection que nous sommes redevables d'une partie de ce résultat.

Cette constatation a une grande importance ; la quantité d'éléments nutritifs avec lesquels nos récoltes sont obtenues, représente une somme d'argent considérable qu'il faut économiser si nous voulons que le pays produise ce qui lui est nécessaire.

Au commencement du XIXᵉ siècle, il était produit dans les pays qui maintenant forment l'Empire allemand les quantités suivantes des quatre céréales les plus cultivées[1].

Blé.	10.561.775	quintaux métriques
Seigle.	59.853.260	—
Orge.	16.456.576	—
Avoine	14.486.487	—

Dans l'année 1906, l'Allemagne a produit :

Blé.	39.595.630	quintaux métriques
Seigle	96.257.580	—
Orge.	31.113.090	—
Avoine	84.313.790	—

Si l'on calcule la valeur des sels nutritifs du sol qui ont été absorbés, d'après le prix du cours actuel des engrais artificiels, nécessaires pour la restitution, on voit qu'il a été pris du sol, en argent, dans l'année 1800, pour 550 millions de marks, et en 1906, pour 1100 millions de marks ; et cependant il n'y avait, au commencement du XIXᵉ siècle, pas plus de un et demi pour cent du terrain pris par la culture de la pomme de terre, et la culture de la betterave à sucre était à peu près inconnue[2], tandis qu'en 1906 la récolte des pommes de terre était de 429 millions de quintaux métriques ayant extrait du sol pour 268 millions de marks d'éléments nutritifs ; et pendant la même période, la récolte de betteraves à sucre enlevait au sol pour 70 millions de marks.

Cette immense augmentation de la quantité de matières fertilisantes exigée n'est pas balancée par une augmentation dans la production de ces mêmes matières. L'Allemagne produit annuellement pour 300 millions de marks de matières fertilisantes ; la production du bétail, et par suite la production du fumier d'étable, ont, il faut le dire, augmenté de 195 pour 100 environ dans le cours de ce dernier siècle ; mais il ne faut pas oublier qu'une grande partie de ce fumier vient des prairies et que le foin constitue une partie intégrale de la constitution du bétail, les éléments enlevés au sol contenus dans les produits

1. Rybark *Die Steigerung der Produktivität der Deutschen Landwirtschaft um XIX Jahrundert*, Berlin (Parey).
2. Rybark. *Arbeiten der Deutschen Landwirtschaftsgesellschaft*, Heft 121, Berlin, 1906 (Parey).

du bétail consommés dans les villes ne sont, pour ainsi dire, jamais restitués. On a calculé aussi que les rivières de l'Allemagne transportaient annuellement dans la mer pour 1000 à 1500 millions de kilogrammes de potasse et pour 50 à 100 millions de kilogrammes d'acide phosphorique[1].

Or la moitié environ de cette quantité provient du sous-sol allemand, et il faut regarder cela comme une perte irréparable. En outre, dans les pays où il tombe peu d'eau, comme dans une grande partie de la monarchie austro-hongroise, on ne peut utiliser qu'une faible partie des engrais artificiels par crainte de nuire à la végétation en raison de la concentration trop élevée des sels.

L'examen des proportions inégales entre les éléments nutritifs enlevés au sol et les matières utilisables produites, même chez des plantes de la même espèce, m'ont conduit à présenter ce sujet à la 4ᵉ Conférence internationale de Génétique, afin d'attirer l'attention sur l'importance de la capacité assimilatrice des différentes plantes, et des relations qui existent entre la production des éléments nutritifs du sol comparée à celle de la substance utilisable élaborée par les plantes.

THE EFFECTS OF ASSIMILATION IN CULTIVATED PLANTS

SUMMARY

The author points out the importance of knowing the proportions in which the three chief plant foods, carbonic acid, water, and the salts of the soil, are required by the various crops. Whereas the two former plant foods are not of economic value, the supply of the third is limited and has to be replaced at considerable expense.

He has therefore attempted to estimate the different values of the food consumed, and of the produce, for the various cultivated crops.

The estimation of the value of the food consumed by the plant is made from a chemical analysis of the entire plant on harvesting. The value of the produce is calculated according to the physiological values of the utilizable substances harvested.

Taking the value of the elements absorbed from the soil at 1 franc, then the following cultivated plants have given produce valued at :-

Oats	5.25
Wheat	4.00
Barley	4.50
Potato	5.50
Sugarbeet	9.50
Lucerne	12.75
Sainfoin	20.75

For these calculations, the nitrogen used by Leguminous plants is taken as zero.

The value of the produce of a large number of other plants is given.

From this table it is seen that, given a similar amount of nutritive material, some species produce three or four times as much as others. The unequal proportions that have been shown to exist, between the nutritive elements absorbed by different plants, and their utilizable products, should attract attention to the importance of the question of the assimilatory capacity of the various crops.

1. KRISCHE. *Nährstoffausfuhr und rationelle Düngung*. Berlin, 1907 (Parey).

SUR LA VARIABILITÉ DES MICRO-ORGANISMES ET L'HÉRÉDITÉ ÉVENTUELLE DES CARACTERES ACQUIS

Par le Dᵣ B. HEINZE.

Section bactériologique de la Station agronomique et chimique de Halle an der Saale (Allemagne).

On a déjà souvent observé et décrit le changement de caractères parmi les micro-organismes les plus différents, particulièrement parmi les bactéries, changement plus ou moins grand non seulement au point de vue physiologique, mais aussi au point de vue morphologique : on a fréquemment affaire à la formation de soi-disant variétés et, presque toujours, il s'agit là d'une réduction (plus ou moins forte) ou de la perte complète de caractères quelconques, concernant ces microbes. De telles dégénérescences n'ont cependant pas, à beaucoup près, l'intérêt scientifique, ni la grande valeur pratique des caractères héréditaires cachés ou acquis de nouveau.

Comme on le sait, il règne encore une très grande divergence d'opinions sur les questions principales du système de développement, aussi bien des macro-organismes que des micro-organismes. Mais, malgré ces différences d'opinion, et malgré les résultats souvent contradictoires des recherches expérimentales faites dans cet ordre d'idées, on s'est adonné, dans le courant des dernières dizaines d'années, d'une manière intensive à la recherche de la connaissance du problème, et on s'est affermi et fortifié dans cette idée qu'il faut chercher les bases de toute l'évolution — pour le développement successif de tous les organismes — dans la « variabilité » des organismes.

Il n'y a que lorsqu'on part de la variabilité que peuvent se réaliser les variations physiologiques et morphologiques de l'organisme isolé et les caractères spécifiques de l'espèce, et que l'on peut se les expliquer d'une manière satisfaisante.

La cause particulière de la variabilité, son origine et la transmission héréditaire des caractères variables sont et resteront encore sans doute pour longtemps objets de controverse. Dans tous les cas, nous avons affaire ici à des problèmes dont la solution finale repose principalement sur nos connaissances théoriques sur la descendance.

Toutes les observations et recherches concernant la variabilité et l'hérédité des caractères, ou qui touchent et effleurent cette question, doivent être soigneusement prises en considération, même celles qui, tout d'abord, paraissent insignifiantes, mais qui peuvent contribuer à la connaissance plus approfondie de cette question.

C'est pourquoi l'auteur de ce rapport, se permet de parler — autant que le permet le cadre restreint d'un rapport — de ses observations et recherches personnelles, des résultats les plus importants ainsi que de quelques observations et résultats d'autres auteurs.

Tout d'abord, quant aux recherches particulières du rapporteur, il faut mentionner que chez un mycoderme « Kahmpilz », une remarquablement grande variabilité dans la forme des cellules correspond à une tendance prononcée à la formation de mycelium[1]. On a observé d'un côté, des cellules rondes, ovoïdes, absolument semblables à des cellules de levure, et, de l'autre côté, des cellules longues, en forme de saucisses ou de bâtonnets. Ces deux formes se présentent séparées ou, le plus souvent, réunies entre elles : dans un liquide acidulé les cellules sont réunies et longuement ramifiées, tandis que dans un liquide sucré, elles se présentent le plus souvent solitaires, semblables aux cellules de levure. Le fait suivant est très important : si on met des éléments provenant d'une seule cellule d'une culture isolée de colonies de cellules rondes, dans un milieu acidulé (ne contenant pas de sucre) on obtient seulement un grand développement de cellules longues et réunies entre elles, qui, transportées dans un milieu sucré — ne contenant pas d'acide — reforment de nouveau des cellules rondes. Si, inversement, on prend des éléments provenant de colonies de cellules longues et qu'on les place dans un milieu sucré, le développement ultérieur de ces cellules se fait en cellules rondes, semblables à celles de la levure.

La forme des cellules qui se produisent dans des bouillons de culture contenant de 2 à 4 pour 100 d'acide malique est particulièrement remarquable. Ces cellules sont longues, étroites, courbées en forme de faucille, et presque sans exceptions réunies entre elles. Transportées sur du moût ou de la dextrose-gélatine, elles reviennent de suite à la forme normale, à l'exception de quelques individus. Parallèlement à ces fluctuations de forme, se trouvent des fluctuations dans la grandeur des cellules. Leur contenu est clair; surtout lorsqu'il y a un fort accroissement d'elles-mêmes, conduisant par-ci, par-là, un petit grain réfractant fortement la lumière, parfois aussi vacuolide. Tantôt plus tôt, tantôt plus tard, le contenu devient cependant granulé, tout à fait semblable au contenu des espèces de levure.

De semblables observations sur ces fluctuations plus ou moins grandes de la forme ont été déjà fréquemment faites par d'autres auteurs, sur différents micro-organismes — en faisant abstraction des observations et manières de voir extrêmes d'après lesquelles la constance des espèces ne pourrait plus être maintenue. Déjà *Nägeli* et *Zopf* ainsi que d'autres naturalistes admettent la forme des bas-organismes comme très variable et beaucoup croient que, par exemple, une bactérie peut se présenter tantôt sous la forme de boule (coccus), tantôt sous la forme de bâtonnets ou de spirilles. Le développement ultérieur des recherches et l'avenir diront si de telles vues sur les caractères morphologiques sont complètement à rejeter ou si elles sont justes en partie.

Les variations physiologiques des micro-organismes observées d'une manière sûre et confirmées de différents côtés, leurs formes de variabilité et l'hérédité éventuelle de nouveaux caractères sont très importantes. A ce point de vue aussi, maintes observations du rapporteur et de beaucoup d'autres auteurs pourront être précieuses; observations d'après lesquelles certains organismes cultivés dans un milieu nourricier artificiel, perdent soudainement leur faculté de développement, après s'être très bien accrus pendant un certain laps de temps dans le même milieu. Cette apparition désagréable se remarque souvent dans les cultures collectives d'autant plus que, justement, on a eu soin d'employer le même milieu nourricier.

Par suite de cela, beaucoup croient que de telles cultures sont mortes. D'après

---

les observations du rapporteur sans doute, il n'en est cependant pas ainsi dans beaucoup de cas. Tous les individus de ces cultures ne sont morts qu'apparemment, c'est-à-dire qu'ils ont tellement varié au point de vue physiologique qu'en les plaçant dans le milieu propre à leur culture, ils ne montrent aucun accroissement. Mais, si on les transporte dans un milieu fortement modifié, c'est-à-dire le plus différent possible de leur milieu initial, les individus, qui paraissent morts, s'accroissent de nouveau et même d'une façon exubérante (par exemple, en transportant des individus d'un milieu sans N (azote) ou pauvre en N dans un milieu plus riche en N).

Même avec des organismes déjà vieux, ne paraissant plus capables de développement, et en outre complètement desséchés par l'air et la lumière, on peut obtenir les mêmes résultats aussi facilement. Après une ou plusieurs cultures successives, ils se développeront également de nouveau, d'une façon excellente, dans leur milieu initial.

D'après les observations du rapporteur, parmi les différents microbes particulièrement les soi-disant « Azotobacter-Organismes » suffisamment connus comme accumulateurs de N présentent un exemple typique pour ce fait curieux (Azotobacter chroococcum). Si l'on cultive ces organismes dans un milieu ne contenant pas de N ou pauvre en N, et que l'on cherche à continuer de les cultiver dans le même milieu, ce n'est plus guère possible après un temps relativement assez court et le développement des Azotobacter se trouve complètement arrêté.

Mais si on emploie un nouveau milieu modifié principalement, milieu contenant de l'azote ou plus riche en N, où tout d'abord les microbes azotés ne se seraient pas développés, ils acquièrent alors un fort développement.

Ainsi, les Azotobacter provenant d'un milieu sans N se développent très bien également sur de la gélatine de moût de bière, l'extrait de gélatine des légumineuses, la gélatine de peptone de jus de viande, les racines des légumineuses, les pommes de terre, les betteraves et autres substances semblables.

Après une culture répétée d'un milieu contenant N, les microbes azotés croissent également d'une manière excellente dans le milieu primitif n'en contenant pas. Selon le stade de développement comme on le sait, de plus ou moins grandes fluctuations dans la forme se présentent dans ces cultures particulières. Les différences morphologiques particulières ainsi que la constance de ces formes isolées ne peuvent pas être naturellement discutées ici en détail. C'est pourquoi le rapporteur ne fait que mention des résultats les plus importants.

Les « Azotobacter » d'après nos connaissances actuelles appartiennent sans aucun doute aux plus intéressants des microbes et non seulement au point de vue physiologique comme micro-organismes assimilateurs d'azote (particulièrement assimilateurs de N élémentaire et accumulateurs de N) mais aussi au point de vue morphologique.

Les « Azotobacter », relativement à certains caractères, sont polymorphes d'une manière très frappante sous l'influence et la variation des conditions extérieures de la nourriture.

Nous pouvons distinguer, tout d'abord, trois formes principales[1], dans leur

---

1. Pendant que cette communication était publiée, différents auteurs, principalement *Prazmowski*, ont déjà fait l'exposition du développement des « Azotobacter » dans le Centralblatt für Bacteriologie Parasitenkunde und Infektionskrankheiten Abtg II. (Verlag G. Fischer. Jena 1912. Bd 33 page 292).

développement normal : deux formes fondamentales : les *bâtonnets* et les *coccus* (en forme de boule), ensuite la forme sporifère (celle de la période de repos). (Dans les levures, nous avons d'une façon analogue les trois formes connues : prolifère, fermentescible et de repos), et enfin, si on veut, les formes dites d'involution.

Les *bâtonnets*, la plupart du temps doubles et courts (une fois et demie à deux fois plus longs que larges) se trouvent pendant la jeunesse, au moment du développement et de la multiplication ; les *coccus* se forment dans l'âge mûr pendant la période de fructification, ils peuvent encore se multiplier suivant les circonstances, et passent alors dans la période de repos.

Parfois, on observe également deux formes différentes de bâtonnets en partie doublement contournés et des cellules en essaim (lesquelles vraisemblablement possèdent toujours des soi-disant flagelles. On observe ces dernières cellules dans les coccus. Les plus grandes formes sphériques des coccus et les formes s'unissant à des paquets de sarcines doivent être considérés comme une espèce de *forme durable*. D'après Beijerinck, ces dernières ne sont en aucune façon des spores proprement dites (endospores).

Nous avons pu également observer, ainsi que quelques autres auteurs, d'autres formes, comme par exemple des cellules géantes globulaires remplies de gouttelettes de graisse et parfois aussi de glycogène et de grands Diplococcus dans les cultures d'Azotobacter. Pareillement, d'autres formes furent décrites, soit comme formes d'involution, soit comme formes éventuelles normales des Azotobacter, comme, par exemple, les cellules sphériques et les fils semblables aux streptocoques.

Aucune preuve stricte ne peut être encore apportée par les auteurs différents, à savoir si ces formes différentes s'appartiennent réellement les unes aux autres et si elles s'enchaînent génétiquement formant un cercle unique de formes. En tout cas, on ne peut pas encore établir avec une sûreté suffisante, vu les grandes difficultés de telles recherches, comment ces formes (les cellules isolées) proviennent les unes des autres, et quel rôle biologique, c'est-à-dire physiologique, leur revient éventuellement dans tout le développement des Azotobacter. La culture pure soigneusement conduite, provenant d'une seule cellule, peut naturellement seule trancher cette question. D'ailleurs les formes de sarcines au stade de repos quittent — par inoculation dans un milieu nourricier frais azoté — leurs membranes et germent en petits bâtonnets ; ceux-ci se multiplient par dédoublement et forment absolument les caractéristiques bâtonnets courts et doubles des Azotobacter, la forme en petit pain (Semmelform).

Les études poursuivies sur l'assimilation de N des Azotobacter pendant leurs stades différents du développement, et celles sur l'éventuelle réception de N sous forme de différentes combinaisons organiques et inorganiques azotées sont très importantes, ainsi que les études sur l'influence éventuelle de telles combinaisons sur les formes morphologiques des Azotobacter. Toutes les remarques faites jusqu'à maintenant ainsi que toutes les observations suivantes, peuvent jeter, en tout cas, un peu de lumière sur toute l'organisation de la cellule, sur la fine structure et particulièrement sur le grand pouvoir d'adaptation des microbes, lesquels cherchent bien souvent et vite à s'adapter aussi dans leur forme extérieure aux conditions variables du milieu.

D'après nos recherches et observations faites jusqu'à ce jour, nous avons affaire, en tout cas, à de fréquentes et grandes variations des Azotobacter aussi particulièrement au point de vue physiologique. (Voir à ce sujet les observations postérieures sur la puissance d'assimilation de N par ces microbes.)

Ces organismes azotés ne présentent pas autre chose, du reste, que des formes soi-disant parallèles, incolores, comme on en observe dans certaines algues vert-bleuâtre. (A l'opinion du rapporteur et de plusieurs autres auteurs.) Ils sont aux *chroococcum* ce que, dans les espèces prothotheke (d'après Krüger, Zopf etc.), les formes parallèles de certaines algues vertes sont aux *Protococcum*. D'où le nom choisi par Beijerinck, pour les organismes qui nous intéressent ici principalement, *Azotobacter chroococcum* [1]. D'ailleurs, quant au développement entier des Azotobacter, et quant à leur végétation et leur multiplication spéciales sur des milieux libres en N ou azotés, d'après nos recherches et observations faites jusqu'à ce jour, c'est principalement l'âge des cellules de ces microbes qui joue un rôle très important. Que l'on puisse amener également peu à peu, par des cultures successives convenables, ces microbes à la formation de la substance colorante cyanophylle, il n'en faut pas douter, surtout que, tôt ou tard, on peut rencontrer régulièrement et à profusion des *chroococcum* dans des cultures impures d'Azotobacter, à côté d' « azotobacter » et d'autres organismes.

De récentes observations que nous avons faites tendent à prouver que, très vraisemblablement, on peut amener par des cultures successives des Azotobacter chroococcum à la production de matière colorante, et aussi bien en cultures liquides qu'en cultures solides sur agar-agar, ainsi que dans du sable et de la terre.

Les cultures pures d'Azotobacter [2] ont besoin, pour acquérir un florissant développement dans les milieux sans N (comme aussi dans ceux en contenant), de grandes quantités de substance organique, sous forme de sucre ou de matière semblable (cellulose, amidon etc.). Très importante est encore principalement la forme de l'acide phosphorique pour la nourriture de ces microbes.

Si on réduit peu à peu la concentration des combinaisons carbonées et qu'on donne au milieu nourricier, au commencement seulement, de très petites quantités d'asparagine, en augmentant plus tard quelque peu ces quantités, on obtient également, dans les cultures pures d'Azotobacter, des formes de *chroococcum*, des algues vert-bleuâtre, lesquelles sont semblables à les confondre aux Azotobacter incolores. Il est d'autant plus invraisemblable que l'on ait affaire à des infections accidentelles, qu'on ne rencontre presque jamais d'autres formes d'algues dans ces cultures [3]. La 'preuve sans objection est sans doute très difficile à apporter, et ne peut être seulement faite toujours que par la culture pure, provenant d'une seule cellule. Elle peut également être complétée et confirmée en cherchant à transformer inversement les formes de *chroococcum*, de nouveau, dans les formes incolores d'Azotobacter [4]. L'avenir

---

1. Il faut remarquer que ces importants micro-organismes ont été découverts par *Wilhelm Krüger* et n'ont reçu de Beijerinck que leur nom actuel. Par conséquent, il faut dire : *Azotobacter chroococcum* Krüger.

2. Les 1ʳᵉˢ cultures pures d'Azotobacter furent analysées par *Krüger et Schneidewind* et leurs résultats publiés dans les « Landwirtschaftlichen Jahrbücher » : Bd XXIX, 1900, page 801.

3. D'ailleurs on peut souvent observer que de plus grandes quantités de microbes produisent peu à peu de la substance colorante (cyanophylle).

4. Comme on le sait, les Azotobacter produisent en général très tôt — déjà souvent après peu de jours — un pigment brun ou noirâtre ou vert-olive dans les cultures ordinaires liquides ou solides; et d'ailleurs la couleur (brune ou noirâtre) du sol est originaire en partie de ce pigment produit par les Azotobacter qui peuvent s'augmenter souvent énormément dans des sols. Le rapporteur a déjà mentionné

seul élucidera, après de longues et difficiles recherches, la question de savoir si, dans les Azotobacter, on a affaire à des espèces constantes héritant des caractères, ou simplement à la formation de variétés et de races.

En connexion avec les essais sur l'assimilation de N par les organismes azotés, on doit encore mentionner comme particulièrement important que le pouvoir de ces organismes à assimiler l'azote libre et élémentaire de l'air est souvent si fortement réduit, que l'on peut croire qu'ils ont perdu complètement cette aptitude importante. Si, souvent encore, un faible et même parfois un assez fort développement suit l'inoculation du matériel de culture, on ne peut cependant démontrer analytiquement d'une manière sûre aucune liaison (et accumulation de N) et avant tout aucun accroissement. Par des cultures spéciales successives, éventuellement sous addition de certaines combinaisons de N (par exemple d'asparagine et de sulfate d'ammoniaque), on peut régénérer les Azotobacter et les ramener à leur vigueur primitive, mais seulement quand il n'y a qu'apparemment perte complète du pouvoir d'accumulation de N[1]. De semblables observations sur la régénération relativement à la transmission héréditaire du pouvoir de lier et d'accumuler l'azote élémentaire ont été récemment faites également par *Bredemann*[2] et *Pringsheim*[3] dans beaucoup de cultures de *Clostridium*. D'après ces discussions, les « Azotobacter chroococcum » et principalement à cause justement des formes typiques particulières qui peuvent être facilement reconnues et à peine confondues, pourront être extrêmement précieux pour des études génétiques.

Des rapports analogues devraient alors exister dans les organismes spécifiques des légumineuses qui forment les nodosités accumulant les éléments N, vu leur action différemment forte et souvent extraordinairement réduite. Du reste, l'ancienne manière de voir d'*Hiltner* sur les organismes des légumineuses formant nodosités, — l'unité d'espèce — doit être maintenue. La nouvelle et stricte division d'*Hiltner* en deux groupes (d'un côté les organismes de Serradelle, lupin et soja et de l'autre ceux de toutes les autres légumineuses) ne doit pas, suivant nous, être admise. Il faut considérer, en tout cas, que souvent il existe de considérables différences de races, et éventuellement des formations de variétés. Dans toute la question, suivant notre manière de voir, nous n'avons seulement affaire qu'à un phénomène d'adaptation étendue ; par exemple à des organismes de pois ou de *Vicia faba* sur des plantes de serradelle et de lupin, ces deux dernières plantes ayant, en général, des racines beaucoup plus fortement acides que les deux premières. D'après nos observations, les substances acides des différentes racines de légumineuses, et vraisemblablement aussi celles des plantes en germination, sur lesquelles des expériences spéciales n'ont été entreprises qu'en ces derniers temps, jouent un rôle très important.

D'ailleurs, nous devons compter dans les organismes de pois, etc., précédem-

ce dernier fait il y a plusieurs années et il a été constaté à nouveau par d'autres auteurs comme Omelianski, Ssewerowa et Sackett (d'après les communications dans le « Bakteriolog. Centralblatt », 1911 et 1912).

1. Voir également de *B. Heinze* : « Über Mitwirkung und praktichen Wert der Microorganismen bei der N-Versorgung des Badens und der Pflanzen 'Jahresbericht der Vereinigung für angewandte Botanik-Gebrüder Bornträger, Berlin, 1910, Bd 8 und im bakt. Centralblatt. Egalement « Landw. Jahrbücher, 1910, Ergbd III. 6 Bodenbacteriolog. Untersuchungen du rapporteur.

2. *G. Bredemann.* « Mitteilungen im Centralblatt für Bacteriologie » Abteilung II Bd 25, page 41, et également Bd 24. page 492.

3. *H. Pringsheim.* « Mitteilungen in der Berichten der deutschen botan. Gesellsch. » 1909 à 1910, Bd 26. Und im « Bakt. Centralblatt. »

ment nommés, avec un nouveau caractère acquis, lequel est facilement trans-missible et peut devenir constant jusqu'à un certain degré; c'est la faculté des organismes de pois et de fèves, tout d'abord inactifs, de s'adapter peu à peu par des cultures successives, aussi aux racines de serradelle et de lupin : ils émigrent, se multiplient et forment les nodosités connues par la suite[1]. Avec des cultures pures d'organismes de légumineuses accumulateurs de N, dans différents milieux nourriciers, on pourrait constater l'accroissement des élé-ments azotés, constatation qui n'a pas encore été prouvée jusqu'à maintenant.

Dans d'autres expériences faites sur des fermentations de levure, la teneur azotée et la forme sous laquelle elles se trouvent ne jouent pas seulement un rôle important, mais aussi la teneur en P^2O^5 et la forme sous laquelle cet acide se trouve.

Des milieux nourriciers ne contenant seulement que des quantités minima de N ne peuvent pas, en général, entrer en fermentation, et ces milieux fer-mentent d'autant moins qu'il y a plus d'abondance de l'élément N. Par l'addi-tion de phosphates, la fermentescibilité des organismes fermentescibles augmente d'une manière surprenante. Les phosphates mono-bi ou tribasiques paraissent avoir une influence différente. C'est-à-dire que le nombre des atomes libres ou suppléés et celui des oxhydriles (OH) jouent un certain rôle.

Quelques récentes recherches, nous ont montré que l'on pourra très vrai-semblablement transformer certaines formes de levures non fermentescibles, (certaines formes de *Torula*) assez facilement en organismes fermentescibles[2], si on applique, en raison de la sélection, des cultures successives convenables et que l'on varie et modifie la teneur en C, N et P^2O^5 et la forme des combi-naisons C, des combinaisons N et des combinaisons P_2O_5. Il est très difficile de trancher la question, à savoir si ce pouvoir fermentescible est réellement un nouveau caractère et peut devenir héréditaire, ou si on n'a affaire qu'à un caractère existant déjà, mais à l'état latent. Dans tout cela, des espèces déterminées de sucre et autres hydrates de carbone ou des substances ana-logues jouent un rôle important.

Certains microbes qui prospèrent bien dans des milieux nourriciers alcalins ou neutres, ne croissent absolument pas dans des milieux faiblement ou même plus fortement acides, comme par exemple l'extrait gélatineux de plantes ou la gélatine de moût de bière, etc. On peut cependant les faire développer très fa-cilement, et, en général, très abondamment par des cultures successives à la chaux (Kalkpassagekulturen). Les organismes en question se développent d'abord dans des milieux gélatineux originairement acides et neutralisés par $CaCO^3$ et ensuite le matériel d'inoculation de ces cultures calcaires prospère d'une façon excellente dans des milieux acides, exempts de chaux.

Les *Azotobacter chroococcum* nous en offrent un exemple typique : sans des cultures préalables successives avec addition de $CaCO^3$, la croissance de ces organismes, dans des milieux acides (par exemple gélatine de moût de bière ou d'extrait de légumineuses) est directement empêchée. En tout cas, cette

---

1. Voir également les communications du rapporteur : « Serradella und Lupine auf Schwerem Bo-den ». — Jahresbericht für angesandte Botanik. — Bd V. (Gebrüder Bornträger, Berlin 1907. — Même publication Bd 8-1910. « Versorgung der Bodens und der Pflanzen und Mitwickung von Micro-orga-nismen » — Voir aussi « Landw. Jahrbücher, 1910. Ergbd III. »

2. Des observations semblables sur la production artificielle de nouveaux caractères héréditaires ont été faites et communiquées par Reiner Müller. — Voir aussi les Revues : « Münchener medizin. Wo-chenschrift », 1909, n° 7, et « Umschau » Bd 13, 1909, p. 402.

remarquable conduite des Azotobacter et d'autres organismes, intervient en faveur des caractères acquis et héréditaires.

D'autres expériences du rapporteur concernent des recherches sur le développement des Protococcacées (algues vertes) et des espèces Prototheca comme formes parallèles incolores en obscurité et en lumière, en présence d'hydrates de carbone, etc., et chez une teneur en azote changeante dans les cultures particulières.

Un reverdissement certain des formes parallèles ne peut pas encore être fixé, mais on peut obtenir certainement un matériel de culture vert foncé même en continuant la culture des algues dans l'obscurité; sous des conditions particulières, on obtient des formes presque incolores. Dans tous les cas, suivant les conditions prédominantes de développement des algues, on réussit à les cultiver, ou comme saprophytes, ou comme autophytes.

D'autres recherches doivent être faites avant tout sur ce sujet, pour savoir jusqu'à quel point la teneur de Fe et Mg dans les milieux de cultures joue un rôle principal dans la production de chlorophylle et si le fer intervient seulement comme catalyseur d'oxydation, ou comme élément plus important avec la magnésie dans la production propre de la matière colorante.

Justement, d'après nos observations, les combinaisons de Mg sont particulièrement importantes dans deux organismes formant matière colorante. Ces deux organismes sont fréquemment la cause de deux altérations du lait, produisant : le lait rouge et le lait bleu. Ce sont les *Bacillus prodigiosus* et *B. cyanogenus*. Par sélection du premier bacille, on peut obtenir deux formes ou variétés : l'une d'un beau rouge foncé et l'autre blanche. En dehors des conditions énoncées ci-dessus pour la production de la matière colorante, les facteurs suivants entrent encore en ligne de compte : l'oxygène, la température et la teneur suffisante en N. La production de matière colorante diminue graduellement avec une réduction de la teneur en N.

En général, la matière colorante rouge ne se forme que sur des milieux acides; par une concentration croissante des alcalis, la matière colorante rouge disparaît de plus en plus, se change en couleur jaune, et il survient enfin des cultures complètement décolorées.

Des races de *prodigiosus* cultivées dans l'obscurité peuvent être amenées à la production de matière colorante par des changements de culture souvent répétés à la lumière, dans un milieu riche en oxygène, à condition que des combinaisons de Mg et de soufre ne manquent pas et qu'une alcalinisation de plus en plus atténuée fasse place à un milieu nourricier faiblement acide. Le *B. cyanogenus*, pareillement, ne forme sa matière colorante bleue que dans des milieux acides. La présence de lactate de soude à côté de Mg SO⁴ est importante pour sa formation. Il croît incolore sur de la peptone et a besoin en plus de certaines combinaisons carbonées pour la production de sa matière colorante. Dans du lait stérilisé, il croît incolore ou avec une couleur grise.

Ces deux microbes sont pareillement de bons sujets pour les études sur la formation des races et variétés dans les microorganismes et sur la question de l'hérédité des caractères.

Après différentes expériences du rapporteur et d'autres auteurs, on pourra remarquer indubitablement, en procédant systématiquement, dans des conditions déterminées, à côté de la perte de certains caractères, l'acquisition d'autres nouveaux.

Également dans les microbes pathogènes (et non seulement ceux qui s'attaquent aux plantes, mais aussi dans les microbes pathogènes de l'homme et des animaux), nous avons affaire sans aucun doute à des phénomènes semblables, quand on se trouve en présence d'une forte réduction, voire même de perte complète (seulement passagère) de caractères pathogènes ; et, d'après les plus récentes observations de plusieurs auteurs, on peut aussi, sans aucun doute, obtenir de nouveaux caractères qui donneront de nombreuses générations héréditaires. Dans le domaine de la pathologie végétale, l'auteur de ce rapport a commencé diverses expériences sur les *Peronospora* et l'oïdium s'attaquant aux légumineuses et autres plantes, ainsi que diverses expériences spéciales sur la cause de l'épuisement du sol ou des plantes.

Après tout cela, nos connaissances en microbiologie sont encore très minimes, mais elles sont très précieuses pour la marche en avant de l'étude de la variabilité et de l'hérédité des caractères. Les phénomènes que nous avons esquissés intéresseront tous les biologistes ; tout d'abord, les physiologistes (différents caractères nouvellement formés peuvent devenir héréditaires), les chimistes (en tant qu'espèces d'organismes définis, capables de faire fonction de réactif sur les substances particulières, hydrocarbonées), les médecins, qui, par la culture dans des milieux bien déterminés, pourront reconnaître plus facilement des producteurs de maladies parfois très semblables. Mais c'est surtout pour ceux qui s'occupent de biologie générale qu'ils auront une grande valeur, puisque, avec la sûreté d'une réaction chimique, on pourra réussir à donner artificiellement à un être vivant un nouveau caractère, lequel se transmettra et pourra donner par la suite un grand nombre de générations constantes.

Les plus bas organismes n'ont commencé que dans ces temps derniers à attirer l'attention et la considération qui leur sont dues, comme base du monde organique, dont ils forment, en quelque sorte, les racines. La connaissance approfondie de la variabilité des micro-organismes et de l'hérédité de leurs caractères variables est d'une grande importance pour l'accélération de notre conception philogénétique de tout le monde organique, et peut-être même d'une importance fondamentale.

Il faudra encore longtemps pour que la science puisse établir un pont entre les êtres vivants et les non vivants. La chimie moderne, comme on le sait suffisamment, a déjà réussi dans ces derniers temps, d'après *Emil Fischer*, la synthèse des hémialbumoses (descendants les plus proches des corpuscules ovoïdes de l'albumine) et la production artificielle de ces corpuscules, n'est plus — croyons-nous — qu'une question de temps. Mais s'il est jamais possible que — dans un avenir lointain — on arrive à créer une albumine vivante, ceci est et reste aussi croyable que l'animation de la substance minérale primitive dans tout l'univers, admise aujourd'hui. Mais, même si l'homme réussissait cette expérience, il n'aurait encore fait qu'un faible pas en avant dans le grand mystère de la vie.

Actuellement les recherches ne doivent pas être dirigées en ce sens ; les phénomènes de la vie même sont beaucoup plus intéressants ; ils doivent être explorés de plus en plus laborieusement pour acquérir une clarté nouvelle sur le développement, c'est-à-dire sur toute l'évolution des êtres organisés.

A différents points de vue, principalement, les micro-organismes devraient être employés dans les expériences sur la variabilité et l'hérédité des caractères. Il faut prendre en considération que cette classe d'organismes donne en très peu de temps de nombreuses générations et que le matériel nécessaire aux expériences est beaucoup plus simple que celui que nécessitent les êtres supérieurs, végétaux et animaux. Très important également est l'emploi d'une matière première pure, condition très difficile à remplir chez les animaux et chez les plantes supérieures. Enfin, avec les micro-organismes, non seulement les questions sur les influences des facteurs extérieurs et celles de la variabilité des aptitudes intérieures peuvent être élucidées, mais aussi celles de l'hérédité dans la multiplication asexuée comme celle de l'hérédité dans la multiplication sexuée.

Par l'exposition d'expériences sur l'adaptation et l'hérédité des caractères variables, il y a, en tout cas, à observer soigneusement certains points : Un facteur important dans les essais d'adaptation est la durée de l'action et la plus grande variation possible de la concentration spécifique des substances nourricières. Une gradation ou un affaiblissement durable et plus étendu des concentrations dans les expériences qui doivent constater la limite éventuelle de l'adaptation, n'est, en aucune façon, le plus avantageux ; parfois, on fera beaucoup mieux d'employer de nouveau de basses concentrations, si l'on veut atteindre par exemple une gradation plus étendue de l'action spécifique de ces microbes. Une gradation successive des nouvelles influences donnera en général constamment de meilleurs résultats, qu'en procédant d'une manière brusque et soudaine.

L'acide phosphorique en phosphates mono, bi, ou tribasiques, joue un grand rôle dans beaucoup de phénomènes ainsi que les proportions lentement variables des milieux nourriciers quant à la teneur des combinaisons carbonées et azotées jusqu'aux conditions extrêmes.

Comparativement les formes de C et N sont peut-être d'abord moins importantes.

Les plus nouveaux résultats obtenus en microbiologie pourront éventuellement avoir et auront certainement d'autant plus de valeur au point de vue du domaine biologique tout entier, qu'on réussira à changer les fonctions stables en apparence et les caractères de microbes déterminés et à donner à ceux-ci de nouveaux caractères qui seront fixés plus longtemps.

ON THE VARIABILITY OF MICRO-ORGANISMS,
AND THE EVENTUAL INHERITANCE OF ACQUIRED CHARACTERS

SUMMARY

The variations, both morphological and physiological, which are often observed in widely separated micro-organisms, particularly in bacteria, have been described by many authors. In spite of the divergent opinions that are held on questions of development, the work of the last ten years has confirmed the opinion that the basis of evolution must be sought for in the study of the variability of organisms. The final solution of the problems of the origin and of the transmission of variations can be found only in a complete knowledge of the laws of heredity.

The author's work on the variability of micro-organisms include studies on the mycoderma, " Kahmpilz ". In this mycoderma, he has observed round ovoid cells resembling yeast cells, and long sausage-shaped cells; the latter usually occur in an acid liquid medium, and are then united; the former occur in a sugar medium. If the descendants of a single round cell are grown in an acidified medium (without sugar) a strong colony consisting of long cells united to each other is found; if these cells are grown in a sugar medium without acid, the round type of cell is again formed.

A form of cell which is produced in bouillon containing 2-4 pour 100 malic acid is sickle-shaped, and generally united. Grown on must, or on dextrose gelatine they return to the normal form.

Parallel observations have been made on the fluctuations found in different micro-organisms; besides other naturalists, *Nägeli* and *Zopf* have admitted the variability of form of the lower organisms, and many believe that a bacterium may occur in the form of a coccus, and also in the form of a spirillum.

Observations on the physiological variations of micro-organisms are of importance. Certain organisms cultivated successfully in an artificial medium may suddenly cease to develope, and it may be thought that such cultures are dead, but the author's observations lead him to think that this is not often the case. If these organisms are transferred to a medium entirely different from the former medium, the individuals which appear dead will begin to grow, and even form strong cultures. The nitrogen fixing bacterium, *Azotobacter chroococcum*, is a typical example of such a case. If this bacterium is cultivated in a medium without nitrogen, or poor in nitrogen, often a relatively short period the growth of the culture is completely stopped. If a new medium rich in nitrogen is then supplied, strong growth is renewed.

According to the stage of developement more or less important variations in the form of the bacterium appear, for *Azotobacter* is subject to morphological change under the influence of external conditions.

Three chief forms may be distinguished in normal developement; the rod-shaped, the coccus and the spore.

The first is found during the early stages of growth and multiplication, the second during the fructification period when multiplication may still continue, and the third is the resting stage. Various other forms have been observed at the different periods of developement, but no absolute proof that these different forms are derived from one another, is available. The origin of the isolated and exceptional forms from the normal forms, and the physiological part played by them, is not known. Only by experiments with cultures derived from an isolated single yeast can these questions be satisfactorily answered.

If the amount of combined carbon in the media of pure *Azotobacter* cultures is much reduced, and small quantities of asparagine are given in gradually increasing amounts, forms of *chroococcum* and of blue-green alga, appear which are very near the colourless form of *Azotobacter* in appearance. The question whether the Azotobacter is a pure species, or whether the formation of new varieties and races is taking place, must be left to the future to decide.

It might be suggested that the Leguminous bacteria would show analogous physiological reactions to those shown by the Azotobacter. It is known that the bacteria specific to the pea, and to beans, is at first inactive on the roots of *Serradella* and lupin, but by successive cultures, they may be adapted to the new conditions, and finally they may become established on these plants. Recent researches have shown that most likely certain yeasts (forms of *To-*

rula) which do not ferment, by a similar process of successive cultures may, be easily transformed into fermenting yeasts. It is difficult to settle the question whether this fermentative power is really an acquired character, or whether it existed already in a latent condition.

The author gives further instances of the influence of different culture media on the green alga, and on *Bacillus prodigiosus* and *B. cyanogenus*. From experiments of Dr. Heinze as well as from those of other workers, the loss of certain characters, as well as the acquisition of new characters giving rise to new varieties and races, may be recorded with certainty. These characters may be transmitted for many generations.

PRODUCTION DE VARIÉTÉS DE BLÉ DE HAUTE VALEUR BOULANGÈRE [1]

Par Charles E. SAUNDERS, Ph. D.

Céréaliste du Gouvernement, Ferme Expérimentale, Ottawa (Canada).

Depuis plus de vingt ans les fermes expérimentales du gouvernement canadien cherchent à produire, au moyen de l'hybridation et de la sélection, des variétés hâtives de blé, variétés qui soient propres aux régions septentrionales des grandes prairies centrales, et dont la farine possède cet ensemble de qualités que l'on désigne en anglais par le mot « strength » ou par l'expression « baking strength », et que je veux traduire par le mot « force » ou par l'expression « force boulangère » ou « valeur boulangère ». En anglais cette expression n'a aucune signification précise, et je ne crois pas que ce soit autrement en français. Parfois elle se rapporte principalement à l'aptitude que possède la farine d'absorber et de retenir l'eau pendant la panification; parfois à la grosseur et à l'aspect des pains. Règle générale cependant, on appelle « farine forte » la farine qui produit un pain volumineux, mais à pâte fine, et renfermant une proportion considérable d'eau. Un gros pain, léger, de belle levée, se vend plus facilement qu'un pain à pâte compacte et de moindre apparence; et il est clair que le boulanger a tout avantage à vendre autant d'eau que possible avec le pain : une grande partie des profits — qui ne sont certainement pas excessifs au Canada — dépend même de la quantité d'eau que le pain renferme. La préférence que les boulangers accordent à la farine « forte » et la rareté générale de cette farine, justifient les prix élevés auxquels se vendent les espèces de blé qui la produisent.

Règle générale, le blé assez riche en gluten donne de la farine « forte ». Mais ce blé n'est pas très commun : la plupart des pays producteurs de blé fournissent en majeure partie du grain tendre, contenant beaucoup d'amidon plutôt pauvre en gluten et d'une force boulangère comparativement faible.

Dans maintes régions du centre et de l'ouest du Canada le climat et le sol favorisent la production de blé riche en gluten — c'est-à-dire du blé le plus cher — pourvu que l'on y cultive les variétés qui possèdent naturellement une bonne force boulangère. Car c'est un fait bien connu que certaines espèces de blé ne donnent jamais une farine forte, même quand on les cultive dans des conditions favorables à la production de grains glutineux.

La question de la production de blé de haute valeur boulangère présente une importance exceptionnelle dans ces parties du Canada qui sont éloignées de la mer, car le prix de vente de notre blé est généralement celui des marchés d'Angleterre, moins les frais de transport. Si le blé du centre du Canada se vendait à bas prix en Angleterre, il ne resterait plus, déduction faite des frais de transport, qu'un maigre profit au cultivateur canadien. Pour que sa culture soit avantageuse en notre pays, il faut donc, de toute nécessité, que le blé donne de la farine d'une haute valeur boulangère.

Dans les premières années de la colonisation des prairies canadiennes, on

____

1. Communication faite à la seconde séance de la Conférence.

cultivait une variété de blé connue sous le nom de Red Fife (Fife rouge) et cette variété donnait satisfaction sous tous rapports, sauf un point : elle mûrissait un peu trop tard dans certains districts pour échapper aux gelées hâtives de l'automne. Le choix de variétés plus précoces s'imposait donc pour ces districts, mais il fallait que ces variétés possédassent, en même temps que la précocité, une force boulangère égale à celle du Fife rouge, longtemps renommé pour cette qualité. Au cours de nos travaux pour obtenir des variétés de ce genre nous avons fait venir des blés d'un grand nombre de pays étrangers. Ainsi nous avons obtenu des variétés très précoces, mais aucune d'elles ne possédait la haute valeur boulangère du Fife rouge. Évidemment ce n'était que par l'hybridation que nous pouvions espérer obtenir exactement l'ensemble de qualités voulues. Comme le Fife rouge possédait presque toutes les caractéristiques désirées, à l'exception de la précocité, il était naturel qu'il fût employé comme un des parents dans la plupart des croisements effectués.

Je devrais peut-être dire quelques mots au sujet de l'origine du Fife rouge. On le considère généralement comme un blé canadien, mais en réalité, il est identique à une variété cultivée en Europe sous les noms de « Blé d'été de Galicie » et « Blé des montagnes hongroises ». Ce blé s'est introduit au Canada d'une manière assez singulière. Une cargaison de blé d'hiver, venant de Dantzig, avait été expédiée à Glasgow, et une partie de cette cargaison fut envoyée de Glasgow au Canada. Un cultivateur qui reçut ce blé, M. Fife, n'en connaissant pas la nature, le sema au printemps. Une seule plante arriva à maturité. Cette plante attira l'attention de M. Fife, et il en propagea la variété que l'on connaît généralement sous son nom en Amérique. Toutefois, j'ai démontré par des essais de culture, de mouture et de panification que cette plante de blé de printemps que M. Fife a obtenue n'était pas une plante anormale (mutant) produite au Canada, mais qu'elle appartenait à une variété cultivée dans le centre de l'Europe et dont un grain se trouvait par hasard dans cette expédition de blé d'hiver.

Nous avons une autre variété bien connue au Canada sous le nom de White Fife (Fife blanc) qui est pratiquement identique au Fife rouge sous tous rapports, à cette exception près que le son a une couleur plus pâle. Je n'ai jamais pu retracer l'origine de ce blé, mais il paraît certainement dériver du Fife rouge. Nous avons également employé cette variété comme parent dans les croisements effectués pour obtenir une espèce de haute valeur boulangère.

La première série de croisements a été effectuée entre le Fife rouge ou le Fife blanc, et un blé précoce du nord de la Russie. Il est résulté de ces croisements quatre variétés qui ont donné de bons résultats dans certaines parties du Canada. Nous avons constaté que ces nouveaux blés possèdent, à un degré prononcé, la précocité du blé russe et, au premier examen, des experts américains et anglais ont déclaré qu'ils avaient une valeur presque égale à celle du Fife rouge. Toutefois, des recherches subséquentes dans les laboratoires de la ferme expérimentale à Ottawa ont établi que ces opinions étaient trop favorables et que ces nouvelles variétés hybrides n'occupaient, au point de vue de la valeur boulangère, qu'une position intermédiaire entre les deux parents. On ne pouvait donc pas les recommander sans réserve pour la culture générale.

A cette phase de nos recherches, nous nous sommes aperçus qu'il était nécessaire de trouver une méthode pour déterminer la valeur boulangère du blé sur de petits échantillons. Nous nous sommes arrêtés à la mastication. On sait depuis longtemps que le caractère de gluten que l'on obtient en mâchant quelques grains de blé varie suivant les variétés. Des recherches ont permis de constater que dans les variétés hybrides non fixées, il existe souvent des variations entre les plantes mêmes. L'essai de mastication, en nous permettant de déterminer ces variations au début même des travaux de sélection, nous facilitait grandement nos opérations, et nous donnait un meilleur résultat.

Depuis plusieurs années nous suivons cette méthode qui consiste à mâcher quelques grains de chaque plante-mère choisie. Sans doute on ne saurait affirmer que le caractère du gluten obtenu de cette façon donne une indication infaillible de la valeur boulangère. Mais des essais de cuisson subséquents ont clairement établi que l'épreuve de la mastication est très utile parce qu'elle permet d'éliminer un grand nombre de plantes ou de familles nettement inférieures.

Invariablement, toutes celles qui paraissaient faibles à l'essai de mastication et qui ont été propagées et converties en pain ont donné de mauvais résultats. Sans doute l'épreuve de la panification a parfois démenti les indications favorables de la mastication; néanmoins, cet essai préliminaire s'est montré très utile et a permis de réaliser une économie énorme de temps.

Ces essais de mastication n'excluaient nullement l'épreuve de la panification; c'est pourquoi nous avons jugé nécessaire d'employer un système d'essai de mouture et de panification qui puisse être effectué sur de très petites quantités de blé, afin de déterminer la force boulangère de toutes les variétés nouvelles ainsi que celle des variétés usuelles plus anciennes, dont aucune n'avait été étudiée jusque-là avec l'attention voulue.

Après de longs efforts, nous avons réussi à trouver un procédé de panification satisfaisant qui a donné des résultats dignes de foi dans les limites raisonnables d'erreur possible.

Je n'essaierai pas de donner une description détaillée de l'appareil de mouture et de panification dont je me sers, pas plus que de la manière exacte dont les opérations sont conduites. Qu'il me suffise de dire que nous faisons moudre, dans un petit moulin à cylindres de 500 à 1 000 grammes de blé parfaitement nettoyé. Nous obtenons ainsi une farine de très bonne qualité quoique non pas de la meilleure couleur. Le rendement est ordinairement de 65 à 70 pour 100 du poids du blé.

Pour les essais de panification un appareil spécial a été construit; il se compose d'un coffre à fermentation chauffé à l'électricité dans lequel l'air est presque entièrement saturé de vapeur d'eau, ce qui empêche tout desséchement de la surface de la pâte. Pour le pétrissage on se sert d'une table de laboratoire qui renferme des plaques de verre double. Ces plaques sont légèrement chauffées par une lumière électrique placée dessous. Le four est chauffé à l'électricité et il est facile d'en contrôler la température. On fait généralement des pains d'un très petit volume, car on n'emploie que 50 grammes de farine. Il est nécessaire de procéder de cette façon quand la quantité totale de farine dont on dispose n'est pas considérable, afin que l'on puisse répéter les essais plusieurs fois. Les erreurs expérimentales inévitables sont plus grandes dans les essais de panification que dans la plupart des opérations analytiques et il est rare qu'un seul essai de farine provenant d'une nouvelle variété de blé donne des résultats suffisamment exacts. On fait cuire les pains dans des moules peu profonds, ce qui permet de constater si la pâte a une tendance à se répandre par-dessus les bords.

En déterminant la force d'une farine quelconque on prend en considération les points suivants : 1° quantité d'eau absorbée dans la confection de la pâte; 2° l'eau retenue dans le pain; 3° volume du pain; 4° rapport de la hauteur au diamètre du pain; 5° forme de la croûte; 6° aspect (ou texture) de la pâte. Par ces observations diverses, on obtient, pour la valeur boulangère, un chiffre qui varie généralement entre 70 et 100. Cette expression numérique de la force boulangère semble essentielle quand on doit comparer les résultats de deux années. Sans doute l'opinion diffère quant à l'importance relative des divers chiffres obtenus et dont on déduit la force boulangère, mais il semble qu'il est essentiel de résumer en une expression toutes les qualités du pain. Quand une exactitude plus grande est désirable, par exemple quand on compare entre eux les résultats de plusieurs investigateurs, il est généralement nécessaire de considérer chaque caractéristique séparément, et non d'employer un chiffre pour la force boulangère entière.

Une question se pose naturellement. De quoi dépend la force boulangère d'un échantillon de blé? L'étude systématique de nos variétés commerciales et hybrides établit que la force boulangère dépend principalement de deux causes : la variété et le climat; ce dernier mot couvre également les conditions du sol. On peut dire que chaque variété a son degré caractéristique de force, mais il se produit des fluctuations considérables. Ces fluctuations proviennent des différences de sol et de climat.

Règle générale, nous avons constaté, en comparant deux échantillons d'une même variété, que l'échantillon le plus riche en gluten accuse généralement la valeur boulangère la plus élevée, pourvu que les deux échantillons soient bien mûrs. Mais quand nous comparons des variétés différentes, nous constatons parfois que l'échantillon le plus riche en amidon est celui qui possède la plus haute valeur boulangère. Quelques blés durs, glutineux, ont une valeur boulangère extrêmement faible; d'autres variétés, au contraire, tendres ou féculeuses, accusent une haute valeur boulangère. Ce sont là des cas plutôt exceptionnels, mais il n'y a certainement pas un rapport aussi fixe entre la dureté du blé et sa valeur boulangère que certains investigateurs l'ont prétendu.

Quant à la manière dont le climat et le sol affectent la valeur boulangère, nous ne la connaissons encore qu'imparfaitement. Il semble que moins il y a d'humidité disponible (dans des limites raisonnables) quand la maturation s'effectue, plus le grain contient de gluten et moins il renferme d'amidon. Il semble également que la valeur boulangère ne peut atteindre son maximum de développement que s'il fait chaud pendant la maturation. La température fraîche pendant cette phase paraît avoir un mauvais effet sur la valeur boulangère et les gelées sont désastreuses, même quand le grain est assez avancé pour ne pas se racornir sous l'influence du froid.

Ainsi donc, pour produire du blé qui possède la plus haute valeur boulangère possible, il faut tout d'abord choisir une bonne variété, et la semer dans des conditions telles que lorsque le grain approchera de la maturité il recevra une quantité suffisante, mais non excessive, d'humidité, ainsi qu'une somme généreuse de chaleur.

Après la moisson, il est encore d'autres facteurs qui exercent un effet sur la valeur boulangère, facteurs dont nous devons tenir compte dans nos recherches si nous voulons que nos conclusions aient quelque valeur. Il est évident que le procédé de mouture employé et le pourcentage de farine obtenu, influent sur la valeur boulangère. Pour que les variétés puissent être comparées, il faut donc produire une farine de qualité aussi uniforme que possible; quant au pourcentage de cette farine il variera suivant la forme et les autres caractères du grain. La longueur du temps pendant lequel le blé ou la farine ont été emmagasinés a souvent un effet considérable sur la valeur boulangère. De même cet effet est plus ou moins prononcé suivant que l'emmagasinage a eu lieu avant ou après la mouture. Le grain qui a été emmagasiné accuse presque toujours une valeur boulangère plus élevée et une couleur plus pâle, mais il n'existe pas nécessairement de rapport entre la couleur et la valeur boulangère. Quand on désire connaître exactement l'eau absorbée par la farine dans la fabrication de la pâte, il est évident qu'il faut toujours déterminer la proportion d'humidité présente dans la farine : c'est là un détail que certains expérimentateurs ont négligé. Dans la bonne farine, la proportion d'humidité varie de 8 à 15 pour 100 environ, suivant les conditions dans lesquelles elle a été emmagasinée. Afin de surmonter les difficultés que présentent l'emmagasinage et l'humidité, j'ai établi pour règle, dans l'étude comparative des différentes variétés de blé, de ne panifier que des farines qui ont environ le même âge et qui ont été emmagasinées ensemble dans les mêmes conditions pendant plusieurs semaines. Ces farines contenaient toujours approximativement la même quantité d'humidité. Quand une exactitude absolue était nécessaire, nous faisions des déterminations d'humidité.

Même après avoir pris toutes ces précautions pour obtenir des données exactes sur la valeur boulangère, il reste encore bien des difficultés. Malheureusement, dans la fabrication du pain, il n'existe pas de procédé que l'on puisse prendre pour modèle. Chaque boulanger a une méthode qui diffère légèrement de celle des autres. Les variations dans la durée et dans la température de la fermentation sont très communes et très importantes, mais les différences principales proviennent de l'habitude que l'on a d'ajouter à la farine non seulement de l'eau, du sel et du levain mais d'autres ingrédients tels que les matières grasses, les sucres et l'extrait de malt (ou la farine de malt). Sans doute, on emploie de temps à autre des phosphates et d'autres ingrédients chimiques, mais assez rarement je crois, et nous n'avons pas besoin d'en tenir compte ici. L'expérience a prouvé que tout ingrédient ajouté, produit habituellement un effet semblable sur toutes les farines. Mais on y observe quelques irrégularités et parfois une substance ajoutée produit une amélioration bien nette dans un échantillon et ne donne lieu à aucun changement dans un autre. Pour éviter les complications inutiles, la pâte pour mes essais réguliers de panification, ne contient que de la farine, de l'eau, du levain, du sel et une très petite quantité de sucre (à peu près autant que de sel).

Nous avons ajouté diverses matières grasses dans des expériences spéciales et constaté qu'elles n'agissent pas toutes de la même manière. Les matières grasses d'origine animale telles que le beurre et le saindoux, donnent parfois des pains de meilleur aspect, mais l'emploi d'huile d'arachide a donné des résultats nettement supérieurs peut-être à cause de la présence d'un enzyme. Quoi qu'il en soit l'addition d'environ 2 pour 100 de cette huile à la farine cause généralement une amélioration très sensible dans le volume et la pâte du pain.

Les diverses méthodes de fermentation et de manipulation affectent aussi les farines de différentes manières, mais, bien entendu, il est évident que l'on doit toujours s'efforcer de pousser la fermentation jusqu'au point qui permette d'obtenir la meilleure pâte possible.

On voit, d'après les remarques qui précèdent, que des obstacles insurmontables s'opposent à l'établissement d'une méthode parfaite de panification pour l'essai des farines. Cependant la méthode que j'ai adoptée s'est montrée suffisamment exacte pour tous les cas ordinaires.

Les difficultés que l'on éprouve à atteindre un haut degré d'exactitude dans ces essais de mouture et de cuisson, et la confusion qui résultait de l'emploi, par chaque investigateur, d'une méthode distincte, créée par lui-même à porté dernièrement un certain nombre d'investigateurs américains à former une nouvelle association désignée par le nom de « la Société américaine de technologie de mouture et de panification » (American Society of Milling and Baking Technology). Le but principal de cette société est d'étudier et d'harmoniser les procédés de mouture et de panification afin d'obtenir des résultats plus exacts, et de les présenter sous les mêmes formules, de sorte qu'ils puissent ainsi servir à tous. Peut-être sera-t-il impossible d'éliminer entièrement l'empirisme des essais de panification, mais les méthodes généralement employées à l'heure actuelle sont assurément susceptibles de grandes améliorations.

Nous savons que la valeur boulangère dépend de certains facteurs tels que la variété, le sol, le climat, l'emmagasinage, etc., mais nous n'avons encore qu'une connaissance fort incomplète de la manière dont ces facteurs affectent la composition du blé.

Diverses théories ont été proposées pour expliquer les écarts constatés dans la force boulangère. Règle générale ces théories ne reposent que sur des preuves expérimentales extrêmement faibles, et l'inexactitude de la plupart d'entre elles a été démontrée. On admet généralement que la quantité et la qualité du gluten déterminent la valeur boulangère, mais jusqu'ici nul n'a encore pu préciser la signification exacte de cette expression « qualité du gluten ». L'hypothèse avancée, il y a quelques années, que cette qualité dépendait du rapport entre la gliadine et la gluténine n'a certainement que peu ou point de valeur.

La théorie que le volume de pain dépend principalement de la quantité des éléments qui, dans la pâte, peuvent servir à la nourriture du levain, a été trouvée insoutenable comme proposition générale.

De même, il n'est nullement prouvé que la proportion de sels minéraux contenus dans la farine exerce une forte influence sur la valeur boulangère, quoiqu'il puisse se faire que ce soit là un des facteurs contrôlants.

Une théorie que l'on vient d'avancer récemment c'est que la valeur boulangère est intimement liée à la proportion de composés d'azote organique présents dans la farine et solubles dans l'eau. Ceci reste à étudier.

On étudie depuis plusieurs années, dans les laboratoires d'Ottawa, les effets de l'emmagasinage. On a constaté que l'emmagasinage prolongé du blé et de la farine, dans des conditions favorables, produit fréquemment une amélioration prononcée dans la valeur boulangère. L'étendue de cette amélioration varie beaucoup, mais elle se manifeste généralement dans presque tous les caractères du pain. Elle est plus rapide quand on conserve la farine que quand on conserve le grain. Dans les exemples les plus frappants, l'amélioration dans la force boulangère, après douze mois d'emmagasinage sous forme de farine, a été suffisante pour faire passer la farine du groupe presque le plus faible au groupe le plus fort. Contrairement à la supposition commune, je n'ai pas encore observé de cas bien évidents de détérioration de force boulangère après un emmagasinage fait dans des conditions raisonnables, et cependant j'ai fait du pain avec du blé qui avait sept ans et demi et avec de la farine qui avait trois ans et quart. Ces deux échantillons avaient une légère odeur non désirable, peut-être à cause de la rancidité de la matière grasse naturelle, mais je n'ai constaté aucune perte de force boulangère.

Il est clair que la constitution chimique de la farine n'est pas altérée par l'emmagasinage, sauf sous certains rapports limités. Nous avions donc l'espoir que des essais et des analyses répétés des matériaux emmagasinés nous fourniraient des renseignements précieux sur la cause de la force boulangère. Ces espoirs n'ont pas été entièrement réalisés. Des analyses chimiques soigneusement effectuées de temps à autre, pour faire suite aux essais de panification, ont révélé certains changements dans la constitution des matériaux emmagasinés mais à peine suffisants, semble-t-il, pour expliquer l'amélioration remarquable de la force boulangère observée dans certains cas. Nous poursuivons ces recherches dans l'espoir d'obtenir de nouveaux résultats d'un caractère plus définitif.

Cette altération de la valeur boulangère, due à l'emmagasinage du blé et de la farine, constitue un nouvel obstacle pour l'investigateur qui cherche à obtenir des déterminations absolument exactes de la valeur d'une farine. Règle générale, mes essais de panification se font vers la mi-hiver; et je me sers du blé de l'année qui a été moulu en décembre. Tout en étant assez satisfaisant au point de vue pratique, ce système présente toutefois des objections sérieuses quand il s'agit d'étudier le problème de la transmission de la valeur boulangère. Actuellement il nous est absolument impossible de répondre à cette simple question. A quel moment après la récolte doit-on faire les essais de panification? Peut-être ces essais devraient-ils être différés jusqu'à ce que les échantillons (blé ou farine) aient été emmagasinés assez longtemps pour atteindre la plus haute force boulangère possible. Il faudrait pour cela plusieurs années d'emmagasinage pour le grain entier. Il est tout à fait arbitraire de choisir une autre époque pour l'épreuve des échantillons, mais on est obligé de le faire pour des raisons pratiques.

J'ai cru bon de vous exposer longuement les difficultés que l'on rencontre dans la détermination de la valeur boulangère et le manque de connaissances précises sur la nature de cette valeur afin que vous puissiez bien vous rendre compte de la complexité du problème que nous avons à résoudre. Vous voyez également combien il est important, quand on étudie la transmission de la valeur boulangère, de ne former des conclusions qu'après une longue et minutieuse série d'essais. Si je me suis bien fait comprendre, vous ne serez pas surpris de m'entendre dire que nous ne savons encore que très peu de choses sur ce sujet, et que nous n'avons encore obtenu, en ce qui le concerne, aucune donnée importante d'ordre général.

Quelques investigateurs, se basant sur un nombre très faible d'expériences, ont avancé cette théorie que la force boulangère est transmise comme une unité de caractère mendelien. Il est peu probable que l'on eût émis cette idée si l'on avait fait une nombreuse série d'essais de panification. Il suffit de poursuivre pendant quelque temps l'étude de ce sujet pour s'apercevoir que la force boulangère dépend de nombreux facteurs, et que si elle est transmise de la manière mendelienne c'est plutôt comme un groupe de caractères mendeliens et non pas comme une simple unité. Si nous considérons la faiblesse des preuves avancées en faveur de l'idée de la transmission de la force boulangère comme unité simple, je crois qu'il est inutile de la réfuter. Je pourrais dire cependant que certaines de mes expériences donnent des preuves très fortes et très positives contre elle. J'ai fait cuire plusieurs variétés hybrides produites en croisant les blés très forts, Fife blanc et Fife rouge, avec une variété faible du nord de la Russie, et j'ai constaté que la force boulangère des espèces hybrides occupe généralement une position intermédiaire entre les deux parents. Ces essais ont été répétés à maintes reprises et ils ont été effectués principalement avec des espèces très bien sélectionnées et très bien fixées, et propagées de plantes seules, dont la sélection avait été faite plusieurs années après que les croisements avaient été accomplis. Ces espèces étaient remarquablement uniformes sous tous les rapports visibles, et ce serait folie de supposer que presque toutes étaient des hétérozygotes au point de vue de la force boulangère seule.

Dans l'échelle de points dont je me sers pour désigner la force boulangère (et dans laquelle soixante-quinze indique faible, quatre-vingt-cinq moyenne, et quatre-vingt-quinze très forte) le Fife rouge et le Fife blanc ont été généralement classés entre quatre-vingt-dix et cent. Le blé russe précoce dont j'ai parlé a obtenu soixante-quinze en deux saisons différentes et le pointage des variétés hybrides a généralement varié des quatre-vingts à quatre-vingt-dix, à peu près à mi-chemin entre les deux parents, mais parfois il a été plus élevé, surtout pour certaines des sélections qui avaient été faites d'après l'essai de mastication. Ces rapports étaient particulièrement clairs quand les échantillons essayés avaient tous été cultivés dans des conditions semblables. Un mélange, en parties égales, de farine d'un des parents forts et de farine d'un des parents faibles accuse une similarité remarquable à la farine des espèces hybrides qui avait été cuite en même temps. Une seule variété hybride de cette parenté se trouve dans le groupe le plus élevé pour la valeur boulangère, et approximativement égale au parent fort. Tout probablement certaines d'entre ces variétés qui ont été rejetées à l'essai de mastication auraient donné en boulangerie les mêmes résultats que le parent faible, mais le fait le plus significatif c'est que la majorité des blés qui ont été essayés avait une valeur intermédiaire.

Bien entendu les preuves que nous donnons ici ne sont pas concluantes. Pour que les preuves soient à peu près parfaites, il aurait fallu propager une série de familles de chacune des plantes employées comme parents et faire des essais de panification de chaque famille afin de prouver que les parents employés étaient des homozygotes pour ce qui est de la force boulangère. Il aurait fallu en outre répéter cette opération sur plusieurs plantes de chacune des variétés hybrides panifiées. Cette recherche aurait entraîné une quantité énorme d'un travail qui aurait été à peine justifié.

La plupart des croisements que j'ai effectués étaient entre les blés de haute valeur boulangère et les blés faibles ou relativement faibles. Cependant, d'autres combinaisons ont été effectuées. Dernièrement, certains croisements ont été faits entre deux variétés, dont toutes deux ont une haute valeur boulangère, et certains croisements entre différentes familles de la même variété. Les essais de panification des familles fixées et sélectionnées de ces croisements nous fourniront peut-être quelques indications sur le problème de la transmission de la force boulangère.

Les résultats pratiques des travaux effectués en ces dernières années à Ottawa sont très satisfaisants. Sur un grand nombre de blés hybrides hâtifs sélectionnés avec soin, plante par plante, jusqu'à ce que toutes les variations visibles eussent été éliminées, j'ai boulangé environ cent cinquante espèces dont la majorité (mais non la totalité) avait été choisie parce qu'elles avaient fait preuve d'une bonne qualité de gluten à l'essai de mastication. Nous nous occupons actuellement de fixer et de propager un grand nombre d'autres espèces, qui seront prêtes pour la boulangerie dans quelques années. Sur celles qui ont été essayées jusqu'ici, environ cinquante ont été classées dans la première catégorie pour la valeur boulangère et vingt sur ces cinquante étaient exceptionnellement bonnes, supérieures à l'étalon habituel pour le Fife rouge. Huit de ces blés ont été cultivés cette année dans les provinces du Manitoba et de la Saskatchewan et se sont montrés bien adaptés aux conditions qui règnent dans ces provinces. Nous déterminerons de nouveau, l'hiver prochain, la valeur boulangère du produit donné cette saison par ces variétés, avant de décider finalement lesquelles d'entre elles doivent être propagées pour la distribution.

Dans nos efforts pour produire de nouvelles variétés de blé de la plus haute valeur boulangère, nous nous sommes heurtés à des difficultés sérieuses et la proportion d'espèces utiles n'a pas été aussi forte que l'on aurait pu croire; toutefois nous en avons beaucoup plus qu'il ne nous est nécessaire et nous souffrons plutôt d'un excès que d'un manque de bons matériaux.

Il est évident que parmi les nouvelles variétés qui ont été produites, plusieurs seront très utiles dans les grandes superficies à blé des régions septentrionales du Canada, en permettant au cultivateur d'éviter les gelées et de produire de bonnes récoltes de blé de la plus haute valeur boulangère possible et propres à obtenir des prix élevés sur les marchés de l'ancien monde.

Il semble bien établi que la valeur boulangère n'est pas transmise d'une manière simple, mais un fait encourageant pour l'investigateur pratique c'est que, grâce à l'épreuve de la mastication dans les premières phases de la sélection, et aux essais de panification plus tard, il peut obtenir des variétés hybrides qui possèdent en entier la valeur boulangère du parent le plus fort et également quelques caractéristiques désirables dérivées de l'autre parent.

Au point de vue scientifique, il est à regretter que nous n'ayions pas des connaissances plus exactes sur la manière dont la valeur boulangère est transmise. Dans mes travaux, cependant, il était plutôt nécessaire de chercher des résultats de valeur pratique immédiate que d'essayer d'établir des principes ou de découvrir les lois fondamentales de transmission. Bien des occasions de faire des constatations scientifiques ont été perdues à cause de la pression d'autres travaux et bien des échantillons ont été rejetés avant d'être examinés complètement parce que nous nous sommes aperçus qu'ils ne pouvaient avoir aucune utilité pratique pour le cultivateur. Il me semble, cependant, que les renseignements recueillis sont à noter, même s'ils contribuent peu à l'élucidation des lois sur lesquelles reposent les problèmes complexes que présente la production des blés de haute valeur boulangère.

ON THE PRODUCTION OF VARIETIES OF WHEAT POSSESSING A HIGH DEGREE OF BAKING STRENGTH

SUMMARY

For more than twenty years, experiments have been continued at the Experimental farms established by the Government in different parts of the country, with the aim of producing, by hybridization and selection, early varieties of wheat with a high degree of " strength ", suitable in particular for the prairies of the North where the summer is very short. The most popular variety of wheat in Canada, Red Fife, gives very satisfactory results, and always obtains a good price. Unfortunately this variety is a little late for certain regions of Canada. All the early wheats which have been imported have been failures, and hybridization has been resorted to, in order to obtain varieties possessing the desired qualities.

In the crosses made with the object of producing wheats with the required strength, selection has necessarily been carried on by means of the mastication test, in which a few grains from the plant are masticated, and the ball of gluten thus obtained is examined. By this method an approximate idea of the baking qualities of the flour is obtained. The individuals selected are further tested, as soon as possible, by baking trials. Special methods have been adopted with a view to rendering these tests more reliable. Records are made of the characters of the bread, (weight, volume, etc.), and from these records a number expressing the baking value is deduced. In these trials it is not possible to obtain completely reliable results but they may to a large extent be depended on, if an average is taken from several tests.

The baking value of the principal Canadian wheats has been determined by this method and also that of a large number of new varieties obtained by hybridization. Among these last, some early varieties possessing good baking qualities will be valuable wheats for Canada.

The idea that strength is a simple mendelian character cannot be held, after studying a long series of flours produced from wheats of which the genealogy is known.

" Strength " depends on numerous factors and is extremely complex; the inheritance of this character is still far from being completely understood.

M. Blaringhem. — Je désirerais demander à M. Saunders si, dans ses essais, il a constaté une séparation en deux types, certains très tardifs et devant être semés aux environs de Paris avant l'hiver, et même tôt à l'automne, et d'autres très précoces.

J'ai fait quelques épreuves de blés du Canada jugés " strong " par les minotiers. Certains sont tellement tardifs que, semés en novembre, ils n'ont pas muri en juillet; d'autres sont tellement précoces que, semés le 20 mai de cette année, ils ont mûri le 4 août. Il n'y a donc pas d'intermédiaires et je voudrais savoir si M. Saunders a constaté dans les blés du Canada cette distinction en types à végétation très lente et types très précoces.

M. SAUNDERS. — Nous avons au Canada les blés d'automne et les blés de printemps; mais les blés d'automne ne sont pas l'objet d'une grande culture. Les variétés dont j'ai parlé étaient des blés de printemps. Semés vers la fin d'avril ils mûrissent du 20 juillet au 15 août. Beaucoup de ces variétés ne pourraient pas strictement être classées dans les groupes hâtifs ou dans les groupes tardifs. Il y en a qui appartiennent aux deux groupes, mais il y en a également beaucoup d'autres intermédiaires.

M. BLARINGHEM. — Je voudrais encore demander à M. Saunders si les hybrides qu'il a obtenus sont suffisamment stables pour pouvoir être répandus dans la grande culture.

M. SAUNDERS. — Il n'a pas été très difficile de produire des types à caractères fixes, et, dans toutes les expériences que nous avons faites, nous n'avons observé que très peu de tendance à la variation, lorsque ces nouveaux blés ont été transportés dans d'autres parties du Canada. Règle générale, il faut quatre, cinq ou six ans après l'hybridation pour faire des sélections possédant des caractères fixes.

SUR UN HYBRIDE FERTILE ENTRE TRITICUM SATIVUM ♀ (BLÉ MOLD-SQUAREHEAD) ET SECALE CEREALE ♂ (SEIGLE DE PETKUS) [1]

Par le Dᵣ F. JESENKO

Vienne (Autriche).

En 1875, Wilson présenta à la Société Botanique d'Édinbourg les tiges de deux plantes qu'il avait obtenues par croisement de blé et de seigle. Le produit obtenu était complètement stérile : les anthères étaient mal développées et contenaient peu de grains de pollen incomplètement formés. Ce fut le premier croisement, à notre connaissance, qu réussit entre blé et seigle.

Dᵣ F. JESENKO.

En 1882, à New-York, Carmen croisa le blé Armstrong ♀ avec un seigle ♂. Il obtint un hybride qui n'était pas complètement stérile et qui donna 15 graines possédant leur faculté germinative. Ces graines donnèrent des plantes présentant le caractère du blé, mais qui cependant, à certains points de vue, ressemblaient au seigle. Cette seconde génération donna un certain nombre de bonnes graines qui, semées, donnèrent des plantes à caractère seigle et étaient prises pour tel par des spécialistes. Ce qu'il advint de la descendance de ce croisement n'est pas connu. Rimpau en a bien encore, en 1890, semé quelques graines venues de Schribaux, mais les plantes adultes avaient toutes les caractères de l'Armstrong, et ne montraient aucune trace de seigle.

Rimpau fit lui-même, en 1888, des essais de croisement entre blé et seigle (Sächsischer Landweizen ♀ × Schlanstedter Roggen ♂) et obtint, comme il ressort de la description et de la figure de sa " Kreuzungs produkte landwirtschaftlicher Kulturpflanzen " sans aucun doute un hybride blé-seigle. Celui-ci était en partie fertile et donna 15 graines capables de germer. Des 15 plantes provenant de ces 15 graines, 5 étaient du type blé square-head, les 12 autres montraient le caractère de l'hybride obtenu l'année précédente. La figure accompagnant la description de Rimpau montre un épi long, étroit de l'hybride F_1 avec des épillets multiflores et l'hybride F_2 avec des épis considérablement plus forts et des épillets beaucoup plus grands que n'en montre le F_1.

Ni dans les croisements de Wilson, ni dans ceux de Carmen, on ne sait comment la seconde génération s'est formée. Probablement par fécondation étrangère, car, comme nous le verrons plus tard, l'autofécondation de l'hybride blé-seigle (F_1) n'est possible que par une opération exécutée sur les anthères. Il est également à se demander si Rimpau essaya de réaliser l'autofécondation artificiellement; en tout cas, il n'en parle pas expressément et termine son

---

1. Communication faite à la seconde séance de la Conférence.

exposé par ces mots : " Nun bin ich aber keineswegs sicher, dass diese Pflanzen, welche dem ersten Bastard von Weizen und Roggen völlig ähnlich waren, bis auf etwas grössere Fruchtbarkeit, reine aus Sichselbstbefruchtung hervorge-

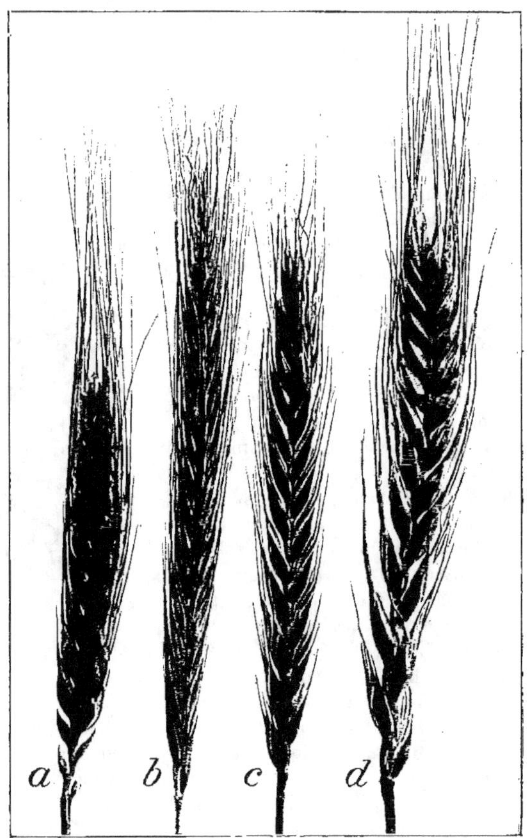

Fig. 1. a Mold-Squarehead, b Seigle de Petkus, c hyb. F₁, d hyb. F₂.

gangene Nachkommen dieses Bastardes waren, vielmehr liegt die Möglichkeit vor, dass sie einer natürlichen Befruchtung des Bastardes entstammten, mit Pollen der drei Pflanzen (sächsischer roter Landweizen), welche unmittelbar daneben gezogen wurden. Es könnte also möglich sein, das Weizen × Roggen-Bastard bei Bestänbung mit dem eigenen Pollen völlig unfruchtbar, dagegen mit Weizen — (vielleicht auch Roggen --) Pollen fruchtbar ist ".

En 1890, Rimpau entreprit encore une fois le même croisement blé-seigle avec un plus grand nombre de fleurs, mais il ne fit rien savoir de ce qu'il en advint.

Cependant la descendance de l'hybride blé-seigle de Rimpau est encore cultivée aujourd'hui dans quelques stations agronomiques. A l'Institut agronomique de Vienne on cultive tous les ans une forme barbue et une forme sans

Fig. 2. Comme dans la fig. 1. — Sur quelques épillets des hybrides F₁ et F₂ l'écartement des glumelles est visible.

barbes (fig. 5) qui, apparemment, paraissent constantes. Elles sont bien semblables au blé, cependant, il n'est pas difficile de les différencier du blé pur à leurs épis longs et peu serrés, par leurs glumes très ouvertes pendant la floraison et à leur moins grande fécondité.

Les graines mûres ne sont jamais aussi pleines et aussi glabres que les graines de blé, mais toujours plus ou moins ridées.

Pendant ces dernières années, des croisements blé-seigle ont été fréquemment faits et non sans succès (Schliephacke, Miczynski, Signa), mais les produits obtenus, autant que je sache, restèrent stériles. Depuis 1905, Tschermak cultive annuellement des hybrides entre différentes variétés de blé et de seigle, mais ils ne portent aucun fruit à la défloraison.

Les fécondations des hybrides F_1 avec du pollen de blé et de seigle entreprises par E. v. Tschermak durant de nombreuses années restèrent sans succès, d'où l'on doit conclure que la stérilité des hybrides blé-seigle résulte non seulement de la défectuosité du sexe mâle, mais vraisemblablement elle doit tenir aussi d'une malformation quelconque du gynécée.

En 1909, j'ai croisé différentes variétés de blé et de seigle dans le but d'acquérir des matériaux pour des recherches microscopiques sur les organes végétatifs et reproducteurs des hybrides blé-seigle.

Le croisement entre Mold-Squarehead et seigle de Petkus, réussit. J'ai récolté une graine qui me donna l'année suivante un indubitable hybride. La plante était plus haute que le Mold-Squarehead, cependant quelque peu plus basse que le seigle de Petkus, elle épia plus tôt que le blé et la floraison en fut aussi plus précoce. Les feuilles vert sombre rappelaient le seigle, les épillets multiflores, le blé, tandis que la forme longue et étroite des épis, des épillets et des glumes nous renvoyait de nouveau au seigle (fig. 1 et 2). Les glumes, chez le seigle, membraneuses et à une seule nervure, étaient, dans l'hybride, à plusieurs nervures, pennées et dentées, comme à peu près les glumelles du seigle, et se terminaient par une courte barbe, au lieu, comme dans le blé d'une courte pointe courbée vers l'intérieur. La glumelle de l'hybride ressemblait à la glume, mais portait une bien plus longue barbe que celle-ci (fig. 4). La longueur à peu près égale des barbes de tous les épillets chez le seigle se retrouve dans l'hybride, tandis que dans le « Mold Weizen » les barbes des épillets supérieurs sont constamment plus longues que celles des inférieurs. Le fuseau est étroit et seulement un peu plus fortement ondulé que dans celui du seigle, mais il est aussi beaucoup plus faiblement pubescent que ce dernier, et par là se rapproche de nouveau du blé. Avant tout, les épillets montrent, au premier coup d'œil, une ressemblance bien prononcée avec celle du blé ; mais, après une analyse plus minutieuse, on trouve cependant un certain nombre de signes caractérisant le seigle.

A la floraison, les glumes de l'hybride s'écartent beaucoup les unes des autres et restent 6 à 8 jours dans cette position. Un aussi fort écartement se produit d'ordinaire seulement dans les glumes du seigle, dont l'angle d'ouverture

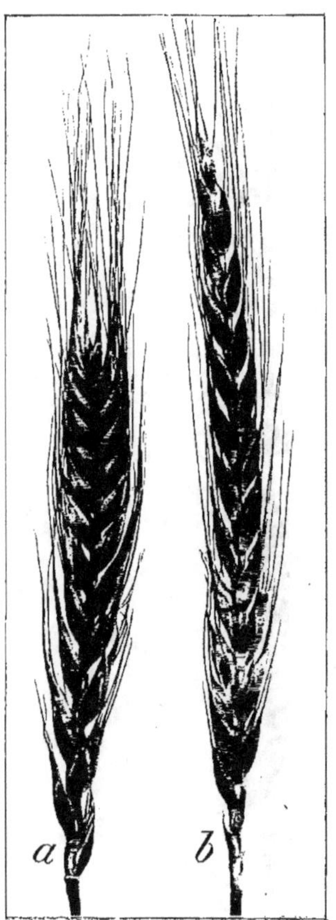

Fig. 5. *a* hybride F_2, *b* la forme barbue du croisement blé × seigle de Rimpau.

va jusqu'à 45°. L'angle d'écartement dans l'hybride blé-seigle atteint 50 à 40°,
tandis que celui du Mold Weizen est rarement plus grand que 25 à 30°.

Les anthères de l'hybride étaient plus de moitié plus courtes que celles du

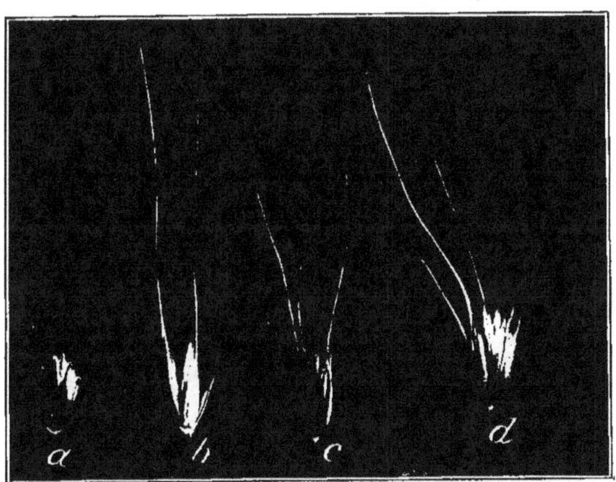

Fig. 4. Épillets. — *a* Mold-Squarehead, *b* hybride F₁, *c* Seigle de Petkus, *d* hybride F₂.

seigle, très étroites, rougeâtres au sommet *et ne s'ouvraient jamais d'elle-même*.
De beaucoup de centaines d'anthères mûres de l'hybride blé-seigle, qui furent
examinées, je n'en ai trouvé aucune
qui se soit ouverte d'elle-même pour
laisser sortir le pollen, et même quand
les anthères étaient déjà complètement
desséchées, il ne se forma aucune
déhiscence. Pour avoir du pollen, les
anthères durent être incisées avec des
aiguilles, et leur contenu vidé sur une
plaque de verre.

A l'examen microscopique, ce
pollen présentait un si mauvais aspect
que la possibilité de fécondation avec
ce pollen était minime (fig. 11).

La plus grande partie du contenu
des anthères consistait principalement
dans des produits sans forme, que
l'on pouvait à peine prétendre être du
pollen ; parmi eux se trouvaient seulement quelques grains de pollen isolés, ronds, mais qui, en comparaison
avec des grains normaux de pollen

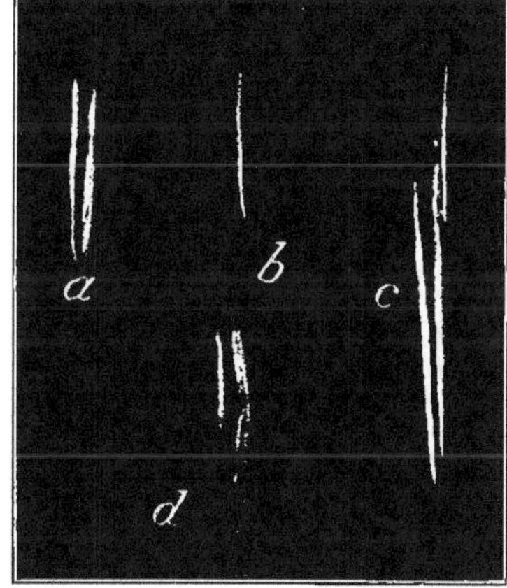

Fig. 5. Anthères. — *a* Mold-Squarehead, *b* hybride F₁,
c Seigle de Petkus, *d* hybride F₂.

de blé, étaient très petits et transparents comme du verre.

Dans l'eau, les petits grains ronds gonflèrent quelque peu, mais ils n'écla-
tèrent et ne se vidèrent cependant pas, comme cela se produit constamment

dans les grains fertiles de pollen de blé et de seigle, lorsqu'ils sont mis dans l'eau.

Des essais de germination avec le pollen de l'hybride dans une goutte d'une solution sucrée ne donnèrent aucun résultat satisfaisant. Après répétition des essais, j'ai réussi à constater au moins un commencement de germination du pollen hybride sur les stigmates. Dans l'espérance que la possibilité de fécondation avec le pollen de l'hybride n'était, par suite, pas tout à fait exclue, toutes les fleurs de 4 épis dans l'hybride F₁ furent fécondées avec le

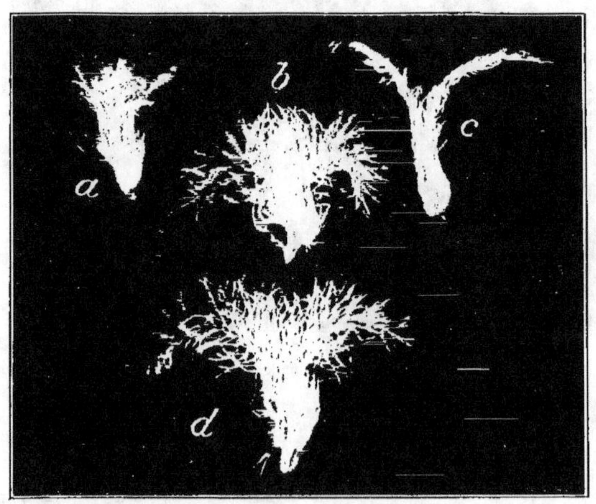

Fig. 6. Gynécée. — *a, b, c, d, idem.*

pollen ainsi préparé. Le 5ᵉ épi restant fut fécondé avec le pollen du Mold-Squarehead.

De toutes les fleurs de l'hybride fécondées avec leur propre pollen, il ne sortit qu'une graine unique; l'épi fécondé avec du pollen de blé resta stérile.

La plante hybride fut isolée des autres céréales pendant toute la durée de la floraison, dans une serre froide, pour éviter toute fécondation étrangère. Comme également la fécondation du 5ᵉ épi fut faite avec la plus grande attention, je peux donc admettre que ce grain unique est réellement issu de l'autofécondation artificielle.

La graine était faible et quelque peu ratatinée, elle germa cependant et donna dans la période de végétation suivante une forte plante. Elle épia le 10 juin et était, une fois complètement poussée, presque aussi haute qu'une plante de seigle.

La couleur claire des feuilles ressemblait plutôt au blé; l'épi était long, très fort, peu serré dans la moitié inférieure, correspondant vers le haut au type squarehead d'une façon plus accentuée (fig. 1 et 2).

Les épillets multiflores étaient à peu près moitié aussi larges que longs, tandis que ceux du Mold-Squarehead ne sont pas beaucoup plus longs que larges.

Les glumes étaient courtement barbues comme dans l'hybride F₁, les glumelles de la partie supérieure de l'épi avaient de plus longues barbes que celles du bas. A la floraison les glumes s'écartent jusqu'à 40° et restent plusieurs jours dans cette position, comme dans F_1. Le gynécée était remarquablement développé (fig. 6). Les anthères étaient plus courtes que celles du seigle, mais surpassaient celles du froment en longueur et largeur et *s'ouvrirent à la maturité d'elles-mêmes*(fig. 5).

L'apparence des grains de pollen était intéressante, comparée à celle de ceux de l'hybride F_1. La plupart étaient bien formés, mais de différentes grandeurs. Quelques-uns même étaient aussi forts que les grains nor-

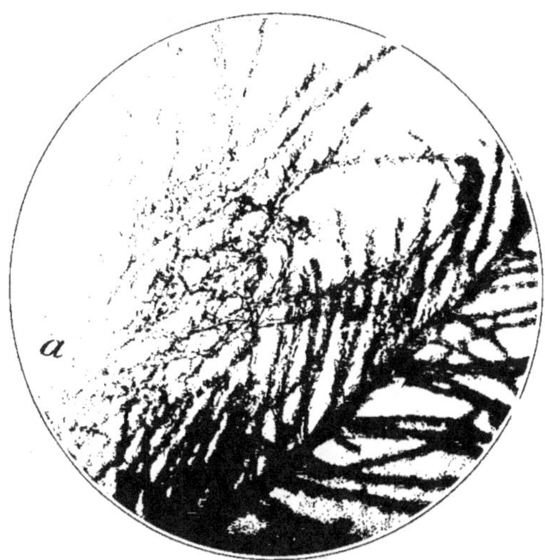

Fig. 7. Stigmates. — *a* Mold-Squarehead. *b* Seigle de Petkus.

maux du pollen de blé, d'autres remarquablement petits, tous cependant ronds et pas elliptiques comme ceux du seigle (fig. 12). Aussi les petits grains attiraient l'eau si fortement que, mis dans une goutte d'eau, ils éclataient en général bientôt. La fécondité ne fut aucunement normale, mais cependant assez bonne.

D'un épi, je récoltai 40 graines; en tout, de 7 épis, 125 graines; quelques douzaines d'ovaires furent du reste, dans un but de recherches cytologiques, déjà rompues avant la maturité.

Les graines de

Fig. 8. Stigmates. — *a* Hybride F_1. *b* Hybride F_2.

l'hybride F_2 étaient bien formées et presque aussi longues que celles de seigle, leur couleur cependant rappelait le blé.

Ci-dessous quelques remarques caractéristiques, physiologiques, ainsi que morphologiques du Mold-Squarehead, du seigle de Petkus, de l'hybride F₁ et de l'hybride F₂, mises côte à côte.

En 1911 épia :

Mold-Squarehead	le 12 juin.
Seigle de Petkus	le 10 mai.
Hybride F₁	le 9 juin.
Hybride F₂	le 10 juin.

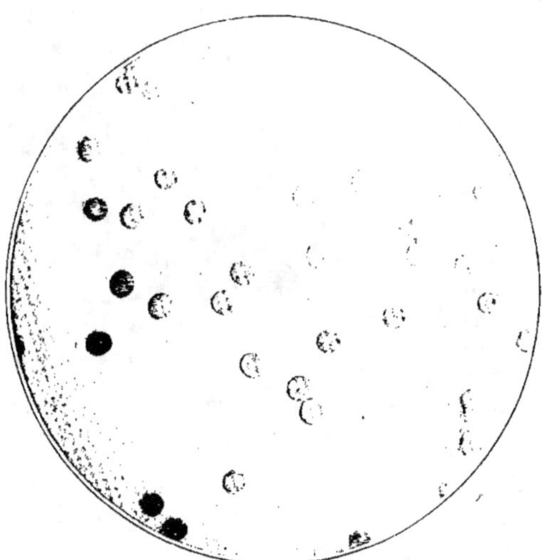

Fig. 9. Pollen de blé (Mold-Squarehead).

L'époque de floraison en 1911, a eu lieu :

Mold-Squarehead	le 17 juin.
Seigle de Petkus	le 21 mai.
Hybride F₁	le 15 juin.
Hybride F₂	le 16 juin.

L'épiaison, aussi bien que la floraison des hybrides F₁ et F₂, ont eu lieu 2 à 3 jours avant celles du blé. Ils prennent ainsi une position intermédiaire entre le blé et le seigle.

La longueur des chaumes des hybrides F₁ et F₂ surpassait — en moyenne — celle du blé, mais ils n'atteignaient cependant pas la hauteur du seigle.

La longueur des épis :

Mold-Squarehead (longueur moyenne des épis de 5 plantes)							$= 7^{cm},1$
Le seigle de Petkus («	«	«	«).				$= 9^{cm},4$
Hybride F₁	—	—	$8^{cm},3$	$8^{cm},5$	$8^{cm},5$	9^{cm}	$9^{cm},4$ = $8^{cm},7$
Hybride F₂	—	—	8^{cm}	$8^{cm},8$	9^{cm}	10^{cm}	$10^{cm},1$ = $9^{cm},1$

Le nombre des épillets des deux côtés de l'axe :

Mold-Squarehead (nombre moyen des épillets de 19 épis) (5 plantes). . . . . $\frac{11}{12}$

Le seigle de Petkus, 17 épis, 5 plantes. $\frac{17}{18}$

Hybride F$_1$ $\frac{7}{8}$, $\frac{15}{14}$, $\frac{14}{16}$, $\frac{15}{16}$, $\frac{16}{16}$ . . . . $\frac{15}{14}$

Hybride F$_2$ $\frac{10}{11}$, $\frac{11}{12}$, $\frac{12}{15}$, $\frac{13}{14}$, $\frac{13}{14}$, $\frac{15}{14}$ $\frac{15}{14}$ . . . . $\frac{12}{13}$

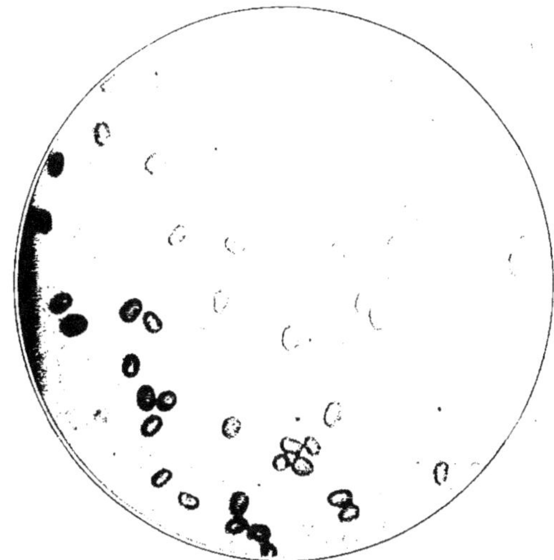

Fig. 10. Pollen de seigle (Seigle de Petkus).

Grandeur de l'angle d'écartement :

Mold-Squarehead. . . . . 25⁰ — 55⁰
Seigle de Petkus. . . . . 50⁰ — 45⁰
Hybride F$_1$. . . . . 50⁰ — 40⁰
Hybride F$_2$. . . . . 50⁰ — 40⁰

On voit, qu'un certain nombre des caractères morphologiques et physiologiques des hybrides F$_1$ et F$_2$ sont intermédiaires entre le blé et le seigle — l'hybride F$_1$ se rapprochant plus du seigle que le F$_2$.

Le blé est, comme on le sait, rarement attaqué par l'ergot (*Claviceps purpurea*), tandis que cette maladie des ovaires est très répandue chez le seigle. L'ergot ne s'établit pas justement sur le seigle par suite d'une disposition spécifique et physiologique de cette plante, mais bien, parce qu'au moment de la floraison, les glumes du seigle sont largement ouvertes, ce qui facilite l'infection. Ces mêmes conditions (glumes largement ouvertes), nous les rencontrons aussi dans l'hybride F$_1$ et F$_2$. Réellement j'ai trouvé sur 2 hybrides F$_1$ (Theissweizen × Schlanstedter Roggen) cultivés en pleine terre une quantité de fleurs ergotées.

Des 125 graines de l'hybride F_2 cultivées en pleine terre, la moitié n'a pu passer l'hiver. Le Seigle de Petkus cultivé à côté n'a pas souffert, tandis que dans le Mold-Squarehead, sur la même planche, 80 % des plantes n'ont pu résister.

Intéressante est la tendance des hybrides F_1 et F_2 à être vivaces. En 1910, après que les tiges mûres de l'hybride F_1 furent enlevées, la plante continua à pousser, passa l'hiver et donna en été 6 fortes tiges avec plusieurs rejetons, et aujourd'hui encore poussent de nouvelles tiges. Également l'hybride F_2

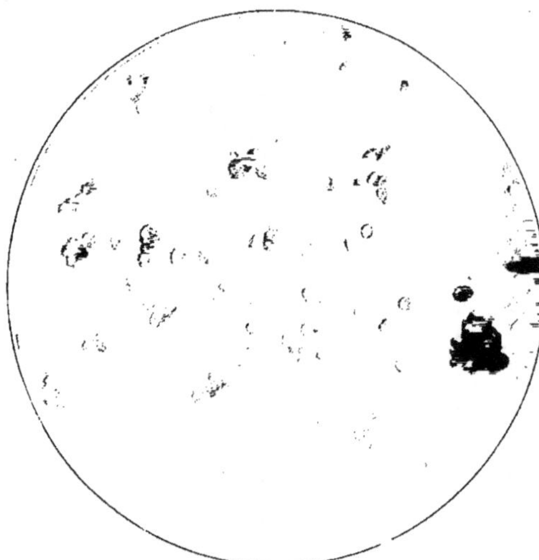

Fig. 11. Pollen de l'hybride F_1.

put passer l'hiver 1911-1912; en automne, après avoir enlevé les tiges, il se mit de suite à repousser.

Il sera ainsi possible maintenant de cultiver côte à côte: les parents originels, Mold-Squarehead et Seigle de Petkus, la génération F_1 (1 plante), la génération F_2 (1 plante) et la génération F_3 (62 plantes).

Le croisement en question fut cultivé pendant l'été dernier en même temps que d'autres croisements, blé ♀ ✕ seigle ♂ et seigle ♀ ✕ blé ♂, sur une très grande échelle afin de pouvoir me procurer, en seconde génération, un

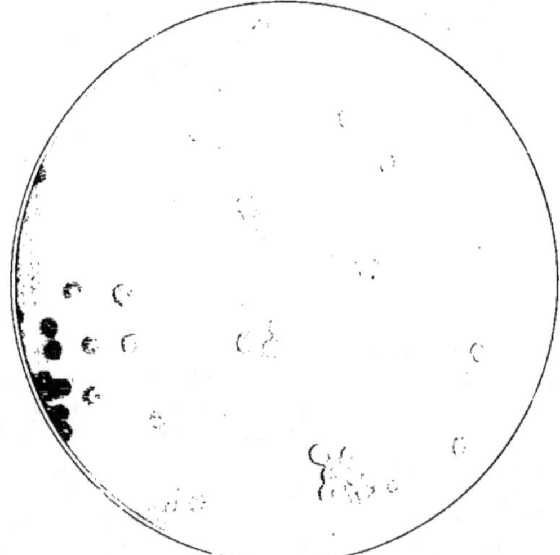

Fig. 12. Pollen de l'hybride F_2.

nombre considérable de plantes, en vue de continuer mes recherches sur ces hybrides d'espèces.

ON A FERTILE HYBRID BETWEEN TRITICUM SATIVUM (MOLD-SQUAREHEAD WHEAT) WITH SECALE CEREALE (PETKUS RYE)

SUMMARY

The author describes various cases in which the cross between wheat and rye has been previously made. Rimpau, in 1888, succeeded in obtaining a hybrid which produced some seed. Of recent years the cross has been frequently made with success, but the hybrids obtained have been sterile.

In 1909, the author crossed several varieties of wheat and rye, and obtained a hybrid from the cross Mold-squarehead wheat Petkus rye. The hybrid was intermediate in height between the two parents; it flowered earlier than the wheat. The dark green leaves, long and narrow ears, spikelets, and glumes recalled the rye parent. The spikelets bore a superficial resemblance to the wheat type, but a careful examination showed many characters derived from rye. The anthers were remarkable in that they did not dehisce. Several hundreds of anthers were examined, and not one was found to have dehisced; in order to obtain pollen, these anthers were pricked with a needle. Examined microscopically, the pollen appeared shrivelled and formless except for an occasional round grain. Attempts were made to germinate the pollen in a drop of sugar solution, and after repeated efforts, one grain was found to have begun to germinate on the stigma. Four ears of the hybrid were then fertilized with his own pollen, and one ear with pollen from Mold-squarehead wheat.

Only one grain was obtained, from a selfed ear, and from this was raised a strong F_2 plant. This plant differed from its parent considerably. It was nearly as tall as rye, but the pale green foliage resembled wheat foliage. The glumes in many respects resembled the F_1 plant. The anthers *dehisced at maturity*, and the pollen was generally well formed though variable in size. The plant was somewhat sterile, but 62 plants of F_3 were raised.

Owing to the interesting fact that the F_1 and F_2 plants are proving themselves to be perennial, it will be possible to grow F_1, F_2 and F_3 at the same time, and to compare them with each other.

FIXITÉ DES RACES DE FROMENT [1]

Par **Philippe de VILMORIN**
Verrières-le-Buisson (Seine-et-Oise).

On a souvent prétendu que l'influence du climat avait une action modificatrice sur les variétés de froment. J'ai toujours été opposé à cette façon de voir et les nombreuses expériences que j'ai faites ont toujours prouvé que si le climat a réellement une influence sélective, c'est par la suppression des formes inaptes, et qu'il ne peut pas conférer l'aptitude; en d'autres termes, que l'acclimatation n'existe pas au sens qu'on lui attribue généralement, c'est-à-dire comme une habitude lentement acquise sous l'influence des conditions extérieures. C'est un sujet sur lequel je reviendrai plus longuement. Pour le moment, je veux présenter seulement un fait à l'appui de mes assertions.

Dans le tiroir d'un meuble qui se trouvait autrefois dans le laboratoire de mon grand-père Louis de Vilmorin nous avons trouvé une collection d'épis représentant les types des blés cultivés de son temps. Ces épis, heureusement en parfait é'at de conservation, sont étiquetés de sa main et proviennent des récoltes de 1857 à 1855. C'était là une excellente occasion de comparer ces épis, ceux du moins appartenant à des variétés encore cultivées, avec des épis provenant des récoltes dernières de 1908 à 1910. C'est le résultat de cette comparaison qu'illustrent d'une façon frappante les photographies ci-jointes. Il y a identité absolue entre les épis récoltés à 50 années d'intervalle et appartenant à des variétés soumises à une sélection annuelle : la différence de coloration que l'on peut remarquer sur les reproductions photographiques tient uniquement à ce que des épis de blés longtemps conservés brunissent toujours un peu sous l'influence du temps et de la solution de sublimé dans laquelle on les plonge pour les préserver des attaques des parasites.

Cette fixité ne se manifeste pas seulement dans l'aspect physique de l'épi mais dans tous les autres caractères de la plante : couleur des feuilles, taille, résistance aux maladies et même précocité, ces deux derniers caractères, en particulier, semblant au premier abord être plus immédiatement en dépendance du climat.

On sait que les froments n'accomplissent pas tous leur végétation dans le même temps et, qu'en général, ceux des pays chauds sont plus hâtifs que ceux des régions froides. Les froments différant le plus entre eux à ce point de vue, cultivés sous un climat tempéré et moyen comme celui de Paris, conservent toujours la même différence entre leurs dates de maturation sans se rapprocher d'une date moyenne.

Il me semble difficile de démontrer plus clairement la fixité des lignes pures.

1. Communication faite à la deuxième séance de la Conférence.

1er TABLEAU.

Touzelle anone . . .	1	*épi de* 1856	1 A	*épi de* 1910	Aubaine rouge . . .	7	*épi de* 1842	7 A – *épi de* 1909
Aubaine blanche . .	2	— 1854	2 A	— 1910	Engrais commun . .	8	— 1856	8 A — 1910
Epeautre rameux . .	5	— 1854	5 A	— 1909	Pétanielle noire de Nice	9	— 1856	9 A — 1910
Poulard rouge lisse					Crépi	10	— 1854	10 A — 1910
du Gâtinais	4	— 1854	4 A	— 1910	Standard rouge . . .	11	- 1854	11 A — 1908
Club	5	— 1848	5 A	— 1910	Taganrock blanc à			
Xérès	6	— 1859	6 A	— 1910	barbes noires . . .	12	— 1855	12 A — 1900

2e Tableau.

Webbis Free Trade .	1	épi de 1854	1 A – épi de 1910	Blé Seigle	7	épi de 1856	7 A – épi de 1910
Saissette de Tarascon	2	— 1855	2 A — 1908	De Van Diemen. . .	8	— 1852	8 A — 1910
Rouge fin de Beauce.	5	1854	5 A — 1908	De Noé	9	— 1854	9 A — 1910
Boussicault roux ou grillé	4	1855	4 A — 1910	Poulard de Beauce à barbes caduques .	10	— 1852	10 A — 1909
Saumur d'automne .	5	— 1849	5 A — 1910	Talavera de Bellevue.	11	— 1852	11 A — 1910
Pologne ordinaire. .	6	— 1854	6 A — 1910	Rouge de Saint-Laud.	12	— 1854	12 A — 1910

L'épi ancien et l'épi nouveau de la variété « de Van Diemen », qui ont été photographiés, présentent tous deux un épillet « surnuméraire », anomalie qui se présente fréquemment dans cette variété.

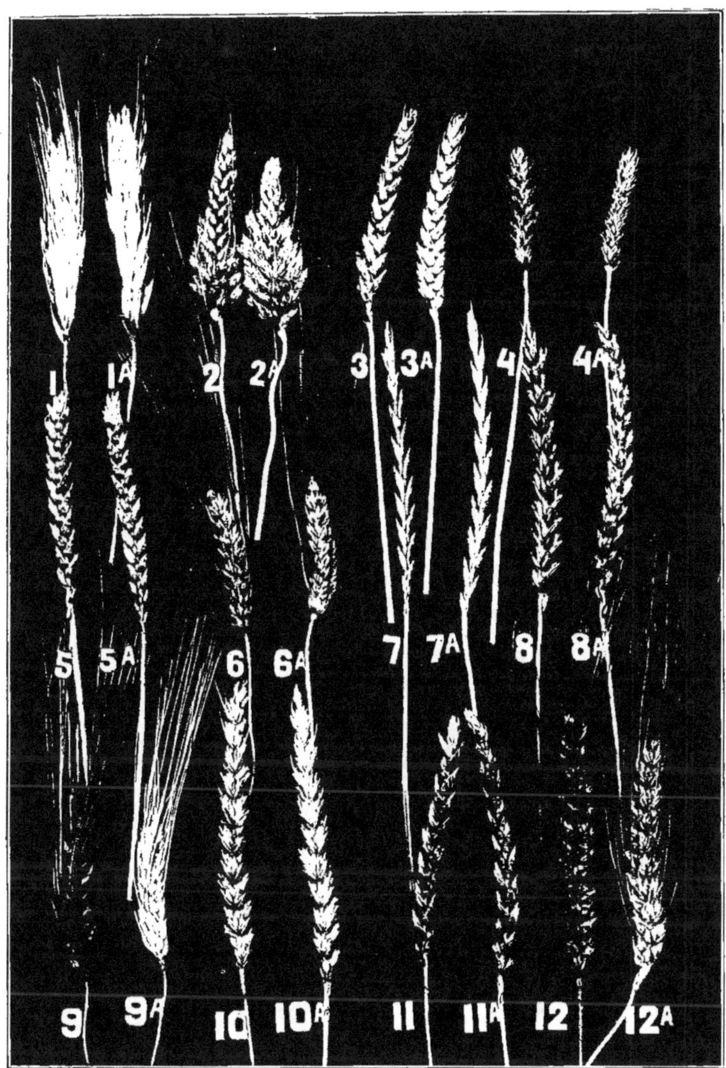

5ᵉ Tableau.

Pologne à épi compact	1	*épi de* 1857	1 A	*épi de* 1909	
Blé de M. Mazuyer	2	— 1854	2 A	— 1909	
Blé de mars sans barbe ordinaire	3	— 1849	3 A	— 1910	
Carré de Sicile	4	— 1852	4 A	— 1910	
Victoria d'automne	5	— 1853	5 A	— 1910	
Poulard roux velu de Beauce	6	— 1854	6 A	— 1910	

Epeautre rose imberbe	7	*épi de* 1841	7 A	*épi de* 1910	
Rouge des Vosges	8	— 1847	8 A	— 1908	
Ismaël	9	— 1851	9 A	— 1910	
Rampillon	10	— 1855	10 A	— 1908	
Lammas	11	— 1854	11 A	— 1908	
Poulard géant du Milanais	12	— 1850	12 A	— 1910	

THE FIXITY OF RACES OF WHEAT

SUMMARY

The author draws attention to the often repeated assertion that climatic conditions may possess a modifying influence on varieties of wheat.

He does not agree with this opinion, but considers that the influence of climatic conditions is limited to the suppression of unadapted forms. An interesting opportunity for testing these theories occurred, on finding in the Laboratory of M. Louis de Vilmorin a collection of ears of the cultivated varieties of wheat grown at that period (1857-1855).

On comparing these ears with those harvested from the same varieties in 1908-1910, it was found that they were identical in all respects, although separated by an interval of fifty years during which annual selection had been continued.

This fixity is shown not only in the characters of the ear, but also in all the other characters of the plant, even that of precocity, which would appear to be most dependant on climate.

SUR DES HYBRIDES ANCIENS DE TRITICUM ET D'ÆGILOPS[1]

Par Philippe de VILMORIN

Verrières-le-Buisson (Seine-et-Oise).

Les échantillons que je présente se rapportent à un croisement artificiel entre un *Triticum* et l'*Ægilops ovata*. C'est tout dernièrement que j'ai retrouvé à Verrières ces épis provenant d'une hybridation faite en 1856. Ce n'est donc pas

Fig. 1. — En haut à gauche, épi d'*Ægilops ovata* (♀). — En haut à droite, épi de blé « Blanc de Flandre » (♂). — Au milieu, l'épi de première génération (épi original de 1857). — Sur la ligne au-dessous, les épis originaux de seconde génération (1858) : 596*d*, 596*l*, 596*g*, 596*h*, 598*f*, 596*k*, 396*b*, 596*i*, 596*j*.)

de l'actualité mais de l'histoire, et le fait est intéressant surtout parce que, à ma connaissance du moins, ce croisement souvent essayé n'a été réussi que cette seule fois.

C'est à la suite de la controverse célèbre entre Jordan et Godron à propos de l'*Ægilops speltæformis*, que mon grand-père et M. J. Groënland entreprirent en commun, à Verrières, une série d'expériences[2].

1. Communication faite à la deuxième séance de la Conférence.
2. *Bulletin de la Société botanique de France*, t. 6, p. 612, et *Pringsheims Jahrbucher*, vol. I, cahier III (1858). (Ueber die Bastard Bildungen in der Gattung Ægilops.)

En 1856 l'Æ. *ovata* et l'Æ. *ventricosa* furent fécondés avec le pollen de différentes variétés de *Triticum sativum*. L'opération ne réussit qu'avec Æ. *ovata* et en 1857, on obtint 10 plantes hybrides qui, d'ailleurs, ne donnèrent que 40 grains sur lesquelles seulement 25 levèrent en 1858.

Sur ces 25 plantes, 15 appartenaient au croisement entre Æ. *ovata* et le blé « Blanc de Flandre »; ce sont 9 de ces dernières qui sont représentées sur la photographie ci-contre au-dessous des deux parents et de l'hybride en F₁. On peut se rendre compte de la dissociation considérable qui s'est produite. Malheureusement et je ne sais pour quelle cause, en 1859 il ne restait plus qu'une seule plante qui s'éteignit sans donner de graines.

Depuis lors, et à plusieurs reprises, tant par mon père et moi que par beaucoup d'autres, les hybridations entre *Triticum* et différents *Ægilops* ont été tentées sans succès. Mais les résultats du croisement de 1856 prouvent du moins que cette hybridation est possible. Il serait intéressant de l'obtenir de nouveau afin d'étudier la question si controversée de l'influence possible des *Ægilops* dans la formation de nos races de blés et spécialement des épeautres.

Il n'est pas impossible que cette influence soit réelle. En effet les blés sauvages découverts par Aaronsohn et qui sont, sinon le type primitif, du moins des types très anciens de blé, possèdent des caractères qui, diversement groupés entre eux, peuvent expliquer toutes les combinaisons qui constituent l'individualité de nos nombreuses races cultivées, à l'exception cependant des épeautres. D'autre part on sait que mon père, à plusieurs reprises, a obtenu des épeautres dans la descendance d'un croisement entre deux blés qui n'étaient ni l'un ni l'autre speltiformes[1].

Moi-même dans une expérience que je poursuis en ce moment, ai trouvé dans la descendance d'un hybride entre « Pétanielle blanche » et « Riéti », des plantes qui sans être précisément des *Ægilops* s'en rapprochent très sensiblement et, en tout cas, par leur végétation très herbacée et par la forme de leurs petits épis se distinguent nettement de tous les blés connus.

ON HYBRIDS OF TRITICUM WITH AEGILOPS MADE IN THE YEAR 1856

SUMMARY

The author has lately discovered at Verrières some ears arising from the cross made by his grandfather in 1856, between *Triticum sativum* and *Ægilops ovata*. This cross has been made many times since, but this appears to be the only occasion on which it has succeeded. Ten hybrid plants were obtained, from the seeds of which twenty five plants were raised in the year 1858. Fifteen of these plants were from *Ægilops ovata* crossed with the wheat " Blanc de Flandre ". The plants varied considerably among themselves, and it is much to be regretted that in the following year only one plant was raised, which produced no seed. It would be interesting to obtain this hybrid again, in view of the controversy as to the influence of *Ægilops* in the production of cultivated wheats, and especially of the spelt-like forms. It is known that the author's father obtained spelts from a cross between two wheats neither of which were spelts.

---

1. Henry L. de Vilmorin. *Bulletin de la Société botanique de France* (janvier et décembre 1880; janvier 1885, janvier 1888); voir aussi Philippe de Vilmorin, *Hybrids and Variations in Wheat* (Report of the third International Conference on Genetics. Londres, 1907).

CULTURES EXPÉRIMENTALES DE SORTES PURES DE CÉRÉALES [1]
OBSERVATIONS SUR LA STABILITÉ ET LA VARIABILITÉ DE LEURS CARACTÈRES

Par M. BŒUF

Chef de la Station expérimentale agricole de l'Ecole coloniale
d'agriculture, Tunis.

Depuis quelques années, la vulgarisation des résultats obtenus à la station de Svalöf a instruit les agriculteurs des avantages que présente la culture des sortes pures de végétaux. A la *sélection des porte-graines*, d'après leurs qualités économiques, on a substitué *la séparation méthodique des sortes*, basée sur leurs caractères botaniques distinctifs.

M. Bœuf.

L'obtention du type le mieux adapté à un milieu donné et, par conséquent, susceptible de donner le maximum de produit se trouve ainsi réalisée presque immédiatement et de manière définitive.

Une sorte pure de céréales peut-elle être améliorée? Quels sont ses caractères stables et ses caractères variables? Par quels moyens peut-on déterminer la modification de ces derniers? Telles sont les questions dont nous avons entrepris l'étude.

Une sorte pure est définie par des caractères se conservant héréditairement, au moins quant à leur valeur moyenne (forme et couleur des glumes et du grain, compacité de l'épi, etc.). Ces particularités sont de minime importance au point de vue économique, car elles n'influent pas directement sur le rendement. L'observation suivie de cultures pures permet de relever des variations, relativement rares il est vrai, de ces caractères. Il naît de temps en temps des sortes nouvelles; il nous a été parfois possible de saisir les causes de l'apparition de ces formes.

Les véritables facteurs du rendement, c'est-à-dire la faculté de tallage, la longueur des épis, la grosseur des grains, la proportion de grain dans la récolte totale sont éminemment variables. Ils sont sous la dépendance du milieu : sol, engrais, humidité, chaleur, lumière, etc., et nos méthodes culturales ont précisément pour objet de rendre le milieu favorable au développement des qualités de nos céréales. Il y aurait le plus grand intérêt à reprendre méthodiquement, sur des sortes pures, l'étude de ces méthodes de culture qui n'ont guère été appliquées, jusqu'à présent, qu'à des mélanges. Nos observations personnelles sur ce sujet sont encore trop incomplètes pour avoir quelque valeur.

On peut aussi tenter l'amélioration d'une sorte par une action directe sur les plantes, par un choix judicieux des porte-graines par exemple. Cette sélection, qui a produit les variétés d'élite encore actuellement cultivées,

1. Communication faite à la cinquième séance de la Conférence.

est-elle efficace lorsqu'elle s'applique à une sorte pure? De nombreuses cultures expérimentales nous ont fourni des éléments de réponse à cette question.

I. — CARACTÈRES STABLES.

Les pieds aberrants observés dans les cultures pures ont toujours été récoltés puis semés à part, de manière que l'on puisse suivre leurs descendances. Celles-ci ne se sont jamais montrées uniformes; le plus souvent il a été possible de reconnaître la nature hybride des formes apparues.

Exemples :

1° Dans une orge à deux rangs, blanche, à glumelle épineuse et poils raides dans le sillon, apparaît un pied à deux rangs, de caractères identiques, mais à épis noirs. Semé l'année suivante, il donne 297 pieds, représentant 8 combinaisons de caractères, dont les fréquences respectives correspondent à la formule de Mendel appliquée à trois couples de caractères.

Le pied aberrant était un hybride ayant pour parent : Père : orge à 6 rangs (a), à poils contournés (b), à épis noir (C); Mère : orge à 2 rangs (A), à poils rigides (B), à épi blanc (c).

Dans chaque couple de caractères, nous désignons par la lettre majuscule le caractère dominant (qui s'est maintenu dans le premier hybride), et par la lettre minuscule le caractère dominé (qui est masqué par l'autre dans le 1ᵉʳ hybride et peut réapparaître dans les descendants de ce dernier).

Ces caractères peuvent donner lieu à 8 combinaisons différentes, dont les fréquences respectives sont données par le développement de la formule de Mendel : $(A + a)^2 (B + b)^2 (C + c)^2$.

L'examen des 297 pieds produits à la deuxième génération par le premier pied hybride a montré la répartition suivante :

| | NOMBRES | |
COMBINAISONS	OBSERVÉS	CALCULÉS D'APRÈS LA LOI
A B C.	118	116
A B c.	45	45
A b C.	44	45
A b c.	7	15
a B C.	45	45
a B c.	21	10
a b C.	11	15
a b c.	8	5
TOTAUX.	297	296[1]

Sans être absolue, la concordance entre les chiffres observés et les chiffres calculés est assez grande pour que l'on puisse considérer les caractères étudiés comme suivant la loi de Mendel.

Tous les intermédiaires existent d'ailleurs entre les types bien caractérisés : l'avortement des fleurs latérales comprend tous les stades, depuis une disparition presque complète jusqu'au développement normal des enveloppes florales puis du grain; certains épis ont 6 rangs dans leur partie médiane et 2 rangs vers leurs extrémités; la couleur noire se dégrade insensiblement du noir violacé au gris à peine teinté.

---

1. A une unité près en raison des décimales supprimées.

Seule, la forme des poils de l'axe du grain reste parfaitement distincte, sans intermédiaires.

La réapparition des caractères récessifs à la deuxième génération est également conforme à la loi de Mendel. Elle a lieu dans les proportions suivantes, oscillant autour de $\frac{1}{4}$ ou 0,25.

$$6 \text{ rangs} \ldots \ldots \ldots \quad \frac{85}{297} = 0,279$$

$$\text{Poils contournés} \ldots \ldots \quad \frac{70}{297} = 0,256$$

$$\text{Épi blanc} \ldots \ldots \ldots \quad \frac{81}{297} = 0,273$$

La formule de Mendel permet de reconnaître la proportion d'individus qui resteront héréditairement stables dans chacune des combinaisons; ce sont ceux qui ne possèdent aucun caractère dominé masqué par un caractère dominant et susceptible de réapparaître dans la descendance; on les trouve dans les proportions suivantes.

$$^1/_{25} \text{ ABC}, - {}^1/_9 \text{ ABc}, - {}^1/_9 \text{ AbC}, - {}^1/_3 \text{ Abc}, - {}^1/_9 \text{ aBC}, -$$
$$^1/_3 \text{ aBc}, - {}^1/_3 \text{ abC}, - {}^1/_1 \text{ abc}.$$

Si cette deuxième conséquence de la loi de Mendel est aussi exacte que la première, et rien ne permet d'en douter, l'hybridation nous apparaît comme le moyen de multiplier les types végétaux. Dans le cas présent, la combinaison de deux variétés a produit 8 types distincts, dont il reste à isoler les représentants stables. L'hybridation naturelle serait une des principales causes de l'apparition des races locales; l'hybridation artificielle est le plus puissant moyen dont dispose l'homme pour amener des variations héréditaires des végétaux cultivés. Beaucoup d'améliorations de céréales peuvent être tentées dans cette voie.

De plus, il est apparu des individus à glumelle dorsale inerme, des individus à paille grise, caractères qui n'existaient pas chez les parents. Si ces particularités se maintiennent héréditairement, une seule hybridation aura suffi pour faire naître un grand nombre de sortes nouvelles.

2° Un pied d'*Hordeum distichum erectum* ♂ donne une descendance contenant des représentants bien caractérisés d'*H. distichum, H. zeocrithum, H. hexastichum, H. vulgare*, avec tous les intermédiaires entre ces groupes, qu'il devient impossible de limiter avec précision.

Le dénombrement des individus appartenant à chaque groupe montre que le pied initial était un hybride *H. distichum erectum* ♀ $\times$ *H. hexastichum erectum* ♂.

Comme dans le cas précédent, on observe : la prédominance des caractères 2 rangs et poils raides à la première génération, la réapparition des caractères récessifs, 6 rangs et poils contournés à la deuxième génération, une faible proportion d'individus inermes dans le type distique et leur absence chez les autres, tous les degrés dans l'avortement des épillets latéraux.

3° Des constatations analogues ont pu être faites pour deux autres pieds d'orge que leur descendance a fait reconnaître pour être des hybrides Orge à deux rangs nue $\times$ Orge à six rangs vêtue. Là encore le passage du type distique au type hexastique est graduel. On voit apparaître (fait déjà signalé par Biffen et Blaringhem) un caractère nouveau, probablement ancestral, la fragilité de l'axe de l'épi.

Ces cas d'hybridations naturelles entre les orges montrent que les espèces élémentaires et même linnéennes d'orges cultivées sont très voisines, puisqu'elles forment un groupe dont les caractères sont susceptibles de se combiner de toutes les manières en obéissant aux lois de Mendel. Un très petit nombre de formes initiales ont pu donner toutes les autres par le jeu de l'hybridation.

4° Chez les sortes de blé dur, nous avons plusieurs fois observé une modification de la paille : chaume creux devenant plein ou réciproquement. La descendance des pieds aberrants montre toujours un mélange de pieds creux et de pieds pleins. Toutefois nous n'en avons pas fait la statistique et nous penchons même vers l'idée que ce caractère peut varier avec le milieu, certaines de nos sortes ayant presque complètement modifié leur paille en changeant de localité.

5° Nous avons observé plusieurs fois l'apparition de pieds à glumes pubescentes dans les sortes à glumes normalement glabres, ou inversement. Ces variations ne se sont transmises qu'à une partie des descendants, comme s'il s'agissait d'hybrides ; toutefois il ne nous a pas été possible, comme pour les Orges, de remonter avec certitude aux parents.

Aucun cas de mutation, véritablement fortuite, complètement héréditaire, n'a été observé jusqu'à présent.

II. — CARACTÈRES VARIABLES.

La sélection des porte-graines appliquée à des sortes pures de céréales.

Quand on cultive une sorte pure, y a-t-il avantage à sélectionner, comme semences, les plus gros grains, les plus longs épis, à n'utiliser que la partie moyenne de ces derniers comme on le conseille souvent, à entourer les porte-graines de soins spéciaux ?

On trouverait actuellement peu de cultivateurs européens disposés à semer indifféremment du gros ou du petit grain, tellement est enracinée, chez eux, l'opinion que les gros grains sont préférables. On peut opposer à cette pratique l'habitude, tout aussi séculaire, de nombreux fellahs arabes qui donnent la préférence, pour les semailles, aux graines de petit volume, et consentent même à les payer plus cher.

Si l'on se place au point de vue botanique, il est logique de penser que tous les grains issus d'un même pied, d'orge par exemple, bien que de grosseurs inégales et provenant d'épis de longueurs variables, emportent avec eux les mêmes caractères héréditaires et doivent donner des pieds semblables. Au point de vue économique, il n'est cependant pas possible d'admettre, *a priori*, que la grosseur de la semence soit sans influence sur le rendement de la récolte.

Afin de déterminer l'effet de la sélection des porte-graines, il fut exécuté, depuis 1907, de nombreuses expériences à la Station expérimentale de Tunis.

1. *Influence du poids individuel des grains semés.* — En 1908-1909, il fut semé, pour un grand nombre de sortes de blé dur, blé tendre et orge, des lots de 40 gros et de 40 petits grains, en espaçant les grains de 25 centimètres en tous sens ; à la maturité, 20 pieds moyens furent récoltés dans chaque lot et servirent aux déterminations suivantes : poids de 100 grains récoltés, tallage moyen, poids de la récolte totale et du grain, rapport du grain à la récolte totale, rapport du grain à la semence, longueur moyenne des épis.

CÉRÉALES	POIDS DE 100 GRAINS		TALLAGE	POIDS DU GRAIN	RAPPORT $\frac{\text{grains}}{\text{grains}}$		LONGUEUR MOYENNE DES ÉPIS
(semence)	semés	récoltés	moyen	récolté	récolté	semence	
	gr.	gr.	t.	kg.			m/m
Blés durs (10 sortes)							
Gros grains.	5.954	4,614	18,4	1,789	0,184	311	85
Petits grains	5,225	4.510	16.1	1,612	0,187	506	82
Blés tendres (9 sortes)							
Gros grains.	4,956	4.478	31.1	2.615	0.210	559	130
Petits grains	2,869	4.290	25,7	1.910	0.209	661	128
Orges escourgeons (9 sortes)							
Gros grains.	4.928	4,876	18.7	2.214	0.265	430	72
Petits grains	3,083	4,782	14.9	1,811	0.273	580	70

Une deuxième série d'expériences, dans laquelle les petits et les gros grains de chaque sorte furent pris dans les mêmes épis, afin d'éviter toute autre différence, donna des résultats tout à fait semblables à ceux qui précèdent.

On peut conclure :

Le poids des semences n'a aucune influence sur le poids individuel des grains récoltés ; il ne se transmet pas héréditairement.

Les pieds issus de gros grains tallent plus que ceux qui proviennent de petites semences, sans doute parce que leurs réserves nutritives, plus importantes et utilisées pendant la première phase de végétation, permettent la formation d'un système radiculaire puissant, ayant, pour conséquence, un plus grand nombre de tiges.

La longueur des épis n'est pas sensiblement influencée par le poids des semences.

Le poids de la récolte est accru, pour les descendants des gros grains, dans la proportion même où le tallage est augmenté.

La proportion de grain dans la récolte totale est la même dans les deux cas, conséquence de l'égalité dans la grosseur des grains et la longueur de la paille.

La faculté de multiplication, ou rendement par rapport à la semence, est beaucoup plus considérable pour la récolte provenant de petits grains que pour celle qui dérive de grosses semences. Cette constatation explique pourquoi les fellahs indigènes, qui calculent leurs rendements par rapport à la semence, sont à peu près unanimes à préférer les petits grains. Les blés tendres sont plus productifs que les blés durs en raison d'un plus grand tallage et d'une proportion plus élevée de grain dans la récolte.

Ces expériences ne permettent pas de connaître l'influence de la grosseur des semences sur le rendement par unité de surface. Elles montrent cependant qu'un poids donné de petits grains produit plus de tiges que le même poids de grosses semences, la supériorité de tallage des pieds issus de ces dernières étant plus que compensée par le grand nombre des premiers.

En 1909-1910, il fut semé, pour plusieurs sortes, 100 grammes de grain trié et 100 grammes de grain non trié, sur des surfaces égales, à raison de 50 kilogrammes à l'hectare. Le développement de la folle avoine dans ces cultures fit éliminer beaucoup de parcelles d'expériences et rend les résultats des autres un peu incertains :

Blés durs : la récolte provenant de semences triées est supérieure dans 1 cas sur 8
— tendres :   —   —   1 — 3
Orges escourgeons :   —   —   4 — 5

Les excédents sont toujours très faibles.

En 1910-1911, la même expérience faite pour des orges, en grande culture, a montré la supériorité des grosses semences trois fois sur quatre. Il semble donc que les orges se comportent autrement que les blés. Le fait reste à vérifier.

2. *Influence de la place du grain dans l'épi.* — Des pesées ont montré que les grains de la partie médiane de l'épi ont un poids moyen supérieur à celui des grains des deux extrémités ; cette région possède toutefois des grains de grosseur très inégale, et son prélèvement n'est qu'un moyen fort imparfait d'isoler des gros grains. Les résultats obtenus en semant comparativement les tiers inférieur, moyen et supérieur des épis, pour 11 sortes de blé dur et une sorte d'escourgeon ont montré que cette méthode de sélection est sans effet.

5. *Influence de la longueur des épis.* — Elle fut étudiée de la même manière que celle du poids des grains, en prenant, dans chaque sorte, les épis les plus petits et les plus grands et en semant les grains à 25 centimètres en tous sens.

Les déterminations faites sur la récolte de 1908 figurent au tableau suivant :

CÉRÉALES	LONGUEUR MOYENNE DES ÉPIS		POIDS DE 100 GRAINS		TALLAGE	POIDS DE GRAINS
	semés	récoltés	semés	récoltés	moyen	récolté
	m/m	m/m	gr.	gr.	t.	kg.
Blés durs (6 sortes)						
Grands épis	76,1	75,9	5,096	4,497	13,2	1,592
Petits épis	47,2	75,2	4,646	4,329	12	1,510
Orges escourgeons (7 sortes)						
Grands épis	85	76	4.771	5.186	16	2,189
Petits épis	52	75	4,132	5,522	15	1,995
Orges hexagonales à 6 rangs (3 sortes)						
Grands épis	55	52	4,067	4.771	16,6	2,275
Petits épis	38	52	4,135	4,675	14,6	2,067

Les épis récoltés peuvent être considérés comme identiques ; le caractère longueur des épis ne se transmet pas. Les grains des longs épis ont un poids moyen légèrement supérieur à celui des grains des petits épis, ce qui augmente un peu le tallage et la récolte totale. La sélection des longs épis agit donc dans le même sens que celle des gros grains, mais d'une façon moins accentuée.

Cette expérience renouvelée en 1909-1910, mais en semant à l'écartement ordinaire des cultures normales a donné un excédent insignifiant en faveur des longs épis.

4. *Influence de la culture antérieure.* — Les soins culturaux (espacement des plantes, binages, etc.), donnés à une céréale, augmentent le développement des plantes et par conséquent la longueur des épis et la grosseur des grains. La semence qui provient d'une culture très soignée est-elle supérieure à celle que donne une culture ordinaire ? *A priori*, il est probable que non, puisque les deux caractères envisagés ne se transmettent pas. Des déterminations directes, faites en 1909-1910, sur des récoltes fournies respectivement par 100 grammes de grains provenant d'une culture normale et par le même poids de semences provenant de pieds espacés à 25 centimètres en tous sens et binés, ont donné :

Blés durs : léger excédent en faveur de la culture espacée 5 fois sur 9. avec produit total un peu inférieur ; escourgeons : léger excédent en faveur de la culture espacée 2 fois sur 5, avec produit total supérieur.

Il n'y aurait donc pas d'avantages marqués à donner des soins spéciaux aux plantes productives de semences.

CONCLUSIONS GÉNÉRALES

Il faut considérer une sorte pure de céréale comme un type naturel, que nous sommes impuissants à faire varier par action directe : ses caractères héréditaires dépendent de son ascendance et nous échappent ; ses caractères variables n'ont pas d'autres facteurs que les éléments du milieu, et le choix des individus destinés à la reproduction reste sans effet.

L'influence de la grosseur des semences sur le développement des plantes peut cependant agir sur le rendement économique des cultures, dans certaines conditions et entre des limites que nos expériences n'ont pas encore fixées.

La sorte pure n'est susceptible ni d'amélioration. ni de dégénérescence.

Les seuls moyens d'action de l'homme consistent à perfectionner les méthodes culturales, afin de placer les sortes dans leur milieu de prédilection, à provoquer l'apparition de types nouveaux (généralement par l'hybridation), à tirer parti des variations fortuites, dont beaucoup semblent dues à l'hybridation naturelle.

EXPERIMENTAL CULTURES OF PURE TYPES OF CEREALS
OBSERVATIONS ON THE STABILITY AND VARIABILITY OF THEIR CHARACTERS

SUMMARY

The work carried out in recent years at Svalof, on the Cereals, has to a large extent initiated a new method of experimentation, viz. the isolation of pures types as distinguished by their Botanical characters, replacing the older method of the selection of the ear, according to its economical properties. The question arises as to how far it is possible to modify a pure type? Which characters remain constant?, and of those characters that are variable, to what degree, and by what means. can they be regulated? Characters of importance economically, such as the tillering factor, length of ear, and size of grain, are eminently variable, and depend largely on the environment: is it possible by selection within the pure type, to effect an improvement as regards these characters? The observations, of which this paper is an account, were made with the object of answering these questions.

1. *Constant characters.*

Aberrant plants occurring in the pure cultures were harvested and the grain sown separately, with the object of observing the progeny of the plant. In no case has such a plant bred true. Generally it has been possible to recognize the hybrid nature of such aberrant forms, as in the following case.

In a culture of two-rowed white barley there appeared a black eared plant, true to type in all other respects. Study of the descendants of this plant proved it to be a hybrid between a six-rowed barley with black ears, and the type.

Many analogous cases were found in the cultures, and the occurrence of such natural hybrids between elementary species, and even between Linnœan species of cultivated barley, shows how nearly they are related. All the possible combinations of the respective characters are found, and segregation occurs according to Mendel's law. No case of an inherited mutation has been observed.

2. *Variable characters.*

Numerous experiments have been carried out since 1907, at the Experimental Station at Tunis, with the object of ascertaining the value of selection of large grains and long ears, with regard both to the immediate yield, and also to the effect on the type.

The opinion that there is an advantage in sowing large grains is generally held among European cultivators, whereas among the Arabian cultivators, a preference is shown for sowing small grains, for which a higher price is sometimes paid.

I. Comprehensive experiments with hard wheat show that the weight of the individual grain sown has no influence on the weight of the grains harvested from the same plant. Plants arising from large grain tiller more than those from small grain and it may be supposed that this is a character depending on nutrition in the early vegetative period. There is an increase in the yield from large grains in proportion to the increase in the tillering.

These experiments also show that a given weight of small grain gives rise to a larger number of tillers than the same weight of large grain, the increased tillering in the case of the large grain is more than compensated for by the larger number of small grains sown.

II. Influence of the position of the grains in the ear.

Experiments were carried out with eleven types of hard wheat, and one type of winter barley, in which the grains from the two extremities of the ear, and those from the middle of the ear were sown separately. The results show that there is no advantage in selecting the heavier grains from the middle of the ear.

III. Influence of the length of the ear. Grains from long and short ears were sown separately. The ears harvested were practically identical.

IV. Influence of cultural conditions. Experiments with wheats, in which the influence on succeeding generations of cultural conditions was tested, show that no marked advantage is obtained by providing specially favourable culture.

GENERAL CONCLUSIONS. — A pure variety of Cereal must be regarded as a natural type which it is impossible to modify by any direct action. The hereditary characters of such a type depend on the ancestry; the variable characters depend on the conditions of life; selection of individuals is without effect. By the selection of large grains an increase in the yield may be obtained under certain conditions and within limits which our experiments have not yet fixed.

The only means by which improvements can be effected are, by bringing to perfection cultural methods, in the production of new types by hybridization, and in taking advantage of fortuitious variations, of which many owe their origin to natural hybridization.

M. TRABUT. — La communication de M. Bœuf a un intérêt pratique sur lequel il est bon d'insister. En Algérie, les blés durs ont, parmi les colons et parmi certaines administrations, la réputation de s'hybrider avec les blés tendres, et l'on a constitué ainsi une catégorie de blés qu'on désigne sous le nom de « mitadins », blés qui sont exclus des adjudications de la Guerre. On vous dira que ce sont des blés durs devenus tendres par croisement avec les blés tendres, et que l'on n'en veut pas. Ces faits ont amené l'administration de la Guerre à payer jusqu'à 3 francs de plus le quintal de blé, et cela pendant cinquante ans, pour 20 ou 25 000 hommes à nourrir.

Je pense que dans un Congrès de Génétique il serait bon d'affirmer qu'il n'y a pas de mitadins, que spontanément il ne se fait pas de croisements entre les blés durs et les blés tendres, mais qu'il arrive quelquefois, dans des milieux peu favorables à la culture du blé dur qui demande des conditions de sol un peu particulières, que ces blés, au lieu d'arriver à l'état vitreux, restent opaques et ont quelquefois le centre un peu blanc. C'est là le blé mitadin. C'est un blé incomplètement mûr. Il est inutile de vous dire que, quand les conditions sont favorables, les mitadins semés donnent d'aussi beaux grains que les blés durs.

Il y a donc deux conclusions au point de vue pratique :

Que l'administration de la Guerre achète son blé dur, mais qu'elle n'excluе pas de son adjudication les lots qui contiennent un peu de mitadin, car le mitadin possède une valeur alimentaire suffisante : on pourrait faire ainsi des économies appréciables.

Ensuite, que les colons ne s'effraient pas, quand ils ont acheté de la semence de blé, si une race de valeur présente des grains mitadins : cela n'a qu'une influence secondaire. Il vaut mieux semer un lot pedigree de blés mitadinés, que des mélanges de mauvaises variétés.

RIGHT AND LEFT HANDEDNESS IN CEREALS[1]

By R. H. COMPTON

Gonville and Caius College, Cambridge (England).

The leaves of many Gramineae are folded when young so that one margin overlaps the other. Two directions of folding are possible, these being related to one another as an object to its mirror image. If we suppose an observer placed in the axis of a young leaf with his back toward the midrib, and if the margin of the leaf towards his right hand overlaps the margin on his left, the leaf may be called right-handed (R H) : the reverse case being called left-handed (L H).

Normally, the successive leaves on a single stem are alternately R H and L H, though occasional reversals are found. If we consider the first leaf above the coleoptile alone it is possible to speak of R H and L H seedlings.

If the determination of a seedling to be R H or L H were purely a matter of chance we should expect an equal number of each sort to be present in a sufficiently large random collection of seedlings. Experiments on Two-Rowed Barley (*Hordeum distichum*) shew that this is not the case. For instance, 1327 seedlings of « Guinness' Goldthorpe » Barley comprised 740 L H and 587 R H; the percentage of L H seedlings (0/0 L H) being 55.77. « Kinver Chevalier » gave 4678 L H, 5362 R H; 0/0 L H = 58.18. « Plumage Corn » gave 2408 L H, 1604 R H; 0/0 L H = 60.02. Altogether eight varieties of Two-Rowed Barley were studied, of which at least four were pure lines. All gave a marked excess of L H seedlings — lowest in « Guinness' Goldthorpe », highest in « Plumage Corn ». The total number of seedlings examined, of all varieties, was 19165, of which 11185 were LH, 7980 RH; 0/0 LH = 58.362.

The possibility suggested itself that the fold of the first leaf of the offspring might be to some extent determined by the position of the seed on the parent spike. Experiments were made to test this. The two rows of seed on the spike of *Hordeum distichum* may be distinguished as « odd » and « even » : counting the alternate spikelets from below upwards (including the first two or three sterile ones), the row containing Nos. 1, 3, 5.... is called « odd », the row containing Nos 2, 4, 6... « even ». The experiment was made of sowing seed from the rows separately, and the following results were obtained with « Kinver Chevalier ». The odd rows gave 867 LH, 615 RH; 0/0 LH = 58.43. The even rows gave 2702 LH, 1942 RH; 0/0 LH = 58.19. There is thus no evident connection between the leaf-fold and the position on the parent spike. Similar results were given by over 4000 seedlings of « Plumage Corn ». Moreover, many spikes were studied in detail, the position of each seed being considered, but no orderly arrangement was discovered.

The question whether the fold of the last leaf below the spike has any influence on the offspring was also answered in the negative.

---

1. Communication faite à la deuxième séance de la Conférence.
2. The full description of the following observations is published partly in the *Proc. Cambridge Phil. Soc.*, vol. XV, p. 495, 1910; partly in the *Journal of Genetics*, vol. II, p. 53, 1912.

The genetics of right and left handedness are peculiarly interesting, since these characters of symmetry belong to a special category quite unlike those of colour, hairiness, stature, sterility, etc., which have been chiefly studied during the last ten years. Conflicting results have been obtained by workers on different animals, and no clear analysis has yet been made of the factors involved in the problem. In the case of cereals it can be definitely stated that right and left handedness in the fold of the first leaf are not hereditary characters.

An experiment with « Kinver Chevalier » may be quoted in support of this statement. Seeds from plants with LH first leaves were sown, and yielded 1960 LH, 1401 RH seedlings; 0/0 LH = 58.32. The seeds from RH parents gave 1609 LH, 1156 RH offspring; 0/0 LH = 58.19. Other experiments gave similar negative results.

Though the RH and LH characters themselves are not inherited, the *ratio* between the numbers of LH and RH offspring is constant in successive generations of the same stock, and thus seems to be an hereditary specific character : this has been observed in three generations of « Kinver Chevalier » Barley. Moreover, like other quantitative characters, the ratio shews fluctuating variability. In studying the offspring of a large number of individual spikes of « Plumage Corn » it was found that the percentages of LH seedlings, when plotted against their frequencies of occurrence, gave a simple curve of continuous variation, symmetrical about the average 60 0/0.

The reason for the departure from equality of RH and LH seedlings remains obscure. It may be noted that similar discrepancies have been recorded in the cases of (1) the optic chiasma of Teleostei (Larrabee), where out of 4615 brooktrout 56 0/0 were RH, but no inheritance was observed, and (2) the mode of hand-clasping in man (F.-E. Lutz), where almost exactly 60 0/0 place the right thumb uppermost, and where a certain degree of inheritance occurs (as in other cases of human asymmetry).

In Oats (*Avena sativa*) we find the inverse result of that given by Barley, a considerable excess of RH. seedlings being present in a random collection. A sample of " Thousand Dollar " Oats yielded 469 LH., 576 RH. seedlings; 0/0 LH. = 44,88. This inversion runs parallel with another asymmetry phenomenon. In Barley the nature leaf-blades are loosely rolled into a RH. spiral : in Oats the spiral is LH. This twist is the same whatever the mode of folding of the leaves, and is sometimes used as a diagnostic character. It is difficult to find a reason for the parallelism between it and the percentage of RH. and LH. seedlings in respect of the fold of the first leaf.

Six-Rowed Barley (*Hordeum hexastichum*) and *Setaria italica* also gave an excess of LH. seedlings.

In Maize (*Zea Mays*) we are confronted with different phenomena. The seeds are arranged on the « cob » or inflorescence in a variable number of pairs of vertical rows : the members of each pair may be distinguished as « odd » and « even » according to the following convention. Taking a 9 round-plan of the cob, and passing round it in the direction of the hands of a clock, the first member of each pair of rows to be encountered is called, « even » the second « odd ».

We saw that in Barley there is no relation between the position of the seed on the spike and the fold of the first leaf. In Maize, however, there is a clear connection. Generally speaking, odd rows give an excess of RH. seedlings, even rows give a corresponding excess of LH. seedlings. Numbers obtained were as follows : from odd rows, 1 569 LH., 1 597 RH ; 0/0 LH. = 46.16 : from even rows, 1 562 LH., 1 319 RH.; 0/0 LH. = 54.22.

These two results counterbalance one another, and a random collection of Maize seeds gives practically 50 0/0 of each sort of seedlings. Thus 6189 seedlings comprised 3 107 LH. 3 082 RH.; 0/0 LH. = 50.20.

In all, sixteen cobs of several different varieties and sizes were studied : in the majority of cases, both in individual cobs and in individual rows of seed, this difference between odd and even rows was observed.

An experiment was made to determine whether the shape of the seed was the cause of this difference, but gave a negative result. The alternative hypotheses are : (1) The influence determining the fold of the first leaf is of a feeble character and acts upon the gamete or embryo, which itself has no special inclination to become right-or left-handed but must choose one or the other; this influence being one depending on some symmetry relations as between neighbouring crowded rows of seed on the cob : or (2) the female gametes definitely carry right-or left-handed determinants, and a certain amount of somatic segregation of these characters occurs. The former hypothesis seems the more acceptable, since it appears from the uniformity of the above results that right and left-handedness in Maize (as in Barley) are not hereditary.

CÉRÉALES DROITIÈRES ET GAUCHÈRES

RÉSUMÉ

La feuille de l'Orge, de l'Avoine, du Maïs, etc. est enveloppée à l'état jeune de telle façon qu'un de ses bords recouvre l'autre. Deux modes d'enroulement peuvent se produire et être respectivement appelés « droitier » (right handed RH.) et « gaucher » (left handed LH.). La convention suivante est adoptée : l'observateur est supposé être placé dans l'axe de la feuille, son dos tourné vers la nervure médiane. Si le bord de la feuille situé vers sa main droite recouvre celui placé vers la gauche, la feuille est dite « droitière » (RH.) et *vice versa*.

Un certain nombre de semis d'orges furent classés en LH. ou RH. selon le mode d'enroulement de leurs premières feuilles normales. Le nombre de chaque sorte fut déterminé dans une collection de semis de différentes variétés prises au hasard. Dans chaque cas un excès considérable de plantes L.H. fut constaté. Le nombre total étant de 11 185 LH. : 7 980 RH. — 0/0 LH = 58,562. Plusieurs variétés d'Orges donnent cependant une proportion différente. Ainsi 5 652 jeunes plantes de la variété « Plumage Corn » donnent 0/0 LH = 60,02 — 8 040 jeunes plantes de « Kinver Chevalier » donnent 0/0 LH = 58,18 — et 1 327 plants de « Guinness Goldthorpe » donnent 0/0 LH = 55,77.

Il n'y a aucune différence dans la proportion si la dernière feuille au-dessous de l'inflorescence est RH. ou LH.; de même la position des graines sur l'épi n'influe en rien sur la proportion. Le caractère « droitier » et « gaucher » n'est pas héréditaire; le 0/0 LH restant le même dans les générations sucessives, que le parent soit LH. ou bien RH.

Les feuilles d'Orges entièrement développées sont aussi légèrement tordues dans la forme d'une vis, la direction de l'hélice étant constamment RH. (bien que l'enroulement des feuilles soit altéré). Dans l'Avoine, au contraire, cette même torsion est toujours LH.; et il est curieux de noter que la proportion LH : RH pour les Avoines est réciproque de celle des Orges : 1 045 plantes donnent 0/0 LH = 44,88.

L'Orge à 6 rangs et le *Setaria italica* donnent une quantité beaucoup plus grande de LH.

L'explication de ces phénomènes est obscure; mais il est à noter que des divergences similaires se produisent dans beaucoup d'autres cas où le même caractère est en jeu.

Dans le Maïs, l'inflorescence femelle est composée d'un nombre variable de doubles rangs de graines. Les grains de rangs « impairs », c'est-à-dire ceux qui se trouvent vers le côté gauche de chaque paire de rangs, donnent toujours un excédent de R H. : pour 2 966 plantes le 0/0 LH = 46,16. Les grains provenant de rangs « normaux » donnent un excédent de LH; pour 2 881 plantes le 0/0 LH = 54,22. Les rangs individuels donnent à peu près le même résultat, et la proportion pour l'ensemble se rapproche de l'égalité.

Le caractère en question n'est donc encore ici, probablement pas héréditaire. La différenciation des rangs doit être attribuée à l'action des facteurs végétatifs responsables pour la symétrie et non pas à une ségrégation somatique de caractères génétiques.

ÉTUDE SUR LE COLORIS DES GRAINS CHEZ LE SEIGLE [1]

Par le Dʳ von RUEMKER

Breslau (Allemagne).

Ignorant s'il me serait possible de présenter quelque chose au Congrès de Génétique, je n'avais pas annoncé de communication sur les résultats de mes travaux. Ce n'est qu'au dernier moment, avant mon départ de Breslau, que j'ai pu réussir à obtenir un petit échantillon démonstratif de mes nouvelles formes de seigle. Je l'ai reçu à Paris il y a seulement un jour.

M. le Dʳ von Ruemker.

Le seigle est une céréale qui se féconde par pollinaison mutuelle des plantes fleuries au même temps. La fleur individuelle du seigle est presque inféconde par son propre pollen, et c'est un fait qui a été constaté premièrement par Rimpau et plus tard par Liebenberg et d'autres observateurs. Il y a, par suite, une grande difficulté à élever des lignes caractérisées de seigle.

Lorsque l'État me donna un champ d'expériences à Breslau en 1899, je commençai à sélectionner le seigle d'après la couleur du grain.

Les essais les plus anciens d'une telle sélection ont été faits en France par le grand-père de M. Philippe de Vilmorin. Beaucoup plus tard on commença en Allemagne la même sélection et on publia, au bout de très peu d'années, des résultats mentionnant l'existence de diverses corrélations, dont l'exactitude me semblait discutable.

A la suite de ces travaux on considérait les diverses couleurs présentées par les grains du seigle comme des caractères de demi-races.

En reprenant ces recherches, j'avais l'intention de vérifier si cette opinion était exacte, et s'il était possible de continuer la sélection d'après la couleur des grains jusqu'à l'hérédité complète et ferme, parce que je me disais que si cela était possible, la couleur des grains deviendrait un caractère important pour vérifier et maintenir la pureté de race d'un champ de seigle et pour reconnaître la pureté de race d'une quantité quelconque de semences provenant du commerce. En outre, je désirais constater la présence des qualités corrélatives de la couleur héréditaire, afin de voir ce que vaut ce caractère pour la sélection pratique, et pour l'emploi du seigle comme graine de semence et de consommation.

Sous ces points de vue je commençais ma sélection en 1899 (et je l'ai continuée jusqu'à ce jour de la même manière) d'après la couleur des grains, considérant aussi bien le rendement que la résistance à l'hiver.

Ma méthode est la suivante :

Premièrement je formais deux séries de plantes de la variété seigle de

---

1. Communication faite à la cinquième séance de la Conférence.

Petkus, l'une contenant les plantes, dont la couleur du grain passait au vert et l'autre celles dont la couleur passait au jaune, par la production d'un poids plus grand de graines vertes et jaunes. De ces plantes, dont le nombre était au début très petit, je conservais le produit de chacune d'elles aussi pur que possible, en les semant ici et là en petits carrés. Les deux séries furent nettement séparées pour qu'une pollinaison mutuelle ne puisse avoir aucune chance de se produire. Chaque année après la récolte je choisissais dans chaque série une ou plusieurs plantes comme élites, celles dont le poids des grains de couleur pure était le plus élevé de toutes les plantes examinées au laboratoire. Outre la couleur des grains, je poursuivais, comme déjà mentionné, l'observation du rendement, du tallage et de la résistance à la rigueur de nos hivers.

Après sept à huit ans de sélection généalogique continuée j'avais créé des races pures et constantes au point de vue couleur des grains, sans que le rendement de la variété soit abaissé ou sa résistance à l'hiver diminuée; au contraire, ces qualités s'étaient nettement améliorées comme résultat de la sélection. Pendant ce temps les couleurs des grains sont devenues plus pures et plus foncées, et de temps en temps j'ai vu se former de nouvelles teintes. Je possède les coloris suivants :

Bleu verdâtre foncé.

Jaune.

Brun foncé (la couleur du café grillé).

Jaune soufre.

Rose.

Vert.

Azuré, avec les extrémités roses.

Les trois premiers coloris sont constants depuis 3 à 4 ans, les autres sont apparus cette année et je ne sais donc pas encore s'ils seront héréditaires ou non [1].

Cette sélection de 12 ans m'a donné l'occasion de faire quelques observations d'importance scientifique et pratique :

1° Pour produire des races pures et constantes au point de vue de la couleur des grains, il faut employer une sélection généalogique continue de 7 à 8 ans.

2° Le seigle de couleur pure présente des cas de xénie exactement comme le maïs.

3° La couleur des grains du seigle n'a pas seulement la valeur héréditaire d'une demi-race, mais plutôt celle d'une race vraie et complète.

4° Cette couleur est produite par une teinte qui existe dans la couche d'aleurone située sous l'épiderme du grain.

5° Les races qui sont dans le commerce jusqu'à présent (le bleu verdâtre foncé et le jaune) ont toutes deux une très bonne qualité pour le meunier et le boulanger.

6° Les couleurs différentes sont combinées à d'autres qualités physiologiques et morphologiques; par exemple les couleurs verdâtres semblent s'allier à un tallage plus grand et à la production d'une paille plus courte que les couleurs jaunes. La couleur jaune semble accompagner de glumes moins développées que celles qui entourent les grains de couleur verdâtre. Mais au point de vue des qualités meunières, il n'y a aucune différence.

---

1. Ces coloris ne sont pas reproduits en 1912.

Dans les deux coloris, le grain est d'excellente qualité. La couleur brune accompagne presque toujours un rendement moindre, etc.... Mais l'énumération de toutes les corrélations observées serait trop longue.

La couleur des grains de seigle est un critérium extrèmement important pour la pureté et l'authenticité d'un lot de semences que nous ne possédions pas jusqu'à présent.

7° Le danger de la pollinaison étrangère pour un champ de seigle s'accroît en relation géométrique avec l'étendue des lots de seigles voisins, c'est-à-dire : une petite quantité de plantes de seigle n'exerce une influence sur les variétés voisines que pour une faible distance, mais à mesure que l'étendue d'un champ de seigle augmente, la production du pollen augmente aussi; la distance à laquelle ces grandes masses de pollen sont transportées par le vent augmente également. C'est pourquoi il y aura de grandes difficultés à introduire des races de seigle de couleur pure et de les maintenir telles. Néanmoins, je crois que l'avantage de ce critérium, pour la pureté et l'authenticité d'un lot de semence, maintenant que nous possédons des races héréditaires de coloris pur sera si grand, qu'on n'y voudra plus renoncer, pourvu que le rendement et les autres qualités ne soient pas inférieures. L'avenir dira si j'ai nourri de vaines espérances à ce sujet.

Voilà quelques-uns des résultats scientifiques et pratiques tirés de mes essais de sélection de seigle. Ils ne touchent pas, il est vrai, à la doctrine de Mendel, mais il faut les mettre au chapitre de l'hérédité et des variations des plantes qui sont fécondées par l'intermédiaire du vent, et c'est pourquoi j'ai voulu apporter ces quelques explications à la Conférence de Génétique.

J'ai publié le résultat de mes expériences d'hybridation et de sélection sur la navette, le seigle et le froment dans un livre intitulé : « *Methoden der Pflanzenzüchtung in experimenteller Prüfung*. Berlin, P. Parey, 1909. et la seconde partie de ces notes sera publiée prochainement [1].

A STUDY OF THE COLOURS OF THE GRAIN IN RYE

SUMMARY

In 1899, Professor von Ruemker began a series of experiments on Rye, with the object of studying the inheritance of the colours of the grain, and of testing the value of this character in the selection of pure races. There is considerable difficulty in obtaining uniform varieties of Rye, owing to the fact that this cereal is generally cross-fertilised. Selection according to the colour of the grain, the yield, and the hardiness, has been continued for twelve years, and the following facts have been established :

1st. — In order to obtain pure races as regards grain colour, selection should be continued for 7 or 8 years.

2nd. — The phenomenon of xenia occurs, as in maize.

3rd. — The colour of the grain is a constant character.

4th. — This colour is produced by a pigment in the aleurone layer, next the epidermis.

---

1. *Beiträge zur Pflanzenzucht*. Drittes Heft : v. Ruemker. « Ueber Roggenzüchtung ». Berlin, Paul Parey, 1913.

5th. — Those races (greenish-blue and yellow) which have hitherto been in commerce, are satisfactory both for milling and baking.

6th. — The different colours of the grain are correlated with other physiological and morphological characters; for instance, the greenish colour appears to be connected with an increased tillering capacity, and a shorter straw than the yellow colours.

7th. — The great difficulty in maintaining the purity of a variety of Rye, on account of the danger of cross-fertilization, is increased in direct proportion to the size of the neighbouring plots of Rye.

The author believes that the possession of races pure as regards colour, supplies a criterion by which the occurence of crossing will at once be visible in the grain, and that this will be a material aid in maintaining the purity of varieties of Rye.

OBSERVATIONS SUR L'ORIGINE DES AVOINES CULTIVÉES [1]

Par le Dʳ L. TRABUT
Directeur du Service botanique du Gouvernement de l'Algérie.

En étudiant, avec un peu de soin, les *Avena* de la section *Euavena*, on est frappé du grand nombre de formes secondaires qui constituent ces espèces

vivant souvent au milieu des cultures, dans des stations artificielles conquises par une large dispersion en dehors de la zone naturelle.

Sans doute, on peut invoquer l'influence de la culture déterminant des variations, ou favorisant des formes qui ne trouveraient pas leur place dans les conditions naturelles de la lutte. Je suis même convaincu que c'est par ces cultures involontaires que l'homme a provoqué l'apparition des races utilisables du genre *Avena*.

Mais, pour ne pas sortir du domaine des faits, constatons que, sur le littoral méditerranéen, nous pouvons réunir une très importante série d'*Avena sterilis* débutant par les formes les plus inutilisables pour se terminer par une *Avoine* largement cultivée dans le domaine méditerranéen bien à tort confondue jusqu'à ce jour, par tous les auteurs savants et praticiens avec l'*Avena sativa*.

M. le Dʳ TRABUT.

AVENA STERILIS MAXIMA. Perez Lara. *Fl. Gad.* (fig. 1-1). — Inflorescence pauciflore. Épillets très gros avec des glumes atteignant 50 mm; glumelles couvertes de longs poils. et portant une très forte arête genouillée et tortile, souvent velue.

AVENA STERILIS SEGETALIS, Bianca. *Tod. exsicc. Sic.* 712 (fig. 1-5). — Épillets un peu moins volumineux, remarquables par une grande réduction des arêtes non genouillées et à peine tortiles. — Sicile, dans les moissons. Une forme très voisine est assez commune en Algérie, dans les moissons; le grain est gros et les glumelles sont noires.

A. STERILIS CALVESCENS. Trabut et Thellung in *Viertel Jahrsschr. d. Naturf. Ges.*, Zurich, 1911. — *A sterilis* var. α. Trabut. *C. R. Ac. Sc.*, 1909. — Glumelles coriaces. glabres, arête tortile, genouillée, mais callus encore très velu (fig. 1-7).

A. STERILIS PSEUDOVILIS. Hausskn. *Kritische Bemerkungen über einige Avena Arten*, 1894. — *A. sterilis* β. Trabut. *C. R. Ac. Sc.*, 1909. — Cette variété diffère déjà peu de la forme cultivée, ou ne trouve plus de poils que sur le callus de la fleur inférieure, les arêtes sont réduites, mais à maturité, l'épillet se sépare très facilement des glumes (fig. 1-8).

A. STERILIS BYZANTINA. Koch. in *Linnæa*, 1848. *A. sterilis* var. γ. Trabut, 1910. B. A. *Alg. Tunis.* — Cette forme est décrite par Koch dès 1848; c'est M. Thellung qui a établi la synonymie de cette variété intéressante. Cosson et les auteurs

1. Communication faite à la seconde séance de la Conférence.

contemporains avaient rapporté l'*A. byzantina*, de Koch à l'*A. fatua*, plus spécialement à ses formes glabres : *A. hybrida*, *A. fatua glabrescens* Cosson.

Haussknecht en fait *Avena sterilis parallela*, 1885.

L'*Avena sterilis byzantina* a perdu beaucoup des caractères du *sterilis* type et
constitue le dernier échelon pour arriver à la forme cultivée ; l'arête est réduite, les
poils du callus sont réduits, l'articulation est encore bien conservée et les fleurs

Fig. 1. — 1, *Avena sterilis maxima*. — 2, *A. sterilis*. — 3, *A. sterilis Ludoviciana*. — 4, *A. ste-
rilis micrantha*. — 5, *A. sterilis segetalis*. — 6, *A. sterilis pseudovilis*. — 7, *A. sterilis calvescens*.
— 8, *A. sterilis pseudovilis*.

tombent avec facilité à maturité, les glumelles sont aussi plus allongées que dans
les races cultivées. En 1907, M. Hackel m'écrivait qu'il considérait cette forme comme
intermédiaire entre l'*A. sativa*, et l'*A. sterilis* et la nommait provisoirement *A. sativa
biaristata* (fig. 5-3).

A. STERILIS ALGERIENSIS. Trabut, 1910. — *A. sterilis culta*. L'Avoine algérienne est
la forme cultivé de l'Avoine stérile, elle est caractérisée par la réduction de l'arête
et la consolidation de l'articulation.

L'Avoine algérienne (fig. 2) est très répandue dans tout le bassin méditerranéen, elle est du reste distinguée depuis longtemps par les praticiens :
MM. Denaiffe et Sirodot[1] dans leur monographie des avoines à propos de

[1] L'*Avoine*, 1901.

l'*Avoine des Abruzzes* indiquent de bons caractères et proposent même de séparer l'Avoine des Abruzzes et les Avoines algériennes et tunisiennes comme sections des *Sativae*. Haussknecht qui avait très consciencieusement étudié les formes du *sterilis* exprimait le vœu de voir un jour sortir une race utilisable de ce groupe si bien adapté à la région méditerranéenne; en 1894 dans les Mittheilungen des Thür. bot. Vereins, il s'exprimait ainsi : « Fur die Sudeuropaischen Landen, würde die durch kultur verbesserte. *Avena sterilis* wegen of ihrer grosseren. Früchte eine sehr zu empfehlende Futterpflanze abgeben, zumal unsere *A. sativa* dort nicht gut gedeihen will. » Si Haussknecht avait eu l'occasion d'étudier sur place les avoines méridionales, il aurait certainement constaté que son vœu était réalisé depuis longtemps et que son *Avena sterilis parallela* n'était peut-être qu'une échappée de culture. L'existence de toute une série de formes unissant l'*A. sterilis*, le mieux caractérisé, à l'avoine que l'on cultive dans les contrées méridionales, est déjà un lien puissant qui ne peut être négligé.

Mais une étude des caractères morphologiques et physiologiques de l'Avoine algérienne révèle des affinités qui ne laissent plus aucun doute.

La section des *Avenae sativae* caractérisée par des fleurs non articulées et se désagrégeant seulement par rupture de l'axe, est basée sur un caractère artificiel. C'est par l'effet de la culture que les articulations ont cessé de fonctionner.

Le groupe des *A. sativae* n'est constitué que par les avoines épilées et ankylosées des autres sections, *biformae* et *conformae*.

L'*Avena sativa* a conservé tous les caractères de l'*A. fatua*, son ancêtre.

La deuxième fleur se sépare encore facilement de l'axe qui persiste au-dessus de la fleur inférieure, l'articulation de la fleur inférieure est plus

Fig. 2. — *Avena algeriensis.*
1, un épillet. — 2, les grains. — 3, deuxième grain.
4, variété améliorée.

complètement oblitérée et c'est une rupture vraie qui lui permet de se séparer des glumes.

Dans la forme cultivée de l'*A. sterilis* ou *Avoine algérienne*, l'articulation basilaire est encore très évidente, le décollement n'est pas aussi facile dans la race cultivée que dans le type sauvage, mais on peut retrouver facilement la ligne de démarcation et les surfaces articulaires. La deuxième fleur qui n'est pas articulée dans l'*A. sterilis*, comme dans l'*A. fatua*, reste longtemps adhérente, elle ne se sépare qu'en emportant à sa base l'axe même qui lui constitue une pointe très caractéristique (fig. 4, 7). Ces deux caractères permettent de reconnaître, à première vue, les avoines cultivées qui descendent de l'*A. sterilis*, les races y sont du reste très peu différentes, l'on ne trouve pas une série aussi variée que dans les *Sativae* dérivées du *fatua*.

Fig. 5. — Articulations. — 1. *Avena sterilis maxima*. — 2, *A. sterilis glabrescens*. — 3. *A. sterilis byzantina*. — 4, *A. sterilis culta*. — 5. articulations vue de face *A. sterilis culta*. — 6. articulations de profil *A. sterilis culta*.

Le Caryopse de l'avoine algérienne est aussi volumineux que celui des meilleures races d'*A. sativa*, il est un peu plus allongé (fig. 5-2).

Les *Avena sterilis culta* ont des panicules généralement pauciflores de 25 à 50 épillets, elles tallent plus que les *A. sativa*, il arrive même que, coupée en vert, l'Avoine algérienne, donne une deuxième pousse avec des panicules assez nombreuses et fournies.

L'importance de cette distinction, en dehors de l'intérêt relatif à l'origine, d'une de nos plantes de grande culture, réside surtout dans les aptitudes très particulières des races tirées de l'*A. sterilis*.

Dès 1895, dans les essais d'avoines entrepris à la Station botanique, j'ai constaté qu'un nombre très limité de variétés pouvait donner des résultats dans nos cultures du littoral. Les quelques avoines ayant résisté à la sécheresse et à à la rouille avaient été reçues sous les noms d'Avoine des *Abruzzes A. de Naples*, *A. de Tunisie*, *A. d'Espagne*, *A. de Grèce*, elles avaient toutes même apparence et ne pouvaient être pratiquement distinguées; elles étaient toutes des *Avena sterilis culta*.

Ce type dérivé de l'*A. sterilis* ne paraît avoir acquis que des caractères très secondaires : Couleur plus ou moins claire, arête plus ou moins réduite, poils du callus plus ou moins abondants. Par une ségrégation attentive on obtient une forme à grain plus court, plus gonflé, et d'une densité supérieure

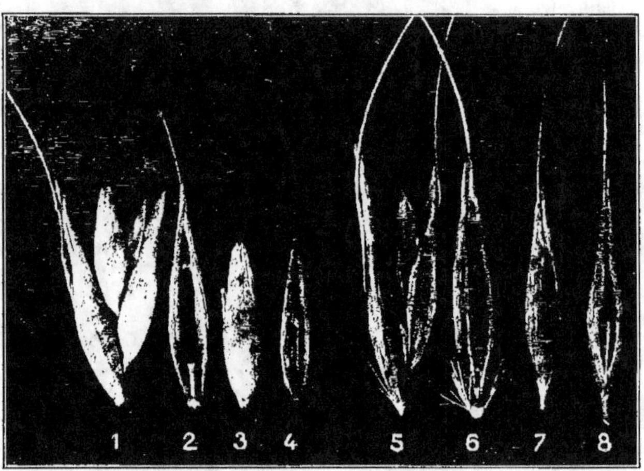

Fig. 4. — 1, 2, 3, 4, *Avena sativa* : 1, épillet. — 2, fleur inférieure avec le fragment de l'axe qui portait la 2e fleur. — 3 et 4, la 2e fleur désarticulée. — 5, 6, 7, 8, Avoine algérienne : 5, épillet, — 6, fleur inférieure sans fragment de l'axe. — 7 et 8, 2e fleur terminée par l'axe sur lequel elles sont insérées sans articulation.

(fig. 2-4), mais les glumelles restent dures, ce qui est un défaut assez grave. On pourrait aussi fixer une forme à 3 grains.

L'*Avoine algérienne* non seulement résiste à l'échaudage et à la Rouille, mais aussi à un certain degré de salure dans les terres. Dans les plaines de l'Oranie on voit souvent, dans les emplacements salés, des peuplements très étendus de l'*A. sterilis ludoviciana*.

Pour les terrains salés c'est évidemment de cette forme qu'il conviendrait d'obtenir une race cultivable, il existe déjà des variations glabrescentes et à arête réduite.

Les résultats de mes observations sur la résistance de l'*Avoine algérienne*, ont, depuis longtemps, attiré l'attention des stations d'expériences du Cap, d'Australie et des États-Unis, qui ont contrôlé mes affirmations et ont provoqué d'importantes distributions de semences d'origine algérienne. Les résultats obtenus ont été bons.

Au point de vue génétique, il est intéressant de constater la grande uniformité de l'*Avena sterilis culta* alors que l'*Avena fatua sativa* est presque devenu encombrant par la multiplicité de ses races cultivées.

J'ai tenté des hybridations, après avoir constaté qu'aucune forme cultivée ne pouvait être regardée comme ayant des caractères combinés, tirés des deux espèces. Il serait utile d'obtenir, en provoquant des variations, quelques modifications de l'Avoine algérienne.

a) Réduction de la longueur des glumelles. Il existe déjà des formes élémentaires présentant ce caractère, ainsi que la réduction des arêtes.

b) Réduction de la dureté des glumelles qui rendent cette avoine moins digestible. Le poids des balles par rapport à l'amande n'est pas cependant plus élevé dans l'*A. algérienne*, la proportion est, dans les récoltes faites dans de bonnes conditions, 71 d'amande pour 29 de balle. Mais les expériences du Capitaine

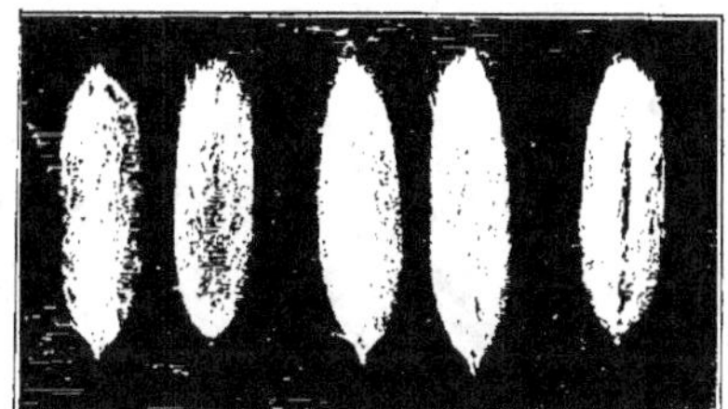

Fig. 5. — Caryopses grossis 2 1/2.
1, *Avena sterilis maxima.* — 2, *A. sterilis culta.*
3, *A. sativa.*

Bosnot, à la Jumenterie de Tiaret, ont démontré que l'Avoine algérienne avait un coefficient de digestibilité un peu inférieur; ainsi avec l'Avoine du Houdan, on note 62 grammes de graines par kilog, échappés à la digestion et avec l'*Avoine algérienne* 70 grammes; il est vrai que l'*Avoine blanche du Canada*, dans les mêmes essais, avait 75 grammes de non digérés. L'examen histologique des glumelles ne révèle ni une épaisseur, ni une consistante différentes, de ce qu'on peut observer chez l'*A. sativa*.

c) La sélection par densité donne rapidement un résultat pratique peut-être encore plus évident, dans cette espèce, que dans l'Avoine ordinaire.

d) L'Avoine algérienne est de couleur claire, mais il serait possible de constituer des variétés noires en utilisant les formes *calvescens* et *segetalis* noires du type spontané que l'on trouve facilement dans les moissons (fig. 6).

Fig. 6. — *Avena sterilis segetalis f. nigra.*

Réduction des arêtes et des poils, pourrait donner une Avoine algérienne noire.

* *
*

L'Avena fatua a une répartition bien différente de celle de l'*A. sterilis*, cette espèce prend place dans nos plaines élevées, les steppes ou sur le littoral oranais et tunisien peu humide.

Comme l'*A. sterilis*, l'*A. fatua* présente des formes de transitions nombreuses vers le type cultivé : *A. sativa*.

Dès 1854, Cosson distinguait une *A. fatua glabrescens* qui se confond avec l'*A. hybrida*, Peterns Fl. de Bienitz, 1841. Ces formes ont été regardées comme des hybrides *A. fatua et sativa*, mais sans aucune preuve. Dans le Sersou (1000 mètres), j'ai rencontré un chaînon unissant l'*A. hybrida*, à l'*A. sativa*. Cette forme (*A. subuniflora*) présente les caractères généraux de l'*A. fatua*; mais elle est glabre, et l'articulation bien indiquée fonctionne mal, la deuxième fleur est, le plus souvent, abortive et la fleur inférieure porte une grande arête tortile et genouillée (fig. 7-5, 4), comme les formes sauvages.

En culture elle se maintient et présente cependant quelques individus dépourvus d'arêtes qu'il serait facile de fixer. On regarde parfois ces formes de transition comme des retours à l'état sauvage, d'une race cultivée ; c'est pos-

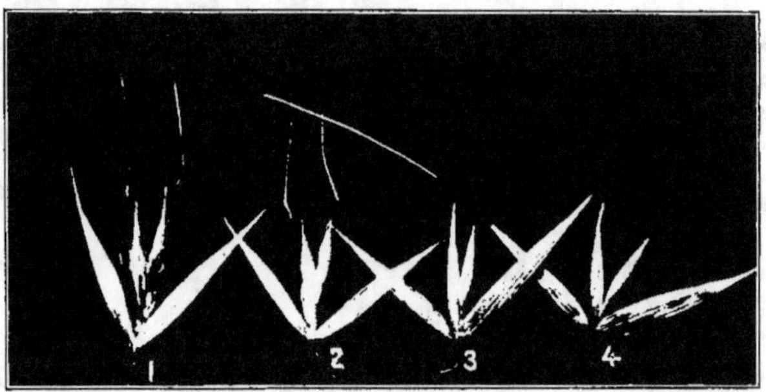

Fig. 7. — 1, *Avena fatua*. — 2, *A. fatua glabrescens*. — 5, *A. fatua subuniflora*.
4, *A. fatua subuniflora inermis*.

sible, mais ce qu'il y a de certain c'est que les prétendus retours en arrière de l'*A. sativa* vont à l'*A. fatua*.

Il est bien évident aujourd'hui que l'*A. fatua* a donné la grande majorité des Avoines cultivées englobées sous la dénomination : *A. sativa* et qu'il est encore possible de réunir toute la série des intermédiaires entre le type sauvage et les formes adaptées à nos cultures.

**

A. barbata. — La création par Linné d'une espèce artificielle (*A. sativa*) avec toutes les formes d'*Avena* ne se désarticulant plus, a égaré longtemps les chercheurs voulant éclairer l'origine de l'*A. sativa*.

Si nous pouvons admettre comme démontré que l'*A. sterilis* et l'*A. fatua*, se sont transformés en deux avoines cultivées, il nous reste à examiner si d'autres espèces n'ont pas subi aussi les mêmes modifications par culture et ne sont pas devenues utilisables après avoir été des herbes parasites.

En examinant l'*A. strigosa* Schreber qui a été englobée aussi dans l'*A. sativa*, on ne tarde pas à retrouver tous les caractères de l'*A. barbata* en ne tenant pas compte du fonctionnement des articulations et de la pilosité, deux caractères fluctuants sans valeur comme nous l'avons vu chez les *A. sterilis* et *A. fatua*.

L'*A. strigosa* est bien la forme glabre et ayant perdu la fragilité des articulations de l'*A. barbata*.

Haussknecht[1] a observé la forme de passage var *solida*, mais elle paraît assez rare, en examinant un grand nombre d'*A. barbata*, je n'ai trouvé qu'une

<hr>

1. HAUSSKNECHT. — l. c. 1894. p. 20.

forme triflore robuste à gros épillets, différents du *barbata triflora* Wilk et des formes biflores à gros épillets et vivant au milieu des céréales.

Dans des cultures d'*Avena strigosa*, j'ai obtenu des formes de transition vers l'*A. barbata*, avec des épillets à glumelles presque aussi pileuses que dans le type sauvage, mais à articulations plus solides.

L'*A. brevis* Rotts dont on a fait aussi une forme de l'*A. sativa* se rattache à l'*A. strigosa* dérive par conséquent d'un *A. barbata*.

* *

Avena abyssinica. — L'étude de l'*A. barbata* pour la *Flore de l'Algérie* m'avait conduit à séparer les formes du Sud et du Sahara sous la dénomination de variétés *fuscescens* et *minor*. Haussknecht a, depuis (1894) rapporté ces formes désertiques à l'*Avena Wiestii* Steudel.

L'*A. Wiestii* diffère peu morphologiquement de l'*A. barbata*, c'est une forme cependant intéressante par son habitat. Dans le nord de l'Afrique, elle paraît très répandue dans les stations sub-sahariennes. En Cyrénaïque, Taubert a récolté à Derna une forme *solida* (exsicc. n° 607) qui est le passage aux formes cultivables. J'ai reçu

Fig. 8. — *Avena barbata* et *A. strigosa*.

d'Abyssinie, du Dr Baldrati, directeur de l'office Agraire expérimental, deux lots d'Avoine d'Abyssinie: l'un, m'écrivait le Dr Baldrati, est constitué par une Avoine spontanée abondante, l'autre est la forme cultivée, non pour les grains, mais comme fourrage.

L'Avoine sauvage était velue à articulations très fragiles, l'autre était glabre ou à peu près, et à articulations retenant mieux le grain.

Dans les cultures faites à la Station botanique j'ai trouvé toutes les transitions entre l'*A. Wiestii* et l'*A. abyssinica* qui en est la forme cultivable.

L'*A. abyssinica* a donc bien à tort, été rapporté aussi à l'*A. sativa*. C'est une forme encore à demi-sauvage, elle paraît aussi résulter d'une transformation d'un *Avena* indigène, développé et modifié dans les cultures.

Bien que les différences entre l'*A. barbata* et l'*A. Wiestii* soient de peu d'importance, il semble que ces deux plantes des stations sèches soient inégalement xérophiles, l'*A. barbata* étant simplement l'Avoine des stations arides du Tell, tandis que l'*A. Wiestii* est nettement déserticole.

La domestication de l'*A. Wiestii* n'est qu'ébauchée: il conviendrait d'opérer une ségrégation rigoureuse des formes en mélange et, par des traitements appropriés, obtenir, soit brusquement, soit graduellement en usant de patience, des races cultivables supérieures à l'*A. abyssinica* en usage chez les Abyssins.

**
**

Dans cette étude des matériaux à ma portée, je ne prétends pas avoir

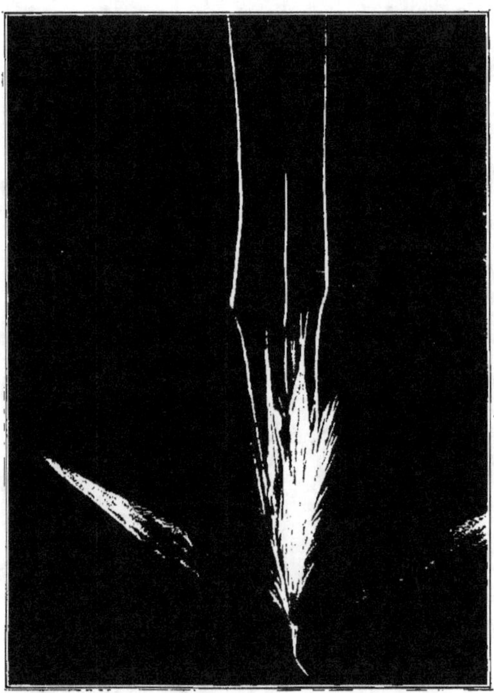

Fig. 9. — *Avena barbata triflora.*

élucidé complètement la question de l'origine de toutes nos avoines. Les *avoines nues* sont aussi à rattacher à des espèces primitives. Si on trouve dans la série des avoines cultivées toutes les transitions entre les formes sauvages et les formes améliorées, formes intermédiaires que l'on peut regarder comme les étapes d'une amélioration graduelle par culture; il paraît admissible pour les Avoines nues, que des mutations brusques soient intervenues. Ces avoines sont en effet caractérisées par des anomalies tératologiques; ce sont des monstruosités comme celles qui ont produit le *Triticum polonicum*.

L'*avoine nue grosse de Chine* a la plus grande analogie avec l'*A. sterilis*, j'ai pu l'hybrider avec l'*A. sterilis culta*.

L'étude de la domestication des *Avena* présente, au point de vue génétique, quelques arguments assez solides en faveur du milieu ambiant, agent modificateur provoquant des fluctuations qui aboutissent à la constitution de variétés bien caractérisées et fixées par la sélection.

L'*Avena fatua* perd, dans les cultures, la fragilité de ses articulations, ses poils, ses arêtes, elle devient une plante domestiquée, toutes les étapes de ces fluctuations se retrouvent facilement. Cultivée dans des milieux très différents, l'*A. sativa* a aujourd'hui une descendance domestiquée, très nom-

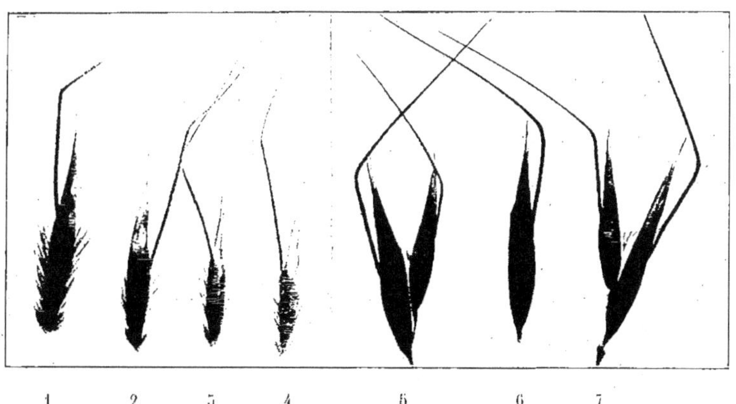

Fig. 10. — 1, 2, 3, 4, *Avena Wiestii*. — 5, 6, 7, *Avena abyssinica*.

breuse et très variée, comme cela doit arriver si le milieu provoque les fluctuations.

L'*A. sterilis culta* n'a pas été soumise aux mêmes épreuves. Cette variété, cultivée sur les bords de la Méditerranée, n'a, que tout récemment, émigré vers d'autres climats.

Cette influence du milieu culture serait assez rapide puisque Buckman, cité par Darwin [1], aurait, en quelques années de culture soigneuse et de sélection, converti l'*A. fatua* en deux races cultivables, presque identiques aux races déjà cultivées.

Dans les avoines, les modifications des types sauvages sont en réalité, peu profondes, la suppression des articulations fragiles a été considérée comme ayant une importance beaucoup trop grande dans les *Avena* comme dans les *Triticum* et les *Sorghum*.

Le rachis de fragile peut devenir tenace par le simple jeu des caractères fluctuants. Il importe cependant de remarquer que, dans les stations naturelles, la fragilité du rachis chez les types sauvages ne fait jamais défaut. La transformation paraît s'opérer sous l'influence de la culture seulement.

L'hybridation entre les espèces cultivées d'Avoines n'a pas encore été tentée méthodiquement à ma connaissance, il y a là une voie ouverte fort intéressante, il reste, il est vrai, à déterminer dans quelle mesure cette véritable hybridation sera possible.

1. DARWIN. Variat. anim. et Pl. édit. Franc, p. 352.

Si l'*Avena fatua sativa* peut être croisé avec l'*A. sterilis culta*, il peut se produire toute une descendance ayant des caractères mixtes fort utiles.

L'*A. abyssinica* gagnerait à être croisée par l'*A. strigosa* bien supérieure. Mais en matière d'hybridation, il y a beaucoup plus à attendre de l'expérimentation que de la discussion des vues théoriques.

ON THE ORIGIN OF CULTIVATED OATS

SUMMARY

Until recently, *Avena fatua* has been regarded as the ancestor of the cultivated Oats comprised under the term *Avena sativa*.

Study of the wild forms of *Avena sterilis* has led me to consider that the cultivated oats of the Mediterranean countries are descended from this wild species.

The Algerian Oat, and the Oats of Italy, possess morphological characters found in *Avena sterilis*.

Avena barbata has given rise to some cultivated forms, as *Avena strigosa*.

These three wild types of *Avena* appear to have been modified by cultural influences. In various cultures of the Cereals, of Flax, etc., may be found mutational forms which nearly approach cultivated types. One series of forms is characterized by the reduction of the hairs on the glumes, in another series the awn is reduced, and a third series is distinguished by the solidity of the rachis, which becomes gradually less articulated. A variation of the nature of a monstrosity may also be observed, in which the Glume is less compact, so that the caryopsis falls out before maturity. This mutation gives rise to " Naked Oats ".

In conclusion, at least three wild species of *Avena*, under the influence of culture, may acquire characters fitting them for cultivation. These three species preserve the ancestral characters by which they are adapted to different climates

Avena fatua gives rise to Oats adapted to temperate and mountainous regions; *Avena sterilis*, to Oats adapted to the Southern countries, and to saline soils; *Avena barbata*, to races adapted to dry countries.

INHERITANCE OF WAXY ENDOSPERM IN HYBRIDS OF CHINESE MAIZE [1]

By **G. N. COLLINS**   and   **J. H. KEMPTON**
U. S. Department of Agriculture, Washington D. C.

Seed characters of maize afford an exceptional opportunity for the study of alternative inheritance and Mendelian ratios. Artificial pollination is easily effected and the large number of seeds resulting, borne on single ears, make it possible to secure reliable averages from a single pollination. A still further advantage may be gained by utilising the fact that through xenia certain characters of the hybrid are visible in the seed the same year that the cross is made, resulting in a great saving of time and the space necessary to grow the plants. For the study of xenia characters from 500 to 1000 seeds showing second generation characters can be secured at once by pollinating a single first generation plant. To study a non xenia character in a similar number of individuals it would be necessary to wait another year, and grow plants that would occupy a considerable area.

The chief drawback to the use of xenia characters in Mendelian studies is the difficulty of finding definitely alternative characters peculiar to a single variety or type. Most characters are to be found in any variety if only a sufficiently large number of individuals are scrutinized under different environments. Such variation is the natural result of the crossbred condition that exists in the species, and the interchange of seed that is constantly taking place. To overcome this difficulty and insure purity of the stocks, a more or less protracted period of isolation and inbreeding is required, which reduces the stocks to a very unnatural condition. Unless the results obtained with such abnormal stocks can be checked or duplicated under more natural conditions, the possibility should be kept in mind that we may be confused by artifacts or that the results may have a very narrow application.

In 1908 the Bureau of Plant Industry of the United States Department of Agriculture introduced from China a very peculiar variety of Indian corn. The general characteristics of this variety, which constitutes a distinct type, have been described in another publication [2]. One of the most striking characteristics of the Chinese maize was the nature of the endosperm, which was neither horny, starchy, nor sweet, after the manner of American varieties, but constituted a distinct class, termed waxy or cereous because of the resemblance in texture and optical properties to hard wax.

The endosperm or reserve material which surrounds the germ in a kernel of corn varies in the different types. In the soft varieties, often called flour corn, starchy endosperm occupies the entire seed outside of the embryo. In ordinary dent varieties the starchy endosperm is confined to the center of the seed near the embryo; outside of this there is a layer of horny endosperm. In flint and pop varieties there is hardly a trace of the starchy endosperm, almost

1. Communication faite à la troisième séance de la Conférence.
2. *Bulletin* No. 161. A New Type of Indian Corn from China, *Bureau of Plant Industry U. S. Dept. of Agriculture* 1909.

the entire seed being horny. Thus far the waxy endosperm has been found only in the recently introduced Chinese maize where it occupies the same position as does the horny endosperm in the flint and pop varieties and surrounds a very small starchy portion. In sweet varieties there is also a small starchy portion surrounded by a dense horny layer that shrinks in drying and takes on a glassy appearance.

The distinction between horny and starchy endosperm is well marked and in this sense their inheritance is alternative. Both may, however, occur in the same seed and the relative proportion of the two types may vary greatly in different seeds from the same ear, the horny portion being usually greater in the seeds from the tip of the ear. The proportion of horny endosperm can also be increased by subjecting the seeds to pressure when they are maturing. Compared with the starchy endosperm, the sweet endosperm behaves in the same way as the horny and is subject to the same fluctuations.

The inheritance of waxy and horny endosperm is alternative in quite another sense. They occupy homologous positions and both have never been found in the same seed.

This waxy or cereous endosperm is as distinct from the corneous endosperm of the American varieties as the corneous endosperm is from the amylaceous or starchy. Nothing approximating the texture of the Chinese type has been found in any other variety, though an exceptionally large series of types from all parts of the world have been examined whith this character in mind. The present paper describes the behavior of the endosperm characters in hybrids between this and American varieties.

The original importation of the Chinese maize contained both white seeds and seeds with a maroon colored aleurone. Planted separately and self-pollinated, both kinds bred true and all seeds possessed the waxy endosperm.

In the first or xenia generation of hybrids between Chinese corn and American varieties with horny endosperm, the horny character was completely dominant in the entire series of crosses, comprising about 100 different varieties, including all the well-known types.

This complete dominance made it appear probable that in the second generation the characters would segregate in accordance with Mendelian ratios. In the second generation, secured by self-pollinating first generation hybrid plants, the waxy character reappeared apparently unchanged in a part of the seeds of each ear. The waxy to non-waxy seeds approximated on the average the Mendelian monohybrid ratio of $1 : 3$. The percentages of waxy seeds on the individual ears, however, ranged from 15.4 to 55.4. The number of seeds in each of the ears was too large to permit these deviations to be ascribed to chance, while the ratios for the different ears varied by such small amounts that to account for the results by supposing the appearance of the character to depend on a combination of distinct factors would necessitate the assumption of a different gametic formule for nearly every ear.

When the colored and white seeds in the second generation were examined separately it was found that where a white strain of the Chinese had been crossed with an American variety with colored aleurone that the white seeds carried a much higher percentage of waxy seeds than did the colored seeds. On the other hand, when a plant from a Chinese seed with colored aleurone was crossed with American varieties with colorless aleurone, the second generation segregates showed a larger percentage of waxy seeds among the colored than among the white seeds.   In other words, there is a positive correlation between the two endosperm characters that have been associated in the parental strains.

Nature of Correlations.

Association in the parent strains seems not to have been considered as a cause of correlation, though the existence of such association has been noted in cases ascribed to gametic coupling and here it has been assumed that the association was due to some sort of an affinity between the characters as such.   A similar phenomenon has been described by Cook[1] in cotton hybrids and termed " coherence " to distinguish it from other forms of correlation.   In cotton, however, it has not been possible to secure parental strains possessing the opposite combination of characters and thus preclude the possibility of gametic coupling.   Examples of cohesion are numerous; in fact, most of the cases previously described as " coherital "[2], " zygolitic "[3], or " gametic "[4], correlations appear to be of this nature.

The emphasis, however, has always been placed on the idea that the correlation was gametic and due to an association of the characters in transmission. If characters are considered as unchangeable units it was natural that an inherited correlation should be looked upon as a property of the characters.   The reversible nature of the correlation in the case of these Chinese maize hybrids forces us to entertain the idea that the characters are not immutable but may be modified in expression by their association in the zygote with other characters.

In the crosses between white Chinese and colored American varieties, the results might be ascribed to gametic coupling, but where the opposite cross is made and a colored Chinese is crossed with a white American variety the correlation is between a dominant and a recessive character.   On the presence and absence hypothesis, this involves the absurd assumption of a present character being coupled with one which is absent, a complication which disappears if alternative inheritance is looked upon as phenomenon of expression instead of transmission[5].

Neither can the results be brought under the head of spurious allelomorphism, since all four combinations of characters occur: that is, the correlation is not perfect.

It may be urged that the aleurone color in the Chinese is a unit character distinct from the aleurone color in our American varieties with different affinities and that gametic coupling exists between the waxy endosperm and the Chinese color.   This possibility is being investigated in experiments now under way.   If the characters are unchangeable there should be no sensible difference in the correlation as a result of repeatedly selecting a combination of characters which originally showed a negative correlation.

Correlation of Xenia Characters.

The experiments reported here are, so far as known, the first instance of a

1. Cook (O.-F.).   Bulletin 147. Suppressed and Intensified Characters in Cotton Hybrids, Bureau of Plant Industry U. S. Dept. of Agriculture, 1909.

2. Webber (H.-J.). Correlation of Characters in Plant Breeding. Am. Breeders Assoc., 11, 1906. p. 75.

3. Correns (C.). Ueber levkojenbastarde, zur Kenntnis der Grenzen der Mendel'schen Regeln. Bot. Centrlb, LXXXIII Band, 1900. p. 109.

4. East (E.-M.).   Organic Correlations. Proc. Amer. Breeders Assoc., IV, 1908, pp. 352-343.

5. Cook (O.-F.). Transmission Inheritance distinguished from Expression Inheritance, Science N. S., 25, 911, 1907.

definite correlation in xenia characters of maize. Lock[1] reports an extensive series of crosses where colored and white aleurone and starchy and sweet endosperm were involved and states that no correlation was found. In his crosses, however, both colored and white sweet varieties occurred in the parental strains, of the individual crosses. In such crosses, correlations, if caused by the association of characters in the parental strain, would be obscured. East and Hayes[2] state that in a cross between white flint and purple sweet varieties there was no correlation. The figures given by them show a slight negative correlation between the colored aleurone and sweet endosperm in six of the seven ears. In the other ear there was a slight positive correlation. The totals showed a correlation of. $.111 \pm .032$. Though in this case the correlation is nearly four times the probable error, it may, of course, be only accidental. Four self-pollinated ears, the progeny of colored starchy seeds from the above hybrids, showed no significant correlations.

Inheritance of Waxy Endosperm.

In our experiments fifteen hybrids between Chinese maize and American varieties have been carried to the second generation, either by self-pollinating first generation hybrid plants or by crossing two first generation plants of the same or different hybrids. In all, 45 ears were secured with a total of 22,359 seeds. The segregation was complete, in every instance the seeds being either horny or waxy, with no intermediates. The only doubtful seeds that occur are in instances where the endosperm of the American variety used in the cross was almost entirely starchy, the horny or waxy portion being in some such cases so reduced in the hybrid as not to be apparent at first sight. When carefully scrutinized, however, the outside layer, though very thin, can be seen to be either distinctly horny or waxy. In most instances the groupings were made independently by the two authors and the maximum difference in any ear was three seeds.

Table 1 gives the results obtained in the second generation viewed from the standpoint of endosperm texture alone. The following tabulation will serve as an explanation of the characters used to designate the parent strains.

DESIGNATION OF VARIETY.	SOURCE OF SEED.	ALEURONE COLOR.	ENDOSPERM TEXTURE.
A 2	Texas, U.S.A.	White.	Dent.
A 6	Kansas. U.S.A.	White.	Dent.
A 7	Arizona, U.S.A.	Purple.	Semi-starchy.
D 11	China.	White.	Waxy.
D 15	China.	Red.	Waxy.
K 3	Guatemala.	White.	Flint.
M 1	Mexico.	White.	Dent.
M 2	Mexico.	White.	Dent.
M 71	Mexico.	White.	Starchy.
N 1	Salvador.	Black.	Semi-starchy.
N 14	Salvador.	Black.	Semi-starchy.

A further description of hybrids will be found in the latter part of the paper where the correlation of endosperm character with aleurone color is discussed. The individual ears can be identified by the pedigree number. The expected ratio in all these hybrid ears would be 25 0/0 waxy, if the character behaved as a monohybrid, and this ratio was approximated in most of the ears. In 24 of

1. Lock (R.-H.). Studies in Plant Breeding in the Tropics, III, *Annals Royal Botanic Gardens, Peradeniya*, vol. III, pt. 2, 1906.

2. East (E.-M.), and Hayes (H.-K.). Inheritance in Maize, *Bull.* 167, *Connecticut Agricultural Experiment Station*. 1911, p. 71.

the 45 ears the deviation from 25 0/0 was less than twice the probable error. The maximum deviation of the individual ears was 8.6 times the probable error with 677 seeds. Considering the whole 22.359 seeds, 5,179 or 23.1 0/0 were waxy, the expected being 5,584 ± 45.6. In 29 of the individual ears the number of waxy seeds was below the expected and in 15 it was above. In all the ears the number of seeds was sufficiently large to afford fairly reliable averages and the larger deviations can not be reasonably ascribed to chance.

TABLE 1

PEDIGREE NO. OF EAR.	NATURE OF CROSS	NO. OF SEEDS.	NO. OF WAXY SEEDS.	0/0 OF WAXY SEEDS.	EXPECTED NO. OF WAXY SEEDS.	DEVIATION FROM EXPECTED NO. SEEDS.	NO. OF TIMES THE DEVIATION EXCEEDS PROBABLE ERROR.
115	(M 1 × A 7) × D 11) × Self . .	677	104	15.4	169 ± 7.6	— 65.	8.6
116	» » » . . .	374	125	33.4	93.5 ± 5.6	+ 31.5	5.6
117	» » » . . .	808	174	21.5	202 ± 8.5	— 28	3.4
118	» » » . . .	557	135	23.8	139 ± 6.9	— 6	0.9
119	» » » . . .	587	150	25.5	147 ± 7.1	+ 3	0.4
120	» » » . . .	459	75	16.3	115 ± 6.3	— 40	6.3
151	(A 7 × D 11) × Self.	568	146	25.7	142 ± 6.9	+ 4	0.6
152	» »	183	49	26.8	46 ± 4.0	+ 3	0.7
153	» »	581	175	30.0	145 ± 7.0	+ 30	4.3
154	» »	661	158	23.9	165 ± 7.5	— 7	0.9
155	» »	540	130	24.1	135 ± 6.8	— 5	0.7
156	(A 7 × D 11) × (D 11 × B 3). .	590	147	24.9	147 ± 7.2	0	0.0
157	» » . . .	514	142	27 6	128 ± 6.5	+ 14	2.2
158	(A 7 × D 11) × (D 11 × N 14).	472	109	23.1	118 ± 6.2	— 9	1.5
161	(A 7 × D 11 × (D 11) × (A 2 × K 3).	325	85	26.1	81 ± 5.5	+ 4	0.8
197	(A 6 × D 11) × (A 6 × D 11) . .	698	156	22.4	174.5 ± 7.7	— 18.5	2.5
198	(A 6 × D 11) × Self. . . .	801	190	23.6	200 ± 8.5	— 10	1.2
199	(A 6 × D 11) × (A 6 × D 11) .	452	132	29.2	113 ± 6.2	+ 19	3.1
200	» » . .	198	65	32.8	49.5 ± 4.1	+ 15.5	3.8
201	» » . .	545	106	19.4	136 ± 6.8	— 30	4.4
202	(A 2 × D 11) × (A 2 × D 11). .	555	112	20.2	139 ± 6.9	— 27	3.9
203	(A 2 × D 11) × Self.	528	125	23.7	132 ± 6.7	— 7	1.0
204	» (A 2 × D 11). .	555	112	20 3	138 ± 6 9	— 26	3.8
207	(M 2 × D 11) × Self.	629	138	22.0	157 ± 7.5	— 19	2.6
211	(M 1 × D 11) × »	406	88	21.6	101.5 ± 5.9	— 13.5	2.3
212	» × (M 1 × D 11). .	367	109	29.7	92 ± 5.6	+ 17	3.0
213	» × (A 7 × D 11). .	544	103	18.9	136 ± 6.8	— 33	4.9
218	(N 1 × D 11) × Self.	65	14	21.5	16 ± 2.3	— 2	0.9
219	(D × M 71) × (D × M 71) . . .	272	53	19.5	68 ± 4.8	— 15	3.1
221	(D 13 × M 71) × (D 13 × M 71).	220	58	26.4	55 ± 4.3	+ 3	0.7
222	» » .	635	104	16.4	158 ± 7.4	— 54	7.3
223	» » .	590	131	22.2	147.5 ± 7.1	— 16.5	2.3
224	(M 1 × A 7) × (D 11) × Self.. .	508	119	23.4	127 ± 6.6	— 8	1.2
225	» » »	495	121	24.6	123 ± 6.5	— 2	0.3
226	» » » . . .	555	150	27 1	138 ± 6.9	+ 12	1.7
227	» » » . . .	485	123	25.4	121 ± 6.4	+ 2	0.3
228	» » » . . .	573	127	22 2	143 ± 7.0	— 16	2.3
229	» » » . . .	458	92	20.1	114.5 ± 6.3	— 22.5	3.6
230	» » » . . .	563	100	27.5	91 ± 5.6	+ 9	1.6
231	» × (M 1 × A 7) × (D 11).	203	59	28.7	51 ± 4.2	+ 8	1.9
232	» » × Self. . .	689	170	24.7	172 ± 7.7	— 2	0.3
233	» » » . . .	675	119	17.7	168 ± 7.6	— 49	6.4
234	» » » . . .	648	134	20.7	162 ± 7 5	— 28	3.7
236	» » » . . .	365	92	25.2	91 ± 5.6	+ 1	0.2
237	» » » . . .	572	75	20.1	93 ± 5.6	— 18	3.2
	TOTAL	22,359	5,179	23.1	5.580 ± 45.6	— 401	9.24

The deviation from the expected 25 0/0 can hardly be explained by assuming that the appearance of the character depends on more than one factor. Arranged in order of magnitude, the percentages of waxy seeds form such a continuous series from 15.4 to 33.4 and the differences are so slight, that to explain the results in this way would require the predication of such a large number of factors that the interpretation loses all value even as a working hypothesis. The character is alternative and the classification certain, hence the only fluctuations that have to be considered are the probable and experimental errors, and the ingenious hypothesis proposed by East[1], suggesting the Mendelian nature of fluctuating variations, can not be applied.

The deviations appear to be individual rather than varietal. In all instances when more than three ears of the same cross were secured, significant deviations occur both above and below the expected 25 0/0. It would seem, therefore, that while there is an evident approximation of the 25 0/0 ratio, small but definite and significant individual deviations are the rule.

In addition to the crosses recorded in Table I, two first generation Chinese hybrid plants were pollinated by pure Chinese. In both cases the number of waxy seeds produced was below the expected 50 0/0 by a significant number. The crosses were as follows :

A first generation hybrid plant of a cross between N1, a dent variety from Salvador, and Chinese was pollinated by a pure Chinese Plant, the resulting ears, Pedigree No. 144, had 600 seeds of which 243 were waxy. The expected was 300 ± 8.5, the deviation was, therefore, 57 seeds or nearly seven times the probable error.

The second instance was a cross between D13, red Chinese, and M71, a starchy variety from northern Mexico. One ear of this cross was pollinated by D13, the red Chinese strain used as the female parent. The ear produced 628 seeds of which 283 were waxy. The expected was 314 ± 8.5, a deviation of 31 seeds, about 3 1/2 times the probable error.

It will be noted that the deviation from the expected is in the same direction as the larger series where the expected ratio was 25 0/0. The relations are shown in Table II.

TABLE II

PEDIGREE NO. OF EAR.	NO. OF SEEDS.	NO. OF WAXY SEEDS.	EXPECTED NO. OF WAXY SEEDS.	NO. OF SEEDS BELOW THE EXPECTED.	NO. OF THE TIMES THE DEVIATION EXCEEDS PROBABLE ERROR.
144.	600	243	300 ± 8.5	57	6.9
220.	628	283	314 ± 8 5	31	3.6
TOTAL. . .	1.228	526	614 ± 11.8	88	7.5

Correlation between Aleurone Color and Character of Endosperm.

In 24 of the hybrid ears discussed above, the parents possessed aleurone layers of different colors. The behavior of aleurone color in corn hybrids is a complicated subject and will be treated in another publication[2]. With respect to the behavior of this character in the Chinese hybrids, it may be said that the classes are seldom so well marked as in the character of the endosperm. Nei-

1. East (E.-M.). A Mendelian Interpretation of Variation that is Apparently Continuous, *Amer. Nat.*, 44, 65-82, 1910.

2. For a comprehensive discussion of this subject see East (E.-M.), and Hayes (H.-K.) Inheritance in Maize, *Bull.* 167, *Connecticut Agricultural Experiment Station*, 1911.

ther can the purity of types be assumed with such confidence since the same or similar colors that appear in the Chinese types are common in American varieties.

In all our crosses between Chinese, with colored aleurone and white varieties, the color has been dominant in the first generation, but the behavior in subsequent generations has been found to be very irregular. There is, however, a very definite relation between the appearances of the waxy endosperm and the color of the aleurone. In every case where the parents differed both in texture of the endosperm and the color of the aleurone, there was found to be a correlation or cohesion between the characters possessed by the individual parents.

If there was no correlation we should expect to find the same percentage of waxy seeds among the colored seed as among the white. This, it will be observed, is not the case. As a measure of the degree of the correlation, the coefficient of correlation, or association, has been calculated by Yule's formula[1]. By this method, when any class is lacking, as for example, if none of the colored seeds were waxy, the correlation is considered perfect and would be represented by 1. If the percentage of waxy seeds in the colored and white seeds is equal, the correlation would be 0. The decimals between 0 and 1 represent the intermediate degrees.

In the following tables the four classes as they occurred in the different ears are shown, together with the coefficient of correlation. The coefficient of correlation ranges from 528 to 895 in the individual ears. The probable error of the coefficient in all cases is in the second decimal place and in the ear with the lowest correlation is less than one seventh the coefficient.

Details of the Hybrids Showing Correlation Between Color of
Aleurone and Character of the Endosperm.
Crosses of white Chinese with Colored American Varieties.

In 1909 a plant of A7, a semi-starchy variety with a thin horny layer and colored aleurone grown by the Hopi Indians of Arizona, was pollinated by D11, the number assigned to the white strain of Chinese with waxy endosperm. The resulting ear (Dh15) had all the seeds colored and with horny endosperm. Experiments had shown the colored aleurone in A7 to be recessive to the absence of color in the same variety and in several others.

Five plants grown from the Dh15 ear in 1910 were self pollinated (See Table III). The percentage of waxy seeds for the individual ears varied from 25,9 to 50,4. The percentage of white seeds varied from 27,8 to 48,7. In every ear there was a correlation between the colored aleurone and the horny endosperm.

TABLE III

Hopi Black × White Chinese (Dh 15) Self-pollinated.

PED. NO. OF EAR.	NO. SEEDS.	NO. WHITE HORNY.	NO. WHITE. WAXY.	NO. COL. HORNY.	NO. COL. WAXY.	CORRELATION.
151.	568	77	91	345	55	.762
152.	185	22	29	112	20	.761
153.	581	149	119	257	56	.579
154.	661	86	100	417	58	.895
155.	510	172	91	258	59	.535
TOTAL. . .	2.555	506	430	1.389	228	.741

1. Yule (G.-U.). On the Association of Attributes in Statistics. *Phil. Trans. Roy. Soc.*, vol. 194, 1900, pp. 257-319.

Two other plants from Dh15 were pollinated by a plant of Dh17, a first generation cross between the same D11 and B15, the last a starchy Cuzco variety with colorless aleurone. The seed classes of the two ears immediately resulting from the Dh15 × Dh17 cross are shown in Table IV. The total percent of waxy seeds in the individual ears was 24.9 and 27.6. The white seeds appeared as 52.4 and 62.5 %. Both ears showed a correlation between the colored aleurone and the horny endosperm.

TABLE IV

(Hopi Black × China White, Dh 15) × (China White × Cuzco, Dh 17).

PED. NO. OF EAR.	NO. SEEDS.	NO. WHITE HORNY.	NO. WHITE WAXY.	NO. COL. HORNY.	NO. COL. WAXY.	CORRELATION.
156.	590	200	109	245	38	.554
157.	514	205	115	167	27	.549
TOTAL. . .	1.104	405	224	410	65	.554

Another plant from Dh15 was pollinated by a plant of Dh122, a first generation cross between D11 and N14. N14 is a variety from Salvador with horny seeds and colored aleurone. Dh122 had all the seeds horny with colored aleurone. The classes of the seeds resulting from the Dh15 × Dh122 cross are shown in Table V. The total percentage of waxy seeds is 23.1. The total percentage of seeds with colorless aleurone is 70.6.

TABLE V

(Hopi Black × White Chinese, Dh 15) × (White Chinese × Negrito Black, Dh 122).

PED. NO. OF EAR.	NO. SEEDS.	NO. WHITE HORNY.	NO. WHITE WAXY.	NO. COL. HORNY.	NO. COL. WAXY.	CORRELATION.
158.	472	240	93	125	16	.490

The last of the series of hybrids with Dh15 was a plant pollinated by Dh11, a first generation cross between Kh3 (which was A2, a white American Dent, × K5, a white flint from Guatemala), and D11. The classes of the Dh15 × Dh11 ear, pedigree 161, are shown in Table VI. The total percentage of vaxy seeds was 26.1, and 51.4 percent were white. There was again a pronounced correlation between the colored and horny characters.

TABLE VI

(Hopi Black × Chinese White, Dh 15) × (Chinese White × Kh 3, Dh 11).

PED. NO. OF EAR.	NO. SEEDS.	NO. WHITE HORNY.	NO. WHITE WAXY.	NO. COL. HORNY.	NO. COL. WAXY.	CORRELATION.
161.	525	96	71	144	14	.767

In 1908 a cross was made between a plant of M2, a pure white variety with horny endosperm, and A7, the same Hopi variety with colored aleurone that figures in Dh15. The resulting ear, designated Mh19, was pure white, the aleurone color of A7 being definitely recessive to white in this and many other varieties.

In 1909 a plant grown from Mh19 was pollinated by D11, the white Chinese variety. The resulting ear was designated as Dh14. Dh14 had all the seeds horny and 66.6 % of the seeds white with the classes between the colored and white seeds well marked.

In 1910 the white and colored seeds of Dh14 were planted separately and a number of plants of each were self-pollinated. Ears from the white seed, pedigrees 224 and 237, Table 1, produced all white seeds whith the percentage of waxy seed ranging from 17.7 to 28.5. The five selfed ears from the colored seeds of Dh14 produced all four classes of seed in the proportions shown in Table VII, the total percentage of waxy seeds ranged from 15.4 to 55.4; in the individual ears the percentage of white seeds ranged from 52 to 66,8. In all the ears there was a positive correlation between the colored and horny characters.

TABLE VII

(White Mexican × Hopi Colored. Mk 19 × (White Chinese, D11, Colored seed planted and self-pollinated.

PED. NO. OF EAR.	NO. SEEDS.	NO. WHITE HORNY.	NO. WHITE WAXY.	NO. COL. HORNY.	NO. COL. WAXY.	CORRELATION.
115..	677	215	75	558	29	.023
116.. . . .	374	105	94	146	51	.622
117.. . . .	808	372	150	262	44	.550
118.. . . .	557	256	116	168	17	.643
119.. . . .	587	89	99	348	51	.767
120.. . . .	459	165	44	219	51	.528
TOTAL . . .	3,462	1,200	558	1,501	203	.549

Xupha Black and White Chinese.

In 1909 a cross was made between N4, a variety from Salvador with black aleurone and horny endosperm, and D11, the white Chinese. The seeds of the resulting ear, Dh20, all had a colored aleurone and a horny endosperm. The classes secured in one self-pollinated ear, 1910, are shown in Table VIII. Only 65 seeds matured but there was again a positive correlation between the colored aleurone and the horny endosperm. 21.5 percent of the total number of seeds were waxy and 50.8 percent were white.

TABLE VIII

Xupha Black × White Chinese, × Self.

PED. NO. OF EAR.	NO. SEEDS.	NO. WHITE HORNY.	NO. WHITE WAXY.	NO. COL. HORNY.	NO. COL. WAXY.	CORRELATION.
218.. . . .	65	25	10	28	4	.505

A second plant of the hybrid Dh20, described above, was crossed back on D11, the parent possessing colorless aleurone and waxy endosperm, both recessive characters. The resulting ear again showed a small but definite positive correlation between colored aleurone and horny endosperm. The total number of white seeds represented 72.5 percent. The total number of waxy seeds was 40.5 percent. Since this was a cross between a first generation hybrid and the recessive parent, the expected ration was 50 percent with respect to each character. The classes are shown in Table IX.

TABLE IX

Xupha Black × White Chinese; × (White Chinese.

PED. NO. OF EAR.	NO. SEEDS.	NO. WHITE HORNY.	NO. WHITE WAXY.	NO. COL. HORNY.	NO. COL. WAXY.	CORRELATION.
144.. . . .	600	252	207	125	40	.464

Crosses of Colored Chinese with American Varieties.

In 1909 a plant of D15, a strain of the waxy Chinese with red aleurone, was pollinated by a plant of M71, a starchy white variety from northern Mexico. The resulting ear, Dh2, had all the seeds with red aleurone like the Chinese parent and all had horny endosperm. The second generation in 1910, as secured in four self-pollinated ears from Dh2, is shown in Table X. It will be noted that this cross was the reverse of those shown in the previous tables in that a colored strain of Chinese was crossed with a non-waxy white strain. In all four ears the positive correlation was between the colored aleurone and waxy endosperm instead of between the colored aleurone and horny endosperm, as in the other crosses where a white strain of Chinese was crossed whith colored non-waxy varieties. The percentage of waxy seeds in the different ears varied from 16.4 to 26.4, while the percentage of white seeds ranged from 37.8 to 74.5 percent.

TABLE X

(Red Chinese × Boleto White) × Pure Seed.

PED. NO. OF EAR.	NO. SEEDS.	NO. WHITE HORNY.	NO. WHITE WAXY.	NO. COL. HORNY.	NO. COL. WAXY.	CORRELATION.
219	272	91	12	128	41	.416
221	220	135	29	29	27	.625
222	635	403	58	128	46	.428
223	590	319	57	140	75	.531
TOTAL	1,717	948	156	425	188	.457

Conclusions.

In the first or xenia generation of crosses between Chinese corn with waxy endosperm and American varieties with horny endosperm, the waxy character is definitely recessive, all of the seeds being horny. In the second generation the waxy characters reappear in all the ears in varying percentages. The character is definitely alternative, the seeds being either waxy or horny, with no intermediates. The number of waxy seeds approximates the expected 25 percent of a Mendelian monohybrid. The deviations, though small, are too large to be ascribed to chance and occur both above and below the expected 25 percent waxy seeds. For the whole series of crosses the percentage of waxy seeds was 25.1, a deviation from the expected 25 of over nine times the probable error.

Where a Chinese variety with colorless aleurone was crossed with an American variety with colored aleurone, the second generation showed a coherence or positive correlation between waxy endosperm and colorless aleurone.

Where the Chinese parent had a colored aleurone and the American parent was white, the positive correlation was between the opposite characters, waxy endosperm and colored aleurone. These results are interpreted as showing a definite tendency for characters that are associated in the parents to appear together in the later generations of the hybrids.

Similar examples of coherence have been reported in other crop plants though this seems to be the first instance where the correlation is reversible.

HÉRÉDITÉ DU CARACTÈRE « ENDOSPERME CIREUX » CHEZ LES HYBRIDES D'UN MAÏS CHINOIS

RÉSUMÉ

Le « Bureau of Plant Industry » du Département de l'Agriculture de Washington a reçu de Chine, en 1908, une variété très spéciale de maïs dont l'endosperme des grains ressemblait par sa texture et ses propriétés optiques à de la cire dure.

L'endosperme du maïs présente différents types : il peut être entièrement amylacé ou corné, ou encore être amylacé avec une couche externe cornée.

L'endosperme « cireux » est aussi distinct de l'endosperme corné que ce dernier l'est du type amylacé. Les plantes originales reçues de Chine présentaient des graines blanches et des graines ayant l'aleurone coloré en brun.

Dans la première génération du croisement avec les variétés américaines à endosperme corné, le caractère « cireux » est nettement récessif et tous les grains sont cornés.

Dans la seconde génération, ce caractère réapparaît en des proportions diverses. Les grains sont soit cornés, soit cireux ; il n'y a pas d'intermédiaires.

Le nombre des grains à endosperme cireux qui réapparaissent s'approche approximativement de la proportion de 25 pour 100 ; mais les déviations, quoique petites, sont encore trop grandes pour être mises sur le compte du hasard, et elles se montrent soit au-dessus, soit au-dessous de la proportion de 25 pour 100 attendue.

Quand la variété chinoise à albumen non coloré a été croisée avec une variété américaine à albumen coloré, la seconde génération montra une « corrélation positive » ou « cohérence » entre endosperme cireux et *aleurone non coloré*. Quand le parent chinois était à aleurone coloré et le parent américain à grain blanc, la corrélation existait entre endosperme cireux et *aleurone coloré*. Il semblerait ainsi que des caractères associés dans les parents ont une tendance bien nette à apparaître ensemble dans les générations suivantes d'un hybride.

Des exemples semblables de « cohérence » ont été déjà signalés dans d'autres plantes, mais ceci semble être le premier cas étudié dans lequel la corrélation est renversable.

COMPTE RENDU D'EXPÉRIENCES DE CROISEMENTS FAITES ENTRE LE POIS SAUVAGE DE PALESTINE ET LES POIS DE COMMERCE DANS LE BUT DE DÉCOUVRIR ENTRE EUX QUELQUE TRACE D'IDENTITÉ SPÉCIFIQUE [1]

Par Arthur **W. SUTTON**, F. L. S., V. M. H.

Reading (Angleterre).

Dans le cours de mon voyage en Palestine durant le printemps 1904, je remarquai, croissant à l'état naturel, un Pois à petites cosses qui me parut

Phot. Maull and Fox.
ARTHUR W. SUTTON.

différer de tous ceux que j'avais vus jusqu'alors. Comme ces cosses commençaient déjà à mûrir il m'était impossible de juger de la couleur des fleurs qui les avaient produites; mais, en raison de l'absence de coloris pourpre dans les aisselles (condition due peut-être à l'état avancé de la végétation), j'espérais que cette plante était un type à fleurs blanches, et comme telle, une forme originale du *Pisum sativum* et possiblement ainsi un parent des Pois culinaires actuellement connus.

Il est généralement reconnu que tous les Pois de commerce appartiennent à une des deux espèces primitives, soit le *Pisum sativum* soit le *Pisum arvense*, quoique certains auteurs considèrent ce dernier comme n'étant qu'une sous-espèce du premier ou vice versa. Le *Pisum sativum* comprend toutes les variétés de Pois cultivées dont les graines à l'état vert sont utilisées pour la table comme « petits pois » ou Pois à écosser. Toutes ces variétés de Pois culinaires ont des fleurs blanches, et leurs graines, lorsqu'elles sont mûres sont vertes, jaunes ou blanches, soit ridées ou rondes. D'autre part, toutes les variétés de pois des champs cultivées par les fermiers (Pois gris ou Pois à fourrage) dont les graines sont utilisées à l'état sec comme céréales, sont reconnues comme appartenant à l'espèce *Pisum arvense* et toutes les variétés connues ont les fleurs colorées (généralement bicolores), leurs aisselles portent une marque distinctivement colorée, tandis que leurs graines sont invariablement de couleur grise ou brune, et généralement tachetées. La seule exception à cette règle générale se rapporte à une certaine classe de Pois appartenant à l'espèce *Pisum arvense* cultivés comme Pois potagers pour la production de cosses charnues et non pas de « petits pois » ou « pois verts » pour la table. Ceux-ci sont connus sous le nom populaire de « Pois mangetout » ou « Pois sans parchemin ». Leurs cosses possèdent une saveur très délicate et c'est pour cette raison qu'ils sont cultivés et non pas pour leurs graines qui ne sont jamais mûres lorsque les cosses sont employées pour la table.

1. Communication faite à la troisième séance de la conférence.

Il est bon de faire remarquer ici que les graines des Pois appartenant à l'espèce *Pisum arvense*, lorsqu'elles sont encore vertes et tendres, laissent dans la bouche un goût amer lorsqu'on les mange crues; tandis que les graines de toutes les variétés de *Pisum sativum*, mangées dans les mêmes conditions sont d'un goût plus ou moins sucré.

Les traits caractéristiques par lesquels les soi-disant variétés du *P. arvense* peuvent être distinguées facilement de celles du soi-disant *P. sativum* résident dans le fait que leurs fleurs sont invariablement colorées, et que leurs aisselles montrent également une certaine coloration, et que celles de *P. sativum* sont blanches et leurs aisselles absolument incolores.

Je ferai remarquer ici que le Pois sauvage de Palestine, comme il a été prouvé par les expériences, porte des fleurs colorées, tandis que les aisselles ne montrent aucune couleur, différant sous ce rapport des types de commerce, *P. arvense* et *P. sativum*.

A l'état naturel comme on la trouve en Palestine, cette plante ne dépasse pas un demi-mètre en hauteur, sa végétation n'est nullement robuste et les cosses, produites solitairement ou par paires, étaient très petites, légèrement courbées et obtuses. Le trait le plus frappant néanmoins consiste en ce que les folioles, également très petites étaient denticulées, un trait caractéristique qui, je crois, n'a été remarqué chez aucune autre forme, soit de *P. arvense* ou de *P. sativum*.

En retirant les graines de leurs cosses à mon retour, je fus surpris de constater qu'au lieu d'être blanches ou vertes comme je l'avais espéré, leur couleur variait du vert olive fortement tacheté de brun au brun foncé. Les cotylédons étaient jaunes, et les graines presque rondes quoique légèrement aplaties sur les côtés, très petites et dures.

Fig. 1. — Une plante du Pois de Palestine en pleine végétation.

Une partie de ces graines furent dans le courant de l'été 1904, semées dans ma serre où elles furent cultivées jusqu'à leur maturité. En raison de la dureté de leur enveloppe extérieure, ces graines mirent un assez long temps à germer. Cependant elles fleurirent et mûrirent leurs graines. Le caractère général de la plante était bien tel que je l'avais vue en Palestine, quoique la culture sous verre avait eu pour effet la production de tiges très grêles demandant un support, et à l'épanouissement des fleurs je notai que celles-ci *étaient d'un coloris uniforme très proche du magenta et entièrement différent de celui de tout autre Pois que j'ai cultivé précédemment*. Les cosses étaient en outre garnies à l'intérieur d'une substance de nature laineuse semblable à celle que l'on remarque dans les cosses de Fèves culinaires ou Fèves de Marais. Mon intention étant

Fig. 2. — Cosses et feuilles du Pois de Palestine, montrant les dentelures et les petites cosses.

d'obtenir une bonne quantité de graines de l'espèce pure, peu de croisements furent faits durant cette saison, mais différents croisements furent pratiqués les années suivantes, et ce sont les détails et résultats de ces opérations que je me permets de soumettre à votre appréciation.

Les illustrations accompagnant ces détails montrent la nature grêle et le mode de végétation des plantes, ainsi que les denticules distinctes de leurs folioles.

N.-B. — Le Pois ayant le plus de rapport avec ce type sauvage de Palestine me paraît en être un que je reçus il y a quelques années de Kew sous le nom de *Pisum quadratum*. Celui-ci néanmoins est un peu plus robuste comme végétation que le Pois de Palestine, ses fleurs sont bicolores au lieu d'être d'un coloris uniforme, et ses folioles ont leurs bords lisses, et il n'y a aucune coloration aux aisselles. Les graines, qui sont très petites diffèrent aussi de celles du Pois de Palestine en ce qu'elles sont plus rondes et de couleur moins foncée.

Tschermak avait un Pois « Tadin » de Svälof qui avait des fleurs colorées mais sans couleur dans les aisselles (*Zts. f. d. landw. Versuchswesen in Oesterr.*, 1902, p. 24). Ce Pois est probablement identique avec un Pois que je reçus de Svälof sous le nom de « Soloart ». Il atteignit une hauteur de six à sept pieds, et ressemblait beaucoup au « Dun field pea », avec cette exception qu'il n'avait aucune couleur aux aisselles.

Il est essentiellement distinct du *Pisum quadratum* ou du Pois de Palestine.

Ces trois Pois (le Pois de Palestine, *P. quadratum* de Kew et le Soloart) sont les seuls exemples que je connaisse de Pois à fleurs colorées ne montrant aucune couleur aux aisselles.

Pendant 1905 et les années suivantes le Pois de Palestine fut cultivé dans nos jardins d'essai à Reading, et chaque année lorsqu'une occasion favorable se présentait, des croisements étaient effectués entre cette espèce et différentes formes de Pois culinaires à fleurs blanches (*P. sativum*) et entre diverses formes de Pois à fleurs colorées (*P. arvense*).

Le mode de culture auquel ont été soumises les graines du Pois de Palestine type et celles des hybrides était de faire le semis en pots et sous l'influence d'une chaleur douce, puis la transplantation en pleine terre.

Au total 40 croisements furent enregistrés, 24 avec des types culinaires à fleurs blanches (formes de *P. sativum*) et 16 avec les types à fleurs colorées (formes de *P. arvense*). Dans certains croisements le Pois de Palestine fut utilisé comme parent mâle ou pollinique, et dans d'autres il fut employé comme parent femelle ou porte-graine. De ces 40 croisements il ne nous fut possible de continuer que quatre jusqu'à F_3, (ou plus loin) deux d'entre eux étaient des hybrides avec des types à fleurs blanches et deux avec des types à fleurs colorées; et de ces quatre hybrides trois seulement sont en culture cette année (1911). Le quatrième croisement fertile (avec un type à fleurs blanches) fut cultivé jusqu'à F_4, quand il fut détruit par un accident. (Il est décrit sous l'entête de : « Croisements avec des plantes dégénérées produites par des Pois de commerce ou culinaires à larges cosses. »)

OBSERVATIONS SE RAPPORTANT AUX HYBRIDES

Graine F_1. — Lorsque le Pois de Palestine fut employé comme parent mâle, les graines (F_1) provenant du croisement étaient généralement de plus petites dimensions que celles du parent porte-graine; et fréquemment les cotylédons étaient si mal développés que la tunique extérieure de la graine paraissait être presque vide. Dans le cas du croisement inverse, lorsque le Pois de Palestine fut employé comme parent femelle ou porte-graine, les graines (F_1) provenant du croisement étaient comme celles du Pois de Palestine, mais quelquefois de plus grandes dimensions.

Fig. 5. — Cosses et feuilles d'un Pois de commerce ordinaire à petites cosses, pour comparaison.

Plantes. — En F_1 les plantes hybrides étaient généralement de taille plus élevée que celle du Pois de Palestine, mais lorsqu'un Pois de très haute taille (près de 2 mètres de hauteur) fut employé dans le croisement elles n'atteignaient pas la hauteur de ce même parent plus vigoureux. La faiblesse des hybrides peut-être était la cause de cette disproportion, et il est probable que s'ils avaient été cultivés entièrement sous verre ils auraient végété plus vigoureusement et atteint une hauteur plus élevée.

Les fleurs colorées étaient « dominant ».

La dentelure des feuilles en forme modifiée étaient généralement apparente chez les plantes en F_1; tandis qu'en quelques plantes elle était absente en F_2.

Aucun sujet ressemblant la plante type du Pois de Palestine comme forme mais donnant des fleurs blanches n'a été remarqué. S'il y en a eu de produites elles sont probablement mortes prématurément.

Les cosses des hybrides étaient, en général, très petites, quelquefois des dimensions moindres que celles du Pois de Palestine type, mal développées, le plus souvent boursouflées et garnies à l'intérieur d'une substance de nature laineuse (comme chez les Fèves); elles étaient à peu près stériles. Celles qui se trouvaient être fertiles ne l'étaient que comparativement, quoique ce caractère de stérilité paraisse jusqu'à un certain point avoir été vaincu chez les sujets actuellement en culture en F_4.

Généralement quelque ségrégation ou séparation se présente en F_2, mais comme beaucoup de plantes étaient mal développées et moururent prématurément, et comme les expériences étaient entreprises dans le seul but de constater (si possible) les relations existant entre le Pois sauvage de Palestine et les types en cultures, plutôt que pour mettre à l'épreuve les lois mendeliennes, ces résultats ne nous laissent aucune donnée profitable.

D'après les résultats de mes expériences on ne saurait prétendre que le Pois de Palestine soit certainement le précurseur des Pois culinaires actuels; car, tandis que le fait que certains des hybrides obtenus sont fertiles et qu'ils ont été cultivés avec succès jusqu'en F_4, pourrait ne pas exclure une telle possibilité, d'un autre côté la couleur de la fleur, la nature denticulée des

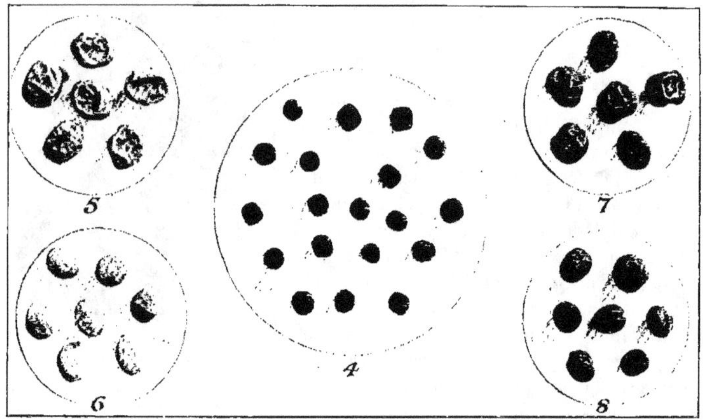

Fig. 4. — Graines du Pois de Palestine. — Fig. 5 et 6. — Pois ridés et Pois lisses ou ronds de variétés de commerce de Pois culinaires à fleurs blanches (*Pisum sativum*) pour comparaison. — Fig. 7 et 8. — Pois ridés et Pois lisses ou ronds de variétés de commerce de Pois à fleurs colorées (*Pisum arvense*), pour comparaison.

folioles, la nature laineuse de l'intérieur des cosses, le type de la graine, et la stérilité de la plupart des hybrides sont autant de caractères indiquant le contraire.

Il est possible qu'en certains cas le manque de réussite dans la formation des graines soit attribuable à la difficulté d'apparier le Pois comestible aux fortes tiges et au feuillage vigoureux avec le quelque peu délicat Pois de Palestine qui est, il faut bien se le rappeler, une introduction d'un climat plus chaud, et qui peut ne pas croître si vigoureusement en Angleterre que dans d'autres pays.

Généralement parlant les plantes hybrides cultivées cette saison sont toutes d'une végétation plus vigoureuse que leur parent, le Pois de Palestine, quoique certains d'entre eux soient d'une nature également grêle et que la denticulation des folioles soit visible chez certains autres; ceux de ces hybrides qui ont des fleurs colorées nous montrent deux couleurs (au lieu d'être d'un coloris uniforme comme l'est le Pois de Palestine).

RÉSUMÉ DES 40 CROISEMENTS

Croisements avec formes à graines rondes et à fleurs blanches des types culinaires
(Pisum sativum).

5 croisements faits, les varié-
tés employées étaient : le
Pois de Palestine et
(A) *Pisum sativum* de Kew.
(B) Le « Bean Pea » (Bohne-
nerbse).
(C) Une variété app⋅lée Egyp-
tienne reçue de M. de
Vilmorin.

1 n'a pas germé.
3 fleurirent mais ne produisirent aucune graine.
1 produisit seulement quelques graines en F_2, et celles-ci ne germèrent pas.

Croisements avec formes à graines ridées et à fleurs blanches des types culinaires
(Pisum sativum).

8 croisements faits, les varié-
tés employées étaient :
Le Pois de Palestine et
(A) Sutton's Little Marvel.
(B) Duke of Albany.
(C) English Wonder.
(D) Sutton's Centenary.
(E) Quite Content.

1 mourut immédiatement après la germination.
5 fleurirent mais ne produisirent aucune graine.
2 produisirent seulement quelques graines en F_2; celles-ci étant
semées produisirent des plantes qui moururent avant d'arriver
à la floraison.

Croisements avec le type umbellatum à graines rondes et à fleurs blanches
(Pisum sativum umbellatum).

6 croisements faits, les varié-
tés employées étaient :
Le Pois de Palestine et
Pisum sativum umbellatum
appelé aussi « Mummy
Pea » ou « Pois turc » ou
« Pois couronné »

2 n'ont pas germé.
1 mourut immédiatement après la germination.
1 fleurit mais ne produisit aucune graine.
2 produisirent quelques graines en F_2. Une d'elles n'a pas germé,
mais l'autre fut fertile.
En F_2 les plantes ne montraient pas le caractère ombelliforme. Deux
d'entre elles étaient très voisines du Pois de Palestine comme
caractères, mais les aisselles étaient colorées et leur feuillage
était quelque peu denticulé; les trois autres plantes étaient distinctement plus robustes en végétation, et leur feuillage plus
ample était peu denticulé.
Un seul type produisit des graines fertiles en F_3. Une partie des
plantes provenant de ces graines possédaient le caractère de
l'umbellatum, les autres ne s'y rapportaient pas. La plupart des
fleurs étaient bicolores, mais quelques-unes étaient blanches.
Aucune des plantes n'était comme le Pois de Palestine type;
toutes étaient beaucoup plus vigoureuses et leur feuillage n'était
pas denticulé. Parmi ces plantes 4 types différents furent choisis
et le produit cultivé en 1911 (F_4.).
De celle-ci, une sélection qui était en F_3 une ombelliforme à fleurs
bicolores, a donné en F_4 des ombelliformes à fleurs blanches,
ainsi que des plantes avec fleurs bicolores (foncées et rose et
blanche).
Une autre sélection non-ombelliforme et ayant des fleurs blanches
s'est reproduite franchement.
Une autre sélection avec fleurs bicolores et non-ombelliforme est res-
tée non-ombelliforme et à fleurs bicolores, tandis que la quatrième plante qui était non-ombellée, et avait des fleurs bicolores, en a maintenant produit deux ombelliformes.
Toutes les plantes cette saison (1911) ont souffert de la grande sécheresse, mais toutes ont une croissance plus vigoureuse que la
forme type du Pois de Palestine.

Croisements avec des formes dégénérées produites par des pois culinaires anglais
à fleurs blanches.

Il est de notoriété publique que souvent les Pois culinaires produisent des sujets dégénérés ayant une apparence très sauvage et des cosses courbées. C'est avec de telles plantes que les croisements suivants ont été opérés :

1 n'a pas germé.
2 fleurirent mais ne produisirent aucune graine.
Les deux autres donnèrent les résultats suivants :

Hybride 4.

Les plantes F_1 ne donnèrent que quelques graines desquelles deux plantes furent produites en F_2, une à fleurs bicolores et l'autre à fleurs blanches. Cette dernière demeura complètement stérile tandis que celle à fleurs bicolores produisit 4 graines desquelles 2 plantes furent élevées et cultivées en F_3, et celles-ci également demeurèrent complètement stériles.

Hybride 5.

Les plantes en F_1 ne donnèrent que quelques graines desquelles une seule plante fut élevée en F_2. Cette plante, haute de 3 pieds, à fleurs bicolores et à cosses petites et obtuses, avait beaucoup l'apparence d'un vigoureux Pois de Palestine. Elle ne donna que deux graines, une ne germa pas, et l'autre produisit une plante en F_3. Cette plante qui mesurait de 5 à 6 pieds de hauteur, portait des fleurs bicolores, des folioles non denticulées, et des cosses de dimensions moyennes, pâles et obtuses. Les aisselles étaient colorées. Elle était fertile et fut cultivée en F_4. Les plantes en F_4 étaient généralement semblables en apparence, hautes de 4 à 5 pieds ; toutes à fleurs bicolores, aucune à fleurs blanches, à peine montraient-elles quelques traces de denticulation et toutes avaient des cosses pâles et obtuses. Après avoir été cultivé jusqu'en F_4 ce croisement, comme nous l'avons vu précédemment, fut accidentellement perdu.

5 croisements faits, les variétés employées étaient :
Le Pois de Palestine
    et des types dégénérés
    trouvés parmi les
(A) Duke of Albany,
(B) Nec Plus Ultra.

Croisements avec des types à fleurs bicolores (Pisum arvense).
Croisements avec variétés à fleurs bicolores foncées, graines rondes,
grises ou tachetées (Pisum arvense).

4 n'ont pas germé.
3 ont germé mais sont mortes peu après.
1 fleurit mais ne produisit aucune graine.
2 donnèrent quelques graines seulement.
1 demeura parfaitement fertile.
Des 3 dernières plantes qui donnèrent des graines :
1 fleurit mais ne produisit pas de graine.
2 demeurèrent fertiles.
Celles-ci, en F_2 ne produisirent aucune plante semblable au Pois de Palestine, tous les sujets étant plus vigoureux, les coloris des fleurs variés ; le feuillage était quelque peu denticulé et avait les aisselles colorées.
En F_3 les plantes étaient généralement comme un vigoureux Pois de Palestine, ayant les aisselles colorées et les folioles quelque peu denticulées.
En F_4 (cultures de 1911) les plantes généralement paraissent être de forme intermédiaire entre les deux parents. Les fleurs sont bicolores. Certains sujets sont à feuillage denticulé, et les autres non denticulé, et la majeure partie d'entre eux ont les aisselles colorées.

11 croisements faits, les variétés employées étaient :
Le Pois de Palestine et
(A) Le Pois à cosses pourpres.
(B) *Pisum Jomardi* (? type arvense).
(C) Un type du Pois à fourrage « Maple ».
(D) *Pisum quadratum* de Kew.
(E) Un pois appelé Egyptien reçu de M. de Vilmorin.

Croisement avec le type à fleurs bicolores (Rose et blanche)
graines grises ou tachetées (Pisum arvense).

1 croisement fait, les variétés
    employées étaient :
Le Pois de Palestine et   } Celle-ci n'a pas germé.
Capucin hollandais avec fleur
    de.Lathyrus.

Croisements variété bicolore à fleurs rose et blanche du type umbellatum
graine ronde grise (Pisum arvense).

3 croisements faits, les varié-
    tés employées étaient :
Le Pois de Palestine et   } 2 n'ont pas germé.
    le pois appelé « Mummy 1 mourut immédiatement après la germination.
    Pea » ou « Pois turc » ou
    « Pois couronné ».

Croisement avec type à fleurs bicolores foncées, dit Pois Mangetout, ou Pois sans
Parchemin, à cosses rétrécies ou resserrées, graines rondes de couleur grise.

1 croisement fait, les variétés
    employées étaient :
Le Pois de Palestine et   } Fleurit, mais ne produisit aucune graine.
Le Pois sans Parchemin à large
    cosse.

EXPERIMENTS IN CROSSING A WILD PEA FROM PALESTINE WITH COMMERCIAL PEAS WITH THE OBJECT OF TRACING ANY SPECIFIC IDENTITY BETWEEN THIS WILD PEA AND PEAS OF COMMERCE

SUMMARY

When travelling in Palestine in 1904 I noticed growing wild a weakstemmed *Pisum* about a metre in height, and bearing very small pods. The plant had passed the flowering stage, but judging by the fact that there appeared to be no purple colour in the axils, I supposed it would be white flowering, and it at once occured to me that it might prove to be an extremely elemental type of the culinary Pea *Pisum sativum*. In this however I was disappointed, as when on my return home I harvested the seed it proved to be olive green, heavily, mottled with brown, varying to dark brown colour. I grew the seeds under glass at home, and was able to note the following peculiarities which marked it as an entirely different type of Pisum to anything I had previously met with. It had serrate leaflets, self-coloured magenta flowers (not bi-color) and lacked the colour in the axils usually correlated with coloured flowers. The small obtuse pods were also curious in that they contained a white woolly substance similar to that found in the pods of Feves.

It appeared to somewhat resemble in growth a type I had obtained from the Botanic Gardens, Kew, under the name of *Pisum quadratum*, but this latter although it also has no colour in the axils, differs from the Palestine Pea in that the flowers are bi-color (not self-coloured), the leaflets are entire, and the seeds are rounder and not so dark in colour. (In addition to these two, the only other Pea with bi-color flowers and yet lacking colour in the axils that I am acquainted with, is a variety I had from Svalof under the name of « Soloart ».

With the idea of ascertaining if possible whether it was at all likely that this elemental type from Palestine could be the ancestor of our white flowering culinary Peas (*Pisum sativum*) or the bicolor flowering field Peas (*Pisum arvense*) which some consider to be sub-varieties the one of the other), I made about 40 crosses with various kinds, but in only 4 cases was I able to grow the hybrids on to F_3 or further, and curiously, in two of the cases the parents were varieties of *Pisum sativum* (white flowering) and two of *Pisum arvense* (bicolor flowering).

In all other cases sterility manifested itself, and the hybrids were lost, but in the four crosses mentioned more or less perfect fertility seems to have been achieved.

I would point out that these crosses were made with the sole idea of endeavouring to show the relationship of this Palestine Pea to commercial Peas of the present day, and no attempt was made to record Mendelian or other phenomena.

Summary of the 40 crosses.

5 crosses with round seeded white flowering types (Pisum sativum)	Sterility prevented any being grown to F_2.
8 crosses with wrinkled seeded white flowering types (Pisum sativum).	
6 crosses with round seeded white flowering umbellate type (Pisum sativum umbellatum).	One only has continued fertile.
5 crosses with the degenerate types found in white flowering culinary Peas (Pisum sativum)	One only has continued fertile.
16 crosses with bicolor-flowered types (Pisum arvense	Two only have continued fertile.

The F^1 hybrid plants were generally taller than the Palestine Pea and serration in the leaflets in a modified form was noticeable. Coloured flowers were dominant over white, although the blooms were bicoloured and not self coloured.

In F^2, plants with white blooms, also plants with entire leaflets were produced, but no plant was found which could be described as a whiteflowered type of the Palestine Pea, though it is of course possible that such a type may have appeared and died off prematurely.

It cannot be claimed as a result of my experiments that the Palestine Pea is certainly the forerunner of present day garden Peas, for whilst on the one hand the fact that some of the hybrids are fertile might not preclude such a possibility, yet on the other hand the colour of the flowers, the serrated leaflets, the woolly nature of the interior of the pod, the type of seed, and the sterility of most of the hybrids would perhaps point to its not being so.

The illustrations attached show :

1. a plant of the Palestine Pea in growth.

2. Pods and leaves of the Palestine Pea, to show serration and small pods.

3. Pods and leaves of an ordinary commercial small podded variety of culinary Pea as a comparison.

4. Seeds of the Palestine Pea.

5 & 6. Wrinkled and round seeds of commercial varieties of white-flowering culinary Peas (*Pisum sativum*).

7 & 8. — Wrinkled and round seeds of commercial varieties of coloured flowering Peas (*Pisum arvense*).

N. B. Thinking it might prove of interest I have brought with me samples of seed of the Palestine Pea, and of all the varieties used in the crosses.

Also dried specimens of the Palestine Pea and of the *Pisum quadratum* ex Kew.

M. le Professeur Bateson, Président. — Il serait peut-être intéressant de souligner que les expériences faites par M. Sutton ont beaucoup de ressemblances avec celles que M. Jesenko nous a présentées hier, c'est-à-dire que nous avons ici le croisement de deux espèces bien différentes. Le pois que M. Sutton a rapporté de Palestine, selon l'opinion d'un botaniste qui ne savait rien de ses propriétés génétiques, est vraiment une espèce différente des pois qui se trouvent dans nos jardins. Il a fait un croisement entre ces deux espèces, et de ce croisement est résulté un hybride qui est presque tout à fait stérile. M. Sutton et ses collègues ont fait quarante croisements entre le *P. palestinæ* et les autres pois. Les hybrides qu'ils ont obtenus étaient stériles, sauf deux exceptions qui ne portaient d'ailleurs que très peu de graines, mais ce qu'il y a d'intéressant, c'est que les graines obtenues ont donné des plantes absolument fertiles. Peut-être le mot « absolument » est-il exagéré: je dirai qu'elles ont été relativement fertiles, et il n'y a aucune apparition de stérilité dans les générations suivantes.

Pour nous autres, qui cherchons toujours à savoir ce que c'est que la stérilité des hybrides, il est évident que les faits que nous ont rapportés M. Jesenko, hier, et M. Sutton, aujourd'hui, ont un intérêt énorme parce qu'ils nous donnent l'espoir d'arriver dans l'avenir à démêler ce qu'est cette stérilité.

Je signalerai une propriété spéciale au pois présenté par M. Sutton, c'est la présence entre les graines d'une sorte de coton, que l'on ne trouve pas ordinairement chez les pois; cela constitue pour moi une différence assez accusée pour que nous puissions considérer le pois de Palestine comme une espèce spéciale. Laissons toujours de côté la question du sens que nous pouvons donner à ce mot.

ÉTUDE SUR LE CARACTÈRE « ADHÉRENCE DES GRAINS ENTRE EUX » CHEZ LE POIS « CHENILLE »[1]

Par Philippe de VILMORIN

Verrières-le-Buisson (S.-et-O.).

Cette curieuse variété à laquelle j'ai donné le nom de « chenille » à cause de l'apparence que présentent ses grains soudés entre eux à maturité (voir fig. 1 et 2)

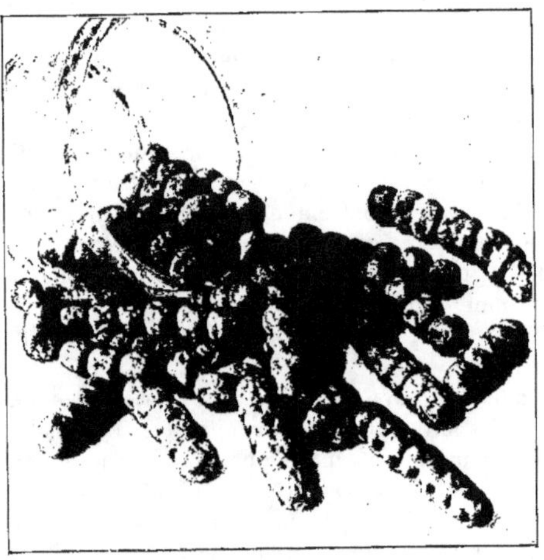

Fig. 1.

m'a été envoyée en 1906, sans nom, par M. Frommel d'Avenches (Suisse). Cette adhérence des grains entre eux est plus ou moins parfaite suivant les conditions dans lesquelles s'est effectuée la végétation, ce qui rend l'étude de ce caractère parfois difficile à étudier. Cependant dans les cas que nous allons examiner le caractère a toujours été assez nettement observable.

Le pois chenille original a le *feuillage émeraude*.

PREMIÈRE EXPÉRIENCE

Pois de momie (♀) × Pois « chenille » (♂) et vice-versa (croisements faits en 1908).

Le poids de momie a le feuillage glauque, les fleurs roses et les grains libres. Dans les deux cas, le résultat a été le même, les plantes de F_1 (1909) étant toutes glauques à fleurs *pourpres* et à grains libres.

Les chiffres ci-après sont le total des deux croisements inverses :

En F_2 (1910) nous avons 177 plantes :

```
Glauques . . . . . . . . . . . . . . . . . . . . . . . . .   138
Émeraudes . . . . . . . . . . . . . . . . . . . . . . . .    39
```

Les fleurs sont pourpres, roses ou blanches en proportions mendéliennes. Ce qu'il est très intéressant de noter dès à présent, c'est que les plantes émeraudes *seules* donnent des chenilles et que, parmi celles-ci, les plantes à fleurs colorées en donnent plus que les plantes à fleurs blanches. Nous trouvons, en effet, en faisant abstraction de deux plantes émeraudes qui n'ont pas fleuri :

Plantes glauques . { fleurs colorées. 105 *(a)*
                   { fleurs blanches.   33 *(b)*

1. Communication faite à la troisième séance de la Conférence.

```
                   ( fleurs colorées.   29 ( avec chenilles . . . . . . . . . . .  28 (c)
Plantes émeraudes  {                       ( sans chenilles . . . . . . . . . . .   1 (d)
                   ( fleurs blanches.    8 ( avec quelques grains adhérents . .   3 (e)
                                           ( sans grains adhérents . . . . . . .   5 (f)
```

Si donc nous considérons le caractère comme existant même quand il est peu marqué, nous avons dans les émeraudes :

```
Plantes à grains plus ou moins adhérents. . . . . . . . . . . . . . . .  31
Plantes à grains libres . . . . . . . . . . . . . . . . . . . . . . . .   6
```

ÉTUDE DE LA TROISIÈME GÉNÉRATION

1° *Descendance de 9 plantes glauques à fleurs colorées et sans « chenilles » (a).*

De ces 9 plantes 4 ont donné une descendance uniforme et composée uniquement de plantes ne présentant pas de chenilles, quoiqu'elles fussent à fleurs colorées ou blanches en proportions ordinaires.

Les 5 autres plantes ont donné les résultats suivants :

```
                  ( fleurs colorées avec « chenilles » . . . . . . . . . . .   1
Plantes glauques  { —              non « chenilles » . . . . . . . . . .  45
                  ( fleurs blanches avec « chenilles » . . . . . . . . . .   1
                  ( —              non « chenilles » . . . . . . . . . . .  12
                  ( fleurs colorées avec « chenilles » . . . . . . . . . .  19
Plantes émeraudes { —              non « chenilles » . . . . . . . . . .   1
                  ( fleurs blanches avec « chenilles » . . . . . . . . . .   2
                  ( —              non « chenilles » . . . . . . . . . . .   1
```

Soit dans l'ensemble :

```
    59 glauques dont 2 ayant des « chenilles »
et 25 émeraudes dont 2 sans « chenilles ».
```

2° *Descendance de 6 plantes glauques à fleurs blanches sans « chenilles » (b).*
Une de ces plantes n'a donné que des plantes sans « chenilles ».
Les 5 autres plantes :

```
                  (      ( avec « chenilles » . . . . . . . . . . . . . . .  1 )
                  ( 74   { avec quelques grains adhérents. . . . . . . . .  3 } 4
Plantes glauques  {      ( sans « chenilles » . . . . . . . . . . . . . .  70
                  (      ( avec « chenilles » . . . . . . . . . . . . . . .  2 )
Plantes émeraudes (  9   { avec quelques grains adhérents . . . . . . . .  3 } 5
                         ( sans chenilles. . . . . . . . . . . . . . . . .  4
```

3° *Descendance de 10 plantes émeraudes à fleurs colorées avec « chenilles » (c).*
Une de ces plantes, douteuse, n'a pas été comptée.
Les 9 autres plantes donnent :

```
                                     (    ( avec « chenilles » . . . . . . .  71 )
                                     ( 85 { avec quelques grains adhérents.  10 } 81
Plantes émeraudes à fleurs colorées  {    ( sans « chenilles » . . . . . . .   4
                                     (    ( avec « chenilles » . . . . . . .   0 )
Plantes émeraudes à fleurs blanches  (  9 { avec quelques grains adhérents.   7 } 7
                                          ( sans « chenilles » . . . . . . .   2
```

4° *Descendance d'une plante émeraude à fleurs colorées sans « chenilles » (d).*
Cette plante donne :

```
Plantes émeraudes à fleurs colorées  ( 15 ( avec quelques grains adhérents. . . .  6
                                     (    ( sans « chenilles » . . . . . . . . . .  9
Plantes émeraudes à fleurs blanches  (  4 ( avec quelques grains adhérents . . . .  2
                                          ( sans « chenilles ». . . . . . . . . . .  2
```

5° *Descendance de 5 plantes émeraudes à fleurs blanches, avec quelques grains adhérents (e).*

Plantes émeraudes à fleurs blanches . 70 { avec « chenilles » 5
{ avec quelques grains adhérents . . 25
{ sans « chenilles » 40

6° *Descendance d'une plante émeraude à fleurs blanches, sans grains adhérents (f).*

Plantes émeraudes à fleurs blanches . 16 { avec quelques grains adhérents . . 6
{ sans « chenilles » 10

2e EXPÉRIENCE

Pois Emereva (♀) × pois « chenille » (♂). — (Croisement fait en 1908.) Les deux parents sont à feuillage émeraude et à fleurs blanches.

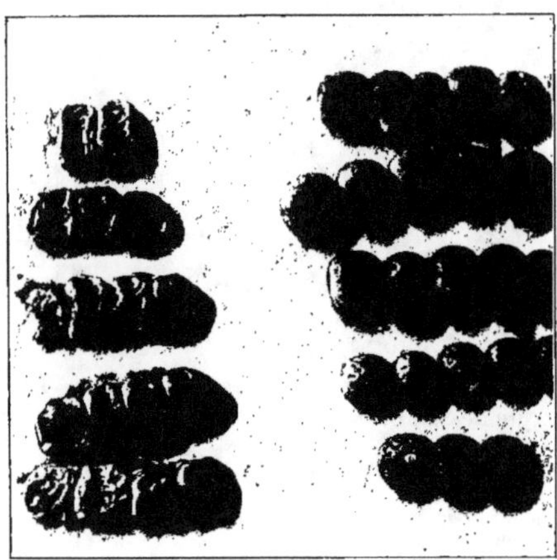

Fig. 2.

En F_1 (1909) nous obtenons deux plantes qui ont le feuillage *glauque* et les grains libres. Ce n'est pas la première fois qu'un croisement de deux « émeraudes » nous a donné des plantes à feuillage glauque, la glaucescence étant due à deux facteurs qui n'agissent que quand ils sont réunis[1].

Ces deux plantes nous ont donné en 1910 (F_2), l'une 27 plantes glauques et 20 émeraudes, toutes à grains libres ; l'autre 25 glauques et 21 émeraudes, également à grains libres, sauf 2 des plantes émeraudes qui présentaient quelques grains adhérents.

Soit au total :

Glauques 56
Émeraudes 41

alors que le calcul, selon la proportion 9 : 7, donne 56 : 43,5.

ÉTUDE DE LA 3e GÉNÉRATION

1° *Descendance de 6 plantes glauques à grains libres.*

Quatre de ces plantes ont donné une descendance entièrement composée de plantes à grains libres ; une d'entre elles n'ayant donné que des plantes glauques, et les trois autres un mélange de plantes glauques (45) et de plantes émeraudes (15).

Deux plantes seulement ont donné des descendants à grains adhérents.

1. Philippe de Vilmorin. *Comptes rendus Académie des Sciences*, 1910, 2e semestre, p. 548.

	1ʳᵉ plante.	2ᵉ plante.	Totaux.
Plantes glauques grains libres	8	12	20
— émeraudes grains libres	10	5	15
— Émeraudes grains adhérents	2	1	3

2° *Descendance d'une plante émeraude à grains libres.*
Toute la descendance est émeraude et à grains libres.
3° *Descendance de deux plantes émeraudes à grains adhérents.*
Toutes les deux ne donnent que des plantes émeraudes se répartissant en :

	1ʳᵉ plante.	2ᵉ plante.	Totaux.
Grains libres	19	14	33
Grains adhérents	14	3	17

Ainsi qu'on le voit, ces résultats sont assez difficiles à interpréter étant donné surtout que l'adhérence des grains entre eux est influencée très sensiblement par des facteurs non génétiques; certaines années les grains sont beaucoup plus adhérents que d'autres. Cependant il n'est pas douteux que ces phénomènes et les différences constatées dans l'adhérence ne soient dus à diverses combinaisons de facteurs génétiques, combinaisons dans lesquelles il faut sans doute faire entrer les facteurs qui causent la glaucescence, puisqu'il existe une corrélation évidente entre la couleur du feuillage et la fréquence de l'adhérence des grains. Une explication plausible serait, d'après le Dʳ Hagedoorn, la suivante :

Les facteurs en jeu étant A dont l'absence est nécessaire pour que les grains forment des « chenilles »; B et C dont la réunion est demandée pour que le feuillage soit glauque, les plantes Bc, bC, bc sont, par suite, émeraudes.

Si nous supposons que ces deux derniers facteurs ont sur l'adhérence ou la « non adhérence » des grains une influence plus faible que celle de A et qui ne se manifeste pas dans les années où les circonstances sont défavorables, il se peut très bien que, dans de telles circonstances, les plantes BC, Bc, bC, ne donnent pas de grains adhérents, même en l'absence de A; et que seules les plantes abc donnent des chenilles; de sorte que, suivant les années et suivant l'action plus ou moins forte des facteurs non génétiques, la proportion des plantes donnant des grains adhérents peut varier de 1 : 63 (minimum) à 7 : 57 (maximum).

Dans la seconde expérience les chiffres observés ont été en 1910, 2 : 97, et en 1911, 3 : 58.

D'autre part, les facteurs qui influent sur la couleur des fleurs et la pigmentation des téguments de la graine influent également sur l'adhérence des grains entre eux, comme on peut le voir par les résultats de la première expérience.

EXPERIMENTS ON « CHENILLE » PEAS
IN WHICH VARIETY THE SEEDS ADHERE TO EACH OTHER

SUMMARY

The variety of *Pisum*, called by the author « chenille », in which the ripe peas adhere to each other in the pod, has been crossed with other varieties of *Pisum* with a view to studying the inheritance of the " chenille " character.

The peas adhere together more or less completely according to the conditions in which vegetative growth takes place.   In the experiments under consideration it has been possible to make clear enough observations on this character.

In the first experiment, the Mummy pea, with glaucous foliage, and salmon flowers was crossed with the " chenille " pea, with emerald foliage and white flowers.   The F_1 plants were all glaucous, with purple flowers and free seeds. In F_2, the different flower colours and types of foliage occured in the calculated numbers, but the chenille character was only found on the emerald plants, the glaucous plants having free seeds.   Moreover among the emeralds, the majority of the plants with adhering seeds were *pigmented*, the majority of the white plants having free seeds.   Study of the third generation supplies further evidence that there is some connection between the factors for type of foliage, pigment, and the " chenille " character.

In another experiment , the variety " Emereva " was crossed with the " chenille " pea.   Both parents have emerald foliage, but the two F_1 plants were glaucous, thus showing that the union of two factors is necessary to produce the glaucous type.   Both the F_1 plants gave glaucous and emerald in the ratio 9 : 7, but the progeny of one plant all had free seeds, and among the progeny of the other plant, only two had some seeds adhering to each other.

These results, of which this is only a brief account, are difficult to interpret.   It seems evident that the " chenille " character is much influenced by conditions, and a plausible explanation given by Dr Hagedoorn rests on the assumption that certain combinations of the foliage factors with the factor for the " chenille " character, increase the susceptibility of this character to the influence of climatic conditions.   A similar influence must be attributed to the factors for pigment, as shown by the first experiment described.

STUDIES IN POTATO BREEDING [1]

By Redcliffe N. SALAMAN M. D.
Barley, near Royston Herts (England).

In my garden at Barley, in Hertfordshire, England, I have conducted during the last 6 years, a series of experiments on Potatoes on Mendelian lines. The results obtained during the first 4 years have already been published in detail [2]. In the account I have the pleasure to submit to this Conference I propose to give a resumé of those results and of those which have occurred since.

The Shape of Tubers. — The various shapes — kidney, oval, lapstone and round, of the seedsman's catalogue are found to depend essentially on the presence or absence of one character, viz — that for *length*. Tubers are thus pure *long*, heterozygous *long* or *round*. The first and last forms are pure and seed therefrom breeds true to type. The long potato is one in which 12 or more internodal lengths — as evidenced by the number of eyes — are condensed in the tuber. The actual shape may be cylindrical, pyriform or kidney. The round tuber i. e. the tuber pure to the absence of *length* is one composed of from 6 to 9 nodal lenghts, its

Phot. Clarke.
M. SALAMAN.

shape resembles that of an apple, and is generally shorter in its vertical than its transverse diameter. The pure round potato is subject to slight variation in the length of the vertical axis and may approach the oval type of the seedsman, but, in general, it is uniform and very characteristic. The long tuber is dominant, and the heterozygote is generally of kidney shape though such shapes as lapstone and oval are also heterozygous as to length.

One feature of heterozygous plants is that the tubers borne by them are variable, i. e. on one and the same stem-system *longs* such as *kidneys* and more or less pure *rounds* do occur. This has been observed frequently. Moreover, if a large batch be raised from heterozygous kidney seed-tubers, then it is common to find in the resulting crop great variation in the tuber shape, far greater than if the culture were from a pure homozygous stock. The variability in many commercial kidney varieties when grown on a large scale is I think, to be attributed to their heterozygosis as regards the character for length.

The Tuber Eyes. — The eyes of the potato tuber are described as *deep* or as *superficial*. Those which bear tubers all with deeply incised eyes will breed by seed pure to depth. Similarly the superficial or fleet eyed potato breeds true. The hybrid is peculiar in as much as there is no complete dominance, the hybrid tuber however, can more often be described as possessing superficial

1. Communication faite à la troisième séance de la Conférence.
2. *Journal of Genetics*, vol. 1, No. 1, 8 Nov. 1910.
Linnean Society's Journal, Botany, vol. XXXIX, Oct. 1910.

than deep eyes. On an heterozygous individual both forms of eyes may be found on different tubers, but the superficial eye is, on the whole, the dominant.

Lately a monstrous form of eye due to an enormous over growth of the " brow " has occurred in my cultures. It gives rise to a mistaken impression of " depth ", but as a matter of fact has ocurred so far only in pure *fleet-eyed* families. It is not inherited either sexually or asexually.

Colour of Tuber. — Potato plants bear tubers which may be black, i. e. deep purple, white, or red, the latter both dark and pale. All these types can be readily analysed and conform to simple Mendelian laws when used as parents. Probably all tubers whatever their colour, contain a chromogen body. Reb tubers, in addition, possess two other factors, probably enzymes, one of which may be called *R*, a reddening factor, and the other *D* a developer of Pigment.

The following types have been recognised :

Reds of the composition *Rr DD* or *RR Dd* which when selfed produce families in which plants bearing red tubers are to those bearing white, as 3 : 1.

Reds of the composition *Rr Dd* which when selfed produce families in which plants bearing red tubers are to those bearing white, as 9 : 7.

Purples or *blacks* are due to the presence in addition to *R* and *D* of a further factor *P*, and the following types have been isolated.

Purples of the composition *PP RR Dd* which when selfed produce families in which the individuals bearing purple tubers are to those bearing white as 3 : 1.

Purples of the composition *Pp Rr Dd* which when selfed produce families in which plants bearing black tubers are to those bearing red and white as 27 : 9 : 28.

Purples of the composition *PP Rr Dd* which when selfed produce families in which plants bearing black tubers are to those bearing white as 9 : 7.

White tubered plants all breed true when selfed. However, when two white-tubered plants of different composition were mated together, then coloured tubers, red, black or both, have been obtained in appropriate mendelian proportions. The isolation of the various possible types of *whites* is progressing. One which, following the notation I have ventured to use may be represented as *r r d d* has been definitely secured.

The study of features in the " haulm " such as foliage, has been attempted, but the difficulty of distinguishing accurately the various types, prevents satisfactory analysis. The discovery this year and the definite isolation of strains of potatoes which sprawl on the ground not being able to stand up is of particular interest. The condition of *proneness* is recessive and breeds perfectly true. The *upright* condition is dominant, the stems growing bolt upright. The heterozygote which is also upright, is further characterised by being *bushy*, i. e, the stem first begins to lie down and then after a short run of about 10 cm. on the ground, turns up vertically and all its lower branches follow a similar course, giving the plant a bush-like appearance.

In general, growers have selected pure *uprights* for the market, by I have already analysed some commercial varieties which are heterozygous in this respect. In large field cultures of potatoes such as *Flourball* which is heterozygous for *proneness* not a few of the *bushy* plants show a distinct tendency to sprawl. This phenomenon of sprawling is of considerable economic and practical interest.

Results have been obtained bearing on the heredity of stem colour, flower colours, sterility of anthers and certain leaf characters, but space prevents their being further dealt with here.

Resistance to Disease (*Phytophthora infestans*). — Whilst working with a peculiar variety of Potato known as Lindley's *S. etuberosum*[1] it was found that its seedlings were not all equally susceptible to disease, and in 1909 and 1910 about one fourth of the total number proved themselves completely immune to the very severe epidemic of Phytophthora which then raged. Numerous crosses have been made from these *immune* individuals but the F_2 plants have not yet been raised. It is to be hoped that economically useful and immune individuals may result. So far. one has no more than an indication of such a possibility, and several years and much patient study will be required before one is able to repose any confidence in an immune variety of potato, be it produced never so scientifically.

ÉTUDE SUR DES CROISEMENTS DE POMMES DE TERRE

RÉSUMÉ

Le mémoire donne un compte rendu sommaire des résultats d'expériences mendéliennes poursuivies pendant 6 années.

Forme des tubercules. — Les tubercules peuvent être *purs longs, hétérozygotes longs* ou *ronds*. La première et la dernière forme sont pures et se reproduisent identiques de semis par autofécondation.

Le type *rond* est en général, uniforme et très caractéristique.

Le type *long* est dominant et l'hétérozygote est généralement en « Kidney », quoique les formes « lapstone » et ovale peuvent être aussi hétérozygotes pour le facteur « longueur ».

Une caractéristique des plantes hétérozygotes est celle de donner des tubercules de formes très variables. Par exemple, sur une même plante, on peut trouver des tubercules *longs*, en « kidney » et des *ronds*, plus ou moins nets. La variabilité de beaucoup de variétés commerciales, lorsqu'elles sont cultivées sur une grande échelle, doit être attribuée, à leur nature hétérozygote, en ce qui concerne le caractère « longueur ».

Yeux. — Les yeux des tubercules peuvent être décrits comme « enfoncés » ou « superficiels ».

L'hybride est particulier en ce sens qu'il n'y a pas une dominance complète; cependant les tubercules hybrides peuvent plus souvent être décrits comme possédant des yeux *enfoncés*.

Dans un individu hétérozygote, les deux formes d'yeux peuvent être trouvées sur des tubercules différents.

Couleur des tubercules. — Les plantes peuvent porter des tubercules de coloris noirs, c'est-à-dire violet foncé, blanc ou rouge; ce dernier coloris pou-

---

1. For the inheritance of colour, etc. in *S. etuberosum*, see *Genetic Journal*, vol. 1, No. 1. Further results dealing with this variety will be published later.

vant être foncé ou pâle. Tous ces types peuvent être aisément analysés et se montrent conformes à la loi mendélienne lorsqu'ils sont employés comme parents. Probablement, tous les tubercules, quelle que soit leur couleur, contiennent un corps *chromogène* ; et les tubercules rouges possèdent, en outre, deux autres facteurs, probablement des enzymes, l'un qui produit la couleur rouge, et l'autre qui provoque le développement du pigment.

Les plantes à tubercules blancs se reproduisent identiques à ce point de vue lorsqu'elles sont autofécondées. Cependant, lorsque 2 plantes à tubercules blancs de différentes compositions ont été croisées, des tubercules colorés, rouges ou violets ou les deux, ont été obtenus dans des proportions sensiblement mendéliennes.

L'étude des divers caractères de végétation, tels que ceux du feuillage, a été tentée ; mais la grande difficulté qu'il y a pour reconnaître avec certitude les différents types empêche une analyse satisfaisante.

Le caractère « tiges inclinées » est récessif et se reproduit identique par autofécondation.

Le caractère « dressé » est dominant, les tiges se dressent brusquement en se développant. La forme hétérozygote est aussi dressée, mais, en outre, elle est caractérisée par l'état « buissonnant » ; c'est-à-dire que les tiges commencent d'abord par être inclinées sur le sol, puis se dressent verticalement après un développement d'environ 10 centimètres.

RÉSISTANCE A LA MALADIE (*Phytophthora infestans*). — Les semis d'une variété particulière de Pomme de terre, connue sous le nom de *Solanum etuberosum* de Lindley n'étaient pas également sensibles à la maladie, et, en 1909 et 1910, environ un quart du nombre total se montrèrent complètement réfractaires à la sévère épidémie qui fit rage dans ces deux années. De nombreux croisements ont été faits avec ces individus « immune », et on peut espérer que des formes extrêmement utiles au point de vue économique pourront être obtenues.

NOTE PRÉLIMINAIRE SUR L'ORIGINE SPÉCIFIQUE DE LA POMME DE TERRE

Par Pierre BERTHAULT,

Docteur ès sciences naturelles, Ingénieur agricole, Paris.

Faut-il attribuer à toutes nos variétés de pommes de terre aujourd'hui si nombreuses une origine spécifique unique, les rattachant toutes au *Solanum tuberosum* L., ou bien doit-on voir parmi elles plusieurs espèces mélangées et fondues par des hybridations nombreuses ? Il y a là une question qui, autant pour l'Agriculture que pour la Biologie, a un intérêt indéniable. Les *Solanum* sauvages tubérifères sont en effet très nombreux et j'ai pu ainsi dans un travail précédent, après avoir passé en revue les principaux exsiccata que nous possédons dans les grands herbiers d'Europe, en reconnaître plus d'une trentaine d'espèces distinctes. Parmi elles, divers auteurs ont distingué depuis longtemps quelques types qui leur ont paru être les formes ancestrales de nos Pommes de terre. Molina pense ainsi, en contradiction sur ce point avec Humboldt, que le *S. Maglia* est la souche de nos plantes cultivées. Ruiz et Pavon les font sortir au contraire d'un *Solanum* différent qu'ils désignent sous le nom de *tuberosum*; Edouard André pensait qu'elles étaient issues d'un *Solanum* à tubercules, dissemblable des précédents, récolté par lui en Amérique équinoxiale et désigné par Baker sous le nom de *S. Andreanum*, et plus récemment divers auteurs MM. Heckel, Planchon et Labergerie ont prétendu que, par simples mutations gemmaires, le *S. tuberosum* cultivé sortait brusquement de certaines espèces sauvages telles que le *S. Commersonii* et le *S. Maglia*. S'il en est bien ainsi, de nombreuses plantes ont concouru à former nos variétés agricoles. Je me suis proposé de vérifier ces faits et de rechercher comment pourrait être posé le problème de l'origine de nos Pommes de terre.

De Candolle indiquait en 1886 que la règle générale, si l'on veut chercher l'état primitif d'une espèce cultivée, est de faire attention surtout aux organes que l'homme n'a pas d'intérêt à voir changer. Chez la Pomme de terre les caractères tirés du tubercule semblent donc peu importants. J'ajouterai qu'il en est de même pour le feuillage puisque des modifications provoquées et conservées dans le tubercule, organe de réserve, ont pu amener pareillement des modifications des caractères foliaires. Il est ainsi bien connu de tous les agriculteurs que les Pommes de terre riches en fécule n'ont pas les mêmes caractères de feuilles que celles à tubercules plus pauvres en cette réserve. Par contre la fleur et le fruit de la Pomme de terre sont sans intérêt pour le cultivateur; ces derniers organes ont donc, pour une étude d'origine d'espèce, une importance capitale. Je me suis attaché à leur examen dans les essais que j'ai entrepris et qui ont porté sur la transmission des caractères chez les diverses variétés de Pommes de terre, cultivée et des principaux *Solanum* sauvages.

I. POMME DE TERRE CULTIVÉE. — Mes cultures ont été faites par tubercules (multiplication gemmaire) et par graines, afin de préciser l'importance des divers caractères du *S. tuberosum* par leur fixité.

1° *Multiplication par tubercules*. — La multiplication par tubercules de la

Pomme de terre ne donne que très peu de variations. Celles-ci sont l'exception. La fixité du type est la règle. Toutefois il apparaît brusquement de temps à autre des tubercules de forme ou de coloration anormales. Carrière a ainsi obtenu de la variété *Marjolin* longue des tubercules ronds et de la *Vitelotte* unie des tubercules ramifiés. Darwin indique, en ce qui concerne la coloration, des faits analogues, et la Pomme de terre *Kemp*, normalement blanche, produisit une fois dans le Lancashire deux tubercules rouges et deux blancs ; Prosper Lavallée en France, à Capelle, F. Berthault et Brétignière à Grignon ont de même obtenu brusquement de la Pomme de terre violette *Géante bleue* des tubercules blancs panachés de violet.

Dans mes essais, j'ai constaté, de mon côté, des variations du même ordre dans la coloration et l'enfoncement des yeux pour la variété *Saucisse*. Il apparaît donc que, de temps en temps, sans cause jusqu'ici apparente à première vue, des variations brusques se produisent dans la forme et la coloration des tubercules.

Mais quelle est l'importance de ces variations au point de vue de l'espèce ? Elle apparaît comme très réduite. En effet, ces modifications dans le tubercule n'entraînent avec eux aucune modification des caractères floraux. La constitution et la structure de la fleur restent constantes et identiques dans les plantes mutées, et il en est de même des caractères du fruit qui ne subissent aucune atteinte. Toutes les plantes, qui présentent de telles mutations, restent ainsi des *S. tuberosum*. On assiste donc, dans le cas de ces phénomènes, à la production de variétés nouvelles au sein de l'espèce *S. tuberosum*, mais on ne réalise pas le passage d'une espèce à une autre.

2° *Variations par graines.* — C'est en semant des graines de Pommes de terre que les horticulteurs obtiennent communément des variétés nouvelles, et il est généralement admis que, par semis, on ne reproduit pas les variétés fixées seulement au moyen de la multiplication par tubercules (cas des mutations gemmaires exceptées).

J'ai recherché quel était dans ce cas l'importance des variations observées et quelle était leur signification au point de vue de l'étude de l'origine spécifique de ces plantes.

Or, en multipliant par semis de nombreuses variétés de *S. tuberosum* (*Early Regent, Jaune d'or de Norvège, Floorball, Violette grosse, Reine des Polders, Perle de Bohême, Prince de Galles, Quarantaine de la Halle, Mayette, Souris hâtive*) j'ai pu constater qu'il y avait bien dans la reproduction par graines des variations dans la forme des tubercules récoltés, mais que ces variations étaient celles que l'on rencontre dans le cas de dissociation de caractères hybrides. A côté des variations qu'ils présentent, les semis reproduisent toujours en effet, dans une proportion variable avec les variétés qui ont mûri les graines, les caractères de forme et de coloration de tubercules que possédaient les variétés mères. Une étude plus précise de ces variations doit ainsi amener à vérifier sur elles les lois de l'hérédité mendélienne.

Il y a donc, à la suite des semis de graines de Pommes de terre, des variations. Toutefois dans aucun cas les individus nouveaux obtenus *ne possèdent des caractères nouveaux*, encore inobservés sur d'anciennes variétés de la Pomme de terre. Ces plantes *ne sont nouvelles que par des combinaisons nouvelles de caractères déjà connus* chez d'anciennes variétés cultivées.

Ces variations ne sont ainsi, semble-t-il, que la conséquence d'une hybridation ancienne et multipliée de variétés nombreuses.

Mais ce qu'il importe de chercher alors pour éclairer la question de l'origine de la Pomme de terre, c'est la communauté et la fixité d'un caractère qui pourra être considéré alors comme le caractère de l'espèce. — Or, ici encore, c'est l'examen de la structure et de la constitution florale qui s'impose. — En effet quelles que soient les plantes que l'on obtient à la suite de semis, quelles que soient les variations que l'on observe dans le tubercule ou dans le feuillage, la fleur de la Pomme de terre est la même pour toutes les variétés. On peut la caractériser en disant qu'elle est formée d'un calice à sépales *toujours longuement mucronés*, d'une corolle en roue, et qu'elle a toujours un stigmate en forme de bubon. — Il y a là des caractères absolument constants et d'une fixité absolue. — Ce sont donc les caractères spécifiques du *S. tuberosum*. Ils sont communs à *toutes* les variétés connues de la Pomme de terre et se reproduisent sans modifications au cours des générations successives de la plante, et permettent ainsi de conclure que le *S. tuberosum*, qui comprend un nombre énorme de variétés, est une bonne espèce. Toutes nos Pommes de terre se rattachent ainsi à une seule espèce.

Les variétés agricoles du *S. tuberosum* constituant ainsi une seule grande et bonne espèce ont-elles leur représentant spontané, et peut-on récolter le type sauvage et ancestral des variétés cultivées?

Depuis 10 ans MM. Heckel, Planchon et Labergerie ont indiqué à de fréquentes reprises que certains *Solanum* sauvages, *S. Commersonii* pour M. Planchon, *S. Maglia* pour M. Heckel, tous les deux pour M. Labergerie, donnaient brusquement des mutations gemmaires et produisaient du *tuberosum* cultivé.

Je dois avouer que, dans mes essais, je n'ai jamais rien pu constater de semblable. Mais, sans vouloir m'en tenir à des résultats négatifs d'expériences personnelles, on peut voir si des assertions de l'ordre de celles des auteurs cités sont vraisemblables aux points de vue botanique et génétique.

Ayant caractérisé le *S. tuberosum* par sa constitution florale, il est bon d'examiner les fleurs du *S. Commersonii* et du *S. Maglia*. Or il apparaît de suite que leur constitution est très différente de celle du *S. tuberosum*. Dans aucun cas le calice n'est mucroné comme cela se produit toujours chez la Pomme de terre, dans toutes les variétés. En outre, la corolle du *S. Commersonii* est en étoile, et non rotacée, et le stigmate du *S. Maglia* est bifide. Aucun de ces caractères n'existe chez nos variétés de Pommes de terre.

Enfin la fixité de ces caractères est parfaite, et tous se maintiennent aussi bien dans la multiplication gemmaire que dans les semis, toutes les fois que ceux-ci ont pu être réalisés.

Il en est de même pour le *S. utile* et le *S. verrucosum*. Ces types sont donc aussi ceux de bonnes espèces, distinctes de la Pomme de terre.

Où faut-il alors rechercher la forme ancestrale de la Pomme de terre? La fixité des caractères floraux indique suffisamment qu'on ne saurait la trouver ailleurs que dans un *Solanum* possédant une fleur à corolle rotacée et à calice mucroné. On doit donc ainsi éliminer des ancêtres probables de nos types cultivés les *Commersonii* et *Maglia*. Quelques types spontanés, comme le *S. Andreanum*, le *S. chilœnse* et le *S. immite*, sont, à ce point de vue, assez voisins de nos variétés agricoles, mais ce sont des plantes fort rares. Il en est de même de quelques types qui, rencontrés dans des conditions telles qu'on a pu les croire spontanés, ont tout à fait la fleur de la Pomme de terre. Un *Solanum* récolté par Heller à

Cocustepec, au Mexique, est dans ce cas. Il semble donc, et ce sera la conclusion de cette étude préliminaire, qu'il existe à l'état sauvage des *Solanum* tubérifères ayant les caractères floraux de nos Pommes de terre cultivées, et que ce soient eux qui, en raison de l'homogénéité et de la fixité parfaites de la structure florale chez *toutes* les variétés de Pommes de terre, doivent être considérés comme les représentants spontanés et les formes sauvages de nos plantes cultivées.

A l'appui de ces conclusions les échantillons ou photographies suivantes ont été exposés dans la salle des séances du Congrès.

Solanum tuberosum L. Variété Géante bleue.	Solanum Andreanum Bak.
Solanum tuberosum L. Variété Mœrker.	Solanum utile Klotzsch.
Solanum tuberosum L. Variété Segonzac.	Solanum etuberosum Lind.
Solanum tuberosum L. Variété Reine des farineuses.	Solanum polyadenium Greenm.
Solanum chilœnse A.D.C.	Solanum cardiophyllum Lind.
Solanum Candolleanum sp. nova.	Solanum Commersonii Dun.
Solanum stoloniferum Schlecht. et Bouch.	Solanum Jamesii Torr.
Solanum boreale Asa Gray.	Solanum montanum Dun.
Solanum Sabini A.DC.	Solanum Bridgesii Ph.
Solanum immite Dun.	Solanum suaveolens Kunth.
Solanum Maglia Schlecht.	Solanum bulbocastanum Dun.
Solanum brevistylum Wittm.	Solanum oxycarpum Schiede.
Solanum Fernandezianum Ph.	Solanum Edinense sp. nova.

Tableau des affinités botaniques de ces espèces.

VARIATION IN FIRST GENERATION HYBRIDS (IMPERFECT DOMINANCE) : ITS POSSIBLE EXPLANATION THROUGH ZYGOTAXIS[1]

By Walter T. SWINGLE

U. S. Department of agriculture, Washington, D. C.

Current theories of heredity and variation give no method of explaining variations in first generation hybrids between pure bred parents.

It is generally assumed that differences in the characters of organisms are due to corresponding differences in the composition of the gametes that unite to form the individual organism. No doubt that is true in many cases, but it is my purpose to point out cases in which this assumption cannot be sustained.

Some first generation hybrids show a very considerable range of variation, far more than can possibly be accounted for by any qualitative differences in the chromosomes or other bearers of heredity received from the two parents.

Inasmuch as during the whole of the first (or conjugate) generation the chromosomes from the two gametes persist side by side in an unfused state, such variations cannot be due to any quantitative differences in the bearers of heredity possessed by the sister hybrids.

If proof can be given to show that in certain specific cases pairs of gametes of identical hereditary composition give rise to very diverse organisms, the way has been opened for a general reinvestigation of the validity of our modern theories of heredity.

Some years ago when I carried on breeding work on maize in conjunction with my teacher, the late Prof. W. A. Kellerman, I was profoundly impressed by the diversity shown in different plants of first generation hybrids of identical pure parentage. All the ears on a single plant, no matter how many, were of the same general type, but those on other plants descended from the same two races were different, often very decidedly different. A considerable number of hybrids showed this behavior[2].

It must be remembered that such hybrids are made up of cells, the nuclei of which contain side by side the identical chromosomes derived from the two parental gametes. If the parents are pure bred, all the first generation hybrids *are derived from identical gametes and have an identical equipment of chromosomes*[3].

Any differences observed between such hybrids must be due to differences in the *expression* of hereditary tendencies and not due to differences in their *transmission* to the gametes as Cook has pointed out[4].

In recent years I have found striking differences between first generation sister hybrids of two very different species of *Citrus*, which although showing

1. Communication faite à la troisième séance de la Conférence.

2. Kellerman, W. A., and Swingle, W. T., 1899. Crossed Corn the Second Year, in 2nd Annual Report Kan. Agric. Exp. Sta. pp. 534-546, pl. 11. Topeka.

3. Cook, O. F., and Swingle, W. T., 1905. Evolution of Cellular Structures. Bull. 81, B.P.I.,U.S. Dept. Agriculture. (Aug. 4).

4. Cook, O. F., 1907. Transmission Inheritance distinct from Expression Inheritance in Science (N.S. 25 : 911-912 n. 649, 7 June).

some slight variations, are relatively pure bred in contrast with the wide chasm separating the very different species crossed to obtain the hybrid.

In 1897 I crossed the common sweet orange (*Citrus Aurantium, sinensis* L.) with the Oriental trifoliate orange (*Citrus trifoliata* L.), a deciduous species very distinct from the common citrous fruits[1].

In comparison with the wide chasm that separates these species, the variations they show inside their respective limits are insignificant.   In other words, for purposes of genetic study, the germ cells may be considered pure in so far as neither of the parent species show variations that to any perceptible degree

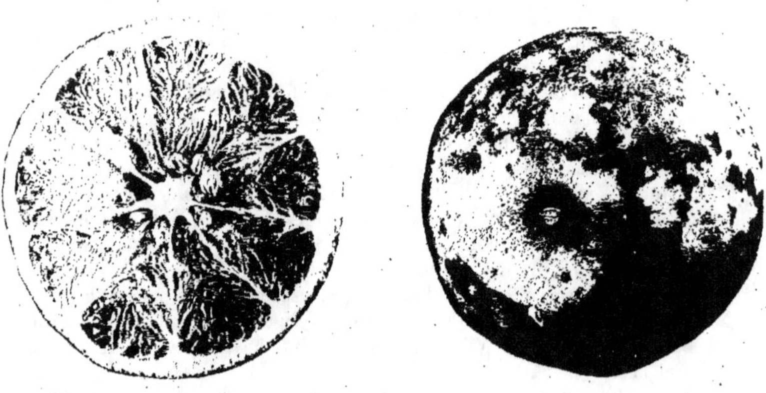

Fig. 1. — Colman citrange, showing the spots due to fungous growth among the fuzzy hairs covering the skin.   The oil glands are very small.   Reduced 1/4.

bridge the wide gulf separating them.   In fact, the older trees of *Citrus trifoliata* growing in America are all descended from a very few plants imported from Japan some forty years ago and show few variations and these of minor extent[2].

The sweet orange was grown from seed for a couple of centuries in Florida before the European varieties were introduced by General Sanford, the Rev. Lyman Phelps, and other progressive men about half a century ago.   It is true that a number of varieties of so-called Florida oranges were found among these tens of thousands of seedlings, but they are all of the same general type and cannot for a moment be held to obscure the profound differences separating, them, and in fact all known sorts of the common orange, from *Citrus trifoliata*. Nevertheless, eleven of these sister hybrids grown in 1897 from seeds of a single

1. The flower buds are formed early in summer and open the following spring on old wood, as in the case of many other deciduous trees. The stamens are free, the pistil 7-8 celled, the pulp vesicles have glandular secreting hairs on their surface, the pith has transverse plates of thick-walled cells,the fruits are downy hairy, the petals are clawed, the leaves trifoliate, the flowers are nearly sessile. In all of these particulars. *C. trifoliata* differs from any other species of *Citrus*.

2. The chief variation is a tendency to staminody of the petals, making certain plants small-flowered or even apetalous.

fruit of *Citrus trifoliata* crossed with pollen of a single flower of the common orange showed considerable diversity in leaf character and very striking diversity in the fruit characters.   One variety of citrange as these new hybrides are called the « Morton » has very large, round, smooth, orange-colored fruits; another, the « Colman » (Fig. 1), has depressed, globose, yellow, fuzzy-hairy fruits; the « Willits » (Fig. 2) has a large percentage of fingered fruits; the

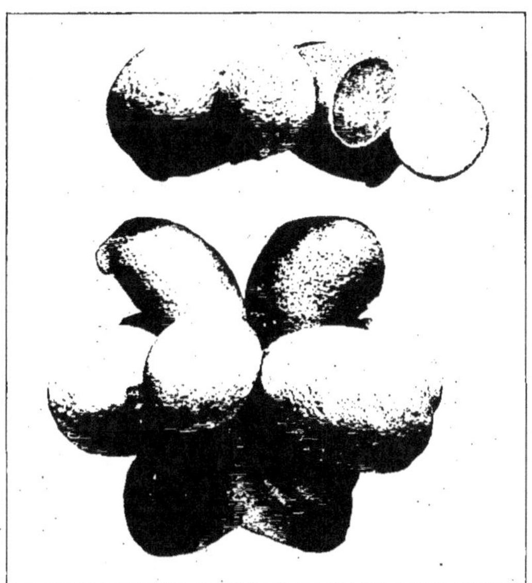

Fig. 2. — Willits citrange, showing a fingered fruit common in this variety.   One fruit from above, one from the side (sectioned).   Reduced 1/4.

« Rustic » (Fig. 3) often has double fruits, a smaller fruit situated on top of the larger one, and the calyx is frequently enlarged. The « Phelps » is very bitter, while the « Saunders » (Fig. 4) has small fruits with scarcely a trace of bitter in the juice. Every one of these eleven hybrids is decidedly different from all the others in its fruit characters and some, like the depressed, fuzzy « Colman » and the fingered « Willits » are strikingly different[1].

1. These citranges have been described in the following papers :
Swingle, Walter T., and Webber, Herbert J., 1898, — Hybrids and Their Utilization in Plant Breeding, in Yearbook Dept. Agric. for 1897, p. 415, fig. 13.
Webber, Herbert J., 1900, — Work of the United States Department of Agriculture on Plant Hybridization, in Journal Royal Hort. Soc., London, 24 : 128-138, 144, figs. 42-47. Also reprinted separately. pp. 1-11, 17, figs. 1-6.
Webber, Herbert J., and Swingle, Walter T., 1905, New Citrus Creations of the Department of Agriculture, in Yearbook Dept. Agric. for 1904, pp. 211-235, figs. 12-13, pls. 10-16.
Webber, Herbert J., 1906, — New Fruit Productions of the Department of Agriculture, in Yearbook Dept Agric. for 1905, pp. 275-278, fig. 80, pls. 17-19.
Webber, Herbert J., 1907, — New Citrus and Pineapple Productions of the Department of Agriculture, in Yearbook Dept. Agric. for 1906, pp. 329-336, fig. 10, pls. 17-20.

These citranges are a new type of acid citrous fruits decidedly more resistant to cold than any now grown. They can be used for making acid drinks and for culinary purposes in place of lemons or limes. They are being grown

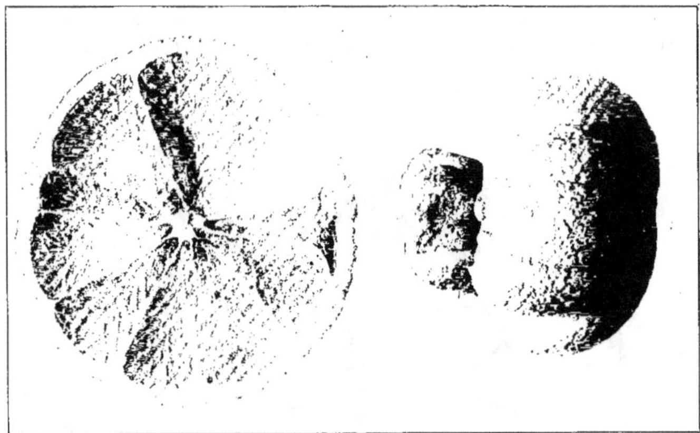

Fig. 3. — Rustic citrange, in cross section and side view showing a double fruit, not infrequent with this variety. Reduced 1/4.

in very many parts of the southern United States where no oranges or lemons could stand the severe winter weather.

Great as are these differences in first generation hybrids between the orange

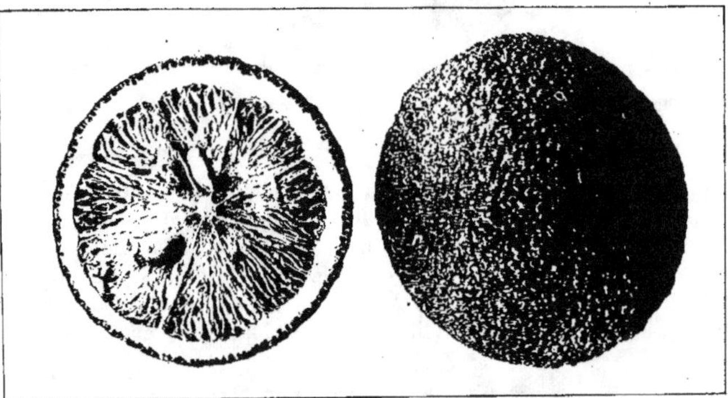

Fig. 4. — Saunders citrange, showing the skin roughened by the very large and prominent oil glands. Reduced 1/4.

and *Citrus trifoliata*, still greater differences have come to light in those between the lemon and *Citrus trifoliata*. All hybrids between the sweet orange and *Citrus trifoliata* (citranges as they are called) have trifoliate leaves and germinate in a normal manner. Hundreds of new citranges have been produced within the last few years, so it is possible to speak with assurance on this point.

Fig. 5. — Citremon, N° 46750 (Lisbon lemon crossed with *Citrus trifoliata*). Leaves mostly in form of bypophylls. Citremons show nearly 20 per 100 of seedlings with an exaggerated development of hypophylls. Natural size.

The citremons, or crosses between the lemon and *Citrus trifoliata*, on the contrary, show nearly 20 per cent of seedlings with an exaggerated development of hypophylls and in the majority of cases never produce any normal foliage leaves at all (Fig. 5) dying from starvation shortly after the reserve food material of the seed is used up. One parent, *Citrus trifoliata*, has a few hypophylls along the base of the stem of the young seedling (Fig. 6), while the lemon, like the orange and all other common citrous fruits, shows a pair of rather large, rounded, sessile, opposite leaves as the first post-cotyledonary foliage. The excessive development of hypophylls represents an intensification of one of the parental characters.

Besides the seedlings with hypophylls, many of the citremons show wide variations in the character of the leaves. Some show five leaflets (this occasionally occurs in citranges also)[1], others show unifoliate leaves or leaves with very much reduced side leaflets (Fig. 8) (which is rarely or never seen in citranges). Most of the citremons have trifoliate leaves with large lateral leaflets (Fig. 9), which is the type characteristic of citranges.

Fig. 6. — *Citrus trifoliata*, N° 09MT401. A seedling plant, showing the hypophylls along the lower part of the stem. This species crossed with the orange produces the citrange; crossed with the lemon, the citremon. Natural size.

There are several hundred of these hybrids under study. Three varieties of lemon, the Eureka, Villa Franca and Lisbon (Fig. 10), were used in crossing with *Citrus trifoliata* and all three yielded a considerable proportion of seedlings (usually about one-fifth) with pronounced hypophylls. As yet none of the citremons have borne fruit, so it is not possible to compare the variations in the fruits with those of the leaves. Doubtless the striking fruit variations shown by the citranges will be equaled or more probably exceeded by the citremons, since the latter show a decidedly greater range of foliar variation[2].

1. Some of the citranges obtained by crossing the Washington Navel orange with *Citrus trifoliata* show a considerable proportion of 5-foliate leaves (Fig. 7) — a character never exhibited by *Citrus trifoliata*.

2. As a matter of fact, the three hybrids in Figs. 5, 8 and 9 are not sister hybrids, grown from seeds of a single fruit. The differences they show, however, are not greater but, on the contrary, even less than those found among sister hybrids.

Enough has been said to show that there are striking variations among first-generation hybrids of citrous fruits.

Messrs. Collins and Kempton[1], in an article presented to this congress, have given conclusive evidence of the varying hereditary nature of different individual plants of first generation plants of maize, although these differences were indicated by the nature of the endosperm itself representing F_2, or the perjugate generation. A Chinese maize with a waxy endosperm was crossed with Mexican maize with a horny endosperm of the usual type. The horny endosperm was dominant, so all the kernels on the crossed ears showed the horny character. These kernels sowed separately gave rise to plants of the first generation (F_1) which were self-pollinated. The resulting ears showed varying percentages of kernels with a waxy endosperm from 13.7 to 33.3, approaching nearly but not quite to the expected Mendelian ratio 1-3 (being 23.1 instead of 25 per 100).

In as much as the ears contained a large number of kernels there can be no doubt but that their varying percentages represented real differences in the hereditary composition of the first generation plants. It would be hard to find a more conclusive case since there could be no doubt as to the purity of the parents and what is more rare no possible doubt as to whether a given kernel had a waxy or a horny endosperm.

Such variations among individuals of first generation hybrids are not unknown to students of genetics and these phenomena have been referred to variable dominance by those who use the Mendelian terminology. It has not, however, been realized how fatal this phenomenon is to some of the chief tenets of modern theories of heredity. Already in 1897 at the Ithaca meeting of the American Association for the Advancement of Science, I called attention to this phenomenon and, to account for it, proposed a provisional hypothesis of which a summary was given in the following words :

Fig. 7. — Citrange, N° 45059 (*Citrus trifoliata* crossed with the Thompson Navel orange); shows many 3-foliate leaves. About 1/5 natural size.

"It was pointed out that Weismann's theory of reduction of chromosomes, though giving a plausible explanation of the differences observed between the first (uniform) and second (polymorphic) generations of most hybrids, is not only in disaccord with the observed phenomena of spore and pollen formation in higher plants, but fails to account for the extreme polymorphism often

1. Collins, G. N., and Kempton, J. H., 1912, Inheritance of Waxy Endosperm in Hybrids of Chinese Corn, in these *Proceedings*, p. 347.

observed in the first generation of hybrids between races of cultivated plants, or between closely related species, as for example some racial hybrids of maize and some specific hybrids of Lychnis and Digitalis. Mr. Swingle considered it necessary to assume in some such cases, at least, a predetermination of the characters of the hybrid at the time of fusion of the male and female nuclei. The male and female chromosomes probably persist side by side unchanged in number, and possibly unchanged in quality during the whole of the ontogeny of the hybrid, reduction not occurring until the close of the first generation. It is therefore necessary to assume, in order to explain the observed fact of divergence of character in the first generation of some hybrids, that the influence exerted during ontogeny of the hybrid by the material bearers of heredity is, at least in some ca-

Fig. 8. — Citremon, Nᵒ 46079 (Lisbon lemon crossed with *Citrus trifoliata*), showing leaves with very small side leaflets; an unusual type, seldom found in citranges. 1/2 natural size.

ses, a function of their relative positions; and further, that in most cases the

Fig. 9. — Citremon, N° 46554 (Lisbon lemon crossed with *Citrus trifoliata*), showing trifoliate leaves with very large lateral leaflets as in citranges. 1/2 natural size.

relative positions of these bearers of heredity, as determined at the moment of fusion of the male and female nuclei, persist unchanged throughout ontogeny of the offspring. Some phenomena, such as reversions to the one or the other parent form by a larger or smaller portion of the hybrid, would be explained by assuming some change in the disposition of the hereditary substance, whereby

Fig. 10. — Lisbon Lemon, Nᵒ 46321, the variety used in making the hybrids (Citremons) illustrated in Figs. 5, 8 and 9. Shows foliage. 1/2 natural size.

they assumed a new position of partial or complete stability. The suggestion was made that possibly the difference between uniform and polymorphic hybrids of the first generation is due to a more complete intermingling of the hereditary particles in case of polymorphic hybrids (offspring of closely related organisms), whereby many differing combinations would be possible, and in case of uniform hybrids (mostly offspring of distinct species or very different races of the same species), to greater or less aversion to commingling between the two more diverse sorts of particles, whereby they would remain in two separate groups and affect ontogeny uniformly and equally[1].

Since this announcement was made some evidence has been published[2] to show not only that individual chromosomes persist through the so-called resting stages of the nucleus but also that the particular configuration is preserved from one cell generation to another with some accuracy.

It seems not improbable that this theory of a positional or vectorial influence of chromosomes may be further amended by assuming that the chromosomes which happen to lie nearest the nuclear wall and, *ex hypothesis*, thereby exert the greatest influence on the character of the cells containing them, are likewise better nourished than the chromosomes located near the center of the nucleus which are thereby prevented both from exerting their full measure of influence on the developing cell and from receiving the most abundant nourishment. It might be supposed that the well nourished chromosomes which from their superficial position on the nucleus had been preponderant in determining the character of the individual would also dominate during synapsis and tend to give as a result gametes similar in their hereditary character to the first generation hybrids whose character was determined by the configuration of the chromosomes which accidentally came about at the moment of fusion between the nuclei of the syngamete.

Three types of nuclear configuration might be assumed to occur in higher organisms. If a violent cross be made, very unlike species being hybridized, the paternal and maternal chromosomes might repel each other and occupy opposite sides of the syngamete nucleus, exerting equal influence upon the developing organism and as a consequence the first generation hybrids between widely distinct species are often but very slightly variable and are almost strictly intermediate between the two parents. Such hybrids are usually sterile, that is to say, the chromosomes are so unlike that synapsis (mitapsis) cannot occur. The mule is a striking example of this class of hybrids, which are also common among plants.

The other extreme is seen when abnormally inbred races of domesticated animals and plants are crossed. Such forms are likewise usually intermediate in the first generation and are fertile, the nuclei being able to pass through synapsis and form fertile gametes. The synapsis, however, is more or less inperfect and the paternal and maternal idioplasmic particles may not, properly speaking, fuse or blend at all but go over more or less unmixed to the resulting gametes. Possibly because of long continued narrow breeding and resulting great affinity for a non-related mate, the pairs of chromosomes might remain juxtaposed in the first generation, preventing much vectorial influence during the first generation. The dominance of certain characters which is regularly

1. Swingle, W. T , 1899. Some theories of heredity and of the origin of species considered in relation to the phenomena of hybridization [Abstract], in *Botanical Gazette.* 25: 111-113 (n. 2. Feb.).

2. For example Boveri, Theodor, 1904. *Ergebnisse über die Konstitution der chromatischen Substanz des Zellkerns*, pp. 6-8, fig. 6-9. Jena (Fischer).

observed in Mendelian hybrids is due rather to the nature of the chromosomes from the different parents than to their relative position in the syngamic nuclei.

The third condition, probably normal in wild species, is that in which the chromosome freely intermingle at the moment of fecundation, the configuration they then take on accidentally being perpetuated throughout the life of the individual. The different chromosomes exert varying degrees of influence on the cell, depending on whether they are located near the periphery or near the center of the nucleus[1].

The following synopsis exhibits the three types of fecundation.

I. INTERSPECIFIC HYBRIDS : Usually sterile and intermediate.

Violent crossbreeding. Chromatic material tends to remain separate; synapsis often impossible, resulting in sterility.

II. MENDELIAN CROSSES : Usually intermediate, dialytic at synapsis.

Mendelism, crossing of inbred hybrids with imperfect or false synapsis.

III. NORMAL CROSS-BRED SPECIES : Usually vigorous, fertile and variable.

Normal crossbreeding. Chromosomes freely intermingle at moment of fecundation and the configuration there taken persists through the ontogeny of the individual, giving great variety of forms. Synapsis normal.

As to the fact of considerable variations in first generation hybrids of relatively stable species or races there can be no doubt.

In the light of what has been said above, it cannot be doubted that we have in such variations a vital and important principle of heredity and one which goes far to explain many obscure phenomena of the everyday experiences of animal and plant breeders.

The suggestion, first made in 1897 and here reiterated, that such variation may, in part at least, be due to positional differences in the material bearers of hereditary characters is of course merely a provisional hypothesis As such it may prove helpful in getting a clear idea of the phenomena to be explained even if it does not aid us materially in such an explanation.

Cook[2] has pointed out that this theory, of positional relations of the idioplasmic materials of the cell, puts a new resource in the hands of the evolutionist in the study of the bafflingly complex expression relations of hereditary characters.

It is easy to see that if we accept the hypothesis of the positional relation of chromosomes, a very large number of different forms could be expected to occur among hybrids of the same relatively pure-bred parents. In this way the practice of almost all successful plant breeders in selecting the best individuals from among a large number of hybrids receives a new justification.

In order to have a name for this supposed positional influence of the parental idioplasm in the cells of cross-bred individuals, I propose the term *zygotaxis*.

By zygotaxis[3] we mean the arrangement in the syngamete (zygote) of the

1. The law of filial regression discovered by Francis Galton (*Natural Inheritance*, Macmillan Co., 1889. pp. 95, et seq.) may in part be explainable as representing the measure of the extent to which these accidental configurations are wiped out during the succeeding synapsis. If such configurations were completely wiped out, filial regression would be normally 100 0/0 instead of something like 55 0/0 as found by Galton.

2. Cook, O. F., 1910. Mutative reversions in cotton, Circular n 55. B.P.I.,U.S. Dept. Agric., p.15 Mar. 21).

3. From ζυγόν, yoke (for zygote), and τάξις, arrangement, with reference to the fact that such an

chromatin and other hereditary substances derived from the parental gametes and the persistence of this arrangement in the cells produced by the subdivision of the syngamete. It is assumed that the particular zygotactic arrangement taken up by the chromosomes of the parental gametes usually persists with little or no change throughout the life of the organism. It is easy to see, however, that many bud variations, sports, and other mutations could be explained by zygotactic changes occurring during ontogeny.

It must be remembered that the effects produced by zygotaxis are usually obscured by variations due to the varying hereditary composition of the gametes and only rarely when very constant races or widely different species are crossed can we see variations due to zygotaxis alone.

This does not mean that zygotactic effects are rare, on the contrary they probably occur as contributary causes of variation in much if not all of the material now being investigated by students of heredity.

VARIATION EN Iere GÉNÉRATION CHEZ LES HYBRIDES (DOMINANCE IMPARFAITE) : SON EXPLICATION POSSIBLE PAR MOYEN DE ZYGOTAXIE

RÉSUMÉ

1. Les hybrides entre le *Citrus trifoliata* et les autres espèces unifoliolées de *Citrus* comme l'oranger, le limonier, le « grapefruit », etc., montrent une grande étendue dans les variations à la première génération. Ceci devient évident quand on compare les hybrides issus des graines d'un même croisement. Dans quelques cas, les espèces parentes bien connues pour ne produire que de légères variations par le semis, donnent, dans les croisements, des F₁ avec variations bien plus étendues.

2. Ces variations sont très apparentes chez les fruits qui diffèrent beaucoup les uns des autres par la taille, la couleur, la texture, le goût, la pubescence et même par leur constitution. Quelques hybrides dans le même semis présentent des fruits réguliers tandis que d'autres ont des carpelles indépendants (carpolysis). Ou encore une superfétation produisant un fruit à deux étages, le second fruit étant parfois saillant et même séparé par un axe court. Dans le cas d'hybrides entre le citronnier et *Citrus trifoliata*, on observe encore une grande variation dans le feuillage qui, dans les sujets issus en première génération des mêmes parents, est constitué chez les uns par des feuilles unifoliolées, chez les autres par des feuilles trifoliolées ou encore, chez certains, par des feuilles bractéiformes (hypophylles).

3. Puisque les chromosomes dérivés des gamètes parents persistent côte à côte, sans se fusionner durant la totalité de la génération conjuguée F₁, de telles variations observées dans les hybrides ne peuvent pas être dues à des différences quantitatives ou même qualitatives dans les facteurs de l'hérédité possédés par les hybrides frères issus des graines d'un seul fruit.

arrangement of the chromatin would be most likely to occur at the moment of fusion of the parental gametes to form the zygote. The fundamental idea underlying the term zygotaxis is that the architecture of the zygote with reference to its idioplasmic particles, as well as its mechanisms for transmitting hereditary tendencies into expression, is determined to some extent at the moment of fusion of the two parental gametes and that this particular arrangement of parts is transmitted to the cells of the organism to which the zygote gives rise.

4. En 1897, l'auteur a proposé l'hypothèse suivante : de telles variations dans les hybrides frères (F₁) seraient dues à des différences dans les positions relatives des chromosomes et d'autres facteurs de l'hérédité dérivés des gamètes parents et alors l'arrangement particulier pris d'une manière plus ou moins accidentelle, au moment de la fusion des noyaux, persiste pendant toute l'existence de la première génération.

5. Il peut être pris en considération que les chromosomes qui arrivent à être placés près de la périphérie du noyau ont exercé une plus grande influence sur le développement de l'hybride que ceux qui occupent une position plus centrale.

Il peut encore être admis que les chromosomes périphériques sont mieux nourris par le trophoplasme qui les environne et tendent en conséquence à dominer les chromosomes centraux, plus faibles, pendant la fusion mitaptique (synapsis) et impriment une dérivation.

Cette inégalité dans la vigueur des chromosomes, due à l'influence de leur position et à l'inégalité de la nourriture qu'ils reçoivent peut être admise comme ayant une influence sur la seconde génération et les suivantes et explique peut-être quelques déviations des règles de Mendel.

6. Les relations de position des chromosomes prises au moment de la fusion des gamètes et qui persistent pendant toute la durée de la génération conjuguée (F₁) est appelée *zygotaxie*. Cette zygotaxie pourra produire les variations observées chez les hybrides de la première génération (F₁) dont les parents donnent chacun, régulièrement, des gamètes uniformes.

7. La zygotaxie est d'une grande importance dans l'obtention des variétés nouvelles en assurant des combinaisons utiles des caractères dérivés des deux parents. Elle peut être la base scientifique de la production en grand nombre d'hybrides conjugués F₁, pratique suivie par beaucoup d'hybrideurs.

8. Le résultat des variations zygotaxiques obtenues en croisant l'oranger avec le *Citrus trifoliata* est un nombre considérable d'hybrides appelés *citranges*, nouveau type de fruit. Ces citranges montrent un très grand nombre de variations, et quelques uns d'entre eux, notamment le *Colman*, *Morton* et *Rusk* sont très juteux et finement parfumés. Ces fruits, très acides, peuvent remplacer les citrons, et être cultivés dans des régions assez froides où aucune autre espèce de *Citrus* comestible ne peut résister.

SUR QUELQUES HYBRIDES DE VITIS VINIFERA ET DE V. BERLANDIERI

Par M. GARD

Docteur ès-sciences, Bordeaux (Gironde).

En décrivant naguère les caractères anatomiques du 41-B (Chasselas ✕ Berlandieri) Mdt et de Gr., j'avais esquissé ceux d'un hybride réciproque que m'avait procuré Millardet. N'ayant eu à ma disposition qu'un fragment de tige non aoûté, dont la différenciation interne n'était pas achevée, Millardet m'avait recommandé de compléter cette étude par celle des hybrides naturels qu'il avait obtenus en semant des graines de *V. Berlandieri*, hybrides pour lesquels le rôle sexuel des parents était connu et dont la collection existait, par ses soins, à la Station viticole de Cognac. Quelques-uns sont morts du phylloxéra. Il en subsiste une quinzaine.

Grâce à l'obligeance de M. Vidal, chef de travaux à la station viticole, j'ai eu en mains tous les fragments utiles, cueillis à divers moments.

Mes observations complètes, résumées ici en ce qui concerne la tige et la racine, feront l'objet d'un mémoire ultérieur où j'étudierai la plupart des nouveaux hybrides de *Berlandieri*, utilisés comme porte-greffes.

Tige. — Presque lisse, à contour ovale ou arrondi chez la plupart des *V. vinifera*, elle est, par contre, polygonale chez *V. Berlandieri* avec, aux angles, de fortes cannelures, séparées par beaucoup d'autres plus petites. Il n'y a pas uniformité chez les hybrides. Tantôt la forme de la section est plus voisine de celle de *V. vinifera*, tantôt elle est intermédiaire, tantôt enfin elle est semblable à celle de *V. Berlandieri*.

Le premier cas paraît plus fréquent que les suivants.

Plus grande encore est la variation d'intensité du système pileux. Les 19-62, 15-23, 19-28, 15-40, ont des poils subulés aussi nombreux ou presque aussi nombreux que chez la mère; chez d'autres, 20-36 par exemple ils sont moins abondants, tandis que les nᵒˢ 17-48, 19-42, 18-49, 14-50, 16-54, 18-50, 17-27, 19-52, sont, pour la plupart, glabres, se rapprochant beaucoup en cela de la vigne européenne.

Comme éléments anatomiques de comparaison, il y a, en premier lieu, les fibres péricycliques qui se rapprochent davantage de l'espèce américaine. Dans l'anneau libero-ligneux, les fibres libériennes et les fibres ligneuses ont la paroi mince et par suite un lumen plus grand chez *V. vinifera* que chez *V. Berlandieri*. C'est peut-être là un caractère dû à la culture, il est néanmoins souvent héréditaire, comme je l'ai maintes fois constaté. La proportion de parenchyme libérien est aussi un peu plus grande chez l'espèce mâle que chez le cépage français. Enfin les cellules de la moelle y sont pour la plupart plus hautes que larges en section longitudinale, alors que, chez la vigne de l'ancien monde, elles se montrent aplaties. Dans les quelques numéros étudiés à ce point de vue, elles sont nettement transmises par *Vinifera*. Il en est de même, le plus souvent, du liber. Les fibres ligneuses se montrent tantôt intermédiaires, tantôt plus influencées par l'espèce qui a joué le rôle de mâle.

Racine. — Dans cet organe, les éléments de comparaison se réduisent à la largeur des rayons médullaires, à la plus ou moins grande abondance du liber et surtout des fibres liberiennes, au calibre des vaisseaux du bois. Dans la majorité des cas, *V. Berlandieri* domine, notamment chez 19-20, 19-62, 14 50 ; d'autres offrent un ou deux rayons aussi larges que ceux de *Vinifera* et des vaisseaux de calibre moyen ou intermédiaire.

La répartition de l'influence totale des espèces croisées n'est donc pas la même dans la tige et la racine de la plupart de ces hybrides. La bonne réussite des greffes, la solidité de la soudure, le grossissement uniforme du greffon et du porte-greffe qui dépendent de l'activité du cambium, tiennent à la présence de *V. vinifera* dans les tissus engendrés. La résistance au phylloxéra de ces hybrides est due, d'autre part, à la prépondérance de *V. Berlandieri* dans la racine. M. Guillon[1] a insisté à diverses reprises sur les remarquables qualités de ces porte-greffes dont l'abondante et régulière fructification communiquée à leurs greffons n'est pas la moindre.

OF HYBRIDS OF VITIS VINIFERA AND OF V. BERLANDIERI

SUMMARY

It was observed by Millardet and de Grasset that, among a large number of plants raised from seed of *V. Berlandieri*, about fifteen were evidently hybrids of *V. Berlandieri* × *V. vinifera*, and consequently the reciprocal of the cross *Chasselas* × *Berlandieri* (41-B) of which I have lately described the anatomical characters.

A few of these are of value as stocks and on this account a study of their stem and root system is not without interest. With regard to the stem, the hairy character of the maternal parent, and also the glabrous character of most varieties of *V. vinifera*, are found among the hybrids, together with a large number of intermediate forms. Transverse sections of the stem show that the structure is varied; it is sometimes intermediate between the two parents, and sometimes nearer that of *V. vinifera*. Most generally, certain characters of the liber, and of the secondary wood and especially those of the primary wood, are nearer the European Vine. In the roots these characters are nearer the other parent, and they are in accordance with that power of resistance to Phylloxera, and with those excellent qualities as stocks, possessed by these hybrids.

1. M. GUILLON. Le Berlandieri et ses hybrides, et diverses brochures. *Revue de viticulture*, 1901 et années suivantes.

THE BREEDING OF DOUBLE FLOWERS[1]

By Edith R. SAUNDERS

Lecturer and late Fellow, Newnham College, Cambridge (England).

The occurrence of " doubling " in flowers is a phenomenon with which we are now familiar in an increasingly large number of cultivated plants. The original cause of this doubling, and the precise nature of the modification which the flower has undergone in becoming double, in each particular case, are considerations which lie outside the scope of the present paper. In what follows I propose to deal rather with the practical question of the *breeding* of double-flowered plants.

We may distinguish three types or grades of doubling :

1) In the extreme type the flower becomes so double that neither pollen nor ovules are produced as e.g. in *Arabis, Cardamine*, and the old-fashioned double English Wallflower (*Cheiranthus*) — all members of the N.O. Cruciferae. The propagation of doubles in cases of this class can, as a rule, only be effected by vegetative methods, from doubles.

2) In the second class the organs of *one sex only* become aborted while those of the other are still able to function. In some plants it is the male organs which cease to function, in others the female.

a) The double Petunia affords an instance of a case where the *female organs are aborted,* but where good pollen is produced in large quantities, the number of anthers being generally many more than in the single flower. The female organ in this case is generally present, but is more or less malformed so that pollination gives no result. In the more monstrous forms the ovules are wanting altogether and the ovary may be filled with numerous petaloid structures and anthers. Of recent years seed of seed-producing doubles has occasionally been listed in seed catalogues, but none of this seed which I have yet been able to procure has proved to be good. It may be that where good seed is obtained from a plant apparently double, the individual will be found on further examination to be a single, owing its double appearance to the large development of the petaloid prolongations of the connective of the stamens — prolongations which, as small lanceolate structures not appearing above the top of the corolla tube, are not uncommon in many cultivated forms of the single, but which may occasionally reach larger dimensions.

b) In the genus *Dianthus*, on the other hand, the double flowers may be destitute of pollen while the *female organ remains normal.* This is not infrequently the case in the Carnation (*D. Caryophyllus*) and is very generally so in the Sweet William (*D. barbatus*).

3) In the remaining and by far the largest class, doubling occurs without involving loss of function in the reproductive organs of either sex, as e.g. in the double form of Wallflower (*Cheiranthus*) more recently introduced by German growers, in the Hollyhock (*Althaea*), and many other genera. In doubles

---

1. Communication faite à la troisième séance de la conférence.

of this class considerable grading is often to be found even among the flowers of one individual.

In the case of classes 2) and 3) doubles can be obtained from seed; either from the seed of doubles which have been self- or inter-bred (class 3) or pollinated with singles (class 2 b); or from the seed of singles which have been pollinated with doubles (class 2 a).

Differing in behaviour from each of these types however and standing quite alone is the genus *Matthiola*.   For here, *though the doubles are of the extreme type described above and form neither pollen nor ovules, they are nevertheless obtained from seed, and moreover, from the seed of singles fertilised by singles.*

In most garden forms of stocks (*Matthiola*) we may distinguish two kinds of singles.

i) the *double-throwing* or *eversporting* (= d-single) and,

ii) the *non double-throwing* (= no-d-single).

which, though indistinguishable in appearance, differ in behaviour.   Any individual of either class produces successive generations of descendants similar in behaviour to itself.

The non-double-throwing single breeds true to singleness.   The eversporting type gives a mixture of singles and doubles, the doubles being slightly in excess.

We may illustrate the difference in behaviour of these two strains graphically thus :

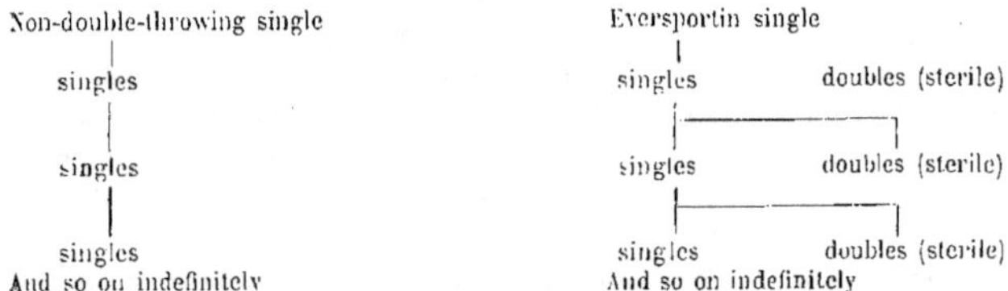

Thus in eversporting singles we are dealing with a case in which a certain character — doubleness — appears in a definite proportion of the offspring in *every* generation, but in which *no* individual exhibiting this character is able to transmit it, since such individuals can have no descendants.   In the earliest record of the double Stock known to us, which dates back to the middle of the 16ᵗʰ century, the flower is depicted like the double of the present day, as having neither androecium nor gynoecium.   Now that experiment has revealed the peculiar relations of the factors concerned, and their distribution among the germ cells, we are able to explain this curious anomaly in the heredity of Stocks.

When the two kinds of single are bred together, the resulting F_1 generation is all single.

If the mating is in the form :

$$\text{no-d-single } ♀ \times \text{ d-single } ♂$$

all the F_1 crossbreds give a mixture of singles and doubles in F_2 — *hence all the pollen in d-singles must carry doubleness.*

In the case of the reciprocal mating :

$$\text{d-single } ♀ \times \text{ no-d-single } ♂$$

only a little more than half the F_1 crossbreds give a mixture of singles and doubles, the remainder breed true to singleness — hence *nearly half the ovules in d-singles must carry singleness; the rest carry doubleness.*

The proportion of doubles occurring in the mixed families from either kind of mating was found in most of the unions to be 1 in 4; in some combinations however it was clear that although some families showed the usual ratio of 3 s : 1 d, other sister families contained a very much smaller proportion of doubles.

We are now in a position to show how these various results can be brought into line and explained. We are evidently dealing here with a case in which the factors concerned are related to one another in a peculiar but definite manner, the nature of the relation depending upon whether these factors are introduced into the individual associated together in one of the two germ cells giving rise to that individual, or whether they have been received *some from the one* contributing germ and *some from the other*. It is further evident that a *sex-limited* distribution of these factors among the germ cells occurs in certain cases. As regards this kind of inter-relationship between certain factors the Stocks afford a case parallel with that recently described by Bateson and Punnett in the Sweet Pea (*Lathyrus*)[1] but the limitation of the power of carrying these factors to the gametes of one sex introduces an additional complexity in the present case.

We may state the several conclusions arrived at in the present case as follows[2].

1) Singleness is due to the presence of two factors (X and Y).

2) Doubleness is due to the absence of either or both of these factors.

3) In the non-double-throwing single type X and Y are linked together — represented thus $\widehat{XY}$ — so that when such singles are fertilised with the xy gametes of the eversporting single, the gametic recombinations Xy and xY cannot be formed[3]. A gametic series in F_1 plants thus derived, composed of equal numbers of $\widehat{XY}$ and xy gametes, will thus give the observed ratio of 3 s : 1 d in F_2.

4) In the eversporting single the factors X and Y are not thus linked, but the relation between them is of the nature described above, the particular combinations of allelomorphs from which the eversporting zygote was itself derived, viz. XY and xy being those which occur most frequently among its gametes, whereas the recombinations Xy and xY are found much more rarely.

5) All four combinations of the allelomorphs viz. XY, Xy, xY, xy occur among the ovules in an eversporting single, but the pollen appears unable to carry X and Y either alone, or together. We have in fact here a case of what has been termed partial coupling [4] combined with a sex-limited distribution of the factors.

The gametic series in the two types of singles may be represented thus.

1. On the inter-relations of Genetic Factors. *Proc. Roy. Soc. B.* Vol. 14. 1911.

2. It would be impossible within the limits of the present paper to give the experimental data upon which these conclusions are based. A full statement of the results obtained and a discussion of the same are now in the press, and under the title " Further Experiments on the Inheritance of Doubling and other Characters in Stocks ", will appear in the forthcoming number of the *Journal of Genetics* (vol. 1, n° 4).

3. In a certain proportion of *extracted* singles, i.e. to say singles which are not of pure-bred origin but derived from matings with eversporting forms, we may suppose that the zygote, though breeding true to singleness, will form some gametes in which X and Y are not linked together.

4. See Bateson and Punnett, *loc. cit.*

NON-DOUBLE-THROWING SINGLE TYPE		EVERSPORTING SINGLE	
Ovules	Pollen	Ovules	Pollen (unable to carry X or Y)
All $\widehat{XY}$	All $\widehat{XY}$	$n - 1$ XY	All xy
		1 Xy	
		1 xY	
		$n - 1$ xy	
		where $2\,n$ gametes are required to exhibit the full series.	
Offspring all single.		Offspring mixed, the doubles being slightly in excess.	

Since in the pollen of the non-double-throwing single type.X and Y are linked together, and in that of the eversporting single both X and Y are absent, we are unable to make the cross where X and Y are contributed to the zygote, the one by the male and the other by the female germ; that is to say we are unable in this case to illustrate the converse condition of partial repulsion [1]. But in the case of certain other factors in Stocks this difficulty does not occur. We find, for example, that this kind of inter-relationship exists also between the factor producing white plastid colour (W) and the factors for singleness (X, Y) and again between the factor W and the factor producing pale sap colours (P).

If a cross is made between a form with white plastids (W) and one with cream plastids (w), then, when the mating is in the form

$$\underset{\text{(single white)}}{\widehat{XY}W} \qquad \times \qquad \underset{\text{(double cream)}}{xyw}$$

the gametic series in F_1 is probably as follows :

$$\begin{aligned} n &- 1 \; \widehat{XY}\,W \\ & 1 \; \widehat{XY}\,w \\ & 1 \; xy\,W \\ n &- 1 \; xy\,w \end{aligned}$$

whereas when the mating is in the form :

$$\underset{\text{(single cream)}}{\widehat{XY}\,w} \qquad \times \qquad \underset{\text{(double white)}}{xy\,W}$$

$\widehat{XY}w$ and $xy\,W$ are the more frequent, $\widehat{XY}\,W$ and $xy\,w$ the rarer terms in the series. Here we have the effect both of partial coupling (in the first of the two matings) and partial repulsion (second mating) between the factor W on the one hand and the linked $\widehat{XY}$ couple which behaves as a unit, on the other.

Again when a cross is made between two forms, one containing the factor for white plastids (W) and also the factor producing pale sap colour (P) and one in which P and W are both absent, most of the coloured individuals in F_2 are pale with white plastids or deep coloured with cream plastids; few show the combination of pale sap colour with cream plastids or deep sap colour with white plastids.

---

1. In the case of partial repulsion the gametic series would be as follows :

$$\begin{aligned} n &- 1 \; Xy \\ & 1 \; XY \\ & 1 \; xy \\ n &- 1 \; xY. \end{aligned}$$

We have then this kind of inter-relationship between factors exhibited in the case of each of the following pairs.

1) X and Y (the two factors required for singleness) in all the eversporting strains.

2) P and W (the factors producing paleness of sap colour and white plastids respectively) in heterozygotes of $Pp\,Ww$ composition.

3) $\widehat{XY}$ and W (the linked couple behaving as a unit and forming a pair with W) in heterozygotes of $\widehat{XY}\,xy\,Ww$ composition.

Further in the peculiar sulphur-white race, an eversporting race which is heterozygous as regards W as well as X and Y, yielding single whites and double creams with a small percentage of double whites, we appear to have another instance of this inter-relationship between a linked couple and a single factor. In this case, however, as in other eversporting forms X and Y behave as independent factors, and the couple is formed by the linking of one of these factors — we will assume it to be X — with W, so that $\widehat{XW}$ forms one member of the pair and Y the other. The single zygote of a sulphur-white is the result of a union between gametes of X Y W and xyw composition respectively, and the gametic output of such a zygote is again composed almost entirely of the combinations X Y W and xyw while X y W and x Y w appear to be the rarer terms in the series. We may therefore add a fourth case to the list of inter-related pairs given above, in which the same three factors are concerned as in case 3, but where Y is the independent factor and $\widehat{XW}$ behaves as the linked couple.

By this conception of the relationship existing between the two factors required for the production of a single, together with the fact of the sex-limited distribution of these factors to the gametes, we are able to explain the hitherto puzzling fact that eversporting singles constantly throw an excess of doubles. It now remains to consider the precise amount of this excess, or, in other words, to determine the value of n in the scheme for the gametic output in the eversporting forms given above.

The proportion of doubles obtainable from eversporting singles of the Ten week class was found on the average to be between 55 and 57 0/0 *for the plant as a whole*, though a higher proportion was obtained now and again as a chance variation. If the higher number should prove to be correct we may take n to be equal to 8, and the true ratio to be 7 single : 9 double or 56,25 0/0 of doubles. If, on the other hand, the lower number more nearly represents the true proportion, the value of n is probably 16, which would give a ratio of 7.5 single to 8.5 double or 55.125 0/0 of doubles. The fact that small sample sowings, where these sowings were made from the seeds of a single pod, frequently gave divergent results renders it difficult on the present evidence to decide between these two values, and until considerably larger records are available we may conveniently indicate the proportion of single to double occurring in these forms by the general expression $7 + x$ single to $9 - x$ double where x has some value less than 1.

Among the offspring of crossbreds derived from matings between eversporting and true-breeding singles the number of doubles, as previously stated, was in most cases found to be in the proportion usually met with in the case of the recessive, where one pair of allelomorphs only is concerned, *viz* 1 in 4. In certain matings however the proportion was very much less, being sometimes as low as 1 in 32 or, even perhaps, lower still. It seems hardly possible that a deficiency of this amount can be due to mere inequality of distribution in the different pods, and we are led to conclude that in these cases we are dealing, with a second pair of factors (indicated by X′ Y′) in addition to the pair X, Y present in all singles. The members of this second pair appear to have a complementary distribution among certain of the true-breeding and of the ever sporting strains, one member of the pair occurring in some of the pure single strains, and the other member being present in some of the double-throwing strains. It follows that where such strains are *self*-bred we can have no means of knowing whether they contain *one* of these additional factors, or not; only by making the appropriate *cross* can we obtain a zygote in which the presence of *both* additional factors can be inferred from the abnormally high proportion of singles occurring in some of the families in the F_2 generation.

The practical outcome of these considerations may be briefly summed up thus. — In order to maintain a constant high percentage of doubles in successive generations it is all important that the original stock should be composed *entirely* of eversporting individuals. If this condition is fulfilled, then, whether self-breeding or interbreeding occurs among these individuals, whether the sowing be made from the seeds of one individual or from a sample of mixed seed from many individuals, we may expect the percentage of doubles to remain high. But if the original population was mixed, if it included some true-breeding singles as well as eversporting plants, the average proportion of doubles will be likely to diminish, for crossing will lead to the production of a number of individuals yielding only 1 double in 4, or even fewer, while an increasing number of individuals will yield none at all.

As already stated above the proportion of doubles quoted for strains of the Ten week class, *viz* 55-57 0/0 is an *average for the plant as a whole*. These numbers agree very closely with the results obtained by Chaté for the plant *as a whole*, which are given in his treatise on the Cultivation of Stocks[1]. Chaté however concluded from his observations that a considerably higher proportion of doubles could be obtained from the seeds in the lower regions of the pods as compared with those in the upper, and also in the pods on the main axis and the chief laterals as compared with the lateral branches of a higher order, — the proportion in the one case rising sometimes as high as 80 0/0, and falling in the other as low as 20 0/0. Of such a difference in distribution of the two kinds of ovules — for now that we know that the pollen is uniform in eversporting plants, and all carries doubleness, such a result must depend upon the distribution of the *ovules alone*. — I have not however been able to obtain any confirmation[2].

Experiments designed to test this point showed sometimes a greater preponderance of doubles from the seeds of one region, sometimes from those of the other, the *average* for the two lots being almost identical. On the other hand a certain amount of evidence has now been obtained in support of the statement which is often to be met with, *viz* that a higher proportion of doubles can be obtained from seed which has been kept for a considerable time after it was gathered, than from seed which was more recently harvested. It was noticed, for example, that if the seeds were not sown until the bulk of them had

1. Culture pratique des girofflées.
2. A more detailed statement of the facts is given elsewhere. Sec. p. 399, note 2.)

lost the power of germinating, the one or two here and there which survived almost invariably produced doubles. This result must be attributed to the somewhat greater viability of those seeds which are destined to give rise to doubles.

OBTENTION DE PLANTES A FLEURS DOUBLES

RÉSUMÉ

En laissant à part toutes considérations au point de vue morphologique on peut distinguer différents types de fleurs doubles :

1° Dans le cas extrême, les fleurs deviennent si doubles que ni pollen, ni ovules ne sont produits.

2° Les organes d'un sexe seulement peuvent cesser de fonctionner tandis que ceux de l'autre sexe restent normaux.

3° La duplicature peut se produire sans entraîner l'arrêt de fonction de l'un et de l'autre sexe.

Dans les deux derniers cas, les plantes à fleurs doubles peuvent être obtenues de graines de « doubles » ou de « simples », fécondées par des doubles. Dans le premier cas, la propagation des « doubles » ne peut se faire qu'à l'aide d'un procédé *végétatif* en partant de plantes doubles.

Les Giroflées (*Matthiola*) semblent présenter un cas unique, dans lequel les « doubles », quoique appartenant au type extrême de duplicature, et ne formant ni pollen ni ovules, sont *néanmoins obtenues de graines* et ce sont des graines provenant de fleurs simples fécondées par des simples.

Dans beaucoup de formes horticoles de Giroflées on peut distinguer deux espèces de simples :

1° Celles qui donnent toujours une certaine proportion de doubles : *double-simples* (variétés instables, ou « eversporting »).

2° Celles qui ne donnent pas de doubles : *non-double-simples*.

Ces deux formes, quoique semblables en apparence, agissent d'une manière différente dans leur descendance.

Chaque individu de chaque classe produit des générations successives de descendants qui se conduisent à ce point de vue de la même façon que lui.

Les « non-double-simples » ne donnent que des simples. Le type instable donne un mélange de simples et de doubles, ces dernières légèrement en excès.

Quand on croise ensemble ces deux groupes, tout est à fleurs simples en F_1.

Si le croisement a été fait ainsi :

$$\text{non-double simple } ♀ \times \text{ double-simple } ♂$$

toutes les plantes de F_1 donnent, en F_2, un mélange de simples et de doubles, dans la plupart des cas étudiés, dans la proportion de 3 simples : 1 double ; d'où il résulte que tout le pollen des « double-simples » doit porter le caractère « double ». Dans le croisement réciproque :

$$\text{double-simple } ♀ \times \text{ non-double-simple } ♂$$

environ la moitié des plantes de F_1 ne donnent que des simples ; le reste donne un mélange de simples et de doubles dans la même proportion que dans le croisement inverse : d'où il résulte que *un peu moins de la moitié* des ovules des

« double-simples » doivent porter le caractère « simple » et *un peu plus de moitié* doit porter le caractère « double ».

Nous pouvons donc tenter d'expliquer ainsi ces faits :

1° Le caractère « simple » est dû à la présence de 2 facteurs (X et Y).

2° Le caractère « double » est dû à l'absence de l'un ou de l'autre de ces deux facteurs.

3° Le pollen du type « eversporting » est incapable de porter soit le facteur X, soit le facteur Y.

4° Dans le type « non-double-simple » les facteurs X et Y sont étroitement liés ensemble, représenté ainsi $\widehat{XY}$ (complete coupling); de cette façon, lorsque ce type de simples est fécondé par les gamètes xy de la forme « eversporting », la recombinaison gamétique $X\,y$ et $x\,Y$ ne peut être formée et, par suite, nous obtenons 3 simples : 1 double en F_2.

5° Dans la forme « eversporting » les facteurs X et Y ne sont pas complètement liés; mais la relation entre ces facteurs est telle que les combinaisons particulières d'allélomorphes, desquelles la zygote « eversporting » était elle-même dérivée, c'est-à-dire XY et xy, sont celles qui se produisent le plus fréquemment parmi ses gamètes, tandis que les recombinaisons $X\,y$ et $x\,Y$ se trouvent beaucoup plus rarement.

Les séries gamétiques des deux catégories de simples peuvent être ainsi représentées :

	NON-DOUBLE SIMPLE		DOUBLE-SIMPLE	
Ovules	**Pollen**	**Ovules**		**Pollen**
tout $\widehat{XY}$	tout $\widehat{XY}$	$n-1\ XY$		(incapable de contenir
		$1\ Xy$		les facteurs X et Y)
		$1\ xY$		
		$n-1\ xy$		tout $x\,y$.

$2\,n$ gamètes sont donc nécessaires pour montrer la série entière.

6° Des cas identiques de « partial coupling » se produisent entre d'autres facteurs, comme, par exemple, le facteur produisant la couleur blanche, ou plutôt l'absence de couleur dans les plastides (W) et les facteurs pour le caractère « simple » (X, Y); de même, entre le facteur W et celui produisant une légère couleur de la sève (P).

Si un croisement est fait entre une forme ayant les plastides blanches (W), et une forme de coloris crème (cream plastids) (w), comme dans le cas suivant :

$$\widehat{X\,Y}\,W \qquad \times \qquad x\,y\,w$$
(simple blanc)   (double crème)

la série gamétique provenant du F_1 paraît être la suivante :

$$n-1\ \widehat{X\,Y}\,W$$
$$1\ \widehat{X\,Y}\,w$$
$$1\ x\,y\,W$$
$$n-1\ x\,y\,w$$

Lorsque le croisement est le suivant :

$$\widehat{X\,Y}\,w \qquad \times \qquad x\,y\,W$$
(simple crème)   (double blanc)

$\widehat{XY}\,w$ et $x\,y\,W$ sont les combinaisons les plus fréquentes et $\widehat{XY}\,W$ et $x\,y\,w$, les plus rares dans les séries.

De même lorsque ce croisement est fait entre une forme ayant les plastides blanches (W) ainsi que le facteur pour la coloration légère de la sève (P), et une forme dans laquelle P et W sont absents, la plupart des individus de F_2 sont légèrement colorés avec des plastides blanches, ou profondément colorés avec des plastides crème. Très peu montrent la combinaison, sève légèrement colorée avec plastides crème, ou sève profondément colorée avec plastides blanches.

La proportion moyenne des doubles obtenus de simples « eversporting » dans la race des Giroflées Quarantaines est, dans l'ensemble, de 53 ou 57 pour 100, quoiqu'une proportion plus élevée puisse être obtenue, ici et là, par chance.

Le plus élevé de ces nombres (57) donnerait 8 comme valeur de n, avec une proportion exacte de 7 simples : 9 doubles. D'un autre côté le nombre inférieur (53) donnerait 16 comme valeur de n, avec une proportion de 7,5 simples : 8,5 doubles.

Confirmation a été donnée, dans une certaine mesure, de l'opinion souvent émise que les vieilles graines donnent une proportion plus élevée de doubles que les graines récemment récoltées; ceci est dû à la validité un peu plus grande des graines destinées à donner des doubles. D'autre part, l'idée émise par Chaté, que les graines situées à la partie inférieure de la capsule donnent une plus forte proportion de doubles que celles situées à la partie supérieure, n'a pas été confirmée.

ÉTUDE BIOMÉTRIQUE DES GRAINES DU GENRE BRASSICA

Par P. MONNET.

Laboratoire de culture. Muséum d'Histoire naturelle, Paris.

Cette étude a porté sur 8 formes appartenant aux deux espèces linéennes *Brassica oleracea* L et *Brassica campestris* L, et dont voici la classification :

1.2.038. — Dobbie's extra curled greens. (B. ol. acephala.) Chou frisé vert à pied élevé.

1.3.039. — Scrymger's giant Brussels sprouts. (B. ol. gemmifera.) Chou de Bruxelles.

1.4.040. — Dobbie's perfect gem savoy. (B. ol. bullata.) Chou de Milan frisé nain.

1.5.041. — Dobbie's perfect gem Cabbage. (B. ol. capitata.) Chou cabus.

1.6.042. — Dwarf Erfurt mammoth cauliflower. (B. ol. botrytis.) Chou fleur très hâtif à appareil végétatif très compact.

1.7.043. — Early short top purple. (B. ol. caulo-rapa.) Chou rave à collet rouge.

Toutes les formes cultivées de *B. oleracea* ont des fleurs analogues d'un jaune safran pâle.

2.2.044. — Finney's sowing rape. (B. campestris var. oleifera.) Colza ordinaire.

2.2.045. — Purple top Swede. (B. campestris Napo-brassica). C'est un Rutabaga à collet rouge.

Ces deux formes se distinguent nettement des précédentes par leurs feuilles hirsutes.

Les graines des six premières formes proviennent d'Ecosse, celles des deux dernières d'Angleterre.

Ce travail a été fait au Laboratoire de Culture du Muséum en vue de recherches sur l'hybridation.

ÉTUDE PARTICULIÈRE DE CHAQUE FORME

Forme Nᵒ. 1. 2. 038. — Diamètre des graines en dixièmes de m/m :

8.5	9,5	10,5	11,5	12,5	13,5	14,5	15,5	16,5	17,5	18,5	19,5	20,5
1	1	10	16	37	66	49	11	5	0	5	1	

Poids de 100 graines en centigrammes :

21,5	22,5	23,5	24,5	25,5	26,5	27,5	28,5	29,5	30,5	31,5
8	20	64	24	28	20	12	4	12	8	

On voit d'après les données précédentes que le diamètre maximum moyen des graines de ce chou a pour valeur, en 1/10 de m/m. Dm = 13,995 ± 0,108, le poids moyen de 100 graines étant, en centigrammes, Pm = 25,5 ± 0,159. La valeur relativement peu élevée de ces quantités correspond à la faible condensation de l'appareil végétatif de cette forme, qui est un chou frisé vert pouvant atteindre de 50 à 60 centimètres de hauteur. La variabilité du lot étudié est assez minime quant aux dimensions des graines, la déviation moyenne (standard-deviation de Pearson) ayant pour valeur, en 1/10 de m/m, d = ± 1,55 ± 0,077.

Elle est plus considérable en ce qui concerne le poids, et nous donne $\sigma_p^y = \pm 2,251 \pm 0,114$ en centigrammes. Toutefois, pour avoir des résultats comparables, il est nécessaire de calculer le « Coefficient moyen de variation », V, défini comme étant le rapport de la déviation à la moyenne M de la quantité variable étudié, multiplié par 100 : $V = 100\,\sigma/M$. Ce coefficient donne la déviation moyenne par unité de quantité variable étudiée. Il est donc indépendant de la plus ou moins grande valeur de M. On trouve ici : pour les diamètres $V_d^y = 11,07$ en $1/10^5$ de m/m, et pour les poids $Vp = 8,827$ en $\frac{1}{10^e}$ milligrammes par centigrammes. En prenant des coefficients correspondants, on voit que la variabilité des dimensions des graines est plus grande que celle des poids.

L'étude des éléments de symétrie de la première courbe nous montre que la forme étudiée présente une grande condensation, quant aux dimensions des graines, autour de la moyenne Dm de cette quantité. Le coefficient d'asymétrie latérale S, a en effet pour valeur $S_d^y = +0,350$ (coefficient), indiquant un très léger élargissement de la courbe vers les x positifs (ici les diamètres croissants) tandis que la valeur considérable de l'excès moyen, $E_d^y = +1,998$ correspond à une forme de courbe très effilée. Les valeurs des mêmes quantités pour les poids, $S_p^y = +0,910$; $E_p^y = +0.013$, indique une tendance marquée de la forme à avoir des graines plus lourdes que la moyenne 25,5.

En résumé, la variété I. 2. 058 paraît comprendre un seul phénotype, ou type biométrique, caractérisé par les nombres suivants :

DIAMÈTRE DES GRAINES	POIDS DES GRAINES
$Dm = 15,995 \pm 0,108$ en 1/10 de m/m.	$Pm = 25,5 \pm 0,159$ en centig.
$V_d^y = 11,07$ en $1/10^5$ de m/m.	$V_p^y = 8,827$ en 1/10 de mmg.
$S_d^y = +0,350 \qquad Ed = +1,998.$	$S_p^y = +0,910 \qquad Ep = +0,013.$

Forme N°. 1. 5. 059. — Diamètre maximum des graines en 1/10 de m/m :

11,5	12,5	13,5	14,5	15,5	16,5	17,5	18,5	19,5	20,5	21,5	22,5.
2	2	8	28	39	22	56	6	51	4	0	2

Nombre de graines mensurées : 210.
Poids de 100 graines en centigrammes :

28,5	29,5	30,5	31,5	32,5	33,5	34,5	35,5	36,5	37,5.
4	12	28	18	84	12	4	4	4	

La première série de chiffres se rapportant aux diamètres maxima met en évidence l'existence de deux formes de graines. Prise dans son ensemble, cette courbe admettrait les caractéristiques numériques suivantes : $Dm = 17,59 \pm 0,149$; $\sigma_d^y = \pm 2,16 + \varepsilon\,0.105$: $V_d^y = 12,25$; $S_d^y = -0,088$ et $E_d = -0,710$. Les valeurs élevées du coefficient V_d^y et de l'excès moyen (le maximum étant -2 pour E), ne permettent pas de la considérer comme une courbe unimodale. On peut alors la décomposer en deux phénotypes distincts correspondants aux distributions suivantes :

a	14,5	15,5	16,5	17,5	
	28	39	22	$n = 89$;	

b'	18,5	19,5	20,5	21,5.	
	6	51	4	$n = 61$.	

La forme $a/$ aurait une moyenne Ma $= 15,952$ et la forme $b/$ Mb $= 19,97$. La détermination de ces quantités est toutefois trop peu précise pour qu'elles puissent servir de caractéristiques. Aussi il est plus intéressant de calculer les deux modes des courbes élémentaires prises séparément; en appliquant la formule de Pearson Mo $= 3$ Med $- 2$ M, on trouve ici :

Phénotype $a/$: $15,886 =$ Mo.

Phénotype $b/$: $19,97 =$ Mo $=$ M.

La différence entre ces deux valeurs montre bien que l'on a deux phénotypes distincts.

La deuxième série de nombres se rapportant aux poids, indique au contraire la présence d'une seule forme, admettant les coefficients suivants : Pm $= 52,16 \pm 0,1$; $\sigma_p^v = \pm 1,417 + \varepsilon 0.078$; $V_p^v = 4,365$; $S_p^v = + 0,175$; $E_p^v = + 1,625$.

Comme ce fait pourrait résulter simplement de ce que, dans chaque lot de 100 graines, les différences de poids se compenseraient, il a paru intéressant, comme contrôle, d'étudier la distribution des poids de 5 graines. Voici les nombres obtenus pour deux cents lots :

Poids de 5 graines en milligrammes :

10,5	11,5	12,5	13,5	14,5	15,5	16,5	17,5	18,5	19,5
4	4	5	7	**72**	52	39	15	4	

Ces chiffres donnent les coefficients :

Pm $= 15,7 \pm 0,09$; $\sigma_p^v = \pm 1,284 \pm 0,064$; S $= - 0,581$; E $= + 4,161$.

Ces résultats et, en particulier, la valeur positive élevée de l'excès moyen, corroborent complètement ceux obtenus précédemment.

En résumé, il semble exister deux phénotypes distincts dans cette variété, différant seulement par le caractère Dimensions de graines, et correspondant aux données numériques qui suivent :

POIDS DES GRAINES	DIAMÈTRE DES GRAINES
Pm $= 52,46 \pm 0,1$	$a/$ Dm (Mo) $= 15,866$, $b/$ Dm $= 19,97$ (Mo)
Vp $= 4,565$	Pour l'ensemble :
Sp $= + 0,175$　Ep $= + 1,625$.	Vd $= 12,25$; Sd $= - 0,088$; Ed $= 0,710$.

Forme Nº. 1. 4. 040. — Diamètre maximum des graines en 1/10 de m/m :

12,5	13,5	14,5	15,5	16,5	17,5	18,5	19,5	20,5	21,5	22,5	23,5	24,5	25,5
8	7	26	**44**	26	26	11	*37*	8	5	1	0	1	

Poids de 100 graines en centigrammes :

29,5	50,5	51,5	52,5	53,5	54,5
0	48	**88**	48	16	

Comme pour la forme précédente, la courbe $1/$ indique ici la présence de deux phénotypes distincts quant aux dimensions de graines. Elle admet, en effet, prise dans son ensemble, les coefficients : Dm $= 17,4 \pm 0,165$ en 1/10 de m/m; $\sigma d = \pm 2,306 + \varepsilon 0,1$ en $1/10^3$ de m/m; Vd $= 13,252$; S $= + 0,258$; E $= - 0,507$. On peut alors la décomposer en deux courbes élémentaires correspondant à deux types distincts :

$a/$	14,5	15,5	16,5	17,5.	N $= 96$
		26	**44**	26	

$b/$	18,5	19,5	20,5	21,5.	N $= 56$
		11	**37**	8	

Ces deux types admettent respectivement comme modes :

Phénotype $a/$: Mo $= 16,000$.

Phénotype $b/$: Mo $= 19,985$.

La courbe 2/ indique, au contraire, la présence d'un seul type quant aux poids moyens des graines. Les valeurs des coefficients correspondant à ce type sont : Pm $= 32,16 \pm 0,062$; $\sigma_p^y = \pm 0,880 + \varepsilon 0,044$; $V_d^y = 2,735$; S $= + 0,587$; E $= + 1,248$.

Dans cette forme comme dans la précédente, il existe deux phénotypes différant par le caractère unique « Dimension de graine ». Leurs caractéristiques numériques sont les suivantes :

<table>
<tr><td>POIDS DE 100 GRAINES</td><td>DIAMÈTRE MAXIMUM</td></tr>
<tr><td>Pm $= 32,16 \pm 0,062$ centig.</td><td>$a/$ Dm (Mo) $= 16,0$, $b/$ Dm (Mo) $= 19,983$.</td></tr>
<tr><td>$V_d^y = 2.735$.</td><td>Pour l'ensemble :</td></tr>
<tr><td>S $= + 0,587$ E $= + 1,248$.</td><td>$V_d^y = 15,252$; $S_d^y = + 0,258$; $E_d^y = - 0,507$</td></tr>
</table>

Forme N°. 1. 5. 041. — Diamètre maximum des graines en 1/10 de m/m :

11.5	12,5	13,5	14,5	15,5	16,5	17,5	18,5	19,5	20,5	21,5	22,5	23,5	24,5
1	5	13	29	**37**	35	33	13	21	9	4	1		1

Poids de 100 graines en centigrammes :

30,5	31,5	32,5	33,5	34,5	35,5	36,5	37,5	38,5
8	**60**	56	54	19	4	0		1

On trouve comme excès moyen de la courbe 1/ la valeur E $= - 0,226$; ce coefficient négatif indique un groupement des fréquences de part et d'autre de la moyenne, correspondant aux classes 14,5-16,5 et 17,5-19,5. Toutefois sa valeur absolue n'est pas assez considérable pour indiquer nettement l'existence de deux phénotypes.

La courbe 2/ présente un très grand élargissement vers les x positifs comme l'indique la valeur élevée de S $= + 5.496$. La forme a une tendance très marquée à produire des graines plus lourdes que la moyenne.

En résumé, cette forme correspond à un seul phénotype de caractéristiques numériques :

<table>
<tr><td>POIDS DE 100 GRAINES</td><td>DIAMÈTRE MAXIMUM</td></tr>
<tr><td>Pm $= 33,2 \pm 0,073$ centig.</td><td>Dm $= 17,16 \pm 0,156$</td></tr>
<tr><td>Vp $= 3.126$</td><td>Vd $= 12,9$</td></tr>
<tr><td>S $= + 5,496$ E $= + 4,804$.</td><td>S $= + 0,553$ E $= - 0,226$.</td></tr>
</table>

Forme N°. 1. 6. 042. — Diamètre maximum des graines en 1/10 de m/m :

12,5	13,5	14,5	15,5	16,5	17,5	18,5	19,5	20,5	21,5	22,5
6	4	29	31	**37**	30	31	21	9	2.	

Poids de 100 graines en centigrammes :

28,5	29,5	30,5	31,5	32,5	33,5	34,5	35,5	36,5	37,5	38,5.
4	20	8	**44**	32	40	28	16	8	0.	

La valeur négative considérable de l'excès de la première courbe, E $= - 0,590$ correspond à un élargissement du sommet de cette courbe, le diamètre maximum moyen variant ici de 15,5 à 19,5 m/m au lieu d'avoir une valeur unique, bien déterminée, caractéristique.

Quant aux poids des graines, cette forme présente une tendance très nette à la production de graines lourdes.

En résumé, un seul phénotype caractérisé par :

POIDS DE 100 GRAINES	DIAMÈTRE MAXIMUM
$Pm = 35,2 \pm 0,105$	$Dm = 17,38 \pm 0,14$
$Vp = 4,535$	$Vd = 11,59$
$S = +0,004 \quad E = -0,590.$	$S = +0,857 \quad E = +1,333.$

Forme Nᵒ. 1. 7. 045. — Diamètre maximum des graines en 1/10 de m/m :

10,5	11,5	12,5	13,5	14,5	15,5	16,5	17,5	18,5	19,5	20,5	21,5	22,5.
2	1	5	11	21	**49**	33	27	19	26	5	1.	

Poids de 100 graines en centigrammes :

20,5	21,5	22,5	23,5	24,5	25,5	26,5	27,5	28,5	29,5	30,5	31,5	32,5	33,5.
4	12	24	**32**	24	20	16	16	12	16	16	4	4	4.

Cette forme est constituée par un seul phénotype. La courbe des poids est remarquable par l'étalement de son sommet vers les valeurs croissantes de cette quantité et par sa grande variabilité.

Caractéristiques :

POIDS DE 100 GRAINES	DIAMÈTRE MAXIMUM MOYEN
$Pm = 26,26 \pm 0,216$	$Dm = 17,3 \pm 0,145$
$Vp = 11,675$	$Vd = 12,05$
$S = +0,566$	$S = -0,066$
$E = -0;957.$	$E = -0,065.$

Forme Nᵒ. 2. 2. 044. — Diamètre maximum des graines en 1/10 de m/m :

12,5	13,5	14,5	15,5	16,5	17,5	18,5	19,5	20,5	21,5	22,5.
2	2	5	29	33	55	**52**	52	11	5.	

Poids de 100 graines en centigrammes :

39,5	40,5	41,5	42,5	43,5	44,5	45,5.
12	52	52	**68**	25	13.	

Cette forme très peu variable, présente un seul phénotype dont les caractéristiques numériques sont données ci-dessous. La variété présente une tendance marquée à avoir des graines plus faibles comme diamètre que la moyenne.

DIAMÈTRE MAXIMUM EN 1/10 DE M/M	POIDS DE 100 GRAINES
$Dm = 18,215 \pm 0,119$	$Pm = 42,48 \pm 0,087$
$Vd = 9,31$	$Vp = 2,909$
$S = -0,511 \quad E = -0,05.$	$S = -0,057 \quad E = -0,365.$

Forme Nᵒ. 2. 4. 045. — Diamètre maximum des graines en 1/10 de m/m :

10,5	11,5	12,5	13,5	14,5	15,5	16,5	17,5	18,5	19,5	20,5	21,5.
3	3	4	26	**66**	46	28	7	13	0	4.	

Poids de 100 graines en centigrammes :

29,5	30,5	31,5	32,5	33,5	34,5	35,5.
48	56	**88**	25	1	4.	

Cette forme, particulièrement compacte et constante, présente une forte tendance à la production de graines plus larges et plus lourdes que la moyenne. Elle comprend un seul phénotype dont les caractéristiques suivent :

DIAMÈTRE MAXIMUM   POIDS DE 100 GRAINES

$$Dm = 16.72 \pm 0,12 \qquad Pm = 51,52 \pm 0,076$$
$$\sigma\, m = \pm 1,711 + \varepsilon\, 0,085 \qquad \sigma\, p = \pm 1,095 + \varepsilon\, 0.054.$$
$$V = 10,88 \qquad V = 5.475$$
$$S = +0,482 \quad E = +3,52. \qquad S = +0.529 \quad E = +1.159.$$

CLASSIFICATION DES PHÉNOTYPES

Les 10 phénotypes que nous avons trouvés au paragraphe précédent peuvent facilement se réunir en 7 types distincts.

Si l'on compare les formes 1. 3. 059 *a/* et 1. 4. 040 *b/* on a le tableau suivant quant aux moyennes :

	POIDS	DIAMÈTRE MAXIMUM
1. 3. 059 *a/*	$52,46 \pm 0,1$	15.866
1. 4. 040 *b/*	$52,16 \pm 0.062$	16,000

La différence des poids moyens nous donne :

$$D = 52.46 - 52.16 \pm \sqrt{\overline{0,1}^2 + \overline{0,062}^2} = 0,5 \pm 0,11.$$

Cette différence est donc à peine supérieure aux erreurs d'expérience. D'autre part la différence des diamètres maxima moyens est encore plus faible, égale seulement à 0,134. Ces deux phénotypes ne sont pas distincts. Ils ne constituent au point de vue biométrique qu'une seule forme.

Il en est de même des deux numéros 1. 3. 059 *b/* et 1. 4. 040 *b/*. La seule différence de ces deux types se rapporte aux diamètres maxima de graines et a pour valeur :

$$19.985 - 19,970 = 0.015.$$

Les variétés 1. 5. 041 et 1. 6. 042 donnent le même tableau comparatif :

	POIDS	DIAMÈTRE MAXIMUM
1. 6. 042	$55,2 \pm 0,105$	$17,58 \pm 0,14$
1. 5. 041	$55,2 \pm 0,075$	$17,16 \pm 0,156$

On a ici les valeurs suivantes des différences :

$$Pm - Pm' \quad 55.2 - 55,2 \pm \sqrt{\overline{0,105}^2 + \overline{0,075}^2} = 0 \pm 0.129$$

$$Dm - Dm' \quad 17,58 - 17,16 \pm \sqrt{\overline{0,14}^2 + \overline{0,156}^2} = 0,22 \pm 0,21.$$

Ces différences sont encore plus faibles que dans le cas précédent.

En résumé, les 8 formes étudiées renferment 7 phénotypes distincts au point de vue des graines, dont les caractéristiques sont résumées dans le tableau de la page ci-contre.

TABLEAU RÉSUMANT LES CARACTÉRISTIQUES DES PHÉNOTYPES ÉTUDIÉS AU PARAGRAPHE PRÉCÉDENT

I

DIAMÈTRE MAXIMUM DES GRAINES

	DM	VD	S
1. 2. 058	$15,995 \pm 0.108$	11,07	$+0,330$
1. 5. 059 *a/*	15.866	12.25	$-0,088$
1. 4. 040 *a/*	16,000	13,252	$+0,258$
1. 5. 059 *b/*	19,97	comme pour *a.*	
1. 4. 040 *b/*	19,985	comme pour *a.*	
1. 5. 041	$17,16 \pm 0,156$	12,9	$+0,553$
1. 6. 042	$17,58 \pm 0,140$	11,59	$+0,857$
1. 7. 043	$17,50 \pm 0,145$	12,05	$-0,066$
2. 2. 044	*$18,215 \pm 0,119$*	*9,31*	*$-0,311$*
2. 4. 045	$16,720 \pm 0,120$	10,88	$+0,482$

II

POIDS MOYEN DE 100 GRAINES

	PM	VP	S
1. 2. 058	$25,500 \pm 0,159$	8,827	$+0,910$
1. 5. 059	$32,460 \pm 0,100$	4,365	$+0,175$
1. 4. 040	$32,160 \pm 0,062$	2,735	$+0,587$
1. 5. 041	$32,200 \pm 0,075$	3,126	$+5,496$
1. 6. 042	$53.200 \pm 0,105$	4.555	$+0,004$
1. 7. 043	$26,260 \pm 0,216$	3.066	$-0,566$
2. 2. 044	*$42,480 \pm 0,087$*	*2,909*	*$-0,057$*
2. 2. 045	$31,520 \pm 0,076$	5,473	$+0,329$

On a réuni par une accolade, dans le tableau précédent, les deux groupes de phénotypes qui paraissent confondus dans notre matériel. Il y a lieu de remarquer à ce sujet que le groupement 1. 5. 041 — 1. 6.042 présente une forte tendance à la dissociation. On voit, en effet, que la valeur considérable de S pour le premier de ces numéros indique nettement la production de graines plus lourdes chez cette forme que chez la suivante.

La forme 2. 2. 044, qui se sépare des autres phénotypes par le poids très élevé de ses graines, a été placée en italique. Cette forme a un appareil végétatif peu condensé, c'est le colza ordinaire.

INDICATION DES CULTURES

On a réuni dans ce paragraphe le sommaire des cultures nécessaires pour l'analyse biologique des phénotypes étudiés précédemment.

I

Décomposition des courbes bimodales 1. 5. 059 et 1. 4. 040.

N°. 1. 5. 059. — Une première série de cultures est destinée seulement
à l'isolement des types correspondant aux deux sommets, au cas ou ceux-ci
seraient des génotypes distincts. Elle doit comprendre les trois groupes suivants :

1. 5. 059. — I.   Graines de la classe 15,5—16.5, pour les diamètres.
1. 5. 059. — III.   —   19,5—20,5   —
1. 5. 059. — II.   —   17,5—19,5   —

Toutefois comme le caractère étudié peut résulter simplement d'une différence de nutrition des plantes d'où proviennent les graines, il est nécessaire de
diviser les cultures précédentes en deux groupes :

1. 5. 039.	} I II III	Comme précédemment.
En sol pauvre. . .		
1. 5. 039.	} I II III	—
En sol riche. . . .		

N°. 1. 4. 040. — Même distribution :

1. 4. 040. — A. . .	} I II III	De 15,5 à 16,5. De 17,5 à 19,5. De 19,5 à 20.5.
En sol pauvre. . .		
1. 4. 040. — B. . .	} I II III	Comme précédemment.
En sol riche. . . .		

Ces cultures permettront en même temps l'analyse des groupes
1. 5. 059 a — 1. 4. 040 a et 1. 5. 059 b — 1. 4. 040 b.

II

Isolement des autres phénotypes.

Une deuxième série de cultures est destinée à l'isolement des 6 autres phénotypes. Elle comprend les groupes suivants, basés pour une première série sur
les diamètres maxima, pour une deuxième série sur les poids moyens :

	SÉRIE A	SÉRIE B
1. 2. 058.	13,5—14,5	23,5—25,5
1. 5. 041.	15.5—18,5	51,5—55,5
1. 6. 042.	15,5—18,5	51,5—55,5
1. 7. 045.	15,5—17,5	22,5—26,5
2. 2. 044.	17,5—20,5	41,5—45,5
2. 2. 045.	15,5—17,5	51,5—52,5

III

ESSAI DE SÉLECTION VERS LES DIFFÉRENCES POSITIVES ET LES DIFFÉRENCES NÉGATIVES

I. — POUR LES DIAMÈTRES

		V	DM	S	DIFFÉRENCES
1. 2. 058.	1	11,07	9,5	0,550	10
	2		19,5		
1. 5. 041.	1	12,9	12,5	0,555	11
	2		25,5		
1. 6. 042.	1	11,59	15	0,004	9
	2		22		
1. 7. 045.	1	12,05	11,5	— 0,066	10
	2		21,5		
2. 2. 044.	1	9,51	15	— 0,511	9
	2		22		
2. 2. 045.	1	10,88	11,5	0,482	9
	2		20,5		

II. — POUR LES POIDS

		V	DM	S	DIFFÉRENCES
1. 2. 058.	1	8,827	22	0,910	9
	2		51		
1. 5. 041.	1	5,126	51	5,496	7
	2		58		
1. 6. 042.	1	4,555	29	0,857	8
	2		57		
1. 7. 045.	1	11,675	21	0,566	12
	2		55		
2. 2. 044.	1	2,909	40	0,057	5
	2		45		
2. 2. 045.	1	5,475	50	0,529	5
	2		55		

BIOMETRICAL STUDY OF THE SEEDS OF THE GENUS BRASSICA

SUMMARY

The foregoing paper is an attempt to a Biometrical classification of 8 sorts of " *Brassica* ", preliminary to a study of variability and heredity in these plants.

The frequency polygons relating to the seeds'diameters in length of milli metres, and to the weights of a hundred seeds in cgrms are given above under the heading of each form's number. Together with the frequency polygons, the following numerical data have been worked out :

The "*mean value*" of the measured quantity; either the mean diameter Dm or the mean weight Pm.

Pearson's " *Standard deviation* " either for the diameters, σd, or for the weights, σp.

Johannsen's "*Coefficient of mean variation*", Vd for the diameters, Vp for the weights. This coefficient, which has been worked out according to the formula :

$$V = \frac{100\,\sigma}{M}$$

gives the mean per-cent value of σ for the frequency polygons. It is very important, as it does not depend on the absolute value of M.

Johannsen's " *Coefficient of lateral asymmetry* " S   This Coefficient gives a numerical value of the curves lateral deviation from the normal frequency curve.

Johannsen's "*Excess*", E. This Coefficient gives a numerical value of the curve's vertical deviation from the normal frequency polygon. This excess has a negative value in the case of bimodal curves. Such negative values have been found here in the following instances :

N° 1.3.039 and n° 1.4.040. Bimodal curves for the seeds' diameter. In both these cases, the "*mode*" of each separate phenotype has been worked out according to Pearson's formula :

$$Mo = 3\,Med - 2\,M.$$

Nos 1.5.041 (Diameters), 1.6.042, 1.7.043, 2.2.044 (Weights). All these curves are unimodal, but with no definite class of maximum frequency.

A table is given at the end of the second part of this paper, showing the numerical values of the mean and of the coefficient V and S for all the phenotypes. Such of these as are included in brackets, have been found out to give practically the same polygons for either the diameters or the weights.

The third part of the paper gives a short account of the field work needed to work out the genetical behaviour of these phenotypes.

HYBRIDES ENTRE ESPÈCES D'ANTIRRHINUM [1]

Par le Dr **J. P. LOTSY.**
Haarlem (Hollande).

Phot. Elliott et Fry.
M. le Dr Lotsy.

On peut dire que c'était le désir des mendelistes d'obtenir un hybride fertile entre deux espèces, afin de pouvoir constater si les lois de la ségrégation des caractères sont aussi bien valables pour les espèces que pour les variétés.

Or, cela restait une " pia vota " jusqu'en 1910, quand, grâce à la persévérance de M. le professeur Baur, celui-ci obtenait un assez grand nombre d'hybrides entre espèces. Le temps lui manqua pour suivre la descendance de toutes ces plantes, et il voulut bien me confier les graines de F_1 de deux de ces hybrides, et celles de F_2 d'un autre.

L'honneur des résultats que je vais vous communiquer appartient donc exclusivement à M. Baur. Mon rôle s'est borné à semer les graines et à enregistrer les résultats. Parlons d'abord de l'hybride.

ANTIRRHINUM MOLLE × A. MAJUS PÉLORIÉ 535. — L'*A. molle* est une espèce comprenant plusieurs sous-espèces bien différentes par leur port, la grandeur de leurs feuilles, la couleur de leurs fleurs, etc.; quelques-unes ont des feuilles très poilues, d'autres sont presque glabres, etc. La photographie ci-dessous de trois jeunes plantes en donne déjà une idée.

Fig. 1. — Antirrhinum molle 9 A — 9 C.

1. Communication faite à la cinquième séance de la Conférence.

Ces différences s'accentuent avec l'âge, comme on le voit dans les deux photographies suivantes des nᵒˢ 9 A (fig. 5) et 9 B (fig. 2) en pleine floraison dont

Fig. 2. — Antirrhinum molle 9 B.

9 B est couchée (fig. 2), 9 A dressée (fig. 5), tandis que la première, 9 B, a les feuilles grises à cause de la quantité énorme de poils, et 9 A, a les feuilles vertes, plus grandes et beaucoup moins poilues.

Ces sous-espèces de *molle* sont strictement auto-stériles, mais parfaitement fertiles entre elles, de sorte que chaque individu est, par suite, hétérozygote.

En semant des graines d'une plante de cette espèce, on obtient donc, quel que soit l'individu, une descendance polymorphe consistant en un nombre plus ou moins grand de formes presque toutes hétérozygotes. Aussi dans les caractères de la fleur, les sous-espèces de *molle* sont différentes.

Tout au contraire, les diverses formes de l'*A. majus* sont auto-fertiles, de sorte que l'on obtient, en semant leurs graines, une descendance homomorphe,

comme celle de la figure sur la page suivante (fig. 4). C'est donc à cause de l'état
" hétérozygote " de chaque individu de *A. molle* que le F_1 du croisement *molle*
× *majus* est plus ou moins polymorphe, quoique toutefois intermédiaire entre
les deux parents. Les individus de F_1 sont heureusement auto-fertiles de sorte

Fig. 3. — Antirrhinum molle 9 A.

que l'on peut obtenir la descendance de chaque individu en F_2. Dans le F_1 d'un
croisement du *molle* par un *majus* rouge pélorié (335 Baur) ou réciproquement,
ces deux croisements étant identiques, M. Baur obtenait six formes différentes,
mais toutes zygomorphes. De cinq de ces formes numérotées : 475, 409, 368,
367 et 408 il m'a confié les graines.

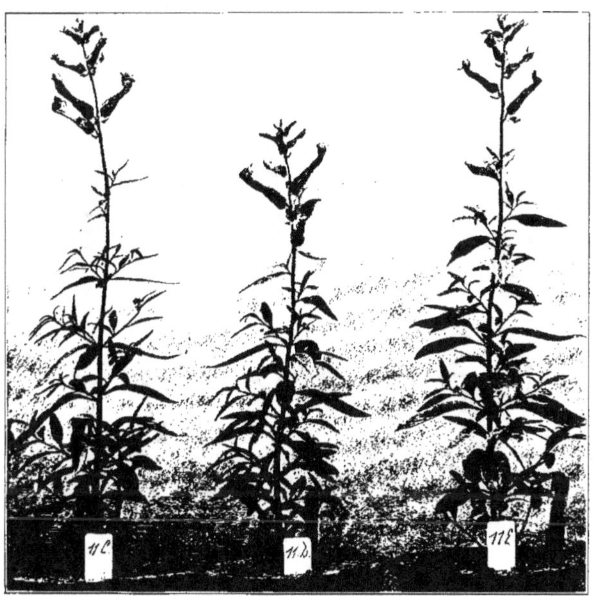

Fig. 4. — A. majus 555, rouge, pélorié.

Descendance de 475.

De cette plante j'ai obtenu, en F_2, 255 plantes d'un polymorphisme extrême dépassant énormément le polymorphisme de la génération F_1. Même en ne m'occupant que des caractères de leurs fleurs, j'ai pu distinguer 25 groupes différents (fig. 5).

Or, il faut bien remarquer que les plantes de chaque groupe ne sont nulle-

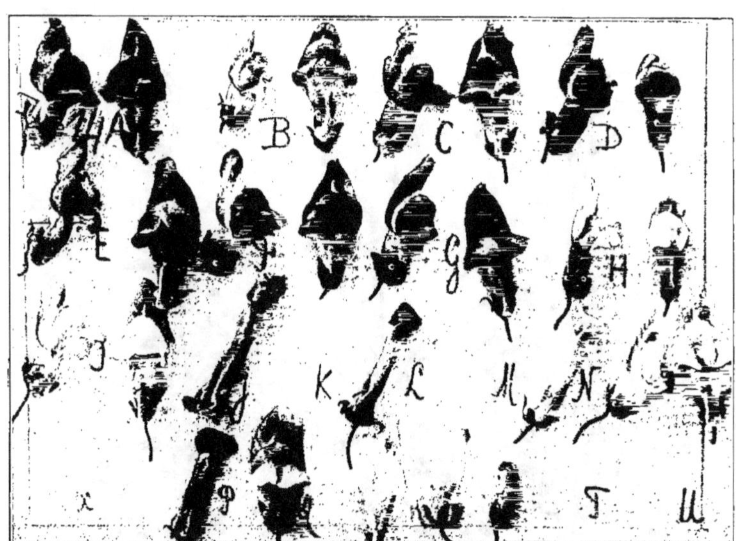

Fig. 5. — Quelques fleurs des enfants de 475 [F_2].

ment homomorphes dans tous leurs caractères, mais seulement dans les caractères de leurs fleurs et même pas absolument dans tous les caractères floraux. Dans chaque groupe on rencontre des plantes d'un port très différent; il y a aussi des différences dans la grandeur, etc., de leurs feuilles et dans le degré de fertilité. Il y a des plantes auto-stériles et des plantes auto-fertiles, de sorte que l'on peut dire avec raison qu'il n'y a pas deux plantes identiques parmi les 255 individus obtenus en F_2.

Des 255 descendants du n° 475, plante à fleurs zygomorphes, 135 portaient des fleurs zygomorphes, une plante portait à la fois des fleurs zygomorphes et des fleurs péloriées, tandis que 119 ne produisaient que des fleurs péloriées.

Les couleurs des fleurs furent très différentes, passant de la couleur pâle du *molle* jusqu'à la couleur rouge foncé du *majus* n° 555.

Les grandes différences dans la forme des fleurs peuvent être démontrées par la photographie reproduite ci-dessus (fig. 5), qui ne donne, — cela va sans dire, — qu'une faible impression des dessins coloriés montrés à la conférence.

Descendance de 409.

De cette plante à fleurs zygomorphes, j'ai obtenu en F_2 72 plantes appartenant à 19 types floraux différents. 30 plantes portaient des fleurs péloriées,
42 des fleurs zygomorphes. Parmi ces dernières se trouvait une seule à fleurs
dont la gueule était largement ouverte et dont les étamines étaient plus ou
moins pétaloïdes.

Descendance de 368.

En F_2 cette plante à fleurs zygomorphes, elle aussi, m'a fourni 126 plantes
appartenant à 20 types floraux différents. 60 portaient des fleurs péloriées,
66 des fleurs zygomorphes.

Descendance de 367.

De cette plante à fleurs zygomorphes, je n'ai obtenu que 7 plantes appartenant à 5 types floraux différents. La photographie ci-dessous (fig. 6) montre

Fig. 6. — Enfants de 367 [F_2].

donc bien l'extrême polymorphisme de la génération F_2. Parmi ces 7 plantes
4 portaient des fleurs zygomorphes, 3 des fleurs péloriées.

Descendance de 408.

Cette plante aussi portait des fleurs zygomorphes et m'a fourni en F_2
164 plantes appartenant à 18 types floraux différents. Il y en avait 76 à fleurs
péloriées contre 88 à fleurs zygomorphes dont une à gueule ouverte.

*De ces expériences il résulte que le F_2 des hybrides de molle × majus n'est
nullement homomorphe mais très hétéromorphe, même tellement polymorphe
qu'il n'y a pas deux plantes se ressemblant par tous leurs caractères.*

Il résulte, avec une grande probabilité, que les différences entre les individus composant le F₂ du croisement entre ces deux espèces sont dues à une distribution mendélienne des porte-caractères des parents.

Il reste à résoudre la question de savoir si les individus obtenus en F₂ sont des homozygotes ou des hétérozygotes. Pour cela, l'obtention de la génération F₃ est indispensable.

Heureusement, M. Baur avait récolté des graines de quelques plantes F₂ obtenues en 1910. Une de ces plantes fut le n° 326.1000.

Descendance du 326.1000.

Cette plante fut caractérisée par le fait qu'elle avait la lèvre supérieure de sa fleur zygomorphe en forme de capuchon.

J'ai obtenu d'elle, en F₃, 209 plantes, toutes différentes; cette plante est donc encore très hétérozygote et donne un F₃ polymorphe.

Parmi ces 209 plantes, il n'y en avait pas une seule qui présentât le caractère (lèvre en capuchon) du parent. Il faut donc apparemment un nombre de plantes

Fig. 7.

beaucoup plus considérable pour obtenir un individu contenant tous les porte-caractères nécessaires pour produire le capuchon.

Les 209 plantes pouvaient être rangées en 25 groupes au point de vue du type floral. 115 plantes portaient des fleurs péloriées, 2 plantes, à la fois des fleurs péloriées et des fleurs zygomorphes et 94 des fleurs zygomorphes. Il y avait des fleurs à peu près indistinguables de celles du *majus*, d'autres ressemblant fortement à celles de *molle* et toutes sortes de combinaisons. On obtient ici, comme en F_2, des plantes ressemblant fort à des *molle* purs, surtout dans la grandeur et la couleur des fleurs.

Sur la photographie reproduite (fig. 7) on voit, de gauche à droite : A. *majus* 555, A. *molle*, une plante de F_2 du croisement de ces deux espèces et une plante de F_3 de ce même croisement. On voit jusqu'à quel point les deux dernières plantes ressemblent à l'A. *molle*.

Le F_3, descendant de 526.1000, est donc hétérozygote pour la forme et pour la couleur, donnant des plantes à fleurs zygomorphes, des plantes à fleurs péloriées, et quant à la couleur des fleurs, toutes sortes de combinaisons entre les couleurs des parents primitifs : *molle* et *majus*. J'ai pu néanmoins ranger les plantes en deux classes de couleurs dont l'une présentait le rouge du *majus*, l'autre la couleur pâle de *molle*. Le premier groupe contenait 155 plantes, le second 56 plantes, c'est-à-dire qu'il y avait *une ségrégation*, en F_3, *à peu près dans la relation mendelienne* 5 : 1.

DESCENDANCE DU 526.1002.

De cette plante à fleurs zygomorphes, j'ai obtenu, en F_3, 28 plantes appartenant à 8 types floraux différents. 23 plantes portaient des fleurs zygomorphes, 5 des fleurs péloriées.

DESCENDANCE DU 526.1003.

Cette plante fut péloriée. J'ai obtenu, en F_3, 48 plantes toutes péloriées sans aucune exception, de sorte que 526.1003 *était donc homozygote au point de vue du caractère péloric, mais hétérozygote au point de vue des couleurs*, les fleurs étaient si différemment colorées qu'il fallut faire 7 classes différentes pour les recevoir toutes.

DESCENDANCE DU 526.1006.

Cette plante portait des fleurs zygomorphes, couleur de *molle*. J'ai obtenu, en F_3, 36 plantes toutes couleur de *molle*, mais de formes différentes, de sorte que 23 avaient des fleurs zygomorphes, une portait à la fois des fleurs zygomorphes et péloriées, tandis que 12 ne produisaient que des fleurs péloriées.

Le n° 526.1006 était donc homozygote au point de vue couleur, hétérozygote au point de vue de la forme.

Nous avons donc, en F_2, du croisement molle × majus. 535 : le n° 526.1003 homozygote pour la forme, mais hétérozygote pour la couleur, le n° 526.1006 homozygote pour la couleur, mais hétérozygote pour la forme et les n°ˢ 526.1000 et 526.1002 hétérozygotes pour les deux caractères, forme et couleur.

ANTIRRHINUM MOLLE × MAJUS ROUGE NORMAL N° 243.

Dans ce croisement aussi, le F_1 fut, grâce à l'hétérozygotisme forcé de l'*A. molle*, plus ou moins polymorphe. Toutes les plantes de F_1 portaient des fleurs zygomorphes. La forme et la grandeur des fleurs furent plus ou moins intermédiaires entre celles des parents, et les couleurs variaient du rose pâle tacheté au rouge foncé. Quant à la couleur, on pouvait diviser les plantes en deux groupes, l'un rouge, l'autre rose, dans les proportions de 3/4 rouge sur 1/4 rose à peu près.

Je reçus du professeur Baur les graines d'une plante du type rouge (le nᵒ 400) et d'une plante du type rose (556).

DESCENDANCE DU 556, BAUR.

Cette plante portait des fleurs rouges, zygomorphes. J'ai obtenu, en F₂, 55 plantes, toutes zygomorphes, mais très différentes de forme et de couleur, de sorte qu'il y avait 15 types différents.

Deux types furent d'un intérêt tout spécial. L'un avait, *à la base de la fleur, des excroissances colorées pétaloïdes,* l'autre consistant en deux individus était d'un *type floral sortant des limites du genre Antirrhinum et ressemblant plutôt à celui d'un Rhinanthus.*

Ce dernier type avait été obtenu déjà en 1910 par M. Baur, de sorte que, grâce à sa libéralité, je pouvais élever le F₃.

DESCENDANCE DU Nᵒ 446.1189.

Cette plante avait le type des fleurs de *Rhinanthus,* comme on le voit dans la photographie ci-contre (fig. 8). De ce type, j'ai obtenu 28 plantes à fleurs si différentes, que j'ai dû faire 16 groupes pour les recevoir. Loin d'être constant au point de vue de la forme de la fleur, il y avait dans sa descendance, comme on le voit dans la photographie (fig. 9), des fleurs à forme presque normale.

Fig. 8.

Fig. 9.

Pas une seule plante ne portait des fleurs ressemblant tout à fait à celles du 446.1189 et on rencontrait toutes sortes de fleurs du type *Rhinanthus* jusqu'au type normal.

DESCENDANCE DU 446.1190.

D'une autre plante de la génération F_2 (numérotée 446.1190 Baur), j'ai obtenu, en F_3, 13 plantes seulement, mais appartenant à 9 groupes différents, quelques-unes du type *Rhinanthus*, d'autres presque normales.

Le parent 46.1190 avait les fleurs intermédiaires entre le type *Rhinanthus* et le type normal.

Il résulte donc de ceci que, *les plantes 446.1189 et 1190 de la génération F_2 sont encore très hétérozygotes au point de vue des caractères forme et couleur.*

Il ne me reste qu'à vous parler des croisements d'une autre espèce d'Antirrhinum par le *majus*.

ANTIRRHINUM SEMPERVIRENS × MAJUS.

L'*A. sempervirens* a des fleurs très petites atteignant tout au plus le tiers de celle du *majus*.

Le sempervirens diffère du molle surtout par ce que l'on peut obtenir des individus homozygotes.

Par suite le F_1 est homomorphe.

A. SEMPERVIRENS × MAJUS 221.

Lé F_1, entre le *sempervirens* et le *majus* 221, plante à fleurs rose pâle, est tout à fait homogène et intermédiaire. En semant les graines d'un individu de F_1, j'ai obtenu, en F_2, 124 plantes appartenant à 19 types floraux différents, et d'un autre individu de F_1, en F_2, 187 plantes appartenant à 18 types floraux distincts.

Il résulte de ceci : d'abord, que, *même si le F_1 d'un hybride entre deux espèces est homogène, il peut se produire une ségrégation en F_2.*

Mais il y a plus :

Quand on compare les descendants en F_2 des deux individus de la génération F_1, individus se ressemblant absolument, on voit que, *dans la descendance de l'un, se trouvent d'autres types floraux que ceux existant dans celle de l'autre.*

Cela peut être dû à deux causes :

Ou bien la génération F_1, en apparence homogène, ne l'est pas; ou bien le nombre des individus obtenus, en F_2, par suite du grand nombre de caractères différentiels chez les deux parents, est trop petit pour constater l'identité de ces deux descendances.

Voilà encore une question à résoudre. Il me semble que la deuxième hypothèse est la plus juste, c'est-à-dire que l'on trouvera que le F_1 est, en effet, homogène et qu'il y a ségrégation, en F_2, pour un grand nombre de caractères.

A. SEMPERVIRENS × MAJUS 272.

Le *sempervirens* croisé par un *majus* demi-jaune (n° 272 Baur) donne aussi un F_1, intermédiaire et homogène.

D'une plante seulement de la génération F_1, j'ai obtenu la descendance en

F₂, qui m'a fourni 82 plantes appartenant à 15 types floraux différents. Il y a donc évidemment ségrégation en F₂. Dans cette génération F₂ se trouvait un exemplaire curieux ne produisant jamais des fleurs, mais des inflorescences à grandes bractées absolument stériles.

A. SEMPERVIRENS × A. MAJUS 271.

Le *sempervirens* croisé par un *majus* à fleurs blanches (271) donne des résultats analogues à ceux du croisement *sempervirens* par *majus* 221, c'est-à-dire un F₁ homogène et ségrégation en F₂. Aussi des types différents dans les descendances de deux individus pris dans la génération F₁ et, en apparence, identiques.

Dans le F₂ de ce croisement on trouve des fleurs striées, caractère provenant, d'après les recherches de M. le professeur Baur, du *majus* 271.

Nous pouvons donc, messieurs, il me semble, conclure de ces expériences, *que la ségrégation et la recombinaison mendéliennes des caractères ne sont pas limitées à des hybrides entre variétés, mais sont aussi valables au moins pour quelques hybrides entre espèces.*

Voilà un fait capital pour toute théorie d'évolution. L'honneur de cette découverte appartient, je le répète, entièrement, à M. le professeur Baur.

Je n'ai pu que donner ici un aperçu à vol d'oiseau de nos recherches, j'espère pouvoir publier bientôt un récit plus précis avec des planches coloriées.

HYBRIDS BETWEEN SPECIES OF ANTIRRHINUM

SUMMARY

In 1910, Professor E. Baur succeeded in crossing certain species of *Antirrhinum*, the hybrids of which proved to be fully fertile. Owing to pressure of work, he gave to the author the seed from two of these hybrids, and also seed from an F₂ plant. Dr. Lotsy ascribes the credit for these interesting experiments to Professor Baur, his own work having been limited to sowing the seed, and recording the results.

Antirrhinum molle × *A. majus* : (Peloric) 555. — *A. molle* included several sub-species which differ in a great many characters. These sub species are self sterile, but perfectly fertile when crossed with each other; it follows that each individual of *A. molle* is heterozygous.

A. majus is, on the other hand, self fertile.

In F₁ of the above cross, Professor Baur obtained six different forms, all of which were zygomorphic, and all self fertile. The descendants of five of these plants were grown by the author, and the results were as follows : each of the five plants gave rise to a polymorphic F₂. One hybrid gave an F₂ of 255 plants, in which there were not two identical plants. They varied in a large number of characters, such as colour, form of the flowers, self-fertility, etc. Zygomorphic and peloric plants occured in each family. These results showed that F₂ from *A. molle* × *A. majus* is polymorphic and it appears probable that this is due to normal mendelian segregation in F₁.

The progeny of four F_2 plants have been grown, with the following results : from a zygomorphic plant with the upper lip hooded, was obtained a family of 209 plants, all of which were different, and among which not a single plant possessed the hooded upper lip of the parent. It was possible to classify them as regards colour in two groups, one with the red colour of *A. majus*, the other with the pale colouring of *A. molle*. The first group contained 153 plants and the second 56 plants, so that normal segregation occured as regards this character. Two other zygomorphic plants gave zygomorphic and peloric forms in F_3; one of these families was homogenous as regards colours, which character was derived from *A. molle*, the other was heterozygous both for colour and form. A peloric plant gave an F_3, consisting of 48 peloric plants, among which were many different colour types.

A. molle × *A. majus* (Red zygomorphous). — The F_1 from this cross again consisted of several forms. In F_2, two types were specially interesting; in one the sepals were coloured and petaloid, and in the other, the shape of the flower resembled *Rhinanthus*, rather than *Antirrhinum*. Twenty-eight plants were grown from one of these Rhinanthus-like plants, but not one resembled exactly the parent plant.

A. sempervirens × *A. majus*. — *A. sempervirens* is a self fertile species with very small flowers. Three crosses of this nature were made, and in each case a homogeneous F_1 was obtained. A large number of types appeared in F_2, and it was found that the descendants of one F_1 plant differed from those of another. It is possible that this difference may be due, not to a real difference in the apparently homogeneous F_1, but to the fact that, in view of the large number of factors involved, the numbers grown were too small to demonstrate the identity of the F_2 families.

The author concludes from these experiments that segregation and the re-combination of factors are not limited to hybrids between varieties, but may also occur in hybrids between certain species.

M. BAUR. — M. le professeur Lotsy me fait trop d'honneur. Les expériences dont il nous a entretenus ici sont absolument siennes. J'avais, tout d'abord, l'intention de vous entretenir, en détail, de travaux concernant des croisements d'espèces dans le genre *Antirrhinum*, travaux que nous avons faits en commun avec le D<r> Lotsy. Malheureusement, cela m'est impossible.

J'ai croisé les unes avec les autres différentes espèces d'Antirrhinum (*A. majus*, *A. latifolium*, *A. molle*, *A. sempervirens*, *A. Ibanjezii* et autres) et suivi les hybrides qui sont entièrement fertiles, jusqu'en F_2 et en partie jusqu'en F_4.

Il n'y a plus aucun doute pour moi que tous ces hybrides d'espèces — comme le fait d'une façon évidente l'hybride *majus × molle*, — mendelisent; mais il s'agit d'une ségrégation tout à fait prodigieusement complexe.

Les hybrides entre *A. latifolium* pur et *A. majus* pur avec lesquels j'opère maintenant exclusivement, sont, en F_1, complètement uniformes. En F_2, une ségrégation s'ensuit dans quelques centaines de nouvelles combinaisons et j'en ai également obtenu des individus que je n'ai pu, malgré mon coup d'œil habitué aux Antirrhinum, différencier des races P_1. Les nouvelles combinaisons donnent également ici en partie, comme dans le cas cité par le D<r> Lotsy, des plantes hautement hétéroclites; beaucoup seraient à l'état naturel à peine capables d'exister (quelques-unes sont, par exemple, complètement stériles) ; d'autres, au contraire, sont très fortes, pleines de vie et pourraient donner naissance à de nouvelles sortes.

Je n'ai pas encore élevé le F_3 du croisement *A. majus* × *A. latifolium* ; mais, autant que j'ai pu remarquer, la troisième génération, dans d'autres croisements d'espèces du genre *Antirrhinum*, il s'est toujours trouvé, comme il fallait s'y attendre, et comme cela s'est produit dans les expériences du Dʳ Lotsy avec l'hybride *majus* × *molle*, que même la majeure partie des individus F_2 est plus ou moins complètement hétérozygote.

Somme toute, cette manière de se comporter tendrait à prouver que la plupart des différences entre les Antirrhinum expérimentés sont des différences mendéliennes.

THE INHERITANCE OF MEASUREABLE CHARACTERS IN HYBRIDS BETWEEN REPUTED SPECIES OF COTTON

By W. Lawrence BALLS. M. A.

Fellow of St. John's College. Cambridge, Membre de l'Institut Égyptien.
Botanist to the Egyptian Government Department of Agriculture.

The chief interest of the researches which I have carried out during the past seven years on hybrids of Egyptian by American cotton, is due to the widely divergent phylogeny of the parents. When discussing the title of this article with Mr. W. Bateson, I was advised by him to qualify the words « Species-hybrid », on account of the cultivated past of the parental strains. The qualification « reputed » has therefore been inserted, but at the same time I should like it to be understood clearly, that even though the parents are not above suspicion with regard to the specific nature of their differences, yet they are still so widely different that persons whose experience has been confined to the Egyptian crop have actually failed at first glance to recognise American Uplands (such as « King ») for cotton plants at all.

Phot. Clarke.

M. BALLS.

The nature of the available evidence, from which I propose to quote a few of the most interesting data, while confining the quotations to those matters which lie nearest to the frontier of research, is by no means satisfactory. This is due to the ambitious design of the investigations, combined with insufficient facilities. Up to the time of writing, our facilities have been equal to a thorough study of some half-dozen allelomorphic pairs in inter-Egyptian crosses, while we have actually endeavoured to record the fullest possible evidence as to all the recognisable characters involved in the inheritance of complex hybrids. Even under these circumstances, critical evidence might have been obtained, had it not been for further reduction of the numbers by the act of vicinism, or natural crossing. In only one respect have we been quite successful, namely, in giving a definite expression to the probable error of our results. In every possible character we have used statistical methods of expression, making as many determinations of every measurement as our facilities would permit, and controlling these by comparison with the results obtained by identical methods from pure strains.

The data obtained in these control determinations are of interest themselves, since they form a lengthy series of statistics regarding fluctuation in the cotton plant.

Statistical methods have been of the utmost service, in so far as I have been able to utilise them. Nevertheless, it becomes more and more clear as time goes on, that even in this particular piece of research, which lies on the boundary-line between Mendelism and Biometry, statistical methods can only be tools of the experimenter, though most valuable tools. In this paper I wish to point out, especially, how closely the Gaussian curve of error may be simulated by a genuine segregation which does not appear to be comparable in complexity to many problems of human inheritance. The disqualifications which I have already mentioned prevent the cases cited from being conclusive; their interest is, however, in no way diminished, however much their value may be depreciated, and an examination of them may lead to a further strengthening of scepticism as to the « plasticity » of the organism. There is a peculiar appropriateness in their citation from data obtained with *Gossypium*, for no plant of agricultural importance has ever been accused of such over-whelming « variability », and general unreliability; whereas, in point of fact, its fluctuation is in no way abnormal, and the original « variability » imputed to it was an insufficiently analysed complex, consisting of fluctuation, segregation, varietal impurity, reversion through the meeting of cryptomeres, gametic coupling, and free inter-crossing. It is not unlikely that mutation itself might be added to this list, but in view of our ignorance of the other items, we shall not be able even to discuss the possibility of mutation in the cotton plant for many years to come.

A brief note on the utility of measurement-methods should be here added. Surprise has been expressed by persons acquainted with the outlines of this research, that one should take the trouble of measuring leaves, for example, in order to obtain results which are no better than those got by eye-judgments. The obvious reply is, of course, that the callipers are free from subjective error, while the eye is not. Further, subjectivity being eliminated, results obtained in various localities become comparable, which is a point worthy of economic consideration in such a widely cultivated plant as *Gossypium*. Beyond all this, however, there is one supreme argument is favour of attempts at accurate determination of form-characters; namely, that when many factors are involved in such a result as the shape of a leaf, we then find that the various groups, — or modes, — formed between the extremes are so closely similar each to its neighbours, that the eye is not capable of differentiation. The result of eye-estimates in such cases, — which especially comprise species-hybrids, — leads the student to an opinion that variation is continuous between the two extremes, and further analysis of the component phenomena is at once arrested.

This view assumes that the probable error of the final expression or measurement can be negligeable. In practical research, a compromise has to be driven between the ideally small probable error, and the labour and time which can be expended in making each determination. In this work we have had to be content with a fairly large P. E., in order to obtain data from sufficient individuals of each family.

The experimental error due to vicinism. — The history of this serious hindrance to the cotton breeder is peculiar, and much yet remains to be investigated.

Till 1905 the existence of natural crossing between cotton-plants was almost disregarded. In that year the writer showed that not less than 5 per cent of crossing took place in the Egyptian field crop. This conclusion was independently reached by other workers, notably Leake in India, and, at the present time it is generally conceded that cotton plants intercross frequently; the work of Allard in the U. S. A. might be specially mentioned.

The acknowledgement of the existence of 5 to 10 per cent of vicinism between plants of closely related varieties in field crop, is a step in advance, since it implies the recognition of experimental errors of a serious kind. It does not, however, exhaust even this side of the subject. The writer has found a far larger value for vicinism on the breeding plot, where plants of the most varied gametic constitution are growing in proximity; here the apparent error has risen to 100 per cent, or — making allowance for the stronger germination of the vicinists — about 25 per cent of vicinistic embryos: much variation in this respect is shown by different families, and there would seen

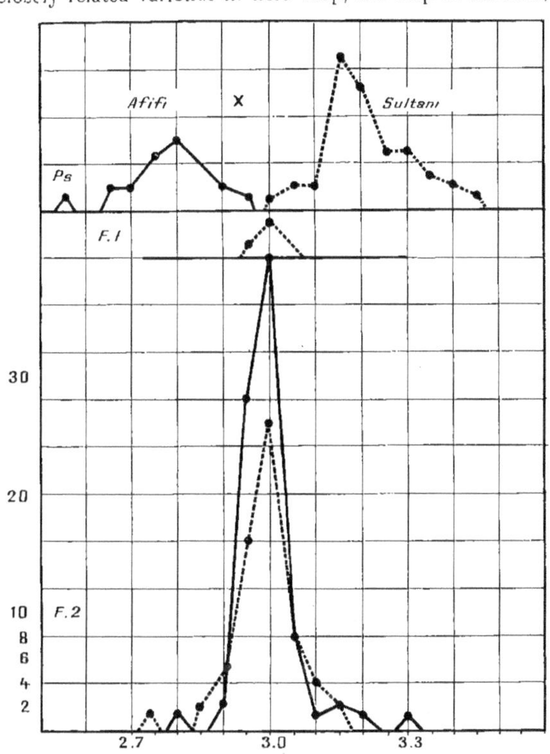

Fig. 1. — Loculi of the Ovary.

to be a certain variation in susceptibility, similar to that which plants show to certain parasitic fungi. The analogy between the pollen tube and the fungus hypha was pointed out by the late Prof. H. Marshall Ward.

Again, though the amount of inter-Egyptian vicinism in field crop in Egypt amounts to at least five per cent, yet the vicinism between Egyptians and the weed « Hindi » (closely similar to American Uplands), is very much less than this, and hybrids of these two are relatively uncommon in the field, though readily made artificially. Classifying these two groups of cotton as reputed species, we thus find relative immunity of either species from infection by pollen of the other.

These points have been subjected to a preliminary examination by the writer, using a method of mixed-pollination. The result of the tests indicates that roughly two per cent of vicinists (i.e., F_1, plants) are formed between Egyptian and American Uplands when both pollens are present in equal

amounts on the style from the first opening of the flower, and this indiffe-
rently whether the female parent be Upland or Egyptian. When either of
these have their self-pollen similarly mixed with pollen from the F_1, the percentage of vicinist embryos formed (i.e., Fx plants), rises to about twenty-five per cent.

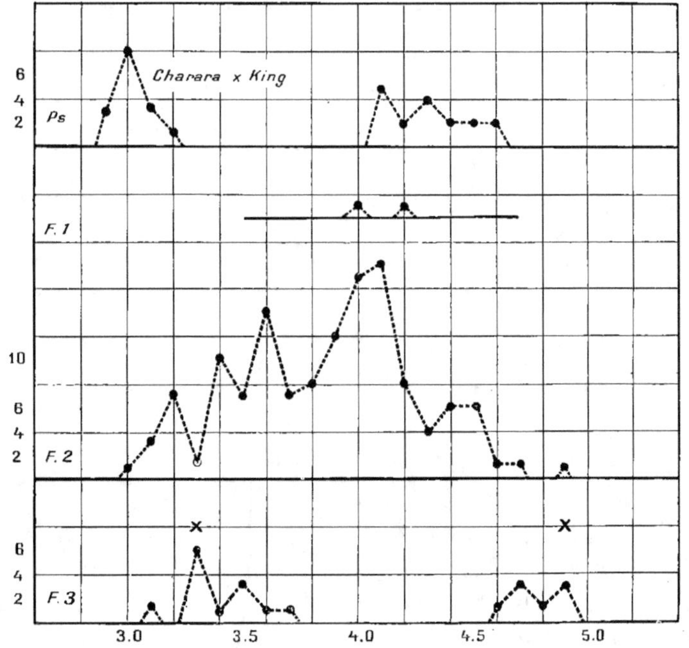

Fig. 2. — Loculi of the Ovary.

This greater infective-capability of the F_1 pollen could be adequately explained if the multifarious differences in composition between the male gamete
nuclei of the various F_1 grains entailed a correlated series of differences in
e. g., the growth-rates, of the pollen tubes arising therefrom. This very plausible view is worthy of further study, since it is obvious that it entails the pend-
ing discovery of at least one method of differentiating the male gamete before
fertilization; such differentiation is a matter of the greatest importance, and is
moreover one which might be of considerable economic utility.

The matter cannot be discussed further here, but it should be pointed out
that the phenomenon should be most easily recognisable in the pollen of species-
hybrids, where, on account of the large number of differentiating characters in
the parents, the gametes are correspondingly various, and any physiological
function of the pollen tube should have a correspondingly wide range of variation. On the other hand, the Fx. populations resulting from such mixed-polli-
nations will require specially detailed study, and comparison with simple Fx.
families derived from crossing of F_1 ♂ upon P ♀.

The writer made an unsuccessful attempt to breed a non-crossable flower, before the above view regarding infective-capacity and stylar immunity had been developed. In most Uplands the style is much shorter than in the Egyptians, as is also the staminal column. Measurement of the F_2 showed segregation in both respects, and several families were raised in which the short Upland style was completely surrounded by the long Egyptian column, so as to be visible only from above. These families bred true, but, much to our surprise, were as liable to vicinism as the families with normal protruding styles. This

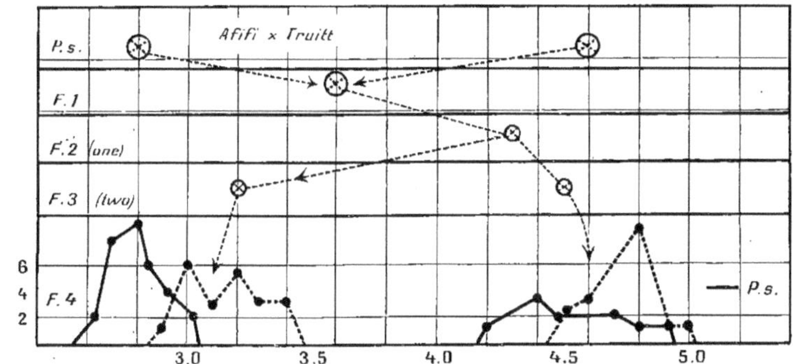

Fig. 3. — Skeleton showing new F_4 forms.

failure of floral structure to protect the style led to the re-opening of the question, with the results described above.

INHERITANCE OF A MERESTIC CHARACTER.

The ovary of the cotton flower consists of several loculi, the extreme numbers within the writer's personal experience being one and seven. These loculi develope from independent rings of meristematic tissue, which develop into flask-shaped bodies, and these coalesce to form the ovary. The number of loculi in the ovary thus depends on the number of rings of meristematic tissue originally developed at the growing point.

Secondarily, however, the number of loculi might be influenced by abortion of one or more of these rings. We have no evidence as to the occurrence of this, but it is a possibility which should be remembered.

The number of loculi in the ovary varies from flower to flower. It is easily counted when the fruit (the boll) has opened. We then find that differences exist between various cottons, not merely of different reputed species, but even within the same nominal species. A plant in which all the bolls are alike is a rarity; usually a plant will bear three-loculi, with a few four-loculi, or perhaps nearly all four-loculi, with a few five-loculi. Two-loculi ovaries are not common, while single-loculi, or sixes or sevens, are very rare, and may be considered as abnormalities in *Gossypium*.

By recording a number of bolls on each plant we obtain a formula which is significant of sufficient bolls have been recorded; thus, a plant giving the result... (II — 5, III = 27) is denoted as 2.9; another plant with (III = 27, and IV = 5), is denoted as 3.1. A plant with nothing but five-loculi ovaries (i.e., all V) is denoted as 5.0.

The mean loculi-formula for Egyptian cotton is in the neighbourhood of

5.0. That for American Uplands is nearer to 4.3. There are, however, diffe-rences between different strains. The following frequency curves show the amount of fluctuation in two pure strains of Egyptian cotton (Fig. 1). The F.₁ is intermediate, and the F.₂ spreads evenly between the two parental means in both families. The F.₃ data are not yet available, but although there is every appearance of homogeneity in the F.₂ graphs, yet we shall probably find segregation, under the control of two or three pairs of allelomorphs.

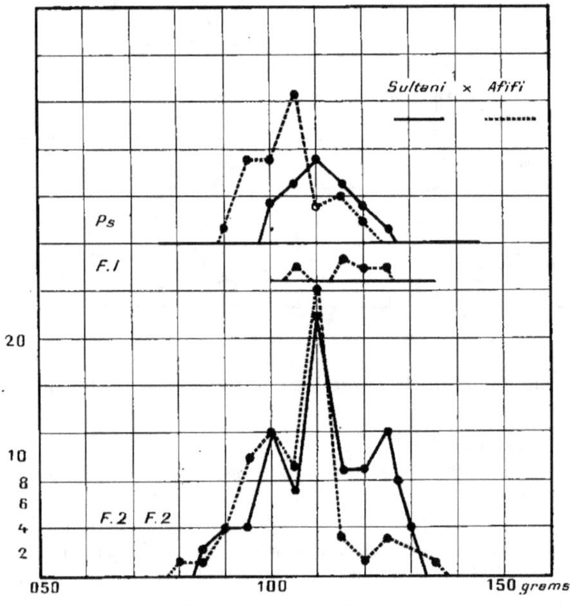

Fig. 4. — Mean Seed-Weight.

In crosses between American and Egyptian, the matter is closely similar (Fig. 2). The results may be summarised thus ; the F₁ loculi - formula is intermediate between those of the parents; in F₂ we find continuous variation between the two parental extremes ; in F₃ certain families breed true, while many more break up ; Not only do we obtain the parental types again, but also new types which breed equally true (Fig. 3). Apparently more than one pair of allelomorphs is concerned in the transmission of the character. By comparison with the simpler behaviour of the inter-Egyptian crosses it seems clear that the inheritance of the character in these crosses of reputed species is factorial.

There does not appear to be any significant correlation between the character and any other peculiarity of the plant. A correlation coefficient of about 0.5 has been found between diameter of boll and number of loculi, but this is probably due to purely mechanical causes. Neither is there any sequence of fluctuation on different portions of the plant, such as has been found in the stigmatic bands of the poppy-capsule, &c.

THE WEIGHT OF THE SEED.

The weight of the seed, from which the lint has been removed by ginning, is subject to considerably more fluctuation than most characters within a pure strain. Samples of not less than 200 seeds are weighed and counted in determining this character.

The inter-Egyptian cross shown in Fig. 4 was made between parents of almost identical seed-weight. The F_1 seed was rather heavy, and the two F_2 families both show three modes in the curve. These modes are certainly significant, but the nature of that significance is not clear.

The Egyptian-Upland cross of Fig. 5 seemed to behave quite simply,

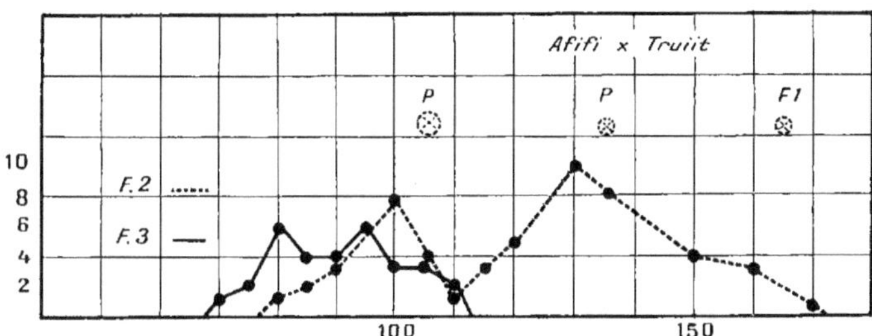

Fig. 5. — Mean Seed-Weight.

the heavy seed being intensified in F_1, while the F_2 graph indicates a simple segregation of one light seed with three heavy seeds. The light seeds have been bred to F_6, and pure heavy seeds to F_4. The chief obscurity at this stage related to the increased weight in F_1, since it was plainly not sufficient to ascribe this to " vigour " of the hybrid.

The real interest of the character begins with such a cross as the one shown in F_6, also made between Egyptian and American, but with parents of almost equal seed-weight. The F_1 seed weight leapt up to nearly double that of either parent. The F_2 did not give the slightest indication of a 3 : 1 grouping, but ranged over a modal curve between the two extremes of parent and F_1. A prolonged examination of the statistical data finally led to the conclusion that this complex curve was essentially a series of 3 : 1 curves overlapping each other; this conclusion appeared satisfactory until the writer realised that no heavy seed had ever been involved in the cross; a heavy seed had therefore made its appearance in F_2, where none had been before, and was moreover behaving in a simple Mendelian fashion.

Autogenous Fluctuation. — The complete story of this inheritance of seed-weight is a striking example of the operation of a form of fluctuation which has not... to the best of the writer's belief... been clearly differentiated previously, and to which he has given the designation *autogenous*. The external manifestation of any given characteristic in an individual (simple fluctuation being eliminated) is controlled by correlation with other characters of the individual to a greater or less extent.

Thus, in a highly complex F_2, those plants with large bolls have a higher mean seed-weight than those with small bolls. Regarded from one point of view, the diameter of the boll acts as a cryptomere upon the seed weight. The same may be shown by plotting the correlation diagram, but for present purposes it will be sufficient to dissect the F_2 graph into smaller groups composed of plants which possess some character in common.

Examining the F_2. graph in this way we obtain the following results :

The curve is not smooth, but shows modes which appear to be significant; their significance is further indicated by comparison with the totals from several F_3 families grown in the subsequent year (Fig. 7) when the same modes tend to reappear, particularly that at 0.085 g.; the modes in the heavier part of the curve are not so obviously coincident, since almost all the F_3

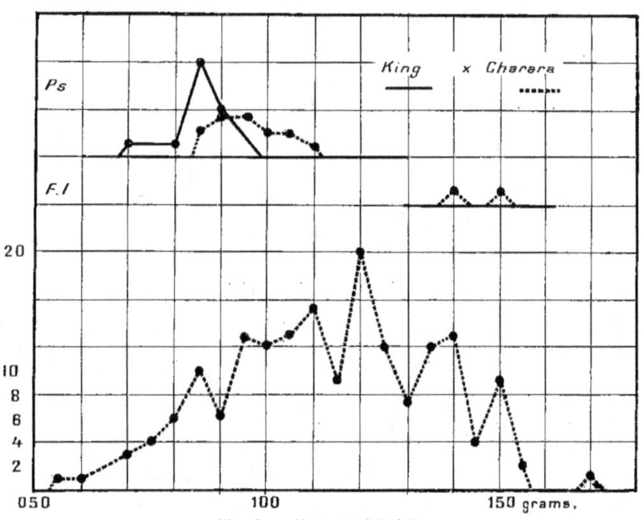

Fig. 6. — Mean Seed-Weight.

plants were grown from light-seeded parents. That these heavy modes are also genuine is shown by dissecting for habit of branching; the " unbranched " plants fill up the 0.120 g. mode, while the " definitely branched " fill the 0.155 g. mode (Fig. 7. d.) So far there is evidence of correlation only, but not of segregation. If we next restrict the size of our groups, and take characters which were shown by the correlation diagram to have some influence on seed weight, we obtain invariably such graphs as those of Fig. 7, a, b, and c.; the seed-weight is scattered over almost the whole range of the graph, and always heaped up into two groups, one heavy and one light, the latter being much the smaller. The only difficulty left is to decide how the new " heavy seed " can have made its appearance, and this is overcome by carrying the principle of autogenous correlation back to the parent stocks. Considering the effect of one character only, for simplicity's sake, the matter stands thus : — the Egyptian parent had a boll-diameter of 26 mm., while that of the Upland was 52 mm., and the F_1 boll was rather larger than either; we had already found that the mean seed weight was notably increased in the big-boll F_2 plants, and hence it seems clear that the Egyptian parental seed-weight was gametically large. When placed, as the dominant character (Fig. 5) by the act of crossing, inside a boll whose cubic capacity was nearly twice that of its own boll, it " enlarged " to a much greater size than the Upland seed had been capable of assuming in a boll of the same diameter. Then, in F_2, the light-seed recessive segregated from it, to find itself back again in the 52 mm. boll,

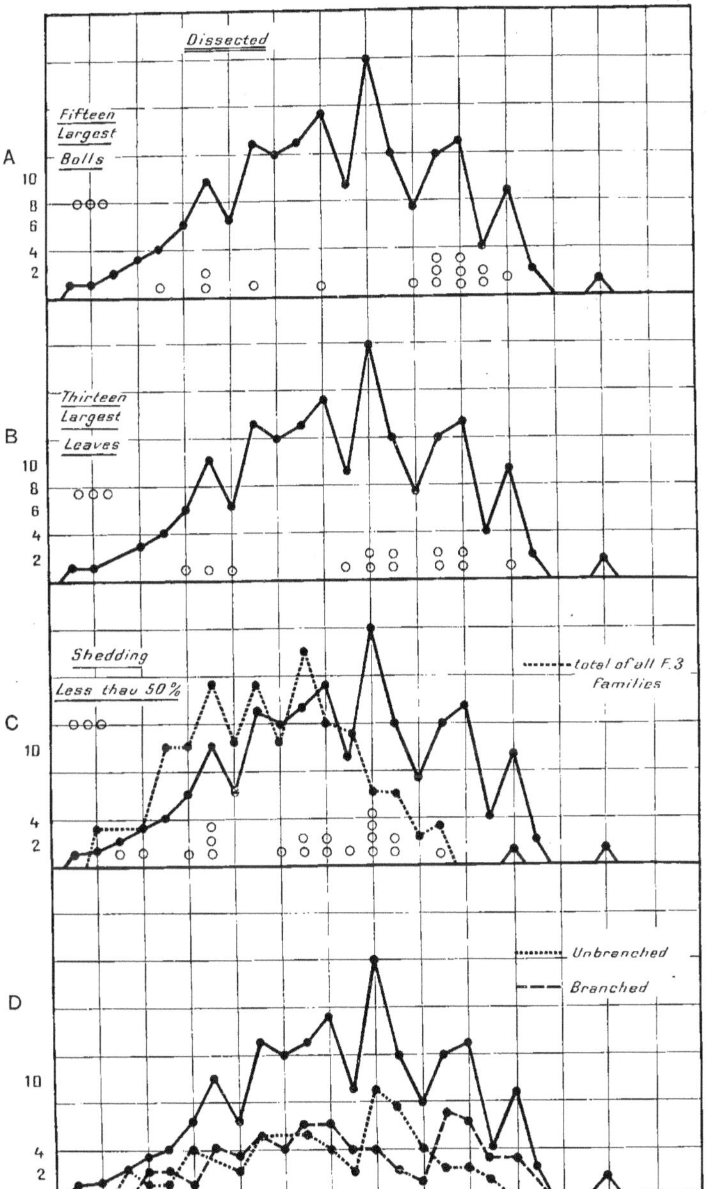

Fig. 7. — Mean Seed-Weight in F_2 (King × Charara).

at its normal weight (Fig. 7 *a*) or perhaps inserted in a 25 mm. boll, when it was " compressed " still further to weights as low as 0.055 g., which have never been reached by either parent (Fig. 6).

Fantastic though the above explanation may possibly seen, there can be little doubt but that it represents the true state of affairs. The error from natural crossing prevents the writer from presenting F₃ data derived from families of critical size, but the behaviour of the numerous small F₃ families

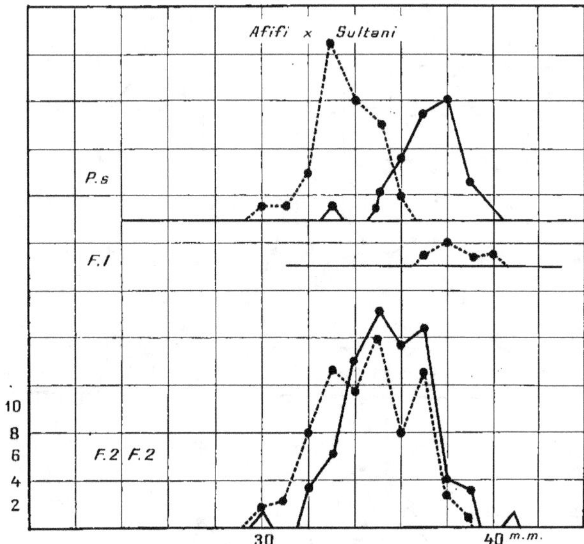

Fig. 8. — Mean maximum Length of the Lint.

raised from this cross shows, after elimination of vicinists, that the combined action of segregation and autogenous fluctuation occurs as described above.

THE LENGTH OF THE LINT.

The inheritance of the mean maximum length of the lint, determined by combing out not less than five seeds per plant, is shown in Figs 8 and 9. The inter-Egyptian cross has a definite indication of bi-modality in F₂, though we cannot interpret this as segregation without evidence from F₃.

The Egypto-American cross (Fig. 9) repeats in this matter the behaviour of the seed-weight. The same wide range between the parental extremes is shown, with indications of five modes. On dissecting for correlated characters we obtain the same sequence of results, one only of these being shown in the figure; seed-weight and lint length are positively connected, so that the heavy seeds (which we have seen to be new features of the F₂) raise the length of the segregating short lint to 26 mm. in place of 21 mm.

CONCLUSIONS

A. 1. The error from natural crossing is a serious obstacle to precise work on genetics in cotton.

2.   The behaviour of the foreign pollen is closely analogous to that of a parasitic fungus.

3.   The pollen from the F_1 of reputed species-crosses has a higher infection-capacity than that of either parent.

B. 1.   The correlation of one character with another, causes new dimensional features to appear in the hybrids.

2.   The expression of any character is thus determined firstly by its

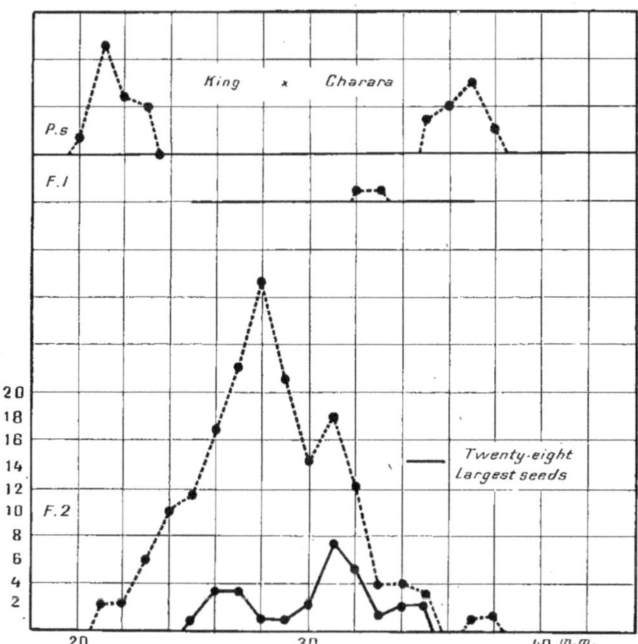

Fig. 9. — Mean maximum Lenght of the Lint.

gametic origin, secondly by simple fluctuation, and thirdly by " autogenous fluctuation ".

5.   Even the simplest Mendelian inheritance, viz., the 3 : 1 ratio, may thus provide an F_2 in which the expression of the character is externally similar to simple chance-distribution.

HÉRÉDITÉ DES CARACTÈRES QUANTITATIFS CHEZ LES HYBRIDES DE COTONNIERS

RÉSUMÉ

L'intérêt présenté par les croisements de cotons de M. W. L. Balls résulte surtout du fait que les parents employés diffèrent largement entre eux.

Le coton est une des plantes cultivées présentant le plus de variabilité.

Mais cette variabilité est due à l'analyse insuffisante d'un complexe formé par suite de ségrégations, de réversions par combinaisons de cryptomères, de « répulsion mutuelle » de facteurs (coupling), etc., tous ces phénomènes résultant de croisements naturels. La variabilité est aussi due à de la fluctuation et probablement aussi à des cas de mutation, quoiqu'il soit difficile de discuter la possibilité de ce dernier phénomène.

L'erreur due à des croisements naturels est un obstacle sérieux à un travail précis sur la génétique du coton. En 1905, l'auteur a montré que pas moins de 5 pour 100 de croisements naturels se produisaient dans un champ de coton égyptien et l'on admet maintenant que ces plantes s'entre-croisent librement.

Différentes familles présentent beaucoup de variation à ce point de vue et leur susceptibilité varie d'une façon similaire à celle montrée par les plantes à l'attaque des champignons parasites.

L'analogie entre le boyau pollinique et un champignon parasite a été montrée par le professeur H. M. Ward. D'autre part, le pollen des plantes F_1, d'un croisement entre races très différentes, a une plus grande capacité d'infection que celui des parents.

L'ovaire de la fleur des *Gossypium* contient plusieurs carpelles; ce nombre varie de fleur à fleur et peut être aisément compté lorsque le fruit s'ouvre. La moyenne du nombre des carpelles, pour le coton égyptien, est sensiblement 5,0, celle pour les « american Upland » est de 4,5. Dans le croisement entre races pures de coton égyptien, F_1 est intermédiaire à ce point de vue et, en F_2. le caractère s'étend entre les deux moyennes parentes. Dans le croisement entre américain et égyptien, les mêmes faits se reproduisent et en F_3 beaucoup de plantes montrent une nouvelle ségrégation; non seulement on obtient à nouveau les types parents, mais aussi de nouveaux types qui se reproduisent également purs. Il y a donc plus d'une paire d'allélomorphes dans la transmission de ce caractère.

Le « poids des graines » est sujet dans une lignée pure à une fluctuation considérable. Dans le croisement égyptien $\times$ américain, en F_1 le poids des graines semble « intensifié » et en F_2 il y a une ségrégation simple d'une graine légère pour trois graines lourdes. Un croisement intéressant a été fait entre deux races de coton égyptien et américain ayant des graines d'un poids sensiblement égal. F_1 présentait des graines atteignant presque un poids double et F_2 une courbe s'étendant entre les deux extrêmes des parents et de F_1.

L'hérédité du poids des graines semble donc être influencée par une forme de fluctuation à laquelle l'auteur a donné le nom de « fluctuation autogène »; c'est-à-dire que les manifestations externes d'un caractère sont plus ou moins dépendantes de la présence d'autres caractères. Par exemple, le coton égyptien a un diamètre de fruits plus petit que celui des fruits du coton américain et les fruits du croisement F_1 sont encore plus larges que ceux de ce dernier. Le « poids des graines » du coton égyptien est *génétiquement* plus élevé que celui des graines de l'autre parent; mais ces graines placées dans un fruit plus petit ne peuvent prendre tout le développement dont elles sont susceptibles, et ces conditions ne se trouvent réalisées que lorsqu'elles sont, par suite du croisement, placées dans un fruit plus large.

L'expression d'un caractère chez le coton est donc déterminé : 1° par sa constitution gamétique; 2° par l'action d'une fluctuation simple; 3° par celle d'une fluctuation « autogène ».

SUR UN HYBRIDE DE CATTLEYA : LE CATTLEYA « RUTILANT »[1]

Par C. MARON
Horticulteur à Brunoy (S.-et-O.).

Je n'ai que quelques mots à dire sur cet hybride de Cattleya et sur les parents qui ont donné cette plante d'un coloris si intense et si brillant.

L'un des parents, le *Cattleya Maroni*, que j'obtenais en 1898, était le résultat du *Cattleya velutina* hybridé par le *C. aurea*. Les fleurs étaient à peu près de même grandeur que celles-ci, mais d'un coloris jaune chamois plus ou moins foncé à labelle ligné de blanc et de carmin.

M. MARON.

L'autre parent, le *Cattleya Vigeriana*, qui fleurit dans mes cultures en 1901, était le produit du *Cattleya aurea* par le *Cattleya labiata*; cette splendide et brillante variété est bien connue dans le monde horticole.

Rien au premier abord ne pouvait faire espérer un tel résultat, car il aurait fallu supposer que le pourpre et le carmin observés dans le labelle du *Cattleya Vigeriana* ou de son parent *Cattleya aurea* pouvaient se diluer et s'étendre sur toutes les divisions de la fleur; cette hypothèse est-elle admissible? je l'ignore, en tout cas je considère cette plante comme l'une de mes obtentions les plus remarquables en raison de son coloris.

J'ai nommé cet hybride *Cattleya Rutilant*; présenté à Londres à la séance du 29 septembre 1908, il obtint un « First Class certificate ». Ici je dois faire remarquer combien l'influence de certains parents est effective et difficile à modifier; ainsi dans cet hybride nous avons trois fois le sang des Cattleya à grandes fleurs et une fois seulement le sang d'un Cattleya à fleurs moyennes et à labelle trilobé; or, le résultat n'a presque pas changé les dimensions de la fleur et le labelle trilobé persiste en se modifiant légèrement.

Les *Lælia* à petites fleurs sont dans le même cas, il est très difficile d'obtenir des fleurs plus grandes, et les semis de la seconde génération n'ont, pour ainsi dire, pas donné de fleurs sensiblement plus grandes ; par contre, les coloris varient à l'infini.

Tout autres sont les résultats des *Cattleya* à grandes fleurs hybridés entre eux, et surtout avec le *Lælia Digbyana* et qui, à la seconde génération, sont parfois merveilleux.

Comme l'on n'est jamais trop documenté sur cette question des hybrides, j'ai pensé, Messieurs, vous être agréable en vous faisant part de ces quelques faits que j'ai pu observer dans ma longue carrière d'hybridateur.

1. Communication faite à la troisième séance de la Conférence.

Voici l'arbre généalogique du *Cattleya Rutilant* :

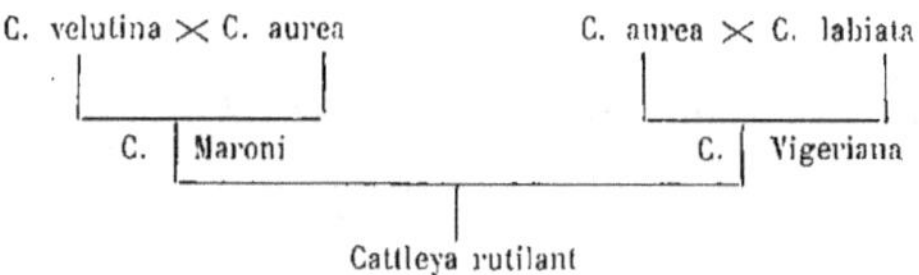

ON A CATTLEYA HYBRID : CATTLEYA « RUTILANT »

SUMMARY

M. Maron describes the method by which he produced Cattleya « Rutilant ». One of the parents he obtained by crossing *C. velutina* with *C. aurea*, giving *C. Maroni*. The flowers of this hybrid were chamois yellow with the lip striped with white and carmine. The other parent, *G. Vigeriana*, was produced by crossing *C. aurea* with *C. labiata*. *C.* « Rutilant », the hybrid produced by crossing *C. Maroni* with *C. Vigeriana*, possesses medium sized flowers with a tri-lobed lip.

CAMPANULA PYRAVERSI

Par F. CAYEUX
Marchand grainier, Paris.

Depuis quelques années, je cultive une nouvelle Campanule provenant du croisement du *Campanula versicolor* $\times$ *C. pyramidalis*.

Je lui ai donné le nom de *C. pyraversi* pour rappeler les deux espèces qui ont concouru à sa création. La plante est bien franchement hybride par les caractères intermédiaires des deux parents et de plus elle est fertile, soit par fécondation directe, soit par fécondation croisée avec le pollen des deux espèces qui ont servi à la produire. Avant de décrire le *C. pyraversi*, il convient de rappeler ici la description des deux parents.

M. CAYEUX.

« *C. pyramidalis L.* Herbe entièrement glabre, « plutôt bisannuelle dans les cultures, mais vivace « à l'état spontané (Italie, Autriche), par sa racine « charnue.

« Tiges droites, rigides, lactescentes, char- « nues, atteignant communément 1 m. 50 à 2 mè- « tres de hauteur.

« Feuilles légèrement charnues, de deux sor- « tes, les radicales pétiolées, ovales-oblongues, « presque cordiformes, finement découpées, les extrémités des dents glandu- « leuses; les feuilles caulinaires, qui se trouvent jusqu'à l'intérieur de l'inflo- « rescence, s'éloignent de la forme des radicales au fur et à mesure qu'elles « sont plus élevées; leur pétiole se raccourcit, et elles deviennent absolument « sessiles, en même temps que le limbe s'atténue à sa base et à son extrémité. « L'inflorescence, qui occupe les 2/3 et plus de la longueur de la tige, est une « grappe composée, pyramidale, portant des fleurs pédonculées, à pédicelles « plus longs que le calice. Les sépales sont étroits, lancéolés, étalés, d'une « longueur moindre que la moitié des pièces de la corolle. Celle-ci, d'une « couleur bleue dans le type, porte cinq divisions assez étroites, relativement « profondes, lancéolées. Elle est nettement campanulée. Les étamines, au nom- « bre de 5, sont appliquées contre le stigmate, celui-ci trifide. La floraison, « successive, se poursuit pendant très longtemps. Le fruit est une capsule, très « profondément sillonnée.

« *C. versicolor* Sibth. et Smith (Grèce). — Herbe glabre, lactescente, vivace « par un rhizome épais, d'où partent des tiges nombreuses, dressées, peu char- « nues, plutôt grêles, hautes de 0 m. 50 à 0 m. 75.

« Feuilles très légèrement épaisses, grossièrement serrulées. les dents « n'étant pas glanduleuses, les radicales ovales, oblongues, cordiformes; les « caulinaires, qui ne dépassent guère la base de l'épi, courtement, mais tou-

« jours pétiolées, atténuées aux deux extrémités. L'inflorescence est une grappe
« thyrsoïde, occupant la 1/2, même les 3/4 de la longueur des tiges. Les fleurs,
« isolées, ou par petits groupes de 5, sont courtement pédonculées et les pédi-
« celles, de longueur moindre que les pièces du calice, linéaires, lancéolées,
« d'abord étalées, puis incurvées vers leur extrémité, ont une longueur d'envi-
« ron 1/5 à 1/2 de la co-
« rolle. Celle-ci, sub-
« rotacée, d'un as-
« pect un peu charnu,
« est divisée sur les
« 3/4 de la longueur.
« Normalement, ces
« divisions sont au
« nombre de 5, mais
« on rencontre des
« fleurs qui en ont 4
« et d'autres, assez
« rares, qui en ont 6.
« La couleur est blanc
« légèrement nuancé
« de bleu, mais qui
« peut varier jusqu'au
« bleu pâle. Un *carac-*
« *tère persistant* est,
« au fond de la co-
« rolle, une *couronne*
« *bleu foncé ou violette.*
« La corolle n'est pas
« campanulée, mais
« parfaitement étalée.
« Étamines en nom-
« bre égal à celui des
« pétales ; stigmate
« relativement long,
« trifide, souvent re-
« courbé.

Fig. 1.

« La floraison,
qui a lieu successive-
ment, est beaucoup moins prolongée « que celle du *C. pyramidalis.* Les capsules sont presque sphériques, avec des « sillons très peu marqués. »

C. pyraversi CAYEUX. — Herbe vivace, lactescente ; rhizome épais, portant
jusqu'à 7 et 8 tiges légèrement charnues, hautes de 1 mètre à 1 m. 25. Feuilles
radicales, nombreuses, très longuement pétiolées, un peu épaisses, ovales, cordiformes, à dents assez fines, glanduleuses, les caulinaires ne dépassant pas
1/2 de la hauteur de l'inflorescence, plus allongées, plus pointues, finement
dentées, courtement pétiolées, les supérieures absolument sessiles.

Fleurs en grappe composée, pyramidale, thyrsoïde, élégantes, groupées par
cinq, rarement par six (à la base de l'inflorescence), par trois ou quatre (seulement à
l'extrémité), longuement pédonculées, les pédicelles plus longs que les divisions du

calice, celles-ci linéaires, très allongées, d'abord étalées, puis incurvées vers le haut.

La corolle se rapproche beaucoup de celle du *C. versicolor*, d'un aspect un peu moins charnu cependant, mais nettement étalée, large, bien ouverte, constamment à cinq divisions profondes (des 2/3 de la longueur totale), et au moins aussi larges que celles de la plante mère. Couleur bleu pâle, légèrement plus foncé sur les bords et à l'extrémité des pétales; *couronne centrale bleu foncé,* mais moins marquée que dans le *C. versicolor.* La floraison a la durée de celle du *C. pyramidalis.*

La capsule, grosse, est aplatie à sa partie supérieure comme celle du *C. pyramidalis*, mais ses sillons sont moins profonds.

Par cette description, on voit qu'un certain nombre des caractères saillants de l'hybride sont nettement intermédiaires entre les parents : par exemple, le limbe des feuilles au point de vue de la forme et de la grandeur des dents; les feuilles caulinaires, les unes pétiolées, les autres sessiles, qui ne s'élèvent que jusqu'à la moitié de l'inflorescence, alors qu'elles atteignent le sommet dans le *C. pyramidalis*, et ne dépassent guère la base dans le *C. versicolor*. La couleur de la fleur, son épaisseur, de même que les capsules sont dans le même cas, ainsi que le nombre de fleurs dans chacun des groupes de la tige.

D'autres caractères se rapprochent beaucoup plus de l'un des parents, et se sont conservés presque intégralement. Telle est la présence des glandes à l'extrémité des dents des feuilles. venant du père, qui a aussi transmis la durée prolongée de la floraison.

Fig. 2. — Campanula pyraversi.

Il est enfin des particularités que l'on chercherait vainement chez l'un quelconque des parents. De ce nombre sont : la longueur des pétioles des feuilles radicales, qui est de beaucoup supérieure à celle des pétioles des plantes mères, de même que celle des pédicelles floraux, qui sont également plus développés que chez les parents.

CAMPANULA PYRAVERSI

SUMMARY

For some years I have grown a new Campanula, a hybrid of *C. versicolor* × *C. pyramidalis*.

The plant is doubtless a hybrid between these two species, as is shown by its intermediate character, and also by the fact that it is self-fertile, and fertile with the pollen of either of the parent species. A detailed description of the parent species, and of the hybrid, are given by the author, the following points being of interest :

A certain number of the chief characters of the hybrid are intermediate between those of the parent species. Such a character is the height of the flowering stems, which in *C. pyramidalis* are 1 m. 50-2 m. in *C. versicolor* 0 m. 50-0 m. 75, and in the hybrid 1 m.-1 m. 25. Again, in *C. versicolor* the stem leaves are few in number, at the base of the inflorescence, in *C. pyramidalis* they attain the summit of the inflorescence, and in the hybrid they ascend half way up the inflorescence. A constant character of *C. versicolor* is the ring of dark blue or violet at the base of the petals; this is completely absent in *C. pyramidalis* and in the hybrid it is less marked than in *C. versicolor*.

Other intermediate characters are the thickness of the petals, and the number of flowers in each group on the inflorescence.

Certain characters of the hybrid are much nearer the corresponding characters of one or other of the parents. Such are the glandular teeth which are found on the leaves of *C. pyramidalis*. Another paternal character found in the hybrid is the duration of the flowering period.

Finally, in the hybrid are found certain features which do not exist in either parent. Among these are the length of the petioles, and the length of the floral pedicels, both of which are longer than in either parent.

SUR LES VARIATIONS DE LA FORME DU RÉCEPTACLE
CHEZ « DORSTENIA MASSONI » BUREAU
SOUS L'INFLUENCE DE BOUTURAGES ET DE PINCEMENTS RÉITÉRÉS

Par J. CHIFFLOT

Docteur ès sciences, Chef des travaux et chargé de Cours complémentaire
à la Faculté des sciences de Lyon,
Sous-directeur du Jardin et des Collections botaniques de la Ville.

Les *Dorstenia* appartiennent à la grande famille des Urticacées et à la tribù des Morées. Toutes les espèces de ce genre ont une origine tropicale pour la plupart africaine.

Le *Dorstenia Massoni*, que Bureau[1] dédia en 1886 au gouverneur du Gabon, Masson, ne fait pas exception à la règle. Bureau en donna une minutieuse diagnose, accompagnée de figures d'une très grande précision. Cette espèce, comme toutes les espèces de ce genre, est vivace. Les tiges, qui peuvent atteindre deux mètres de hauteur, sont cylindriques et couvertes, sur les parties jeunes, de poils courts et rigides.

Les feuilles sont grandes, alternes, à limbe elliptique penninerve à cinq à sept nervures.

Les stipules sont petites et charnues.

Les inflorescences qui sont solitaires, extra-axillaires, sont portées par un pédoncule de longueur variant entre cinq et quinze millimètres et légèrement scabre.

Le réceptacle, plus curieux qu'ornemental, est en forme de flèche terminée supérieurement par une corne de près de quarante millimètres, de couleur vert foncé et charnue, qui se recourbe à son extrémité terminale. La corne inférieure est petite et atteint de cinq à sept millimètres. Elle est recourbée en arrière du côté du pédoncule (*fig.* 1 *et* 2).

La face supérieure du réceptacle est concave, et loge dans son plan médian et sur les trois quarts de sa longueur quelques fleurs femelles, tandis que latéralement et sur toute la surface restante se trouvent localisées un grand nombre de fleurs mâles.

Toutes ces fleurs mâles ou femelles sont enfoncées dans les tissus du réceptacle.

Les fleurs mâles sont constituées par deux sépales et deux étamines, entre lesquelles existent un rudiment de pistil avorté. Les étamines ont un filet très court et les anthères subglobuleuses sont réunies par un connectif épais. Elles s'ouvrent par une fente latérale.

Les fleurs femelles ont un périanthe nul et sont constituées par une feuille carpellaire que surmonte un style très court, à l'extrémité duquel se trouve un stigmate bilamellé et saillant, seul en dehors du réceptacle.

Cette curieuse espèce, que nous avons reçue du Muséum d'Histoire Naturelle de Paris en 1907, doit rentrer dans le groupe des *Dorstenia* caulescents à réceptacle bicorne, à côté du *Dorstenia psilurus* de Welwitsch, découvert à Angola[2] qui, lui, est de taille plus réduite.

---

1. Ed. Bureau. Description d'un Dorstenia nouveau de l'Afrique équatoriale, *Bull. Soc. Bot. de France*, 1886, pp. 70-72, t. XXXIII, pl. 1, fig. 1-7.

2. De Candolle. *Prodromus*, etc. pars XVII. — *Moraceae*, par E. Bureau, p. 272-273.

Bureau (*loc. cit.*, p. 72) rangeait cette espèce à côté du *Dorstenia bicuspis* Schweinf[1], mais celui-ci est acaule.

Le *Dorstenia Massoni* Bureau doit donc prendre rang comme espèce dans la section précitée à côté du *D. psilurus* Welwit.

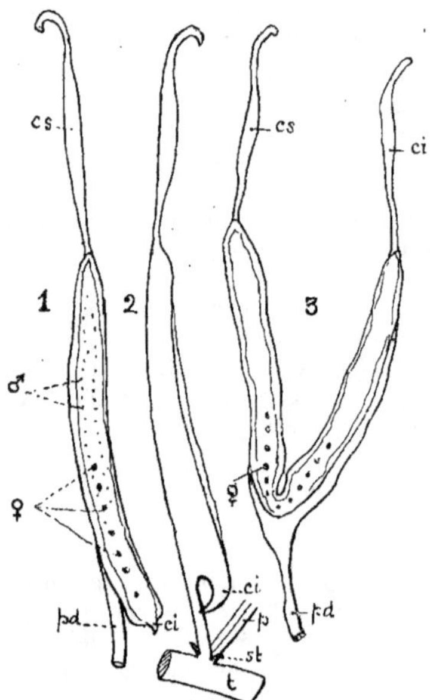

Fig. 1 et 2. — Réceptacle normal vu par la face supérieure (1), vu de profil (2). — *pd*, pédoncule à l'inflorescence. — *cs*, *ci*, cornes supérieure et inférieure. — ♀, position des fleurs femelles. — ♂, position des fleurs mâles. — *t*, tige. — *st*, stipule. — *p*, pétiole ou feuille. — 1/2 schématique : $G = \dfrac{3}{2}$.

Fig. 5. — Réceptacle anormal, $G = \dfrac{3}{2}$. mêmes lettres que précédemment.

Depuis quatre ans que nous possédons cette espèce, nous l'avons multipliée par boutures (entre novembre et mars de chaque année) sur couche chaude. Les boutures sont de reprise facile, et notre collection peut facilement échanger un certain nombre de pieds.

Bien plus, pour éviter (ces boutures étant racinées et placées en serre chaude) d'avoir de trop grandes plantes, nous les pinçons afin de les faire ramifier, et aussi, pour éviter la chute des feuilles inférieures.

Il en résulte alors une floraison continue. Mais, si un grand nombre d'inflorescences conservent un réceptacle normal, semblable à la description que nous en avons faite plus haut, et que nous avons représenté (*fig.* 1, 2), il en est d'autres, qui prennent des formes anormales, et cela presque périodiquement.

Telles sont les formes figurées (*fig.* 5) qui sont les plus nombreuses. Ici, le pédoncule de l'inflorescence s'élargit à la partie inférieure du réceptacle, et se relève en divergeant légèrement par rapport à la portion normale. Il en résulte un réceptacle pour ainsi dire pelté, quoique restant étroit. Mais, par contre, la corne inférieure du réceptacle normal s'allonge ici et prend la forme de la corne supérieure.

La figure 4 représente la même variation; mais sur le pédoncule très élargi de l'inflorescence s'insère, dans un plan perpendiculaire au réceptacle normal, un deuxième petit réceptacle à longue corne.

La figure 6 représente les extrémités de cornes supérieures de réceptables normaux. Mais ces cornes, au lieu de se terminer en pointe recourbée, sont, les unes bifides, les autres trifides.

Ajoutons que les fleurs mâles et les fleurs femelles de ces réceptacles anormaux conservent la constitution normale que nous avons décrite plus haut.

---

1. Cette espèce n'existe pas. Bureau a fait erreur. C'est du *D. bicornis* Schweinf qu'il s'agit.

En résumé, ces variations, qui nous semblent constantes, dans la forme du réceptacle du *Dorstenia Massoni* Bureau, si elles ne modifient pas le sexe des fleurs comme Bordage l'a montré chez le *Carica Papaya* [1] et comme nous l'avons signalé chez diverses variétés de *Codiaeum* [2], n'en sont pas moins curieuses et doivent rentrer dans le groupe des variations dues à un traumatisme violent, qui, dans le cas qui nous occupe, est attribuable, selon nous, à des bouturages suivis de pincements réitérés.

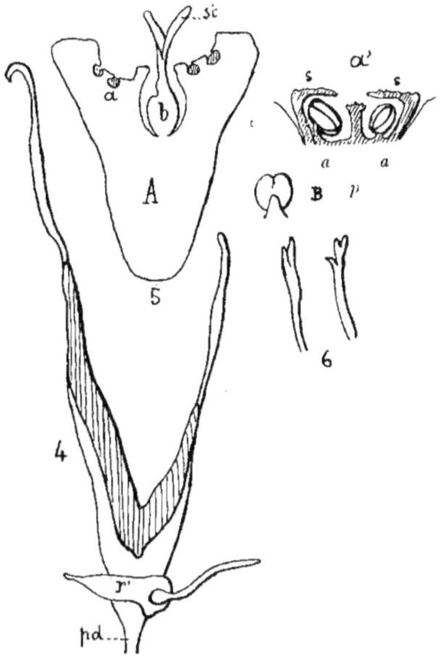

ON THE VARIATIONS IN THE FORM OF THE RECEPTACLE IN DORSTENIA MASSONI BUR. UNDER THE INFLUENCE OF DISBUDDING AND OF REPEATED PINCHING.

SUMMARY

The author, after describing, according to Bureau, and also from his personal observations, the morphology of the reproductive and vegetative systems of *Dorstenia Massoni* Bur., showed some variations in the form of the receptacle, which is normally elongate, terminating in two horns, but many become peltate while preserving the narrow character and triangular form.

The author ascribes these variations, which appear to him to be constant, to that group of mutations which are produced by the influence of violent traumatic action. In the case of *Dorstenia Massoni* Bur. they are to be attributed to the treatment to which these plants are generally subjected, viz., disbudding, followed by repeated pinching.

Fig. 4. — Réceptacle anormal comme dans la figure 5. — *r'*, réceptacle inséré perpendiculairement à *pd*.

Fig. 5. — Coupe transv. d'un réceptacle normal. — A. tissus du réceptacle. — *a*, fleurs mâles. — *b*, fleur femelle. — *a'*, détail d'une fleur mâle. — *ss*, 2 sépales. — *p*, pistil avorté. — *a*, 2 anthères. — B. Anthère vue de dos très grossie.

Fig. 6. — Extrémités bi et trifurquées (anormales) des cornes supérieures *cs* d'un réceptacle normal.

1. Variation sexuelle consécutive à une mutilation chez le Papayer commun. *Soc. Biologie*, 1898, p. 708.
2. Sur les inflorescences bisexuées de quelques *Codiaeum* cultivés, *Soc. Linn. Lyon*, 1908, pp. 131-154.

NICOTIANA CROSSES [1]

By Mᵐᵉ Rose Haig THOMAS

Moyles Court Ringwood (England).

N. Sanderæ × *N. affinis* F₁
1908 seed. Segregation of colour in F₁.
3 colors examined :

PURPLE

Lower surface :	*Upper surface :*
P. dilute.	P. concentrated and dilute.
W. considerable areas.	W. areas of three cells to ten cells.
R. absent.	R. absent.
	P. cells 4/5 ths : W. cells 1/5 th.

RED

Lower surface :	*Upper surface :*
P. absent.	P. dilute.
W. considerable areas.	W. small groups, a few.
R. concentrated and dilute.	R. absent.

RED PURPLE

Lower surface :	*Upper surface :*
P. dilute, a few.	P. dilute and concentrated numerous.
W. colorless cells and cells containing yellow plastids.	W. a few (not so numerous as in P. or R.).
R. concentrated numerous.	R. dilute and concentrated a few.

These colors Purple—Red—Red-Purple—are represented in Henri Dauthenay's " Repertoire de couleurs ", as follows :

P.   Dauphin's blue   Nos. 1 and 2.
R.   Tyrean Rose   Nos. 1, 2, 3 and 4.
R.-P. Turkey Red   Nos. 1, or Cerise No. 1.

One may simplify this by classing R. and R.-P. together, when in F₁ we get : Red cells present (R.) 75, Red cells absent (P.) 10.

And one plant with : R.-P. lower surface and, W. upper surface.

In Nicotiana the special brilliancy of Tyrean Rose appears to be due to yellow plastids in the red cells.

Constancy of hybrid mutating type in F₁, F₂ and F₃ :

PARENTS :

Nicotiana Sanderæ (Ovule Parent)	*Nicotiana sylvestris* (Pollen Parent)
Corolla : Red small.	Corolla : White, small.

---

1. Communication faite à la troisième séance de la Conférence.

Tube :   Red short (1 to 1 1/2 inches).

Scent :   absent.

Blossom : upright, diurnal.

Pollen :   Slender oval, diurnal.

Habit of growth : Erect and branching from root.

Height :   3 ft 6 inches to 4 feet.

Foliage : Crinkled.

Glandular hairs less numerous, less viscous.

Free bloomer.

Shy seeder.

Seed sets quickly.

Seed germinates quickly.

N. Sanderæ seed

Seed-coats amber to opaque netted with ridges of brown.

Tube :   White, long, slender 3 inches.

Scent :   Present, strong.

Blossom : Pendulous, diurnal.

Pollen :   *Round*, diurnal.

Habit of growth : Erect thick stem, very vigorous.

Height :   5 ft. to 6 ft.

Foliage : Smooth.

Glandulars hairs thickly scattered over plant, very viscous.

Blooms less freely.

Seeds very freely.

Seed sets slowly.

Seed germinates slowly.

N. sylvestris seed

Seed-coat pale clear yellow, ridging of network less obvious, form of seed different to *N. Sanderæ* being flatter and pear shaped and the size smaller.

Eleven Plants : F_1 (*N. Sanderæ* $\times$ *N. sylvestris*)

Corolla : Pink (in 3 shades) like the Leander Boat Club color.

Tube :   Short, color Pink. — Length 1 to 1 1/2 inches.

Scent :   a faint perfume.

Blossom : Diurnal.

Pollen :   Diurnal, plump oval and 1 or 2 round (5 per cent round, 1 in 20) very unequal, irregular in size, irregular in form.

Habit of growth : Branching horizontally, 2 of the plants trailers with smooth foliage.

Height :

Habit of blossom : Upright or horizontal, never pendulous.

Glandular hairs.

Seed sets slowly (19 days).

Seed germinates slowly (19 days).

Foliage crinkled and smooth, numbers not reckoned.

Blooms very freely.

Seeds very shyly.

Seed of F_1 *N. Sanderæ* $\times$ *N. sylvestris* (seen under magnification).

Seed coats some clear with highly ridged brown network of a peculiar form, not seen amongst other *Nicotiana* types and hybrids. It is a Maltese Cross of very regular pattern. — others of the seed coats opaque with the same maltese cross pattern on them but the whole seed of a uniform pale chocolate.

The prophecy for F_1 was shades of color from pale to dark and forms differentiated, which was fulfilled in the result.

Segregation in colour counted in the 11 plantes of F_1 : deepest, 3; medium, 6 : palest, 2.

Second germination (*N. Sanderæ* × *N. sylvestris*) of F₁ 8 plants, similar in characters to the first eleven plants described, selfed under protection :

9 Plants of F₂. N. Sanderæ × N. sylvestris : blossoms traced round : *variations of size* in corollas 1909.

Fig. 1. — It is remarked here that the smaller blossoms are usually of the paler of the three sh des.

F₂ — The same as F₁, no change, but segregation, habit of growth and size of corolla more marked.

Corolla : Same 3 shades of Pink. Marked segregation in size. Tracings made of 9 corollas from 9 plants (fig. 1). Colors of F₂ reckoned. The two deeper Pinks, 170 plants. Palest Pink, 49 plants.

Pollen : oval and Round : 2/3rds oval to 1/3rd Round.

Height : 1 ft. 6 inches to 3 ft. first branch 18 inches from ground. first branch at 9 inches (2 plants).

Habit of growth : Tall erect : horizontal branching at 18 inches; — Dwarf erect : horizontal branching at 9 inches; — Trailing (2) (smooth foliage) (fig. 2).

Foliage : 29 plants from one capsule reckoned : Flat smooth, 6; — Slightly crinkled, 10; — Much crinkled, 12 (fig. 5).

Mutation : On seven F_2 plants all the blossoms had Petaloid stamens.

Pollen forms in F_1 and F_2. *N. Sanderæ* $\times$ *N. sylvestris* (fig. 4).

16th Dec : A blossom was gathered from F_1 and a blossom from F_2 and placed in water.

21st Dec : Five days later an anther was taken from F_1 blossom and the pollen scattered on a dry slide.

An anther was also taken from F_2 blossom and the pollen scattered on another dry slide. Placed under magnification the number of round grains to oval grains was seen to be one in twenty in F_1 anther, whilst in the F_2 anther the number of round grains to oval was 1/3rd round to 2/3rds oval, and these round forms remained unchanged. At first a larger proportion of round grains were seen, some of

Fig. 2. — Types of trailing. erect., and horizontal branching plants. (F_2 *N. Sanderæ* $\times$ *N. sylvestris*).

which passed through the transformation from round to pegtop shape, and then gradually through spindle form to oval, as do a certain number of the Pollen

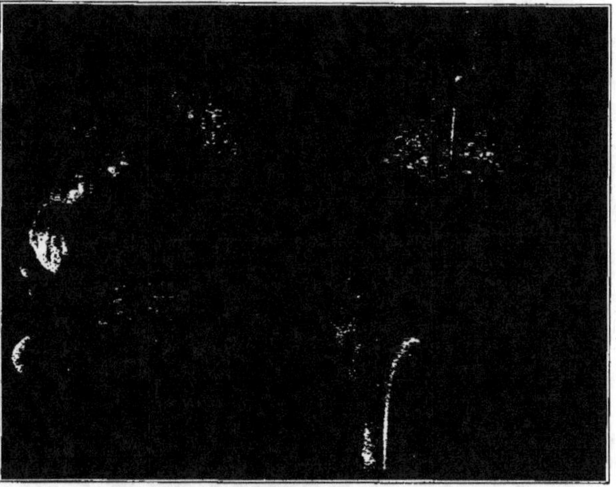

Fig. 5. — Types of smooth leaf and crinkled leaf. (F₂ One capsule).
(F₂ N. Sanderæ × N. sylvestris).

grains in *N. sylvestris* but the proportion of 1/3rd remained round, and these numbers are what would be expected in F₂ if *N. sylvestris* pollen was recessive.

.Third Generation (*N. Sanderæ* × *N. sylvestris*).
No change from F₂ and F₁ in form, habit and color.

The same segregation occurring.

F$_3$ Trailing habit (selfed) now germinated to test constancy of habit of growth.

F$_3$ Miniature corolla (selfed) now germinated to test constancy of size of corolla.

Throughout these experiments the same treatment was given to all the plants connected with them. From this and other experiments in hybridising Nicotiana it would seem that a long tube and color have repelled one another.

N. sylvestris characters occur in foliage, pollen and stem (erect 18 inches before branching) slow ripening of seed, groups of colorless cells in the corolla and presence of scent. The appearance of so many forms of growth fluctuations and mutations are evidence of hybrid disturbance, but the fact remains that F$_2$ and F$_3$ were constant to F$_1$ and when standing together in flower, but for the labels, could not be distinguished apart.

Nicotiana suaveolens × N. Sanderæ.

PARENTS :

N. suaveolens (Ovule Parent)	*N. Sanderæ* (Pollen Parent)
Hab. Australia.	Origin doubtful (Hybrid from N. Forgetiana (?)
There is a structural difference between this Nicotiana and all other known cultivated forms, namely four of the stamens are adherent throughout their length with sessile anthers, the fifth being free.	stamens free.
Pollen large oval.	Pollen small oval.
Foliage, small, dark green, texture leathery, nearly glabrous stalked smooth.	Foliage larger pale green, soft texture, thickly covered with glandular hairs, not stalked, crinkled.
Blossom Tinged white.	Blossom bright red.

F$_1$: 2 plants.

Blossom : Pale Purple (2 shades).

Foliage : much crinkled and blistered, texture soft pale green, not stalked, thickly covered with glandular hairs.

F$_1$ crossed inter se, Stamens Free.

F$_2$ 7 plants.

Blossom : 4 Purple, 3 White tinged purple lower surface.

Foliage : 4 plants stalked, the texture, form and growth more ressembling *N. suaveolens*. — 2 plants crinkled, blistered pale green, soft texture, have foliage of F$_1$.

Stamens free.

If, as seems possible, *N. suaveolens* is an older form of Tobacco, the adherent Stamens might be a recessive character, in which case the number of plants reared were scarcely sufficient.

5 Microphotographs of pollen (fig. 5).

2 *N. suaveolens*, 1 *N. Sanderæ*,

1 F$_1$ Darker Purple.

1 F$_1$ Pale Purple.

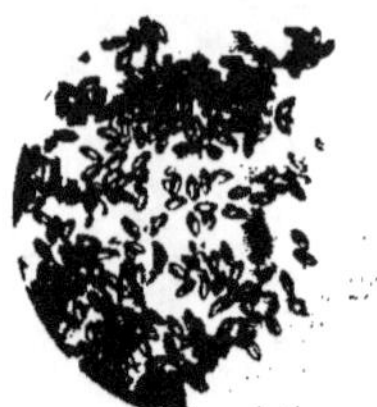

Nic. Sanderæ.

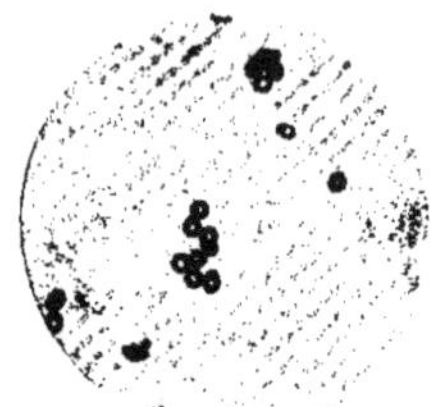

Nic. sylvestris.

N. Sanderæ $\times$ *N. sylvestris* (F₁).

N. Sanderæ $\times$ *N. sylvestris* (F₁).

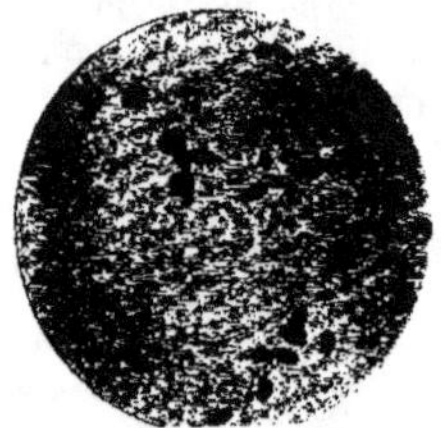

N. Sanderæ $\times$ *N. sylvestris* (F₂).
Miniature bloom, dwarf plant.

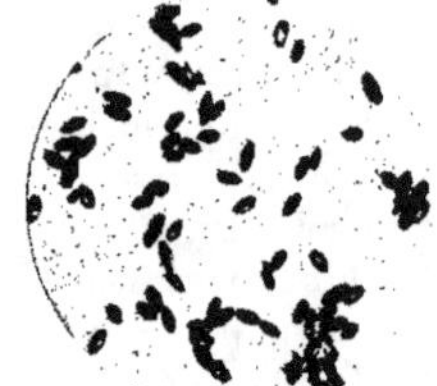

N. Sanderæ $\times$ *N. sylvestris* (F₂).
Large pale pink.

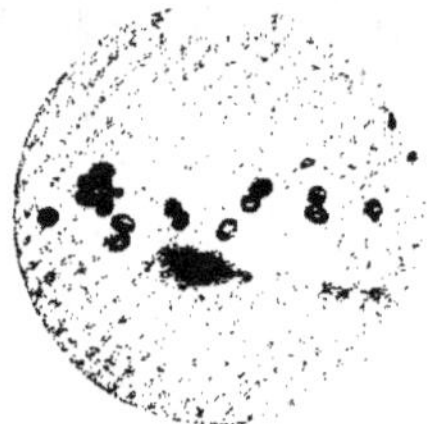

N. Sanderæ $\times$ *N. sylvestris* (F₂).

N. Sanderæ $\times$ *N. sylvestris* (F₂).
Streaked pale pink.

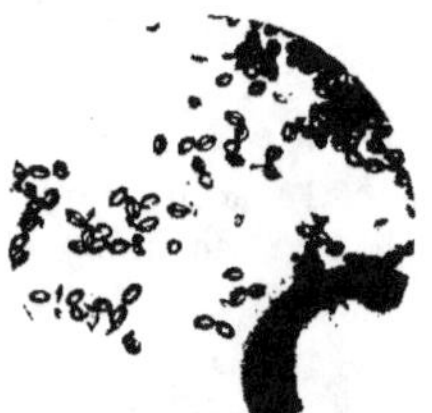

N. Sanderæ $\times$ *N. sylvestris* (F₂).
Darkest Pink.

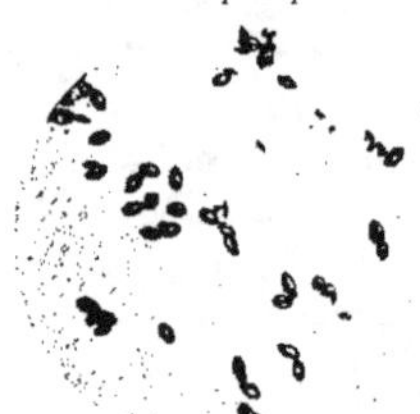

N. Sanderæ $\times$ *N. sylvestris* (F₂).
Darkest Pink.

Fig. 4 — Nicotian Pollen Forms.

N. sylvestris (Ovule Parent) × *N. affinis* (Pollen Parent).

N. sylvestris has round pollen.
N. affinis has oval pollen.
All F, colored Red, Purple, and Tinged Whites have pollen form of *N. affinis*.

F, P. cluster × F, P. cluster (inter se).

59 plants F$_2$: Purple, 27 ; Tinged White, 12 (P. lower surface, W. upper surface) *no reds*.
Form : *N. affinis*.
Habit : *N. affinis*.

F, P. Long style × F, P. Short style (inter se).

28 plants F$_2$: Purple, 25 ; Tinged White, 5 ; (P. lower surface, W. upper surface) *no reds*.
Form : *N. affinis*.
Habit : *N. affinis*.
Seven microphotographs of Pollen (fig. 6).
Pollen of each Parent, Pollen of five F, plants.
Red is eliminated. Color and long tube seem to repulse each other in this cross, as in that between *N. Sanderæ* and *N. sylvestris*.

All the colored Nicotiana species and variations I have cultivated show 5 distinct shades in their colors, whether Pink Tobaccos or White with colored under surfaces, with the exception of one, a perennial, *N. glauca*, which has pure yellow flowers of uniform evenness of shade.

Nicotiana Pollen forms

Much variety of form is found in Nicotiana pollen. The *Tabacum* section has the greatest variety of those examined and is characterised by the square grains and square-endeds ovals not seen in the garden species and varieties.

N. sylvestris has round pollen, numbers estimated at 5/5ths to 2/5ths oval ; these grains are perfect spheres and bigger than the oval grains.

N. affinis, *N. Sanderæ*, their hybrids, and *N. acutifolia*, all have oval pollen.

N. suaveolens, an australian species with a distinct structural difference from all other Nicotiana, namely four sessile anthers and 1 free anther, has oval pollen, but the grains in this species are much larger than the oval pollen of any of the others.

N. glauca, a perennial, has oval pollen, amongst them an equilateral triangular form is seen which is constant.

A trefoil pollen grain is seen in all Nicotiana, some times one in twenty, some times one in fifty, but always present in every species and variety ; this trefoil form is constant.

Segregation occurs when round and oval-bearing species are crossed : also when square and oval bearing species are crossed.

It was noticed, at the end of a sultry day, that in blossoms of *N. sylvestris* the number of round grains was less, evaporation was supposed to be the cause. The following experiments were made to test this hypothesis.

Experiment 1.

26th July, 5-45 *a.m.* — From a blossom of *N. sylvestris* gathered the previous day some pollen was sprinkled on to a dry slide.

Beneath the microscope all the grains were seen to be round, perfect spheres. 300 were counted, amongst which were only 5 oval grains.

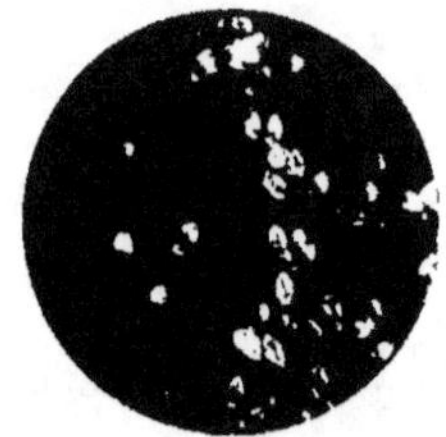

N. suaveolens.
55 minutes top light. Diaphragm closed.

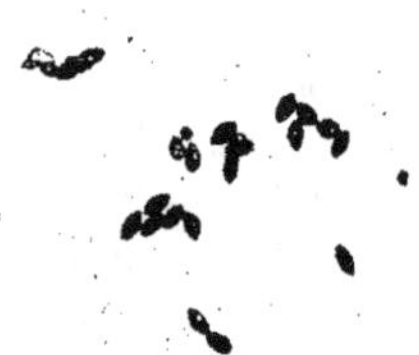

N. suaveolens.

N. Sanderæ.

N. suaveolens ✕ *N. Sanderæ* (F₁).
Pale purple.

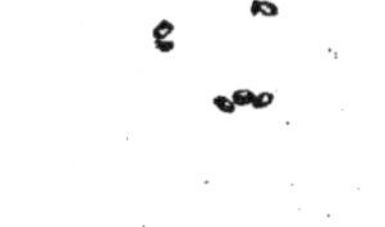

N. suaveolens ✕ *N. Sanderæ* (F₁).
Darker Purple.

Fig. 5. — *N. suaveolens*, ovule parent. — *N. Sanderæ*, pollen parent.

A group was chosen to be left in the field of observation, a central mass with 4 isolated grains outlying. All these were perfectly round and had no slit; at 8-15 a.m., 2 1/2 hours later, a tiny slit appeared in one isolated grain the cleft lengthened the sphere changing to a pegtop form, 2 other isolated grains of the central group now showed the cleft, changing to the pegtop shape. By 11-15 a.m. the clefts had extended and the pegtop forms had assumed diamond or spindle forms.

The pollen which had been in sunshine was now in shade and up to 7-30 *p.m.* no further change occurred.

27th July, 6 *a.m.* — Same field of observation. — The four isolated grains still retained the spindle form as did also a few grains on the central group but the greater number of these were now a slender oval cleft from end to end.

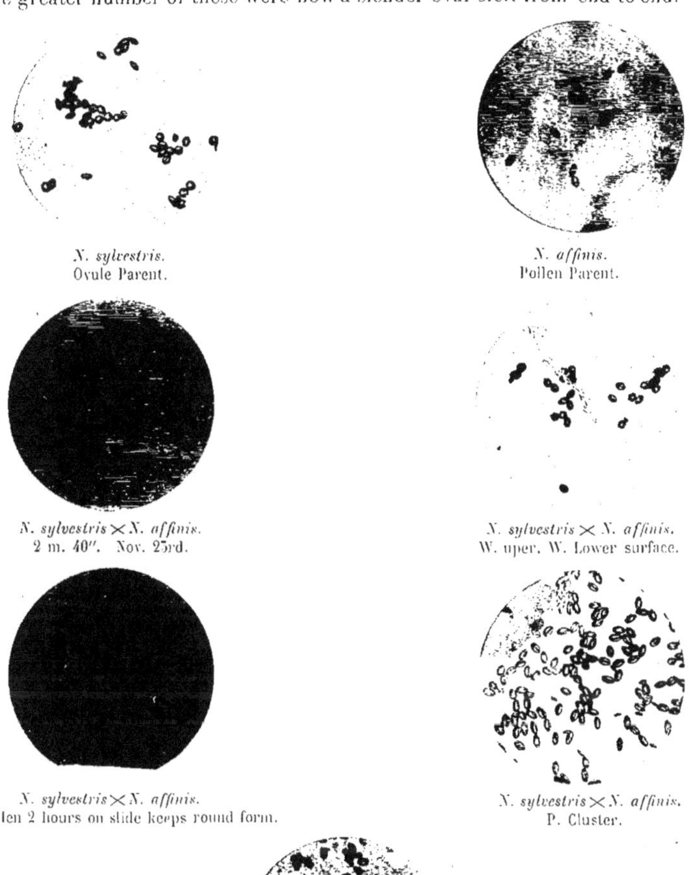

N. sylvestris.
Ovule Parent.

N. affinis.
Pollen Parent.

N. sylvestris × N. affinis.
2 m. 40″. Nov. 23rd.

N. sylvestris × N. affinis.
W. uper. W. Lower surface.

N. sylvestris × N. affinis.
Pollen 2 hours on slide keeps round form.

N. sylvestris × N. affinis.
P. Cluster.

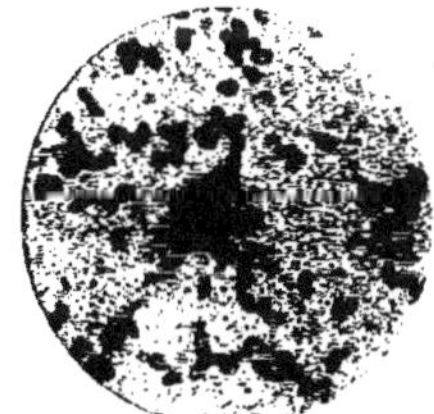

Fig. 6. — Pollen from five different Plants of F₁.
N. sylvestris × N. affinis.

The pollen had been 24 hours under observation it was expected to show further change when the sun again fell on the slide but nothing further happened.

28th July. -- Same field of observation. — No change, slide removed after being 48 hours under observation.

Experiment II.

N. affinis, an undehisced anther opened artificially.

The pollen sprinkled on a dry slide, 1/2 the grains were oval, cleft and 1/2 the grains round uncleft. Some water was dropped on to the slide, and a slip placed over. Behold a rapid transformation, the cleft oval began to fill and swell, the clefts disappeared and in less time than it takes to write this, all the oval grains had become round.

Experiment III.

N. affinis, one stamen only used.

Pollen sprinkled on to a dry slide, all oval with 2 or 3 round. Pollen sprinkled into a drop of water with slip placed over, all round with 2 or 3 oval.

Nevertheless as the microphotos show a certain number of *N. sylvestris* round pollen grains retain their form. This is also the case with the triangular forms in *N. glauca* and the squares and other irregular forms in the *Tabacum* section.

A glance at some drawings made through the microscope shows that these forms attain to ripeness without changing shape, for the smooth walls are split in all the forms, showing the granulated contents.

CROISEMENTS DE TABACS

RÉSUMÉ

Nicotiana Sanderæ × *N. affinis.*

Les expériences démontrent que la ségrégation des couleurs rouges et violettes apparaît en F_1.

Les rouges F_1, autofécondés, donnent des F_2 rouges, violets et blancs. Les violets F_1, autofécondés, donnent des F_2 violets et blancs, montrant ainsi que, dans ce dernier cas, le « rouge » est éliminé ou empêché de se manifester.

N. sylvestris × *N. affinis*

produit, en F_1, des rouges, des violets et des blancs. Deux plantes violettes de F_1, autofécondées, produisirent, en différents semis, des F_2 violets et blancs; ce qui démontre à nouveau la suppression des « rouges » dans les F_1 violets, par suite de la présence d'un certain facteur qui empêche cette couleur de se produire. Dans ce croisement, la ségrégation du pollen fut observée.

N. Sanderæ × *N. sylvestris.*

Dans ce croisement, F_1, F_2 et F_3 se montrèrent tous semblables à la floraison dans la forme et la couleur de la corolle, avec trois teintes différentes de rose; mais dans les trois générations, une ségrégation dans le port des plantes et dans le pollen fut observée.

Observations sur la forme du pollen chez les Nicotiana.

La plupart des *Nicotiana* ont les grains de pollen ovales, gros ou petits. Le *N. suaveolens*, espèce australienne, avec des anthères sessiles, possède des grains ovales. plus gros que dans les autres espèces.

La section des *Tabacum* est caractérisée par un certain nombre de grains de pollen *carrés* et ovales à bout carrés, qui conservent leur forme.

Le *N. sylvestris* est la seule espèce chez laquelle j'ai trouvé des grains de pollen *ronds*, conservant leur forme sphérique absolue après vingt-quatre heures d'exposition sur une lame de microscope (photographies).

La ségrégation du pollen fut observée dans plusieurs croisements.

SUR L'AMÉLIORATION DE QUELQUES PLANTES A FLEURS ORNEMENTALES[1]

par W. PFITZER

Horticulteur à Stuttgart (Allemagne).

L'appétit vient en mangeant, dit-on, et lorsque j'ai vu, lundi, les belles projections de M. Truffaut, j'ai écrit chez moi pour que l'on m'envoie quelques photographies en couleurs. C'est ainsi que je vais avoir l'honneur de vous projeter quelques fleurs que j'ai été heureux de perfectionner par hybridation, si j'ose m'exprimer ainsi.

Phot. Magnus.
M. PFITZER.

Les premières plantes sont des Bégonias bulbeux.

J'ai été élève à l'établissement de Louis Van Houtte, à Gand, en 1875, c'est-à-dire quelques années après l'introduction d'Asie du *Begonia Veitchi*, et à l'époque où l'on reçut le *Begonia boliviensis*. Il est incroyable de penser que ces deux espèces ont donné des plantes que l'on cultive aujourd'hui par millions.

La fleur du *Begonia Veitchi* était d'un port érigé et de grand effet, mais le moindre coup de vent l'abîmait, tandis que le *Begonia boliviensis* avait les fleurs plus robustes, mais penchées, et sans grand intérêt.

Retourné chez moi, je me suis mis à hybrider les Bégonias bulbeux. C'était au moment où l'on a vu apparaître les doubles. Après quelques années, j'ai trouvé, dans les formes simples, les premiers commencements d'ondulation des pétales. J'ai immédiatement essayé de perfectionner cette race ondulée par des hybridations continuelles et j'ai aujourd'hui l'honneur de vous présenter les résultats obtenus dans un espace de 20 années. (*Projections.*)

Je suis venu à Paris il y a une trentaine d'années, pour voir les cultures de Glaïeuls gandavensis de M. Souchet, et cela m'a donné l'idée de travailler aussi cette plante; surtout dans la race *gandavensis*, mais en utilisant aussi les superbes variétés de *Lemoinei* et de *nanceianus*. J'ai maintenant environ 10.000 numéros; mais cette quantité est nécessaire pour arriver à trouver la centaine de plantes dont j'ai besoin, parce que l'on ne sait jamais laquelle de ces plantes donnera une multiplication facile et laquelle restera la plus saine.

C'est spécialement une nouveauté de gandavensis à fleurs jaunes nommée « Schwaben » dont je présente une projection. Cette variété constitue, avec celle à fleurs blanches, à laquelle j'ai donné le nom de « Europa », l'un des meilleurs résultats que j'aie obtenus en glaïeuls jusqu'à ce jour.

Pour terminer je présente une projection d'un champ de sauge, de la variété « Feuerball », résultat de longues années de sélection. Je dois, en ce qui concerne

1. Communication faite à la cinquième séance de la Conférence.

la sauge, un certain nombre d'indications à M. Jules Chrétien, du Parc de la
Tête d'Or, à Lyon, qui a beaucoup travaillé cette plante. Dans ma jeunesse on
ne connaissait qu'un *Salvia splendens* ne commençant à fleurir que peu de
temps avant les gelées d'automne. On a aujourd'hui une plante qui fleurit
pendant tout l'été.

Begonia tuberosa crispa.

ON THE IMPROVEMENT OF SOME ORNAMENTAL FLOWERING PLANTS

SUMMARY

Begonia tuberosa crispa. The author began to hybridize tuberous Be-
gonias about 1880. It was at that time that doubling first occurred in these
plants. After working for some years, a slight wave in the petals of some single
flowers was noticed, and hybridization was continued with a view to impro-
ving this character, the result being a fully waved flower.

Gladiolus gandavensis and the variety *Lemoinei*, have been largely used in
hybridizing, and many beautiful forms have been produced, among others a
yellow form called « Schwaben » and a white form « Europa ».

A much improved form of *Salvia splendens*, called « Feuerball » has resulted from long and patient selection.

Coloured photographs of the above plants were shown.

RECHERCHES DE VARIÉTÉS FRUITIÈRES NOUVELLES[1]

Par A. NOMBLOT

Horticulteur-Pépiniériste à Bourg-la-Reine (Seine).

Vous excuserez un profane comme moi d'avoir l'audace de prendre la parole ici et de vous ramener aux horizons modestes de la pratique, après avoir

Phot. H. Manuel.

M. A. NOMBLOT.

plané dans les sphères azurées de la science pure. Mais M. le professeur Bateson a dit, lundi soir, que le Congrès de génétique devait comprendre tout à la fois sous une symbiose spéciale, les hommes de science et de pratique, ajoutant que les premiers devaient éclairer les seconds, et que ceux-ci devaient indiquer la voie à suivre, le but le plus urgent à atteindre.

Or, si je me félicite d'avoir suivi ce Congrès, si j'admire comme il convient les communications du plus haut intérêt qui y ont été faites, je dois constater aussi que les professionnels n'y ont pas pris une grande part ; c'est qu'il ne suffit pas de proclamer une vérité, il faut encore lui donner la réalité féconde, et c'est dans cette pensée que je m'autorise à prendre la parole, comme praticien observateur et semeur en Arboriculture fruitière.

Nous sommes à la recherche de bonnes variétés fruitières nouvelles, ayant constaté que nos anciennes disparaissent les unes après les autres sans être remplacées, mais nous ne savons trop comment nous y prendre.

Dans la deuxième partie du xixᵉ siècle, si nous examinons le poirier notamment, à part quelques variétés telles que : Beurré Naghin, Beurré d'Amanlis, André Desportes, la France, Triomphe de Vienne, Charles-Ernest, Comtesse de Paris, le Lectier, et quelques autres qui n'ont pas encore fait leurs preuves, on n'a rien obtenu de remarquable, en France tout au moins ; le plus grand nombre des nouveautés manquent de vigueur.

Il nous faut remonter à la période de Van Mons, célèbre pomologue belge (1765-1842) pour trouver une série importante de nouveautés qui sont encore les meilleures de nos jours et parmi lesquelles nous pouvons citer dans l'ordre de leur origine de 1820 à 1845 :

Beurré Diel, Joséphine de Malines, Beurré Giffard, Triomphe de Jodoigne, Nec plus ultra Meuris, Beurré superfin, Doyenné du Comice, Olivier de Serres, Fondante des Bois, Beurré Bretonneau, Soldat laboureur, Seigneur Esperen, Beurré Dumont, Nouveau Poiteau, Madame Treyve, Passe-Crassane, Beurré Bachelier, Conseiller à la Cour, Beurré Hardy, Beurré Clairgeau.

D'autres variétés plus anciennes, telles que Duchesse d'Angoulême,

---

1. Communication faite à la cinquième séance de la Conférence.

Doyenné d'Alençon, Louise-Bonne, Williams, Passe-Colmar, Fondante du Paniselle, Beurré Picquery, Beurré d'Hardenpont, Beurré gris, Doyenné d'hiver, Clapps'favorite, Doyenné de juillet, dont plusieurs sont d'origine inconnue et sortent des bois et des haies; la moitié environ nous viennent de Belgique.

C'est vous dire que la méthode que nous allons examiner et qui pourra vous faire sourire, avait du bon, puisqu'elle a été couronnée par le succès.

Van Mons, qui publia un ouvrage, en 1825, *Les Arbres fruitiers, leur culture en Belgique et leur propagation par la graine* ou *Pomonie expérimentale et raisonnée*, nous dit qu'il n'avait pas de méthode, il a opéré en grand et tiré de ses observations les indications suivantes.

Il est parti, ayant confiance dans la variation et l'amélioration par le semis successif en ligne directe avec, à l'origine, les stimulants de culture et de milieux; il a pu ainsi aller pour le poirier jusqu'à la huitième génération. Il a opéré la sélection d'après les caractères suivants :

Port : érigé pour les rameaux latéraux.

Rameaux : moyens, cassants, à mérithalles courts.

Yeux : moyens avec coussinets peu saillants.

Feuilles : larges et dentées.

Épines : à yeux nombreux.

Écorce : lisse, douce au toucher, mouchetée par groupes brun ou noisette, gris foncé, duveteuse; etc.

L'aspect se rapprochant de nos variétés domestiques offrant le plus de chances de qualité.

Il a repoussé l'idée de faire souche avec la graine de nos meilleures variétés cultivées, considérant qu'elles n'étaient plus perfectibles et que, fatiguées par l'âge et la greffe, elles ne pouvaient que régresser. Sa préférence allait aux pépins des variétés, espèces ou sous-espèces spontanées ou sub-spontanées soumises à la culture et il a dit que la plupart de nos bons fruits provenaient de nos variétés indigènes dont on avait augmenté la beauté, la grosseur et la saveur par la culture.

Van Mons a, d'autre part, remarqué :

1° Que les variétés d'obtention récente sont dans une période de variation facile, mais qu'elles perdent cette faculté avec l'âge.

2° Que les égrains de semis sont fertiles d'autant plus jeunes qu'ils sont issus en ligne droite d'une génération qui s'éloigne davantage numériquement de la première.

3° Que dans les semis en ligne directe, la variation et l'amélioration s'accentuent à chaque génération pendant un temps variable pour ensuite régresser.

4° Que la beauté et la qualité du fruit progressaient en même temps que la beauté de l'arbre.

Ce qui a pu faire dire à Van Mons qu'à la 3e ou 4e génération chez les fruits à noyau, et à la 5e, 6e ou 7e chez les fruits à pépins, il n'y a plus de mauvais fruits.

Il dit aussi :

F_1 beaucoup de laids ou tout laids,

F_2 peu de beaux, beaucoup de laids,

F_3 partie de beaux, partie de laids,

F_4 beaucoup de beaux, pas de laids.

Van Mons n'a pas pratiqué la fécondation artificielle, il l'a même repoussée comme insuffisante dans ses résultats, désirant plus améliorer que varier.

Il a nié la fécondation croisée naturelle.

Nous nous hâtons de dire que nous ne saurions ici le suivre et nous pensons au contraire qu'il a plus bénéficié de la fécondation qu'il ne l'a soupçonné.

Muni de ces renseignements et de quelques données sur les variations fluctuantes et permanentes et sur les mutations, nous avons semé dans nos pépinières de Bourg-la-Reine, il y a une dizaine d'années, des graines de fruits à noyau, à pépins, de variétés récentes et anciennes, avec et sans fécondation préalable.

Nous avons récolté des fruits sur la plupart des arbres fruitiers à noyau et les arbres à pépins commencent à produire.

Nous avons eu de très bonnes variétés et de très mauvaises, d'autres de valeur intermédiaire.

Nous devons ajouter que nous avions récolté la plupart des noyaux de cerises et de prunes sur des arbres surgreffés par plusieurs variétés sur le même pied pour mise au point de la collection et addition annuelle des acquisitions; nous pensions ainsi bénéficier, non pas de la coalescence des plasmas, mais de la variation par contact et voisinage des organes sexuels; il y a eu variation et aussi fixité relative dans les types.

Entre temps, nous avons été mis au courant des recherches des génétistes et des publications sur la loi de Mendel. Nous avons alors étudié le moyen de l'utiliser pour trouver une nouvelle voie ou nous éclairer dans celle que nous suivions.

Mais nous avons vu qu'il fallait unir chez les individus des paires de caractères différentiels et qu'ils soient fixés pour ces caractères. Nous avons examiné les gamètes et leur combinaison dans les zygotes, nous avons suivi la voie des générations avec dominants et récessifs, la ségrégation, puis l'absence de caractères, ou le rôle troublant de caractères en masquant d'autres, etc., etc. Nous commencions cependant à nous y familiariser quand nous nous sommes aperçu, nous aurions dû commencer par là, que nous n'avions pas de matériel à caractères fixes, et il faut croire que nous n'étions pas les seuls, puisque peu de travaux ont été entrepris dans cette branche; il est vrai qu'elle est obscure, de très longue haleine et à caractères singulièrement nombreux quand on considère l'arbre dans sa vigueur, son port, sa robustesse et sa résistance aux maladies et aux insectes, sa fertilité; ou le fruit dans sa beauté, sa qualité, sa grosseur, son époque de maturité et son adaptation aux différents milieux, etc.

Il ne nous restait plus qu'à chercher dans les jeunes plants à l'étude quelques indications susceptibles de nous servir de points de départ.

Or, l'examen des descendants issus soit de graines provenant de fruits non fécondés, mais de variétés pour la plupart récentes, soit de fécondation, soit de bons fruits anciens, nous a donné les résultats suivants :

Cerisier : nous avons constaté la fixité relative dans les types de bigarreautier, guignier, griottier, Montmorency, anglaise, Morello, etc.

Prunier : nous avons obtenu une fixité relative des types mirabellier, reine-claudier et quetschier.

Pêcher : une fixité relative s'est manifestée dans quelques variétés, notamment dans la « Reine des Vergers ».

Pommier : à la première génération, nous avons obtenu des sujets de tous les caractères végétatifs sans rapport direct avec la variété mère.

Poirier : comme le pommier n'est pas fidèle dans sa descendance au point de vue de l'arbre, nous avons obtenu de tout, sauf les caractères des parents.

Poussant plus loin l'examen des cerisiers chez les variétés, nous avons constaté que plusieurs sujets d'un même semis de guigne blanche ou Princesse avaient entre eux beaucoup d'analogie, comme d'ailleurs avec la mère ; une nuance plus ou moins rosée de l'épiderme seule les différenciait ; sur la variété de guigne la Chalonnaise, plusieurs individus d'un même semis nous ont donné des fruits très voisins à tous égards et nous pensons que les changements importants que nous avons observés dans un semis de bigarreau Donnissen, nous donnant un bigarreau noir très hâtif, sont plutôt le résultat d'une erreur matérielle dans la manipulation des plants, lors des repiquages, à moins de retour à des caractères ancestraux qui nous échappent.

Contrairement à ce qu'a constaté M. Hurst, les fruits sont fertiles chez nous sans fécondation artificielle et nos graines germent très bien.

Il n'est pas utile de développer ici les moyens à employer pour la mise à fruit des sujets de semis, mais nous devons dire que nous contestons le bien fondé de la greffe pour hâter cette mise à fruit ; d'abord ce procédé n'a pas donné de résultats concluants, et de plus, on ne doit pas, à notre sens, multiplier un sujet avant la formation de son état adulte ; or, dès qu'il est adulte, il produit naturellement et donne ce qu'il peut donner et permet une longue lignée dont les débuts ne sont pas indifférents.

Bref, nous pensons qu'on peut entreprendre avec le cerisier, le prunier et le pêcher des recherches par une application relative de la loi de Mendel, d'autant plus que la fertilité apparaît à 2 ou 3 ans chez les pêchers, 4 ou 5 chez les cerisiers types bigarreautiers et guigniers, 5 ou 6 chez les cerisiers proprement dits et chez les pruniers.

Pour le poirier et le pommier, c'est beaucoup plus difficile et il y aura là un travail de début assez obscur, mais il y a un avantage, c'est d'obtenir de bons fruits à multiplier par voie agamique.

On pourrait aussi rechercher les types spontanés et sub-spontanés et les soumettre à la culture.

Dans tous les cas, nous repoussons comme possible, au moins en l'état actuel des choses, la coalescence des plasmas, la voie asexuelle préconisée par M. le docteur Gautier.

Prenons, en somme, ce qu'il y a eu de bon dans Van Mons et fécondons-en la méthode avec les connaissances actuelles ; c'est sur ce vœu que je conclus, et je termine en vous demandant d'associer la science à nos recherches pratiques pour votre gloire, pour nos succès, pour la prospérité de l'horticulture.

NEW VARIETIES OF FRUITS

SUMMARY

The work here described has been performed with the object of procuring new varieties of fruit trees.

In considering the new varieties of Pears produced during the latter half of the 19th century, it is noticeable that, with the exception of a few such as Beurré d'Amanlis, Charles Ernest, La France, etc., nothing of value has been obtained. The varieties that are still most generally grown and that are considered the best, are due to Van Mons, the celebrated Belgian (1765-1842). They include the following varieties, which appeared in the years 1820-1845; Beurré Diel, Joséphine de Malines, Doyenné du Comice, Olivier de Serres, Beurré Hardy, Beurré Clairgeau, etc. We owe other varieties of still earlier date to the Belgian growers, while others are of unknown origin, or were found in the woods and hedges. Van Mons, in a work published in 1823, describes his method of procedure. He preferred not to use seed from the best cultivated varieties, but to grow the offspring of wild forms, and these descendants for several generations. He depended on favourable conditions to increase the size and improve the flavour of the fruit. Van Mons did not hybridize and did not believe that cross fertilization occurs in nature; but it is possible to differ from him in this, and it seems probable that cross fertilization occurring without his knowledge was an important factor in his success.

About ten years have passed since our first fruit sowing of seed from different varieties of fruit trees, some of which were cross fertilized, in our Nursery at Bourg-la-Reine. Fruit has now been obtained from many of the stone fruit trees, and from some apples and pears, and some good varieties have been obtained, among many of indifferent quality.

While endeavouring to profit by the discoveries of Mendel, we cannot claim to have reached very definite results owing to the large number of characters involved, the absence of any fixed types, and the length of time required for expemental breeding of fruit trees. All that could be done was to examine the forms arising from non-fertilized fruits, with the following results:

Cherry : We have shown that certain types as the Bigarreau, Morello, Black Heart, etc., possess some degree of fixity.

Plum : The Mirabelle plum, and the Greengage, have come more or less true to type.

Peach : Certain types, notably " Reine des Vergers ", have proved to be relatively fixed.

Apples : In the first generation we have obtained many forms varying in their vegetative characters, and not resembling the maternal parent.

Pear : The results have been similar to those obtained in the case of the Apple.

Without going deeply into the question of the methods for shortening the time that elapses before fruiting begins, we may say that we doubt whether grafting has the desired effect. We have found that Peaches may bear after two or three years, Cherries after four or five years, Plums after five or six years, but for Apples and Pears, the vegetative period is much longer.

SUR UN CAS D'HÉRÉDITÉ GYNÉPHORE DANS UNE ESPÈCE DE PAPILLON[1]

Par le Dr Harry FEDERLEY

Professeur de zoologie à l'Université d'Helsingfors (Finlande).

Dans un travail paru il y a peu de temps (en 1911), sur les phénomènes de l'hérédité dans le genre de papillons *Pygœra*, j'ai montré combien grandes sont les corrélations entre le sexe et l'idioplasma et mentionné différents cas dans lesquels l'hérédité est détournée de son mode ordinaire par ces corrélations.

Par le croisement des 2 espèces de *Pygœra curtula* ♂ et *P. anachoreta* ♀, lesquels ne montrent aucun dimorphisme sexuel, on obtint des individus sexués qui se distinguaient nettement déjà dans la petite chenille, et non seulement dans la couleur et la forme, mais aussi dans la grandeur du corps, la manière de vivre et de se développer.

Malheureusement, il ne fut pas possible d'obtenir la génération F_2, car la femelle était stérile; c'est pourquoi, jusqu'à présent, il n'a pas été possible d'analyser ce phénomène héréditaire particulier.

Par mes expériences répétées dans le genre *Pygœra*, j'ai réussi néanmoins à fixer un cas dans

Phot. Bischoff.
M. FEDERLEY.

lequel les corrélations entre le soma et le sexe sont très frappantes et qui tranche la question sur la vie et la mort des sexes. Il s'agit d'un cas « d'hérédité gynéphore », comme l'appelle Plate (1911) à propos d'une maladie, ou plus justement d'une anomalie transportée par des femmes paraissant saines, lesquelles transmettent ce caractère à l'état latent — à leurs fils (et seulement à la moitié), mais, de leur descendance femelle, 50 pour 100 est épargné, quant au reste il se comporte dans la suite comme la mère. Je voulais élargir cet aperçu en y faisant entrer tous les cas dans lesquels les individus mâles seuls deviennent malades, tandis que les femelles, saines apparemment, jouent le rôle de conductrices de la maladie et la transmettent de génération en génération.

Pour mes expériences, je fis venir de chez un naturaliste de Berlin un certain nombre de cocons de *Pygœra pigra* Hufn. Une femelle éclose de ces cocons fut accouplée à un mâle provenant de Finlande, le résultat de cette éducation ne me donna que des femelles; c'est pourquoi je crus tout d'abord avoir obtenu une éducation dans laquelle tous les individus étaient déterminés femelles, comme de tels cas sont parfois mentionnés dans les ouvrages.

Un essai de cette éducation me prouva cependant qu'elle n'avait rien à voir avec la question de la détermination du sexe, mais, au contraire, que l'adoption de l'opinion que tous les mâles étaient morts dans l'œuf ou tout à fait jeunes était bien plus vraisemblable.

---

1. Communication faite à la cinquième séance de la Conférence.

Cette conjecture fut confirmée dans la génération suivante.

Le Tableau N° 1 montre le développement de la dite éducation de *pigra* en 1910.

Tableau I — *pigra* ♂ (Finlande) × *pigra* ♀ (Allemagne).

ÉDUCATION	ŒUFS			NYMPHES	
	NOMBRE TOTAL	FÉCONDÉS	CHENILLES ÉCLOSES	SEXE NON OBSERVÉ	♀
N° 12. 1910.	173	162	58	6	59

Comme il ressort de ce tableau, la plupart des chenilles moururent dans l'œuf ou ne purent pas percer l'enveloppe de l'œuf.

Des 58 restantes, 15 furent encore perdues (dont 9 seulement devinrent adultes). Les 43 chenilles restantes se transformèrent en nymphes, desquelles 6 moururent sans que le sexe en ait pu être déterminé; cependant, il s'agissait probablement de femelles. Les autres 59 nymphes étaient toutes femelles.

Il fallait donc admettre que, dans les chenilles qui ne parvinrent pas à l'état adulte, la plupart appartenait au sexe mâle.

Cette observation poussait à découvrir les causes de l'attitude des femelles, et, dans ce but, au printemps 1911, les femelles écloses de l'éducation n° 12 furent accouplées avec des mâles d'une éducation (n° 10) — faite par moi en même temps — d'une provenance allemande pure.

Les résultats en sont consignés dans le tableau N° 2.

Tableau II. — *pigra* ♂ N° 10 × *pigra* ♀ N° 12.

ÉDUCATION	ŒUFS			CHENILLES								NYMPHES	
	NOMBRE TOTAL	FÉCONDÉS	CHENILLES ÉCLOSES	MORTES DE LA MALADIE DE L'HÉMOLYMPHE		MORTES DE LA MALADIE D'INTESTINS		CHENILLES SAINES PRÉPARÉES		SEXE INDÉTERMINABLE	NOMBRE TOTAL DES CHENILLES OBSERVÉES		
				♂	♀	♂	♀	♂	♀			♂	♀
N° 6 1911	178	178	139	25	—	—	2	1	4	—	85	—	55
7 »	175	175	143	12	—	—	6	—	5	1	62	—	38
8 »	198	197	189	44	—	3	9	1	7	1	129	—	64
	551	550	471	79	—	3	17	2	16	2	276	—	157

En comparant le tableau n° 1 et le n° 2, il s'ensuit que, dans les éducations 6, 7 et 8 (1911), les chenilles mortes dans l'œuf forment un pourcentage relativement plus petit et que la majorité des individus seulement périrent comme chenilles. Dans d'aussi grandes éducations que les précédentes, il est inévitable qu'une partie des animaux nouvellement éclos soit perdue (soit à cause de la nourriture, soit à cause de la captivité dans laquelle ils vivent).

La détermination du sexe de ces animaux demande beaucoup de peine et beaucoup de temps. Les chenilles mortes toutes jeunes furent laissées de côté, tandis que celles qui moururent plus tard, à la fin du second stade, furent examinées au point de vue sexuel.

Comme les pertes les plus sensibles se produisent normalement dans les premiers temps de la vie des chenilles, c'est ce qui explique la grande différence entre le nombre de chenilles écloses (471) et celui de celles qui furent examinées (276).

Ce qui saute tout de suite aux yeux par l'examen des tableaux, c'est qu'en tout 79 chenilles mâles furent malades, tandis qu'aucune femelle ne fut atteinte, et que tous ces mâles furent détruits, c'est pourquoi les 157 nymphes obtenues furent toutes des femelles.

Cette maladie particulière que je n'avais jamais observée et dont — à ma connaissance — il n'est fait mention dans aucun ouvrage, est caractérisée par des gonflements partiels de la peau des chenilles qui devient le plus souvent pâle — les gonflements prennent plus tard la forme d'épaisses protubérances ou figurent des bosses en forme de bulles presque incolores. — On les rencontre sur toute la surface du corps à l'exception de la tête et je les ai même trouvées sur le tissu fortement chitineux des pattes noires du thorax, lesquelles deviennent d'une couleur claire et même à moitié transparentes. Très souvent, le prothorax est fortement enflé. Quand on ouvre une de ces chenilles, on remarque par l'observation macroscopique que les organes internes (les sexuels y compris) n'ont pas changé, du moins apparemment. Par contre, dans l'hémolymphe, on trouve des grumeaux de consistance gélatineuse, qui généralement sont très fréquents aux alentours des parties boursouflées de la peau.

Un certain nombre de chenilles malades fut isolé des autres, parce que j'avais tout d'abord l'intention d'étudier le cours de la maladie et ensuite l'espérance de pouvoir transformer en nymphe une des chenilles malades, d'obtenir peut-être un mâle et de l'accoupler avec une femelle de la même éducation ou avec une femelle saine pour analyser, si cela était possible, l'hérédité de la maladie. La maladie ne montra cependant aucun changement extérieur important. Dans quelques cas, une décroissance de l'enflure fut observée. Malgré tout, les chenilles cessèrent de manger et se ratatinèrent peu à peu sans qu'il y eut d'écoulement par la bouche ou par l'orifice anal (comme c'est le cas dans la maladie d'intestins).

Comme on peut le voir dans le tableau, je ne pus réussir à faire transformer en nymphe aucune des chenilles malades. Il ne m'a pas encore été malheureusement possible d'examiner les chenilles malades au point de vue microscopique, c'est pourquoi j'en suis réduit à la description des phénomènes extérieurs.

Les *pigra* ♀ ♀ de l'éducation n° 12 (1910) furent — en outre des éducations de *pigra* purs — croisés avec des *curtula* ♂ ♂ — 8 de ces hybrides donnèrent de la semence — (le 3e tableau indique la marche de la maladie parmi eux).

Tableau III. — *curtula* ♂ × *pigra* ♀ N° 12.

ÉDUCATION	ŒUFS			CHENILLES								NYMPHES	
	NOMBRE TOTAL	FÉCONDÉS	CHENILLES ÉCLOSES	MORTES DE LA MALADIE DE L'HÉMOLYMPHE		MORTES DE LA MALADIE D'INTESTINS		CHENILLES SAINES PRÉPARÉES		SEXE INDÉTERMINABLE	NOMBRE TOTAL DES CHENILLES OBSERVÉES		
				♂	♀	♂	♀	♂	♀			♂	♀
N° 22 1911	264	95	21	5	—	—	—	—	5	—	16	—	8
25 »	202	100	27	5	—	5	8	—	—	1	19	—	4
24 »	205	99	18	1	—	—	5	—	—	5	14	—	7
26 »	?	?	24	6	—	—	5	—	—	2	21	—	8
27 »	217	129	41	5	—	1	7	—	—	5	50	—	14
28 »	218	155	51	1	—	—	9	—	—	2	25	—	15
29 »	?	?	?	9	2?	—	7	—	—	1	55	—	14
50 »	201	152	76	15	—	1	17	—	—	17	51	—	1
				41	2?	5	56	—	5	51	209	—	69

Nous trouvons également dans les éducations d'hybrides les mêmes proportions que dans les éducations de *pigra* purs. 41 mâles sont morts de la maladie de l'hémolymphe, tandis que les femelles, dans 7 éducations, n'ont montré aucun symptôme de la maladie et que 2 individus seulement furent malades dans l'éducation 29. Cependant les symptômes étaient si peu caractérisés qu'il pourrait s'agir là de tout autre cause.

Par contre, 56 femelles moururent de maladie d'intestins, comme c'est presque toujours le cas dans les éducations hybrides. Dans ces 8 éducations hybrides je n'obtins, comme dans les éducations de *pigra* purs, que des nymphes femelles exclusivement.

Il ressort de mes expériences que dans *Pygœra pigra*, il existe une maladie qui attaque seulement les mâles, lesquels sans exception meurent, tandis que les femelles paraissent rester saines et se développent, mais possèdent cependant cette maladie à l'état latent et la transmettent à la génération suivante. Dans cette nouvelle génération, la maladie se comporte de la même façon, détruisant les mâles, épargnant les femelles qui transmettent de nouveau ce même caractère à leurs descendants.

Il faut complètement écarter l'hypothèse que la maladie, dans les éducations n°s 6-8 (1911), est peut-être apportée par les mâles, car 1° dans les éducations d'hybrides n°s 22-30 (1911) où la maladie a sévi également, le père était un *curtula*, et 2° dans le croisement contraire *pigra* ♂ × *curtula* ♀, il ne fut découvert aucun symptôme de la maladie de l'hémolymphe et la proportion du nombre des individus dans les 2 sexes fut normalement approchante.

Si nous répartissons les animaux observés d'après le sexe, nous obtenons ainsi 84 *pigra* ♂♂ et 190 ♀♀, pour l'hybride *curtula* × *pigra* 46 ♂♂ et 130 ♀♀, soit pour 100 ♀♀ respectivement 44,2 et 35,4 ♂♂. Par contre, d'après Standfuss (1896), dans les papillons il y a 100 ♀♀ pour 106 ♂♂, aussi, est-il vraisemblablement bien possible que dans mes éducations il soit mort de la dite maladie un nombre bien plus considérable de chenilles mâles que celles que j'ai observées. Dans l'éducation n° 12 (1910) — comme je l'ai déjà dit — la plus grande partie mourut sans aucun doute dans les œufs.

Ci-après un tableau qui montrera l'hérédité de la maladie dans les éduca-

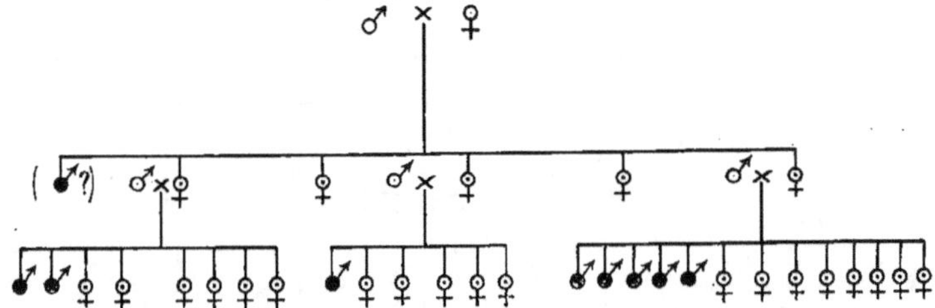

tions de *pigra*. Les signes blancs représentent les individus sains; les noirs, les malades; et les blancs avec un point à l'intérieur ceux qui possèdent la maladie à l'état latent[1]. Chaque signe des F₁ et F₂ générations indique environ 10 individus. (Comparez avec le tableau II où les chiffres sont exactement indiqués.)

1. Les plus jeunes femelles n'ont pas encore été examinées.

Bien que je n'aie pu encore fixer la nature réelle de la maladie de l'hémo-lymphe, je voudrais cependant parler, en quelques mots, de la manière pro-bable de son transport ou de son hérédité sur la descendance.

On pourrait s'imaginer que cette maladie est due à un microorganisme quelconque et que celui-ci ne pourrait être transporté que par le plasma des œufs; par contre le transport par la cellule reproductrice mâle serait impossible, comme cela est démontré pour la pébrine du ver à soie.

En admettant ceci, il serait particulièrement remarquable que le microor-ganisme ne prospérât pas et ne se multipliât pas dans les œufs femelles et, cependant, qu'il se rencontrât dans tous les œufs issus de ces individus femelles, ce qui ferait supposer qu'il ait pu se multiplier dans l'ovaire et, de cette manière, parvenir à chaque œuf; ce qu'on se représente difficilement.

En dehors de cela, on pourrait avoir recours, pour l'éclaircissement de la conduite différente du parasite dans l'œuf mâle et dans l'œuf femelle, à « une prédisposition spécifique sexuelle » de l'organisme femelle et imputer à celle-ci l'état d'inactivité dans lequel le parasite reste; mais ceci entraînerait nécessai-rement un état d'idiosyncrasie chez ce dernier au plus haut degré, et nous tomberions alors d'hypothèse en hypothèse.

C'est pourquoi la théorie de l'existence d'un parasite provoquant la maladie et ne trouvant seulement que chez les individus mâles un substratum lui convenant, me paraît peu vraisemblable, et je suis d'autant plus convaincu de ce que j'avance, que, jusqu'ici, il n'a pas été possible de démontrer une influence spécifique des organes sexuels sur le soma dans les papillons.

Correns (1909) a, il est vrai, montré dans différentes plantes que la pana-chure ne peut être transmise que par l'ovule à la descendance, en échange de quoi les grains de pollen de plantes panachées croisées avec des vertes ne donnent seulement que des plantes vertes. ˙

Ici, les raisons sont tout à fait autres. Les facteurs de la maladie qui se montrent dans la panachure sont liés en quelque sorte au plasma de l'œuf; par contre le noyau de la cellule sexuelle est complètement normal, c'est pourquoi la cellule mâle, dont le noyau seulement — pas le plasma — pénètre dans la cellule de l'œuf, ne peut transporter la maladie. De plus la manière différente dont se comporte la maladie suivant les sexes n'existe pas ici, puisque les plantes étaient hermaphrodites: ainsi la transmission de la panachure et celle de la maladie de l'hémolymphe ne sont donc pas des phénomènes parallèles.

C'est pourquoi, il me paraît plus vraisemblable que, dans la maladie de l'hémolymphe, nous avons à faire réellement à un cas héréditaire véritable, dans lequel l'anomalie est transmise par des facteurs héréditaires de génération en génération.

Des cas où l'hérédité est limitée par le sexe ont été fréquemment cités par les auteurs. Ces cas forment un groupe dans lequel la dominance d'une particu-larité est déterminée par le sexe. Je citerai pour mémoire les cornes des mou-tons, la couleur des espèces de *Colias philodice* et *C. edusa* (Gerould, 1911), etc.... Dans tous les exemples connus, la dominance est supprimée dans le sexe femelle, jamais, par contre, dans le mâle. A cette catégorie doivent être rappro-chés probablement les cas d'hérédité des différentes anomalies chez l'homme, sur lesquelles nous reviendrons plus tard.

Un autre groupe de cas de limitation sexuelle au point de vue héréditaire est formé par ceux dont un caractère est repoussé par le sexe. A ce groupe

appartiennent les expériences connues de Doncaster et de Raynor sur la phalène du groseillier et sa variété *lacticolor*. Ici la répulsion a lieu entre le
caractère *lacticolor* et le sexe mâle. Pearl et Surface ont prouvé par leurs
expériences que cela se passait d'une façon semblable dans l'hérédité des
tachetures grises des coqs Plymouth Rock. Des cas semblables sont encore
connus. Je n'en citerai qu'un seul — sur l'hérédité de la couleur des yeux chez
la mouche *Drosophila* — qui, d'après les recherches de Morgan, présente un
cas opposé de répulsion entre le sexe et le caractère : cette répulsion survient
entre le sexe femelle et le caractère couleur.

D'un intérêt particulier pour nous sont les différentes anomalies chez
l'homme, dont Bateson, Thomson et avant tout Merzbacher citent un grand
nombre.

Parmi les plus importantes, citons une forme d'atrophie musculaire,.
l'hémophilie, l'héméralopie et le daltonisme, la myopie, etc..., ainsi que certaines perturbations du système nerveux.

Toutes les maladies nommées apparaissent presque exclusivement chez les
hommes, exceptionnellement chez les femmes, ce que Bateson explique en
disant que le sexe femelle possède un facteur » d'obstacle » qui manque au sexe
mâle.

Ce facteur d'obstacle peut supprimer le développement de la maladie dans
le cas où elle apparaît en état hétérozygote, c'est-à-dire qu'elle reste inactive ou
récessive. Par contre, elle peut dominer chez l'homme, et par suite de cela, il
tombe malade. Les femmes homozygotes seules deviennent malades parce que
le facteur d'obstacle devant la double présence de la maladie est impuissant.

Comme le facteur maladie d'une femme hétérozygote, par le mariage de
cette dernière avec un homme normal, est partagé, suivant les règles mendéliennes, dans la moitié de la descendance, il s'ensuit que la moitié du nombre
des fils se trouve malade et que la moitié du nombre des filles possède de nouveau le facteur maladie à l'état hétérozygote et le propage de nouveau bien que
ces filles hétérozygotes paraissent elles-mêmes saines. Ainsi s'explique le rôle
des femmes comme conductrices de la maladie.

Plate, qui d'une façon générale se rallie à Bateson, en considérant le facteur W (sexe féminin) comme épistatique sur K (facteur maladie) a de plus
exposé l'hypothèse qu'un gamète qui contient le facteur K n'est pas capable de
faire évoluer un œuf mâle sain, ce qui explique pourquoi des pères malades ont
presque toujours des enfants sains.

La grande concordance entre les tables généalogiques des différentes anomalies chez l'homme et l'hypothèse de Plate fait cette dernière très vraisemblable.

Cependant elle n'explique pas pourquoi, par exemple, les descendants féminins de pères malades ne possèdent pas aussi la maladie à l'état latent, ce qui
devrait être le cas d'après la loi de Mendel.

Le cas que j'ai étudié se différencie des exemples (mentionnés plus haut)
d'hérédité limitée par le sexe et d'hérédité gynéphore, en ce que tous les mâles
sans exception meurent, et que toutes les femelles paraissent posséder la maladie
à l'état latent, ce qui me paraît exact puisque les 11 femelles essayées dans
l'éducation nᵒ 12 transmirent toutes l'anomalie à leur descendant mâle.

Des cas semblables, dans lesquels un seul sexe devient malade, sont également connus chez l'homme et Plate les explique en disant que le facteur maladie est lié au facteur sexe, explication justifiée également pour l'hérédité de la maladie d'un individu malade à un autre, mais par contre l'hérédité par les conducteurs n'est pas expliquée.

Par suite de cela, il ne me paraît pas possible jusqu'à présent d'expliquer l'hérédité de la maladie de l'hémolymphe à l'aide de la loi de Mendel, car, en supposant une séparation des facteurs de la maladie et du sexe, il devrait naître aussi bien des mâles sains que des femelles saines à côté des mâles malades et des femelles malades à l'état latent; ce qui n'a pas été le cas dans mes éducations.

Il faut également refuser l'hypothèse que la maladie se trouve transportée dans le chromosome accessoire déterminant du sexe, comme cela est arrivé récemment, car le résultat est le même que dans l'interprétation mendélienne.

Ainsi, je n'ai pas réussi à donner une explication satisfaisante de la transmission de la maladie de l'hémolymphe et c'est pourquoi je me suis servi ici de l'expression « corrélation » entre le sexe et l'Idioplasma, expression qui me paraît juste, tant que nous ne pourrons donner une explication exacte du phénomène. J'ai voulu cependant citer ce cas parce que je ne connais aucun exemple d'hérédité gynéphore chez les animaux, ce qui a lieu fréquemment chez l'homme, et que la question a non seulement un intérêt théorique pur, mais un intérêt pratique. L'on arrivera peut-être un jour à solutionner l'énigme de l'hérédité gynéphore.

BIBLIOGRAPHIE

Bateson, W. *Mendel's Principles of Heredity*. Cambridge, 1909.

Correns, C. Zur Kenntnis der Rolle von Kern und Plasma bei der Vererbung. (*Zeitschr. für indukt. Abstamm. und Vererbungslehre*. Bd II, 1909.)

Correns, C. Vererbungsversuche mit blass (gelb) grünen und buntblättrigen Sippen bei *Mirabilis Jalapa*, *Urtica pilulifera* und *Linaria annua*, Ibid. Bd. I, 1909.)

Doncaster, L., and Raynor, G. H. Inheritance in the Moth *Abraxas grossulariata* and its var. *lacticolor*. (*Rep. Evol. Comité*, 4, 1908.)

Federley, H. Vererbungsstudien an der Lepidopteren-Gattung *Pygæra*. (*Archiv für Rassen und Gesellschaftsbiologie*, Bd 8, 1911.)

Gerould, John G. The inheritance of polymorphism and sex in *Colias philodice*. (*American naturalist*, vol. XLV, 1911.)

Merzbacher, L. Gesetzmässigkeiten in der Vererbung und Verbreitung verschiedener hereditär-familiärer Erkrankungen. (*Archiv für Rassen und Gesellschaftsbiol.*. Bd 6. 1909.)

Pearl, R., and Surface, F. M. On the inheritance of the barred colour pattern in Poultry. (*Archiv für Entwicklungsmechanik*. Bd 50, 1910.)

Plate. L. Ein Versuch zur Erklärung der gynephoren Vererbung menschlicher Erkrankungen. (*Archiv für Rassen und Gesellschaftsbiologie*. Bd 8, 1911.)

Standfuss, M. *Handbuch der palæarktischen Grossschmetterlinge*. Iéna, 1896.

Thomson, H. *Heredity*. London, 1908.

ON A CASE OF GYNEPHORIC INHERITANCE IN A BUTTERFLY

SUMMARY

Professor Plate has designated by the term " gynephoric inheritance " a mode of inheritance which is characterized by the transmission, by apparently normal females, of a disease in which half the male progeny are affected, whereas the females carry the disease in a latent condition. I should like to extend the significance of the term so as to include all those cases in which the males are regularly affected by the disease, and the females while appearing healthy are capable of transmitting it to their offspring.

Up to the present time, cases of " gynephoric " inheritance have been known only in man, and they seem to be restricted to the abnormal pathological, as in hæmophilia, muscular atrophy and other anomalies belonging to the province of the oculist and the neurologist. But in animals also there may be a close connection between sex and certain somatic characters, which are shown clearly in cases of sex limited inheritance. The case that I have lately discovered does not seem to me analogous with normal sex-limited inheritance, but shows some resemblance to the cases studied in man. From 175 eggs of *Pygæra pigra* Hufn, I obtained 58 caterpillars which gave me 59 chrysalids; all of these turned out to be females. I mated these females with normal males, and all the male caterpillars from the cross had a peculiar disease, characterized by the presence of excrescences of the nature of vesicles on the skin, and caused by the fact that the hæmolymph was abnormal and gelatinous.

All the male caterpillars died of this disease and the chrysalids only gave females. There were 551 eggs, giving 471 caterpillars, of which 79 males died of the disease, the 157 chrysalids formed giving only females. At the same time, I made crosses between the first females of *P. pigra*, and males of *P. curtula*. The results were the same in the eight families obtained: all the males died, and there survived only 69 female chrysalids.

It is evident, from these experiments, that the absence of males is due to the early death of the male caterpillars (most of which die while still in the eggs). The disease which exterminates the males cannot be developed in the females, and in the later it remains in a latent condition, being transmitted to the succeeding generation, and manifesting itself again in the males while remaining latent in the females.

It remains to be seen if these facts repeat themselves next year. Unfortunately I have not yet had an opportunity of studying the diseased males microscopically, by which means an explanation of this strange disease might be forth-coming; nevertheless I may be permitted to discuss the nature of the inheritance. We may possibly admit the presence of a micro-organism causing the disease, of which the spores may be transmitted by the plasma of the eggs to the following generation, as has been proved in the silk worm disease; if this is so, one would expect the females to be affected also; in order to explain the immunity of the females one must have recourse to a « specific sexual tendency » of the female organism which at the same time necessitates a special idiosyncrasy of the parasit. This hypothesis appears to me improbable. I do not believe that the direct transmission of a micro-organism need be considered, but I think that it is a case of the transmission of specific genetic factors. I am strengthened in this opinion by the fact that in normal sex-limited inheritance as well as in those cases of the transmission of certain human anomalies, it is always on the female side that the development of a factor is prevented. In *Pygæra*, it seems that these factors do not follow the mendelian law of segregation; if it were so, it would be possible to find healthy males in the second generation.

M. le Professeur CAULLERY. — Les faits signalés par M. Federley, dans sa très intéressante communication, me suggèrent un rapprochement possible avec les observations récentes de M. Geoffrey Smith, d'Oxford, et d'un de ses élèves sur un crabe (*Inachus scorpio*)[1]. Ils ont constaté qu'il y avait une différence très nette dans la teneur en graisse de l'hémolymphe chez les deux sexes de ce crabe, et même chez le mâle parasité par la sacculine, la composition du sang se rapproche de celle du sexe femelle.

On peut se demander si, dans le cas rapporté par M. Federley, il n'y aurait pas, normalement, une différence du même ordre entre l'hémolymphe du mâle et de la femelle. S'il en était ainsi, on pourrait concevoir qu'un microorganisme transmis par l'œuf à tous les individus ne trouverait que dans le chimisme spécial de l'hémolymphe mâle les conditions favorables à sa multiplication.

Je ne fais cette observation, à titre de suggestion, que parce que M. Federley nous dit n'avoir pas encore fait un examen micrographique de ses préparations, ni essais de cultures bactériologiques ou d'inoculations. Peut-être y a-t-il là une direction pour chercher l'explication des faits que M. Federley nous apporte.

M. le Professeur FEDERLEY. — L'opinion émise par M. le Professeur Caullery, d'après laquelle on doit trouver l'explication de la conduite différente des deux sexes, par rapport à la maladie de l'hémolymphe, dans une constitution chimique différente du sang des deux sexes s'est également présentée à mon esprit; mais elle m'a paru peu vraisemblable, car les onze femelles examinées par moi transportèrent la maladie à tous leurs œufs (environ 200), ce qui fait supposer une multiplication très régulière du microorganisme dans l'appareil ovifère de la femelle, ce qui serait un phénomène chez le papillon sain extérieurement.

Il me semble que, dans ce cas, on serait en droit d'attendre l'apparition d'au moins quelques individus sains.

1. British Association Meeting of Portsmouth, 1911.

VARIATION ET MILIEU. LIGNÉES DE DROSOPHILES EN MILIEU STÉRILE ET DÉFINI[1]

Par A. DELCOURT et E. GUYÉNOT

Laboratoire d'évolution de la Faculté des sciences de Paris.

M. Delcourt. — La communication que je vais avoir l'honneur de vous présenter au nom de Guyénot et en mon nom n'a pas trait au mendélisme. Je serais presque tenté de m'en excuser si je n'espérais avoir votre approbation. Sans doute les règles mendéliennes ont jeté un jour nouveau sur l'hérédité — jusqu'alors on était dans le vague — mais ne leur demandons pas trop.

Ce que nous avons cherché, c'est à pénétrer plus au fond du problème de l'évolution, dont le problème de l'hérédité n'est qu'un côté et dont le mendélisme n'atteint et ne peut atteindre que la surface.

De l'aveu même de tous ceux qui l'étudient, de ceux qui l'ont poussé le plus à fond, on peut, avec les règles de Mendel, espérer prévoir le résultat des combinaisons entre reproducteurs qui diffèrent plus ou moins, mais on ne peut espérer comprendre l'origine de ces différences. Or, c'est l'origine de ces différences qui intéresse véritablement, c'est là que gît véritablement le problème de l'évolution.

Comment peut-on espérer pénétrer ces origines? Il nous a semblé qu'il était nécessaire d'envisager l'être vivant, animal ou plante, comme il est réellement, c'est-à-dire comme fonction du milieu dont il fait partie et dont il fait partie à un point tel qu'il est impossible de préciser la frontière entre l'être organisé et le milieu. Il est impossible de définir une limite réelle entre l'être et le milieu; il est donc indispensable de toujours envisager l'être en fonction du milieu dans lequel il vit, dans lequel il évolue, et pour cela il faut préciser les conditions du milieu. C'est la grande difficulté à laquelle on se heurte lorsqu'on étudie un problème biologique quelconque, celui de l'hérédité et le mendélisme lui-même. C'est la difficulté à laquelle nous nous sommes heurtés avec l'organisme que nous avions choisi : les Drosophiles, et c'est celle que nous nous sommes efforcés de résoudre et que nous avons peut-être résolue. Vous allez en être juges.

Le choix des êtres organisés, que l'on se propose d'étudier au point de vue de l'évolution, doit être avant tout subordonné à la possibilité de suivre, dans de bonnes conditions, leurs générations successives. Attiré par la variabilité que présentent, dans la nature, les nombreuses formes du genre *Notonecta*, l'un de nous avait entrepris d'en rechercher la valeur et le déterminisme[2]. Quoique ce groupe d'êtres ait présenté, à l'observation, des particularités plus intéressantes encore qu'il ne le supposait au début, il dut l'abandonner après deux ans d'efforts : le nombre des générations annuelles était trop faible et trop faible aussi le nombre de descendants d'un couple déterminé qu'il était possible d'amener à maturité. Son choix se porta alors sur les Drosophiles, mouches qui non seulement peuvent être facilement élevées mais aussi présentent un grand nombre de généra-

---

1. Communication faite à la quatrième séance de la Conférence.

2. A. Delcourt. Recherches sur la variabilité du genre *Notonecta*, Bulletin scientifique de la France et de la Belgique, t. XLIII, fasc. 5, octobre 1909.

tions par an (jusqu'à 24, suivant les conditions); le nombre de descendants qu'une seule famille peut donner (5 à 600 en moins de deux mois), se montre particulièrement favorable à l'étude de l'hérédité. A la vérité, les formes du genre *Drosophila* ne paraissaient pas présenter la variabilité de celles du genre *Notonecta*, mais ce point parut secondaire : tout être vivant, suivi pendant un nombre suffisant de générations et dans des conditions suffisamment variées, ne peut pas ne pas présenter de variations.

Effectivement, il ne tarda pas à se montrer dans certaines lignées de *Drosophila confusa* des nervures supplémentaires et, chez *Drosophila ampelophila* (au 1er article des tarses antérieurs) trois crochets, au lieu d'un, chez les mâles; chez cette même *Drosophila ampelophila* il fut obtenu, en étuve à 30°, la formation plus ou moins étendue d'une nervure supplémentaire, en une région de l'aile différente de celle où elle apparaissait chez *D. confusa*. Récemment, en Amérique, Lutz, Morgan, Loeb et autres signalaient des variations morphologiques chez *Drosophila ampelophila*, telles que modifications de la couleur des yeux, de la taille, de la forme et de la nervation des ailes.

Chez *Drosophila confusa*, la nervure supplémentaire fut aperçue tout d'abord dans un lot composé de la troisième et de la quatrième génération descendant d'un couple formé de mouches issues de pupes isolées[1]. Ni le mâle, ni la femelle ne présentaient cette anomalie, non plus qu'aucun des descendants de la première et de la deuxième génération, qui purent être examinés (160 et 242). Le nombre des anormales, du 9 janvier au 6 février, fut de 36 sur 300. A la génération suivante, la proportion des anormales fut de 3 pour 100 chez les descendantes des normales et de 30 à 35 pour 100 chez les descendantes des anormales. En liberté, aucune variation de nervure ne fut constatée. En captivité, des lignées d'autres provenances ne présentèrent pas cette anomalie; des lignées sœurs ne la présentèrent pas ou la présentèrent à raison de 2 pour 100. Des lignées descendant de couples de même provenance ne présentèrent pas exactement cette anomalie mais en présentèrent d'autres, en la même ou en d'autres régions de l'aile, à raison de 5 à 10 pour 1000.

La nervure supplémentaire réunissait le milieu de la deuxième nervure transversale à la troisième nervure longitudinale; elle était plus ou moins complète, sur une seule ou sur les deux ailes, et généralement en oblique à 45° vers la base de l'aile. En prenant pour reproducteurs les individus présentant la nervure supplémentaire complète sur les deux ailes, le pourcentage des anormales monta, après plusieurs générations, jusqu'à 95 pour 100, mais il ne dépassa pas ce taux et même ne s'y maintint pas. Les descendants présentaient toujours toutes les formes intermédiaires entre la forme normale et la forme complètement anormale. Évidemment, d'ailleurs, la sélection ne pouvait se faire que sur un aspect morphologique, imparfaite traduction de la modification générale essentielle dont elle était corrélative ; cela et les modifications du milieu que l'on ne pouvait pas suffisamment préciser étaient certainement les principales causes de l'incohérence des faits observés.

Quoi qu'il en soit, ces faits et d'autres, dont la relation dépasserait le cadre de cette communication, montraient que, d'une part, la modification observée dans la nervation de *Drosophila confusa* provenait, au moins en partie, de la constitution physico-chimique reçue des parents, mais que, d'autre part, elle

---

1. A. Delcourt. Sur l'apparition brusque et l'hérédité d'une variation chez *Drosophila confusa*. Comptes rendus de la Société de Biologie, t. LXVI. p. 709, 1er mai 1909.

était, dans une certaine mesure, dépendante des inter-actions de l'organisme et du milieu, soit chez l'individu anormal considéré, soit chez ses ascendants. Le problème était de déterminer comment et dans quelle mesure, et c'est, d'ailleurs, le problème qui se pose à propos de toute variation, c'est le problème général de l'évolution. Aussi, avant de pénétrer plus avant dans le détail des faits et, afin de bien préciser l'intérêt qui s'attache, selon nous, aux résultats que nous avons obtenus, croyons-nous indispensable de résumer brièvement les idées générales qui dirigent nos recherches.

A quelque théorie que l'on donne la préférence en matière d'évolution, sans faire *a priori* aucune hypothèse, il nous paraît évident qu'un organisme, quel qu'il soit, ne peut être envisagé indépendamment du milieu dans lequel il vit. A proprement parler, il n'y a pas, d'une part, des organismes, et, d'autre part, des milieux, il y a un ensemble dans lequel il n'est pas possible de préciser où commence l'organisme et où il finit. L'étude de l'évolution se ramène nécessairement à celle de ce complexe, que nous divisons plus ou moins arbitrairement, pour la commodité du langage, en deux termes artificiellement séparés : l'organisme et le milieu.

Qu'allons-nous pouvoir faire dans l'analyse expérimentale de ce complexe? La constitution physico-chimique de l'organisme vivant échappe et échappera sans doute longtemps encore à nos investigations. Nous pouvons en parler, mais nous ne pouvons pas la définir, même approximativement. Par contre, nous pouvons préciser, dans une mesure relativement considérable, les conditions dans lesquelles se trouve un organisme donné. Ce qui sera accessible à notre connaissance de la constitution physico-chimique proprement dite de cet organisme ne le sera que par l'observation des réactions de l'organisme et du milieu, dans la mesure où le milieu aura pu être précisé.

Si, dans des conditions physico-chimiques déterminées autant que le permet l'état actuel des connaissances humaines, des organismes aussi voisins que possible présentent des réactions différentes, nous devrons toujours nous demander si réellement les conditions étaient les mêmes relativement aux organismes considérés. Mais si, dans des conditions que nous pourrons préciser autant que celles de nos expériences de physique et de chimie, des organismes réagissent de la même façon, nous serons en droit de conclure que ces conditions sont pratiquement identiques au point de vue des organismes considérés et que ceux-ci sont, dans les conditions données, aussi peu différents que possible, dans la limite de nos possibilités d'observation et de mesure. Si, enfin, à une certaine variation des conditions, les organismes considérés ne réagissent plus de même, la même question se posera de savoir si réellement la modification des conditions a été la même pour les divers organismes. Nous pourrons résoudre cette question en classant les organismes par lots, suivant les réactions présentées, et en suivant séparément les lots ainsi formés. On comprend ainsi que, si à aucun moment de l'analyse expérimentale, l'organisme ne peut être considéré indépendamment du milieu, néanmoins la détermination relative des organismes considérés ressortira finalement de la détermination du milieu et que celle-ci est par suite le desideratum expérimental qui s'impose tout d'abord.

Dans le cas particulier des Drosophiles, relaté précédemment, où apparaît dans la nervation des ailes une formation qui n'apparaissait pas chez les ascendants, nous avons à nous demander dans quelle mesure cette apparition dépend de la constitution physico-chimique de l'œuf, dans quelle mesure des conditions dans lesquelles l'œuf, puis la larve, puis la pupe se sont trouvés jusqu'au moment de la formation de la nervation des ailes. Quoique les ascendants immédiats ne présentent pas la modification observée, à divers degrés, chez plusieurs des descendants, rien ne prouve que l'un ou l'autre de ces ascendants n'ait déjà subi une modification de constitution physico-chimique de laquelle la modification apparente de nervure dépend dans certaines conditions. La même question se pose à chaque échelon en remontant dans la lignée. Alors même que l'apparition d'une modification paraît déterminée par une modification *actuelle* du milieu (cas de *Drosophila ampelophila* en étuve à 30°), comme les organismes considérés ne réagissent pas tous de même, nous avons toujours à nous demander quelle est, dans les différences constatées, la part des conditions actuelles et celle de la constitution reçue. A ces considérations s'ajoute, dans le cas de reproduction par croisement comme chez les Drosophiles, la complication présentée par les hasards de l'amphimixie.

Quoi qu'il en soit, dans tous les cas, il apparaît que constitution physico-chimique d'un organisme et milieu sont deux termes indissolublement liés, si haut qu'il faille remonter dans l'ascendance d'un individu considéré. Il apparaît en outre que, pour entreprendre l'analyse expérimentale de ce complexe, il importe avant tout de préciser le milieu, l'organisme ne pouvant être défini que dans la mesure où nous aurons pu définir les conditions physico-chimiques dans lesquelles il évolue.

D'une façon générale et notamment dans les cas des Drosophiles, les conditions dans lesquelles se développent les organismes sont extrêmement difficiles à préciser, d'autant plus qu'à chaque instant l'organisme modifie le milieu et celui-ci l'organisme. Sans doute nous pouvons faire varier à volonté certaines conditions telles que la lumière, la température et, dans une certaine mesure, l'humidité; mais il est un ensemble de conditions qu'il est, dans les élevages ordinaires, impossible de préciser, ce sont celles que réalise le milieu nutritif. De même que les divers auteurs qui ont étudié les Drosophiles (du moins ceux qui ont donné des indications à cet égard), nous avons employé, pour leur élevage, des pommes de terre ou des fruits (pommes, raisins, bananes) crus ou cuits, sur lesquels se développaient des microorganismes producteurs de fermentations ou de putréfactions. Or, non seulement le milieu constitué par des pommes de terre, par exemple, n'est pas comparable à lui-même suivant la nature ou la provenance des tubercules, leur état de germination plus ou moins avancé, leur teneur en eau, etc., mais incessamment les microorganismes, champignons ou bactéries, se développent en surface ou en profondeur, modifiant l'état physico-chimique du milieu nutritif. Ces modifications sont trop nombreuses et trop variables pour que nous essayions d'en donner ici un aperçu, même succinct. Nous nous contenterons, pour fixer les idées, de résumer brièvement celles que nous avons vu se réaliser dans un ou deux cas particuliers. C'est ainsi qu'une marmelade de pommes, sur laquelle vivaient des Drosophiles, servait en même temps de milieu de culture pour des moisissures (*Penicillium*, *Oospora*), des levures et une bactérie (*Bacillus aceti*). Dans ce cas relativement simple, on comprend immédiatement que les levures transformèrent le sucre contenu dans la marmelade en alcool et gaz carbonique, tandis que le ferment acétique fabriquait, avec cet alcool, de l'acide acétique. Mais ces transformations variaient en nature et en intensité suivant les bocaux, suivant l'âge de la culture, suivant telle ou telle région de la marmelade dans le bocal.... Ici

la levure représentait la mutiplication la plus active ou réalisait la fermentation la plus énergique, là c'était, au contraire, le ferment acétique ou la moi-
sissure verte qui présentait le développement le plus considérable. Les moisissures qui, lorsqu'elles vivent en surface sont représentées par un mycélium
fructifère, se modifient, lorsqu'elles sont entraînées en profondeur par les
larves, et fonctionnent, dès lors, à peu près comme des levures. Lorsque la
levure a produit une certaine quantité d'alcool, cet alcool l'empêche de se multiplier davantage; de même, lorsque le ferment acétique a fabriqué une certaine quantité d'acide acétique, il travaille moins activement, en même temps
que le *Penicillium*, sous l'influence de cet acide, cesse de se développer et
végète misérablement. Il y a ainsi incessamment actions réciproques des micro-
organismes entre eux, avec les Drosophiles et avec le milieu, les produits du
fonctionnement des uns retardant ou favorisant le développement des autres. Si
on ajoute que ces développements et ces tranformations varient considérablement suivant la température, l'humidité, etc., on voit que ce qu'on donne aux
Drosophiles n'est pas de la marmelade de pommes, mais quelque chose d'extraordinairement complexe, dont la composition varie de jour en jour, d'heure en heure.

Si l'on se sert d'un autre milieu, tel que la pomme de terre, les transformations qui peuvent être réalisées ne sont pas moins considérables. La pomme de
terre peut être réduite en une bouillie semi-liquide, par suite de la peptonisa-
tion des albuminoïdes opérée par les bactéries liquéfiantes ou les levures ense-
mencées en profondeur; on peut observer l'hydrolyse de l'amidon et la fermentation du sucre produit. Ici encore, il s'agit d'une série de transformations
successives qui ne se produisent pas nécessairement toutes ou ne se produisent
pas en même temps en tous les points d'un même récipient et par suite réali-
sent un complexe que notre analyse ne peut suivre que de fort loin.

On conçoit qu'en présence d'un milieu dont l'inconstance et l'extrême variabilité sont les principales caractéristiques, on ne puisse songer à essayer de
préciser le déterminisme d'un phénomène quelconque présenté par des Drosophiles élevées dans de semblables conditions. Cette remarque constitue, à notre
avis, une critique fondamentale qui rend vaines les tentatives de déterminisme
effectuées par certains auteurs, que ceux-ci aient étudié les variations des Drosophiles et leur mode d'hérédité ou qu'ils aient eu pour objectif l'étude des
tropismes ou celle de la fécondité de ces Diptères.

L'importance, pour tous les organismes en général et pour les Drosophiles
en particulier, de la détermination possible du milieu ne résulte pas seulement
des considérations plus ou moins théoriques que nous avons exposées; c'est à
chaque instant que les faits observés dans les élevages nous ont montré le rôle
considérable qu'il convient d'attribuer aux modifications incessantes du milieu.
Quelque soit le moment considéré de la vie d'une mouche, son comportement,
ses réactions, peuvent varier considérablement, même pour des différences en
apparence minimes. Telle mouche, par exemple, qui pond un œuf à l'heure sur
de la pomme de terre, cesse de pondre si on la transporte sur de la carotte et
peut même mourir avec un abdomen énormément distendu sans avoir déposé
un seul œuf. Si on transporte une mouche, dont la ponte vient d'être ainsi
arrêtée, en un milieu plus favorable, on peut apercevoir des larves en quelques
heures, au lieu des 24 et 48 heures que demande ordinairement l'éclosion des
œufs. Il y a, par suite, de la rétention des œufs provoquée par le milieu, ache-
minement vers la viviparité.

Le rôle considérable du milieu nous est apparu, d'une façon particulièrement nettes dans une expérience où on éleva des Drosophiles, débarrassées de tout microorganisme, à l'exception d'une levure pure, sur divers milieux artificiels, fabriquées avec des substances chimiques définies et dosées. Les résultats se sont montrés parfaitement comparables dans les bocaux renfermant le même milieu artificiel, mais très différents pour les divers milieux.

Le rôle du milieu ne ressort pas moins nettement des faits concernant les mouches anormales, dont il a été question précédemment. Parmi les descendants de ces mouches à nervure supplémentaire, les anormales se rencontrèrent toujours en nombre plus considérable que dans les lignées où l'anomalie n'avait pas encore été observée. Si cette supériorité de pourcentage paraît devoir être attribuée à la différence de constitution physico-chimique, par contre les écarts successifs considérables de ce pourcentage, dans une même lignée, paraissent dépendre de conditions actuelles du milieu, d'ailleurs complètement indéterterminées.

Persuadés que toute étude de la biologie des Drosophiles ou du déterminisme de leurs variations, quelles qu'elles soient, resteraient infructueuses tant que les conditions de milieu ne seraient pas précisées, nous nous sommes proposé de débarrasser les mouches des microorganismes qui les accompagnaient dans les élevages et de substituer aux milieux nutritifs habituels des milieux de composition fixe et connue.

Nous ne pouvons donner ici le détail des procédés par lesquels nous avons réalisé le premier de ces deux desiderata, *à savoir l'obtention de lignées de Drosophiles en milieu stérile.* La seule manipulation aseptique des mouches, leur transport d'un récipient dans un autre, leur examen à l'abri de toute contamination nécessitent un outillage spécial et une technique particulièrement rigoureuse, que nous décrirons ultérieurement[1].

Afin de débarrasser les mouches des microorganismes qu'elles transportent avec elles, nous avons employé deux procédés principaux : l'isolement des mouches et le transport quotidien, de tube en tube, des femelles pondeuses. L'isolement permit de choisir celles d'entre les Drosophiles qui nous paraissaient les moins contaminées par l'examen de ce qui se développait sur le milieu de culture. D'autre part, le transport renouvelé chaque jour, sur un milieu préalablement stérilisé, des mouches à purifier, réalise un nettoyage extérieur et intérieur de ces mouches qui apportent ainsi, à chaque passage, un nombre de microorganismes de moins en moins considérable. Au bout d'un temps plus ou moins long cette purification graduelle est telle qu'on peut obtenir, pendant quelques heures, la ponte d'un certain nombre d'œufs sans que la mouche ait abandonné, en même temps, dans le récipient, aucun microorganisme. *C'est des mouches développées dans les tubes de passage, où aucune culture n'était apparue, que nous avons obtenu des lignées qui, depuis, sont demeurées complètement stériles.* Cette stérilité a été constatée par des préparations colorées, par des tentatives de culture aérobies et anaérobies, par des ensemencements sur bouillon, milieux gélatinisés, pomme de terre, carotte ; enfin des coupes de larves appartenant à nos lignées stériles n'ont pas montré à l'intérieur du tube digestif, trace de microorganismes, contrairement à celles provenant de milieux non stériles.

A. DELCOURT et E. GUYÉNOT. — Génétique et milieu. — *Bulletin scientifique de la France et de Belgique*, t. XLV, fasc. 4, 1911.

En plus du procédé général et parallèlement à lui, ont été employés toute une série de moyens appropriés à la nature des complexes microbiens, en présence desquels nous nous trouvions, et variant suivant les microorganismes dont nous désirions débarrasser les lignées de Drosophiles. C'est ainsi que nous avons eu recours à l'addition, dans le milieu nutritif, de substances antiseptiques (acide benzoïque, tanin, thymol, acide acétique), tandis que, dans d'autres cas, nous placions nos élevages à des températures diverses, sur des milieux nutritifs variés (milieux acides ou alcalins, pomme de terre, orange, carotte, fruits, milieux artificiels), parfois enfin nous avons eu recours à des milieux préalablement ensemencés avec une culture pure de l'un des microorganismes (levure pure, ferment acétique par exemple) que la mouche emportait avec elle.

En ce qui concerne la nature chimique du substratum nutritif, nous avons été amenés, par des considérations diverses, à réaliser l'élevage des Drosophiles stériles sur un mélange de levure de bière, d'eau et de coton, le tout stérilisé à l'autoclave avant l'emploi. Dans ces conditions, si le milieu n'est pas encore chimiquement défini, il présente du moins une constance infiniment plus grande que tous ceux employés jusqu'alors. Nous sommes en train d'ailleurs de remplacer ce milieu, encore imparfait, par un des milieux artificiels qui nous ont déjà donné de bons résultats. Nous connaîtrons alors qualitativement et quantitativement toutes les données du milieu nutritif.

Quels ont été les résultats jusqu'ici ?

On conçoit que, la stérilité de nos élevages étant d'acquisition toute récente, nous n'avons pu encore obtenir de notre méthode aucun résultat définitif, hormis la confirmation qu'elle seule permettra d'en obtenir. Si le milieu est stérile, il n'est pas encore suffisamment déterminé et sa détermination ne pourra se faire que par approximations successives ; cela ressort et de la logique et de la pratique.

Pratiquement, nous nous sommes attachés jusqu'ici à rechercher les conditions dans lesquelles chaque espèce de Drosophiles vit et se reproduit le mieux possible. Nous les trouvons et, ce faisant, nous constatons combien petites (pour l'observateur) sont parfois les différences qui, cependant, ont sur l'organisme considéré des effets considérables. Nous constatons aussi que, sans l'épuration préalable du milieu, l'importance de ces différences et souvent ces différences elles-mêmes seraient restées inaperçues.

Voici, par exemple, des fioles d'Erlenmeyer d'un litre, dans lesquelles nous avons mis 15 grammes de coton hydrophile et 250 centimètres cubes d'une dilution de levure de boulangerie du commerce. Dans les unes, la dilution a été faite à raison de 500 grammes par litre, dans les autres de 800. Toutes sont stérilisées à l'autoclave à 120° pendant 20 minutes. Dans les unes, celles à 800 par litre, tout se passe au mieux ; dans les autres, les mouches meurent presque toutes en sortant de la pupe, les ailes mal développées.

Voici encore des tubes à essai dans lesquelles nous faisons passer chaque jour la même mouche pondeuse. Dans les tubes des 24 et 26 juin, nous constatons, le 8 juillet, que des mouches sont sorties des pupes ; dans le tube du 25, il n'y a encore que des larves à moitié de leur développement. Ces tubes sont de même dimension, ils ont été préparés en même temps avec la même dilution de levure sur coton et stérilisés en même temps. Ils ne diffèrent que par le degré de sécheresse et c'est dans les tubes dont la surface du coton était desséchée que le développement était retardé. Dans le même autoclave en effet, à la même stérilisation, se produisent dans les tubes, ici ou là, des rentrées d'eau plus ou moins considérables. Ce n'est pas une fois, mais cinquante fois que nous constatâmes des effets analogues; nous pouvons contrôler par des pesées, avant et après, mais nous ne sommes pas encore maîtres de cette condition.

Dans l'un des tubes où le développement avait été ainsi retardé, nous avons trouvé une mouche qui présentait une formation supplémentaire de nervure sur les deux ailes, au même point où il en apparaît quand on met cette espèce en étuve à 30°. Dans le premier cas, la durée du développement est trois à quatre fois plus longue que celle prise comme étalon (la durée la plus rapide à 22°), dans le second cas, elle est moitié.

Que conclure? rien encore de précis relativement au déterminisme, mais l'affirmation que de telles conditions sont, pour le moins, aussi importantes que, par exemple, la température ou la présence de radium. Il ne suffit pas, en effet, qu'un observateur ait fait agir la température ou le radium pendant un temps x pour conclure que toutes les variations observées sont la résultante de ce qu'il a fait. On conçoit que, dans les milieux ordinaires, à complexes de microorganismes, précédemment décrits, où la quantité relative de substance nutritive et celle de l'eau varient d'un moment à l'autre, les différences de ces conditions restent nécessairement inaperçues. On vient de voir leur importance.

D'après ce que nous venons d'exposer, on comprendra que, si les tropismes (*lato sensu*) se présentent dans nos milieux stériles relativement définis, avec une netteté et une constance relativement considérables, il faudra cependant que la détermination du milieu soit plus complète, pour qu'ils puissent être étudiés avec fruit. Ce que nous pouvons affirmer dès maintenant, c'est qu'ils ne pourront l'être que dans ces conditions. Déjà nous avons pu constater que, dans certaines conditions, ils changent de sens, du moins en apparence. Le fait, par exemple, que les larves montent ordinairement dans les bouchons de coton, surtout au moment de la pupaison, tient uniquement aux conditions d'humidité. Les larves montent sur la paroi et se transforment en pupes dans le coton du bouchon, quand il y a assez d'humidité pour qu'elles adhèrent suffisamment à l'une et à l'autre. Dans le cas contraire, leurs mouvements les entraînent bien dans cette direction, comme dans toutes les autres, mais elles retombent après être montées plus ou moins haut, suivant leur nombre et le degré d'humidité.

Parmi les nombreux phénomènes dont le déterminisme s'éclaire avec la précision du milieu, la ponte est l'un des plus intéressants au point de vue de l'évolution. Comme nous l'avons déjà exposé, il suffit que des mouches passent de la pomme de terre sur de la carotte pour que la ponte s'arrête instantanément; l'eau produit le même effet. Dans certaines conditions, les œufs continuent à se développer dans l'intérieur de l'organisme maternel; dans d'autres, ils regressent. Nous n'insisterons pas sur l'importance de ces réactions qui, retentissant directement sur l'embryon, sont de celles qui, au point vue de l'avenir de la lignée, doivent surtout retenir notre attention. On comprend combien leur déterminisme serait impossible à rechercher, si l'on n'était à l'abri des modifications incessantes, corrélatives de la présence de microorganismes quelconques, et si l'on n'était tout à fait maître des conditions du milieu.

Évidemment nous ne prétendons pas arriver à connaître, d'une façon absolue, la totalité des conditions qui président à la production d'un phénomène. Nous espérons seulement supprimer les différences fondamentales qui, jusqu'ici, séparaient les expériences du physicien et du chimiste de celles que prétend faire le naturaliste pour étudier les êtres vivants. Dans aucun cas les expérimentateurs ne connaissent la totalité des conditions dans lesquelles ils opèrent, mais il faut et il suffit que l'effet des conditions, ignorées ou laissées de côté, soit pratiquement nul relativement à l'effet des conditions connues et déterminées. Si l'on connaît et peut mesurer les conditions de vie des êtres organisés, avec une approximation suffisante du déterminisme pour prévoir que, telles conditions étant réalisées, telles choses se passeront, on pourra entreprendre alors, au fur et à mesure des observations, les généralisations qui mettront la science de la vie au niveau des autres sciences.

VARIATION AND CONDITIONS
DROSOPHILA GROWN UNDER STERILE CONDITIONS

SUMMARY

In this communication, the authors aim at showing that in order to obtain reliable results in studying any organism, for example *Drosophila*, from any point of view, but especially from the evolutionary stand-point, it is essential that the conditions in which the organism exists should be precisely regulated. The authors have recognised this after experiments continued for three years on questions of heredity, and on the variations in the nervature of the wings, in *Drosophila*. They have found a suitable method, and have actually grown five generations of *D. ampelophila*, and one of *D. confusa*, in absolutely sterile conditions. The method will be described as precisely as possible in the case of physico-chemical conditions.

The authors have already obtained proofs which enable them to affirm that all those experiments of which many have been performed in recent years, and specially in America, on *Drosophila*, must necessarily give unreliable results, for the reason that the undetermined variations in the conditions and surroundings must mask the determinations which are the object of the research.

As regards the work of the authors, the facts derived from experiments continued for five generations in one case, and one generation in the other case, are not of sufficient extent to draw any deduction from except that of the necessity of this method. They have already, by using their precise method, obtained a constancy and regularity in their results which cannot be compared with the incoherence of previous observations. Their efforts are still restricted to perfecting their methods; before attempting to discover how the organism studied may react to variations in the conditions, they have attempted to find the most favourable conditions both for the individual, and for the reproductive functions. Both these conditions are fulfilled by the use of our sterile media, and that in a higher degree than has been known previously, either in natural or artificial conditions. For instance the descendants of a single fly, in one receptacle, in the course of less than a month, must be counted by millions, and yet there are no deaths, and none of the numerous anomalies which formerly were so often met with, such as mutilated or recurved wings, or distended wings (anomalies which in some cases, might have been regarded as mutations, according to the statements of certain authors). In sterile media, the variations are more constant and more distinct, and one may hope to interpret them when the conditions are exactly regulated. The observations already made begin to throw light on the facts concerning oviposition, which in *Drosophila* is particulary susceptible.

It is obvious and might have been foreseen, that the determination of the best conditions can only be made by successive approximations, which procedure has the advantage of showing the lines followed by the reactions of the organism studied; in the case of *Drosophila* in particular, it is noticeable that their development is closely connected with the degree of dilution of the nutrient media employed. Very slight differences in the amount of water, or in the amount of nutritive substance proportional to a given weight of cotton, in a receptacle of a given capacity, affect the organism at least as much as great changes in temperature. The effect of these differences, when they do not give rise to fatal consequences, is to increase the length of time required for development (three or four times) and this delay may be accompanied by anomalies in the nervature of the wing, similar to those caused by a temperature of 50°C. On the other hand, a temperature of 50°C. reduces the development period to about half as much as that taken as the standard, viz., the shortest period at 22°C. It may be conceived that these variations in the surroundings may produce modifications in the organism as great as those caused by tangible factors such as temperature or the action of radium. One can imagine how great is the need to throw light on these conditions, and on others of which we are doubtless still ignorant. These few facts are sufficient to justify the theoretical and practical interest that the authors attach to their method, and to the results already obtained. They would be glad to see their opinion shared by all those engaged in the study of living organisms, specially from the genetic point of view.

M. BATESON. - Est-ce que cette nervure supplémentaire se produit chez tous les individus ?...

M. DELCOURT. — Elle ne se produit pas chez tous les individus; lorsque nous avons mis en étuve à 50 degrés, elle s'est produite à peu près chez 50 pour 100 des individus. Il apparaît bien qu'à côté des conditions actuelles, qui déterminent ces nervures, il y a toujours la constitution de l'être organisé qui fait que celui-ci est plus ou moins apte à subir cette modification. La difficulté est, en présence d'une variation de ce genre, de déterminer quelle est la part de l'hérédité, la part de la constitution reçue par l'être, et la part des facteurs actuels.

M. BATESON. — Cela ne se produit nullement dans les autres élevages ?

M. DELCOURT. - Pour *ampelophila*, je n'ai jamais rencontré cette nervure supplémentaire dans les autres élevages, et j'en ai vu 50 000. Chez *confusa*, où j'ai trouvé, au contraire, la nervure supplémentaire dans mes bocaux d'élevage sans qu'il y ait de facteurs extérieurs connus, je l'ai rencontrée également ailleurs, mais dans de moins grandes proportions.

L'OBLITÉRATION DE LA REPRODUCTION SEXUÉE CHEZ LES CHERMES [1]

Par Paul MARCHAL

Professeur à l'Institut national agronomique, Paris.

Dans une note antérieure, j'ai étudié les phénomènes de régression que subit la reproduction sexuée dans le cycle du *Chermes pini* : si cette réproduc-

Phot. Pirou.

M. P. MARCHAL.

tion sexuée s'effectue d'une façon normale chez la race orientale du *Ch. pini* qui accomplit des migrations régulières sur le *Picea orientalis*, elle avorte au contraire chez la race indigène, qui s'est habituée à vivre par parthénogenèse indéfinie sur les pins, et l'on constate que, chez cette race indigène, la lignée des sexuées ne comporte que des femelles, aussi profondément différenciées des lignées parthénogénétiques que les femelles produisant l'œuf d'hiver chez le Phylloxéra le sont des radicicoles et des gallicoles.

La reproduction bisexuée devenue inutile chez le *Chermes pini* indigène a donc régressé; mais cette régression n'a abouti qu'à la suppression ou à l'extrême raréfaction de l'un des deux membres, le sexe mâle, c'est-à-dire celui qui présente la plus haute différenciation sexuelle.

La femelle, bien que différenciée pour la reproduction bisexuée, a persisté, mais comme une sorte de rudiment infonctionnel et inutile. J'ai donné à ce phénomène de la disparition ou de l'extrême rareté des mâles dans une lignée nettement spécialisée pour la reproduction bisexuée le nom de *spanandrie*. Chez le *Chermes pini*, la spanandrie est particulièrement frappante en raison de l'abondance des femelles : c'est par centaines de mille que j'ai vu cette année ces dernières, entassées et chevauchant les unes sur les autres, de façon à former de larges amoncellements rangés sur les troncs des jeunes Épicéas au niveau des verticilles; ces agglomérations persistèrent depuis le milieu de juin jusqu'à la seconde semaine de juillet, sans qu'aucun mâle pût être observé.

La spanandrie du *Chermes pini* n'est pas, d'ailleurs, un fait unique, et cette année, j'ai constaté une oblitération de la reproduction sexuée s'accompagnant du même phénomène chez une espèce assez voisine, le *Chermes strobi*, qui vit sur le *Pinus strobus* et dont j'ai découvert la reproduction sexuée rudimentaire sur un Épicéa américain, le *Picea nigra*. Les ailés sexupares du *Chermes strobi* émigrent en grand nombre des *Pinus strobus* pour se fixer sur cet Épicéa, et ils n'y donnent que des femelles qui, faute de mâles, ne fournissent pas de descendance. Il est vraisemblable qu'il existe en Amérique une autre race du *Chermes strobi*, présentant une génération sexuée normale sur le *Picea nigra* ou sur une

---

autre espèce d'Épicéa du Nouveau Monde, et cette race américaine doit se trouver dans les mêmes rapports avec notre race européenne du *Ch. strobi*, que le *Ch. pini orientalis* avec notre *Ch. pini* indigène. Ce sera la tâche des naturalistes américains de rechercher si cette race, que les faits observés en Europe font prévoir, existe bien en réalité dans leur pays.

Un autre type d'oblitération de la reproduction sexuée, beaucoup plus avancé que les précédents, est celui que l'on rencontre chez le *Chermes piceæ*. Le *Chermes piceæ* Ratz. est actuellement connu comme vivant exclusivement par parthénogenèse sur l'*Abies pectinata* de nos forêts; mais il est extrêmement voisin du *Chermes Nüsslini* dont il a été distingué morphologiquement par Börner et qui, ainsi que je l'ai établi, offre une génération sexuée normale sur le *Picea orientalis*. Il existe donc entre le *Chermes piceæ* et le *Chermes Nüsslini* des relations analogues à celles qui se présentent entre le *Chermes pini* indigène et le *Chermes pini orientalis*. Mais, tandis que ces deux derniers ne constituent que deux races non morphologiquement distinctes, le *Ch. piceæ* et le *Ch. Nüsslini* présentent, au contraire, des différences morphologiques légères, mais constantes, et les longues expériences que j'ai faites pour obtenir une transformation ou une mutation de l'une des deux formes dans l'autre, ne m'ont donné, jusqu'ici, que des résultats négatifs. En conséquence, le *Chermes Nüsslini* peut être considéré comme la souche dont est dérivé le *Chermes piceæ*, de même que le *Chermes pini orientalis* représente la souche dont est dérivé le *Chermes pini* indigène. Seulement, dans le premier cas, la séparation est complète et les deux lignées, *Ch. Nüsslini* et *Ch. piceæ*, présentent un caractère spécifique que l'on ne trouve pas encore dans les deux races du *Chermes pini* : cette séparation spécifique s'exprime : 1° par une différenciation morphologique constante, bien étudiée par Börner, 2° par une régression de la reproduction sexuée beaucoup plus avancée que chez le *Chermes pini*.

Jusque dans ces derniers temps, le *Chermes piceæ*[1] avait été considéré comme ne présentant pas d'ailés, de sorte que toute trace de la génération migratrice des sexupares, qui passe des Abies sur les Épicéas pour y produire des sexués, semblait avoir disparu chez cette espèce.

Mais j'ai démontré dans une note précédente que l'on peut voir, chez cette espèce, d'une façon exceptionnelle, apparaître des ailés ayant les caractères extérieurs des sexupares et présentant d'ailleurs les caractères morphologiques propres au *Ch. piceæ*. Cette année, j'ai même obtenu, sur un *Abies pectinata*, ces ailés en assez grand nombre, au moyen d'une culture pure de la descendance d'un individu qui s'était fixé, en pleine campagne, sur une aiguille d'Abies. Ce fait m'a permis d'étudier la biologie de ces ailés du *Chermes piceæ* et j'ai pu alors me convaincre qu'ils n'ont pas de tendance à émigrer sur les Épicéas, mais qu'ils sont, par contre, susceptibles, au moins pour un bon nombre d'entre eux, de se fixer sur l'*Abies pectinata* où ils produisent non pas des sexués, mais des individus parthénogénétiques (caractérisés par leurs longues soies rostrales). Ces ailés du *Chermes piceæ* sont donc des *exsules alatæ*, c'est-à-dire qu'ils sont du type qui se substitue aux sexupares, lorsqu'il y a dans une espèce de Chermes régression de la reproduction sexuée. Les *exsules alatæ* avaient été déjà signalés par Cholodkovsky chez le *Chermes pini*, et j'ai expérimentalement, pour cette

---

1. Nüsslin a décrit des migrations rudimentaires du *Ch. piceæ*; mais à ce moment le *Ch. Nüsslini* n'avait pas encore été distingué du *Ch. piceæ*. Or, c'est sur le *Ch. Nüsslini* ou sur un mélange des deux espèces que portent en réalité les observations de Nüsslin.

espèce, confirmé leur existence qui avait été niée par Börner; mais, tandis que, chez le *Chermes pini*, les *exsules alatæ* existent côte à côte avec des sexupares dans l'abondante lignée des ailés, au contraire, chez le *Ch. piceæ* les sexupares paraissent être entièrement disparus dans une lignée d'ailés devenue elle-même rudimentaire. L'oblitération de la reproduction sexuée atteint donc son plus haut degré chez le *Ch. piceæ* et elle ne se trouve rappelée dans son cycle évolutif que par l'apparition accidentelle d'ailés tenant la place des sexupares, mais n'en ayant pas les propriétés physiologiques, puisqu'ils n'émigrent pas sur les Épicéas et n'engendrent que des individus parthénogénétiques.

THE SUPPRESSION OF SEXUAL REPRODUCTION IN CHERMES

SUMMARY

In a former note, the author has given the results of his research on the life history of *Chermes pini*. In the indigenous race of this species sexual reproduction does not take place; although large numbers of functionless females are produced, not a single male has been observed. On the other hand, the oriental race of *Ch. pini* possesses a normal sexual stage. The author designates this phenomenon, in which males are absent, as *spanandry*.

Since the above note was published, a very similar case of the suppression of sexual reproduction has been observed in *Ch. strobi* which lives on *Pinus strobus*. A rudimentary sexual stage takes place on *Picea nigra*. Winged forms migrate in large numbers to *Picea nigra*, where they give rise solely to females. It is probable that in America there exists another race of *Ch. strobi*, in which the normal sexual stage occurs on *Picea*.

A third type on which the sexual stage has hitherto been thought to be completely obliterated, is found in *Ch. piceæ* Ratz. This species lives on *Abies pectinata*; it is very near *Ch. Nusslini* from which it is distinguished morphologically, and also by the fact that sexual reproduction does not occur. The author has found that in *Ch. piceæ* winged forms occasionally may appear; these forms do not migrate to Picea, but remain on *Abies pectinata* where they produce parthenogenetic forms.

M. le Professeur YVES DELAGE. — Si personne ne fait d'observations, je me permettrai cependant de faire remarquer l'intérêt extrême de cette communication.

Ces animaux étant fort peu étudiés en général, peut-être tout le monde n'a-t-il pas saisi, au premier abord, la grande importance du rapport de M. Marchal. Au fond, il ne s'agit de rien moins que de l'établissement d'un certain nombre de faits prouvant l'existence d'espèces physiologiques, c'est-à-dire d'espèces montrant des caractères qui ne se rencontrent pas seulement dans leur anatomie, mais dans leurs mœurs.

L'HÉRÉDITÉ DE LA COULEUR DE LA ROBE CHEZ LE CHEVAL [1]

Par le D' Ad. R. WALTHER

Biologische Versuchsanstalt Vienne (Autriche).

Le point de départ donné pour toutes les recherches de l'hérédité des couleurs du cheval est le fait, premièrement reconnu par Crampe, interprété ensuite par Hurst dans l'esprit des règles de Mendel, et vérifié par d'autres, à savoir que deux alezans ne produisent que des poulains alezans. A ce fait, je n'ai à ajouter que quelques mots :

A.) Je ne puis, pour les raisons suivantes, me ranger à l'opinion du professeur Bateson et de Miss Durham, qui appellent jaune la couleur fondamentale de l'alezan ;

1° Il faut réserver le mot « jaune » à ce pigment du cheval qui serait comparable à la couleur jaune des autres animaux jusqu'à présent examinés.

2° Je ne puis trouver aucun point d'appui pour l'opinion qu'il est permis de séparer du groupe des alezans une forme portant, à la différence des autres alezans, le pigment « chocolat » (Le « liver-chestnut »). Il n'y a surtout aucun argument génétique pour cette interprétation.

B.) Il y avait jusqu'à présent, dans toutes les listes généalogiques des cas qui semblaient être des exceptions à la règle que deux alezans ne produisent que des alezans. Une grande partie de ces cas ont été reconnus faux, mais les autres étaient difficilement explicables. C'est pourquoi il est important de constater que le 5ᵉ volume des listes généalogiques des Haras royaux de Trakehnen — peut-être les plus exactes de toutes les listes généalogiques de chevaux — ne montrent aucune exception, quoiqu'elles énumèrent beaucoup plus de 1000 poulains, dont les deux parents étaient des alezans. (Je n'ai pas exactement compté le nombre.)

C.) Le pigment noir ne manque pas complètement à l'alezan. Une grande partie des alezans dont j'ai fait l'examen, avait du pigment noir en petite quantité dans les crins. Mes chiffres ne permettent pas des indications générales, parce que je n'ai pas exploré un assez grand nombre de races différentes. Mais je crois que beaucoup plus que la moitié de tous les alezans ont du pigment noir en petite quantité [2].

Il résulte du fait que deux alezans ne produisent que des poulains alezans que ce pigment noir ne se montre jamais dans la postérité en plus grande quantité que chez les parents.

Si l'on compare cette observation avec les indications sur la conduite héréditaire de la pigmentation noire plus répandue, indications qui suivront dans une autre partie de cette communication, on verra que c'est un fait très remarquable.

---

1. Communication faite à la quatrième séance de la Conférence.

2. La communication de Bateson (*Mendel's principles of heredity*, 1909. p. 125) sur les « types intermediate between chestnut and the dominant bays and browns » concerne peut-être le même sujet. Le Prof. Bateson laisse en blanc la question s'il s'agit de « cases of imperfect dominance » ou si ces types sont produits par des facteurs de dilution pour la pigmentation noire.

L'interprétation la plus raisonnable du fait que deux alezans ne produisent que des alezans est la supposition que cette couleur de la robe du cheval résulte de l'association de tous les facteurs récessifs des couleurs du cheval. (L'albinisme dans ce cas spécial excepté). Il s'agit de chaque unité récessive dans les paires allélomorphes suivantes :

> Jaune — rouge.
> Pigment noir — sans pigmentation noire (sauf les petites quantités de pigments noirs susmentionnées).
> Leucotrichie — tous les poils sont pigmentés.
> Tacheture — La tacheture manque.

Commençons par considérer la première paire :

La couleur de fond de tous les chevaux est jaune ou rouge ; mais on ne peut le constater que quand ces deux couleurs du fond ne sont pas couvertes par des facteurs épistatiques.

Quant au rouge, la couleur de fond de l'alezan et du bai, il n'y a rien à ajouter. Mais il faut spécialiser la couleur jaune parce qu'elle n'a presque jamais été traitée.

Jaune est dominant sur rouge. Parmi plus de 270 chevaux jaunes dont je connais les couleurs des parents, il n'y en a que neuf qui n'ont pas au moins un parent jaune ou portant des facteurs épistatiques couvrant la couleur du fond. Et parmi ces 9 cas, il n'y en a aucun qui soit absolument sûr mais quelques-uns sont très invraisemblables.

Tout le monde sait que la couleur jaune est rare chez le cheval, et il était difficile de rassembler les matériaux nécessaires en assez grand nombre pour démontrer la justesse de mon opinion. En passant, j'ajoute qu'il est généralement difficile d'assembler des tableaux authentiques pour le cheval, parce que le petit nombre des enfants d'une jument est la cause d'un manque de sûreté très embarrassant. C'est pourquoi il est difficile d'assembler des tables qui montrent le croisement de deux chevaux hétérozygotes pour un certain facteur. Pour cette raison, j'ai préféré ne me rapporter qu'aux tableaux qui montrent le croisement d'un cheval hétérozygote avec un cheval qui est récessif pour ce facteur, parce qu'il est beaucoup plus facile de trouver de cette manière une assez grande quantité d'exemples. Je tire un tel tableau pour jaune des matériaux rassemblés par Crampe[1]. Il montre le croisement des juments jaunes dont je suis sûr qu'elles étaient hétérozygotes. avec des étalons dont la couleur fondamentale était rouge.

Tabl. 1. Jaune [hétérozygote] × *Rouge.* 29 ♂ ♂ + 16 ♀ ♀.

COULEURS DES PARENTS	COULEURS DES POULAINS	
	Jaune	Rouge
♂ ♂ Bais + ♀ ♀ Jaunes. . . .	28	25
♂ ♂ Alezans + ♀ ♀ Jaunes . .	5	9
En total.	33	32

Chez le cheval sauvage, *Equus Przewalski*, jaune est juxtaposé à côté de rouge. En général, le dos, les parties latérales du tronc et de l'encolure sont rouges, le ventre est jaune pâle, les crins et les parties inférieures des extré-

1. Crampe (H.). Die gelben Pferde von Ivenack. *Landwirtschaftl. Jahrbücher.* 1887.

mités sont noires. Mais la couleur est très variable, il y a même des individus complètement jaune pâle sans rouge ni noir. Je ne puis donner des renseignements quant à la manière par laquelle il faut interpréter la présence des deux pigments chez le même cheval, parce que les expériences sur le croisement de *Equus Przewalski* et du cheval domestique n'éclairent pas cette question. Mais il est sûr que les couleurs ne sont pas arrangées en ordre annulaire dans le même poil tel qu'on l'aurait pu supposer en analogie avec autres espèces. Chaque poil ne montre qu'un seul pigment[1].

La pigmentation noire. — Nous discuterons l'hérédité de ce pigment d'abord sans regard à la quantité, n'exceptant que les petites quantités qu'on trouve dans les crins des alezans.

Le pigment noir fait d'un cheval jaune : l'isabelle aux crins noirs; d'un cheval rouge : le bai, le bai brun, le bai clair; et, si le pigment noir couvre complètement la couleur du fond, de l'un et de l'autre : le moreau. La présence est dominante sur l'absence, fait déjà prouvé par Hurst; ce pigment est épistatique aux couleurs du fond, mais hypostatiques à la leucotrichie et la leucodermie.

Tabl. II. ♂ ♂ avec pigmentation noire. 8 Moreaux et 6 Bais.

hétérozygotes quant au mélanisme × ♀ ♀ *Alezans.*
Matériaux de Trakehnen).

NOMBRE DES POULAINS

Avec pigmentation noire	Sans pigmentation noire
Moreaux ou Bais. . 45	Alezans. 46

Sturtevant[2] a déjà donné un pareil tableau en assemblant les renseignements sur des chevaux d'Amérique. (Il faut cependant ôter de ce tableau les chevaux gris qu'il a faussement inclus dans celui-ci).

Il reste maintenant à prouver le fait qu'un cheval de pigmentation noire peut porter non-seulement une, mais aussi les deux couleurs de fond. Voici la descendance d'un étalon noir de Lippiza, nommé Neapolitano.

Tabl. III. Enfants de Neapolitano [Étalon noir; couleur de fond: jaune heterozygote].

COULEURS DES ♀ ♀	COULEURS DES POULAINS			
	Blanc	Noir	Jaune	Rouge
Blanc	5	1	5	1
Noir	5	20	2	—
Jaune	—	—	1	—
Rouge	—	9	7	15

Il en résulte que, à moins qu'on ne veuille supposer un triple allélomorphisme, le pigment noir ne peut pas être allélomorphe à jaune ou rouge.

Leucotrichie. Elle se caractérise par des poils blancs qui se trouvent entremêlés de poils pigmentés sur la peau pigmentée.

De cette manière, il résulte un cheval gris ou blanc. Ce facteur ne se montre que quelque temps après la naissance, les chevaux qui seront plus tard des chevaux gris sont nés alezans ou bais, etc. La leucotrichie s'étend pendant

1. Je dois la plupart des communications sur *Equus Przewalski* et ses croisements à la bienveillance de M. Falz-Fein, Askania-Nova, Russie du Midi, qui a élevé un grand nombre de chevaux de cette espèce et des produits de son croisement avec chevaux domestiques.
2. Sturtevant (A.-H. jr.), On the Inheritance of Color in the American Harness Horse. *Biological Bulletin*, XIX⁰ vol., 1910, p. 204-16.

le développement du cheval et fait des progrès même chez les chevaux adultes.

Il y a différentes espèces de leucotrichie, suivant la différence de la distribution des poils blancs parmi les poils pigmentés aux différentes parties du corps. Cependant je ne puis donner aucun renseignement sur la nature de ces différences considérées au point de vue héréditaire. Mais toutes ces espèces de leucotrichie dont j'ai fait l'examen jusqu'ici sont sans doute produites par le même facteur.

Fig. 1.

En assemblant les matériaux pour le tableau qui montre le croisement des chevaux gris, il faut user de précaution, parce qu'on ignore si un poulain sera cheval gris ou ne montrera pas la leucotrichie à l'état adulte. C'est pourquoi il faut supprimer du tableau tous les poulains morts jeunes parce que ce sont des cas trop peu sûrs.

Fig. 2.

Tabl. IV. 6 Juments grises hétérozygotes] × Étalons sans poils blancs.
(Matériaux de Trakehnen.)

	NOMBRE DES POULAINS	
	Gris	Sans poils blancs
	21	29
dont mourraient en jeune âge. .	2	8
	19	21
Nombre attendu	20	20

Nous ajoutons aussi, pour ce facteur, la preuve qu'un cheval peut porter jaune et rouge et cumulativement : la leucotrichie.

Tabl. V. Enfants de Conversano [Étalon blanc : couleur de fond : jaune hétérozygote].

(Matériaux de Lippiza.)

COULEURS DES ♀ ♀	COULEURS DES POULAINS			
	Blanc	Noir	Jaune	Rouge
Blanc	4	1	3	4
Noir	0	1	1	5
Rouge	3	—	5	7

Leucodermie. — Tacheture. Elle se présente en deux formes :

I. La tacheture en plaques, la forme ordinaire. Les parties blanches de la peau avec des poils blancs sont

Fig. 5.

distribuées selon des règles prononcées. La pigmentation se concentre en cinq centres réguliers qui souvent, s'il n'y a que de petites parties blanches, se joi-

Fig. 4. — Fig. I-IV. Différents degrés de tacheture. (Tenir compte de la tache de la mâchoire inférieure dans la figure 4). Les parents de ces chevaux sont inconnus.

gnent en entier ou partiellement. Ces centres se trouvent : à la tête (ganaches) ; à la partie antérieure de la poitrine, derrière le garrot ; à la partie latérale du tronc (un peu devant et au-dessous de la hanche) ; au commencement de la queue[1]. (Voy. fig. I.-IV.)

[1]. Ces taches correspondent en général avec les taches que Castle a trouvées pour la tacheture du cobaye : « eye, ear, shoulder. side, rump » (Heredity of Coat-Characters in Guinea-pigs and Rabbits. *Carnegie Inst. Publ.*, No. 23, 1905).

Le degré le plus avancé, la perte totale de la pigmentation de la peau, donne naissance aux « weissgeborenen Schimmel » (chevaux nés blancs) aux yeux noirs qui étaient élevés à Herrenhausen près Hannovre pendant une grande partie du siècle passé.

La présence du facteur de la tacheture est dominante sur le manque de ce facteur et épistatique sur tous les autres facteurs de la couleur du cheval jusqu'à présent examinés : jaune, rouge, pigmentation noire, leucotrichie.

Tabl. VI. Cheval pie [hétérozygote] × cheval non pie.

	NOMBRE DES PARENTS PIES		NOMBRE DES POULAINS	
	♂♂	♀♀	Pies	Non pies
Lippiza	1	5	29	23
Trakehnen Iᵉʳ vol. .	1	8	25	26
Trakehnen IIIᵉ vol. .	—	5	11	9
Prusse Occident. . .	—	5	15	15
Salzburg	8	12	9	16
		41	87	87

II. Il y a en outre une autre forme de tacheture plus rare. La tacheture en caparaçon. C'est une plaque de peau blanche à la croupe (fig. 5) qui peut s'étendre sur le dos et les parties latérales des cuisses. Dans la plupart des cas (peut-être toujours) ces chevaux sont tigrés, c'est-à-dire il y a des taches rondes de poils pigmentés aux parties de la peau non pigmentées. Les taches se trouvent aussi aux parties avec poils blancs si le cheval montre le facteur de la leucotrichie en plus (fig. VI). Le seul cas, que je connaisse où un cheval porte des poils pigmentés sur la peau non pigmentée. Cette forme de tacheture est pareillement épistatique sur les deux couleurs de fond, le mélanisme et la leucotrichie.

Fig. 5. — Tacheture en caparaçon (reproduite du IIᵉ vol. des Listes généalogiques des douzes Sociétés pour l'élevage des chevaux du Duché de Salzburg.).

Cependant je ne puis donner — faute de matériaux suffisants — des renseignements sur :

1) Les relations mutuelles des deux formes de leucodermie.

2) Le rapport de la tacheture en caparaçon avec l'état tigré. (Je suppose qu'il s'agit de deux unités héréditaires indépendantes l'une de l'autre, mais je n'ai vu en tout qu'un petit nombre de chevaux dans la rue qui pourraient appuyer cette opinion et je ne connais les données héréditaires d'aucun).

Albinisme. - Est très rare chez le cheval. Je ne connais que trois cas de naissance de chevaux leucéthiopiens qui se sont produits pendant les dernières quarante années, tous provenant de deux animaux rouges. (Partie avec, partie sans pigmentation noire). Il n'y a pas de doute que l'albinisme est récessif à la pigmentation.

Il résulte du fait que la leucotrichie et la leucodermie d'une part et l'albinisme de l'autre se trouvent aux deux fins du rang des facteurs épistatiques l'un à l'autre, que l'albinisme n'a pas du rapport essentiel aux autres susdits facteurs. Pour cette raison il était opportun de renoncer au terme ambigu, albinisme

« partiel » et de le remplacer par les termes « leucotrichie » et « leucodermie » qui sont plus exacts.

Jusqu'à présent nous n'avons discuté les couleurs que par rapport à la

Fig. 6. — Tacheture en caparaçon (qui se borne en ce cas à la croupe et aux parties supérieures des cuisses). Leucotrichie (qui couvre toutes les autres parties de la robe).

qualité. Nous faisons suivre une considération brève quant à l'hérédité quantitative.

Je ne puis donner des renseignements quant à l'hérédité des différentes nuances de jaune et de rouge. Il faut cependant examiner les différents degrés du mélanisme. (En tant que les matériaux, à ma disposition, insuffisants pour en déduire des faits positifs, permettent des conclusions, les degrés de la leucodermie et de la leucotrichie se transmettent héréditairement comme le mélanisme).

Nous commençons en examinant le tableau suivant :

Tabl. VII. Croisements des Moreaux [III° vol. de Trakehnen, Juments n° 1 500].

COULEURS DES PARENTS	COULEURS DES POULAINS		
	Moreau	Bai	Alezan
Moreau × . . . . Moreau.	504	2¹	68
Moreau × . . . . Bai.	90	200	9
Moreau × . . . . Alezan	8	42	21

Le premier résultat de cette exploration est la reconnaissance que deux chevaux au degré le plus avancé de mélanisme ne produisent que des moreaux ou des alezans, c'est-à-dire des poulains sans (ou presque sans) pigmentation noire. Ou plutôt, deux chevaux au degré le plus avancé de mélanisme ne produisent jamais des chevaux à un degré moins avancé.

1. Les deux Bais sont en réalité des Moreaux. Il est absolument sûr qu'il ne s'agit que des fautes d'impression, parce que les deux chevaux vivent encore.

Voilà la place d'insérer une preuve de l'affirmation avancée plus haut, que des chevaux qui portent en même temps la pigmentation noire et la couleur de fond jaune transmettent ces deux pigments indépendamment l'un de l'autre. Si cette opinion est exacte, tous les chevaux à la couleur fondamentale jaune, qui sont produits par deux moreaux, seront ou complètement noirs, ou jaunes sans aucune pigmentation noire. Ce dernier cas, la production de chevaux jaunes par deux moreaux ne se trouve que deux fois dans tous mes matériaux. (Voyez Tabl. III.) Tous les deux sont de Lippiza et sont dénotés « Hermelin », c'est-à-dire un cheval jaune sans pigmentation noire. Malgré le petit nombre de cas c'est une preuve positive parce que sur 1200 chevaux de Lippiza cette désignation ne se trouve en somme que trois fois.

Nous pouvons interpréter le fait que deux moreaux ne produisent jamais des chevaux à pigmentation noire moins avancée, en supposant que le degré plus avancé est récessif au moins avancé. (La petite quantité qui se trouve chez l'alezan a évidemment une toute autre signification au point de vue héréditaire.) Il reste à examiner si cette supposition est vérifiée aussi pour les autres degrés du mélanisme. Mais une telle preuve n'est pas fournie par les listes généalogiques de haras ordinaires parce que les désignations des chevaux bais ou bai-bruns de ces listes sont la somme de deux facteurs différents :

1) Le degré du mélanisme.
2) La nuance de la couleur rouge.

En dehors des erreurs qui se trouvent surtout souvent dans ces désignations, l'ingérance du deuxième point rend peu utilisables ces listes pour des recherches quant au premier point. J'ai cependant réussi à assembler parmi les matériaux des Haras de Trakehnen les deux tableaux suivants qui montrent : qu'aucune de 38 juments bai clair n'est produite par deux bais foncés; qu'il y a cependant beaucoup de moreaux qui sont produits par des bais, spécialement par des bais obscurs. Voilà des faits qui rendent vraisemblable la justesse de notre supposition que les degrés plus avancés du mélanisme sont récessifs aux moins avancés.

Tabl. VIII. Origine de 38 Juments bai-clair nées de Parents bais.

Trakehnen 3e vol.

COULEURS DES PARENTS	NOMBRE DES JUMENTS BAI-CLAIR
Bai-clair × bai	8
Bai-clair × bai-brun	1
Bai × bai	17
Bai × bai-brun.	10
Bai × moreau	2

Des 76 parents de ces 38 juments étaient : 15 bai-brun ou moreau.
63 bai ou bai-clair.

Tabl. IX. Origine des Moreaux nés de Parents bais.

Trakehnen 3e vol.

COULEURS DES PARENTS	NOMBRE DES POULAINS NOIRS
Bai-brun × bai-brun.	9
Bai-brun × bai	8
Bai-brun × bai-clair.	2
Bai × bai.	4
Bai × bai-clair	1

Des 48 parents de ces 24 moreaux étaient : 28 bai-brun.
20 bai ou bai-clair.

On a prétendu plus d'une fois que l'un ou l'autre degré de mélanisme ne se trouve qu'à l'état hétérozygote. Le tableau suivant réfute cette opinion. Il montre la descendance de trois étalons de Trakehnen, un bai, un bai-brun, un moreau qui sont tous homozygotes pour mélanisme.

Tabl. X. Descendance de 3 Étalons.

Trakehnen 3ᵉ vol.

	COULEURS DES POULAINS		
	Moreaux	Bais	Alezans
Hirtenknabe, Moreau. 1891-1901 . . .	85	6	0
Optimus. Bai-brun. 1896-1905. . . .	70	158	0
Le Justicier, Bai, 1907-1909.	0	77	0

Considérons enfin les résultats généraux de cette discussion. Nous avons constaté que toutes les variations de la couleur du cheval sauvage qui se trouvent *maintenant* chez les chevaux domestiques sont dominantes, ou mieux dit, épistatiques sur cette couleur sauvage. Par ce fait le cheval est en opposition avec l'autre extrême, quant au caractère héréditaire des couleurs (souris et rat) qui montrent toutes les variations de domestication, hypostatiques à la couleur sauvage.

En considérant ce fait, on n'a rien dit cependant quant aux variations qui se sont présentées, en effet, dans le courant de la domestication. on n'a pas constaté qu'il n'y avait absolument jamais des caractères hypostatiques chez le cheval ni des caractères épistatiques chez souris et rat[1]. Ce sont des questions absolument différentes : l'apparition d'une variation d'une part et sa conservation par l'élevage de l'autre part. Il me semble qu'on n'a pas suffisamment distingué jusqu'à présent ces deux phénomènes.

Il y a au contraire des faits qui nous renvoient à la supposition que la manière de l'élevage produit une certaine sélection de facteurs épistatiques chez le cheval ou de facteurs hypostatiques chez la souris et le rat.

Regardons la manière de l'élevage dont l'homme s'est servi pour ces deux groupes d'animaux domestiques. Il est sûr que les rats et les souris étaient élevés en état domestique ordinairement par extrême propagation « en dedans ». Pour le cheval cependant nous pouvons soutenir avec assurance que dans le courant des siècles derniers — et peut-être déjà depuis beaucoup plus longtemps — il a été élevé en « propagation en dehors » c'est-à-dire on a évité exprès le croisement des proches parents.

On ne peut pas douter que ces circonstances ne soient pas sans influence sur la perte ou sur la propagation de variations qui se sont présentées. J'expliquerai cela en me servant comme exemple de l'albinisme du cheval. On a essayé au xviiiᵉ siècle en Salzburg — nous sommes assez bien informés de ces expériences — d'élever des chevaux leucéthiopiens. On n'a pas réussi parce que ce caractère s'est souvent perdu tout à coup en croisant des albinos avec des chevaux pigmentés et n'est pas reparu parce qu'on a évité la propagation « en dedans ».

Il s'ensuit que l'influence de la domestication ne se borne pas à mettre les animaux en des situations modifiées quant à la nourriture, le climat, etc. Il reste encore à considérer une circonstance. Dans l'état sauvage les animaux se reproduisent à un certain degré moyen d'affinité de sang des deux animaux

---

1. Pour la souris. l'existence d'une forme de tacheture épistatique a été montrée par Miss Durham

s'accouplant dont la mesure absolue est sans importance pour ces recherches. Ce degré d'affinité — nous le considérons toujours en moyenne — est modifié arbitrairement par la domestication, dans un sens ou dans l'autre. Il me semble que ces circonstances exercent une influence très grave quant à la propagation ou la perte des variations qui se sont présentées. C'est pour ces raisons qu'on n'est pas libre de tirer des conclusions générales sur les espèces de variations qui se trouvent maintenant parmi les animaux domestiques. Cela veut dire, appliqué à notre exemple, qu'on ne peut affirmer que les variations qui se sont présentées pendant la domestication sont épistatiques à la couleur sauvage chez le cheval et hypostatiques à la couleur sauvage chez le rat et la souris. Nous ne connaissons, au contraire, que les variations qui se sont maintenues dans les circonstances données.

THE INHERITANCE OF COAT COLOUR IN THE HORSE

SUMMARY

I. Material.

1. 1200 horses, born in 1800-1880, in the Imperial Stables of Lippiza (Austria).

2. Second and third volumes of pedigrees from the Royal Stables of Trakehnen (E. Prussia).

3. Fourth volume of pedigrees from the Stables for half-bred races, of W. Prussia.

4. Three stud-books from the Stables of the Prince-Archbishop of Salzburg. 1762. 1786 and 1792. (In all 558 horses.)

5. Lists from the Royal Stables of Prussia for the half-bred races of Graditz. 1st volume 1911.

6. Two volumes of the stud-books from the twelve societies for breeding horses in the Duchy of Salzburg. 1905 and 1906.

7. Details given by Crampe in " Die Farben der Pferde von Trakehnen". Landwirtschaftl. Jahrbücher. 1 Teil 1887; II Teil 1888; " Die gelben Pferde von Ivenack ". Landwirtschaftl. Jahrbücher, 1887.

II. Summary.

1. There are two principle colours found in horses coats, viz., yellow and red. These two colours, generally combined with black points, are the components of the coat colours of wild horse (*Equus Przewalski s. equiferus*).

A. Red is the ground colour of bay or brown. (French : bai; German : Brauner), and of chestnut, including liver chestnut (French : alezan; German : Fuchs).

B. Yellow is the ground colour of dun (French : isabelles aux crins noirs; German : falbe), and of cream colour (French : isabelles aux crins blancs: German : Hermelin, Isabelle).

2. Yellow and red are allelomorphic to each other. Two yellow horses give rise to yellow horses and, in lesser numbers, to red horses. Among 20.000 horses of all colours, of which nearly 300 are yellow, I only know of

nine yellow supposed to come from red parents, and not one of these cases can be considered as proved. Yellow is therefore dominant to red.

5. These principle colours may be modified by four kinds of supplementary markings: *Black marks* (Melanism), *white hairs* (leucotrichia) *marks of the piebald horses* (French : tacheture) (leucodermia), *white stockings* (French : balzanes). The three first are always epistatic on the principal colour, and on each other, in the order named. As to the heredity of white stockings, I can give no information, but it seems to me there are several genetic types concerned.

A. Black marks.

I. There are small quantities of black pigment in the mane and tail of a large number of chestnuts (about 75 %).

II. If there is a greater amount of black pigment present than is found in the chestnut, a horse with red ground colour becomes a bay (these may be found of various shades); a yellow horse becomes dun. The black pigment is in all these cases absolutely independant of the two principle colours. The efforts made (Wilson, Sturtevant) to discover the inheritance of the characters brown and bay have always failed because these two colours are not hereditary units.

III. The black horse (German : Rappe) always carries at least one of the principle colours hypostatically, and it may carry both (if it is heterozygous with respect to yellow).

IV. The most intense degree of melanism is recessive to that of less intensity. If the progeny of two black horses, heterozygous for B, is not a black horse, it is always (according to which of the principle colours are hypostatic in the parents) a yellow, or a red horse, without black.

Two bays, or two duns, may produce black horses, two light bays may produce dark bays. But the production of a light bay by bays in which a greater amount of black pigment is present, is only mentioned very rarely, and in view of the possibility of error, the correctness of these facts may be doubted.

A black horse crossed with a chestnut gives, in the majority of cases (if the former is not heterozygous), the intermediate form : bay, the cross between a light bay with a black horse gives dark bay. (All these phenomena cannot be explained by the supposition that there is imperfect dominance in F_1, with segregation in F_2.)

B. White hairs (leucotrichia) according to the extent in which it occurs, and according to the ground colour of the coat, gives rise to the rubican horse (French : rubican; German : stichelhaariges Pferd) when there are few white hairs dispersed ; to the roan, bluish grey horse (French : rouan, aubère; German : Rotschimmel, Blauschimmel), when the white hairs are intimately mixed with the coloured hairs: to the dapple grey horse (French : gris pommelé, German : Apfelschimmel). In all these cases the horse is entirely pigmented at birth, and the skin always remains pigmented.

C. Leucodermia (French : tacheture) exists in two forms. (I) In patches (French : tacheture en plaques). (II) The Leucodermia is limited to the crupper, to the back and upper parts of the thighs (French : tacheture en caparaçon). Often, always (?), these horses are spotted (French : tigré).

I do not know any facts regarding the hereditary relationships of these two forms of Leucodermia.

4. Albinism is very rare. It is probably a recessive. There is no direct connection between albinism, leucodermia, and leucotrichia.

M. DE CHARNACÉ. — Je commence par demander pardon au Dr Walther, car il est possible qu'il ait résolu la question que je pose, mais comme je ne comprends pas l'allemand, le sens de sa communication m'a échappé.

Dans un des tableaux projetés, j'ai vu que le Dr Walther avait obtenu trois poulains blancs d'un croisement entre noirs. Je croyais jusqu'à présent que le gris était dominant par rapport au noir ou au bai-brun, et que, par conséquent, tout poulain gris provenait toujours au moins d'un parent gris. S'il est sûr de ces trois cas, cela renverse tout ce que je croyais savoir. Autrement dit, il est possible d'avoir un poulain gris de deux parents bais bruns ou noirs.

M. le Dr WALTHER. — Ces trois cas de poulains blancs, nés d'un croisement de deux parents, dont aucun n'est gris ni blanc, ne sont pas absolument sûrs. Les chevaux noirs naissent « gris de souris », souvent de coloris plus clair que les chevaux qui seront plus tard gris. Ce sont ces changements de couleur qui, fréquemment, sont la source des erreurs.

M. DE CHARNACÉ. — J'ai une deuxième question à poser. Dans un des tableaux, le Dr Walther nous a montré les produits de différents croisements et a placé au-dessous, pour les retrancher, les nombres des poulains morts jeunes. Cela n'a pas, à mon avis, grand intérêt, puisque la question est de savoir, par le calcul des probabilités, combien de gamètes d'une espèce peuvent rencontrer de gamètes d'une autre. Que les poulains vivent ensuite ou non, cela ne change rien à la proportion, et je me demande quelle est l'idée du Dr Walther en retranchant ceux qui sont morts jeunes.

M. le Dr WALTHER. — Les nombres que j'ai trouvés ne sont pas bien d'accord avec les nombres théoriques, mais quand on soustrait les chevaux morts en bas âge, tous les nombres sont d'accord. J'ai soustrait ces poulains morts jeunes, parce qu'on ne peut constater, avant l'âge de 4 à 6 mois environ, si un poulain sera gris à l'état adulte ou ne le sera pas. Il est mieux de ne pas tenir compte de ces cas peu sûrs.

M. le Dr LOTSY. — En réalité, on ne peut pas bien distinguer les chevaux blancs des chevaux bruns dans le jeune âge.

LA PONTE ET L'ŒUF CHEZ LES HYBRIDES PROVENANT DU CROISEMENT
CANARD DE FERME (♂) ET CANARD DE BARBARIE (♀)[1]

Par A. CHAPPELLIER
Laboratoire d'évolution de la Faculté des Sciences de Paris.

En 1906, M. le professeur H. Poll a signalé, chez les hybrides obtenus par lui, au Jardin zoologique de Berlin, entre le canard de Barbarie et le canard de ferme, un développement très différent des ovaires suivant que le mâle est fourni par l'une ou l'autre des deux espèces.

J'ai élevé depuis plusieurs individus de chacun de ces croisements et ils m'ont permis de revoir les faits signalés par Poll : voici un résumé de mes observations.

Quatre femelles du croisement : canard de Barbarie ♂ × canard de ferme ♀, proviennent soit de canetons arrivés chez moi à peine âgés d'une quinzaine de jours, soit d'œufs fécondés que j'avais reçus, comme les jeunes, des environs de Ribérac (Dordogne) où le croisement est de pratique courante (les hybrides, engraissés avec du maïs, donnent des foies gras connus sous le nom de foies de Toulouse).

Ces quatre femelles ont toutes franchi la période de ponte sans donner d'œufs. Deux d'entre elles, autopsiées en avril dernier, ont montré une trompe rudimentaire, très étroite, presque rectiligne, sans replis de la muqueuse, sauf sur une courte région basilaire chez un des individus. Les ovaires, de couleur jaune, orangé foncé, ont une surface lisse et ne portent pas trace extérieure d'ovules.

Deux femelles du croisement : canard de ferme ♂ × canard de Barbarie ♀, sont nées chez moi en 1908. Sur deux couvées amenées à bien par la mère, il ne m'était resté que ces deux femelles plus un mâle que j'ai gardé jusqu'en 1910.

En 1909, les deux femelles, accompagnées de leur frère et mêlées à d'autres canards, ont été laissées en liberté dans une basse-cour ; je n'ai recueilli d'elles qu'un petit nombre d'œufs, 8 à 10 tout au plus.

L'an dernier je les ai installées, au Laboratoire d'évolution des Êtres Organisés, dans une volière où elles ont pondu environ 25 œufs avant de se mettre à couver. Cette année, enfin, je les ai fait venir au Laboratoire dès le 25 mars. Elles ont été placées, l'une avec un mâle de ferme, l'autre dans une deuxième volière avec d'autres canes isolées de tout mâle.

La première avait commencé sa ponte avant d'arriver à Paris : elle l'a reprise ici et a donné, en tout, environ 75 œufs. La seconde n'a commencé à pondre que le 11 avril et a pondu près de 100 œufs.

Ces femelles sont excellentes pondeuses et même ont dépassé de beaucoup deux canes de ferme que j'avais en même temps qu'elles et qui n'ont donné que 54 et 64 œufs. Ces deux canes non hybrides ont cessé de pondre avant la fin de juin; par contre, j'ai trouvé, à nouveau, des œufs de mes hybrides il y a quelques jours seulement, le 11 septembre.

Les œufs des femelles hybrides se distinguent, à première vue, par leur taille et leur poids ainsi que par leur couleur.

POIDS DES ŒUFS

Première femelle hybride.

Œufs de 1910.

Poids minimum.	34 gr.	4
» maximum.	43	85
Moyenne de 18 œufs.	41	07

Œufs de 1911.

Poids minimum.	56 gr.	45
» maximum	62	80
Moyenne de 50 œufs.	50	30

Deuxième femelle hybride.

Œufs de 1910.

Poids minimum.	37 gr.	95
» maximum	48	40
Moyenne de 27 œufs.	42	97

Œufs de 1911.

La ponte de 1911 peut se décomposer en deux périodes : la première allant jusqu'à fin mai et pendant laquelle les poids des œufs ont été les suivants :

Poids minimum.	38 gr.	55
» maximum.	49	60
Moyenne de 50 œufs.	46	26

A partir de là la ponte devient plus irrégulière et donne, à Paris, 16 œufs avec les chiffres suivants :

Poids minimum.		24 gr.	50
» maximum	un seul œuf de.	46	50
	maximum de tous les autres	59	95
Moyenne de tous les œufs.		55	51

Cette cane a encore pondu, en août et septembre, 5 derniers œufs dont le poids se rapproche de la moyenne précédente.

Première cane de ferme (Ponte de 1911).

Poids minimum.	55 gr.	75
» maximum	77	50
Moyenne de 50 œufs.	66	49

Deuxième cane de ferme (Ponte de 1911).

Poids minimum.	56 gr.	50
» maximum	74	95
Moyenne de 50 œufs.	64	76

Cane de Barbarie (Ponte de 1911).

Poids minimum.	60 gr.	90
» maximum	76	00
Moyenne de 30 œufs.	67	57

On voit, d'après ces chiffres, que le poids moyen des œufs des femelles hybrides est, environ, les deux tiers seulement du poids moyen des œufs des espèces parentes.

D'autre part, pour chacune des femelles hybrides, les œufs de la ponte 1910 sont sensiblement moins lourds que ceux de la ponte de 1911.

Si l'on reprend en détail les poids de tous les œufs pondus, on voit que, chaque année, les chiffres augmentent à partir du début de la ponte pour atteindre une valeur autour de laquelle oscille ensuite le poids des nouveaux œufs pondus. Ceci a eu lieu jusqu'à la fin de la ponte pour la première cane hybride, tandis que pour la seconde nous avons vu, tout à coup, le poids des œufs tomber à un taux très faible qui, sauf une seule exception, s'est maintenu jusqu'à la fin de la ponte.

Il me semble découler de ces faits (nombre et poids des œufs) que la première hybride est encore en pleine maturité sexuelle, mais que la seconde arriverait à son déclin : ceci donnerait 3 à 4 ans comme durée de ponte pour mes hybrides. Je n'ai pas recueilli moi-même et n'ai encore pu trouver autre part aucun point de comparaison, à ce sujet, avec des femelles non hybrides, soit canes de ferme, soit canes de Barbarie.

Un second point intéressant dans l'étude des œufs des canes hybrides est la couleur de la coquille.

Les œufs de la cane de Barbarie (côté maternel) sont à fond blanc ; les œufs de la cane de ferme (côté paternel) sont à fond blanc ou vert; la couleur verte étant celle de l'œuf du canard sauvage de race pure. Les œufs pondus par les hybrides ont une couleur brunâtre qui ne semble avoir rien de similaire avec les précédentes. Cependant on trouve, à la fois sur les œufs de cane de ferme et sur les œufs hybrides, particulièrement au gros bout, des taches de couleur analogue dans les deux cas et qui feraient admettre que la coloration des œufs hybrides dérive du vert de l'œuf de cane de ferme.

Je garde encore mes deux hybrides pondeuses pour voir ce qu'elles donneront l'an prochain. J'ai réservé également deux femelles hybrides non pondeuses car à leur sujet s'élève un doute : la personne qui les soigne, à la campagne, m'a remis douze œufs qui auraient été recueillis deux par deux chaque jour dans une volière où ne se trouvaient, comme femelles, qu'une cane de ferme et une de ces canes hybrides; celle-ci aurait donc pondu quelques œufs[1]. Rien dans leur extérieur ne permet de faire deux groupes bien tranchés dans ces douze œufs. L'étude microscopique de la coquille, étude faite suivant la méthode et les travaux de W. von Nathusius, permettra peut-être de trancher la question.

Cette différence d'activité génitale entre les deux sortes de femelles hybrides est d'autant plus remarquable qu'on ne trouve rien de semblable du côté des mâles qui ont, dans les deux cas, même développement des organes génitaux et même activité génésique.

J'ai rappelé ces faits, pensant qu'ils mériteraient d'être repris sur un matériel plus nombreux et, s'il était possible, avec les espèces pures et non domestiques.

---

1. J'ajouterai encore que, répondant à un questionnaire que je lui avais fait parvenir, l'éleveur qui m'a fourni mes hybrides parle d'œufs pondus par les femelles de ces hybrides comme d'une chose courante.

HYBRIDS OF THE BARBARY DUCK WITH THE FARMYARD DUCK; THEIR EGG LAYING CAPACITY AND THEIR EGGS

SUMMARY

In 1906, Professor H. Poll published a record of hybrids obtained by him in the Zoological Gardens at Berlin, between the Barbary Duck and the Farmyard Duck. He showed that the hybrids differ considerably in the developement of the ovary, according to which species is used as the male parent. The author has raised similar hybrids, and has confirmed the statement of Professor Poll. From the cross in which the Barbary Duck is used as the male, he has obtained four ducks; these birds have attained the laying period without producing any eggs. Two of these birds have been killed and dissected: they possess a rudimentary Fallopian tube, and the ovaries bear no macroscopical trace of ovules. From the reciprocal cross. using the Barbary Duck as female, two ducks and a drake were obtained. These ducks have laid a large number of eggs, but the eggs are always sterile. The average weight of the eggs from the hybrid is about 2/5 of the weight of the eggs of either of the parents.

M. le professeur BAUR, président. - - Je remercie beaucoup M. Chappellier. Il est regrettable que le professeur Poll, qui a fait beaucoup d'expériences sur le même sujet, ne soit pas là. Il est d'ailleurs en parfait accord avec M. Chappellier sur les résultats obtenus.

M. DE CHARNACÉ. --- M. Chappellier a-t-il jamais vu des mâles fertiles dans les hybrides?

M. CHAPPELLIER. — Non, jusqu'à présent.

M. BONNOTE. — Je désirerais demander à M. Chappellier de me dire pendant combien d'années il a gardé les femelles hybrides qui n'avaient pas pondu. En faisant l'hybridation de certaines espèces de canards, je me suis aperçu que les femelles ne pondaient pas avant la deuxième ou même la troisième année.

M. CHAPPELLIER. — Ces canes sont de l'année dernière: je vais les garder et je vous remercie de votre observation.

M. DE CHARNACÉ. — Vous n'avez pas essayé des croisements avec des canards non hybrides fertiles?

M. CHAPPELLIER. --- Les œufs sont absolument infertiles. Même en croisant ces canes avec des canards normaux de ferme. leurs œufs ne sont pas fécondés.

CROISEMENTS DE CANARIS[1]

Par C. L. W. NOORDUYN

Groningue (Pays-Bas).

Il m'est très agréable de vous faire part des résultats des expériences que j'ai faites cette année sur les croisements des canaris avec des oiseaux sauvages.

A l'égard de la couleur, les canaris hybrides sont divisés en foncés, panachés et clairs; les foncés n'ont pas de plumes claires, les panachés ont plus ou moins de plumes claires et sont divisés en *tachetés, fortement panachés* et *légèrement panachés*, pendant que les hybrides clairs n'ont ni plumes vertes, ni tachetées.

Les hybrides clairs se rencontrent très rarement et les hybrides légèrement panachés relativement peu, ce que nous indique le tableau ci-dessous, que j'extrais de la contribution que j'ai trouvée dans *Biometrika*, vol. VII, nᵒˢ 1 et 2, juillet et octobre 1909, intitulée *Canary breeding, a partial analysis of records from* 1891-1909 du Dʳ A. Rud Galloway, Aberdeen.

M. C. L. W. Noorduyn.

CROISEMENT AVEC		F	Fp	P	Lp	C	Tot.
Chardonneret	Fringila carduelis.	172	74	75	19	0	340
Tarin ordinaire	» spinus.	35	8	4	1	1	49
Linotte vulgaire	» cannabina	61	17	17	0	0	95
Verdier ordinaire	» chloris	19	4	4	1	0	28
Sizerin cabaret	Linaria rufescens	6	7	1	0	0	14
		295	110	101	21	1	526

F (foncé) = sans plumes claires :
Fp (fortement panaché) = vert avec quelques plumes ou taches claires;
P (panaché) = vert avec des plumes claires pour 1/4 environ :
Lp (légèrement panaché) = clairs avec très peu de plumes ou de taches vertes;
C (clair = tout clair.

Sauf cinq ou six exceptions ces hybrides provenaient d'oiseaux sauvages mâles. Galloway n'indique pas de quels croisements sont issus ces 5 ou 6 oiseaux; c'est dommage, car les expériences ont montré, sans aucun doute, qu'il y a une prépondérance de la part des mâles dans l'hybridation des canaris. On a, par exemple, du croisement d'un chardonneret ♂ × canari jaune ♀ très peu d'hybrides panachés, mais si l'on croise un canari jaune ♂ × chardonneret ♀ la plupart des jeunes sont P ou Lp.

Aussi il est à regretter que Galloway ne mentionne pas les couleurs des canaris avec lesquels il a expérimenté, ainsi que celles de leurs parents, parce que maintenant nous ne pouvons pas savoir s'il y a séparation de caractères ou reversion aux grands-parents.

Beaucoup de méthodes ont été publiées sur la manière de produire des hybrides clairs. J'ai toujours été d'avis que la production de ces hybrides était seulement une suite de reversion, et je proposais d'expérimenter avec des canaris femelles, issues de l'accouplement de canaris tout feuille morte et tout jaune. M. Galloway fait la communication suivante dans " *Canary and Cage-Bird Life*, 1906, pag. 222. "

Canari jaune ♂ ✕ canari feuille morte ♀

vert panaché sur jaune ♂ ✕ verdier ordinaire ♀

hybride feuille morte.

Il pourrait être possible de produire des hybrides clairs par reversion au grand-père jaune.

Il y a quelques années un de mes amis avait acquis un hybride légèrement panaché du croisement d'un tarin ordinaire ✕ canari vert panaché sur jaune. Ceci me donna lieu d'expérimenter avec un certain nombre de canaris, produits de l'accouplement de jaunes et de feuille morte.

C'est ainsi qu'en 1910, j'ai acquis des couples suivants :

jaune ♂ ✕ feuille morte ♀	5 vert panaché sur jaune et
	4 vert panaché sur blanc ♀ ♀
feuille morte ♂ ✕ jaune ♀	8 feuille morte panaché sur jaune ♀ ♀
jaune ♂ ✕ blanc ♀	2 jaunes ♀ ♀

et ces 19 canaris femelles furent couplées dans cette année avec 14 chardonnerets, 2 tarins, 2 sizerins et un verdier. Je pensais obtenir un grand nombre d'hybrides et vous en faire communication à l'occasion de ce Congrès. Malheureusement, je n'ai pas obtenu ce que j'espérais. Plus de la moitié des femelles ne donnèrent que des œufs non fécondés ; quelques-unes plus de vingt.

Chez les autres, les petits moururent dans les œufs, ou ils moururent parce qu'ils ne furent pas nourris par leurs mères. Ensuite j'étais obligé de transporter les œufs qui étaient fécondés dans les nids des canaris qui s'étaient montrées de bonnes nourrices et ainsi un nombre de 27 hybrides acquit toute sa croissance.

De tarin ordinaire	✕ vert panaché sur blanc	2	hybrides
» chardonneret	✕ » »	5	»
» »	✕ feuille morte panaché sur jaune.	6	»
» »	✕ vert »	5	»
» »	✕ jaune	11	»

Tous ces hybrides étaient absolument foncés et sans plumes ou taches jaunes. Il n'y avait aucune reversion aux grands-parents jaunes ou feuille morte de la part des mères. Cependant, je dois faire remarquer que, dans les années précédentes, les croisements des chardonnerets avec des canaris jaunes donnaient de temps en temps des hybrides fortement ou légèrement panachés.

Je ne crois pas pouvoir faire de conclusion de ces preuves, le nombre des hybrides n'étant que de 27 ; j'espère répéter mes expérimentations en 1912 et vous en faire part.

CANARY HYBRIDS

SUMMARY

The Author gives a brief record of the hybrids between Canaries and various wild birds obtained by Dr. A. Rud. Galloway.

Dr. Galloway succeeded in obtaining hybrids from crosses between canaries and *Fringila carduelis*, *F. spinus*, *F. cannabina*, *F. chloris*, and *Linaria rufescens*.

With a few exceptions the canary was always used as the hen. Among the types obtained were darks, variegated, and clears, but the last named class only occured very rarely.

The author has made a number of crosses with wild birds using Canary hens derived from crosses between cinnamons and yellows. These hens were mated with *Fringila cuardelis*, *F. spinus*, *F. chloris*, and *Linaria rufescens*. Unfortunately many of the eggs of these crosses were sterile, but 27 hybrids attained maturity. All these birds were dark, without exception, and there was no reversion to the yellow or cinnamon characters.

NOTE SUR LES CROISEMENTS DE FAISANS [1]

Par M#### Rose Haig-THOMAS

Moyles Court, Ringwood (Angleterre).

$$\text{Croisement : } Gennæus\ nycthemerus\ \female \times G.\ Swinhoei\ \male$$
$$F_1\ \female \times G.\ Swinhoei\ \male$$
$$F^2\ \female$$

$F_2\ \female$ a le plumage de *G. Swinhoei* $\female$.

Ce croisement démontre que le $\male$ peut transmettre à ses descendants $\female$ le plumage des $\female$ de son espèce. Un croisement de cet $F_2\ \female$ avec *Swinhoei* $\male$ démontre la pureté de cet F_2, un $\male$ ayant été obtenu absolument par *Swinhoei* comme plumage.

$$Thaumalea\ Ambersti\ \female \times T.\ picta\ \male$$
$$F_1\ \female \times F_1\ \male$$
$$F_2 - T.\ obscura.$$

Ce croisement a produit en F_2 des oiseaux déjà classés comme une variété distincte de *picta*, sous le nom de *T. obscura*, dans la monographie des Phasianides d'Elliott. Comme, dans ce travail, il est dit que ces deux espèces s'entrecroisent à l'état naturel, il est probable que la variété est apparue de la même manière que ci-dessus.

Plusieurs croisements (notamment ceux dans lesquels *Ph. Reevesi* a été employé comme parent) se sont montrés stériles en F_1; dans ceux-ci les $\female$ sont à peu près aussi grosses que les $\male$. Dans un cas une $\female$ stérile revêtit, durant la mue, à treize mois, le plumage du $\male$. Les dissections de ces $\female$, faites à la saison de l'accouplement, montrèrent que la longueur de l'ovaire atteignait à peine deux centimètres et demi et que son contenu n'était pas développé.

Deux de ces F_1, $\female$ et $\male$, dans leur seconde année de stérilité, ont été envoyés à M. G.-P. Mudge, professeur de biologie au London Hospital Medical College, mais ses recherches ne sont pas encore terminées.

Je crois que ces croisements artificiels causent quelquefois l'hybridité du sexe (sex hybridism), ce qui serait une forme inactive du même phénomène qui se manifeste dans tout individu capable de se reproduire par parthénogénèse.

CROSSING-EXPERIMENTS WITH PHEASANTS

SUMMARY

In the F_2 from a female obtained by mating a *Gennæus nycthemerus* female with a *G. Swinhoei* male, crossed back to the *Swinhoei* male, there came a female identical with the normal *Swinhoei* female. The mating of male *Thaumalea picta* and female *T. Ambersti* has given some F_2 animals belonging to an already named type, *Thaumalea obscura* (Elliott).

In those cases where sterile F_1 birds were obtained, the females were as large as the males.

[1]. Communication faite à la troisième séance de la Conférence.

RELATIONS ENTRE LA COULEUR, LA SEXUALITÉ ET LA PRODUCTIVITÉ
CHEZ LE COBAYE[1]

Par M. PRÉVOT

Directeur de l'annexe de l'Institut Pasteur de Garches.

Au cours de recherches effectuées dans un autre but, nous avons eu l'occasion d'observer d'une manière constante chez le cobaye une différence très appréciable dans la proportion de mâles et de femelles suivant la couleur du pelage.

Pour vérifier ce fait qui nous avait frappé, nous avons procédé de la façon suivante : dans les deux élevages que nous possédons nous avons fait enlever à périodes à peu près égales les petits cobayes en âge d'être sevrés.

Ces animaux ont été répartis en lots suivant leur couleur et dans chaque lot on a fait le dénombrement des mâles et des femelles

Pour éviter les chances d'erreur dans l'appréciation des couleurs ces opérations ont toujours été faites par les deux mêmes personnes.

L'observation, qui a duré du 27 mai 1910 au 11 août 1911, a porté sur 8548 cobayes répartis en 6 lots formés de la manière suivante :

M. PRÉVOT.

1er lot. Pelage où le blanc domine.

2e lot. Pelage où domine la couleur agouti doré.

3e lot. Pelage où domine la couleur agouti argenté.

4e lot. Pelage où domine la couleur noire.

5e lot. Pelage où domine la couleur jaune.

6e lot. Pelage qu'il a été impossible de faire rentrer dans un des lots précédents.

La séparation des sexes donne le résultat suivant :

1er lot. Cobayes blancs, au total 1959 animaux répartis en 810 mâles et 1149 femelles.

2e lot. Cobayes agoutis dorés, au total 2197 animaux répartis en 1172 mâles et 1025 femelles.

3e lot. Cobayes agoutis argentés, au total 1141 animaux répartis en 625 mâles et 516 femelles.

4e lot. Cobayes noirs, au total 1215 animaux répartis en 654 mâles et 561 femelles.

5e lot. Cobayes jaunes, au total 1577 animaux répartis en 852 mâles et 725 femelles.

6e lot. Divers animaux répartis en 152 mâles et 127 femelles.

Ainsi qu'on peut le voir par ces chiffres, il n'y a que dans le lot des

---

cobayes blancs qu'il y a plus de femelles que de mâles; dans tous les autres le nombre des mâles dépasse de beaucoup le nombre des femelles. La proportion entre les deux sexes est la suivante :

Cobayes blancs 41,5 pour 100 de mâles et 58,6 pour 100 de femelles.

Cobayes agoutis dorés 55,5 pour 100 de mâles et 46,6 pour 100 de femelles.

Cobayes agoutis argentés 54,7 pour 100 de mâles et 45,2 pour 100 de femelles.

Cobayes noirs 55,8 pour 100 de mâles et 46.1 pour 100 de femelles.

Cobayes jaunes 54,02 pour 100 de mâles et 45,09 pour 100 de femelles.

Cobayes divers 50,96 pour 100 de mâles et 49,05 pour 100 de femelles.

Nous nous garderons bien de tirer actuellement une conclusion de ces observations qui, quoique intéressantes, sont encore trop peu nombreuses.

Un autre fait nous a également frappé dans nos élevages, c'est que les animaux sont d'autant moins prolifiques qu'ils se rapprochent davantage du type sauvage, et, d'après les observations que nous possédons, ce sont encore les cobayes blancs qui donnent le plus de petits. En revanche les cobayes complètement jaunes sont absolument stériles, nous en avons possédé trois couples et il nous a été impossible de les faire reproduire soit entre eux soit par croisement avec des animaux d'autres couleurs, ce qui concorde du reste avec les essais de M. Cuénot sur la souris jaune.

COLOUR, SEX AND FERTILITY : THEIR RELATIONSHIP IN GUINEA PIGS

SUMMARY

In the course of researches made with another object, on guinea pigs, the author observed a very noticeable difference in the proportion of males to females, according to the colour of the fur. The numbers in which males and females occured in the different colour classes were recorded with care from May 1910 to August 1911.

The results show that whereas in those furs in which white is the predominating colour, females preponderate, the numbers being 41,5 per cent males, 58,6 per cent females; in all other types of colouring, males predominate, the numbers varying from 53-55 per cent males : 45-47 per cent females.

The interesting observation was made that white guinea pigs are the most fertile, and that those types nearest to the wild type are the least prolific.

Finally, it was found that the yellow guinea pig is completely sterile, as has been observed in the case of yellow mice.

VARIATION AMONG THE RATS OF INDIA

By R. E. LLOYD

Indian medical Service. Professor of biology in the Medical College of Bengal.

The following is a short account of an investigation which has been carried on in India, during the last few years. The primary purpose of this investigation was to obtain general knowledge, concerning the house rats of the towns and villages, such as might lead to some means of checking the ravages of Plague. Sanitary matters do not concern us directly, but in the course of the inquiry some interesting facts were observed which may well be described here; since, in the terminology of Genetics, they afford examples of the sudden appearance of new characters among animals in Nature. Moreover, such new characters were seen not only in single individuals isolated among the normal multitude, but also in small groups of individuals which probably arose from single individuals by in-breeding.

Since the year 1905, the destruction of rats has been carried out on a large scale in many parts of India. In some towns, this has been done in a systematic manner, for the sake of sanitary research, by the officials of the Plague Commission; under their guidance, information concerning each rat captured was recorded with an appended number in a register. For example, 45 487 rats were treated in this manner during one year at Poona. In other places, the destructive measures were carried out solely with the intention of stamping out the disease hence individual records were not kept. With this purpose, between three and four thousand rats were destroyed daily in Rangoon, throughout the year 1908.

As a temporary worker in the Indian Museum at Calcutta, I took a minor part in this work. At this Institution I received specimens, in the form of dried skins and in alcohol, and collected information from many parts of India and Burmah. Also, I visited some of the larger towns where rat destruction was in progress.

The normal species.

Before describing the abnormal kinds or sports it is necessary to mention very briefly, two species of rats which are common in Indian towns. By far the commonest is *Mus rattus*, a species of world wide distribution. Specimens of this species, sent from England, were compared with Indian specimens and with others from a port in Australia. The bodily proportions and the form of the skull were very alike in all. In the skins from England, the fur was rather longer and denser than in the others. The general appearance of the species is well known. The mean length of the head and body combined, as measured from the tip of the nose to the anus, is about 17 cms. : the tail is longer than this, being about 20 cms. The ears are large and projecting, when laid forward, they usually cover the whole of the eyes, which are large and very prominent during life. The mean length of the hind foot is slightly over 5 cms. The form and arrangement of the pads on the soles of the feet are very characteristic, so also is the form of the skull. These points are shown in Figs 1 and 2, which were drawn from an animal captured in Calcutta. As regards the colour of the fur, the species is very variable. By far the commonest type in India is whole coloured brown, but two striking varieties occur each having a special colour character of its own. These characters are melanism and albiventralism. The former is well known; a rat endowed with albiventralism is pure white as regards the fur of the entire lower surface, of the lower jaw, throat, breast and belly, the whiteness being sharply defined from the coloured sides.

Another species which must be mentioned is *Gunomys bengalensis*. The genus Gunomys is confined to Asia, hence this species is less generally known than the last mentioned. Animals of this species have long been known as field rats, burrowing in rural places, but in the last few years it has been noticed that they live and breed as house-rats, in some of the larger towns. The species was long known as *Nesokia bengalensis*, but the genus *Nesokia* has recently been subdivided (Ann. et Mag, Nat. Hist. 1907) *Gunomys* being established for part of it. They are about the same size as *M. rattus*, but more stoutly built and with much shorter tails. Figs 3 and 4 will show by comparison with figs. 1 and 2, the kind of differences which occur between the two species. The colour of the fur is greyish-brown of a darker tone than in *rattus* and it is much less variable than in that species. Albino, whole-coloured yellow, and melanic varieties were seen but very rarely : white-bellied ones were never found.

The species *Mus decumanus* which is common in many sea-port towns in the East need not be mentioned here.

The abnormal kinds.

We now come to the main part of the subject, the description of groups of abnormal individuals which were found living among a normal community. The terms normal and abnormal are used here to indicate that which is in the majority and that which is [in the minority. The opportunity of observing an abnormal group can occur but seldom, since such an observation must include a complete knowledge of the normal species throughout a considerable space, as for example in nearly all the houses of a large town; and secondly, the group of the abnormal kind must be known from the capture of more than a very few individuals which are found living in community. These conditions were best fulfilled on two occasions, at Rangoon and at Poona.

Case 1 (at Rangoon). - - I have already mentioned the large number of rats which were being destroyed in this town, most of them were brought in by the townsfolk for the sake of reward. About one hundred, however, were captured daily in the following manner, for the sake of sanitary research. Traps were set overnight in scattered houses, those containing rats next morning were removed to the collecting station, each trap being labelled with the " address " of the house from which it had been taken. One morning, five melanic rats of the species *Gunomys bengalensis* were brought in from a certain house. On the following nights, traps were again set in the same house and in the neighbourhood. Finally, in all, ten individuals of the same peculiar kind were captured in two adjoining houses, and no others of any other kind entered the traps set in those houses during the time. The members of this group could be distinguished at a glance from the common brown *Gunomys* even at a distance of many yards. Some hundreds of the common kind were being taken daily from all parts of the city. As regards colour the group was a pure line ; as in all melanic rats, the under fur and the fur covering the ventral surface was bluish-grey in colour, but there was no trace of brown or yellow in anyone of them.

Certain points must be mentioned in connection with this case, in order to bring out its full interest. Melanism is very rare in *Gunomys*. Black rats of this species have not been noticed outside Rangoon, although very large numbers of the common brown kind have been captured in other parts of Burmah and in India, especially in Calcutta and in Dacca. How far they are rare in Rangoon may be judged from the following fact. After the capture of the ten, the collectors were requested to look out for others like them, but it was not until six months later that two more were obtained, although meanwhile about five hundred of the normal kind were being caught every day. These two extra ones belonged, most probably, to the same family group to which belonged the ten first captured, for they were found in the same neighbourhood and they had the same peculiar type of skull, an important fact which will be described later on.

The melanic variety of *Gunomys bengalensis* is therefore rare : it is important to keep this in mind when we consider the question of the origin of the group. Similar groups of the melanic variety of *Mus rattus* are met with occasionally especially in sea-port towns, but it is difficult to form an opinion as to their origin, since this variety occurs in many parts of the world and is particu larly common on ships.

Gunomys on the other hand is a burrowing rat not found on ships and the melanic variety is very rare. It is therefore almost certain that the group arose where it was found and it cannot have arisen through the elimination of intermediate forms, occuring in and around two particular houses of a large town.

Another point which must be noticed is the numerical size of the group, it must have contained more than the ten which were captured. Rats breed throughout the year, therefore since those captured were mature or nearly so we may be sure that there were a considerable number of sucklings and half, grown adolescents in the background which were not captured, we may be sure that the whole group contained at least thirty individuals at the time of the investigation. It is certain that the whole group possessed the character of melanism and it is almost certain that they possessed other peculiar characters in common. For example, in the five skulls taken from the group which are available for measurement, the length of the nasal bones expressed as a percentage of the total length of the skull is between 51 and 52, whereas in fifty skulls of the common brown *Gunomys bengalensis* taken haphazard from various parts of a large town, this value varies from 28.2 to 31.8, the theoretical mean being rather less than 30, besides this the skulls of the melanic individuals are all of them longer and narrower than usual. The skull of a member of the melanic group is seen in fig. 5. A more normal type is seen in fig. 4.

We may be sure that there is no correlation between melanism and skull form in *Gunomys*, no such correlation occurs in any of the other *Muridae*, and brown furred specimens of *G. bengalensis* may be found which have the same unusual type of skull as these melanic individuals. Hence the two characters may occur separately or they may occur together, they are not compelled to occur together as parts of one attribute. Now, the question which arises in this case is this — How is it that two uncorrelated characters occur in each one of a considerable number of animals? An answer is, — Because all of them are descended from a single individual which happened to possess those characters. One becomes convinced that this answer is right by searching for an alternative.

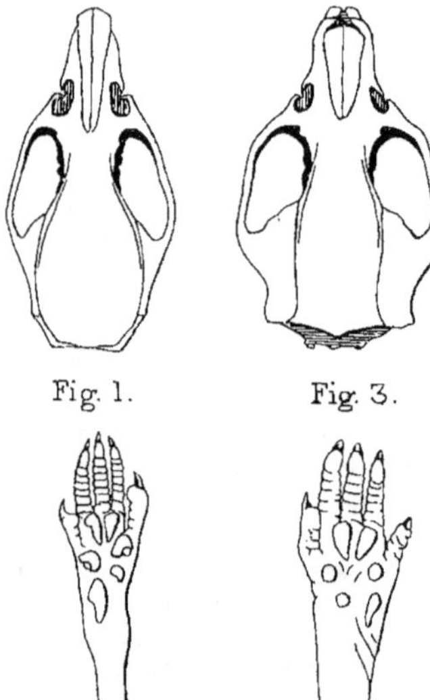

Fig. 1.   Fig. 3.

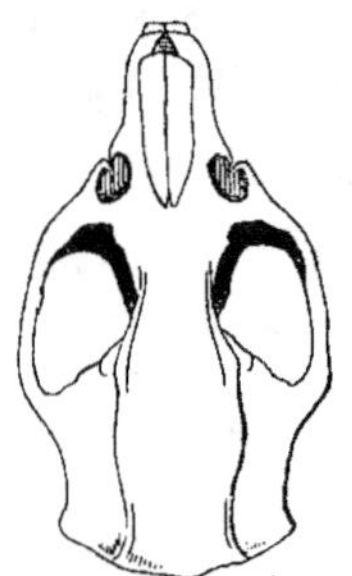

Fig. 2.   Fig. 4.

Case 2 (*at Poona*). — At this town in Western India another example of a family group was found, There is only one rodent species in Poona, the common whole coloured *M. rattus*. The members of the abnormal group possessed the character of albiventralism by which they were distinguished from the whole-coloured majority.

The facts concerning this group were first noticed by other observers. At the time of my visit to Poona, in May 1908, I was informed that white bellied rats were very rare in that town. Out of the 45 487 rats which had been entered and briefly described in the register, only 19 were of the white-bellied kind and of these 14 had been taken from a group of six adjacent houses situated in the heart of the town.

Fig. 5.

Traps were again set at my request in those particular houses with the result that three more of the same kind were obtained, although the chance of a white-bellied rat being caught in any house of the town selected at random, was very small indeed, Hence there was no doubt about the presence of the group. This case is somewhat different from the last, because the white-bellied rats did not occupy the houses to the exclusion of the common kind, a considerable number of which were captured in the same houses, from time to time, during the year. The subsequent history of this group was ascertained. In the month of February 1911, the group was sought for again ; between the 2nd and 11th of the month, 200 traps were set in the same six houses, 72 rats were caught in all but only one of them was white bellied. Thus in less than two years the group had practically died out.

No doubt this is the usual fate of such groups unless they are isolated by some means.

Although the whole evidence cannot be described here, there is good reason to believe that the white-bellied kind are appearing sporadically in many parts of India. Groups such as the one described at Poona cannot be explained on the assumption that they were founded by immigrants, because there is no main body of white-bellied rats in the peninsular which can reasonably be regarded as the source of immigration, although the wite-bellied kind are predominant in the far South.

Case 5 (at Amritzar). — In order to observe an abnormal group, two conditions must be fulfilled. The normal kind must be thoroughly investigated in the neighbourhood and the abnormal kind must be known from the capture of more than a very few of the abnormal kind. The first condition was fulfilled in this case; the Amritzar district is dotted with villages separated from one another by a distance of a few miles. Over twenty thousand rats were observed and recorded from sixty of these villages taken together. The second condition was scarcely fulfilled, since the number of the abnormal ones captured was only two. However, the case is mentioned because the abnormality includes several uncorrelated characters which are present in both individuals and confer upon them a striking appearance of similarity.

The pair were male and female captured together in one of the villages in which nearly a thousand of the common kind had been captured. The female was pregnant bearing four early embryos. It is highly probable that the pair were mates and that the young ones, if they had been born, would have resembled their parents. The characters which are the distinguishing marks of the pair are as follows, — Albiventralism, a white patch or " star " on the forehead, whiteness of the last two inches of the tail, a peculiar light colour of the whole fur, besides this they are considerably smaller than usual, both being very nearly of the same size.

I regard these characters as uncorrelated because they are not compelled to appear together, for they have often been seen occuring separately in other sports. For example, a single *rattus* was captured at Poona bearing a similar white patch on the forehead, though otherwise quite normal. Four young ones were caught together in a trap at Calicut, each being marked with a " star " and with a white tipped tail, only a quarter of an inch of the tail was white and the ventral surface of the body was not white, hence they resembled the pair from Amritzar only in the possession of a " star ". We have seen in the group at Poona a case of albiventralism appearing alone and this character is not uncommon. Similarly sports, in which an inch or more of the tail is white and others in which the general colour of the fur is of the peculiar light colour, have been seen. Hence the several characters which occured in both of the pair and would have appeared no doubt in their offspring, were uncorrelated : just as the racial characters of certain domestic animals are uncorrelated, the fact being proved by breeding experiments (e. g. by Davenport, in poultry.) But if these characters are uncorrelated how is it that they appear in both individuals? We may be sure that both are so endowed because they are descendants of a single individual, which happened to be born from parents of the normal kind. Similarly if ten or a hundred or more of this particular abnormal kind had been found at Amritzar, the same explanation would have to be given of their origin.

This case is of peculiar interest because two of the characters described are like those which have been used as the marks of identification of well known species. No species of *Mus* has a " star ". But in some, such as *M. Macleari*[1], and *M. Blanfordi*[2], the terminal portion of the tail is white and in several the ventral surface is white.

1. Proc. Zool. Soc., 1887, plate xii.
2. Proc. Zool. Soc., 1881, page 521.

General considerations. — In the last decade the question of the origin of species has appeared in a new light, so it is well that various opinions should be expressed concerning it.

The evidence described in the foregoing pages throws no light on the actual origin of species, but it points to the method of growth of groups of like animals. If, with some Taxonomists we regard the characters which are possessed by the members of such groups, as " specific " (perhaps an arbitrary matter), then we may say that the evidence indicates the method of the growth of species : but the origin of species is another matter.

In order to understand the method of the growth of species, it is essential that the conception indicated by the word " species ", should be made to agree more closely with reality.

In its simplest form, the problem offered by animals has two parts :

1° A description of their state at the moment.

2° A description of their past history, through which they arrived at their present state.

The first part of the problem is perhaps the more important, since our descriptions are more likely to be accurate, but on the whole it attacts less attention than the second part. Those who are engaged upon it have in mind certain conceptions, indicated by the words species, variety, race, sport. They search among living things for appearances which will correspond with those conceptions and they are apt to overlook anything which does not correspond with them.

Our conceptions are indispensable, but they are not a complete set; new ones will come into vogue, so long as the problem is before us. The Taxonomist holds that every individual animal belongs to one species or to another : that sports occur, but that every sport can be assigned to a species. But from this determined point of view, he cannot see all there is to be seen. Consider, for example, the family group of black *Gunomys* at Rangoon, it existed as described, but yet it did not correspond with anyone of the terms used by Taxonomists. Thirty individuals are not a species (although it may be mentioned in passing that every dwindling species must number thirty before it ends the zero of extinction). Nor is this group a variety or a race : the conceptions indicated by these terms are inadequately defined at present, but few would apply them to a group so limited in number. Lastly of course, the group is not a sport, since the primary attribute of a sport is singularity or extreme rareness, whereas the members of this group were numerous within narrow limits. Hence the group does not fit any of our conceptions because its circumstances are too well known, but if four or five members of it had been found by a naturalist who had no opportunity of ascertaining their circumstances, they would have been regarded as representatives of a new species and described as such; but on the other hand if only one of them had been captured, it would probably have been regarded as a sport. Thus the case would have been made to fit our terminology, but its reality would have been overlooked.

We therefore require a new term for small groups which are numerically intermediate between sport and species, for such I have employed the term " family group „. Many hold that it is impossible for a single sport to give rise to a species, but few will deny the possibility of a sport establishing a family group and of the latter expanding into a species. There is no doubt that small groups of like animals exist in nature; the case at Rangoon is one definite example of such a group. Since they are so seldom described they appear to be very few. But it must be remembered that we observe only a minute portion of the animal kingdom and that we make our observations in a particular manner, we do not know that such groups are few : as a result of my own observations I believe that they are plentiful. Let us examine the question. Judging from the human population and from the numerical proportion of men to rats in a single town or village, it is safe to say that the number of rats in India at any moment is at least a thousand millions. Far more that this are born in a year. It is impossible to estimate the number of rats which have been examined in the last five years in order to find family groups, because most of the attention which these animal have received has been given by the Sanitarian and not by the Biologist, but we may be quite sure that the number, if known, would be a minute fraction of the number of rats born during the time of the enquiry. But although a minute fraction of the mass is all that has been examined, yet a considerable number of family groups have been found among it; the three described here are picked cases. Hence it seems to me that these groups must be plentiful. The groups no doubt vary in numerical size, they contain two, ten, a hundred members, at the moment, as the case may be.

The fate of these groups must be that of all groups of organisms, extinction sooner or later. Judging from the cases at Rangoon and Poona we may be sure that the duration of most of these groups is not more than a few generations (of rats), but any group which possessed a decided advantage, such as immunity from plague, for example, would persist for many generations and become very large.

In my opinion it is unnecessary to discuss whether these groups can give rise to species or not. At any rate the question cannot be answered unless we define a species numerically. If we define a species as a group of like organisms numbering upwards of a million, then only can we know if a sport gives rise to a species, in any given case. I do not of course advocate the use of such a definition seriously, but the suggestion may perhaps show the inadequacy of the conception indicated by the word species.

A critic may ask, — how is it that family groups are not more often described, if they are plentiful in nature? There is a satisfactory reply to this objection. Such groups have often been met with, but *as groups* they have not been full described. Under the name of " rare species " they have found a place among our established conceptions. It is well known that rare species are very plentiful, many writers have remarked the fact with surprise. We find such species especially among the terrestrial vertebrates. Some species are very rare : they are recorded once but never again. Others are " rare and local ". They occur at one place and within narrow limits.

Summary of the foregoing. — The conception of species must be brought into closer agreement with reality. At present, species are regarded as groups of like organisms, the number of individuals in each being indeterminate and therefore very large. Here lies the fallacy. It is always more easy to determine the number of things in a small group than in a large one, and speaking generally we may say that immense numbers of any kind of things are indeterminable. Now since the number of individuals in a species is indeterminate, that number acquires an appearance of immensity, which is false in many cases. *We are firmly convinced that a species is an indeterminable number of like animals, so that when we find a group which is limited and therefore determinable in number, we deny that that group is a species.*

But let us forget for a moment the conception of species and consider what we see in nature. The first part of the problem is, — how do animals occur at present as regards grouping? An answer is, — they occur in groups of like individuals, the number of individuals in these groups varies from two or three to as many thousands of millions or more. The second part of the problem is, — how did they come to be in that state? An answer is, — through a process of contraction and expansion, beginning and ending in unity. No one will deny that groups become extinct by a process of contraction or diminution ending in unity and zero, and no one will deny that an established group may undergo expansion as well as contraction, but there is uncertainty and disagreement concerning the method of establishment.

Many hold, I think erroneously, that specific groups are established by a process of elimination which comes to an end as a creative process at a moment, which may be called the *moment of arrival* of the species. The species having arrived may then undergo expansion or contraction. The opinion is, however, gaining ground that the moment of arrival of a group is the moment of birth of the individual or individuals from which it grew.

Elimination. — The fact of elimination is a most important part of the Darwinian theory. Groups stand out from one another, being very dissimilar in appearance, through the extinction of intermediate forms. No one can deny this of generic groups and of many of the groups called species which originated long ago, but it does not seem to be true of all those groups which are called species.

We often find clusters of closely allied species which are no doubt of comparatively recent origin. Such species are distinguishable from one another by a few special and perhaps inconspicous features, which often remind us of the specials characters of sports. The differences between such species may be so slight that intermediate forms are hardly imaginable.

The sporadic occurence of groups. — We wish to know whether similar groups (i.e. groups possessing the same special character or characters) originate in separate places, at different times. This is not one question but two. It must be asked separately of those groups which have only one special character and of those groups which have more than one uncorrelated character special to them. For exemple, let us compare Case 2 with Cases 1 or 3, the members of the group at Poona each possessed one obvious character which, being wanting in their immediate neighbours, was special to them and constituted their group mark. This character may be considered as a whole for it has no separate parts: whiteness extending from the chin to the tail and sharply defined from the coloured sides is not uncommon among Indian rats, whereas whiteness of the abdomen alone or of the chin alone is rarely if ever seen. A white patch on the breast of an otherwise whole coloured rat occurs sometimes and its relation to the character of complete albiventralism is unknown, but in spite of this we may regard albiventralism as one attribute in the constitution of the organism, as an indivisible character. Now, there is good evidence, though it cannot be described briefly, that this character is appearing sporadically among Indian rats, i.e. in separate places and at different times.   Whole coloured rats though usually producing offspring like themselves, occasionally and under some unknown influence, give birth to white-bellied offspring.   The places and times of such unusual occurences need not necessarily be distant. The unknown influence may be local, if so the occurences will be near one another in time and place and the resulting groups being alike and close together are likely to amalgamate.   The relation of the white-bellied rats to the common kind appears to be much the same as the relation of the mutant *pallida* to the common *decemlineata*, described by Mr W. L. Tower in his work upon the potato beetles of America.   But all groups of like animals are not of this order, in many the means of identification consists of a number of uncorrelated characters.   For exemple, in Case 1 the members of the group possessed at least two such characters, melanism and a peculiar skull form; in Case 3, the two individuals possessed at least four uncorrelated characters.   I believe that groups of this kind do not originate on more than one occasion, or that it is extremly unlikely that they should arise on more than one occasion.   It may be that groups possessing two particular uncorrelated characters are less likely to appear on several occasions than groups with one particular character, and that groups with three particular characters are less likely to occur repeatedly than those with two, and so on.   This suggestion is of course purely assumptive, but it is a fact that each many characterised group was found only once, whereas each kind of singly-characterised group occurred and no doubt originated in many places.

Many of the groups of vertebrate animals which have been described as species appear to possess a number of characters which constitute their marks of identification.   These characters are, probably for the most part, uncorrelated, since it has been proved in those domestic races which have been the subject of breeding experiments that racial characters, constituting marks of identification, are nearly always uncorrelated.   But how is it that the same particular collection *of uncorrelated characters* appears in each of a very large number of individuals?   An answer is, — because all those individuals are descended from a single individual which was the first to possess that particular collection of characters, — Mendel's discovery has shown us that a single individual sport of either sex may, by crossing with the parent species, give rise to descendants like itself, but *of both sexes*, in the second generation, and pure lines of animals have been raised from single sports found in nature (e. g, by W. L. Tower).   The answer given here has for me an appearance of truth because an alternative can hardly be found, and the cases described above and others like them support the conclusion.

An objection. — It is believed by many that inbred stock is bound to deteriorate sooner or later.   If this is true, it is evident that a single animal cannot give rise to a large group of healthy animals of its own kind.   But the evidence is by no means conclusive.

The strong opinions which are often held on this subject are supported by the natural feeling of humanity against incest.   Certainly it would not be well for humanity at large if inbred sects were to arise among it.   Fortunately it happens that this question has been investigated more thoroughly in the case of rats and mice than in any other kind of animal.   We know that harmful effects, loss of fertility and the like, do not appear until after the twentieth generation in inbred rats. According to the direction in which our personal bias leads us, we will either lay stress on the fact that deterioration occurs eventually. or on the fact that it does not occur until after the twentieth generation. But apart from personal bias, the fact is proved that a pair of rats, given space, food and absence from enemies would grow into very many millions. (Before the twentieth generation was reached.) Would the resulting mass as a whole then feel the harmful effects of inbreeding? Would it be still practising imbreeding. What is " inbreeding " we may now ask. At all events many of the rats in the twentieth generation would be distantly related to one another. Since many animals will not breed in captivity, or as the fact may be expressed in other words, lose all their fertility at once under this condition, it is not surprising that loss of fertility should sooner or later appear in captive stock, kept on one spot and prevented from exercising its own instincts in many respects. But the case, I believe, is quite otherwise in free stock which is spreading rapidly and filling up fresh space.

Acknowledgment and explanation. — In arriving at my conclusions, I have received of course great help fom the writings of others, whose works are well know to all. Although it is for the reader to decide whether this paper contains anything fresh and useful, yet I wish to draw his attention to the essential point, — that the groups called species by Taxonomists are of all sizes, numerically, that small groups such as I have called family groups are plentiful in nature, that if we overlook them our descriptions of the animal kingdon will be inaccurate and our " explanations " concerning it will be unnecessarily difficult. I have used the old term " sport " instead of the word — mutant, to indicate the abnormal forms since they are not strictly comparable with the typical mutants of *Œnothera*, as described by De Vries.

The specific character of a mutant, affects the whole organism, it is something which is transmitted invariably as a unit from parent to offspring, it has no parts which can be manifested separately in different individuals. The groups, which I have described, are varieties judged from the viewpoint of the Mutation theory. It is I find difficult to distinguish between species and varieties among Vertebrate animals. If this distinction is proved, eventually, to have a natural basis, then we shall have to admit that most of our so called species are merely varieties.

VARIATION PARMI LES RATS DE L'INDE

RÉSUMÉ

La destruction des rats dans l'Inde, ordonnée pour combattre la propagation de la peste, a été faite sur une très grande échelle depuis 1905 et l'auteur a été à même d'examiner les peaux d'un grand nombre d'individus.

Deux espèces surtout sont communes dans l'Inde : *Mus rattus*, espèce répandue dans le monde entier, et *Gunomys bengalensis*, qui paraît être confinée à l'Asie.

Dans *Gunomys*, plusieurs rats noirs — coloris très rare dans cette espèce — furent trouvés en un groupe. Ces individus avaient en commun d'autres caractères : la moyenne de longueur des os du nez était plus élevée et le crâne plus long et plus étroit.

Dans *Mus rattus* plusieurs individus à ventre blanc furent trouvés, et une autre forme avait en outre une tache blanche sur la tête, et une à l'extrémité de la queue, et l'ensemble du pelage était de coloris plus clair.

Ces divers caractères n'étaient pas corrélatifs, car, en d'autres endroits, des individus ont été trouvés, présentant séparément l'un ou l'autre de ces caractères.

De l'étude de ces variations, l'auteur tire des conclusions au sujet de la définition de l'espèce :

L'espèce doit contenir un nombre indéterminé d'individus semblables entre eux; lorsqu'un groupe est limité et que, par suite, on peut en déterminer le nombre, ce groupe ne constitue pas une espèce.

Les groupes appelés « espèces » par les taxonomistes sont, numériquement, de toute grandeur, et les petits groupes, auxquels l'auteur a donné le nom de « groupes familiaux », sont extrêmement nombreux dans la nature Si l'on ne tient pas compte de ces derniers, les descriptions, tout au moins dans le règne animal, seront incomplètes et les explications difficiles.

Les variations décrites par l'auteur sont des *variétés*, si l'on se place au point de vue de la théorie des mutations; mais, dans les animaux vertébrés, tout au moins, il est difficile de distinguer entre espèces et variétés et, s'il est prouvé qu'une distinction reposant sur une base naturelle peut être faite entre ces deux termes, il faut alors admettre que beaucoup des soi-disant espèces ne sont que de simples variétés.

EXPÉRIENCES PRATIQUÉES POUR OBTENIR DES VARIÉTÉS FIXES ET DURABLES DANS LES RACES DE VOLAILLES RUSTIQUES ET DANS LES RACES ITALIENNES IMPORTÉES

De telles variétés ne se présentent pas d'un seul coup dans une forme parfaite, mais peuvent être perfectionnées par sélection.

Par R. HOUWINK

Meppel (Hollande).

En me référant à une brochure plus détaillée, que je suppose être en possession de la plupart des membres de la quatrième Conférence Internationale de Génétique, j'ai l'avantage de faire suivre ci-après un court résumé de mes expériences dont on trouvera la description plus complète dans ma brochure. Voici le résumé :

L'éleveur qui s'est occupé pendant de longues années de poules et de coqs et qui, par conséquent, regarde ses bêtes tout autrement que l'amateur ordinaire, voit se produire, pendant cet élevage, des cas particuliers. Lorsque l'élevage sera fait dans de petits parquets ou poulaillers fermés, ces particularités se présenteront d'une façon bien moins frappante qu'à la campagne, où les diverses races sont l'objet d'une surveillance et d'une inspection régulières. Certaines modifications peuvent aussi être attribuées à la nature du sol, au milieu.

Dans les provinces très populeuses où les fermes sont limitrophes et où un accouplement continuel a lieu entre les poules rustiques et les bêtes de race, on ne pourra dégager aucune donnée précise de ces conditions spéciales. Mais dans d'autres contrées, où les fermes sont situées à une longue distance les unes des autres, où, lorsqu'on suit minutieusement l'élevage, on voit se maintenir les mêmes situations et les mêmes conditions pendant plusieurs années, là où les moyens de communication sont encore dans un état primitif, l'éleveur consciencieux ne manquera pas d'observer certaines particularités insignifiantes en apparence mais importantes cependant pour lui.

Parmi les poules rustiques, on rencontre des variations, surtout en ce qui concerne les formes de la crête, des barbillons et des pattes. On serait porté à dire que certaines poules de campagne sont « *poussées* » à se modifier et à prendre des caractères qui les font s'écarter de la forme normale. Dans ce cas le climat et la contrée jouent un certain rôle.

Dans notre climat hollandais si variable, ainsi que dans les climats en dehors des régions tropicales, il est impossible, comme le savent la plupart des aviculteurs, d'élever des poules à lourde crête, si ces bêtes vagabondent librement. Toutes ces crêtes gèleront indubitablement, et c'est un mal dont certains animaux peuvent succomber.

En examinant attentivement les poules rustiques, on ne rencontrera toujours que des bêtes à petite crête (fig. 1 et 2).

Les poules ayant vécu chez le fermier pendant quelques générations, même celles croisées avec des bêtes à forte crête, auront des crêtes toujours plus petites. Il peut alors se produire ce phénomène qu'une petite crête passe à une crête renversée ou bien il survient une crête ayant une ou plusieurs caroncules (fig. 3, 4, 5 et 6), ou encore, la crête, de *simple* et *droite* qu'elle était, commence à se rétrécir, à se rider, et il se forme une petite huppe (fig. 7).

Il en est quelquefois de même pour les barbillons : ceux-ci se rétrécissent,

Fig. 1.   Fig. 2.   Fig. 3.

Fig. 4.   Fig. 5.   Fig. 6.

il se produit un peu de plumage au menton, à la mandibule (fig. 8, 9 et 10), tandis qu'aux pattes aussi un commencement de plumage peut se montrer (fig. 11), ou bien les orteils changent (fig. 12), et des rudiments de plumes apparaissent. Ces symptômes ne se sont pas présentés dans un seul endroit, mais dans plusieurs; je les ai rencontrés partout parmi les poussins de poules normales. On pourrait croire à une tendance à retourner au type ancestral des bêtes d'élevage, mais lors d'un examen minutieux, je n'ai pu découvrir, dans les générations précédentes, que d'autres coqs avaient été employés pour le croisement.

Si l'on visite régulièrement 5 ou 6 fois par an, et cela pendant dix, vingt années consécutives, une même contrée et qu'on ne laisse échapper aucun détail, ces circonstances favorables contribuent à rendre plus facile la recherche de ces faits. Aucune contrée n'est si bien placée pour cela que la province de Drente en Hollande et, de même, peu d'éleveurs auront aussi souvent l'occasion de visiter régulièrement, à des époques fixées une contrée déterminée, que moi, par la nature même de ma fonction. Qu'on ajoute à cela la qualité propre aux fermiers de Drente de s'opposer à l'importation des races étrangères, et l'on sera assuré contre les influences extérieures. On ne saurait donc donner le nom de *Régression* (atavisme) à cette tendance à varier : il faudra en chercher la solution dans une cause naturelle, produisant des *transformations* ou des *mutations*.

Maintenant la question se pose : En quoi les hivers rigoureux peuvent-ils être la cause de ces *variations*?

Fig. 7.   Fig. 8.

Fig. 9.   Fig. 10.

On sait qu'un froid de plus de 12° fait geler presque toutes les crêtes, les barbillons et parfois aussi les orteils des poules exposées à cette température, à tel point que souvent ils tombent partiellement. Une bête peut marcher encore pendant des mois avec la crête, les barbillons ou les orteils gelés et en souffrir d'une façon évidente. Surviennent, au dégel, des croûtes qui saignent et, si la bête ne meurt pas, sa constitution, sa manière de vivre et sa faculté de procréation en subiront, en tout cas et considérablement, l'influence. Serait-il possible que ces conséquences, provenant du climat et du sol, aient exercé une certaine influence et peut-il être question dans des générations ultérieures, de *variations* naturelles en résultant?

J'ai soumis ces différentes questions à un examen systématique et lors de la publication de ma brochure, en 1905, j'ai appliqué cet examen d'une manière très étendue et dans des conditions spéciales.

Ces questions donnent, à mon avis, une réponse affirmative pour le rayon des observations dans lequel celles-ci ont eu lieu.

RÉSULTATS PAR RAPPORT AUX FORMES DU CORPS.

Il résulte de ces expériences que, par suite de l'adaptation naturelle au climat et au sol, il se produit des variations (changements) de formes, *non pas suivant des règles arrêtées mais irrégulièrement*, quoique cependant *pas* dans la *première* génération. Il paraît que les caractères naturels acquis restent *latents* dans la première génération et que cela peut durer pour plusieurs ; mais ils peuvent aussi se manifester également dans la deuxième et la troisième, si la sélection naturelle ou artificielle les fait apparaître.

Ceci explique le fait que jadis je n'ai pu réussir à trouver une solution pour

Fig. 11.   Fig. 12.   Fig. 13.

Fig. 14.   Fig. 15.   Fig. 16.

Fig. 17.   Fig. 18.   Fig. 19.

expliquer les transformations (changements de formes). Autrefois, j'avais toujours pensé qu'après les hivers rigoureux, les variations devaient se manifester de suite chez les poussins, mais cela ne se produisait *pas*, tandis qu'un certain hiver suivant qui avait été très doux, ces variations se présentèrent.

Un examen systématique, appliqué très minutieusement, pendant cinq années, m'a donné l'explication du fait mentionné ci-dessus.

CONCLUSIONS :

La nature fait naître dans la bête normale des variations *latentes* ; la sélection naturelle et artificielle les conduit dans une direction déterminée, soit par hasard, soit consciemment et il en résulte des formes nouvelles et anormales (fig. 13 à 19 *d*).

Résultats par rapport a la variation.

La sélection naturelle peut produire dans la première, quelquefois jusque dans la deuxième et la troisième génération, des bêtes normales, lesquelles, parce qu'elles contiennent à l'état latent des facteurs de *variations*, peuvent les produire spontanément. Cependant ces variations peuvent être perfectionnées

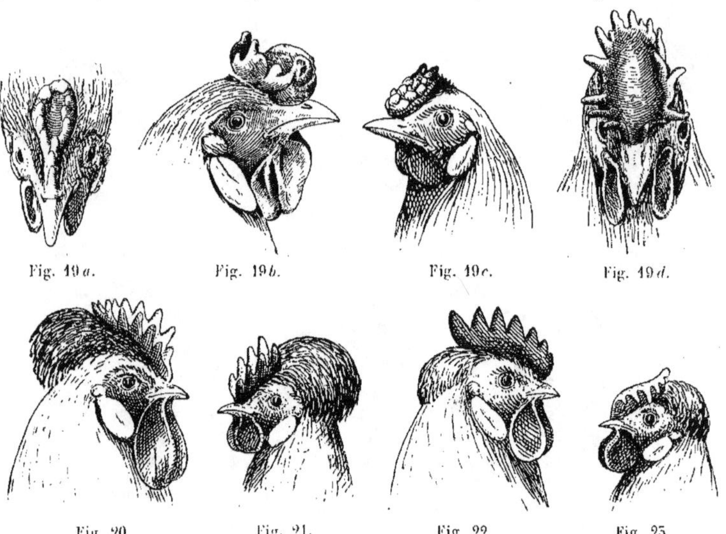

Fig. 19 *a*.   Fig. 19 *b*.   Fig. 19 *c*.   Fig. 19 *d*.

Fig. 20.   Fig. 21.   Fig. 22.   Fig. 23.

plus tard par la sélection; elles n'ont donc pas encore atteint leur achèvement et leur meilleure dénomination est donc celle de *variations intermédiaires* (fig. 15-19). Elles se distinguent des *mutations* en ce qu'elles ne présentent pas tout de suite une forme parfaite et parce qu'elles paraissent en quantités beaucoup plus grandes que lorsqu'il s'agit de *mutations*.

Il en résulte donc que les *variations intermédiaires* forment une *transition* entre les formes *normales* et les *variations finales*; c'est-à-dire les formes qui sont devenues *constantes* (races pures) (fig. 20-25).

Ces expériences, je les ai continuées de différentes façons soit en croisant les bêtes entre elles ou par croisement avec d'autres formes. On en trouvera la description détaillée dans ma brochure, mais je vais donner ci-dessous un résumé de quelques-uns de ces croisements :

Résultats de la continuation des produits d'élevage.
Croisement des variations selon la loi de Mendel.

En croisant les variations produites dans la première génération avec des bêtes normales, la plupart de ces variations disparurent et le résultat donna environ 90 pour 100 de bêtes normales. Un croisement analogue de la deuxième génération les fit disparaître entièrement.

SÉLECTION CONTINUE DES PRODUITS D'ÉLEVAGE.

RACES NORMALES, SOUMISES A LA SÉLECTION NATURELLE, AVEC LEURS VARIATIONS, PAR RAPPORT AUX FORMES DU CORPS.

En continuant la sélection des *variations* il s'en produisit de plus grandes dans toutes les formes, avec, incidemment. le *retour* aux *formes normales*. A la troisième génération, les variations devenaient plus grandes et se transformaient graduellement en des formes nouvelles tout en produisant de temps en temps des bêtes normales.

Cependant, les différentes formes de crêtes étaient déjà un indice pour

Fig. 24.   Fig. 25.

Fig. 26.   Fig. 27.

entrevoir la direction dans laquelle celles-ci allaient former un type d'où pourraient sortir des crêtes en « feuille » (fig. 24) à 2 et 5 rangées, des crêtes en « rose » (fig. 25) et des crêtes en forme de bosse (fig. 31). En même temps déjà les formes de huppe (fig. 26) et de barbe (fig. 27) devenaient plus grandes; également le plumage des pattes augmentait en volume.

Quand ces variations de forme (F_2) furent croisées avec des formes normales, le résultat devint tout autre. Beaucoup moins de la moitié du nombre se composait encore de bêtes *normales*; mais la plus grande partie restait variable et j'obtins même plusieurs formes retournant à la première génération. La quantité des bêtes et le nombre de nouvelles formes fut tellement considérable et de nature si différente, qu'il était impossible d'en faire une répartition en chiffres.

Pourtant, parmi elles, se trouvaient déjà des formes constantes; je remarquais, par exemple, des bêtes ressemblant exactement à quelques races qui, avec ces caractères, ont la réputation d'être de race pure, notamment des animaux qui ressemblent exactement aux races belges et françaises connues sous le nom de Brabançonne (fig. 20-21) et de Caumont (fig. 22-23).

Lorsque j'élevais des coqs et des poules de ce deuxième croisement et possédant les *mêmes caractères*, en les accouplant ensemble, les jeunes le possédaient tous. Ici aussi il était impossible d'accoupler toutes les variations;

plusieurs d'entre elles étaient de race pure, mais il y en avait aussi de race impure. En général les changements de forme symétriques étaient les variations *finales* (fig. 28 à 40) et ceux non symétriques, les variations *intermédiaires*.

Fig. 28.   Fig. 29.   Fig. 30.

Fig. 31.   Fig. 32.   Fig. 33.

Fig. 34.   Fig. 35.   Fig. 36.   Fig. 37.

Fig. 38.   Fig. 39.   Fig. 40.

    Avant de procéder à la répartition en des directions déterminées de ces nouveaux types de formes, il me paraît utile de donner un nom à ces transformations de race pure.

    Les changements de formes dans la première génération étaient inconstants et je les dénommais *variations intermédiaires*; parmi les changements de forme dans la deuxième génération il s'en trouvait plusieurs de race pure. Si donc, on veut appeler ces changements des *variations*, on pourrait les dénommer : *variations finales*. On obtient ainsi, suivant la doctrine de l'hérédité de Mendel, le tableau figurant à la page 9 (de ma brochure).

Je viens de démontrer, par ce qui précède, qu'il y a une différence dans l'hérédité des *caractères latents* (cachés) formés par la *sélection naturelle* et dans l'hérédité des caractères extérieurs, aussitôt que ceux-ci se sont attachés *par sélection* à *deux* ou *plusieurs* générations.

Les *caractères latents naturels* ont, dans leur hérédité, un cours irrégulier ; les *caractères extérieurs* suivent la loi de Mendel.

La *variation naturelle*, démontrée systématiquement, forme des *caractères d'utilité latents ;* ceux-ci se présentent *irrégulièrement* et *inconstamment* comme des *variations intermédiaires*, après quoi ils peuvent être *rendus constants* par la sélection continue et deviennent, de ce fait, des *variations finales*.

C'est ainsi que se sont produits dans les différentes races de basse-cour les changements de forme. lesquels, dès qu'ils furent élevés, peu à peu d'une façon pure, ont formé de nouvelles races reproduisant exactement leurs caractères acquis.

Plusieurs races de *poules*, existant actuellement, pourraient donc porter, à juste titre, le nom de *variations finales*.

Nous ne sommes pas encore arrivés à la fin des résultats relevés ci-dessus. J'ai poussé plus loin l'étude de ces variations finales et les ai croisées de temps à autre avec des bêtes que j'avais acquises dans les années précédentes, depuis 1905. J'ai pu me rendre compte que les caractères acquis des variations finales pouvaient être élevés aussi jusqu'à des caractères de race pure, chez des races actuellement connues et qui jadis avaient déjà été cultivées comme anormales sous le climat de l'Europe occidentale.

Cette expérience n'est pas encore achevée mais les résultats obtenus ne sont guère douteux[1].

J'ai maintenant obtenu des résultats, dans plusieurs directions et les ai divisés comme suit :

a) Les formes de crêtes changées, pouvant devenir des crêtes en rose et les crêtes frisées ;

b) Des crêtes à deux cornes et des crêtes rudimentaires ;

c) Des crêtes à bosse et des crêtes à bosse huppées :

d) Ces formes de crête changées, pouvant être transformées en des formes de huppe ;

e) La crête et la barbe changées peuvent présenter plusieurs caractères de race pure des races existant actuellement, savoir : crêtes huppées et barbues :

f) Différentes formes de crêtes avec barbillons et forme de barbe changés ;

g) Les pattes peuvent être transformées en des pattes courtes et des pattes à cinq orteils.

h) Les pattes peuvent être transformées en pattes plumeuses.

Suivant la distribution précitée, j'ai indiqué les différentes directions dans lesquelles les variations (finales) constantes peuvent aller, soit que cela se fasse par la sélection continue ou par des changements internes. Dans l'un et l'autre cas la corrélation continue un facteur important, qui régularise le juste rapport entre les formes finales.

---

1. Les résultats seront publiés en 1915 dans une brochure. avec de nouvelles figures et le compte rendu des dernières expériences.

Ces variations sont les propagatrices des caractères qui, sous le rapport corrélatif et par croisement peuvent être améliorés, ennoblis ou embellis, suivant le goût de l'éleveur.

L'éleveur pratique s'en tiendrait là, se contentant du résultat atteint par la sélection continue : une bête utile et convenable qui aura, dans la lutte pour la vie, un facteur utile *de plus* que ses parents.

Il n'en est pas de même pour l'éleveur *sportif* qui veut placer ses bêtes à un niveau de beauté extérieure plus élevé que celui de ses concurrents. Il demande par suite de plus grandes choses aux races nouvelles. L'éleveur pour le sport recherche surtout les caractères des autres races, qui pourraient servir à l'amélioration des formes déjà acquises par les siennes : il croise jusqu'à ce qu'il ait atteint, quelquefois après bien des années, le but qu'il se propose.

C'est ainsi qu'après l'obtention des races présentant des changements utiles au point de vue climat, la sélection vers les types extrêmes que nous connaissons à présent s'est faite ; parmi ceux-ci plusieurs races hollandaises témoignent d'une manière frappante du talent d'élevage de nos aïeux.

J'ai reproduit quelques-uns de ces types. Ils peuvent, sans doute, répondre aux plus grandes exigences qu'on puisse avoir.

Si, du sujet traité, nous voulions tirer une conclusion par rapport à la sélection et à la formation des races dans les volailles rustiques, nous pourrions dire :

a. *La sélection naturelle produit des variations fluctuantes chez les races de poules rustiques;*

b. *En continuant l'élevage de ces variétés fluctuantes, produites par la sélection naturelle, nous pouvons former des races naturelles avec caractères fixes et durables;*

c. *Conformément à la théorie de Darwin, nous pouvons donc expliquer la formation des races, non seulement par les mutations, mais encore par les variations fluctuantes, produites par la sélection naturelle[1].*

EXPERIMENTS PERFORMED IN ORDER TO OBTAIN FIXED AND LASTING VARIETIES OF POULTRY

SUMMARY

In this communication the author gives an abstract of work, the details of which may be found in his brochure on this subject. He points out that in the course of his work in Drent (Holland) during 15 years, he has unrivalled opportunities of watching and observing the facts connected with the breeding of fowls. The farmers of Drent habitually oppose the importation of foreign breeds, so that variations among these breeds cannot be attributed to exterior influences.

He has noted great variations in the native breeds, especially as regards the form of the comb, the wattles, and the toes. He considers that the soil and the climate play an important part in these cases. For instance birds with large combs cannot exist in the variable climate of Holland. The combs get

1. Voir les résultats de 1910-1913 ; les formes sont classées en deux groupes : *a)* les facteurs génétiques héréditaires ; *b)* les facteurs non génétiques (non héréditaires) provenant du milieu.

frost bitten, and often the birds succomb.   The result is that all hardy breeds of fowls have small combs.

The questions arises, whether the rigourous winters of Holland are the cause of the variations so often observed in pure breeds?

As the result of more than 12° of frost, the combs, wattles, and toes may be frozen, and if the bird does not succomb, its constitution and reproductive system are considerably affected.   Is it possible that these influences may produce an effect in future generations and give rise to variations and mutations? These questions the author has attempted to investigate systematically.

Experiments with respect to changes in form. — The results of these experiments point to the conclusion that natural causes give rise to *latent* modifications in the normal bird: these may not manifest themselves until the second or later generations, when new and abnormal forms may be produced[1].

Experiments in crossing such new forms with the normal types. — As the result of crossing such modified forms with the normal type, the majority of the variations disappeared, and about 90 % normal birds were obtained. An analogous cross in the second generation gave rise to normal birds only.

The result of continued selection. — By continued selection of the modified forms, there resulted variations of greater importance: with, incidentally, a return to the normal form.   Among the modified forms occurred some fixed types which resembled exactly certain known races, such as the Brabançonne, and the Caumont breeds.

The author deduces from his experiments that those latent characters due to natural causes are not inherited in any regular manner, but are inconstant and unfixed; these he calls *intermediate variations*.

By continued selection these variations may be rendered fixed and stable; these he calls *final* variations.

The conclusion reached by the author is as follows :

(A) Natural selection produces fluctuating variations in races of hardy fowls[1].

(B) By continued breeding of these fluctuating varieties, produced by natural selection, new fixed races may be formed[2].

(C) In agreement with Darwin's theory, the formation of races may be explained not only by mutations, but also by fluctuating variations, produced by natural selection.

---

1. Non genetic factors.
2 Combinations of non genetic and genetic factors.   See experiments 1910-1915.

RECHERCHES SUR L'APPLICATION DES PRINCIPES DE MENDEL DANS L'HÉRÉDITÉ DE CERTAINES MALADIES HUMAINES ET EN PARTICULIER DANS LES MALADIES DU SYSTEME NERVEUX

Par le Dʳ O. CROUZON.

Médecin des hôpitaux de Paris.

(Travail du service de M. le Professeur Pierre Marie.)

L'application des lois de Mendel à l'hérédité humaine a été étudiée déjà par un grand nombre d'auteurs et, dans son livre *Mendel's principles of Heredity*, le professeur W. Bateson a consacré à l'étude de l'hérédité mendelienne chez l'homme, un chapitre que nous croyons devoir résumer avant l'exposé de nos recherches personnelles.

Phot. Roush.

M. le Dʳ CROUZON.

En ce qui concerne l'hérédité des caractères normaux, la couleur des yeux est le seul exemple net de l'hérédité mendelienne : les yeux noirs sont dominants et les yeux bleus récessifs, d'après Hurst. Nous citerons encore d'après Bateson, un certain nombre d'exemples où un caractère a pu se retrouver pendant un certain nombre de générations : la face des Habsbourg ; un exemple de cheveux crépus, analogues à ceux d'un nègre, dans une famille observée par Gossage ; une hérédité de cheveux blancs rapportée par Rizzioli. Mais il y a de très grandes difficultés à appliquer à l'homme les recherches que l'on fait sur les plantes et les animaux.

Si l'on passe en revue les maladies que l'on peut rapporter aux lois de Mendel, certains exemples paraissent dominants, par exemple la *brachydactylie*. Cette particularité consiste dans une brièveté des doigts, qui ont seulement une articulation, et elle se retrouve chez les membres d'une même famille (familles de Farabee, de Drinkwater, de Walker). Les enfants normaux issus des anormaux sont toujours libres de toute anomalie, tandis que les anormaux mariés avec des personnes normales, produisent une proportion égale de normaux et d'anormaux. Les unions sont de la forme DR × RR. On peut observer une hérédité similaire pour la *cataracte* (Nettleship), et le fait est surtout démontré pour la cataracte congénitale. Il en est de même pour la *kératose palmaire et plantaire.*

Gossage a, en outre, considéré comme des caractères généralement dominants : l'*épidermolysis bullosa*, le *xanthome*, les *télangiectasies multiples*, l'*hypotrichosis congenita familiaris*, le *monilithrix*, le *poro-keratosis*. Dans 4 exemples, la même remarque a pu être faite pour le *diabète insipide*; même probabilité pour certaines formes d'*œdème héréditaire*; mais le tableau généalogique le plus complet à ce point de vue a été publié sur les exemples d'*héméralopie*. Enfin, il y a encore d'autres maladies oculaires : *dystichiasis, ptosis, coloboma, ectopia lintis, glaucome* à hérédité mendélienne.

Il existe d'autres maladies dominantes ou des variations chez l'homme, consécutives à une hérédité de même sexe : l'*hémophilie*, le *daltonisme*, la *paralysie musculaire pseudo-hypertrophique de Duchenne*. Les particularités de cette hérédité sont les suivantes : elles affectent les mâles plus communément que les femelles, elles peuvent être transmises par les mâles qui en sont atteints, mais non pas, sauf de rares exceptions, par des mâles qui ne sont pas atteints. Elles sont néanmoins transmises par les femmes non malades, les femmes apparemment normales, sœurs de mâles affectés, peuvent transmettre les conditions à certains de leurs enfants.

Passons maintenant des caractères dominants aux caractères récessifs chez l'homme, nous avons déjà vu que pour la couleur des yeux, il y avait des caractères récessifs ; mais c'est pratiquement le seul exemple. Hurst a donné aussi quelques faits tendant à montrer que le *sens musical* était récessif. Ces caractères récessifs ont été remarqués comme venant avec une fréquence spéciale au cours des *mariages consanguins*, telle est la *rétinite pigmentaire*. C'est du reste tout ce que l'on peut dire au sujet des mariages consanguins, c'est qu'ils donnent des chances d'apparition de caractères récessifs.

Autre exemple de caractère récessif : l'*albinisme*.

Une autre maladie récessive est l'*alcaptonurie*, phénomène irrégulier de l'hérédité humaine.

Il reste un grand nombre de tableaux de malformations ou de maladies qui, dans notre présente analyse, semblent tout à fait irrégulières. Par exemple, la *polydactylie*, de même l'*ectrodactylie*.

Dans l'énorme collection des maladies, paralysies héréditaires, maladies mentales héréditaires, il est impossible d'établir un schéma, dit Bateson.

Pour un grand nombre de maladies nerveuses, il est certain que l'élément transmis est la prédisposition, et ce n'est pas nécessairement la condition elle-même qui est souvent développée par une cause extérieure ; cependant, la *chorée de Huntington* paraît très nettement être ordinairement dominante. Bateson a trouvé un total de 117 malades et de 99 non malades provenant de sujets DR mariés avec des sujets non malades.

Telles sont les données précises sur lesquelles nous avons pu tracer le plan de nos recherches.

Le but de ce travail était de rechercher, dans les maladies du système nerveux, s'il s'en trouvait qui pussent être transmises suivant la loi de Mendel.

Nous venons de voir que le professeur Bateson avait déjà fait des recherches dans ce sens, et qu'il avait constaté pour une seule maladie, la *chorée de Huntington*, une proportion mendelienne et un caractère très nettement dominant chez les descendants.

Dans l'étude que nous avons à faire sur l'hérédité des maladies du système nerveux, il convient de distinguer avant tout le tempérament névropathique qui peut être transmis dans une très grande proportion, et, deuxièmement, les maladies nerveuses déterminées. Dans le premier cas, il s'agit d'hérédité dissemblable ; dans le deuxième cas, il s'agit d'hérédité similaire.

Ces recherches sur l'hérédité des maladies du système nerveux ont été commencées par Charcot, par son élève Féré (dans un livre intitulé : *La famille névropathique*) ; enfin elle a été l'objet d'une monographie qui reste aujourd'hui classique, c'est la thèse d'agrégation de Dejerine (1886).

L'hérédité dissemblable est celle qu'on rencontre le plus souvent. Il s'agit le plus souvent de l'hérédité du tempérament nerveux, ce peut être l'hérédité des passions, de la tendance au vol, de la tendance au crime, de la folie morale, de l'hystérie, de la mélancolie, etc., etc.

Dans tous ces cas, il s'agit d'hérédité de transformation. Cependant, certaines de ces manifestations névropathiques ont plus de tendance à se transmettre chez les descendants; c'est ainsi que, pour prendre l'exemple de la folie, il y a une gradation de la tare héréditaire, partant de la manie et de la mélancolie, passant au délire chronique, aux folies intermittentes, pour aboutir à la folie des héréditaires.

Si nous étudions, dans un certain nombre de familles, les tares névropathiques transmises, nous pouvons voir alors que certaines tares morales, psychiques ou nerveuses, sont transmises avec un caractère nettement dominant. Nous trouvons dans Dejerine, 4 tableaux de familles où existent avec dominance une tare morale, le suicide, la tendance au vol ou à l'homicide, ou des tares nerveuses. (Observations de Lombroso, Möbius, Dejerine.)

En dehors des tableaux que nous avons cités, voici un certain nombre de résumés de maladies nerveuses existant dans certaines familles :

Famille Scheurer, rapportée par Craucr : le père était sain et la mère maniaque : sur 6 enfants, il y a 5 maniaques et un microcéphale.

Dans une famille dont l'arbre a été dressé par Doutrebente, sur 21 sujets, 16 sont atteints de maladies nerveuses.

Dans une famille citée par Legrain, sur 19 personnes, 18 sont atteintes de maladies nerveuses.

Dans un arbre généalogique dressé par Dunlop on trouve qu'un homme hystérique marié à une femme bien portante, a donné 25 descendants, dont 11 sont atteints de maladies nerveuses.

Dans une autre famille citée par Dejerine, sur 9 sujets, 6 atteints de maladies nerveuses.

Dans une famille observée par Dejerine, sur 60 personnes, 18 sont atteintes de névropathie héréditaire.

Dans une famille observée par Möbius, sur 58 personnes, 22 sont atteintes de névropathie.

Dans une autre famille, sur 16 personnes, 10 sont atteintes de névropathie ou de convulsions.

Une famille citée par Dejerine, se composant de 16 personnes, 11 sont atteintes de névropathie ou de folie.

Dans une autre observation du même auteur, sur 11 personnes, 9 sont atteintes de maladies nerveuses non organiques.

Dans une observation de Charcot et Babinski, sur 17 personnes, 11 sont atteintes de maladies nerveuses non organiques.

Comme on le voit, pour chacune de ces familles, il y a là une proportion de maladies nerveuses dominantes. Le chiffre des malades atteints est bien supérieur à celui des malades sains. A s'en tenir donc à l'hérédité dissemblable, il semble que les règles mendeliennes trouvent ici leur confirmation.

Envisageons maintenant le cas *d'hérédité similaire*.

Comment faut-il interpréter les cas d'hérédité qui ont été constatés dans *l'épilepsie*? D'après Echeveria, sur une série de 555 enfants issus de 156 épileptiques mariés, 105 sont bien portants, 78 sont épileptiques, les autres ont des maladies nerveuses diverses. Il faut considérer que, dans ces cas, il y a hérédité du tempérament névropathique, et c'est ainsi qu'il faut envisager l'hérédité de l'épilepsie. Ce ne peut être qu'une hérédité de prédisposition. On sait actuellement que l'épilepsie est une maladie acquise, depuis les recherches que M. Pierre Marie a faites et publiées pour la première fois il y a une vingtaine d'années.

Pour la *maladie de Parkinson*, l'hérédité n'a été observée que dans un petit nombre de cas. Dejerine cite deux cas de Berget, un cas de Leroux, un cas de Lhirondel; mais il s'agit bien plus souvent d'une hérédité de transformation.

De même, on ne peut considérer la *maladie de Basedow* comme une maladie héréditaire, et cependant un certain nombre d'observations ont démontré l'hérédité. Nous citerons en particulier le tableau dressé par Osterreicher, et nous reproduisons ci-dessous un tableau de maladie de Basedow familiale observée par nous (fig. 1).

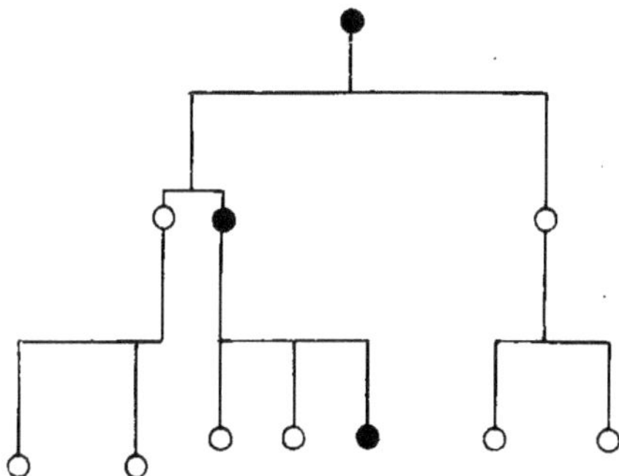

Fig. 1. — Famille G..., maladie de Basedow.

En outre Jaccoud a vu 8 enfants de la même génération présenter les symptômes de la maladie, et 5 enfants de l'un des membres de la génération précédente.

Deux frères cités par Fraenkel présentaient cette même affection.

Joffroy a observé 25 familles dans lesquelles se trouvaient plusieurs maladies de Basedow.

D'autres observations de Basedow familiale ont été observées par Cantilena, Mackensie, Rosenberg.

Joffroy a montré la coïncidence et l'alternance du goitre simple et du goitre exophtalmique dans la même famille.

Cependant on ne peut considérer que cette maladie ait un caractère dominant.

La *maladie de Thomsen* se présente, au contraire, avec un caractère dominant dans plusieurs observations. C'est une affection de la seconde enfance qui s'est poursuivie pendant 5 générations dans la famille de Thomsen, qui l'a décrite lui-même. Cependant, ce n'est pas là un caractère constant. Nous publions ci-dessus 4 tableaux de familles atteintes de maladie de Thomsen observées par nous (fig. 2), dans lesquelles cette maladie paraît plutôt avoir un caractère épisodique. Dans le premier tableau, sur 21 personnes, 2 seulement sont atteintes de la maladie. Dans une autre observation, sur 11 personnes connues, 2 seulement sont atteintes de la maladie. Dans une troisième famille, sur 19 personnes, une seule est atteinte. Dans la quatrième observation, sur 12 personnes, une seule atteinte de la maladie.

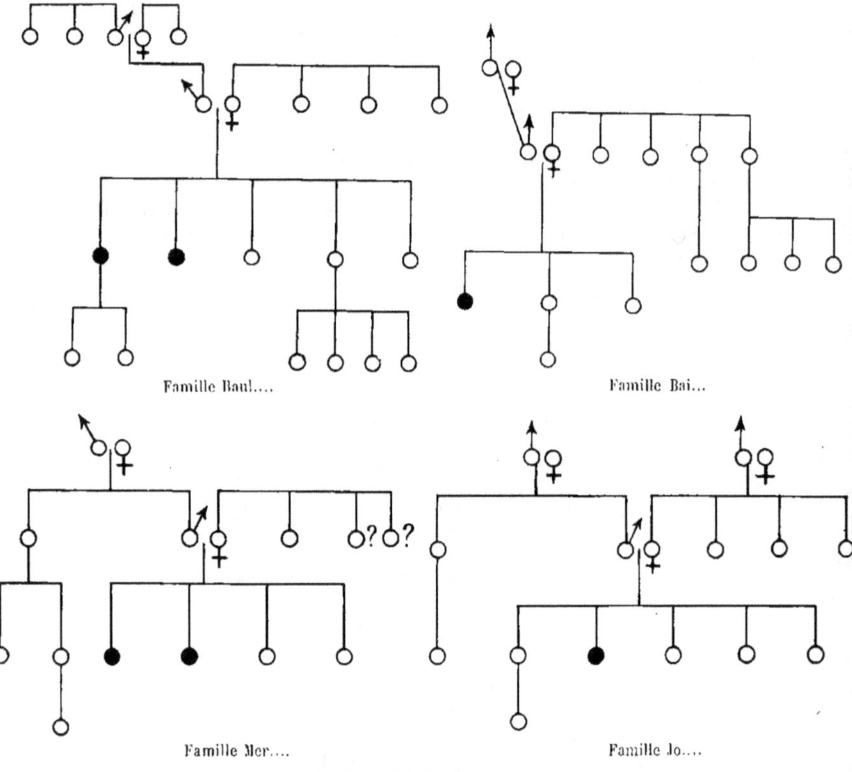

Fig. 2. — Maladie de Thomsen.

Pour la *Chorée de Huntington*, nous publions ci-après le tableau d'une famille que nous avons pu observer (fig. 3). Sur 5 personnes connues dans la famille, 2 sont atteintes de chorée. Mais nous savons, d'autre part, que les recherches de Bateson, qui ont porté sur un très grand nombre de malades, ont montré le caractère mendélien de cette hérédité.

Nous nous sommes attachés avec un soin tout particulier à étudier, non seulement l'hérédité dans les maladies nerveuses sans lésions organiques précises, mais l'hérédité dans les maladies nerveuses organiques, et cette partie ne nous paraissait pas, en effet, avoir été suffisamment explorée. Nous avons pu faire ces observations sur les malades du service de M. le professeur Pierre Marie, à l'hospice de Bicêtre, et nous sommes heureux de le remercier ici de sa bienveillance.

Tout d'abord, noùs laisserons de côté l'hérédité de transformation observée dans les *paralysies infantiles*, dans la *maladie de Charcot*, dans la *sclérose combinée*, dans les *poliomyélites*, et notre étude a porté surtout sur l'hérédité directe des maladies organiques.

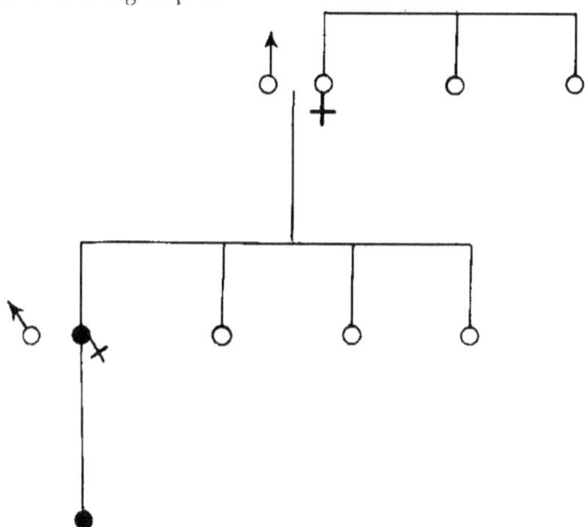

Fig. 3. — Famille Per.... Chorée de Huntinggton.

L'ataxie héréditaire ou *maladie de Friedreich* est une maladie qui débute à deux ou trois ans près chez tous les membres d'une famille qui doivent être atteints (Loi de Soca). Il existe de nombreux cas isolés. Cela tient sans doute

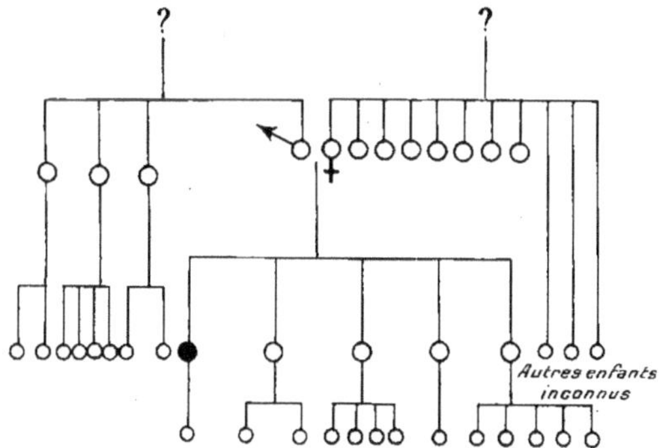

Fig. 4. — Famille Anc. .. Maladie de Friedreich.

à ce que bien des familles sont peu nombreuses. L'hérédité similaire est donc rare. Dans le plus grand nombre de cas, la maladie a lieu avant 10 ans; elle est plus fréquente chez les garçons. Chaque type de la maladie se présente de la même façon chez tous les membres d'une même famille. Cependant, chaque famille interprète la maladie de Friedreich à sa façon (Pierre Marie). Nous publions ci-dessus une observation personnelle de maladie de Friedreich (fig. 4).

On verra qu'il s'agit là d'un cas isolé. Nous pouvons, d'autre part, emprunter à différents auteurs, 6 autres tableaux de maladie de Friedreich, parmi les nombreux exemples qui ont été cités, et nous voyons que dans la famille Villielli, dans 8 cas sur 16, il y a maladie de Friedreich. Dans la famille

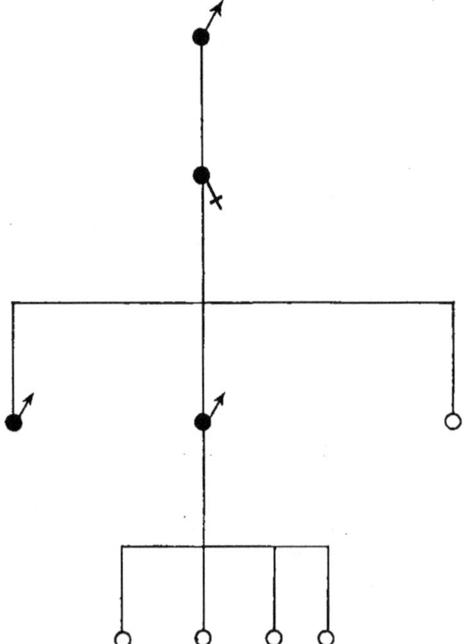

Fig. 5. — Famille Po.... Hérédoataxie cérébelleuse.

citée par Gowers, 5 membres sur 9 sont atteints. Dans la famille de Musso, 7 cas sur 24; dans la famille de Soca, 4 cas sur 11; dans la famille de Blatner, 8 cas sur 43; dans la famille de Hermer, 9 sur 56; dans la famille Woodcook, sur 19 membres de la même famille, 4 sont atteints nettement de la maladie, et 5 seulement ont de la disparition des réflexes.

L'hérédo-ataxie cérébelleuse de Pierre Marie débute tardivement, et, par conséquent, les sujets qui en sont frappés ont le temps d'avoir des enfants avant de tomber malades. C'est une maladie surtout familiale; les femmes sont plus atteintes que les hommes. La maladie peut sauter une, deux ou même trois générations. Sanger Brown a montré 5 générations prises successivement, et 24 sujets atteints sur 60. Lenoble, dans une famille composée de 17 membres, a trouvé 5 cas d'hérédo-ataxie cérébelleuse.

Dans une observation que nous publions (fig. 5), sur 9 personnes, 4 sujets sont atteints d'hérédo-ataxie cérébelleuse.

C'est donc une maladie qui a plus de tendance à avoir un caractère dominant, alors que la maladie de Friedreich serait plus irrégulière dans la dominance.

Dans l'*amyotrophie Charcot-Marie*, il y a surtout atteinte du sexe masculin, et l'hérédité n'est pas constamment vérifiée. Dans la Thèse de Sainton, sur 10 cas, l'hérédité n'a pas été nettement prouvée. Dans l'observation que nous

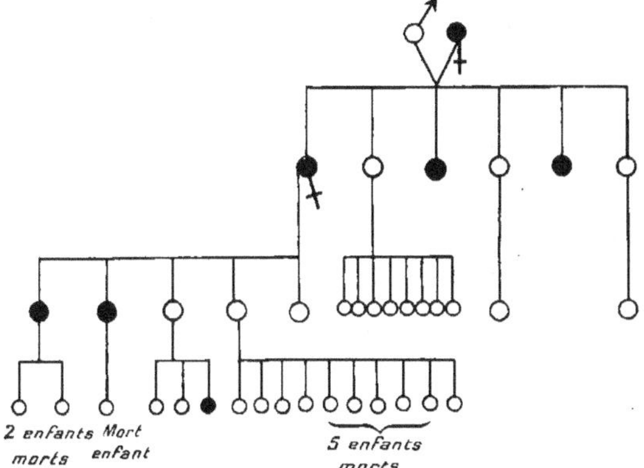

Fig. 6. — Famille Se.... Amyotrophie Charcot-Marie.

publions ci-dessus (fig. 6), si nous tenons compte des générations parvenues à l'âge adulte, on trouve la maladie dans 6 personnes sur 23; sur les 18 enfants

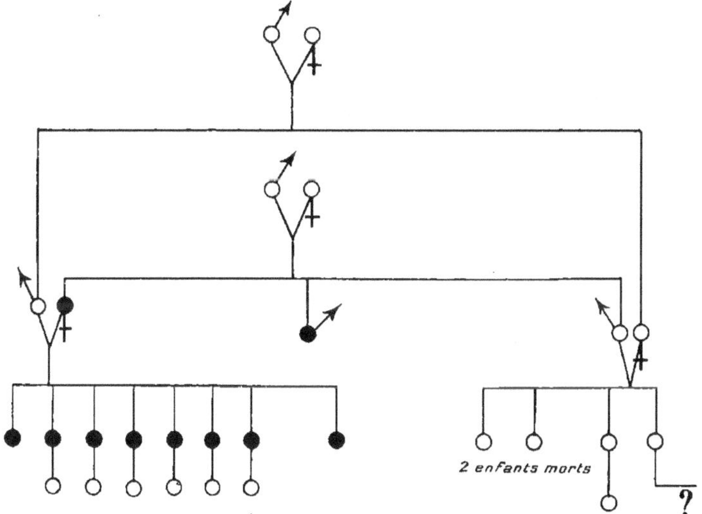

Fig. 7. — Famille Do... Névrite hypertrophique familiale type Pierre Marie.

qui appartiennent à la quatrième génération, dont un certain nombre sont morts en bas âge, un seul paraît atteint de la maladie.

Dans la *névrite hypertrophique familiale* du type Pierre Marie, les cas publiés sont encore trop peu nombreux pour qu'on puisse faire une étude d'ensemble.

Cependant, dans la famille que nous avons pu observer, il y a une hérédité très impressionnante : des 21 membres sur lesquels on puisse avoir des renseignements précis, 10 sont atteints de la maladie, et peut-être même la proportion héréditaire serait-elle plus forte si on tenait compte seulement des descendants à partir du moment où la maladie se manifeste. Dans notre observation (fig. 7), c'est la famille Brown qui paraît seule atteinte ; dans cette famille Brown, 16 personnes pourraient être considérées, et sur ces 16 personnes, 10 seraient atteintes. Il semble donc que cette maladie ait un caractère dominant.

Pour la *myopathie primitive progressive*, l'hérédité n'a pas été si nettement démontrée. C'est ainsi que Collins, sur 50 cas, n'en trouve que 20 nettement héréditaires.

Nous allons voir, par l'étude des tableaux ci-joints (fig. 8), que la maladie

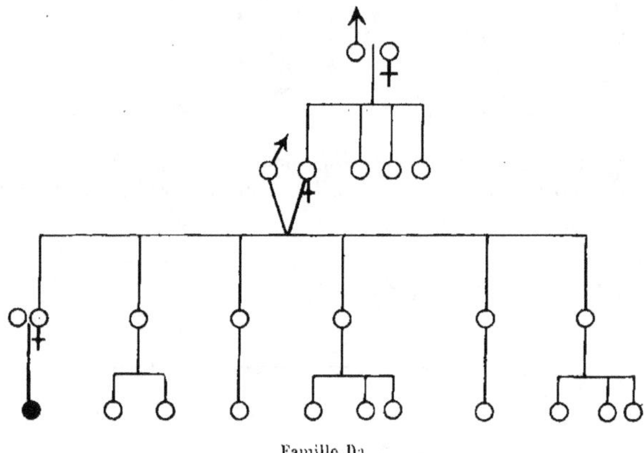

Famille Da...

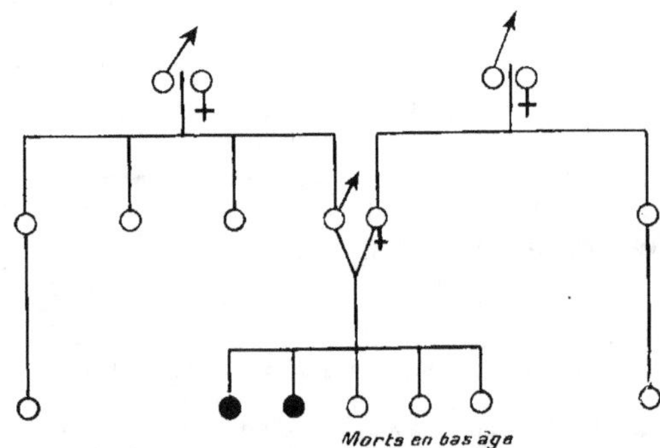

Famille Mahu...

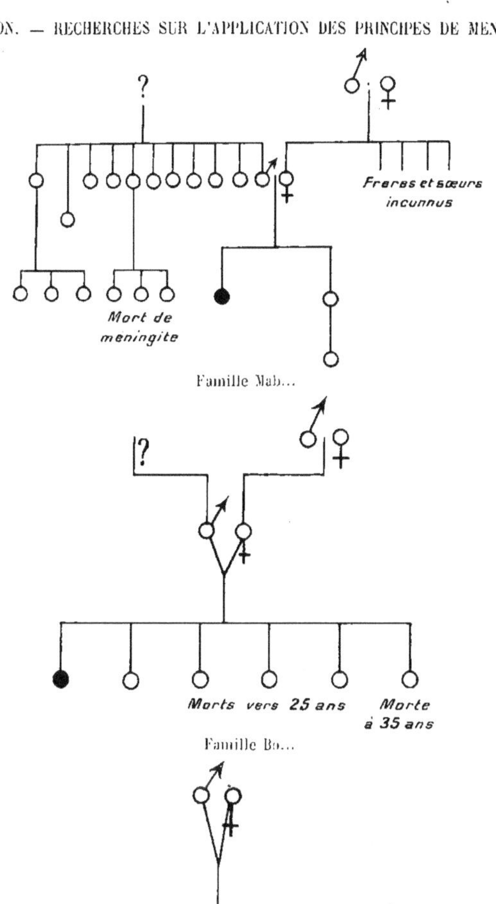

Famille Mab...

Famille Bo...

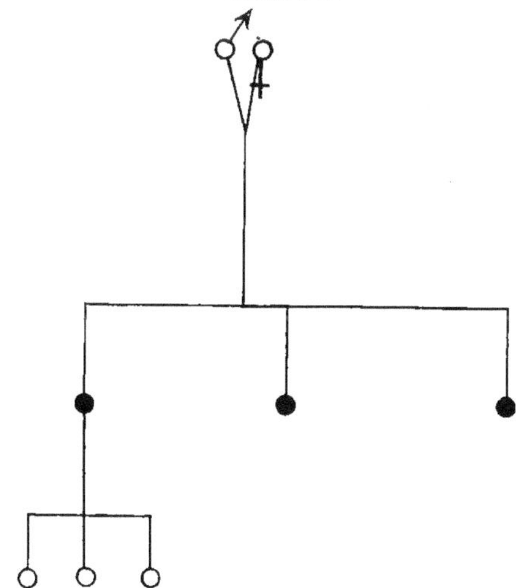

Famille Me...

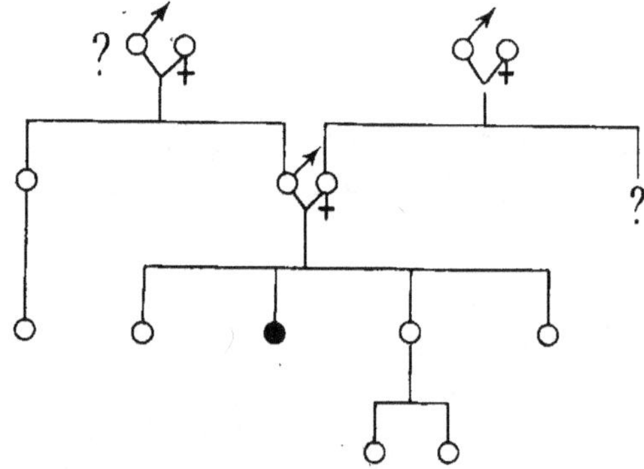

Famille Thi...

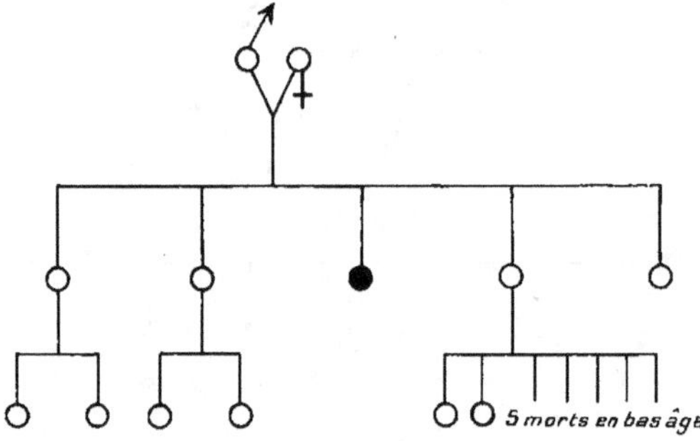

Famille Be...

Fig. 8. — Myopathie primitive progressive.

n'existe, dans la plupart des cas, que d'une façon tout à fait isolée. Seule, l'observation de M.... présente, dans 5 générations, 9 atrophiques sur 16.

Tremblement héréditaire. — Sur 5 observations, il s'en présente deux vraiment intéressantes : Sur 13 personnes, 6 tremblaient à la troisième génération ; dans la seconde : sur 10 personnes arrivées à l'âge adulte, 8 tremblaient ; dans la génération suivante, les enfants n'étaient pas arrivés à un âge suffisant pour qu'on puisse avoir des renseignements sur eux (fig. 9).

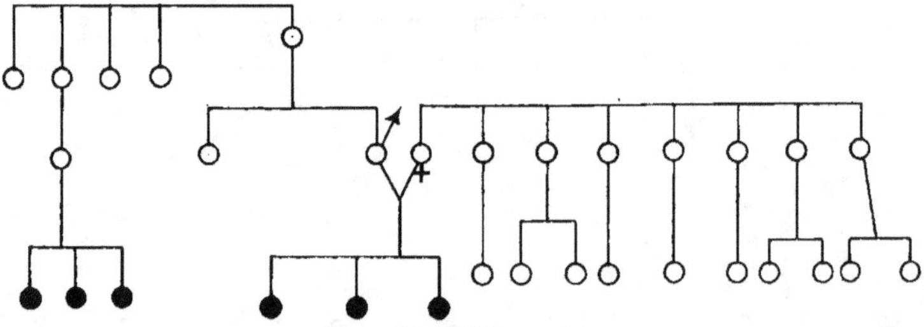

Famille Fel...

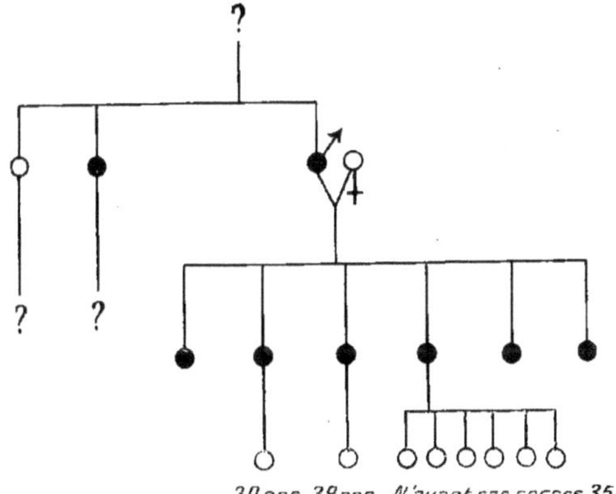

Fig. 9. — Tremblement héréditaire.

Dans la *rétinite pigmentaire*, nous avons pu observer 5 familles. L'hérédité n'a été constatée par nous que dans 2 familles, et, dans une seule, nous avons pu constater que les 4 frères, issus d'une mère devenue aveugle dans sa vieillesse, étaient eux-mêmes aveugles par rétinite pigmentaire (fig. 10).

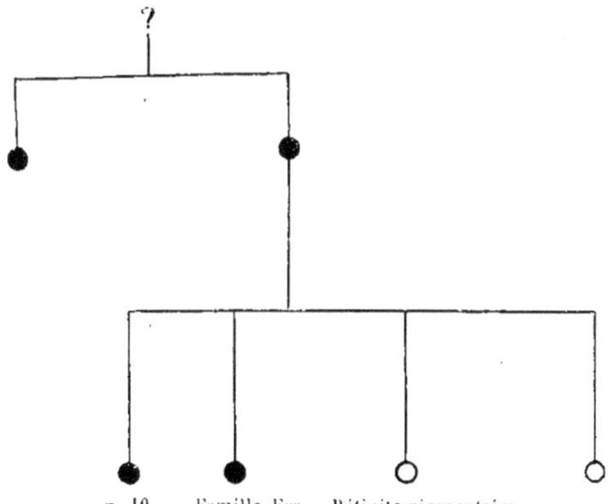

g. 10.   Famille Fru... Rétinite pigmentaire.

Nous devons passer en revue également un grand nombre d'autres maladies dans lesquelles l'hérédité est manifeste.

La paralysie périodique familiale a été constatée chez 11 membres de la même famille par Goldflam, la maladie a pu sauter deux générations pour reparaître dans la troisième. Sur 55 cas observés avant Taylor, 35 se sont produits dans trois familles, 19 dans celle de Goldflam, 11 dans celle de Taylor, 5 dans celle de Cauzot. Dans une observation de Rich, il y en avait 226. C'est une hérédité similaire, et uniquement similaire, quand un membre de la famille est indemne, toute sa descendance est indemne. Certains caractères spéciaux peuvent se retrouver chez tous les membres d'une même famille. La maladie avait, dans le cas de Taylor, un caractère nettement dominant : 10 cas sur 22.

Les *paralysies spasmodiques familiales* du type Lorain, sont le plus souvent des hérédités de transformation.

Il nous reste encore à citer bien d'autres maladies familiales, la *diplégie familiale totale avec paralysie glosso-laryngo-cervicale*, chez deux frères, de Brissaud et Pierre Marie ; la *paralysie bulbaire progressive infantile et familiale* de Londe, les *affections familiales à symptômes cérébraux spinaux*, du type Pesker ou du type Cestan et Guillain.

L'idiotie amaurotique familiale, souvent observée chez plusieurs enfants

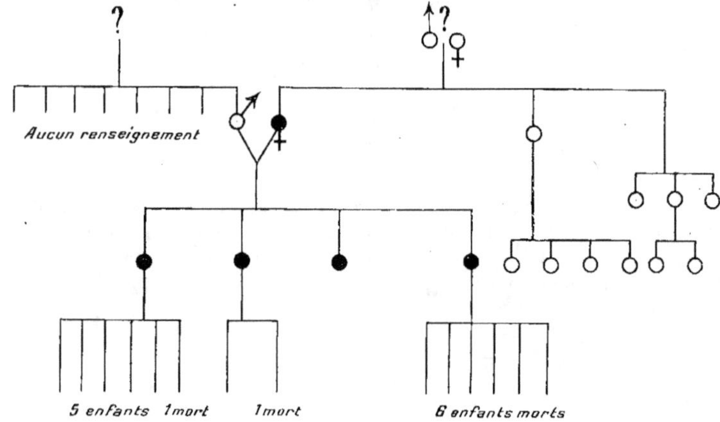

Fig. 11. — Nystagmus familial.

des mêmes pères ou mères, et parfois chez des parents plus éloignés, semble non seulement une maladie familiale, mais une maladie de race (presque tous les sujets sont des israélites d'origine polonaise). Le *Nystagmus familial* (fig. 11), peut présenter aussi un grand nombre de cas — 4 sur 6.

Le *Trophœdème familial* de Meige peut se présenter également suivant un type héréditaire dominant.

La *Dysostose cleido-cranienne héréditaire* est une malformation dont la transmission ne semble pas dépasser la deuxième génération. Tous les membres d'une même famille n'héritent pas forcément de la dysostose. Dans deux familles observées par Pierre Marie et Sainton, la femme n'a transmis la maladie qu'à 1 enfant sur 4, l'homme à 1 enfant sur 2. Sur les 7 enfants de la famille Carpenter, 4 seulement sont atteints. Enfin, les sujets de la deuxième génération peuvent être moins touchés que ceux de la première.

La *Dysostose cranio-faciale*, dont nous avons pu présenter récemment de curieux exemples, n'est héréditaire que dans une proportion de deux cas nets et deux cas frustes, sur une totalité de 11 sujets observés et ne semble donc pas avoir un caractère dominant.

En résumé ; il est difficile de tirer dès à présent des conclusions formelles des observations que nous venons de relater. En effet, la difficulté de l'étude des lois mendeliennes chez l'homme dans les maladies, provient de la difficulté d'observer un grand nombre de sujets pour une même maladie, il est difficile d'observer un nombre supérieur à 3, 4 ou 5 familles. D'autre part, il est souvent difficile, pour une même famille, d'obtenir des renseignements sur les collatéraux. Néanmoins, de l'étude que nous venons de faire. nous croyons pouvoir rapporter, tout au moins provisoirement, les conclusions suivantes : Il est possible d'établir une classification parmi les maladies nerveuses devant les règles mendeliennes :

1° Maladies dans lesquelles l'hérédité semble se transmettre suivant les proportions mendeliennes : à la *Chorée de Huntington*, pour laquelle cette hérédité a déjà été constatée par Bateson, il faut ajouter, à notre avis : *l'hérédo-ataxie cérébelleuse de Pierre Marie*, la *névrite hypertrophique familiale du type Pierre Marie*, et enfin *l'hérédité du tempérament névropathique* ou hérédité dissemblable du système nerveux.

D'autre part, les maladies suivantes, pour un certain nombre d'observations, semblent se transmettre dans les mêmes proportions. Ce sont : la *maladie de Thomsen*, la *maladie de Friedreich*, le *tremblement héréditaire*, la *rétinite pigmentaire*, le *nystagmus familial*, la *paralysie périodique familiale*, le *trophoedème*. Mais, pour ces dernières maladies, le nombre de cas observés n'a pas été suffisant pour que cette règle puisse être formulée d'une façon aussi vraisemblable que pour les trois premières.

2° Il ne semble pas qu'on puisse constater une proportion mendelienne dans l'*amyotrophie Charcot-Marie*, dans la *myopathie*, dans la *dysostose cleido-cranienne*, ni dans la *dysostose cranio-faciale*.

Somme toute, à la *Chorée de Huntington*, doivent être ajoutées : *l'hérédo-ataxie cérébelleuse et la névrite hypertrophique familiale du type Pierre Marie*. Ces trois maladies répondant à des proportions mendeliennes, et quelques autres types cliniques pouvant s'en rapprocher, il reste néanmoins. pour le plus grand nombre des maladies héréditaires familiales, l'impossibilité de leur appliquer ces lois, qui ont apporté cependant une si grande clarté dans l'hérédité des caractères chez les animaux et chez les végétaux.

RESEARCHES ON THE APPLICATION OF MENDEL'S PRINCIPLES TO THE INHERITANCE OF CERTAIN HUMAN DISEASES, AND IN PARTICULAR TO DISEASES OF THE NERVOUS SYSTEM.

SUMMARY

The application of Mendel's laws to human heredity has already been studied by many authors. In his book " Mendel's Principles of Heredity ", Professor W. Bateson has devoted a chapter to this subject. As regards the inheritance of normal characters, eye colour is the only one that has been clearly demonstrated to follow Mendelian laws (Hurst), although as shown by Bateson, there are many examples of a characteristic repeating itself through a large number of generations, as for instance the Hapsburg face, a case of frizzled hair (Gossage), and of white hair (Rizzoli).

Among malformations which are clearly inherited is that of brachydactyly, which is a dominant character. Inherited diseases that behave as dominant characters, are *cataract* (Nettleship), *Keratosis palmaris* et *plantaris*, and *Hereditary Chorea*. As regards the latter disease, the progeny from the matings of heterozygous individuals, with normal individuals, gave the totals 117 affected, 99 unaffected (Bateson). A certain number of diseases are considered by Gossage to behave generally as dominant; such are *epidermolysis bullosa, Multiple Teleangiectasis, Xanthoma, Hypotrichosis congenita familiaris, Monilithrix*.

Diseases that behave as recessive characters are comparatively rare in man ; *alkaptonuria, albinism* and *retinitis pigmentosa* may be mentioned. .

In studying the inheritance of nervous diseases, the distinction must be made between the neuropathic temperament and organic disease. The former would concern the inheritance of the criminal tendency, of hysteria, melancholia, etc. Such characters may behave as dominants, as in four families recorded by Déjerine. The author gives brief records of a large number of families in which nervous diseases of an undetermined type are inherited. It is noticeable that the numbers of those affected are much in excess of the unaffected. Turning to the cases of definite organic disease, the author classifies them as follows.

1st. Diseases without organic lesions; 2nd : Diseases with organic lesions.

The question at once arises as to the interpretation of the inheritance of epilepsy. According to Echeveria, of 533 individuals issued from marriages of epileptics, 105 are normal, and 78 epileptic, and the remainder are affected with various nervous diseases. It appears from these facts that the predisposition is here inherited, and this idea is borne out by the knowledge that epilepsy is an acquired disease.

The inheritance of Parkinson's disease has only been observed in a few cases, and the same remark applies to Graves' disease. Thomsen's disease appears to behave as a dominant; records of several families show that it may also be episodic in character.

The author has devoted special attention to the study of organic nervous diseases : *Hereditary ataxia*. The inheritance of this disease appears to be very irregular; there are several types, and a similar type runs in each family. Many recorded cases show that the proportions of affected to unaffected vary in the different families.

Records of the inheritance of the following diseases and of many others are given : *Congenital nystagmus, Congenital trophoedema, Congenital periodic paralysis*.

The author considers that the following classification of nervous diseases may be established, from the facts which he has collected :

1st : diseases which are inherited according to mendelian proportions : *Hereditary Chorea, Congenital hypertrophic neuritis* (type Pierre Marie).

Hereditary cerebellar ataxia (type Pierre Marie).

Probably the following may also be included in this category : *Retinitis pigmentosa, Congenital nystagmus, Congenital periodic paralysis, Trophoedema*.

2nd : Diseases that do not appear to be inherited according to mendelian proportions : *Thomsens' disease, Friedreich's disease, Myatrophy Charcot-Marie, Myopathy*.

STUDY OF A BRACHYDACTYLOUS FAMILY (MINOR BRACHYDACTYLY)

By **H. DRINKWATER** M.D; F.R.S. (Edin.); F.L.S.
Wrexham (North Wales).

In the Autumn of last year (1910) a medical friend, resident in Liverpool, informed me that a relative of his, whilst making his official medical inspection of school children, had seen a boy whose hands appeared to be of the same Brachydactylous type which I had described in a communication to the Royal Society of Edinburgh in November 1907. It naturally occurred to me that some family whom I had already examined had removed to Lancashire, but as soon as this boy's name was communicated to me I knew that he dit not belong to any of the families already described in the above-mentioned account.

In December I wrote to the head mistress of the school which the boy was said to attend, and received the following reply.

Phot. Hurst.
Dr H. Drinkwater.

Dec. 29-10

" Dear Sir,
Your letter has just reached me having been forwarded from......   The boy whom you refer to has now left school. His parents live at......[2]. He is a rather peculiar boy, and dull by nature. At school we used to attribute his stupidity to the fact that his parents are related : first cousins.

His short fingers did not seem to hinder his manual work, but they are remarkably short. I remember being told that the Grandfather, on the father's side, had also very short fingers. The boy is now 13 years of age and is apprenticed to a joiner. Dr...... very kindly offered to have the boys fingers examined at a Liverpool hospital, but the parents refused their consent. The father is a rather intelligent man, and by occupation a salesman at......

" If I can supply you with any further information I shall be very pleased to do so.
           I am
                Yours faithfully.
                     " L........ X........ "

This letter contains three statements which are of interest from the biological standpoint :

1. As to the brachydactylous condition of the boy's hands.
2. The presence of the same condition in a grandparent.
3. The blood-relationship of the parents.

Clearly it was a case for further inquiry, and I tried to get some more particulars by correspondence.

1. Communication faite à la quatrième séance de la Conférence.
2. Names and addresses omitted for obvious reasons.

The school medical officer kindly interested himself in the case, but could not get the boy taken to Liverpool for the purpose of having the hands radiographed. He adds "As regards family history I could only find out (from this boy and his aunt) that the grandfather, on the *father's* side had the same condition". "As regards the boy, both hands are affected but I would not like to state definitely about the toes without an X radiograph. He is rather undersized."

I am deeply grateful to this medical friend for the trouble and interest he took in this case, but am debarred from mentioning him by name, from fear of attracting attention to the boy's family.

From the information obtained, and obtainable by correspondence, it seemed that both the boy's parents and all his brothers and sisters were normal, and the only known brachydactylous relative was his parental grandfather. Moreover the parents positively declined to have either a radiograph or a photograph of the boy's hands taken.

I mention these details in order to point out the necessity of personal inspection and investigation in such cases, and it will be shown in this sequel that many of the statements were incorrect.

I have paid two visits to this family and their relatives, and though unsuccessful in the endeavour to persuade them to do all I wished, I have been able to gather together sufficient particulars to make it possible to describe the essential features of the abnormality, and to indicate its hereditary bearings.

I have interviewed most of the boy's relatives, including a great grandmother, grandmother, uncles, aunts and cousins, and have made several measurements and obtained several radiographs and a couple of photographs. This is most satisfactory considering the great reluctance of these people to do anything which can possibly lead to identification.

My best thanks are due to Mr C. Thurston-Holland for the excellent radiographs : which are some of the best I have ever seen.

The diagram (figure 1), shows all that I was able to learn from *correspondence* about this boys family.

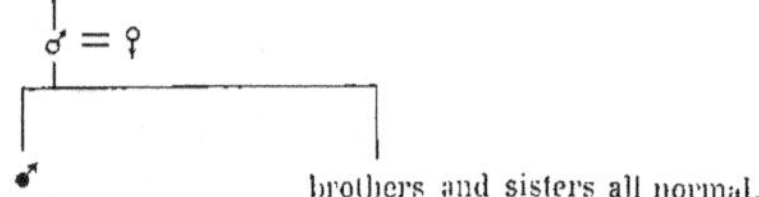

♂ *représents normal male* ♀ *normal female* ♂ *abnormal*

Fig. 1. — Erroneous chart.

The lower male is the boy already mentioned. According to this chart both his parents were normal, and are therefore shown by white circles), and the paternal grandfather was brachydactylous.

Compare this chart with that shown in figure 2 which was constructed from personal observations and inquiries on the spot.

The abnormality can be traced through five generations. The oldest surviving members of the family, amongst the abnormals, are the man nᵒ 5 and his sister nᵒ 7 (The *abnormals* only are numbered). No information could be obtained from nᵒ 5, as he is bordering on senile dementia.

Nᵒ 7 was most reluctant to give me any information whatever, and actually tried to mislead me about the *surviving* members of the family. For example, on asking her about her brother. n° 5, and mentioning him by name, she said

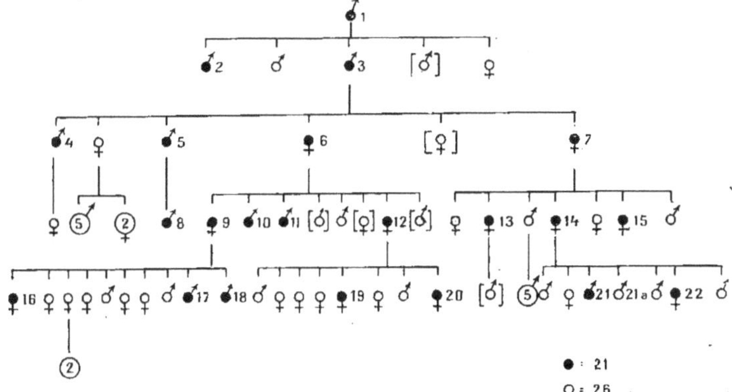

Fig. 2. — Pedigree of a Family showing Minor-brachydactyly.

she had no such brother. The facts about n° 1 and his children were, howe-

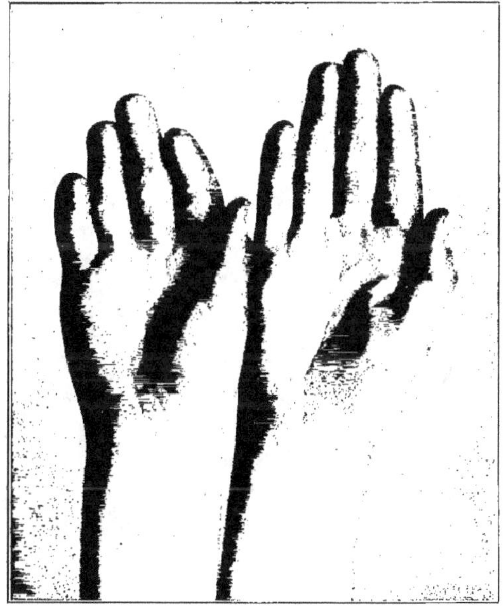

Fig. 3. — Hand and normal of abnormal brothers.

ver, given by her correctly, and confirmed by her mother (the widow of n° 3) and by other members of the family from traditional knowledge.

The abnormals are represented by black circles, and the normals by white ones. Where there is the least doubt as to the individual being normal or abnormal the circle is put in brackets, and must not be counted in reckoning the numerical ratio of normals and abnormals. The school boy about whom the first inquiries were made is No 21 and it is seen that not only is a younger sister (22) of the same type, but the mother also (14) and that it was not " the grandfather on the father's side " but the maternal grandmother (No 7) who had transmitted the abnormality.

I discovered 16 surviving abnormal members of the family and have interviewed each of them, but regret to say that in some cases I was not allowed to take any measurements.

What is the condition of the hands? the abnormality resembles in many respects that described in my previous paper " an account of a Brachydactylous family "; whilst there are other features in which it differs. The fingers are not so short as those of the former family, and for this reason I propose to term the condition " Minor-Brachydactyly ". The former family will be referred to as Nᵒ I family.

Fig. 3 shows the hand of the boy (21) beside that of a normal brother who is two years his junior (Nᵒ 21 a). The brachydactylous condition is sufficiently

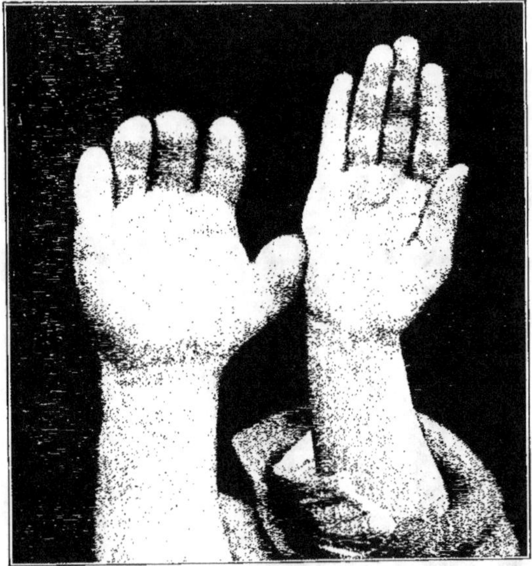

Fig. 4. — Members of Nᵒ I family. The lower hand is " Brachydactylous ".

obvious, but that it is not so marked as in Nᵒ I family is shown by comparing figure 4 which is taken from my former paper. As the bones of this boy hands are not yet fully ossified, it will be well, before describing them from radiograph, to point out the peculiarity as seen in the hands of an adult relative, and for this purpose I shall select the radiograph of an aunt (No 9). Fig. 5.

What strikes one about the hand of this woman is *the shortness of the middle phalanx in each finger*. It is to this peculiarity that the shortening of the hand is principally due. In the *normal* hand the middle phalanx is inter-

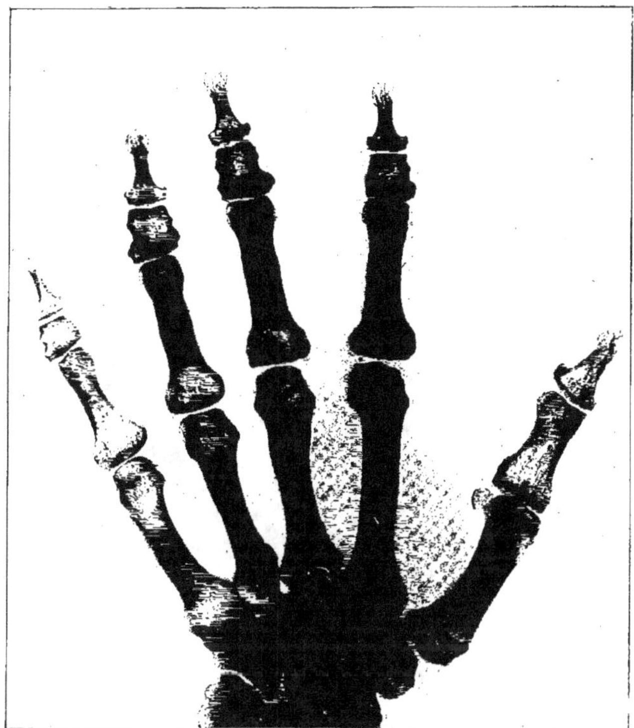

Fig. 5. — Hand of woman showing " Minor-Brachydactyly ". The middle phalanx is very short.

mediate in length between the first and third, whereas in this woman it is the shortest of the three.

All the phalanges are seen to be distinct and *separate* : there is no union (ankylosis) of the second to the terminal phalanx, such as had occurred in No 1 family in every individual in the first and little fingers, and frequently in the middle and ring fingers also (See figure 6). The variation of the bones from the normal type is shown is outline in figure 7. where A. represents those of a normal finger, B. those of a " Minor brachydactylous " finger and C. those of a " brachydactylous " finger from N° 1 family. The phalanges are numbered 1. 2. and 3; in each case; 3 being the terminal one which supports the finger-nail.

In C it will be observed that the second phalanx (2) and the third (3) have become united into one bone, whilst in B the second phalanx is short but remains as a separate bone.

What is the cause of the shortening?

Each phalanx during childhood shows, normally, a thin bony plate at its base. This plate is called the " Epiphysis "; it is attached to the larger portion

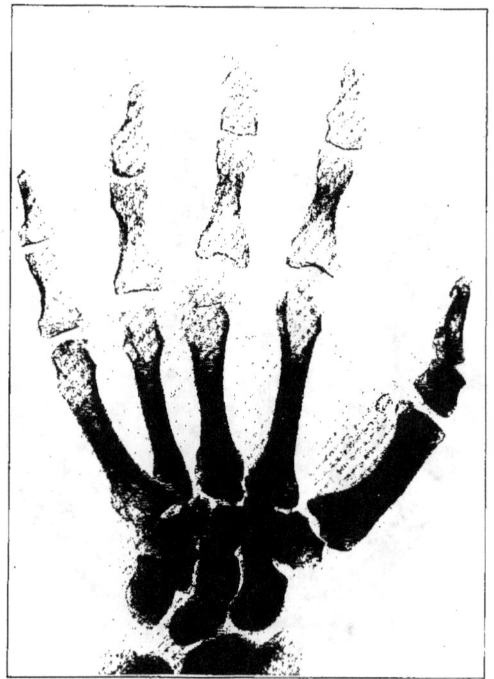

Fig. 6. — Radiograph of Brachydactylous hand of member of Nᵒ 1 Family.

— the " shaft " of the bone — by an intervening layer of *gristle*, which, being transparent to the ✕ rays, shows in a radiograph as a blank space (figs 8 and 9).

In adult life this piece of gristle becomes ossified, and, with the shaft and epiphysis, forms one bone.

Fig. 9 shows the epiphysis at the base of the first phalanx, and one at the base of the third, but the second phalanx is seen to be without any epiphysis except in the case of the middle finger.

This *absence of the epiphysis* accounts for a good deal of the shortening of the fingers in these people, but not for the whole of it, for it is obvious that the *Shaft* of the bone is of less than normal length, and the first and third phalanges also slightly shorter than they should be. There are as a matter of fact three factors concerned in the production of the shortening of the middle phalanx.

1ˢᵗ Shortness of the shaft of the bone.

2ⁿᵈ Absence of the epiphysis.

These have already been dealt with.

5rd There is still another factor, and one to which a large share of the shortening is attributable. I have already drawn attention to the piece *of cartilage* or gristle between the shaft and epiphysis. So long as this cartilage remains, the bone can and does increase in length *pari passu* with the growth of the individual, but after it has become ossified, no further growth of the bone in length can occur at this point.

Now, this layer of cartilage does not become ossified in the normal individual until about the 20th year, so that until that age the phalanx can and does increase in length. If however, ossification occurs prematurely, the growth of the bone will be arrested, and a permanent shortening will be the result.

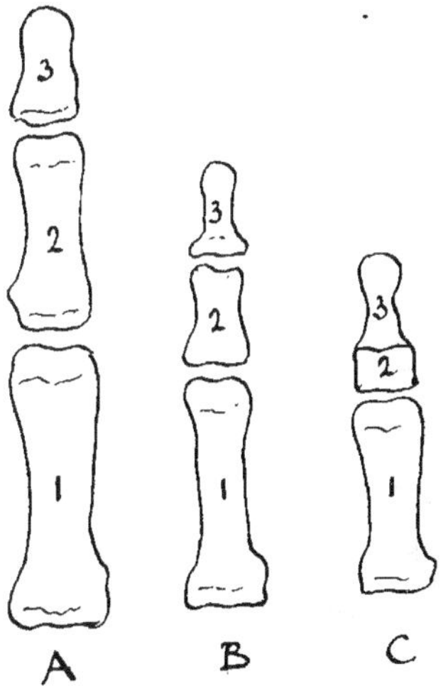

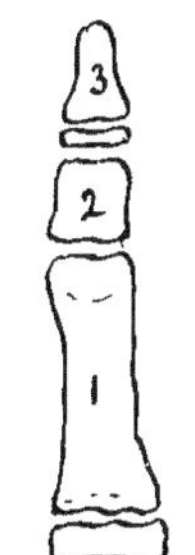

Fig. 8. — Outline of bones(not fully ossified) of brachydactylous fingers of a child. — 1. 1st phalanx with epiphysis at base. — 2. 2nd phalanx without epiphysis. — 3. Terminal phalanx with epiphysis.

Fig. 7. — Phalanges in outline, reduced 1/4. A. Normal fingers. — B. Minor-Brachydactylous. — C. Brachydactyly (with ankylosis).

This is exactly what has happened in this family especially in the first and little fingers.

In figure 5 the second phalanx is seen to be very short in *each* finger. This is the hand of a woman (N° 9).

Figure 10 shows the hand of her son aged 14. Here there is no sign of an epiphysis to the second phalanx except in the middle finger: where it has already united to the shaft, through premature ossification of the cartilaginous plate. In the other fingers it would appear never to have been present. The abnormality in this boy's hand will therefore be an almost exact repetition of the mother's.

These three cases represent the extreme type of deformity in this family.

Figure 11 shows a modification of this type in the adult. It shows the hand of the woman N° 12 in the chart. The second phalanx is seen to be much more shortened in the index and little finger than in the middle and ring fingers.

How may this be accounted for?

I think the explanation is supplied by the Radiograph (Fig. 12) of her daughter aged 8 years (N° 19). In this girl's hand there is an apparent absence of the epiphysis from the 4th finger (2nd phalanx) and in the index finger ankylosis has already taken place; but in the middle and ring fingers the epiphysis is still separated by cartilage which has not yet undergone ossification. When growth is complete this girl's hand will be like the mother's with the 2nd phalanx much shorter in the 1st and 4th fingers than is the 2nd and 3rd.

In another daughter of this woman the ossification of the cartilage has already occured in the first finger although the child is only 2 years old.

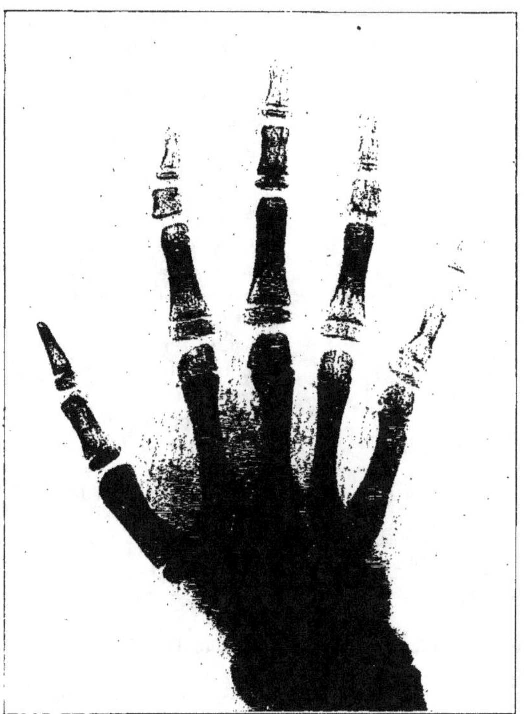

Fig. 9. — Radiograph of hand of boy (N° 21) showing absence of epiphysis at base of 2nd phalanx except in the middle fingers and thumb.

Thus it appears clear that the 3rd factor concerned in the production of shortening of this middle phalanx is the premature ossification of the cartilage which intervenes between the shaft of the bone and its epiphysis.

The essential feature of the abnormality in N° 1 family was stated to be « an absence of the epiphysis at the base of the 2nd phalanx » with subsequent ankylosis of the 2nd to the first phalanx, so that in the present family we have an abnormality which is essentially the same developmentally, but stopping short of ankylosis.

The second phalanx in the middle finger is less affected than in the others, and this was also a characteristic of N° 1 family.

The second phalanx in the thumb differs in the two families : in N° 1 family the basal epiphysis was absent, but in this family it is present.

The *toes* seem to be practically identical in the two families, for in both there is an absence of the middle-phalanx-epiphysis, and in the adults there is ankylosis of the second to the terminal phalanx in the small toes (fig. 14).

Symmetry. — In each abnormal individual both hands and both feet are symmetrically affected, so that, in this respect, the peculiarity is as extensive as in N° 1 family.

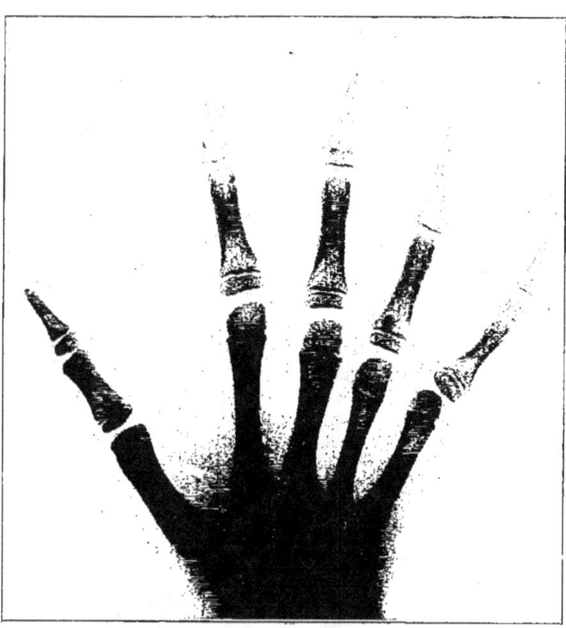

Fig. 10. — Hand of boy aged 14, n° 16 in chart, son of N° 9.

The measurements so far as they have been made are given in the following table :

MEASUREMENTS OF ABNORMALS

NUMBER ON CHART	AGE	MIDDLE FINGER	HAND	STATURE
5	81	2 5/8 inches	6 1/2 inches	62 inches
7		2 5/8 »	6 »	59 »
8	55	2 5/8 »	6 1/2 »	60 1/2 »
10	51	3 1/8 »	7 »	62 »
12	40	2 1/2 »	6 1/4 »	60 »
13		2 5/8 »	6 1/8 »	57 »
14		2 5/8 »	6 3/4 »	58 3/4 »
17	17			57 1/4 »
18	15			54 3/4 »
21	14	2 1/4 »	5 »	54 1/2 »
22	5	2 1/8 »	4 1/4 »	47 1/4 »

Scanty as the figures are, they indicate very decidedly two characteristics, namely :

(1) The shortness of the fingers.
(2) The shortness of stature.

(1) The average length of the middle finger of the seven adults (male and female) is 2,57 inches, which is fully 3/4 of an inch less than the normal length.

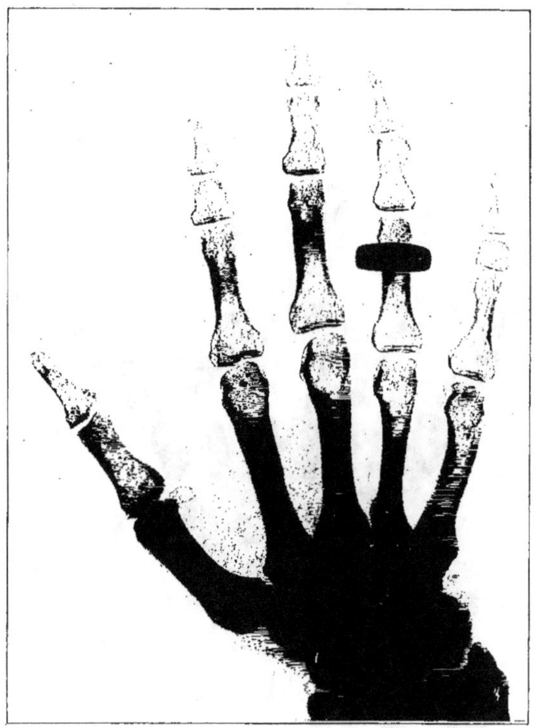

Fig. 11. — Hand of woman Nᵒ 12.

The shortness of the hand of the boy (Nᵒ 21) is shown not only by the photograph (fig. 3), but by comparison with the hands of two of his *younger* brothers, as set out in the following table :

	AGE	FINGER	HAND
No 21 (abnormal)	14	2 1/4 inches	5 inches
Brother (normal).	12	2 3/4 »	6 »
» »	7	2 3/8 »	5 1/4 »

The shortness of stature is well shown by the photograph of Nᵒ 21 (aged 14) and his younger brother (aged 12) who is normal and the taller of the two (fig. 15).

The average stature of the four women Nos 7, 12, 13 and 14 is *58,6* inches and that of the three men nms 5, 8 and 10, is *61,5* inches.

Now, these figures are very remarkable from their close approximation to the same measurements in No 1 family, where they were respectively 58¼ and 61.

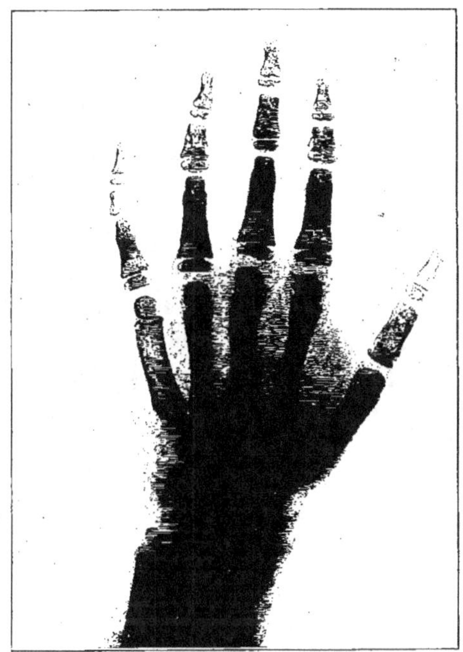

Fig. 12. — Hand of girl No 19 aged 8.

The women therefore, are about 4 ¾ inches, and the men about 8 inches below the normal average height.

It is the general opinion that the abnormals have better health than their normal relatives.

The abnormals are slightly more prolific than the normals, though the numbers are too small to enable one to draw conclusions on this point.   Increased fecundity was a marked feature of No 1 family.

In both families a much larger proportion of normals have remained unmarried.

The schoolmistress stated that the parents of this boy (No 21) are cousins, but such is not this case, and I could not hear of any intermarrying in these families.

Mendelism. — This family illustrates certain mendelian rules :

1° There is perfect segregation.   The abnormality is either not transmitted at all, or it is transmitted fully : i.e. so as to involve the digits of both hands and both feet.

2° The abnormality is transmitted only by the abnormals, and never by the normals, so that all the descendants of normals are normal.

3° The offspring of parents, *one* of whom is abnormal (= dominant), the *other* normal (= recessive) (the dominant being heterozygous) should theore-

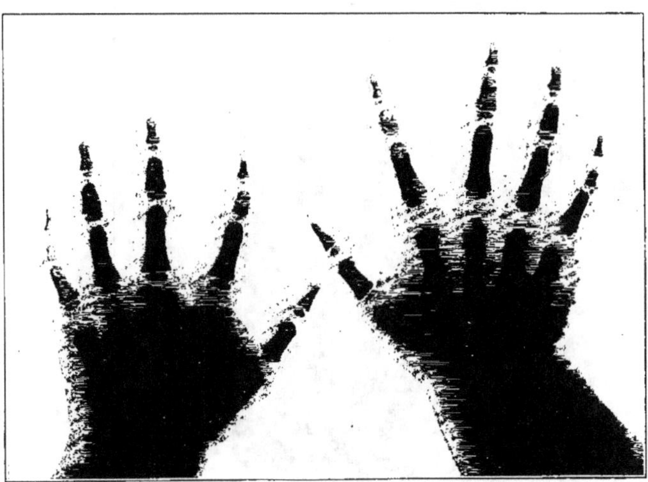

Fig. 13. — Hands of girl aged 2 years showing very early union of Epiphysis in 1st and little fingers.

tically show 50 % of each type. The descendants in this family, counting only those whose type is positively known, amount to 47, and of these 21 are abnormals. This gives *44,6* % of abnormals instead of the theoretical 50 %.

But this percentage is not to be regarded as positively correct. It is certain that it is as high as this, but not at all certain that it does not still more closely approximate to the theoretical number, and for the simple reason that the defect is easily overlooked. When I first interviewed the woman N° 9 in the chart she informed me that of her ten children only *one* had short fingers like her own, namely her eldest daughter (N° 16) A casual inspection would have confirmed her statement. The shortening is so inconspicuous *in young children, that it is only detected by flexing the fingers,* and then the shortened middle phalanx is noticeable but not otherwise. By this means I was able to show N° 9 that her two youngest children's hands are of the brachydactylous type, and this is confirmed by the radiographs. In adult life the shortness of the hand is conspicuous enough, and cannot be overlooked, but this is not so, during childhood, and so it is possible that of the few children whom I could not see, and who were declared to be normal, one or two may be of the abnormal type and if so would make the percentage of abnormals still more closely approximate the theoretical 50 %.

I have been able to obtain radiographs of the hands of N°s 9, 12, 14, 17, 18, 20, 21 and 22, and of the feet of all the same except N° 9.

My thanks are due to the Royal Society of Edinburgh for kind permission to reproduce figure 4 from my communication on « A Brachydactylous Family ».

Fig. 14. — Radiograph of foot of adult showing abortive middle phalanx (minor-Brachydactyly).

ÉTUDE D'UNE FAMILLE BRACHYDACTYLE (BRACHYDACTYLIE MINEURE)

RÉSUMÉ

En novembre 1907, l'auteur donna lecture à la « Royal Society » d'Édimbourg d'une communication sur une famille brachydactyle.

L'anomalie consistait :

1° Dans un raccourcissement de la phalange médiane de chaque doigt à l'exception du pouce et du gros orteil ;

2° La phalange médiane est enkylosée avec la phalange terminale, de sorte que, chez un adulte, il n'y a généralement que deux os dans un doigt ;

3° L'épiphyse basale de la phalange médiane est absente ;

4° L'anomalie est symétrique ;

5° Les gens sont de petite taille.

La proportion mendélienne est la suivante : Individus normaux $= \dfrac{52}{100}$.

L'an dernier, l'auteur a rencontré une famille qui, sous beaucoup de rap-

Fig. 15. — The shorter boy is aged 14 and is brachydactylous. The taller is aged 12 and is normal.

ports, ressemble à la précédente. Les principales différences sont les suivantes :

1° Les doigts sont intermédiaires de longueur entre les doigts brachydactyles et les doigts normaux ;

2° Il n'y a pas ankylose des phalanges.

3° La phalange médiane est toujours courte.

La proportion mendélienne est la suivante : Individus normaux $= \dfrac{54.4}{100}$.

TABLE ANALYTIQUE DES MATIÈRES

71170. — Imprimerie Lahure, rue de Fleurus, 9, à Paris.

9 782019 232696